地质信息科学与技术丛书

# 油气成藏动力学模拟
# 原理、方法与技术

吴冲龙　毛小平　田宜平　刘　刚　翁正平　张志庭 等　著

科学出版社

北　京

# 内 容 简 介

本书是作者团队撰写的地质信息科学与技术丛书的第四部。本丛书是作者团队在这个领域进行长期探索性研究的成果汇聚。在本书中，着重介绍了油气成藏动力学模拟的基本概念和理论、方法论、技术体系框架，以及软件系统设计的原理与方法，其中包括油气成藏动力学模拟软件的系统工程模型、油气勘查数据管理、油气系统三维地质建模、盆地构造演化模拟、盆地地热场模拟、盆地构造应力场模拟、油气生成排放作用模拟、油气运移聚集人工智能模拟、油气成藏系统动力学模拟、页岩气资源潜力模拟评价。每个部分都结合盆地、坳陷、凹陷、洼陷或区块的实际，开展了实验模拟。油气成藏动力学模拟是盆地定量分析、油气系统定量分析和数据密集型计算的结合，书中借鉴并融入了国内外的相关研究开发成果，体现了大数据、系统性、先进性和创新性特色。

本书可作为从事油气勘查开发、页岩气评价工程技术人员、科学研究人员和教员，以及博士生、硕士生和本科生的参考书。

**图书在版编目(CIP)数据**

油气成藏动力学模拟原理、方法与技术 / 吴冲龙等著. -- 北京：科学出版社，2025.1. -- (地质信息科学与技术丛书). -- ISBN 978-7-03-080840-0

Ⅰ. P618.130.2

中国国家版本馆 CIP 数据核字第 20242U4L58 号

责任编辑：黄 梅 沈 旭 李佳琴/责任校对：郝璐璐
责任印制：张 伟/封面设计：许 瑞

科学出版社 出版
北京东黄城根北街 16 号
邮政编码：100717
http://www.sciencep.com
北京中科印刷有限公司印刷
科学出版社发行 各地新华书店经销
*
2025 年 1 月第 一 版 开本：787×1092 1/16
2025 年 1 月第一次印刷 印张：33 1/2
字数：795 000
定价：368.00 元
(如有印装质量问题，我社负责调换)

# 《油气成藏动力学模拟原理、方法与技术》
## 作者名单

| | | | | |
|---|---|---|---|---|
| 吴冲龙 | 毛小平 | 田宜平 | 刘　刚 | 翁正平 |
| 张志庭 | 王燮培 | 何珍文 | 李　星 | 徐　凯 |
| 孔春芳 | 张夏林 | 张军强 | 李绍虎 | 王连进 |
| 任建四 | 陈麒玉 | 李　岩 | 李俊杰 | 王利平 |
| 郭向勤 | 刘海滨 | 何光玉 | 刘志锋 | 魏振华 |
| 孙　卡 | 佟彦明 | 吴端恭 | 唐丙寅 | 孙旭东 |
| 梁党卫 | 周　霞 | 宋立军 | 涂美义 | 刘　进 |
| 晏秀梅 | 张晓黎 | 刘　雄 | | |

# 丛 书 序

地质信息科学与技术是一个崭新的研究领域，它随着计算机科学和技术的兴起，地球空间信息学(geomatics)、地球信息学(geoinformatics)、地理信息科学(geographic information science)和地球信息科学(geo-information science)的出现和发展，以及多种信息技术在基础地质调查、矿产资源勘查和工程地质勘查中的应用而兴起，正吸引着越来越多研究者的关注和参与。

作为地质工作信息化的理论和方法基础，地质信息科学是关于地质信息本质特征及其运动规律和应用方法的综合性学科领域，主要研究在应用计算机硬软件技术和通信网络技术对地质信息进行记录、加工、整理、存储、管理、提取、分析、综合、模拟、归纳、显示、传播和应用过程中所提出的一系列理论、方法和技术问题。它既是地球信息科学的一个重要组成部分和支柱，也是地球信息科学与地质科学交叉的边缘学科。吴冲龙教授及其科研团队从 20 世纪 80 年代开始，就在这个领域进行探索性研究，先后承担并完成了多个国家级、省部级和大型企业重点科技项目的研究与开发任务，在实践中逐步形成了较为完整的思路、理论与方法，并且研发出了一套以主题式点源数据库为核心的三维可视化地质信息系统平台软件(QuantyView，原名 GeoView)。在该软件平台的基础上，还研发了一系列应用软件，在多家大型和特大型地矿企、事业单位推广应用。吴冲龙教授及其科研团队于 2005 年对上述研究和开发成果进行了归纳和概括，提出了地质信息科学的概念并对其理论体系、方法论体系和技术体系进行了初步探讨。

该系列丛书就是该团队近年来在地质信息科学的理论、方法论和技术体系框架下，对所进行各种探索性研究的一次系统总结。丛书包括一部概论和四部分论。其中，概论从初步形成的地质信息科学概念及其理论体系、方法论体系和技术体系框架开始，介绍了地质信息系统的结构、组成和设计原理，地质数据的管理，地质图件机助编绘及地质模型的三维可视化建模，地质数据挖掘与勘查(察)决策支持，地质数据共享及地质信息系统集成的基本原理与方法；分论的内容涵盖了基础地质调查、固体矿产地质勘查、油气地质勘查和工程地质勘查专业领域。书中借鉴、参考和吸取了地球空间信息学、地球信息学、地理信息系统和地理信息科学，以及国内外地质信息科技领域的最新成果，体现了研究成果的系统性、先进性、实用性和实践性，以及学科交叉的特色。

随着地质工作信息化的深入发展，地质信息科技领域的研究方兴未艾，希望有更多研究者参与，以便共同推进这一学科的进一步发展。因此，该系列丛书的出版是十分必要且适时的。

中国科学院院士

2013 年 8 月 26 日

# 序

在过去漫长的 26 年里，吴冲龙教授及其科研团队围绕三维油气成藏动力学模拟原理、方法与技术，进行了艰难而卓有成效的探索。

作为一项伴随着计算机科技和空间信息科技的兴起而迅速发展的综合性技术，油气成藏动力学模拟是对盆地分析、盆地模拟、油气资源定量评价和油气系统分析技术的继承和发扬，对深化盆地地质认识、降低油气勘探风险、提高勘探效益有着重大意义，因此引起了国内外油气地质界的广泛重视，发展十分迅速。油气成藏动力学模拟是一种多要素的复杂过程仿真，不仅涉及庞大的空间范围和漫长的历史过程，还涉及海量油气勘查大数据的获取、处理、分析和应用，是一项具有挑战性的高新技术。其目标是再造盆地演化与油气生—排—运—聚—散场所、路径和过程，预测油气藏位置和资源潜力。

盆地系统是一个巨型的复杂开式系统，从盆地演化的角度看，各种地质作用也是它的子系统。每一个子系统和次级子系统都有自己发生、发展的规律和方向，有很强的抗干扰能力，但都服从于盆地系统整体演化的总规律、总方向。而且，相邻子系统及次级子系统之间又是相互穿插、相互制约的，在进行油气成藏动力学模拟理论研究和软件研发时，显然应当将石油天然气的生—排—运—聚—散地质过程和动力学机制置放于盆地系统中，整体地、联系地、动态地进行考察。面对盆地地质作用的高度复杂性和油气成藏条件的多样性，以及盆地地质数据的多源、多类、多维、多量、多尺度、多时态和多主题特征，吴冲龙教授及其科研团队从系统论和控制论的角度出发，把盆地分析和油气系统分析思路概括为：整体分析、关联分析、反馈分析、动态分析和定量分析，并基于这一思路开展了油气成藏动力学模拟的理论探索与技术研发，取得了可喜进展：①通过对油气成藏动力学模拟的理论体系、方法论体系和技术体系进行系统研究，把传统动力学模拟与系统动力学模拟、动力学模拟与人工智能模拟结合起来，探索并初步解决了油气成藏过程的不确定性及非线性问题。②基于数据驱动的盆地分析和油气系统分析成果构建概念模型，采用虚拟仿真技术建立构造-地层格架孪生体，结合多尺度、多时态、多方法的地热场、应力场、流体场以及油气生—排—运—聚—散的动力学和非动力学模型，有效解决了盆地模拟和油气成藏动力学模拟技术的适用性问题。③研发了盆地地质三维快速动态和精细建模子系统、地热场多源多阶段叠加模拟子系统、盆地构造应力场有限单元法动态模拟子系统、三维油气常规动力学生排烃和超压幕式排烃模拟子系统、三维油气运聚人工神经网络模拟子系统、油气成藏系统动力学模拟子系统、页岩气资源潜力模拟评价子系统、系统动态连接及数据动态传输子系统。

吴冲龙教授及其科研团队研发的具有开拓性和原创性的相关理论方法、技术和软件成果，已经在珠江口、塔里木、四川、华北、二连和百色等盆地的数十个凹陷中进行了试验和应用，在解决这些地区油气成藏与资源评价重大难题的同时，不断地得到改进、优化和升级。该专著是上述理论探索研究与技术研发工作的系统总结。我相信，该专著的出版，将会有力推进油气成藏动力学模拟理论体系、方法论体系和技术体系研究进入新阶段，在我国油气行业数字油田建设和油气勘查数字化转型过程中起到重要的示范与指导作用。

中国工程院院士

2023 年 5 月 18 日

# 前　　言

油气成藏动力学模拟或称油气系统模拟作为一项综合性新技术，是对盆地分析、盆地模拟、油气资源定量评价和油气系统分析的继承和发展，对于深化地质认识、降低油气勘探风险、提高勘探效益有重大意义，因此引起了学者广泛的重视。

该项技术早期发展的雏形是盆地模拟技术(basin modeling)，在近几十年来发展极为迅速。自德国尤利希公司有机地球化学研究所于 1978 年建立起世界上第一个一维盆地模拟系统以来，国内外许多大的石油公司(如日本石油勘探公司、英国石油 BP 公司、中国胜利石油管理局等)和研究机构(如法国石油研究院、美国南卡罗来纳大学、中国石油勘探开发研究院和中国海洋石油集团有限公司勘探开发研究中心等)等，都相继开发出规模不同、特色各异的一维或二维盆地模拟系统。其中，比较著名的有德国尤利希公司的一维盆地模拟系统(PetroMod)、法国石油研究院的二维盆地模拟系统(TEMISPACK)和美国南卡罗来纳大学的二维盆地模拟系统(GEOPET Ⅱ)；而在国内，则以中国石油勘探开发研究院的二维盆地模拟系统(BASIMS)、中国海洋石油集团有限公司勘探开发研究中心的一维模拟评价系统(PRES)和超级盆地模拟系统(ProBases)开发较早而且应用较多。

所谓盆地模拟，是从盆地演化和油气成藏机理出发，通过对盆地地质结构和地质过程的数字化和程序化，运用计算机定量地再现油气盆地的形成和演化、烃类的生成和排放的一项数字仿真技术。换言之，盆地模拟技术是针对含油气盆地整体演化历史的一种快速、定量、综合的数字化和自动化分析手段。盆地模拟系统的应用，在国内外的油气勘探和研究中发挥了重要作用，为油气资源评价作出了贡献，使石油地质学家们看到了定量揭示盆地演化和油气成藏规律的希望,盆地模拟技术的研发和应用得到了迅速发展。然而，也暴露出一些发人深思又亟待解决的问题，主要表现在：①在当前科学技术条件下，不切实际地期盼着仅用少量简单的"关键参数"构建出万能的模拟模型和软件，去面对和描述复杂的油气盆地；②地质实体模型过于简化，缺乏从系统论的角度来综合考察盆地(坳陷)中油气生—排—运—聚—散各子系统的控制与反馈控制关系，只考虑地质作用子系统之间的控制作用，而未考虑反馈控制作用；③用于模拟的概念模型过于抽象，未充分顾及不同盆地形成演化的实际情况，尤其缺乏从原形叠合的角度来掌握盆地演化的总体方向及局部逆转情况；④所使用的数学模型过于单一，未能充分地考虑油气生—排—运—聚—散的阶段特点，尤其是缺乏从非线性的角度来深入考察盆地地质作用的复杂过程及其影响因素等。

大量研究结果表明，沉积盆地是同沉积的内动力地质作用、外动力地质作用和内外动力联合地质作用赖以进行的独立而完整的基本地质单元。盆地系统是一个巨型的复杂开式系统，从盆地演化的角度看，各种地质作用也是它的子系统。而这些内、外动力地质作用子系统，可分解为更低级的子系统。例如，成藏作用子系统(即油气系统)可分解为生烃作用、排烃作用、运烃作用和聚烃作用等次级子系统。每一个子系统和次级子系统都有自己发生、发展的规律和方向，有很强的抗干扰能力，并且都服从于盆地系统整体演化的总规律、总方向。由于相邻子系统及次级子系统之间都没有明确边界，它们相互穿插、相互制约，任一子系统或次级子系统的状态变化，都会直接或间接影响相邻子系统的状态变化，甚至导致盆地系统的总体变化。因此，在进行油气成藏动力学模拟软件研发时，应当将盆地石油天然气的生—排—运—聚—散过程和机制置放于盆地系统中，整体地、联系地、动态地进行考察。从系统论和控制论的角度看，盆地分析的思路可以概括为整体分析、关联分析、反馈分析、动态分析和定量分析（吴冲龙等，1993；Wu et al.，2013）。

显然，盆地模拟和油气系统模拟既不能代替盆地分析和油气系统分析，也不能脱离盆地分析和油气系统分析而单独进行。应当如实地将盆地分析和油气系统分析看作一种多层次、多尺度、多目标的系统分析与系统评价；将盆地模拟和油气系统模拟看成是盆地分析和油气系统分析的定量化手段。作为人工系统，盆地模拟软件系统也应有层次结构，油气成藏动力学模拟软件系统即油气系统的模拟软件系统，是盆地模拟软件系统的子系统。油气成藏动力学模拟软件系统的概念模型，应在数据-模型联合驱动的一系列盆地分析和油气系统分析基础上通过综合得到，而不能采用所谓的理论模型来生成；不必刻意追求统一和完整的动力学表达方式，而应当特别注重盆地三维空间实体及其演化历史的虚拟孪生和系统仿真，将盆地构造-地层格架的拓扑结构模拟与盆地地热场、流体压力场及油气生—排—运—聚—散的动力学、非动力学模拟结合起来，实现盆地及其油气系统形成演化的动态模拟。

为了探索解决这些问题的途径与方法，并给出切实可行的软件工具，研究团队先后承担了一系列国家级和省部级科学研究与技术开发项目：

中国海洋石油总公司"九五"重点科技攻关项目："海上油气勘探目标模拟评价系统"（1996~1999年）；

国家自然科学基金重点项目二级课题："油气成藏动力学模拟系统"（1998~2001年）；

中国石化总公司胜利油田分公司重点项目："临清坳陷东部油气资源综合评价——油气成藏地质异常分析与资源定量预测"（2000~2002年）；

中国石化总公司重点项目(2001-1)："TSM 油气成藏动态模拟系统"（2001~2003年）；

中国石化总公司项目："中国南方东部构造与盆地原型演化"（2004~2005年）；

科技部全国新一轮油气资源评价项目二级课题："三维盆地模拟技术与油气成藏动力学评价"（2004~2005年）；

中国石化东北新区项目："二连盆地构造特征及控油作用研究"（2005~2006年）；

中国石化科技部项目(KS2006-004)："阿克库勒凸起复式油藏成藏模式动态模拟"（2006~2007年）；

国家科技重大专项(2008ZX05051)"渤海湾盆地东营凹陷勘探成熟区精细评价示范工程"子课题："油气成藏过程模拟软件研发与应用"（2008~2010年）；

　　国家 863 计划重点项目:"三维专业空间分析组件研发"(2009~2010 年);

　　国土资源部油气中心项目(K0815409):"渝东南页岩气资源评价"(2011~2013 年);

　　中石化油田事业部项目:"页岩气资源评价方法研究"(2012~2014 年);

　　中石化勘探开发研究院项目:"青藏地区油气地质条件与资源潜力分析"(2016~2017 年);

　　中国地质调查局项目(2016-153):"页岩气资源潜力评价软件研发及应用"(2016~2017 年);

　　中石化无锡石油地质研究所:"陆相页岩气资源评价选区方法研究应用"(2021~2022 年)。

　　经过多年的探索性研究和开发,本团队把盆地模拟技术发展成以盆地定量分析为基础的综合性油气成藏动力学模拟技术,其中涉及一系列新的观念、理论、方法和技术的创新。在研发过程中,把油气成藏动力学模拟的方向,从单因素的有机地球化学模拟转变为多因素的盆地演化综合模拟;把模拟的目标,从单目标的静态生烃潜力评价,发展到了多目标的成藏动力学评价;把模拟的对象,由二维联井剖面模拟转变为三维盆地(坳陷)或凹陷(洼陷)整体模拟和系统模拟;把模拟的内容,从传统的单一地热史、沉积史、埋藏史、生烃史、排烃史、运聚史模拟推进到多史结合模拟和系统动力学模拟;把模拟的方法,由单纯的有模型的第三范式线性数值仿真转变为无模型与有模型结合、大数据与小数据结合的第四范式非线性仿真。

　　团队采用的技术路线是:将动力学模拟与拓扑结构模拟结合起来,以拓扑结构模拟再造油气生—排—运—聚—散过程的物质空间;将经典动力学模拟与系统动力学模拟结合起来,以系统动力学模拟反映子系统之间的反馈控制关系和整体的非线性过程;将数值模拟与人工智能模拟结合起来,以人工智能模拟体现地质学家的思想、方法、知识与经验,解决局部过程的非线性问题。遵循这一技术路线,研究团队在研发过程中,以一系列典型盆地(或凹陷)为例,将传统的盆地模拟与油气成藏动力学模拟融为一体,具体地建立盆地(或凹陷)构造格架、地层格架和生—运—储—盖组合的三维虚拟孪生(非动力学)模型,以及盆地地热演化和油气生成、排放、运移、聚集、散失的三维非动力学与动力学结合的模型。然后,通过多个盆地的类比,抽提出相应的概念模型和模拟模型。针对软件设计和编程实现,团队综合地运用确定性数学、随机数学、模糊数学、人工智能、经典动力学和系统动力学等,来描述所建立的各种实体模型和概念模型,并且将盆地构造格架、地层格架及生—运—储—盖组合的非动力学模拟,与盆地地热演化及油气生成、排放、运移、聚集、散失的动力学模拟耦合起来,把确定性模拟与随机模拟和人工智能(人工神经网络系统)模拟等方法结合起来,并且采用各种嵌套技术和图示技术,实现了油气成藏动力学过程的三维动态和可视化模拟。

　　基于上述各项探索性研究,团队开发出一个综合性的三维油气成藏动力学模拟软件系统(QuantyPetroMode)。在中国地质大学北京和武汉两地培养出相关方向的博士 20 余名、硕士 50 余名,还先后获得国家技术发明专利十余项、软件著作权十余项;在国内外学术刊物和会议上发表相关论文 160 余篇。通过对国内二十几个大油气田的实验,证明其对不同时代、不同类型油气盆地和油气系统具有较好的实用性、适应性。

2005年夏天，团队一行9人携带阶段性研发成果和一组论文，参加了在加拿大召开的国际数学地质协会年会(Proceedings of IAMG '05)，与国外同行专家进行了系统的交流，引起了国外同行专家广泛的兴趣和关注。会议期间，在正式的会议报告之后，一些国际知名学者和同行专家增设了专题座谈会，就相关理论、方法和技术问题与本团队展开了交流。会议结束后，多家国际石油公司还联合邀约本团队成员前往加拿大石油城卡尔加里开展了3天的进一步交流。此后，《油气及煤技术学报》(International Journal of Oil, Gas and Coal Technology)主编Riazi教授，用该杂志的2期版面(V6, No1/2, 2013)，登载了本团队的9篇论文，并邀请本书作者吴冲龙、刘刚与国际数学地质协会前主席Frits Agterberg教授为该期杂志的客座主编。随后，Riazi教授又把这些研究成果，收入他主编出版的专著Exploration and Production of Petroleum and Natural Gas (2016)中，作为第5章的内容。在加拿大会议之后，本团队又承接了一批国家和三大油公司的多个重点研究课题，对研究内容和成果做了进一步开拓、深化和应用示范，特别是最近几年来，在页岩气资源预测和评价方面开展了新的探索和研发，取得了一些新的进展。

本书各章节的执笔分工如下：第1章吴冲龙、刘刚、王燮培；第2章刘刚、何珍文、孙卡、孙旭东、梁党卫、李岩；第3章田宜平、毛小平、翁正平、张志庭、李绍虎、陈麒玉、李俊杰；第4章毛小平、吴冲龙、张志庭、宋立军、涂美义、王利平；第5章李星、吴冲龙、张夏林、刘进、晏秀梅、郭向勤；第6章田宜平、吴冲龙、张晓黎、佟彦明、刘雄；第7章刘刚、田宜平、孔春芳、吴端恭、唐丙寅、周霞；第8章吴冲龙、徐凯、刘海滨、王连进、任建四；第9章吴冲龙、何光玉、刘志锋、魏振华、徐凯；第10章毛小平、吴冲龙、孔春芳、张军强。报告初稿编写之后，由吴冲龙统一编纂定稿。郭向群负责本书大部分图件的编辑、修改。

由于整个研究开发工作延续的时间跨度很大，先后有70余人参加过本油气成藏动力学模拟软件研发工作。除了上面各章节执笔者外，团队成员还有王根发教授、汪新庆副教授和曾金娥、罗映娟、张琼岩等老师，以及毕业于本研究团队的博士研究生：周江羽、何治亮、林忠民、何珍文、李章林、冯长茂、姚威、杨成杰、程军林、李日荣、殷蔚明、许鸿文、邵玉祥、綦广、樊俊青、吴东胖等；还有毕业于本团队的硕士研究生周辉、吴巧生、黄文娟、廖莎莎、马利、田媛、徐立明、沈建业、豆桂芳、钱真、张列军、印传奇、韩欢、张鹏、蔡穗华、韦绥进等，共60余位。值此研发成果总结和专著出版之际，谨向他们多年来的积极参与、辛勤劳作和卓越贡献，深表敬意和谢意！同时也为他们在学术上取得的成就，表示衷心的祝贺！

在项目研究过程中，得到中国地质大学杨起院士、刘光鼎院士、赵鹏大院士和时任中国海洋石油集团有限公司总地质师的龚再升研究员的关心和支持。同时，还得到原中国海洋石油勘探开发研究中心、中国石化石油勘探开发研究院及其无锡石油地质研究所、中国石化胜利油田有限公司、中国石化西北油田分公司和中国地质大学科研处的大力支持和帮助。先后为研发项目顺利进行和完成而付出了大量智慧和精力的有：中国海洋石油集团有限公司科技办主任王伟元研究员、中国海洋石油勘探开发研究中心原主任杨川恒研究员和总地质师杨甲明研究员、朱伟林研究员，原中国海洋石油勘探开发研究中心总地质师张宽研究员、副院长吴景富研究员，以及何大为、潘明太、张云飞、余淑敏等副研究员；中国石化北京化工研究院原院长金之钧院士、副院长张洪年研究员，中国石化石油勘探开发研究院无锡石油地质研究所张渝昌、徐旭辉、高长林、江兴歌、周祖翼、朱建辉和何将启研究员；中国石化胜利油田有限公司原总工程师张善文、李丕龙、宋国奇研究员和王延光、王咏诗、穆星、刘惠民、杨成顺、杨宏伟等研究员以及吕希学、项希勇、逄建东、樊庆真、刘洪营、赵宏波、周霞、柳忠泉、韩颖、张明华、李文涛、刘华等副研究员；中国石化西北油田分公司吕海涛研究员等。谨向他们表示诚挚的感谢！

　　三维油气成藏动力学模拟评价软件的研发，面临的理论、方法和技术难题还很多，有待进一步探讨和研究。我们的工作是初步的，而本书也仅仅是对已做工作的总结和展望。书中的不足和错误，欢迎同行专家和读者们批评指正！

吴冲龙

2023 年 10 月 26 日

# 目　　录

丛书序
序
前言
第1章　油气成藏动力学模拟原理 ……………………………………………………… 1
　1.1　油气成藏动力学模拟的方法论 ………………………………………………… 1
　　1.1.1　油气成藏动力学模拟的基本思路 ………………………………………… 2
　　1.1.2　油气成藏动力学模拟的系统观念 ………………………………………… 2
　　1.1.3　盆地四维时空模型的虚拟孪生 …………………………………………… 4
　　1.1.4　油气成藏过程和多方法综合模拟 ………………………………………… 5
　　1.1.5　地质作用的系统动力学模型 ……………………………………………… 7
　1.2　油气成藏动力学模拟的系统设计 ……………………………………………… 8
　　1.2.1　油气成藏动力学模拟的系统工程模型 …………………………………… 8
　　1.2.2　油气成藏动力学模拟系统建模 …………………………………………… 8
　　1.2.3　油气成藏动力学模拟系统的结构与功能 ………………………………… 13
　1.3　软件开发的技术难点及解决办法 ……………………………………………… 15
　　1.3.1　三维数字地质体的精细、全息构建 ……………………………………… 15
　　1.3.2　三维数字地质体的矢量剪切 ……………………………………………… 16
　　1.3.3　一维盆地沉降史回剥反演的最大深度法平衡 …………………………… 16
　　1.3.4　二维构造-地层剖面的物理平衡 …………………………………………… 16
　　1.3.5　三维构造-地层格架的时空平衡 …………………………………………… 17
　　1.3.6　盆地构造应力场的动态模拟 ……………………………………………… 17
　　1.3.7　多热源多阶段叠加变质作用模拟 ………………………………………… 18
　　1.3.8　真三维的常规油气成藏动力学模拟 ……………………………………… 18
　　1.3.9　油气运移和聚集的人工智能模拟 ………………………………………… 19
　　1.3.10　油气成藏的系统动力学模拟 ……………………………………………… 19
　　1.3.11　油气成藏三维动态模拟的可视化 ………………………………………… 19
　　1.3.12　系统动态连接与集成化 …………………………………………………… 20
第2章　油气成藏动力学模拟的数据管理 …………………………………………… 21
　2.1　国内油气田数据现状和数据集市工具 ………………………………………… 21
　　2.1.1　国内油气田信息化建设现状 ……………………………………………… 21
　　2.1.2　模拟、评价与决策数据分析 ……………………………………………… 22
　　2.1.3　数据集市开发、管理的工具 ……………………………………………… 23
　2.2　模拟、评价与决策数据集市模型 ……………………………………………… 28

2.2.1 模拟、评价与决策数据集市总体结构 ·············· 29

2.2.2 模拟、评价与决策数据集市的数据源 ·············· 30

2.2.3 模拟、评价与决策数据集市建模 ················· 31

2.3 油气成藏模拟与评价的多维数据集 ················· 41

2.3.1 模拟、评价与决策主题数据库的建立 ·············· 41

2.3.2 模拟、评价与决策数据集市多维数据集的组织 ·········· 44

2.3.3 模拟、评价与决策数据集市客户端的设置 ············ 51

2.3.4 模拟、评价与决策数据集市的维护 ················ 53

第3章 油气系统三维地质模型的构建 ···················· 54

3.1 构建三维地质模型的原理与方法 ·················· 54

3.1.1 格架-介质及结构-属性一体化三维建模 ············· 54

3.1.2 基于系列平、剖面图的三维地质建模法 ············· 63

3.2 油气系统多要素属性建模问题 ··················· 83

3.2.1 多点式地质统计学随机模拟方法原理 ·············· 83

3.2.2 训练图像的建立与平稳性处理 ················· 92

3.2.3 多点式地质统计随机模拟法优化 ················ 94

3.2.4 多点式地质统计三维地质模型的自动重构法 ··········· 100

3.3 三维地质模型的矢量剪切 ····················· 106

3.3.1 地质模型的矢量剪切原理 ··················· 106

3.3.2 图元裁剪的基本方法 ····················· 107

3.3.3 三维地质模型的整体剪切 ··················· 109

第4章 盆地构造-地层格架三维动态模拟 ·················· 113

4.1 盆地构造-地层格架三维动态模拟原理与方法 ············ 113

4.1.1 一维构造沉降史模拟的最大深度回剥法 ············· 113

4.1.2 二维构造演化史模拟的物理平衡剖面法 ············· 117

4.1.3 三维构造-地层格架动态模拟体平衡法 ············· 123

4.2 体平衡法实现过程与基本算法 ··················· 131

4.2.1 体平衡法基本工作流程 ···················· 132

4.2.2 三维断层位移的消除算法 ··················· 132

4.2.3 三维构造变形的复原算法 ··················· 134

4.2.4 三维构造变形的压实校正 ··················· 138

4.2.5 岩层被剥蚀厚度恢复的算法 ·················· 141

4.3 四维构造-地层格架模拟软件设计 ················· 143

4.3.1 体平衡法软件设计目标与内容 ················· 143

4.3.2 体平衡子系统的功能结构设计 ················· 144

4.3.3 体平衡子系统模型对象类设计 ················· 147

4.4 四维构造-地层格架模拟软件应用实例 ··············· 148

**第 5 章　盆地古地热场动态模拟** ·································································158

　　5.1　盆地古地热场演化的动力学模型 ···················································158

　　　　5.1.1　盆地古地热场组成及叠加 ·····················································158

　　　　5.1.2　盆地古地热场的分层模型 ·····················································159

　　　　5.1.3　盆地古地热场演化的影响因素 ··············································162

　　5.2　盆地古地热场演化动力学正演模拟 ···············································169

　　　　5.2.1　流体速度场的简化求解 ·························································169

　　　　5.2.2　超压层段地热场子模型有限单元法模拟 ·································170

　　　　5.2.3　超压层段地热场子模型差分法模拟 ········································175

　　5.3　盆地古地热场的古温标反演模拟法 ···············································180

　　　　5.3.1　古温标类型与特点 ·······························································180

　　　　5.3.2　基于镜质组反射率估算古地热流体的方法 ·····························185

　　5.4　基于热结构反揭法估算古地热流的方法 ·········································189

　　　　5.4.1　壳幔热结构分析的方法原理 ··················································190

　　　　5.4.2　盆地古莫霍面埋深($M$)的统计估算及应用 ····························192

　　　　5.4.3　沉积物古热导率统计估算 ·····················································197

　　5.5　古地热场模拟子系统开发与应用 ···················································200

　　　　5.5.1　子系统总体设计思路及流程图 ··············································200

　　　　5.5.2　子系统应用建模与数据预处理 ··············································204

　　　　5.5.3　地热场模拟子系统的应用示例 ··············································205

**第 6 章　盆地古构造应力场模拟** ·······························································215

　　6.1　二维古构造应力场模拟方法原理 ···················································215

　　　　6.1.1　二维盆地构造应力场理论模型 ··············································215

　　　　6.1.2　有限单元法数值模拟简介 ·····················································218

　　　　6.1.3　边界结点外力自动分解赋值 ··················································220

　　　　6.1.4　边界外力的局部约束反演 ·····················································222

　　　　6.1.5　主应力迹线的绘制 ·······························································223

　　　　6.1.6　岩层破裂的判断与应力场调整 ··············································224

　　6.2　三维古构造应力场模拟方法原理 ···················································226

　　　　6.2.1　三维构造应力-应变场的理论模型 ··········································226

　　　　6.2.2　三维构造应力场模拟工作流程 ··············································231

　　　　6.2.3　编程实现与可靠性检测校验 ··················································232

　　6.3　实验区块三维构造应力场模拟 ······················································240

　　　　6.3.1　刘家港实验区块的地质特征 ··················································240

　　　　6.3.2　基于角点网格数据结构的三维地质建模 ·································243

　　　　6.3.3　归纳与总结 ·········································································248

**第 7 章　生烃作用和排烃作用模拟** ···························································249

　　7.1　生烃作用模拟方法原理 ·······························································249

    7.1.1　基于 $R_o$ 的生烃作用反演模拟 ·············· 249

    7.1.2　化学动力学法正演模拟 ················· 266

    7.1.3　氢指数法模拟模型 ··················· 271

  7.2　排烃作用史模拟 ····················· 279

    7.2.1　压实排烃模拟 ····················· 279

    7.2.2　微裂缝排烃模拟 ··················· 284

    7.2.3　排烃模拟的实施 ··················· 295

  7.3　排烃作用模拟结果分析 ················· 296

第 8 章　油气运聚的人工智能模拟 ················· 302

  8.1　油气运聚的概念模型与知识图谱 ············· 302

    8.1.1　盆地构造类型与油气运移 ·············· 303

    8.1.2　油气运移的相态及判别模型 ············· 305

    8.1.3　油气运移的驱动力和驱动机制 ············ 306

    8.1.4　油气运移的通道体系 ················ 309

    8.1.5　油气在圈闭中的聚集 ················ 312

    8.1.6　油气运聚概念模型及知识图谱概括 ·········· 314

  8.2　油气运聚模拟的人工神经网络模型 ············ 314

    8.2.1　油气运聚智能模拟方法的选择 ············ 315

    8.2.2　油气运移方向和运移比率的推理规则 ········· 315

    8.2.3　BP 人工神经网络原理 ················ 315

  8.3　输导体系智能评价的模糊人工神经网络模型 ········ 316

    8.3.1　岩层(体)评价子模型 ················ 317

    8.3.2　断层评价子模型 ··················· 319

    8.3.3　裂隙带评价子模型 ·················· 321

    8.3.4　不整合面评价子模型 ················ 323

  8.4　输导层油气运移初值的三维重建 ············· 325

    8.4.1　输导层油气运移初值三维重建模型 ·········· 325

    8.4.2　输导层油气运移初值三维重建算法 ·········· 328

    8.4.3　油气运移初值三维重建实例 ············· 330

  8.5　油气运聚的单元体模型 ················· 333

    8.5.1　单元体的划分 ····················· 333

    8.5.2　基于单元体输烃比率估算的人工神经网络模型 ····· 333

    8.5.3　圈闭评价的人工神经网络评价模型 ·········· 336

  8.6　油气运聚人工智能模拟系统的研发与应用 ········· 345

    8.6.1　油气运聚人工智能模拟系统工作流程 ········· 345

    8.6.2　系统功能设计 ····················· 347

    8.6.3　油气运聚人工智能模拟系统的算法 ·········· 347

    8.6.4　油气运聚人工智能模拟系统的应用 ·········· 352

8.7　油气圈闭评价子系统研发与应用 ················································· 359
　　8.7.1　研究目标与工作流程 ····················································· 359
　　8.7.2　研究思路与方法原理 ····················································· 361
　　8.7.3　油气圈闭评价子系统研发及模拟实验评述 ····························· 370

第9章　油气系统与油气系统动力学模拟 ··············································· 375
　9.1　油气系统的原理与方法 ·························································· 375
　　9.1.1　油气系统的概念与内容 ··················································· 375
　　9.1.2　油气系统的传统研究方法 ················································· 381
　　9.1.3　油气系统理论与方法的总结 ··············································· 388
　9.2　油气系统动力学的理论与方法 ················································· 389
　　9.2.1　油气系统动力学概念 ····················································· 389
　　9.2.2　油气系统动力学的概念模型 ··············································· 392
　　9.2.3　油气系统动力学流图 ····················································· 398
　9.3　油气系统动力学模拟模型与方程体系 ·········································· 401
　　9.3.1　油气系统动力学的模型参数 ··············································· 401
　　9.3.2　油气系统动力学模拟算法 ················································· 403
　　9.3.3　油气系统动力学方程体系 ················································· 409
　9.4　应用案例与效果评述 ···························································· 420
　　9.4.1　珠三坳陷油气系统动力学模拟结果评述 ··································· 420
　　9.4.2　刘家港区块油气系统动力学模拟实例 ····································· 426
　　9.4.3　应用效果与方法评述 ····················································· 433

第10章　页岩气资源潜力评价 ·························································· 434
　10.1　页岩气资源潜力评价的方法原理 ·············································· 434
　　10.1.1　总有机碳法 ····························································· 434
　　10.1.2　类比法 ································································· 437
　　10.1.3　体积法 ································································· 442
　10.2　页岩气资源潜力评价体系与评价参数 ·········································· 444
　　10.2.1　页岩气资源选区评价模型 ················································ 444
　　10.2.2　页岩气资源选区评价方法选择 ··········································· 456
　　10.2.3　评价单元划分和依据 ····················································· 457
　　10.2.4　页岩气资源潜力评价流程 ················································ 459
　10.3　页岩气资源潜力评价软件研发 ················································ 460
　　10.3.1　系统设计 ······························································· 460
　　10.3.2　类比法原理及模块设计 ··················································· 462
　　10.3.3　体积法原理及模块设计 ··················································· 463
　10.4　页岩气资源潜力评价实例 ····················································· 466
　　10.4.1　数据准备与预处理 ······················································· 466

10.4.2　泥页岩气含量换算 ………………………………………… 469

10.4.3　资源量与资源丰度估算 …………………………………… 476

**主要参考文献** ……………………………………………………… 479

**后记** ……………………………………………………………… 512

# 第1章 油气成藏动力学模拟原理

油气成藏动力学模拟是一种油气系统定量分析技术(吴冲龙等, 2001a; Levy, 2018), 简称为油气系统模拟。它既是盆地中油气生—排—运—聚—散过程的仿真技术, 也是对地质分析所得油气成藏模式的一种定量检验技术。其方法可分为常规动力学模拟和非常规动力学模拟两类。其中, 常规动力学模拟是指采用各种经典动力学模型, 如基于阿伦尼乌斯定律的生烃动力学模型、基于超压理论的排烃动力学模型、基于胡克定律和构造应力场理论的构造动力学模型以及基于达西定律、菲克定律和阿基米德定律的地下水动力学模型等, 来描述油气成藏过程。非常规动力学模拟是指人工智能模拟和系统动力学模拟。经过多年发展, 已经从二维模型逐步走向三维模型, 从单一的生烃模拟逐步走向油气成藏过程综合模拟, 从单纯的常规动力学模拟走向非常规动力学与常规动力学相结合模拟, 并在油气勘探领域实际应用(Yükler et al., 1978; Welte and Yukler, 1981; Nakayama et al., 1981; Tissot and Welte, 1984; Ungerer et al., 1984; Lerche et al., 1984; England et al., 1987; Lerche, 1988; Nakayama, 1988; Ungerer et al., 1990; 石广仁, 1994, 1999; Waples, 1998; 吴冲龙等, 2001a; Hantschel and Kauerauf, 2009; Peters et al., 2012; Wu et al., 2013; Rodrigues Duran et al., 2013; Galushkin, 2016; Dembicki, 2017; Gac et al., 2018; Baur et al., 2018; 郭秋麟, 2018; Büyüksalih and Gazioğlu, 2019; Curry, 2019; Burwicz and Haeckel, 2020; Abdelwahhab and Raef, 2020)。

油气成藏动力学模拟软件系统是一种复杂的人工大系统, 不仅结构复杂而且影响因素众多, 在设计、开发和应用过程中, 涉及盆地地质、油气成藏作用和油气勘探生产与科研实践的方方面面。进行其系统设计, 既要有明确的预定功能和目标, 协调各参数之间及其与整体之间的有机联系, 还要同时考虑参与系统活动的人为因素。为了使模拟结果真实有效, 所采用的参数应当尽可能齐全, 某些参数及其关系的确定和优化可借助大数据挖掘方法(Mayer-Svhönberger and Cukier, 2013), 而所使用的主要数据应当是客观的原始数据。考虑到系统工程方法是组织管理各种人造系统的规划、研究、设计、制造、试验和使用的科学方法, 具有普遍意义和价值, 在软件系统任务设计和组织实施的过程中, 需要认真地加以应用。

## 1.1 油气成藏动力学模拟的方法论

油气成藏过程模拟的任务是在分析油气成藏机制和成藏过程的基础上, 再造油气系统的油气生成史、排放史、运移史、聚集史和散失史, 实现油气系统油气资源潜力的定量评价, 因此也称为油气系统模拟。开展油气成藏过程模拟与圈闭评价, 需要有一个高可用性的软件系统, 以便综合运用地质学家所积累的关于油气系统分析的知识, 以及关于油气成藏的动力体系、输导体系、储集体系和成藏机制的知识。所面临的问题包括:

盆地和油气系统的四维时空格架再造,油气成藏作用所依存的物质空间的三维动态重构,盆地地热史和油气成熟史的三维动态恢复,油气运移、聚集过程的非线性特征描述,各种地质作用之间的控制和反馈控制,以及油气成藏过程的总体非线性特征描述。解决这些问题,需要引进空间信息系统的技术与方法、复杂地质结构的三维地质建模方法、系统动力学方法和人工神经网络方法等(吴冲龙等,2001a;Wu et al.,2013)。

### 1.1.1 油气成藏动力学模拟的基本思路

开展油气成藏动力学模拟的目的,不仅在于合理而可靠地计算和评估资源潜力,而且在于避免过多的定性、模糊的主观臆断,尽可能使各级构造单元及油气系统的成藏动力学过程的分析和资源潜力的评价定量化、清晰化和合理化。在着手进行油气成藏动力学系统设计之前,应当首先进行系统分析,主要任务是:①分析系统的需求与结构特征,具体地了解并掌握油气成藏动力学模拟系统的服务对象、设计目的、结构要素、性能指标、工作环境、工作流程及系统设计策略;②分析油气勘探的工作特点、业务现状、数据现状和数据流向,逐步建立系统的实体模型和概念模型。作为盆地模拟和油气资源定量评价技术的继承和发展,油气成藏动力学模拟系统的研制目标是实现油气系统的构造、沉积、地热、有机质及油气生成、排放、运移、聚集和散失的三维动态综合模拟。

这项工作所面临的主要难题是:①如何基于数据-模型联合驱动,从总体上把握石油天然气生成、排放、运移、聚集和散失的动力学过程,尤其是从系统论的角度来综合考察盆地地质作用的各个方面及其相互间的控制和反馈控制关系;②如何使概念模型充分反映不同盆地形成、演化的实际情况,尤其是从盆地构造-沉积演化的实际出发,来掌握盆地地热场和应力场演化的总体方向及局部逆转情况;③如何充分地考虑石油天然气成藏过程的阶段特点,尤其是从非线性的角度来深入考察盆地地质作用的复杂过程及其影响因素,分别采用合适的动力学模型加以描述;④如何深入地剖析盆地地质作用系统的结构和功能,尤其是从油气系统动力学的角度来分析系统的层次结构,进而合理地拟定模拟系统的服务边界和功能目标;⑤如何使反映油气系统结构及其变化的数据三维化、动态化,并且使油气生—排—运—聚—散模拟的结果和过程实现二维化、动态化、可视化;⑥如何有效地实现各模拟子系统之间的无缝连接和数据动态交换,以便使反映物质流、能量流和信息流的动态数据在不同动力学模型和不同子系统之间畅通无阻,实现多个子系统的模拟同时进行,相互之间并行发展。如何解决这些问题,正是进行本项目系统设计时要着重考虑的。

### 1.1.2 油气成藏动力学模拟的系统观念

盆地模拟和油气成藏动力学模拟的基础是沉积盆地分析和油气系统分析。

对于盆地系统整体而言,其构成要素包括各个坳(凹)陷级子系统;而对于各个子系统而言,其构成要素为下属次级子系统或者各有关参数,其中包括与天然气生成、运移和聚集有关的各种地质作用子系统。具体分析时,不但要考虑系统内部的动态稳定性和系统(或各级子系统)之间的相关性,而且要顾及其空间结构的整体性和时间系列的完整性，同时，还要密切注意盆地系统整体演化的外部条件，这些外部条件包括：地壳、岩石圈及上地幔的结构、成分和动态，区域大地构造背景、古纬度、古气候及海平面升降变化等。也就是说，必须把沉积盆地放到一个更大的地质作用系统中去考察。盆地分析的实质就是在查明盆地演化时空结构要素的基础上，重建盆地各个子系统(包括次级子系统)及其相互作用的演化历史，进而再造整个沉积盆地及其中矿产资源的演化历史。显然，它应当是一种对盆地的油气及其他矿产资源作出准确评价的系统方法。

　　沉积盆地是同沉积的内动力地质作用(同沉积构造作用、岩浆作用、地热作用、变质作用、内生成矿作用等)、外动力地质作用(剥蚀作用、搬运作用、沉积作用、埋藏作用、外生成矿作用等)，以及内外动力联合地质作用(包括成岩作用、成藏作用和成矿作用等)赖以进行的独立而完整的基本地质单元。盆地系统是一个巨型的复杂开式系统，从盆地演化的角度看，上述各种地质作用也是它的子系统。在盆地整体演化的过程中，这些内、外动力地质作用子系统，同样可以分解为更低级的子系统。例如，成藏作用子系统(即油气系统)可以分解为生烃作用、排烃作用、运烃作用和聚烃作用等次级子系统。

　　盆地系统及其每一个子系统和次级子系统都与外界进行物质交换、能量交换和信息交换，既有输入也有输出，维持着自身的稳定状态。每一个子系统和次级子系统都有自己发生、发展的规律和方向，有很强的抗干扰能力。然而，它们又都服从于盆地系统整体演化的总规律、总方向，有一些共同的影响因素。相邻的子系统及次级子系统之间都没有明确的边界，甚至共用一个空间，它们相互穿插、相互联系、相互制约。任何一个子系统或次级子系统的状态变化，都会直接或间接地影响相邻子系统的状态变化，甚至可能导致盆地系统的总体变化，盆地地质作用系统及其各级子系统的上述特性可归纳为整体性、相关性、动态稳定性和环境适应性等(吴冲龙等，1993)。显然，必须将盆地石油天然气的生—排—运—聚—散过程和机制置放于盆地大系统中，整体地、联系地、动态地对其进行考察。作为自然系统，油气系统或者说油气成藏动力学系统是盆地系统的子系统，因此，研究工作可以借鉴一般系统工程的思路和方法，即首先进行系统分析——包括盆地分析和油气系统分析，然后分层次地建立盆地级、坳陷级、凹陷级和洼陷级油气子系统的概念模型。

　　从系统论和控制论的角度看，盆地分析的思路可以概括为整体分析、关联分析、反馈分析、动态分析和定量分析，其内容包括两个不可分割的方面，即盆地自身特征分析和区域性(包括深部)背景分析。盆地分析方法是一种分解和综合的方法，即首先将研究对象划分为系统的一系列构成要素，分别研究其性质、特点和行为，然后查明各要素之间的相互关系，并从总体上把握系统的整体运作特征。根据以上认识，将盆地分析看成是一种多层次、多目标的系统分析与系统评价，而将盆地模拟看成是盆地分析的定量化系统模拟方法。作为盆地分析的定量手段，盆地模拟既不能代替盆地分析，也不能脱离盆地分析而单独进行。盆地模拟应当与盆地分析紧密结合，以盆地分析为基础，为盆地分析服务。应当着重指出的是，作为人工系统，盆地模拟系统也应当具有层次结构。油气成藏动力学模拟系统和勘探目标模拟系统，可以看作是盆地模拟系统的子系统。

　　盆地模拟大致可分为四个级别，即盆地级、坳陷级、凹陷级和洼陷级。盆地级模拟的目的是再造全盆地的构造史、沉积史、地热史和有机质成熟史，实现盆地油气资源潜力的总体定量评价；坳陷级、凹陷级、洼陷级模拟的目的是再造各次级油气系统的油气生成史、排放史、运移史、聚集史和散失史，实现各次级油气系统的油气资源潜力定量评价，即为油气成藏动力学模拟。无论是哪个级别的油气系统模拟，都必须面对完整的油气系统，换言之，都必须包含油气及其生—排—运—聚—散的完整系统，否则不可能完整地体现模拟的效果。前者是总体性概略模拟评价，后者是局部性详细模拟评价。二者之间既有联系又有区别，分别在油气勘探的不同阶段进行，可采用不同尺度和不同详度的资料。应当分层次、分目标地设计模拟方案和软件系统，使之与盆地分析的各个层次和目标相适应。目前所谓的"圈闭模拟"不涉及完整的油气系统模拟，只是进行油气富集区块或圈闭的油气聚集史和散失史模拟，目的是估算圈闭的资源潜力。很多模拟之所以失败，都是因为缺乏系统观念。

### 1.1.3 盆地四维时空模型的虚拟孪生

作为实际过程的仿真系统，油气成藏动力学模拟系统的研究与开发，遵循数据驱动的实体模型→概念模型→方法模型→软件模型的建模过程。其中，各级盆地(或油气系统)概念模型的建造尤为重要。概念模型是实体对象的抽象描述，即虚拟孪生模型，其分析和综合是整个油气成藏动力学模拟系统建模的基础。概念模型与实体对象及实际过程的符合程度，即概念模型的相似性，是整个模拟系统开发成败的关键环节。

迄今为止，国内外已经建立的盆地概念模型多数以构造模型为主，大致分为拉张型(裂谷和裂陷盆地)、挤压型(前陆盆地和拗陷盆地)和剪切型(走滑盆地和拉分盆地)3种。盆地构造的实际演化过程十分复杂，往往由一个世代或两个世代，甚至多个世代的多个原型叠加而成，是一种多层次的、随时间发展的三维实体(朱夏，1986；朱夏和徐旺，1990；张渝昌，1997)，用高度概括的理论构造模型很难准确地表达盆地的真实状况。因此，企图采用这种理论构造模型来生成数字盆地是不可靠的。同样，把理论沉积模型作为模拟对象的介质模型，进而将抽象的地球动力学模型作为模拟对象的油气成藏模型也是不可靠的。所谓理论沉积模型，是指按照沉积学的瓦尔特相律和地表水动力理论，在盆地各套沉积地层中建立的边缘相(冲积扇相、扇三角洲相等；滨岸平原相、碎屑滨岸相等)、过渡相(湖相三角洲相、滨湖相等；海相三角洲相、潮坪相、台地相等)和中心相(湖泊相、浊积相等；盆地相、浅海相等)的概略分布模型。所谓抽象的地球动力学模型，则是指直接按照盆地热力学、构造力学、化学动力学和地下水动力学等理论，建立起来的油气生成、排放、运移、聚集和散失理论模型。这些构造、沉积理论模型以及地球动力学模型都没有实际数据支撑，难以完整地描述真实的盆地及其油气成藏过程。然而，为了使模拟结果与勘探实际相吻合，一种通用做法是采用"约束反演"方式，即通过修改某些输入参数值人为地"修正"模拟结果，使之逼近模拟对象，同时还采用所谓的"敏感参数"来进行奇异值控制。如果概念模型和数学模型是正确的，这种方法可能是有效的；但如果概念模型和数学模型是错误的，则这种方法会人为地夸大或缩小某些参数的作用，造成模拟所得的过程与实际过程严重脱节。对于这个问题，研制油气成藏动力学模拟系统时不能不加以注意。

解决模型相似性问题并制定油气成藏动力学模拟的合理方案是采用大数据方法(吴冲龙等, 2001a, 2016, 2020), 即不刻意追求用常规动力学模型和数理方程求解, 易于用常规动力学模型描述的内容就采用常规动力学模型, 易于用非线性动力学模型描述的内容就采用非线性动力学模型, 而不易用常规动力学和非线性动力学描述的内容, 就采用数据-模型联合驱动的拓扑结构模型、人工智能模型和机器学习模型。这里的拓扑结构模型, 是指采用盆地拓扑结构的序列回剥和体平衡技术, 以及多要素的三维可视化精细建模技术, 实现盆地构造-地层格架的四维虚拟孪生(Wu et al., 2013)。显然, 盆地构造-沉积格架演化模型, 不应采用经典的构造动力学和沉积动力学建模方式, 而应采用数据-模型联合驱动的拓扑结构建模方式。为了将盆地模拟和油气成藏动力学模拟建立在可靠的盆地构造-沉积格架之上, 应当对沉积盆地的大地构造背景、盆地构造格架、成因地层格架和层序地层格架及其演化历程进行数据驱动的具体分析, 再抽提出盆地构造-沉积格架演化的拓扑结构模型。

综上所述, 油气成藏动力学模拟系统的概念模型, 应在数据驱动的具体盆地分析基础上通过综合得到, 不必刻意地追求统一和完整的动力学表达方式。应当注重盆地空间实体及其演化史的虚拟孪生, 将构造-地层格架的拓扑结构模拟与盆地地热场、流体压力场及油气生—排—运—聚—散的动力学、非动力学模拟结合起来。这种多模型、多方法的有机结合, 是解决盆地模拟和油气系统模拟模型适用性问题的重要途径与方法。

## 1.1.4 油气成藏过程和多方法综合模拟

在常规的盆地模拟中, 为了开发软件需要将各种概念模型转化为相应的数学模型, 再转化为计算机模型, 亦即利用数符化模型来描述概念模型。因此, 数学模型的选择, 是合理制定盆地模拟模型的另一个重要条件。选择什么样的数学模型来描述地质过程, 涉及地质体的数学特征问题。地质体的数学特征是指地质体各种属性的数量规律性, 只有当所揭示出来的地质体参数特征和数量规律性, 能够正确地反映地质体的本质特征和总体特征时, 才能称其为地质体的数学特征。这里存在两个方面的问题, 其一是如何正确认识地质体的数学特征; 其二是如何准确描述地质体的数学特征。

国内外盆地模拟和油气系统模拟所采用的数学模型主要是精确的常规动力学模型。它们是一些描述精确物理和化学定律的微分、偏微分方程的集合。毋庸置疑, 沉积盆地和油气系统有其精确的一面。这种精确性包括准确性(指地质体的某些几何、物理、化学参数可以准确度量和测试的属性)和确定性(指地质变量之间的依赖关系可以确定地描述的属性, 或称为有序性)。相对而言, 盆地古地热场、有机质热演化、古构造应力场和油气生成在总体上具有较高的精确性, 采用常规动力学模型来描述较为合理、可靠。

但是, 沉积盆地和油气系统往往更多地表现出随机性、模糊性和非线性的一面, 主要体现在构成复杂、干扰因素众多、事件的发展方向和结果有多种可能性, 亦即具有不确定性(或称为无序性), 本来是受一定物理、化学定律制约的事物, 却杂乱无章、难以捉摸。在这种情况下, 无法逐一精确地测定、评价其有关参数, 更难以一一用微分方程和偏微分方程来描述事件发展的全过程。用一些固体力学方程来解决褶皱及断裂的形成和分布尚属不易,用几个流体力学方程来描述石油天然气的运移和聚集就更困难了。

要描述盆地和油气系统的随机性,必须采用随机数学(包括概率论、统计数学和随机过程论)的基本理论和方法,来构筑模拟对象某一侧面的随机模型。要合理地描述和模拟盆地和油气系统的模糊性,需要引进模糊数学的理论和方法。盆地和油气系统的模糊性,表现在现象构成及现象间联系的准确性、完整性和清晰度比较差,难以使用严格的判定标准和精确的函数关系来识别和描述,甚至使用数理统计学理论和方法都不能奏效。要描述和模拟盆地和油气系统的非线性特征,则需要采用选择论方式分阶段进行处理。盆地系统是一个复杂的开放系统,其演化包含了从无序到有序、从旧序到新序,又从有序到混沌的过程,是外部岩石圈动力学背景与内部物质条件共同作用的产物,即在外力胁迫下离开平衡态的结果。一个远离平衡态的开放系统,在外界条件变化达到特定阈值时,量变可能引起质变。地质演化进程所表现出来的随机性和模糊性,很大程度上是由地质作用的非线性动力学机理决定的。随着控制变量的增大,系统将多次失稳、分叉,由有序走向混沌。在分叉点附近,系统的确定性进程被破坏,代之以一个随机选择过程。随机性支配着系统在分叉点上择取多个分叉中的一个,使确定性又开始起支配作用,直到下一个分叉点(Prigogine,1983;哈肯,1984)。这就是说,外部条件可迫使系统从稳定平衡位置进到非稳定平衡位置,而随机涨落能使系统从非稳定平衡位置进到新的稳定平衡位置。在分叉点上,采用随机数学进行发展方向选择和描述,一旦做出了选择则采用相应的确定性模型来描述。

在油气系统中,油气的生成、排放、运移、聚集和散失作用,就是充满了从无序到有序、从旧序到新序以及从有序到混沌的过程。然而,目前的非线性动力学还不足以使我们建立起完善的数学模型,来恰当地模拟盆地系统及其中油气生成、排放、运移、聚集和散失作用子系统的演化历程。为了解决这个问题,一方面可以引入描述地质体特征的新参量——分维和多标度分形谱(赵鹏大和孟宪国,1992),来描述其复杂程度和成因特征;另一方面可采用有模型和无模型结合的选择论方式,分阶段地把模型驱动的确定性和精确性动力学计算与数据驱动的数理统计和模糊数学计算有机地结合起来(吴冲龙等,2001a)。当系统从稳定平衡位置向非稳定平衡位置转化而至特定的"阈值"(分叉点)之前,可使用确定性、精确性的动力学计算模型,如构造应力、孔隙压力的积累和构造应力场、地层压力场的模拟;当系统从非稳定平衡位置向稳定平衡位置转化时,可使用随机性、模糊性计算模型,如大破裂或大变形的出现和分布,以及油气突发性排驱、运移模拟。在油气系统处于"阈值"前后的这两种状态下,如果现象及其相互关系模糊时,可考虑采用模糊数学来描述。同样,在描述某一子系统时,如果整体上采用确定性模型,其中某个次级子系统或某些控制参数或现象仍可以采用随机模型来估算和预测;反之,如果整体上采用随机模型,其中某些控制参数或现象也仍然可以采用确定性模型来求解。实践结果表明,这种选择论措施是可行的。

此外,在对沉积盆地和油气系统的形态和结构特征进行静态和动态模拟,以及对一些复杂的、尚未查明的局部非线性过程,如对油气运移和聚集过程进行动力学模拟时,还可以考虑人工智能方法——人工神经网络系统和机器学习方法(吴冲龙等,2001d),以及二者的结合应用。也就是说,在进行盆地模拟、油气成藏动力学模拟和勘探目标模拟系统设计时，应当采用综合性的方法模型，可以把确定性模拟与随机模拟、模糊模拟、条件模拟、分形模拟及人工智能模拟等方法结合起来。其中不但包括多种数学模型的综合运用，还包括数值模拟与人工智能模拟的结合，同时也包括常规动力学与非线性动力学的结合。

## 1.1.5　地质作用的系统动力学模型

盆地系统、油气系统及其各地质作用子系统的演化，受到复杂的控制机理支配。任何盆地的构造、沉积、地热、生烃、排烃、运烃和聚烃作用之间，既有控制也有反馈控制。各种地质作用互相影响、互相制约、相辅相成，共同影响着盆地及其中油气藏的形成和演化。因此，在制定有关盆地模拟和油气成藏动力学模拟的方法模型时，不但不应当回避而且应当重视解决控制论方面的问题和内容(吴冲龙等, 1993)。

反馈控制作用对系统演化的重要性，可以通过对系统本身的特征和性质的分析来了解。从控制论角度看，盆地系统及其各级子系统可以划分为开环系统和闭环系统两类。所谓开环系统是指系统的输出量对系统的输入量没有影响，即对系统的控制作用没有影响的系统。对开环系统进行分析和模拟，既不需要对输出量进行测量或估计，也不需将输出量反馈到输入端与输入量进行比较。因此，这种系统不是反馈控制系统。闭环系统是指输出量对输入量有影响的系统，亦即输出状况对系统的控制作用有直接影响的系统。这类系统有很强的自我适应和自我调节能力，能够根据输出情况自发地调节输入量及自身的状态，维持系统的平衡。在一定的条件下，与盆地油气藏形成演化有关的各地质作用子系统，都属于闭环系统。对这种闭环系统进行模拟，不但需要对输出量进行测量或估计，而且还需要不断地将输出量反馈到输入端，以便与输入量进行比较，动态地调节输入量。根据输入和输出的关系，反馈控制系统还可以进一步划分为正反馈系统和负反馈系统两种类型(福雷斯特, 1986)。如果能够对盆地系统及其各级子系统进行具体分析，正确地划分反馈控制系统的属性，对合理地设计模拟模型和制定模拟策略都会有重要的帮助。

在盆地系统和油气系统研究与模拟工作中，通常只强调子系统之间的控制作用，常规的做法是将一个子系统(或次级子系统)的模拟结果作为另一个子系统(或次级子系统)的初始条件和(或)边界条件，而忽略它们之间的相互作用和反馈控制机制。换言之，在已有的油气成藏作用模拟工作中，通常只注意前一个作用或子过程对后一个作用或子过程的控制，而忽略了后一个作用或子过程对前一个作用或子过程的反馈控制。例如，随着烃源岩中有机质温度的升高，生烃作用将不断进行，烃源岩中的孔隙流体压力也将不断增大，而当压力增大到一定程度时，又将对生烃作用产生抑制。但是在压力增加的同时，烃源岩孔隙中的含烃流体也将在压力的作用下不断地被排放出去。排烃作用越强，孔隙流体压力减小就越快，越有利于生烃作用的进行；反之，排烃作用越弱，孔隙流体压力减小就越慢，越不利于生烃作用的进行。烃源岩孔隙压力又与孔隙度密切相关，当烃源岩孔隙度减小到一定程度时，由于排烃受阻，就会产生孔隙异常高压，从而对生烃作用产生抑制。而当压力增加到超过岩石的破裂极限时，岩石发生破裂并导致突发性(幕式)排烃作用的发生，烃源岩中的孔隙流体压力急剧降低，使得烃源岩的生烃作用继续正常进行。生烃作用对排烃作用的控制在已有的盆地模拟系统中普遍得到体现，但排烃作用对生烃作用的反馈控制机理虽然已经被认识到，却未曾在盆地分析和盆地模拟中得到很好的关注和体现。这种事例还有很多，在此不再赘述。

在当前情况下，盆地模拟和油气系统模拟工作者面临的一个重要课题，就是如何借鉴和引用技术控制理论来揭示盆地系统和油气系统的反馈控制机理，并且近似地加以描述。当然，使经典的技术控制理论适应于盆地动力学系统和油气成藏动力学系统是比较困难的，因为其中各子系统和次级子系统都不同程度地存在参数信息不完全、结构信息不完全、关系信息不完全和演化信息不完全的情况，甚至有些重要地质现象的物理、化学过程至今尚未明了，这就给盆地模拟模型的建立带来严重的不确定性。

这些问题的解决，有赖于油气地质科学、系统理论和数学理论的发展。兴起于管理学和社会学领域的"系统动力学"（system dynamics）（福雷斯特，1986），在描述和模拟子系统之间的反馈控制机理方面具有显著效能，值得借鉴和应用。

## 1.2　油气成藏动力学模拟的系统设计

油气成藏动力学模拟的系统设计是在系统分析基础上进行的。油气成藏动力学模拟的系统设计任务则是根据系统分析结果，进一步建立系统的开发模型和应用模型。

### 1.2.1　油气成藏动力学模拟的系统工程模型

在开展油气成藏动力学模拟系统分析的基础上开展系统建模和系统设计，应当特别强调多种动力学模型和多种方法模型的综合运用。根据系统工程学的理论与方法，油气成藏动力学模拟的系统工程模型构建思路可概括为：将动力学模拟与拓扑结构模拟结合起来，以拓扑结构模拟为基础，再造油气生—排—运—聚—散的物质空间；将常规动力学模拟与系统动力学模拟结合起来，以系统动力学模拟为框架，反映子系统之间的反馈控制关系并体现油气系统整体的非线性过程；将数值模拟与人工智能模拟结合起来，以人工智能模拟为向导，运用地质学家的知识与经验，能动地解决油气运聚等局部过程的非线性问题。基于该系统工程模型建立的油气成藏动力学模拟系统的逻辑结构，如图1-1所示。

### 1.2.2　油气成藏动力学模拟系统建模

油气成藏动力学模拟系统建模包括开发建模和应用建模两个方面。前者遵循实体模型→概念模型→方法模型→软件模型的顺序，后者遵循地质模型→方法模型→模拟模型的顺序。二者既有差别又有联系，相辅相成，共同指导系统的设计、开发与应用。

#### 1.2.2.1　模拟系统的开发建模

从建模的主体看，开发建模是程序员建模，其工作流程如图1-2所示。该流程反映了程序员工作方式，遵循软件工程的思想、路径、方法与准则，且以满足用户建模要求、实现油气系统的定量分析和油气资源的定量评价为基本目标。

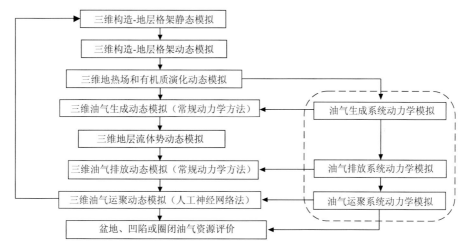

图 1-1　基于系统工程模型建立的油气成藏动力学模拟系统的逻辑结构
右侧虚线框内为系统动力学模拟

　　所谓实体模型是指通过典型盆地分析和油气系统分析所得到的个体对象模型，包括对典型盆地和油气系统的结构、组成及其演化的具体认识，特别是关于构造演化、沉积演化、热演化、有机质演化以及油气生成、排放、运移、聚集、散失的特征和历史过程的认识。一切系统都是有层次结构的。与盆地系统和油气系统的层次结构相对应，实体模型可划分为各种子模型和次级子模型。例如，为了研究方便，盆地实体模型可以划分为坳陷级、凹陷级和洼陷级子实体模型，也可以划分出构造演化、沉积演化、地热演化、油气生成、油气排放、油气运移和油气聚集子实体模型等。而盆地构造、沉积和地热演化等子实体模型，也可以再划分出坳陷级、凹陷级和洼陷级的次级子实体模型等。

　　概念模型是通过多个实体模型的对比、综合和概括而得到的群体对象模型，侧重于对同类盆地(坳陷、凹陷、洼陷等)和油气系统的结构、组成及其演化的规律性认识，特别是关于构造演化、沉积演化、地热演化、有机质演化以及油气生、排、运、聚、散方面普遍性的特征和历史过程的认识。概念模型也有级次之分，即有模型、子模型和次级子模型之分。为了建造合理的概念模型，必须有可靠的实体模型作基础。针对中国油气成藏的主要盆地环境是中、新生代陆相盆地的特点，在设计和开发油气成藏动力学模拟系统（QuantyPetro）的时候，采用了珠三坳陷、百色盆地、临清坳陷和东营凹陷等典型实例，充分利用前人的盆地地质研究成果，通过系统综合分别建立其盆地构造格架、地层格架和生运储盖组合的三维静态及动态拓扑结构实体模型，进而分别建立其盆地地热演化及油气生成、排放、运移、聚集和散失的动力学实体模型。然后通过对比、综合，抽提出相应的概念模型。随后，经过多个盆地(或坳陷、凹陷)的应用之后，又利用古生代的塔里木盆地及塔北坳陷的资料进行了补充研发，以便拓展其在海相盆地和海相油气系统模拟中的普适性。

　　方法模型是用于描述概念模型的思路、方法、方案和算法的集合。方法模型应当与描述对象的概念模型相适应，概念模型不同，所采用的方法模型也应当有所不同。关于方法模型的选择原则，已经在前文做过说明，这里不再赘述。QuantyPetro 综合地运

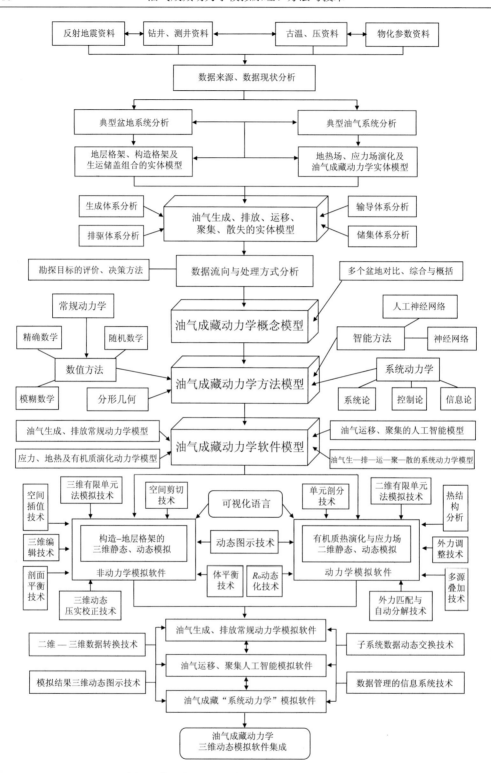

图 1-2　油气成藏动力学模拟系统(QuantyPetro)程序员工作流程图

用常规动力学、人工智能、系统动力学和分形几何等模型，以及确定性数学、随机数学、模糊数学及其算法，来描述和模拟所建立的盆地和油气系统的概念模型。

软件模型或称软件工程模型，是利用计算机来实现方法模型的目标、规则、标准、技术、过程和结构框架的集合。软件模型也是软件人员开展分工协作的直接依据。在软件模型建造与软件设计过程中，应当强调整体技术和精度配合，主攻三维沉积体的静态和动态精细建模及其模拟技术；着重开发盆地构造格架、地层格架及生运储盖组合的拓扑结构模拟；以及它们与盆地地热演化、有机质演化和油气生排运聚散模拟的耦合技术，以及确定性模拟与随机模拟、条件模拟、人工智能模拟等的耦合技术（吴冲龙等，2001a）。由于方法模型存在多样性，软件模型之间也应有所差别，但为了便于操作应用，宜采用新一代可视化语言作为统一的软件开发平台。

### 1.2.2.2　模拟系统的应用建模

应用建模属于用户建模，是指用户利用油气成藏动力学模拟软件，对当前勘探的盆地（或坳陷或凹陷）进行模拟时的建模工作。其工作流程（图1-3）反映了用户的工作方式，集中地体现了模拟系统的功能需求、层次结构、工作内容、数据流向和工作次序，因而可反过来作为软件开发建模的依据。应用建模中的地质模型，是用户通过分析得来的对具体盆地（或坳陷或凹陷）和油气系统（或子系统或次级子系统）的认识。

应用建模中的方法模型，与开发建模中的方法模型一致。二者的差别只在于开发建模时是把可能适用的各种方法模型汇聚起来建立方法库以备应用时的选择；在应用建模时，则是根据地质模型的特点，在方法库中选择合适的方法模型并根据实际需要加以组合。正确、可靠的地质模型，是用户选择合理的方法模型和构建正确的应用模型的依据。一般地说，不同的方法模型有不同的应用条件，所需要的代价也不同。常规动力学方法的应用条件较为严格，但数据输入较为方便且计算速度较快；人工智能方法的应用条件较为宽松且数据输入较为方便，但计算速度较慢；系统动力学方法的应用条件也较为宽松且计算速度较快，但数据输入却较为烦琐。为了以最小的代价换取最好的结果，应当根据地质模型的特点及模拟目的，选择适当的方法模型和软件模型。例如，构造较简单、输导层埋藏较浅且分布连续、封盖条件良好的盆地（或坳陷、凹陷、洼陷），其油气运聚模拟可采用常规动力学方法；构造较复杂、输导层埋藏较深、分布不连续且封盖条件较差的盆地（或坳陷、凹陷、洼陷），其油气运聚模拟可采用人工智能方法。地质模型的可靠性与用户对模拟对象的认识深度相对应，因而也与研究区的油气勘探程度、油气系统分析程度成正比。

从油气成藏的系统观念出发，在进行油气成藏动力学模拟的应用建模时，还应当考虑油气系统内的物质守恒与能量守恒，以及系统内外的物质交换与能量交换问题。因此，油气成藏动力学模拟的应用建模和应用模拟，都应当针对完整的油气系统。但如果存在油气系统内外的物质交换和能量交换，需要对其加以分析、处理。

应用建模中的模拟模型是指进行油气成藏动力学模拟所需要的参数和数据集合，它们是地质模型的数量化抽提和描述，也称为参数模型和数据模型。各种方法模型对参数和数据的格式、组织、精度及可靠性都有严格的要求。模拟模型的建造过程就是按照所

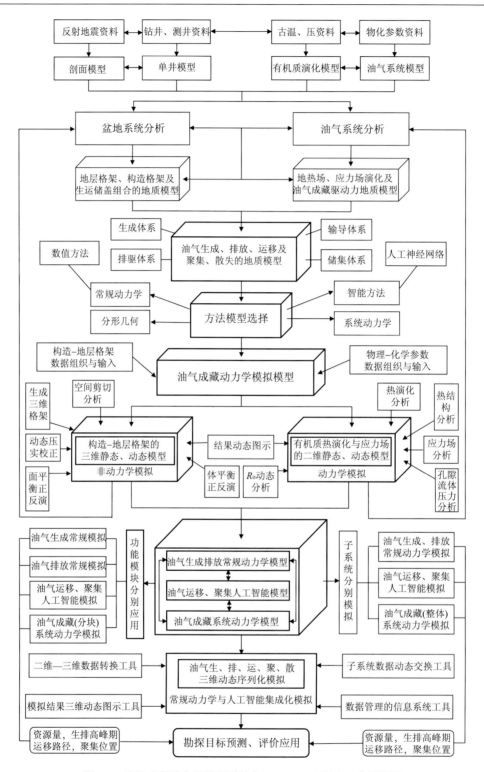

图 1-3　油气成藏动力学模拟系统(QuantyPetro)用户工作流程图

选择的方法模型，针对同一油气系统来组织和输入数据。模拟模型所采用的数据既有空间数据，也有属性数据；既有原始数据，也有综合数据。数据的来源既包括地震勘探、重力勘探、钻探、测井和各种物理-化学测试，也包括勘探成果的总结以及盆地分析和油气系统分析。除了日常勘探工作、盆地分析和油气系统分析本身的数据采集质量之外，模拟前的高规格数据采集方式、统一的量纲-量级和精确度以及完善的数据组织、输入和存储、管理工具，是建造高水平模拟模型的重要条件。为此，需要借鉴并采用地质信息系统的思想与方法(吴冲龙等，2014a)，在油气成藏动力学模拟系统中建立功能较强的数据管理和图形编辑模块，为用户组织、输入、检索和修正数据提供方便的人机交互界面。在这样的地质信息系统支持下，用户在完成了模拟模型的建造任务之后，便可以顺利地对研究区进行油气成藏动态模拟。

### 1.2.3　油气成藏动力学模拟系统的结构与功能

油气成藏动力学模拟系统作为油气成藏条件、成藏过程和成藏状况的综合性仿真技术系统，其设计应当建立在结构-功能一致性准则之上。功能需求是结构组织的依据，而结构组织是功能需求的体现。在系统开发初期，应当在用户需求分析的基础上，结合计算机硬软件水平进行系统结构设计，以便指导和规范软件人员的工作。在系统结构设计过程中，还是需要软件研发人员与油气勘查人员密切配合、共同探讨，并随着硬件水平和软件开发水平的不断提高而不断地改进、优化和完善系统结构。图 1-4 和图 1-5 分别是本书作者团队研发的油气成藏动力学模拟系统 QuantyPetro 的逻辑结构模型和功能结构模型。

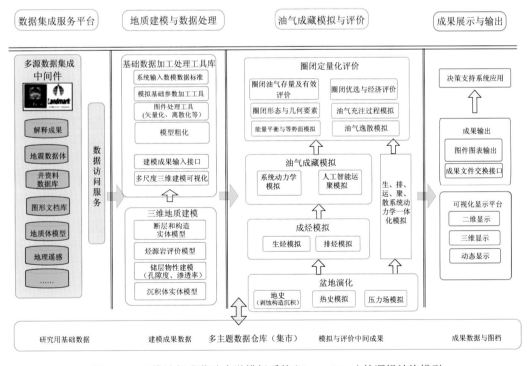

图 1-4　三维油气成藏动力学模拟系统(QuantyPetro)的逻辑结构模型

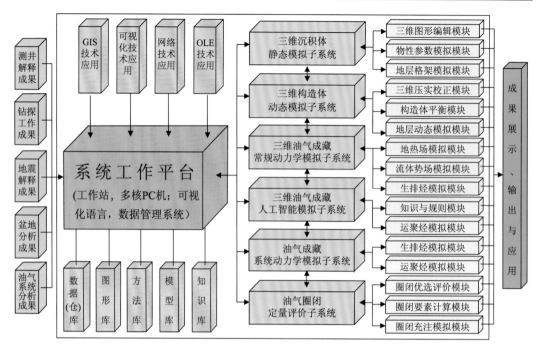

图 1-5　油气成藏动力学模拟系统的功能结构模块组成

　　该系统的逻辑结构模型包括主题数据仓库、数据集成服务平台、地质建模与数据处理、油气成藏模拟与评价、成果展示与输出 5 个部分。其中，数据仓库是整个系统的核心，它既是原始数据、中间成果和最终成果的存放处，也是多主题数据的组织和管理机构，而油气成藏模拟与评价部分，则是油气成藏动力学模拟系统的主体。

　　该系统的功能结构分为 3 个层次，由 1 个工作平台、6 个子系统、16 个模块及 600 余个子模块构成。系统的工作平台包括硬件和软件两部分，其中，硬件平台可以是工作站，也可以是多核的 PC 机，或者多线程并行计算机系统；软件平台主要由数据管理系统和基础图形编辑系统组成。该软件平台的开发综合地采用了 GIS 技术、可视化技术、网络技术和集成化[对象链接和嵌入(object linking and embedding, OLE)、开放数据库连接(ODBC)等]技术，并且借鉴了数据库技术、图形库技术、方法库技术、模型库技术、知识库和数据(仓)库(或数据集市)技术，不仅具有强劲的数据输入、管理和分配功能，而且可以实现各层次之间、各子系统之间和各模块之间的数据动态传送。6 个模拟子系统分别是三维沉积体静态模拟子系统、三维构造体动态模拟子系统、三维油气成藏常规动力学模拟子系统、三维油气成藏人工智能模拟子系统、油气成藏系统动力学模拟子系统和油气圈团定量评价子系统。每一个子系统都包含着 2~3 个模拟模块，而每个模拟模块中又包含着多个模拟子模块。油气成藏动力学模拟系统的前端是模拟模型的分析、综合和建造，后端是油气资源预测、评价和应用。

　　在本模拟系统中，三维沉积体静态模拟子系统是整个模拟系统的先导，担负着地层格架建模、物性特征、动力学特征和有机地球化学特征的描述和数据预处理任务。三维构造体动态模拟子系统用于恢复和建立盆地演化各个时段的构造格架，并确立与三维沉积体静态模型的动态匹配关系，即重建盆地演化各个时段的构造-地层格架。三维油气成藏常规动力学模拟子系统，负责模拟油气的生成、排放和运聚动力学过程，而人工智能模拟子系统负责模拟油气运移和聚集。为了满足用户对构造简单、输导层较浅且分布连续、封盖条件良好的盆地(或坳陷或凹陷)的模拟要求，还需要配置基于常规动力学的三维油气运聚模拟子系统。系统动力学模拟子系统是一个独立的子系统，用于实现对盆地(或坳陷或凹陷)油气成藏非线性过程及其中各种复杂反馈控制关系的模拟。其中的油气生成排放系统动力学模块，可以进行单井模拟，也可以进行盆地(或坳陷或凹陷)的整体模拟，而油气运聚系统动力学模块只能进行盆地(或坳陷或凹陷)的整体模拟。系统动力学子系统的模拟结果，能够比较真实地反映整个盆地(或坳陷或凹陷)油气生成、排放、运移、聚集的总量，因而可以作为三维常规动力学模拟和人工智能模拟的约束，共同完成油气资源预测评价。

开展油气成藏过程模拟系统的详细设计需要首先依据系统逻辑结构和功能结构进行模块、子模块的功能界定，定义系统逻辑结构和功能结构的细节。由于油气成藏动力学模拟与评价涉及海量异质异构勘查数据的统合应用，该系统的逻辑结构和功能结构不但应当以多主题数据仓库(或数据集市)为依托，而且应当以多主题数据仓库为核心来进行部署。油气田勘查数据包括地质(钻探)、物探、化探、遥感等，不仅数量巨大而且具有多源多类异质异构特征，目前多采用数据湖的方式进行存储和管理。在本系统中，各种空间数据和属性数据的管理以.net 为主界面，基于 webservice 数据访问机制与数据抽取、转换和加载(extraction-transformation-loading，ETL)工具，将分布的、异构数据源中的各类油气勘查数据抽取到临时中间层后，进行清洗、转换和集成，最后加载到数据仓库或数据集市中，成为开展模拟对象三维地质建模和油气成藏动力学模拟的基础。至于体数据，由于数量巨大，在多主题数据仓库中仅以索引方式指出其对应位置，应用程序按 CLIPSE 通用的规则拓扑几何体及属性格式(*.GRDECL)，直接从数据湖中进行调用，并且基于 C++、Java、IDL 等开发的油气成藏动力学模拟子系统通过 ODBC 与数据仓库对接。

# 1.3 软件开发的技术难点及解决办法

从上面的分析可以看出，进行三维油气成藏动力学模拟系统的软件开发，将涉及各种模型构建的一系列理论难题和技术难点。其中有关实体模型、概念模型和方法模型方面的理论难题已经在前文做了探讨，这里着重谈谈软件模型方面的技术难点及其解决办法。由于所面对的技术问题具有高难度特征，有些甚至在国内外还没有成功解决的先例，需要本着实事求是、有限目标和具体问题具体分析的原则进行研究和开发。

## 1.3.1 三维数字地质体的精细、全息构建

构建三维数字地质体的目的是建立多尺度、多细节层次的数字化盆地(或坳陷、凹陷)及其油气系统的实体模型，并将其作为油气勘查的地质时空大数据载体，以及油气成藏

动力学模拟赖以进行的三维结构-属性-动力一体化的虚拟地质空间。所采用的数据内容包括地层、构造、岩石、油气藏和有机地球化学等。建造三维数字地质体的主要内容有三项，其一是将二维数字地质剖面图或等 T0 构造平面图转变为三维数字地质体的空间插值；其二是实现地质三维空间实体非连续性和非均质性的虚拟建模，即精细结构与全部属性一体化的全息、精细三维建模；其三是所构建的多尺度三维地质模型之间的无缝对接和嵌套。完成这三项内容，关键在于合理的三维数据结构及空间插值技术的研发。

### 1.3.2　三维数字地质体的矢量剪切

三维地质模型既是三维盆地定量分析和油气系统定量分析的基础，也是三维油气成藏动力学模拟赖以进行的虚拟空间，作为可视化空间分析和空间查询检索功能的重要环节，其矢量剪切功能的强弱是衡量模拟软件质量高低的重要标志之一。矢量剪切优于位图剪切的地方在于所生成的图形仍然是矢量图形，保存了原有的几何拓扑关系且效率高，因而成为空间分析技术的研发重点。高效的矢量剪切技术将使多尺度（盆地、坳陷、凹陷）三维地质模型不仅能够支持油气成藏动力学模拟，而且能够成为盆地定量分析和油气系统定量分析的有力工具。大规模的盆地三维地质模型的矢量剪切涉及复杂的线段剪切、填充多边形剪切、空间曲面裁剪和注释剪切方法问题，以及与空间结构相融合的属性剪切技术，需要进行深度研发并建立基于合理数据结构的方法模型和软件模块。

### 1.3.3　一维盆地沉降史回剥反演的最大深度法平衡

回剥反演方法是盆地沉降史（即构造史）恢复的一种重要方法。其反演精度与准确性直接影响到整体模拟的精度，但常规的回剥反演方法仅能适用盆地演化过程单一的简单情况，难以处理地层多次隆升剥蚀甚至多时代连续剥蚀的复杂情况——既难以按统一的方式进行处理，也难以实现回剥反演的自动化。为解决这些问题，需要进行新的探索，对传统的回剥反演方法加以改进。QuantyPetro 提出了一种适用的回剥反演法——最大深度法，其主要思路是始终寻找从古至今各时间柱中埋深最大的一柱进行回剥反演。该算法逻辑较为简单，回剥反演过程直观明了，能够由计算机自动实现，并可方便地推广到三维空间中去，实现三维构造史的动态模拟。同时，针对现有的地层岩石校正方法中的缺陷，提出了一种新的地层骨架密度计算公式及一种基于地层骨架体积不变和地层骨架质量不变的压实校正法。

### 1.3.4　二维构造-地层剖面的物理平衡

构造-地层剖面的平衡剖面技术是从二维的角度恢复盆地地质演化历程的常规技术。由于已有的经典平衡剖面技术只考虑几何变形因素，在实际地质剖面的平衡过程中经常出现不合理的"七拱八翘"——有些地方出现重叠而有些地方则出现空隙的现象。在采用手工作业方式或者人机交互作业方式的情况下，这种现象可以通过人为地拉伸和压缩岩块多边形的边长来消除，而如果采用计算机自动处理方式来拉伸和压缩岩块多边形的边长，则难度通常很大且处理过程十分麻烦。解决的途径与方法是根据物体变形机理和物质守恒原理，着重考虑岩石变形的物理属性，采用以法线不变原则和变形匹配原则为基础的物理平衡剖面技术。该技术克服了传统剖面平衡法的计算只能针对单一断裂系统的缺点，适用于断块发育及多层次变形叠加剖面的恢复，既能支持拉张型盆地，又能支持挤压型盆地的构造史研究，能够简化地质分析工作并有效地提高自动化程度和地质构造剖面的平衡精度。

## 1.3.5　三维构造-地层格架的时空平衡

三维构造-地层格架的时空平衡技术简称地质体平衡技术，也是再造动态演化的油气成藏虚拟物质空间的关键技术之一。目前出现的一些体平衡软件，其逻辑拓扑结构仍是二维，俗称为拟三维。这种拟三维体平衡软件在构造简单的盆地(或坳陷、凹陷)时能起到很好的作用，但在发育多个断裂系统且由于复杂变形而体积不能简单平衡的盆地和地区，就显得无能为力了。研发真三维的地质体平衡技术的难点，一是对具有复杂三维拓扑关系的构造-地层体的表达；二是对复杂的三维构造-地层变形机制及其平衡过程的数学表达；三是采用一步法对构造-地层格架进行体积动态计算。每一部分都涉及断块的概念模型、方法模型和软件模型的构建。解决问题的途径是抓住断层演化这个纲，通过分析断层及其相应的断块在三维空间中的变形特征，建立三维复杂构造-地层体的数学模型和三维物质平衡方法(毛小平等，1998a, 1999b)。采用物质平衡方法可简化平衡过程中的三维体积计算，提高对体积不平衡状况的自适应能力，实现三维构造-地层格架演化的动态模拟。同时，还应研发并配置沉积物三维压实校正模拟模块，以便在统一的三维空间中同步实现自动构造平衡和岩层压实校正。

## 1.3.6　盆地构造应力场的动态模拟

构造应力场是控制油气排放、运移和聚集的流体势场的重要组成部分。构造应力场的二维有限元模拟在盆地分析中的应用较为广泛，但当我们将其使用到三维油气成藏动力学模拟系统中来时，面临如下若干问题：①自动化和可视化程度较低，数据输入麻烦，且成果显示不直观；②模拟结果只是象征性的，不能与地层压力进行有效叠加；③不能反映地层破裂后的应力调整情况，不利于追索构造应力场在地层递进变形中的动态变化。为了解决这些问题应当力求实现：①以区域和盆地地质分析为依据，由计算机自动完成外力方向和大小的分解、匹配和平衡；②以各大地构造单元的现代地应力测量结果为依据，由计算机自动进行约束反演，将外力限定在合理范围内；③以质地松软、应力为 0 值的假想单元体，代换质地坚硬、应力集中的实际单元体，模拟在外力恒定的条件下地层破裂后的应力场调整状况(吴冲龙等，2001a; Wu et al., 2013)。在此基础上，开发出盆地构造应力场三维有限单元法动态模拟子系统。该子系统除了具有较高的图示功能和制图功能之外，还能根据地层的岩性、岩相和断裂边界自动剖分有限单元；能根据地质分析的结果自动分解外力的方向和大小，并且将其分配到边界结点上去；能根据同类大地构造单元的现代地应力测量结果，自动将边界施加的外力大小调整到合理的数值上，其模拟结果可以在一定程度上与流体势实现定量叠加。该子系统还能够根据盆地内部应力集中区的破裂情况，自动调整地层的应力分布状况，因而可以用来描述和预测盆地构造应力集中区的迁移过程；能够同时进行应力场和应变场模拟，有助于预测构造圈闭、泥岩裂缝带、底劈带、断裂带的可能发育位置，以及断裂带的封闭性变化。

### 1.3.7 多热源多阶段叠加变质作用模拟

要动态地描述有机质的成熟过程，首先要动态地描述盆地古地热特征。这里涉及古地温、古地温梯度、古地热传递方式等复杂问题，更涉及盆地古地热场的动态变化及古地热源的多期次叠加问题。中国东部中、新生代的地壳古地热场曾有过多次转换，因而岩层中有机质的热演化大多具有多热源叠加变质作用的特征。从地下热流状态平衡与破坏的角度出发，用正常地热场的概念来描述常规上地幔热流对地热场的贡献，用附加地热场的概念来描述岩浆侵入等事件对地热场的贡献，可以有效地解决描述多热源叠加场的难题(吴冲龙等，1997d，1999；吴冲龙和李星，2001)。考虑到热传递作用(主要是热传导和热对流)在不同层位、不同孔隙度和不同地层压力条件下有显著不同的表现，需要将热演化概念模型分解为三个子模型，即过压实段子模型、欠压实段子模型和正常压实段子模型。而为了弥补地球动力学方法和 $R_o$ 反演方法的不足，以便提高盆地基底热流值推算的可靠程度，还需要采用地壳热结构分析来获取盆地基底热流数值，并采用大地构造单元类比的方法来给定莫霍面热流值。同时，还以岩石热导率与岩性、地温之间的关系曲线为基础，采用双重回归方法建立了岩石热导率的经验公式，为地热场动态模拟提供了动态的热导率参数；根据国际上通用的 $T\text{-}t\text{-}R_{o,M}$ 曲线和我国地热史较为简单的松辽、鄂尔多斯、二连等盆地的实测数据，采用双重回归的方法建立了 $T\text{-}t\text{-}R_{o,M}$ 经验公式，并且推导出相应的数值算法，实现盆地地热场和有机质演化的动态耦合模拟。

### 1.3.8 真三维的常规油气成藏动力学模拟

目前国内外基于常规动力学方法的油气成藏动力学模拟，大多数是在二维环境中实现的。要将其推广到三维空间去，并开发出具有一定功能的模拟软件，工作量是浩大的。通常一个成功的二维盆地模拟软件的开发和完善，需要投入20人·年以上的工作量，而要开发一个成功的三维油气成藏作用常规动力学模拟软件，其工作量可想而知。为了尽早拿出与其他子系统相匹配的基于常规动力学的真三维油气成藏动力学模拟软件，需要在借鉴和采用前人的成果的基础上，对方法模型进行系统整理。其中包括：从物理和地质意义上理解和处置超压方程的求解问题，给出关于超压方程的简单而完善的描述，即将烃源岩超压致裂作用与油气突发性排驱作用联系起来，实现三维幕式排烃作用模拟；采用以等流体势薄层为封闭性边界条件的新思路，解决油气在三维空间中运移和聚集的边界条件问题；采用新一代的可视化语言，如 C++、Java、IDL 等，开发出相应的模拟子系统软件，全面实现油气生成、排放、运移、聚集和散失作用的真三维常规动力学模拟。该子系统必须既能与构造-地层格架动态模拟子系统和油气运聚人工模拟子系统联合使用，又能独立运行。

### 1.3.9　油气运移和聚集的人工智能模拟

在陆相含油气盆地中，沉积体的岩性复杂多变，再加上断层、裂隙和不整合面发育，使油气赖以运移和聚集的空间介质具有非均质性和不连续性；不仅如此，地层温度、压力和油气相态、流体势也是复杂多变的。由此造成油气运移方向、运移速率和运移量的变化具有非线性特征，难以确定性求解。所以，单纯使用基于达西定律的传统动学理论和方法，不可能实现油气运聚过程的定量描述和动态模拟，而单纯使用人工智能方式，又难以解决油气相态、介质、驱动力以及油气运移方向、运移速率和运移量与物质空间的定量化描述问题。解决问题的有效途径是采用选择论的方式，将传统动力学模拟与人工神经网络模拟结合起来，在三维构造-地层格架及有关物化参数的动态模拟基础上进行单元剖分，使之转化为有限个均质体后，再运用传统动力学模拟方法对相态和驱动力求解，然后运用人工神经网络技术来解决单元体之间油气运移方向、运移速率和运移量等的非线性变化问题(吴冲龙等，2001d; Wu et al., 2013)。在该子系统中，既要考虑岩性、断层、裂隙带和不整合面的输导性能，又要考虑倾斜地层及构造脊的导向性能，还要考虑流体势和浮力的驱动作用以及毛细管阻力的排斥和吸引作用。这样，才能实现既能用于跟踪油气运移的主通道——断层、构造脊、裂隙带或不整合面，以及由它们组成的复合通道；也能用于追索油气聚集的主圈闭——构造圈闭、地层圈闭，以及由它们组成的复合圈闭；还可用于揭示伸入烃源岩中的砂体吸引油气的"海绵作用"。

### 1.3.10　油气成藏的系统动力学模拟

如何使"系统动力学"适应盆地系统和油气系统的应用环境，需要开展许多开拓性的探索工作。其中，包括理顺盆地系统和油气系统各地质作用子系统之间的反馈控制关系，总结它们的外部影响因素及其数学形式，分别建立油气生成、排放、运移、聚集和散失的系统动力学方程组，用常规动力学模拟来提供速率变量和辅助变量的值，以及采用 DYNAMO 或者 C++语言编制出油气成藏动力学模拟(PSDS)软件并加以实现。

### 1.3.11　油气成藏三维动态模拟的可视化

油气成藏动力学模拟系统也可以认为是专用于描述、分析油气成藏的空间半结构化或不良结构化问题的工具和决策支持系统。如果能够采用可视化的手段进行空间数据挖掘和对这些半结构化或不良结构化问题进行状态描述、信息提取、知识合成和智力表达，进而通过空间分析过程和结果的可视化，实现可视化思维(visual thinking)和可视化交流(visual communication)，便能够更好地满足盆地油气资源空间评价与决策支持的需要。具有认知和分析作用，并能面向分析过程和结果的可视化方式，通常被称为探索可视化(exploratory visualization)或分析可视化(analytical visualization)。分析可视化不仅应具备信息和知识交流传递的作用，还应具有很强的动态、交互和共享性，让用户根据需要自行制定待浏览对象、可视方法、显示形式，并且可以对整个过程进行修改编辑，还可以多角度地观察复杂的空间对象、空间关系，直至获得对科学决策的合理支持。

　　针对油气成藏的复杂时空问题和决策分析过程，应当重点研究如何可视化地分析、探索、表达该仿真模拟的过程和规则。在研究过程中，应当通过对动态可视化显示的分类因素及变量的筛选，以及基于数据流模型的油气成藏模拟与资源空间评价决策可视化的专用技术开发，实现将分析可视化技术实际应用于解决复杂空间问题。同时，还应当研究和开发基于工作流仿真模型的空间决策支持过程及运行规则的可视化表达、语言描述及建模工具。最后，利用新一代可视化语言来完成整个油气成藏动力学模拟系统的开发和集成，实现基于仿真模拟与空间决策支持的过程三维动态可视化。

### 1.3.12　系统动态连接与集成化

　　为了实现盆地油气成藏动力学模拟，需解决各个子系统的动态连接和集成化。

　　其基本思路是：将地质空间对象的拓扑结构模型视为封闭的格架系统，而将油气成藏作用的动力学模型视为开放的物质与能量系统，在各个构造-地层单元(盆地、坳陷、凹陷)的“层序”级别上，进行各模拟子系统之间的数据动态传输。根据这一思路，可利用 Windows 平台的动态库调入内存和 ODBC、OLE 和 ETL 技术，通过函数形式和文件或数据仓库方式，进行子系统及模块之间的动态连接与数据传输。

　　其技术要点是：①模块间的联结以函数形式——采用可视化开发语言，将不同模块及各子函数的不同文件用相同后缀.sav 存放，在运行中动态调入内存，并且通过一个启动界面来启动集成化的模拟系统或独立的子系统。②模块间的数据传递采用数据文件或数据仓库形式。在子系统之间传输的数据除原始数据外，还包括各种三维动态模拟数据。对于凹陷级油气系统的成藏模拟而言，所涉及的数据量相对少一些，在单机情况下采用文件方式进行数据传递最为简捷，即把当前模块运行所得的结果存为文件，由下一模块运行时读取并运行。对于盆地级或坳陷级油气系统，由于涉及海量数据的运算，需要采用分布式并行计算，其模块间的数据传递可采用数据仓库方式进行，即前模块运行所得的中间成果存储到数据仓库(或数据集市)中，供下一模块运行读取和调用。

　　以上是关于三维油气成藏动力学模拟系统软件开发所涉及的理论难题和技术难点及其解决办法的分析。应当指出，开展盆地(坳陷、凹陷)的多尺度三维油气成藏动力学模拟系统的研发，涉及一系列复杂的理论、方法和技术问题，这些问题的进一步解决并开发出有实际运用价值的软件系统，既有待对油气成藏机理、成藏过程的深入研究，也依赖于计算机硬软件技术的进步，特别是依赖于快速、动态、精细和全息三维可视化地质建模技术的进步，以及人工智能模拟技术和大数据技术的进步。总之，今后还需要进行更深入的研究与开发。

# 第 2 章　油气成藏动力学模拟的数据管理

开展真正意义上的油气成藏动力学模拟的目的，一方面是为了正确认识油气成藏机理和油气成藏过程，另一方面是为了支持油气田的资源评价和勘探开发决策，不能期盼仅依靠少量参数和数据就解决问题，而应当以多源多类异质异构的地质大数据为支撑并与之深度融合。油气成藏动力学模拟要求各类研究人员和专家针对指定区块进行分工协作，共同探讨，必须尽量利用已有的数据资源，建立能支持资源共享、各研究阶段彼此关联的大数据体系，实现对相关数据的统一存储、管理和动态调度，才能保证数据的完整性和一致性，以及模拟中间成果的共享性及最终成果的客观性、独立性和有效性。

## 2.1　国内油气田数据现状和数据集市工具

国内各油田企业从 20 世纪 90 年代中期就已开始构建各自的网络数据服务平台。以网络为依托的信息管理取得了明显进步，办公自动化系统(OAS)、管理信息系统(MIS)，以及基于数据库的专业应用系统等得到广泛应用。进入 21 世纪后，各油田企业的信息化开始进入了数字油田建设阶段，在石油勘探开发领域大规模地应用信息技术，尤其是在地震勘探资料采集处理解释、测井资料采集处理解释、三维地质建模、油藏数值模拟、多学科油藏研究以及油田开发规划等方面，采用了高性能的计算机系统和应用软件，甚至建立起了一套以勘探数据库为核心的信息化管理体系，积累了海量的数据资源。其数据源涉及地震、钻探、录井、测井、试油、分析化验、储量估算等各专业。各油田企业以数据库为核心建立了数据中心和勘探开发应用软件平台，并且研发出众多的应用系统，如勘探生产管理系统、地震数据管理系统、勘探信息综合查询系统、勘探决策支持系统等(常冠华等，2005；周霞等，2010)。

### 2.1.1　国内油气田信息化建设现状

目前，各油田企业通过"数字油田"建设，已经把勘探开发的全部结构化数据汇聚到一起了，其类型包括勘探和开采、地质和物探、时间和空间、结构和属性、地下和地面，可作为油气成藏动力学模拟和评价的数据源。实际上，"数字油田"(毕思文等，2004)数据操作平台本身，也可支持油气成藏动力学模拟、资源评价和勘探开发决策。

"数字油田"功能结构包括两个部分，即信息基础设施和信息处理应用系统。前者是系统运行的基础，包括硬件、软件、空间-属性数据库、网络、物联网、云计算、云服务和数据共享平台；后者是系统运行和功能实现的主体，包括资源预测评价、规划决策、工程设计、企业管理、安全与设备监控等功能软件和操作应用。二者通过计算机网络和数据仓库(集市)联结。"数字油田"的核心是一系列主题式关系数据库，用于存储和管理多源异质异构地质时空数据。这些数据库多数按照行业标准进行建设，有较为完善的管理流程和软硬件环境，可为油气成藏动力学模拟提供结构化数据支持。但是，由于这些数据库的设计和建设通常没有考虑油气成藏动力学模拟的需求，其数据存储的类型、格式、内容和介质存在着显著的不一致性，特别是在模拟数据组织和中间成果的存放方面存在较大的差别，需要开展项目数据库和主题数据仓库的研发和构建。其操作平台可分为数据采集、数据管理、数据处理、数据交换和数据应用 5 个层次(图 2-1)。

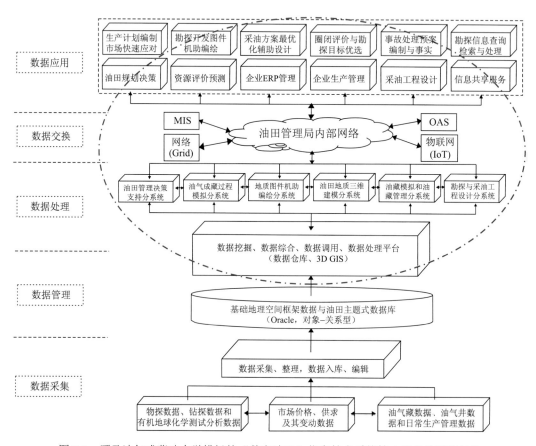

图 2-1  顾及油气成藏动力学模拟的"数字油田"信息技术系统核心部分的逻辑结构

## 2.1.2  模拟、评价与决策数据分析

油气成藏动力学模拟是针对一定时空范围进行的多尺度、多参数的油气系统模拟，需要考虑油气生成、排放、运移、聚集和散失等子过程及其相互作用。模拟中所涉及的数据来自油气田的勘查开发全过程，具有多源多类异质异构特征。目前，各油气田的油气成藏研究是由油田内各类专家及研究人员协同进行的，油气成藏过程的动力学模拟是其重要的定量化手段。为了开展油气成藏动力学模拟，需要建立能够实现基础数据统一管理、数据资源充分共享、各研究阶段彼此信息关联的主题式数据集市(李日容等，2006)。

在"数字油田"的各类勘探数据库中，所装载的油气田勘查业务数据，可分为生产管理数据、成果数据、地震数据三个大类。其中，生产管理数据集包括计划、投资、物探、钻(录)井、测井、试油、圈闭、储量、综合统计、简报文档、日报等。成果数据集包括地震采集类、非地震物化探类、录井类、测井类、试油类、分析化验类、综合研究类、储量类等。地震数据集包括地震数据体、静校正后道集数据、叠加纯波、叠加成果、偏移纯波、偏移成果、观测系统定义文件、炮点、检波点文件和关系文件、偏移速度文件、叠加速度文件、处理报告、验收多媒体、位置图、覆盖次数图等。这些数据既有结构化的，也有非结构化和半结构化的，包含了油气成藏动力学模拟所需的全部数据。

油气成藏动力学模拟所使用的数据集，主要是结构化的地质要素数据集，包括录井、断层、地层、烃源岩、物化参数、圈闭、知识库、数据字典和元数据等数据子集。其中，录井数据子集包含单井岩心编录数据、井分层数据、孔隙度-深度数据、深度-反射率数据、孔隙度模型及数据、残余有机碳数据、烃源岩厚度、现今地温数据等；断层数据子集包含断层基础数据、断层空间走向线数据、断层角点网格模型数据等；地层数据子集包含地层基础数据、地层边界数据、地层岩性数据、剥蚀厚度数据、古水深数据等；烃源岩数据子集包含烃源层基础数据、干酪根类型数据、烃源层厚度数据、氢指数数据、残余有机碳含量数据等；物化参数数据子集包含生油率-反射率($\gamma_o$-$R_o$)曲线、生气率-反射率($\gamma_g$-$R_o$)曲线、干酪根百分比、有机碳恢复系数、压力与校正系数、排烃临界参数、体积因子-压力参数、溶解气油比、黏度-压力参数、各时期古热流、油水系统毛细管压力及相对渗透率、油气系统毛细管压力与饱和渗透率等；圈闭数据子集包含圈闭基础数据、圈闭几何要素数据、圈闭评价数据等；知识库数据子集包含断层评价知识库、油单元关系知识库、气单元关系知识库、岩层评价知识库、裂隙带评价知识库、不整合面评价知识库、圈闭评价知识库等；数据字典数据子集包含上述全部数据的数据项、数据结构、数据流、数据存储、处理逻辑等定义和描述及其集合；元数据子集则包含全部数据的存储位置、变化和路径，以及数据的组织、数据域及其关系的记录。这些数据主要是油气勘查的原始数据。

显然，除了与知识库有关的数据库需要独立创建外，油气成藏动力学模拟的全部原始数据已经包含在勘探数据库中，可从勘探数据库统一提取，即通过数据服务平台创建与勘探数据库关联的主题式数据仓库(或数据集市)来实现(Yan et al., 2013；图 2-2)。知识库的内容主要是关于描述油气运移和聚集概念模型的领域专家知识、学术界普遍接受的领域共识和相关的物理化学定律、根据这些知识共识和定律建立的判断油气运移方向和运移比率的推理规则，以及有关油气成藏条件评价和油气资源评价的专家知识。

## 2.1.3　数据集市开发、管理的工具

目前，可用于数据集市开发、管理的工具很多，除了各领域通用的 Windows 总平台之外，Sybase 和 Oracle 等各种数据库管理平台都提供了相应的工具，诸如 NCR、SAS、SVN 和 CA 等专用数据集市(仓库)开发管理工具也涌现了出来(罗运模，2001)。

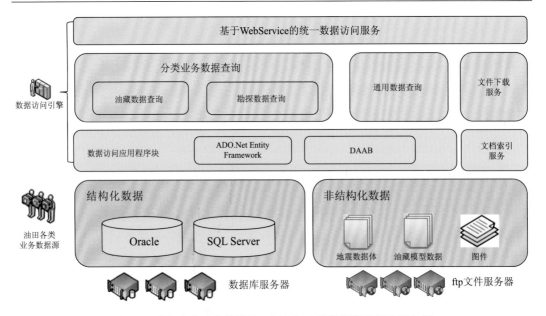

图 2-2　油气成藏动力学模拟、评价与决策数据服务平台框架图

数据访问服务以插件形式运行在数据服务平台框架中，数据层与应用层采用统一数据访问接口

资料来源：Yan 等(2013)

### 2.1.3.1　SQL Server 数据集市工具的组成

近年来随着应用的发展，各种版本的数据仓库(集市)开发管理平台不断更新，均提供了大量的设计、建立、数据加载、数据使用、数据挖掘和系统维护工具。这些工具不但可以同时支持数据库和数据集市(仓库)的开发,还可以支持基于数据库和数据集市(仓库)的联机分析、数据挖掘，以及对某种自然和社会过程的模拟、评价和决策。关于数据集市(仓库)开发、管理的工具的详细介绍和使用方法可以参考相应的教材和说明书，这里仅以 Windows SQL Server 为例，简单介绍数据集市(仓库)开发、管理工具的组成。基于 Microsoft 平台的 SQL Server 各个版本提供的数据集市(仓库)开发、管理工具，大致包括：关系型数据库、数据转换服务(DTS)、数据复制、OLE DB、Analysis Services、English Query、Meta Data Services、Pivot Table 服务等(表 2-1)。

表 2-1　SQL Server 的数据集市工具列表

| 工具 | 描述 |
| --- | --- |
| 关系型数据库 | 作为数据集市设计、构造和维护的基础 |
| 数据转换服务(DTS) | 用于向数据集市中加载数据 |
| 数据复制 | 用于分布式数据集市分布和加载数据 |
| OLE DB | 提供应用程序与数据源的接口 API |
| Analysis Services | 用于采集和分析数据集市中的数据 |
| English Query | 提供使用英语语言查询数据仓库 |
| Meta Data Services | 浏览数据集市中的元数据 |
| Pivot Table 服务 | 用于定制操作多维数据的客户端接口 |

### 2.1.3.2　SQL Server 数据集市工具的功能

#### 1. 关系型数据库

关系型数据库是设计、构造、维护数据集市的基础技术。Microsoft SQL Server 的各个版本都是关系型数据库管理系统，有强大的数据库引擎和许多工具。这些工具不仅可用于数据库的管理，还可用于数据集市的构建和管理，是数据集市的技术基础。

#### 2. 数据转换服务(DTS)

提供数据转换功能，如数据引入、引出，以及在 SQL Server 和任何 OLE DB、ODBC 或文本格式文件之间转换数据。利用 DTS，以交互式或按规划自动(无须人工干预)地从多处异构数据源输入数据，在 SQL Server 上建立数据集市。

DTS 能够把数据从 ASCII 文本文件或者 Oracle 数据库中引入到 SQL Server 中。反之，也能够把数据从 SQL Server 中引出到 ODBC 数据源或者 Microsoft Excel 表单中。数据转换是指在源数据被存储到目的地之前，对其进行的一系列操作。例如，从一个或多个源域中计算新值，或将一个单独的域分成多个域，然后存储进不同的目标列中。在进行数据转换时，用户可查询数据的输入时间、地点及其计算方法。数据的引入、引出是通过相同的格式读写数据，在应用程序之间交换数据来实现的。

DTS 支持多步封装，其中大量文件能被单独处理，最终被集成为一个单一的文件。在处理过程中，该文件的记录能被系统分为多个记录，也可以把多个记录集合为一个单一的记录。DTS 还可与存储元数据、数据传送包和数据源特性的微软中心库集成在一起，可以在 SQL Server 间移动数据结构、数据、触发器、规则、默认、约束和用户定义的数据类型，但只有数据结构和数据可以在不同的异构数据源中间传递。

#### 3. 数据复制

数据复制是一种实现数据分布的方法，其主要工作内容是把一个系统中的数据通过网络分布到另外一个或者多个地理位置不同的系统中，以适应可伸缩组织的需要，减轻服务器的工作负荷和提高数据的使用效率。数据复制的作业过程类似于报纸杂志的出版过程，即把数据从数据源传送到数据接收处。其中，数据源的印刷服务器负责制作将要出版的数据，并将这些数据的所有变化发送到分布服务器中；数据接收处的订阅服务器是数据复制的目标地，负责接收印刷服务器上传送过来的数据及其全部变化。在印刷服务器和订阅服务器之间还有分布服务器，负责从印刷服务器中接收复制的数据及其变化，并存储在该服务器上的分布数据库中，再按指定的时间间隔推向相应的订阅服务器。

#### 4. OLE DB(访问数据库的通用接口)

OLE DB 是微软开发的用于访问所有数据类型的标准编程界面，是 ODBC 的继承者，并扩展由 ODBC 提供的功能，主要用于处理关系型数据和访问关系型数据库，还提供对各种各样数据源的访问，包括 Excel 电子表格的数据、dBase 的 ISAM 文件、电子邮件、新 NT 的 Active Directory 和 IBM 的 DB2 数据。OLE DB 所采用的微软数据访问策略，是万能数据访问的基础，即用一组通用界面来表示来自任何数据源的数据，其所有的对象都在数据库中维护，而不是把数据移动到一个面向对象的数据库中。OLE DB 所提供的针对各种数据的类似界面，可以用来访问任何能用基本的行和列格式表示的数据。

### 5. Analysis Services（分析服务）

SQL Server OLAP Service 在 SQL Server 2000 中被命名为 Analysis Services。Analysis Services 的结构可以划分为客户机和服务器两部分。其中，客户机部分用于提供前端应用软件界面，服务器部分则提供各种功能和服务引擎。客户机部分与服务器部分各自独立，通过不同的途径访问。Analysis Services 在提供了客户端工具的同时，也提供了编程接口，以供第三方开发 OLAP 程序，ADO/MD 就是其中之一。

Analysis Services 使用了 OLE DB for OLAP（object link and embedded data base for online analysis process），OLE DB for OLAP 具有允许访问 OLAP 数据库结构的特性。由于数据存储采用多维结构，不能简单快捷地转换为表格格式。为了解决这个问题，微软专门开发了 ADO/MD（ActiveX data objects/multi-dimensional），作为 ADO COM 的接口子集。ADO/MD，即 ActiveX 数据对象/多维对象，是传统 ADO 对象模型的系列扩展——功能强大而又相对简单的对象模型，可以更好地支持多维数据模型。ADO/MD 提供两种功能，其一是在 OLAP 数据库中对多维数据集层次结构的访问；其二是支持多维表达式（multi-dimensional expressions，MDX）语句的执行及对结果数据集的分析。

### 6. English Query（英语查询工具）

这里给出了最基础的 inflxudb 查询操作，与 SQL 区别不大，可采用各种条件查询方式。需要注意在制定查询策略时，需要使用跟在 from 语句之后的"〈retention policy〉"〈measurement〉的方式。此外，查询语句中推荐的写法是 tag key 或 field key，应使用双引号括起来。如果类型为 string，则需要用单引号把过滤条件括起来。SQL 中有三种常用 case，即分组、排序、分页。分组查询时，分组的 key 必须是 time 或者 tag。查询后可以返回完整的 point 排序——根据时间进行排序。

### 7. Meta Data Services（元数据服务）

在 Microsoft SQL Server 的新版本中，把元数据存储在位于 msdb 系统数据库中的集中式中心仓库中。其 Meta Data Services 提供浏览这些元数据的功能。集中式中心仓库提供了一个通用的位置，用于存放对象和对象之间的关系。Meta Data Services 通过使用一些软件工具，描述面向对象的信息和对象接口界面。该对象接口界面由属性、方法和数据集合组成。这些数据集合包含了与其他界面的关系以及关联对象。

### 8. Pivot Table（数据透视表）服务

Pivot Table 服务和 Analysis Services 一起为用户提供客户端对 OLAP 数据的存取。该服务运行于客户端工作站上，可采用 Visual Basic 或其他语言程序，以及 OLE DB 技术来开发用户程序，并且可使用 Analysis Services 中的 OLAP 数据或直接取自关系数据库的数据。当 Pivot Table 服务和 OLAP 服务一起使用时，可以自动将进程和缓冲内存分配到最合适的位置，并且允许多个客户动态存取同一个立方体。

Pivot Table 服务也能在本地客户机上存储数据，使得用户可以在不连接 Analysis Services 的情况下对数据进行分析，还为最终用户提供了 OLAP 数据分析和描述工具以及开放的界面。软件商也可以利用它来开发第三方应用产品。

### 2.1.3.3　油气成藏模拟评价与决策立方体的接口程序编制

接口程序的编制是联机分析处理单元设计的主要工作。下面简单介绍基于 Analysis Services 开发 OLAP 接口程序的方法步骤。

所谓基于 Analysis Services 开发 OLAP 程序就是在分析服务引擎的支持下，开发前端工具，以表格和图表的形式将分析结果展示给决策者并接受用户介入。OLAP 程序开发过程在逻辑上与传统数据库管理程序的开发相仿，即首先要连接到 OLAP 数据库，其次使用一种语言来操纵数据。这两步均是在 ADO/MD 的支持下完成的。

首先利用 ADO/MD 连接数据源。为了在 Visual Basic 工程中使用 ADO/MD，需要在 Project（工程）-Reference（引用）中选择 Microsoft ActiveX Data Objects（multi-dimensional）Library。可以不加载 ADO 库就使用 ADO/MD 的某些对象和方法，但可能会造成 ADO/MD 有部分对象不能被访问，所以最好是将两个库同时引用。

在使用 ADO/MD 进行多维数据的操纵之前，首要的工作是连接到 Analysis Services 引擎。连接 Analysis Services 引擎的方法有多种，一种方法是使用 ADO 对象库的 Connection 对象，还有一种方法是显式地从 ADO/MD 对象库的 Catalog 和 Cellset 对象创建连接。不管采用哪种方式，都需要建立一个合适的连接字符串。例如，为了连接到一个名为 Server 服务器上的 Store 数据库上，可以使用以下连接：Provider = MSOLAP.2；Data Source = SERVER；Initial Catalog = Store；设置好连接字符串后，就可以通过设置 Catalog 对象的 Active Connection 属性并使用其本身的连接字符串将一个 ADO/MD Catalog 对象连接到数据源。如果需要更高级的连接参数操作，或者只在 OLAP Server 上运行一些命令而不必返回结果的话，可以使用 ADO Connection 对象创建一个可重复使用的连接。这个活动的 ADO Connection 能够用来初始化 Catalog 或 Cellset 对象。

接着，就可以使用 MDX 查询语言操作多维数据集。MDX 查询语言为 Analysis Services 数据库查询所设计，但是作为 OLAP 规范中 OLE DB 的集成部分，它也可以被与这种体系相匹配的提供者所支持，未来极有可能如同 SQL（structured query language）一样成为标准。

在一个 Analysis Services 应用程序中，我们往往频繁地通过将数据划分为不同种类（维度）的方式，来表现一个或更多的数值（度量）。查询这样的数据库时，经常同时使用三个或更多的维度来产生结果集。而要产生这样的结果集，如果采用 SQL 将会非常复杂，查询语句既难写又难懂，多维连接还会使查询变得很慢。而 MDX 可使这些庞大的数据表以相同的方式精确地联结在一起，处理多维数据的能力远胜于 SQL。因此，SQL 虽然是查询数据库语言的标准，其语法易于理解且有广泛的客户端应用程序，却并不适合多维数据查询。

MDX 和 SQL 在语法上非常相似，从某种角度上说 MDX 可能会更简单一些，MDX 基本上只支持几个操作，如 SELECT。它本身在更新数据方面的用处不大，但是在 MDX SELECT 操作中定义有约一百个内部函数，这些内部函数可以分为九类，如集合函数、成员函数等，为数据的分析汇总提供了大量支持。通常来讲，每个 MDX 查询都可以简化为这样类似的结构：

```
SELECT <axis>[, <axis>,…]
FROM <cube>
WHERE <Slice>
```

即一个或更多的轴(axis)语句，指出应该返回什么信息以及信息如何被显示；一个 FROM 语句，指出哪一个多维数据集包含着所需数据；一个 WHERE 语句，指出相关的数据子集(数据如何切片)。下面举一个例子说明利用 ADO/MD 来执行一个 MDX 查询。例子中使用 Analysis Services 的示例数据库 Food Mart 2000。这是一个多维结构数据库，其中一个立方体名为 sales。代码如下：

```
Dim cst As ADOMD.Cellset
cst.Active Connection = _
"Provider = MSOLAP.2; Data Source = localhost; Initial Catalo
=Food Mart 2000"
cst.Source = "SELECT" & vbCrLf &_
"{[Product].Children}ON COLUMNS, "& vbCrLf &_
"{[StoreType].Children}ON ROWS, "& vbCrLf &_
"{[Customers].Children}ON PAGES" & vbCrLf &_
"FROM Sales"
cst.Open
```

以上代码表示了如何使用 MDX 语句来操纵多维数据。其编程模式可总结为：首先，创建一个新的 Cellset 对象；其次，为一个有效的 OLE DB 连接字符串或现有的 ADO Connection 对象设置 Active Connection 属性；然后，为一个有效的 MDX 查询字符串设置 Source 属性；最后，在 Cellset 对象上调用 Open 方法，来执行查询并产生对象。

## 2.2 模拟、评价与决策数据集市模型

数据集市也叫数据市场，是一种着眼于数据应用而从所操作的数据中和其他相关专业服务应用主题的数据源中收集数据的技术系统(Inmon, 1996)。数据集市的数据可以直接从企业数据库中抽取，也可以从企业数据仓库抽取，前者以独立的数据集市存在，后者则是数据仓库的子集。数据的可用性和数据的相关性是其主要关注点。考虑到目前国内多数油气田的勘探开发数据仓库仍未建立，油气成藏动力学模拟的数据仓库构建主要采用独立的数据集市形式，其数据直接从油气田勘探数据库中抽取和加载。

## 2.2.1　模拟、评价与决策数据集市总体结构

构建油气成藏动力学模拟与资源评价主题的数据集市，目的是为该主题提供有效的数据组织、数据综合和数据预处理等支持，进而为模拟结果分析、资源评价和勘探开发决策提供支持。根据这个目的，该数据集市可采用如下结构(图 2-3)。

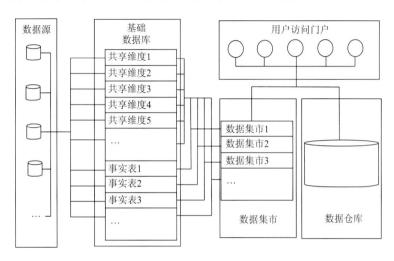

图 2-3　油气勘探点源信息系统数据集市体系结构

根据地质数据特点，为了满足油气成藏动力学模拟与资源评价的数据需求，可选择共享维度体系结构的数据集市开发方案。这样的数据集市能有效地实现维度数据表的共享，如井位、层位、岩性和储层物性等。与一般数据集市一样，面向油气成藏动力学模拟与资源评价的数据集市同样由 3 部分构成：①数据的提取(extract)、转换(transform)和加载(load)；②数据的存储管理；③数据的访问和分析。其中数据的提取、转换和加载(即 ETL)是数据仓库和数据集市最具特色也是最复杂的工作过程。

这类数据集市通常采用 3 层结构：其底层是一个具有关系数据库系统特征的数据集市服务器，通过使用具有网间连接作用的应用程序，负责从其他操作型数据库和外部数据源提取数据；其中间层是 OLAP 服务器，具 4 种数据模型：①ROLAP，即关系型 OLAP 模型，是扩充的关系型 DBMS，可将多维数据操作映射为标准的关系操作；②MOLAP，即多维型 OLAP 模型，可以直接实现多维数据操作；③HOLAP，即混合(hybrid)型 OLAP 数据存储形式；④partition(分区)数据组织形式。面向油气成藏动力学模拟主题的数据集市顶层是用户访问层，其中设置有各种多维查询和数据报表、决策分析和数据挖掘工具。

由此而论，所创建的共享维度体系结构的数据集市具有如下特点：

(1)保证数据按井位、深度、岩层、岩石名称、有机质丰度、地温测值、地层压力等多个维度进行透视和抽取，以支持动力学分析和模拟；

(2)易于扩展，可以通过增加新的共享维度来丰富数据分析和综合的角度，同时还能通过增加新的事实表来扩展数据集市，提高数据共享服务能力；

(3)用户可使用那些正在创建的、与数据集市相关的共享维度，有效地保证数据集市中数据类型的一致性，从而加快数据集市的创建进程。

## 2.2.2 模拟、评价与决策数据集市的数据源

油气成藏动力学模拟数据集市的数据源，主要是油田的各种类型数据库，包括当前的勘探区概况、地震勘探、油气钻探、测井工程、测试分析、综合研究、圈闭分析、生产管理和成果图件，以及其他数据(图 2-4)。其中，数量最大和最重要的是油气钻探数据。这些数据库所存储的数据，是与油气成藏地质要素相关的多源、多类、多量、多维、多时态、多尺度、多主题的油气勘探数据，可以为构建数据集市提供充分支持。

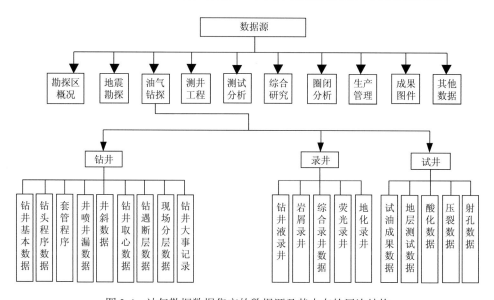

图 2-4　油气勘探数据集市的数据源及其内在的层次结构

此外，所搜集的前期资料，包括已有的区域地质调查报告，勘探区概况，探井基础数据表，探井地层分层数据表，综合录井图，岩心录井图，层序地层分析剖面图，测井曲线，岩石物性分析数据表、分析化验数据表、薄片分析数据表，地震资料类、测线位置图，构造图、各类等厚线图(烃源岩、储集层和盖层等)、各类等值线图(地温、压力、有机质丰度、镜质体反射率和渗透率等)，地层对比图，以及各类专题研究报告、文献等。这些资料也是油气成藏动力学模拟数据集市的重要外部数据源(表 2-2)。

表 2-2　未入库的前期研究文档、成果数据整理(以某凹陷油气勘探为例)

| 序号 | 资料类型 | 数据内容 | 资料形式、格式 |
| --- | --- | --- | --- |
| 1 | 探井基础数据表 | 各探井的构造单元，井点坐标与开、完井资料 | Excel 表 |
| 2 | 探井地层分层数据表 | 各地层的层位、深度、厚度等资料 | Excel 表 |
| 3 | 综合录井图 | 各岩层的深度、厚度、颜色、岩性等资料 | Excel 表 |
|   | 岩心录井图 | | EMF 格式图 |

续表

| 序号 | 资料类型 | 数据内容 | 资料形式、格式 |
|---|---|---|---|
| 4 | 层序地层分析剖面图 | 各岩层的深度、厚度、颜色、岩性及测井资料 | Excel 表 |
| 5 | 测井曲线 | PVelocity、Density、sp_fin、gr_nor、R25M、BZSP、AC、SP、CAL、CAL1、CAL2、CNL、COND、DEN、GR、MINV、MNOR、NG、R045、R25、R4、RA04、RA05、RLLD、RLLS、TM、RXO、RXO1、LLS、LLD、R05 | Text 文本 |
| 6 | 岩石物性分析数据表 分析化验数据表 薄片分析数据表 | 岩石比重、孔隙度、渗透率等岩石物性资料，岩石化学分析、干酪根、沥青、烃等有机物化验分析资料，岩屑、胶结物等薄片鉴定资料 | Excel 表 |
| 7 | 地震资料类、测线位置图 | 地震剖面、波阻抗图、相图、速度图 | TIF、EMF、JPEG 格式图 |
| 8 | 构造图、等厚线图、等值线图 | 各地层的构造图、等厚线图 | EMF 格式图 |
| 9 | 地层对比图 | 钻井层位对比图 | JPEG 格式图 |

## 2.2.3　模拟、评价与决策数据集市建模

数据模型是数据集市设计的基础，是现实世界的抽象结果。抽象的程度不同可形成不同层次的数据模型，即概念模型、逻辑模型和物理模型。数据集市的数据模型与数据库的数据模型有一定的差别，主要表现在：①数据集市中的数据模型不包括纯操作型的数据；②数据集市中的数据模型扩充了码结构，把时间属性增补为码的一部分；③数据集市中的数据模型增加了导出数据。之所以如此，是由面向的主题应用决定的。

### 2.2.3.1　油气成藏动力学模拟数据集市的概念模型设计

数据集市设计的关键步骤是在其构建之初就针对未来所涉及的分析主题进行概念模型设计。在概念模型的设计中，必须将注意力集中在对油气成藏动力学模拟主题的理解上，保证主题所涉及的参数及模拟所需的数据都被归纳进概念模型中。

在进行该数据集市概念模型设计时，要先给出一个油气成藏动力学模拟主题的概略蓝本。根据这个蓝本，可以测试和鉴别数据集市的设计者，是否已经正确地了解该数据集市最终用户的数据需求(李日荣等，2006)。数据集市概念设计的主要工作内容是：①界定系统边界；②确定主要的主题域及其内容。概念设计的要领是：首先对原有数据库系统加以分析理解，看在原有的数据库系统中"有什么""数据怎样组织的""数据如何分布的"等；然后再来考虑应当为数据集市设计哪些主题域，可分解为哪几个主题表？

传统的联机事务处理(OLTP)系统通常按应用建模，而数据集市则是按主题(subject)建模。概念模型可通过 E-R 图来表达，其构建要素是实体和关系。该 E-R 图中的实体体现数据集市的主题——油气成藏动力学模拟涉及的范围和所要解决的问题。某些实体是否处于概念模型范围内是由应用主题决定的，因为概念模型的边界就是由应用主题所涉及的范围和所要解决的问题定义的。确定概念模型边界的过程就是对数据集市的应用主题进行分析和确认的过程。这种分析和确认是基于对业务系统的调查进行的，即通过应

用需求与数据集成范围的对照验证应用主题所需的数据是否已从各个数据库系统中抽取出来，并且得到了很好的重新组织。对数据集市的主题进行分析和确认是数据集市系统分析的重要任务。系统分析人员应首先抓住方向性的需求：模拟结果用于什么评价与决策？评价与决策者感兴趣的是什么？评价与决策主要依据什么信息？需要从数据库系统提取哪些数据？在此基础上，便可以划定当前系统的大致边界，完成系统建模并集中精力进行最需要的开发。

数据集市的主题划分是以油气成藏动力学系统、油气资源评价系统和油气勘探开发决策系统等概念模型及其对应的数据模型为依据的。具体做法是：先分别对油气成藏动力学系统、油气资源评价系统和油气勘探开发决策系统的各子系统的概念模型进行分析和综合，得到相关的全局数据视图，然后加以抽象并归纳出若干个逻辑主题。以油气资源评价系统为例，其中的勘探目标评价子系统通过分析和综合，可以归纳出烃源岩、储层、盖层、生储盖组合 4 个评价主题，并确定其实体间关系(E-R 图)，进而建立相应的烃源岩评价、储层评价、盖层评价和生储盖组合评价的概念模型(图 2-5～图 2-8)。与此相似，为了进行油气勘探开发决策，管理者需要关注成熟生油岩的有机质类型、丰度、成熟度、规模和空间展布，以及储层的物性参数、厚度、空间展布和区带的成藏条件等。

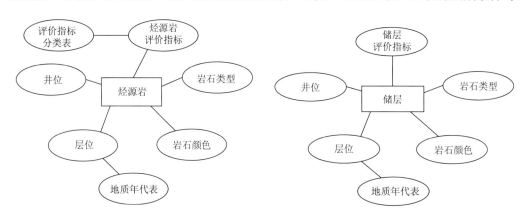

图 2-5　烃源岩评价主题概念模型　　　　图 2-6　储层评价主题概念模型

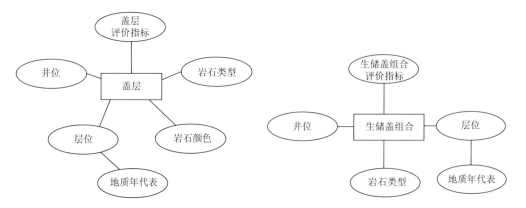

图 2-7　盖层评价主题概念模型　　　　图 2-8　生储盖组合评价主题概念模型

2.2.3.2　油气成藏动力学模拟数据集市的逻辑模型设计

逻辑模型即中间层数据模型，其是对概念模型的主题域及其联系的进一步明确，也是对主题所包含的信息、事实数据表与维度表的关系的具体描述。逻辑模型设计的目标是对数据集市中每个主题的逻辑实现进行定义，并将相关内容记录在元数据中。逻辑建模是数据集市的重要一环，它直接反映出业务部门的需求，并对系统的物理实施起指导作用。概念模型中所标识的每一个主题域或实体，都要建立一个中间层模型(DIS)(图 2-9)。

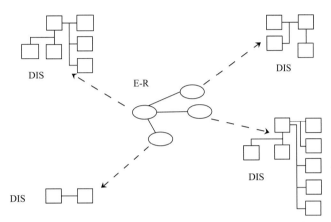

图 2-9　实体间关系(E-R)图与中间层模型(DIS)的关系

逻辑模型设计的关键问题是逻辑建模方法选择。目前常用的数据仓库逻辑建模方法有两种，即第三范式(third normal form, 3NF)和星型模式(star schema)，此外还有一种雪花模式(snow schema)。其中，第三范式是关系型数据库逻辑模型的设计方法，通常用于数据仓库设计，而在数据集市中常用的是星型模式。

星型模式是一种多维的数据关系，由一个事实数据表和一组维度表组成。每个维度表都有一个维作为主键，所有的维组合成事实数据表的主键，换言之，事实数据表主键的每个元素都是维度表的外键。事实数据表的非主键属性称为事实(fact)，一般都是数值或其他可以进行计算的数据；而维大多是文字、时间等类型的数据。

星型模式和雪花模式的具体分析和设计过程如下。

分析主题域：在概念模型设计中，虽然已经确定了基本的主题域，但是，数据集市的设计方法是一个逐步求精的过程。在逻辑模型设计中，应当对所确定的基本主题域做进一步分析和排队，并且选择出要优先实施的若干个主题域。

粒度划分：粒度划分适当与否，直接影响到数据集市的数据量和查询类型的确定。数据集市的数据粒度划分，包括粒度类型(单一粒度还是多重粒度)和粒度层次两方面，可以通过估算数据行数和所需的存取设备数来确定。

确定数据分割策略：适当的数据分割可以大大缩短数据检索的路径，提高系统的性能和数据挖掘、综合的效率。数据分割标准的选择要考虑数据量、数据分析处理状况、简易性及粒度划分策略等。另外，还要考虑所选择的数据分割标准是不是自然的、易于实施的，以及数据分割标准与粒度划分方案是不是相适应的。

定义关系模式：数据集市的每个主题都由多个主题表来实现。这些主题表之间依靠主题的公共码键联系在一起。数据集市的基本主题在概念模型设计时就确定了，每个主题的公共码键、基本内容等也都在那时做了描述。在定义关系模式时，要对已确定当前实施的主题进行模式划分，形成多个主题表，再确定表间的关系模式。

逻辑模型设计模式应当与分析者期待的数据集市查询方法相对应。星型模式采用星型架构，从支持决策者的观点定义数据实体，能够较好地反映用户关系。同时，星型架构包含的用于信息检索的连接更少，也更容易管理。在星型架构中，包括 2 个逻辑实体：事实数据表、维度表。每个维度表都有一个主键直接链接到事实数据表中。因此，包括油气勘探数据集市在内的各种地质勘探数据集市的逻辑模型，通常采用星型架构。

事实数据表：每一个数据集市都包括一个或一组事实数据表。星型架构的中心是一个事实数据表，用以捕获、衡量单位业务运作的数据。事实数据表是数据分析的中心，其中所包含的数据，随着时间的推移会变得越来越庞大。

维度表：与事实数据表相比，维度表是一个小得多的实体。维度表包含着描述事实数据表中事实记录的特性，以及帮助汇总数据层次结构的特性。这些特性或者用于为决策者提供描述性信息，或者用于指定如何汇总事实数据表的数据。

数据的维度是数据分析的角度，即从哪个角度分析数据；而粒度是数据的深度，即从哪个层次去分析数据。例如，在烃源岩评价主题中，分析烃源岩的空间展布情况，使用了 4 个维度(井位、层位、岩石类型、岩石颜色)；在油气成藏条件评价主题中，分析成藏条件的时空演化情况，则使用了 4 个粒度(盆地、坳陷、区带和圈闭)。

每一个评价主题的事实数据表，都应当有专属的数据维度表来描述(李日荣，2006)。例如，烃源岩评价事实数据表与维度表之间的星型架构数据模型如图 2-10 所示。在烃源岩评价主题中，可从油气勘探点源数据库或者外部资料中直接获取样品采集点的位置、测试项目与测试结果、样品所属的构造带、采样层位、样品的岩性等。考虑到油气勘探公司高层管理人员和决策人员可能经常需要了解某一地区、某一层段的有机物丰度、类型和成熟度等，特将所有烃源岩评价指标存放在一个维度表中，以便减少数据集市工作期间的工作量，同时也有利于保证所有用户在查询时的数据一致性。与此相似，储层评价、盖层评价和生储盖组合评价的事实数据表与维度表之间的星型架构数据模型，如图 2-11～图 2-13 所示。

### 2.2.3.3　地质勘探数据集市的物理模型设计

数据集市的物理模型是完全属性化的数据模型，它将星型架构中的数据、实体和相互之间的关系进行属性化的描述，是数据集市的实施和配置基础。数据集市物理模型设计主要内容是：定义数据标准，定义实体，确定数据容量、更新频率和定义实体的特征，同时还包括确定数据的存储结构、确定索引策略、确定数据存放位置和确定存储分配。

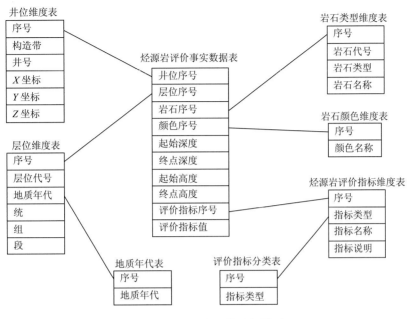

图 2-10　烃源岩评价逻辑模型

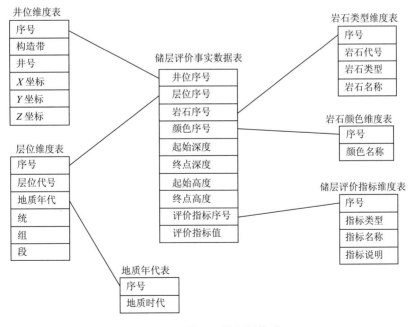

图 2-11　储层评价逻辑模型

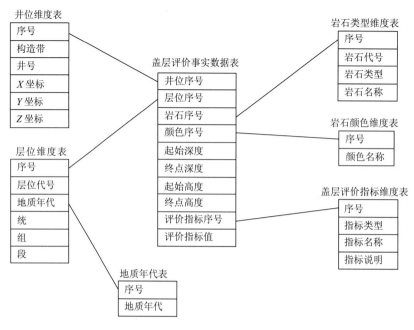

图 2-12　盖层评价逻辑模型

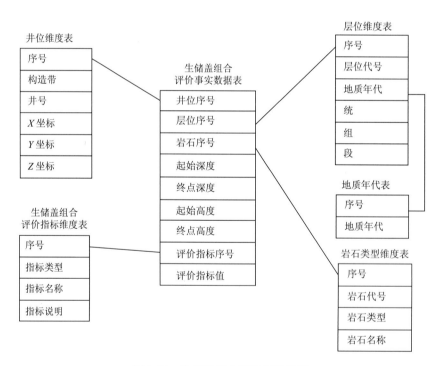

图 2-13　生储盖组合评价逻辑模型

## 1. 定义数据模型

定义数据标准：是明确命名约定，提供有意义的和描述性的关于数据集市各实体的信息(如提供命名的完整词语和定义字符格式等)。

定义实体：是确认星型架构图中的事实数据表和维度表等实体，形成实体间的属性化描述。

确定数据容量、更新频率：数据集市中的每个实体都必须进行有关容量(如预期的行和增长模式的数目)和更新频率(如以日或月为单位)的评估。

定义实体的特征：是指识别数据集市中的每个实体的特点(如数据值的范围、数据的类型和大小及对数据施加的完整性描述等)。

## 2. 确定物理存储

确定数据的存储结构：目前的数据集市仍然采用传统的数据库管理系统作为数据存储管理的基本手段。每个主题在数据集市中都由一组关系表实现，因此确定数据的存储结构主要是确定面向主题的数据表和数据表的分割，以及引入适当冗余、细分数据等。

确定索引策略：在数据集市中，存储、管理和处理的数据量很大，因而需要对数据的存储建立专门的索引，以获取较高的存取效率。

确定数据存放位置：一般地说，重要程度高、经常存取并对响应时间要求高的数据，就存放在高速存储设备上；与之相反的数据则放在低速存储设备上。随着计算机硬件技术的发展，硬盘等高速存储设备的价格已经大大降低。所以在多数地质勘探数据集市中，数据集市的所有数据都一并存放在服务器的大容量硬盘中。

确定存储分配：这主要是对数据库管理系统提供的一些存储分配参数进行物理优化处理，如对块的尺寸、缓冲区的大小和个数等进行调整。

以烃源岩评价主题为例，其事实数据表和维度表如表 2-3～表 2-8 所示。

### 表 2-3　烃源岩评价事实数据表

| 索引 | 数据元素名 | 字段名 | 数据类型 | 长度 | 描述 |
|---|---|---|---|---|---|
| 主↑ | 井位序号 | GGON_ID | int | 4 | Not null |
| 主↑ | 层位序号 | DSM_ID | int | 4 | |
| 主↑ | 岩石序号 | YSAD_ID | int | 4 | |
| 主↑ | 颜色序号 | YSH_ID | int | 4 | |
| | 起始深度 | GGHHBC | real | 4 | |
| | 终点深度 | GGHHBD | real | 4 | |
| | 起始高度 | GGHHBE | real | 4 | |
| | 终点高度 | GGHHBF | real | 4 | |
| 主↑ | 评价指标序号 | SYK_ID | int | 4 | |
| | 评价指标值 | SYK | real | 4 | |

注：主表示主属性；空白为非主属性，余表同。

### 表 2-4　井位维度表

| 索引 | 数据元素名 | 字段名 | 数据类型 | 长度 | 描述 |
|---|---|---|---|---|---|
| 主↑ | 序号 | GGON_ID | int | 4 | Not null |
|  | 盆地 | SYPJBA | varchar | 10 |  |
|  | 凹陷 | SYPJBB01 | varchar | 10 |  |
|  | 构造带 | SYPJBD | varchar | 10 |  |
|  | 井号 | TKCBAA | varchar | 10 |  |
|  | X 坐标 | TKCAF | real | 4 |  |
|  | Y 坐标 | TKCAG | real | 4 |  |
|  | Z 坐标 | TKCAI | real | 4 |  |

### 表 2-5　层位维度表

| 索引 | 数据元素名 | 字段名 | 数据类型 | 长度 | 描述 |
|---|---|---|---|---|---|
| 主↑ | 序号 | DSM_ID | int | 4 | Not null |
|  | 层位代号 | DSM | varchar | 10 |  |
| 主↑ | 地质年代 | DSF_ID | int | 4 |  |
|  | 统 | DSAC | varchar | 10 |  |
|  | 群 | DSAD | varchar | 16 |  |
|  | 组 | DSBB | varchar | 10 |  |
|  | 段 | DSBC | varchar | 10 |  |

### 表 2-6　岩石类型维度表

| 索引 | 数据元素名 | 字段名 | 数据类型 | 长度 | 描述 |
|---|---|---|---|---|---|
| 主↑ | 序号 | YSAD_ID | int | 4 | Not null |
|  | 岩石代号 | YSAD | varchar | 10 |  |
|  | 岩石类型 | YSEA | varchar | 10 |  |
|  | 岩石名称 | YSEB | varchar | 20 |  |

### 表 2-7　岩石颜色维度表

| 索引 | 数据元素名 | 字段名 | 数据类型 | 长度 | 描述 |
|---|---|---|---|---|---|
| 主↑ | 序号 | YSH_ID | int | 4 | Not null |
|  | 颜色名称 | YSHB | varchar | 20 |  |

### 表 2-8　烃源岩评价指标维度表

| 索引 | 数据元素名 | 字段名 | 数据类型 | 长度 | 描述 |
|---|---|---|---|---|---|
| 主↑ | 序号 | SYK_ID | int | 4 | Not null |
| 主↑ | 指标类型 | SYKC_ID | int | 4 |  |
|  | 指标名称 | GRADE | varchar | 30 |  |
|  | 指标说明 | GRADE1 | varchar | 20 |  |

表 2-9 和表 2-10 是为共享维度构建及储层评价、盖层评价和生储盖组合评价等主题提供事实约束。储层评价事实数据表和专用维度表如表 2-11 和表 2-12 所示。

#### 表 2-9　评价指标分类表

| 索引 | 数据元素名 | 字段名 | 数据类型 | 长度 | 描述 |
|---|---|---|---|---|---|
| 主↑ | 序号 | SYKC_ID | int | 4 | Not null |
| | 名称 | SYKC | varchar | 10 | |

#### 表 2-10　地质年代表

| 索引 | 数据元素名 | 字段名 | 数据类型 | 长度 | 描述 |
|---|---|---|---|---|---|
| 主↑ | 序号 | DSF_ID | int | 4 | Not null |
| | 地质年代 | DSF | varchar | 10 | |

#### 表 2-11　储层评价事实数据表

| 索引 | 数据元素名 | 字段名 | 数据类型 | 长度 | 描述 |
|---|---|---|---|---|---|
| 主↑ | 井位序号 | GGON_ID | int | 4 | Not null |
| 主↑ | 层位序号 | DSM_ID | int | 4 | |
| 主↑ | 岩石序号 | YSAD_ID | int | 4 | |
| 主↑ | 颜色序号 | YSH_ID | int | 4 | |
| | 起始深度 | GGHHBC | real | 4 | |
| | 终点深度 | GGHHBD | real | 4 | |
| | 起始高度 | GGHHBE | real | 4 | |
| | 终点高度 | GGHHBF | real | 4 | |
| 主↑ | 评价指标序号 | SYGD_ID | int | 4 | |
| | 评价指标值 | SYGD | real | 4 | |

#### 表 2-12　储层评价指标维度表

| 索引 | 数据元素名 | 字段名 | 数据类型 | 长度 | 描述 |
|---|---|---|---|---|---|
| 主↑ | 序号 | SYGD_ID | int | 4 | Not null |
| | 指标类型 | GRADE0 | int | 4 | |
| | 指标名称 | GRADE | varchar | 30 | |
| | 指标说明 | GRADE1 | varchar | 20 | |

盖层评价事实数据表和专用维度如表 2-13、表 2-14 所示。

#### 表 2-13　盖层评价事实数据表

| 索引 | 数据元素名 | 字段名 | 数据类型 | 长度 | 描述 |
|---|---|---|---|---|---|
| 主↑ | 井位序号 | GGON_ID | int | 4 | Not null |
| 主↑ | 层位序号 | DSM_ID | int | 4 | |
| 主↑ | 岩石序号 | YSAD_ID | int | 4 | |

续表

| 索引 | 数据元素名 | 字段名 | 数据类型 | 长度 | 描述 |
|---|---|---|---|---|---|
| 主↑ | 颜色序号 | YSH_ID | int | 4 | |
| | 起始深度 | GGHHBC | real | 4 | |
| | 终点深度 | GGHHBD | real | 4 | |
| | 起始高度 | GGHHBE | real | 4 | |
| | 终点高度 | GGHHBF | real | 4 | |
| 主↑ | 评价指标序号 | SYGH_ID | int | 4 | |
| | 评价指标值 | SYGH | real | 4 | |

**表 2-14　盖层评价指标维度表**

| 索引 | 数据元素名 | 字段名 | 数据类型 | 长度 | 描述 |
|---|---|---|---|---|---|
| 主↑ | 序号 | SYGH_ID | int | 4 | Not null |
| | 指标类型 | GRADE0 | int | 4 | |
| | 指标名称 | GRADE | varchar | 30 | |
| | 指标说明 | GRADE1 | varchar | 20 | |

生储盖组合评价事实数据表和专用维度表如表 2-15、表 2-16 所示。

**表 2-15　生储盖组合评价事实数据表**

| 索引 | 数据元素名 | 字段名 | 数据类型 | 长度 | 描述 |
|---|---|---|---|---|---|
| 主↑ | 井位序号 | GGON_ID | int | 4 | Not null |
| 主↑ | 层位序号 | DSM_ID | int | 4 | |
| 主↑ | 岩石序号 | YSAD_ID | int | 4 | |
| | 起始深度 | GGHHBC | real | 4 | |
| | 终点深度 | GGHHBD | real | 4 | |
| | 起始高度 | GGHHBE | real | 4 | |
| | 终点高度 | GGHHBF | real | 4 | |
| 主↑ | 评价指标序号 | SYMFL_ID | int | 4 | |
| | 评价指标值 | SYMFL | real | 4 | |

**表 2-16　生储盖组合评价指标维度表**

| 索引 | 数据元素名 | 字段名 | 数据类型 | 长度 | 描述 |
|---|---|---|---|---|---|
| 主↑ | 序号 | SYMFL_ID | int | 4 | Not null |
| | 指标类型 | GRADE0 | int | 4 | |
| | 指标名称 | GRADE | varchar | 30 | |
| | 指标说明 | GRADE1 | varchar | 20 | |

# 2.3　油气成藏模拟与评价的多维数据集

建立油气成藏模拟与评价多维数据集的步骤有 3 个，即建立主题数据库、组织多维数据集、设置数据集市客户端。在此基础上进行数据集市维护。

## 2.3.1　模拟、评价与决策主题数据库的建立

### 2.3.1.1　模拟、评价与决策主题数据库的数据模型

建设面向油气成藏动力学模拟、资源评价和勘探开发决策的多主题数据库(简称项目库)，需要有统一且合理的数据模型及标准。尽管目前各油气田的勘探数据库模型已经趋于规范化和合理化，但由于各油气田地质状况和数据应用差别较大，各项目库的数据模型还需要在勘探数据库标准的基础上做些改进(Yan et al., 2013)。

1. 创建符合业务需要的表间关系

勘探数据库的数据表单主键和外键的关系是根据勘探业务的需要建立起来的，无法反映油气成藏模拟及相关的资源评价业务的要求。本项目库的数据表间关系既要顾及油气田的常规需求，又要考虑油气成藏模拟及相关资源评价的需求。因此，在本项目库建设过程中还应分析油气成藏模拟及相关资源评价模块的输入数据、输出数据、中间成果和最终成果，以及模块之间的调用关系，进而建立数据实体关系模型。

2. 多种平面图数据的采集与存储

在油气成藏动力学模拟、资源评价和勘探开发决策过程中，需用大量的平面图数据，如地温、物性参数、干酪根含量和烃源岩厚度平面图等。其数据涉及大量 $X$、$Y$、$Z$ 坐标及对应数据值、属性和拓扑关系等。常规的勘探数据库表单采用二维表形式，难以一次性地快速提供全部平面图的多源、多元、多类、多维海量数据集，因而不适应油气成藏模拟及资源评价应用的需求。一个可行的办法是以统一规范的大字段类型，即数组排列方式，用二进制结构进行存储。这样可节省磁盘空间，提高数据传输性能和数据应用效率。

3. 分区业务划分及其关系分析处理

在油气成藏动力学模拟、资源评价与勘探开发决策过程中，由于地质构造的复杂性，需要将较大区块分解为小区块进行分别处理。因此，在项目库中的数据模型必须能够描述与分区相关的各种信息。然而，在现有的勘探数据库中，各类数据都没有进行区块划分。针对此类问题，在项目库的建模时，有必要对与区块相关的业务关系做补充分析，理清各种数据与区块的相关关系，并在构建项目库模型时同时建立其主、外键关系。

### 2.3.1.2 油气成藏动力学模拟主题数据库建设与实现

#### 1. 油气成藏模拟主题数据库的存储与管理方式

在油气成藏模拟主题(项目)数据库中不仅存放勘探开发原始数据和成果数据,还存放模拟的基础数据、中间数据和结果数据。主题数据库通过前述数据服务平台(图 2-2),实现对油气成藏模拟应用的支持。其数据类型按结构可分为结构化数据和非结构化数据,按应用可分为基础数据、中间数据和成果数据。

(1)基础数据。此类数据为规范化的井编录数据、知识库数据、参数数据、数据字典等,可在数据库服务端进行统一管理,并以二维表方式存储。

(2)中间数据。此类数据是在模拟过程中产生的,将在各模块间快速传输和调用,通常采用客户端本地方式进行管理,并以文件方式进行存取。

(3)成果数据。此类数据是油气成藏动力学模拟运算后形成的结论性数据,可作为开展研究区油气资源评价和制定勘探开发决策的依据,具有长期保存的价值。这类数据通常在数据库服务端进行统一管理,一般也以文件方式进行存储和管理。

#### 2. 油气成藏模拟主题数据库部署与实现

在油气成藏模拟主题数据库系统建设过程中,需要进行软硬件配置、数据库搭建、管理规范制定,对数据库系统进行全面管理、监督和维护。随着模拟方法的改进,数据模型将会变化,如何快速改造数据库,并确保数据模型、数据结构、业务实体关系和数据库结构之间的一致性,是主题数据库建设面临的重要问题。为了妥善地解决这些问题,可采用 PowerDesigner 软件作为数据模型的管理工具,实现对各类信息的统一管理和自动调整,减轻数据库维护工作量,避免因数据标准不一致造成的混乱。

#### 3. 油气成藏模拟主题数据库 ETL 与管理

油气成藏模拟主题数据库数据表单众多、数据存储格式繁杂,在数据准备与加载过程中,首先要确定数据源,并制定数据提供标准和方式;再按主题进行数据收集、整理和规范化;然后利用数据管理模块(Yan et al., 2013;图 2-14)开展数据补充、加载及预处理(图 2-15)——对二维表、图纸类和文本类数据分别进行预处理。

(1)二维表数据。在进行数据检查的基础上,直接利用数据管理软件批量加载。

(2)图纸类数据。在扫描、矢量化后,利用预处理软件生成标准数据后进行加载。

(3)文本类数据。先使用人工方式从报告文本中检视并提取项目所需的各类数据集,形成标准格式后再统一加载到项目主题数据库中。

综上所述,在项目库建设过程中,参考借鉴油田勘探数据库的建库理念和标准,采用多层次数据模型建模技术与多类型多格式数据存储管理技术,能够有效地克服单机版软件存在的数据一致性、共享性、可复用性缺点,以及难以实现油气成藏模拟的团队协作问题,建立适合于油气成藏动力学模拟、资源评价和勘探开发决策的多用户企业级项目库,并且使之具备基础数据唯一、中间数据共享、模拟过程并行等特点。

图 2-14　油气成藏模拟主题数据库数据管理模块的功能结构

基础数据加载、编辑与查询，包括原始数据管理、数据预处理及成果管理、知识库数据管理、数据字典管理。其功能有数据添加、数据删除、数据修改、数据浏览、数据查询等

资料来源：Yan 等 (2013)

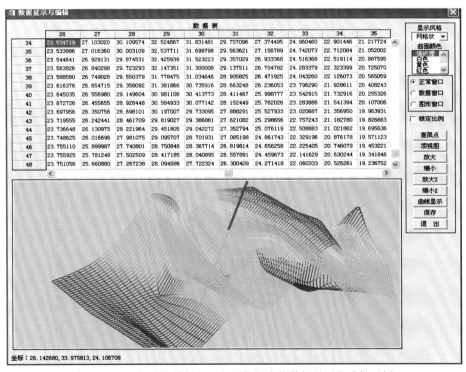

图 2-15　油气成藏模拟项目主题数据库的数据显示与编辑示例

用户可通过数据管理模块对基础数据进行插值、修改、编辑，对插值后图形进行显示和交互编辑

### 2.3.2 模拟、评价与决策数据集市多维数据集的组织

数据集市多维数据集的组织工作，包括共享维度表和专用维度表的建立、多维结构和多维数据集(即数据立方体)的创建等(杜炜, 1999)。

#### 2.3.2.1 油气成藏模拟、评价与决策的 OLAP 结构

油气成藏模拟、评价与决策数据集市 OLAP 的主要的数据源是项目主题数据库。该数据集市不仅要在稳定一致的时间范围内响应用户的需求，而且还要同时面向模拟、分析、评价和管理、决策人员，需要对操作数据进行多维化表示、预处理和不同层次的综合。因此，在油气成藏模拟、评价与决策数据集市的多维数据集中，既包含大量原始的多层次细节数据，也包含大量的综合数据，其 OLAP 可采用三层客户机/服务器结构(图 2-16)。

在图 2-16 中,OLAP 服务器是专门为支持和操作多维数据结构而设计的一种高性能、多用户数据处理引擎，可以迅速响应用户的各种分析要求，并能根据数据间的关系对数据进行快速、灵活的计算和转换。OLAP 客户端是指用户所使用的、可以从 OLAP 服务器中得到所需的数据切片并提供二维或多维显示的各种应用软件。

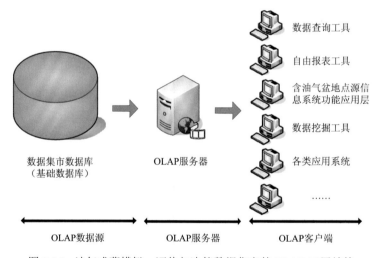

图 2-16　油气成藏模拟、评价与决策数据集市的 OLAP 三层结构

#### 2.3.2.2 油气成藏模拟、评价与决策多维数据集存储模式

OLAP 的数据存储方式有多维型、关系型和混合型 3 种(Berson, 1997)。对 OLAP 产品和存储方式的选择，通常应当考虑数据量的大小、数据处理过程、访问效率和性价比等多个方面。下面分别对 3 种存储模式做简单介绍。

多维型 OLAP(MOLAP)：多维型数据存储方式用于综合存储维度数据和事实数据。这种压缩索引的永久性综合数据存储，可以用来加快数据访问。MOLAP 查询引擎是专

有的，并且被优化成由 MOLAP 数据存储使用的存储格式。其优势不仅在于能清晰地表达多维概念，更重要的是它有着极高的综合速度。在传统的关系型数据库管理系统中，如果要得到某一井位、层位的有机碳含量，只能逐条记录检索，找到满足条件的记录后将数据相加，然后计算平均值。在多维数据库中，数据可以直接按行或列累加，其统计速度远远超过关系型数据库管理系统。多维型数据库中的记录数越多，这种效果就越明显。但是，对多维联机分析处理来说，随着维度和维成员的增加，由于数据量增加太快，其存储空间可能出现爆炸。MOLAP 的显著缺点是不能较好地伸缩，并且要求使用单独的数据库来存储数据。

关系型 OLAP（ROLAP）：在关系型数据表中存储综合数据。其存储空间没有大小限制，现有的关系型数据库技术可以沿用，可以通过 SQL 实现详细数据与概要数据的存储。近年来，现有关系型数据库已经对 OLAP 做了很多优化，包括并行存储、并行查询、并行数据管理、基于成本的查询优化、位图索引、SQL 的 OLAP 扩展等，大大提高了 ROLAP 的访问效率。相比较而言，ROLAP 技术具有更大的可伸缩性。然而，由于 ROLAP 使用主体表存储综合数据，比 MOLAP 占用更多的磁盘空间，其检索查询速度相对比较慢。

混合型 OLAP（HOLAP）：介于 MOLAP 和 ROLAP 之间。HOLAP 像 ROLAP 一样，将主数据存储在源数据库中，而像 MOLAP 一样，把综合数据存储在一个与主关系数据库分开的永久性地方。这种混合形式使 HOLAP 可以具备 MOLAP 和 ROLAP 两者的优点。

从数据查询检索效率看，MOLAP 具备快速的查询响应能力，比较适合于需要频繁使用和快速查询响应的多维数据集；ROLAP 的查询响应较慢，可用于不经常查询的大型数据集，如年份较早的历史数据等；HOLAP 对汇总数据的查询速度与 MOLAP 相同，而比 ROLAP 多维数据集快，因而适用于对大数据汇总的查询，但对于基本数据的查询（如深化到单个事实中）速度比 MOLAP 慢。根据数据的实际情况，在构建油气成藏动力学模拟、评价与决策数据集市时可考虑采用 HOLAP 方式；为了实现多维联机分析处理访问的高效性，可将大部分聚集层数据以 MOLAP 形式存储；而对于原子数据或者有大量细节数据的应用，为防止多维数据集（立方体）存储空间过于膨胀，可采用 ROLAP 方式来存储所聚集的数据。

### 2.3.2.3　共享维度表的建立

维度表用于定义事实数据表的某个分析角度，也是用户分析事实的窗口。共享维度是指多个数据集市主题共享的维度。对于油气成藏动力学模拟、评价和决策主题而言，井位维度、层位维度、地质年代维度、岩石类型维度与岩石颜色维度都是共享维度。

井位维度的数据来源于已经创建好的油气勘探数据集市数据库中的井位维度表，包含序号、盆地、凹陷、构造带、井号、$X$ 坐标、$Y$ 坐标和 $Z$ 坐标列。各个共享维度都用级别来进行层次结构的具体描述，其中最高级别为数据汇总程度最大者，而最低级别为数据最详细者。在 SQL Server 的 Analysis Services 中，共享维度的级别是在维度内定义的，用以确定层次结构中包含的成员及其在层次结构中的位置。在使用维度向导或维度编辑器创建维度时，就同时创建了级别。例如，在油气成藏动力学模拟、资源评价与勘探开发决策数据集市的井位维度中，相应地创建了盆地、坳陷、凹陷、构造带和井号等级别。其中"盆地"级别的汇总程度最高，"井号"级别的汇总程度最低(图 2-17)。

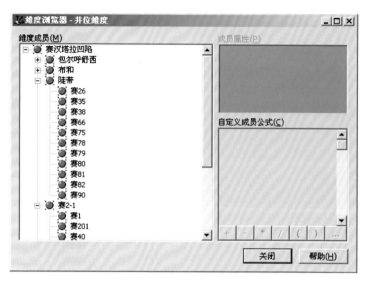

图 2-17　油气成藏动力学模拟数据集市的井位维度表(以赛汉塔拉凹陷为例)

层位维度、岩石类型维度与岩石颜色维度创建过程类似。其中，层位维度表的维度级别分为系、统、群、组与段，岩石类型维度表的维度级别为岩石的分类名称，而岩石颜色的维度级别为国家颁布的岩石颜色标准级别，但增加了一些常用的颜色级别。

### 2.3.2.4　专用维度表的建立

专用维度是在一个数据集市中专用于某一评价和决策主题的数据维度。例如，在油气资源评价中，烃源岩评价指标维度和储层评价指标维度就是专用维度。烃源岩评价指标维度的数据，来源于已经创建好的油气成藏模拟项目主题数据库中的烃源岩评价指标维度表，其中包含有指标序号、指标类型、指标名称和指标说明等。

在 SQL Server 中，Analysis Manager 提供一种父子维度——基于一个维度表中的两列数据。这两列数据一起定义了维度成员中的沿袭关系。一列称为成员键列，标识每个成员；另一列称为父键列，标识每个成员的父代。这种父子维度用特殊类型的单个级别定义，可以产生最终用户所看到的多个级别。存储成员键和父键的列的内容，将决定显示出的级别数目。例如，在油气资源评价的烃源岩评价指标维度表中，标识每个成员的列是"序号"，而标识每个成员父代的列是"指标类型"(图 2-18)。通过这种父子维度的存储和表达，就构成了逻辑数据模型的层次结构。烃源岩评价指标分为四个部分：岩石厚度、有机物丰度、有机物类型和有机物成熟度。其指标值在创建数据集市的数据库时，已经通过一系列复杂的数据转换公式计算完成了。

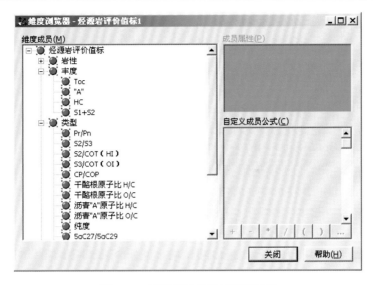

图 2-18　烃源岩评价指标维度示例

### 2.3.2.5　多维数据集的建立

在建立了维度之后，便可以着手创建多维数据集(即数据立方体)。首先，利用集成在 SQL Server 中的 Analysis Services 所提供的创建多维数据集向导功能，从数据集市的项目库中选择多维数据集的事实数据表和度量值——深度、高度、纵横坐标和评价指标值，然后选择所需维度，进而通过关联的数据库获取数据并建立多维数据集(图 2-19)。

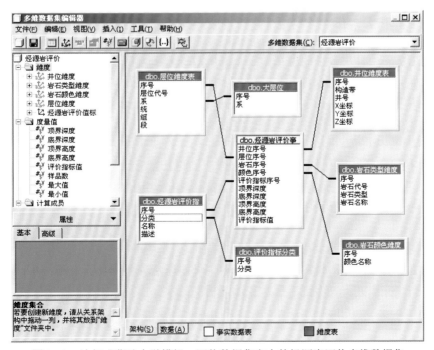

图 2-19　油气成藏动力学模拟、评价数据集市中的烃源岩评价多维数据集

1. 多维数据集的衍生度量

在数据集市中，各个度量的汇总方式是不一样的。例如，在汇总深度(样品采集深度)时，用户感兴趣的通常不是深度的和，而是样品采集的深度范围。同样，在汇总各种评价指标值时，用户感兴趣的通常也不是各指标的和，而是指标的平均值。为此，必须引入衍生度量和计算成员的概念。例如，在烃源岩评价和储层评价的多维数据集中，引入了 5 个衍生度量值(最小深度、最大深度、最小高度、最大高度和样品数)和一个计算成员(指标平均值)。指标平均值即为样品采集的深度、高度范围和评价指标值的平均值。

图 2-19 所示即为采用星型模式创建的烃源岩评价数据集市的多维数据集。其中，最小深度和最小高度的汇总函数是最小值 min，最大深度和最大高度的汇总函数是最大值 max，样品数的汇总函数是成员数 count，源度量评价指标值的汇总函数是和 sum。

油气藏的储层、盖层和生储盖组合评价，与金属非金属矿产资源可利用性综合评价，以及工程地质条件综合评价的数据集市创建过程相似。数据集市创建一旦完成，服务器端的工作就结束了，接着就是设计客户端，以便各级管理人员能访问 OLAP 服务器上的各项数据集市，开展相关的决策分析并进行科学决策。

2. 数据抽取、清洗和加载(ETL)

数据抽取、清洗和加载涉及数据质量及其有效性，是创建数据集市中最重要的环节。主要工作包括：确定数据源、指定数据目的地以及操纵和转换从数据源到数据目的地的数据(孙安健，2012)。建立了数据集市模型后，基本确定了数据集市中事实数据表和维度表的结构。下面的工作就是将原 MIS 中的相关业务数据转移到数据集市的事实数据表和维度表中。这是整个数据集市生成过程中工作量比较大而又非常重要的一个阶段。

1) 数据抽取

数据抽取主要针对各个业务系统及不同网点的分散数据。由于数据存储在多个地方，须在充分理解数据定义和流程(图 2-20)后，规划数据源表及增量抽取的定义。

以事实数据表为例，其度量是烃源岩评价指标的测定值，而各指标来源都不一样。以有机碳含量为例，其样品信息在样品信息表(AHAA)里，测定数据在油气勘探数据库的有机元素分析数据表里。以井号、测样类型与样品编号为主键，可以连接两个表，并从 AHAA 提取样品的深度与层位、样品的岩石名称与岩石颜色等有关信息。主键来自四个维度表，度量来自油气勘探数据库的多个数据表，需要用 SQL 查询语句把需要字段合并起来。为了把采样信息表中的深度转换为高度，还需要从探井基础数据表中抽取井点的地面海拔。

从数据源抽取出来的数据通常先放置在临时数据区——数据的中转区。该中转区可以是一个临时的数据库，也可以是一个简单文件。随后的数据转换、清洗等，可以在这个临时数据区完成，不仅保证了集成和加载的高效性，而且数据更新时不会影响用户对数据集市的访问。当完成数据加载后，就可以删除临时数据区内的数据。

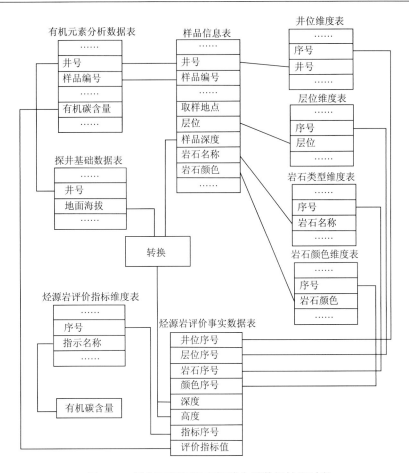

图 2-20 油气田烃源岩有机碳含量数据抽取过程

2) 数据转换和清洗

数据转换包括数据格式转换，数据类型转换，数据汇总、计算，数据拼接等。其目的是通过各种途径和方式，将数据从业务模型变成分析模型，将源数据变为目标数据。数据转换可在数据抽取时进行，也可在数据加载时进行。

数据清洗就是将错误的、不一致的数据在进入数据集市之前进行更正或者删除，以免影响决策的正确性。业务系统和项目数据库中的数据通常存在很多问题，如滥用缩写词、惯用语、数据输入错误、数据的内嵌控制信息有误、重复记录、丢失值、拼写变化、不同的计量单位和过时的编码等。其处理办法是针对系统的各个环节，通过试抽取，将有问题的记录找出来，再根据实际情况进行清洗和调整。

有效的数据清洗算法包括：脏数据预处理、排序邻居方法、优先排队算法、多次遍历数据清理方法、增量数据清理、采用领域知识进行清理、采用数据库管理系统的集成数据清理算法等。在实际应用中，数据转换与清洗内容有：

(1) 数据格式转换：录井图中的岩石记录方式常常不一致。有些井用岩石名称记录，如含泥砾岩、砾状砂岩、泥质砂岩等；有些井用岩石代码记录，如 ny、fszny、ygfsy、fsy

等。因此需要在数据集市的数据库中建立一个岩石类型维度表，使勘查区(盆地、坳陷、凹陷，洼陷)所发现的全部岩石类型都能录入其中，而且在数据集市的数据装载时能从数据源提取岩石数据，能从岩石类型维度表的序号转换为岩石序号。

(2)数据汇总、计算：不少原始数据需要经过汇总和计算才能用于评价和决策。例如，干酪根与沥青"A"的红外光谱特征吸收峰强度数据，需经过转换才能成为烃源岩评价指标；又如烃源岩成熟度评价指标"干酪根 1715/1600"，是红外光谱特征吸收峰 1715 和 1600 的强度比值，其 Visual Basic 转换脚本如图 2-21 所示。

图 2-21　干酪根 1715/1600 指标转换的 Visual Basic 转换脚本

(3)空值处理：有一些字段中的空值需要进行捕获，并且在捕获后加载或替换为其他含义的数据，然后再根据实际情况分流加载到不同的目标库中去。

(4)规范化数据格式：对于数据源中的属性数据，需采用字段格式约束定义进行格式规范化；而对于数据源中的时间、数值、字符等数据，可自定义加载格式。

(5)拆分数据：依据业务需求，对数据源中某些数据的字段进行分解。

(6)数据替换：数据源中的某些无效数据、缺失数据需要进行替换。

(7)建立 ETL 过程的主外键约束：对于无依赖性的非法数据，可替换或导出到错误数据文件中，以保证主键唯一记录加载的正确无误。

3)数据加载

数据加载是将经过转换和清洗的数据加载到数据集市的数据库中，可通过连接数据文件或数据库的方式来进行。除了装载二维数据表之外，加载任务还包括：管理数据行、建立表索引和表约束、汇总表，以及对表进行检索、连接、排序和合计等操作。向数据集市的数据库中装载数据有两种基本的方式：①使用工具批量整体、快速装入；②通过人机交互零散、缓慢装入。前者高效快捷，但后者灵活方便。数据集市的数据装载任务庞大，应尽可能采用多中央处理器(CPU)和多 I/O 并行操作来减少数据装载的时间：

(1)缓冲处理。装载之前对数据进行缓冲处理。对于独立的数据，在被抽取/转换/装载软件处理之前，可集中在一起放入缓冲区。

(2)并行装载。按照工作内容、方式和流程，把所输入的数据划分为几个工作流，每一个工作流的数据独立于其他工作流同时进行装载。

在实际应用中，先定义 DTS 包，用工具进行批量装载。由于事实数据表的井位序号、层位序号、岩石序号、颜色序号数据依据相关的维度表，根据数据集市的关系规则，数据导入时要先进入维度表，然后再进入事实数据表。执行这个已经定义好了的 DTS 转换任务时，数据将按照设定的步骤、规则依次进入数据集市的维度表和事实数据表中。

### 2.3.3　模拟、评价与决策数据集市客户端的设置

在完成数据集市构建以后，需要考虑如何将其中的数据提供给用户使用。只有进行合理的客户端设置，才能为油气成藏动力学模拟、资源评价和勘探开发决策的技术人员和领导层提供完整的数据服务。在一般情况下，不允许用户直接进入数据集市进行数据浏览和应用，只能根据需求和权限确定数据集市提供给用户的数据内容，再通过客户端应用功能的设置选择客户端的界面显示工具和客户端界面显示的具体形式，然后在访问层的客户端对门户应用进行集成，使用户能够方便地通过统一的门户，按照不同的权限进行决策分析的数据查询、业务报表生成和分发，以及在线业务数据填报等。

油气成藏动力学模拟、资源评价和勘探开发决策人员对数据集市的使用，主要集中在油气成藏动力学模拟的多维主题数据集的调用和数据挖掘结果的查看、浏览，以及资源评价和勘探开发决策数据的动态查询。换言之，多维数据集查询和调用是用户使用数据集市的主要方式。用户利用数据集市的上卷、下拉功能，对多维主题数据集进行不同维度、不同层次的上卷、下拉，可以方便地查看和调用权限允许的多维数据集。数据挖掘结果的显示对数据集市的用户也极为重要，许多有价值的决策方案往往来自数据挖掘的结果。

利用微软公司为 OLAP 提供的一组从服务器传递到客户端的工具——数据透视表服务专用工具，使用 OLE DB 和 ActiveX 数据对象 ADO/MD，可以为客户端提供查询数据源的编程接口。利用这个编程接口，能够方便地通过 C++来使用 OLE DB，并且在 Visual Basic 和 ASP 中使用 ADO/MD 编写客户端程序。同时，由于 Microsoft Excel 采用了 OLE DB 核心 API，使得 Excel 也具有强大的 OLAP 数据提取和分析功能。为了对客户端界面的显示进行安全控制，有必要对客户的职能范围及权限进行设置。同时，为了使用户能够进行动态的数据操作，可以选择 Excel VBA 来编写 OLAP 应用程序，把数据集市的应用与其他的信息处理整合在一起。若要在 Excel 客户端实现显示界面的功能，必须在要

访问的数据集市服务器上有 Microsoft 因特网信息服务器(Internet information server, IIS)运行，同时，还要求在客户端计算机操作系统所在盘的 inetpub/wwwroot 目录中有 Msolap.asp 文件存在。如果没有，可以从安装 OLAP Services 的 Program Files\Microsoft Analysis Services\bin 中复制。如果客户端需要通过网络与服务器连接，必须知道服务器的名称或 TCP/IP 地址。

客户端的 Excel 界面设计可以按照以下步骤进行：

(1)客户端用 SQL Server 2000 以上版本的合法用户名登录。

(2)在 Excel "数据"菜单中，用"数据透视表和数据透视图报表"命令选择数据源。

(3)在数据透视表和数据透视图向导中设置外部数据源连接，选择 OLAP 多维数据集。

(4)创建新的数据源连接。在创建新数据源连接时，输入数据源的名称，然后在"为您要访问的数据库选定一个 OLAP 供应者"下拉列表中，选择 Microsoft OLE DB Provider for OLAP Services x.x，便可实现与新的数据源连接。通过多维连接对话框，在 Server 框中输入服务器名称，即可以建立与分析服务器的连接。

(5)多维数据集的选择和数据显示界面设计。通过服务器界面，在数据库列表中选择已经存在的项目数据库——油气成藏动力学模拟、资源评价与勘探开发决策数据集市的数据库。

(6)在布局对话框中进行客户端数据显示的布局设计(图 2-22)。以后打开该界面后，只要执行更新数据，就可以观察到多维数据集的最新分析数据。

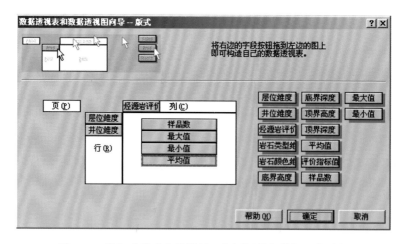

图 2-22　油气成藏动力学模拟、资源评价与勘探开发决策
数据集市客户端数据显示的布局设计

(7)将数据透视表的数据存储后，便可使用客户端 Excel 连接 OLAP 服务器上的多维数据集市，在客户端以交互方式进行网络数据浏览、调用和评价、决策透视(图 2-23)。

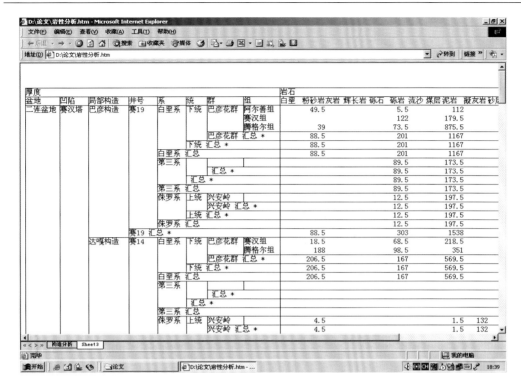

图 2-23 网页浏览数据结果

### 2.3.4 模拟、评价与决策数据集市的维护

在数据集市的运行和实现过程中，需要进行经常性的维护和管理。数据集市的维护和管理的内容十分丰富，包括客服系统运营维护、应用软件维护、数据应用维护、数据质量检测、数据质量控制、数据安全监控、系统异常通告和保障等内容，还包括系统基础运维、数据应用维护支撑、决策支持工具管理和应用程序管理，以及定期进行数据更新、维护。进行这些维护的目的，是确保数据集市始终处于正常、稳定运行状态。同时，数据安全在数据集市中也是一个很重要的问题，因为数据集市中包含着很多维度和事实数据，而这些数据对不同用户的开放程度应当有所不同，需要管理员加强管理与维护。所有这些维护工作，可采用各种成熟的数据集市开发管理平台提供的工具，这里不再赘述。

# 第 3 章　油气系统三维地质模型的构建

三维地质建模是为了好用,而不是为了好看。开展油气成藏动力学模拟,需要有准确、可靠的现今静态三维构造-地层格架模型,以及充填于该格架中的多细节层次属性模型。为了便于进行多要素数据调度和综合分析,盆地三维地质建模应当是格架与属性的一体化建模。以这样的三维地质模型为基础,通过变形原理和拓扑结构反演,便可以形成油气成藏动力学模拟所依托的动态虚拟物质空间(Wu et al., 2013)。已有的三维地质建模的原理与方法,主要是关于盆地构造-地层格架建模的,本书拟着重介绍盆地构造-地层格架与属性一体化建模的原理和方法。

## 3.1　构建三维地质模型的原理与方法

目前,在油气勘查开发领域的三维地质建模,多集中在油藏描述领域的三维储层建模(Haldorsen and Damsleth, 1993;陈欢庆等, 2020)。相比较而言,油藏描述仅面对储层,而油气系统模拟要面对整个盆地(或坳陷、凹陷)。由于油气系统模拟涉及广大的时空域,进行油气系统的分析和模拟涉及众多影响因素,既要考虑油气系统时空结构的整体性和完整性,又要顾及油气系统内部介质的非均匀性和控藏条件的完备性(吴冲龙等, 2006a)。时空结构可通过对各级构造单元构造-地层格架的三维、动态建模来体现;介质和控藏条件则可通过对各地层单元的沉积相和理化特征的精细、全息建模来表达,即开展格架与介质、结构与属性的一体化三维建模来实现。

### 3.1.1　格架-介质及结构-属性一体化三维建模

构建各级油气系统的整体三维地质模型,不能像储层建模那样仅凭重点区带的三维地震数据,而需要有大范围的二维地震解释剖面图、构造平面图和钻井柱状图。三维地质建模所采用的空间数据模型是一种三维数据结构模型,可分为面元模型、体元模型和混合模型三类。不同数据模型有不同特点和用途,其中混合模型可兼顾之并能够取长补短。经验表明,进行油气系统构造-地层格架与介质的一体化精细描述,以及实现内部结构与属性数据的一体化动态调度,宜采用 TIN+CPG 的混合数据模型[①]。

#### 3.1.1.1　TIN+CPG 混合数据模型的概念与应用

TIN 是一种面元数据模型,可以用不规则三角面单元格网形式抽象地表达地层(或岩层)顶、底面的空间分布;而 CPG 是一种体元数据模型,可以用不规则六面体单元格网

---

① 吴冲龙,毛小平,田宜平,等. 油气成藏过程模拟软件研发与应用研究报告(2010 年). 国家"十一五"科技专项"渤海湾盆地东营凹陷勘探成熟区精细评价示范工程"(2008ZX05051)二级课题成果。

形式抽象地表达地层(或岩层)内部结构和属性的空间分布。因此，TIN 面元数据模型可用于快速构建盆地(坳陷、凹陷)的构造-地层格架模型；而 CPG 体元数据模型可以在构造-地层格架约束下精细地刻画介质的非均质属性。TIN+CPG 混合数据模型，则可有效地实现油气系统的格架与介质、结构与属性的一体化三维建模。基于 TIN+CPG 混合数据模型进行三维地质建模的要领是：首先，用 TIN 面元数据模型构建盆地(坳陷、凹陷)的拟三维构造-地层格架模型，再转化为基于 CPG 体元数据模型的盆地(坳陷、凹陷)真三维构造-地层格架模型(唐丙寅等，2017)；然后，以基于 CPG 体元数据模型的构造-地层单元界面为约束条件，用多点随机模拟方法进行属性建模(陈麒玉等，2016)，完成介质非均质性的精确、全息描述；最后，形成格架与属性的一体化模型，实现拟三维表面模型和真三维实体模型的统一。

### 1. TIN+CPG 混合数据模型的结构转换

在把基于 TIN 的面元数据模型转化为基于 CPG 的体元数据模型时，要先确定转换后每套地层 TIN 格网需剖分成多少层 CPG 格网，再对所要转换的地层序列进行编码、定义，并计算地层顶、底的格网边界(或断层区域)，以及格网方向和各方向的剖分单元数等参数值。

TIN+CPG 混合数据模型的构建，通过应用集成和数据融合方式来实现，即首先利用 TIN 数据结构建立三维盆地(坳陷、凹陷或洼陷)构造-地层格架模型；然后根据 CPG 的数据结构特点，选择并应用 TIN 面元数据模型向 CPG 体元数据模型转换的合适算法，实现 TIN 三维构造-地层格架模型向 CPG 三维构造-地层格架模型转换(图 3-1)；最后基于 CPG 数据结构的三维构造-地层格架模型，依次完成各种地质属性的多点地质统计学随机模拟，建立能够描述地层内部非均质性且具有多细节层次的精细地质属性模型。

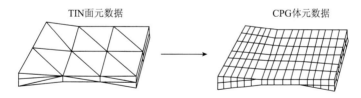

图 3-1　TIN 面元数据模型向 CPG 体元数据模型转换的示意

基于 TIN+CPG 混合数据模型的精细三维地质建模流程，如图 3-2 所示。

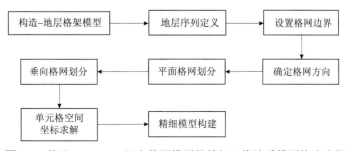

图 3-2　基于 TIN+CPG 混合数据模型的精细三维地质模型构建流程

2. 对象空间的格网剖分和参数计算

1) 地层序列的定义

地层序列定义的内容包括：地层层数、地层编号、地层名称、地层加密层数、地层颜色和地层纹理，将其保存成.ini 配置文件。其中，各参数含义如下。

(1) 地层层数：表示在 TIN 面元数据模型中，有多少个地层；

(2) 地层编号：表示每一个地层的编号值；

(3) 地层名称：表示每一个地层的名称；

(4) 地层加密层数：表示单个地层转换成 CPG 体元数据模型的单元格层数；

(5) 地层颜色：表示单个地层转换成 CPG 体元数据模型之后的颜色；

(6) 地层纹理：表示单个地层转换成 CPG 体元数据模型之后的纹理。

定义好地层序列之后，需要对格网进行剖分，要确定的参数包括：格网边界、格网方向以及格网平面和垂向上的剖分单元数。

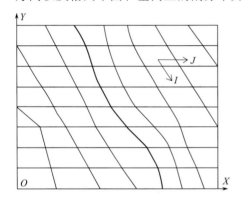

图 3-3   格网的走向及坐标系

2) 格网边界的计算

顶、底格网边界的计算是分别根据盆地(坳陷、凹陷或洼陷)构造-地层格架模型中，某一地层的顶面和底面水平方向最大包围盒来进行的。在计算时，需逐一将各套地层的顶面和底面分别投影到 XOY 平面上，计算出的投影平面的最大矩形边界，就是该地层的顶、底面边界。以此类推，可以求出每一套地层的格网边界。

3) 格网方向的确定

格网方向是指格网边界连线在地层层面 (XOY) 上的走向(I, J 方向)，代表各套地层及其分层的格网排列方向(图 3-3)。为了便于表达盆地(坳陷、凹陷或洼陷)构造-地层格架，CPG 格网方向应参照盆地各构造单元的边界和区域断层线走向来确定。

4) 层面格网的剖分

在对构造-地层格架模型的顶、底面进行格网剖分时，要先根据格网边界确定行列数目($N=I\times J$)，然后进行近似等间距剖分，生成模型顶、底的控制格网。由于盆地构造-地层格架模型的顶、底面通常近于水平，层面格网有时也称为水平格网。

5) 剖面格网的剖分

在盆地(坳陷、凹陷、洼陷)的构造-地层格架模型中，每一个三维地层单元，都是由相邻两个上、下地层面围合而成的。因此，层面总数要比地层总数多 1。从 TIN 面元数据模型转为 CPG 体元数据模型后，每套地层对应的层面格网数是 $I\times J$ 个。假设每一套地层在剖面上(垂向上)可以细分成 $K$ 个分层，则每一套地层的格网数 $M$ 为 $I\times J\times K$ 个。在剖面上，格网的划分过程包括设置每个单元格的厚度和单元格的个数。

通过以上对构造-地层格架模型的格网边界和格网方向的计算，以及格网在 $X$、$Y$、$Z$ 方向上的剖分，便可以生成构造-地层格架模型的整个控制格网。

3. 基于 TIN+CPG 的三维构造-地层格架建模算法

关于 TIN 面元数据模型和 CPG 体元数据模型的三维构造-地层格架建模的插值算法，在各种相关文献和专著中有较多的介绍。这里着重介绍模型转化及特殊现象建模的相关算法。

1) 单元格空间坐标计算

单元格空间坐标计算，实际上就是控制网格点的投影计算。所谓控制网格点，是指地层顶面或底面上控制性的网格结点在各分层的投影点。依照 CPG 数据模型的文件组织方式，所计算和存储的单元格坐标，包括地层顶、底面各网格结点的 $X$、$Y$、$Z$ 坐标。对于模型中各套地层的各个分层网格结点 $X$、$Y$ 坐标，可通过地层顶、底面网格结点的 $X$、$Y$ 和 $Z$ 值来换算。CPG 体元数据模型中的单元格坐标计算方法如图 3-4 所示。

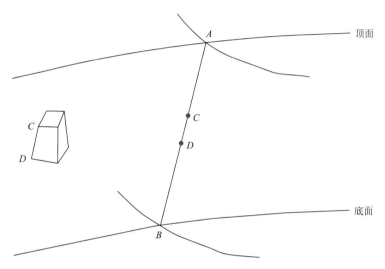

图 3-4　CPG 体元数据模型中单元格坐标计算

在图 3-4 中，$CD$ 为某一单元格网的一条侧边，该边上的两点 $C$、$D$ 与顶面 $A$ 点和底面 $B$ 点相对应，$C$、$D$ 两点的横纵坐标 $(x_C, y_C)$ 和 $(x_D, y_D)$，可以通过 $A$、$B$ 两点的坐标 $(x_A, y_A, z_A)$ 和 $(x_B, y_B, z_B)$，以及 $C$、$D$ 两点的 $Z$ 值求出，即

$$
\begin{aligned}
x_C &= x_A + (z_C - z_A) \bullet (x_B - x_A) / (z_B - z_A) \\
y_C &= y_A + (z_C - z_A) \bullet (y_B - y_A) / (z_B - z_A) \\
x_D &= x_A + (z_D - z_A) \bullet (x_B - x_A) / (z_B - z_A) \\
y_D &= y_A + (z_D - z_A) \bullet (y_B - y_A) / (z_B - z_A)
\end{aligned} \tag{3-1}
$$

2) 单元体有效性计算

所谓 CPG 模型中单元体的有效性，是指该单元体在理论上是否能够存在，即该单元体是否能够在计算中被构建出来。在计算中，有效性以"0"和"1"来表示，"0"表示该单元体无效，而"1"表示该单元体有效。在理论上，模型边界外侧或断层区域的有效性为 0。如图 3-5(a) 所示，图中红色线框内就是有效性为 0 的边界外(或断层)区域。把

这些有效性为 0 的网格单元体删去,可清晰地展示出边界(或断层)区域[图 3-5(b)]。在进行网格单元体有效性计算时,只需要计算每个单元体的体积。如果单元体的体积计算结果为 0,则将该单元体的有效性赋 0 值;反之,将该单元体有效性赋 1 值。

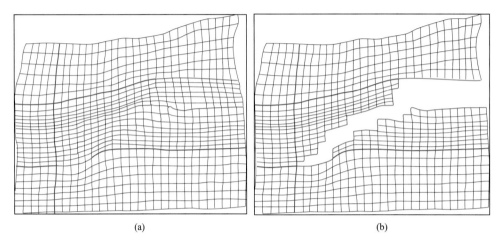

(a)　　　　　　　　　　　　　　　　　　(b)

图 3-5　边界网格有效性设置与显示效果

根据同样的原理,可以描述岩层尖灭和地层缺失现象。在构造-地层格架的三维建模计算中,这种特殊的地质现象通常作为零厚度体看待。

3)零厚度体计算和剔除

这种三维构造-地层格架模型中的零厚度体的处理,可以在转化为 CPG 体元数据模型后采用上述单元体有效性计算法进行,也可以在由 TIN 面元数据模型转化为 CPG 体元数据模型之前进行。对于 TIN 结构的面三维构造-地层格架模型,其零厚度体可采用顶、底三角面片遍历法来识别和去除(唐丙寅等,2017)。在计算时,首先对目标体顶、底面上的三角面片上各对应点进行遍历,计算出对应点的距离 $D(x_i)$ $(i=0, 1, 2)$。若 $D(x_i)$ 的值为 0,则该目标体的顶、底面三角面片重合,其厚度为 0。于是,可以在该拓扑结构中将其删除[图 3-6(c)],然后重新构建整体的拓扑结构,形成没有零厚度体的新体[图 3-6(d)]。新体虽然在总体外形上与原体没有差别,但其实际的体结构已经不同了,数据量也比原体小了。

4)尖灭体及透镜体处理

在进行三维地质建模时,还会经常遇到岩层(或地层)尖灭和透镜体问题,需要通过对勘探剖面中的地层线进行特殊处理来解决。以透镜体三维建模为例,在进行勘探剖面的地层线的内插和外推连接时,需将勘探剖面中透镜体的上、下边界线长度延伸为整个地层线的统一长度。如图 3-7 所示,透镜体所在的地层 a 的地层顶、底界分别为 $L_1$ 和 $L_2$,$L_1$ 上的点为 $P_0$ 到 $P_{10}$,$L_2$ 上的点为 $P'_0$ 到 $P'_{11}$。其中,$L_1$ 上的点 $P_0$、$P_1$、$P_2$、$P_8$、$P_9$、$P_{10}$ 分别和 $L_2$ 上的点 $P'_0$、$P'_1$、$P'_2$、$P'_9$、$P'_{10}$、$P'_{11}$ 重合。在进行地层线内插和外推连接时,$L_1$ 和 $L_2$ 上的重合点不能省略。与此同时,在相邻剖面中,即使是没有地层 a(即地层 a 在相邻剖面中尖灭掉了),也要在对应的地层中勾画出地层 a 顶、底的地层线。

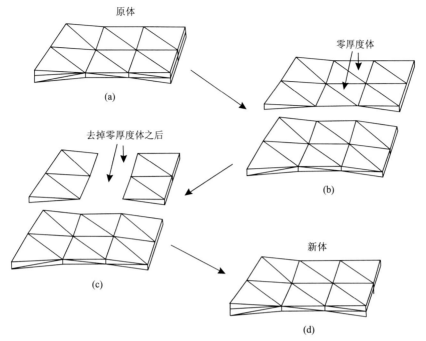

图 3-6　采用顶、底三角面片遍历法来识别和去除零厚度体及重构体拓扑结构

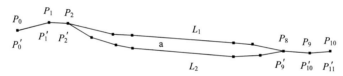

图 3-7　地层或岩层中透镜体 a 的顶、底边界线

通过以上处理，将勘探剖面上的地层 a 顶、底界面，在所有勘探剖面之间进行普通克里金法(Kriging method)插值，便可以分别生成地层 a 的顶、底面，然后再通过顶、底面拟合成体，即可生成地层(或岩层)中透镜体 a 的整个形态。在后期模型处理时，可以用去除零厚度体功能实现对透镜体模型的优化。类似的，地层的尖灭也可以按这种方法进行处理。

5)模型 CPG 体数据文件格式

读取 CPG 体数据*.GRDECL 文件，可获得模型顶、底单元体格网的坐标值、各单元格 8 个顶点的 Z 值及单元体格网的有效性。CPG 体元数据模型文件格式描述如下：

```
class GV3dCPGMEclipseMesh
{//格网信息
public:
std::vector<string> m_headerInfo; //体模型文件头信息
int * GridNums[3];      //网格个数
int nColNums;           //列数
int nRowNums;           //行数
int nLayerNums;         //层数
```

```
    vector< vector < vector < Vertex3d >> > vecArGridTopValue; //所有地层顶
面单元体格网坐标
    vector< vector < vector < Vertex3d >> >vecArGridBotValue;//所有地层底面
单元体格网坐标
    float lfXMin;//模型数据里面最小的X坐标,一般以取整为准
    float lfYMin;//模型数据里面最小的Y坐标,一般以取整为准
    float lfXMax;//模型数据里面最大的X坐标,一般以取整为准
    float lfYMax;//模型数据里面最大的Y坐标,一般以取整为准
    vector <vector<vector<int> > > m_Actnum;   //整个区域内所有网格有效性数组
    vector<vector<vector<Vec8f> > > VecZValues;//记录所有格网顶点z值
    int PropNums;//属性个数
    vector <PropertyValueInfo *> SPropertyInfo;    //记录属性信息
    SingleVolumeInfo SingleVoluInfo;   //单体信息结构体
//断层信息
public:
    vector < SFaultInfo *> AllFaultInfo;         //所有断层信息
    vector < string > m_FaultheaderInfo;         //断层文件头信息
    vector < string > m_FaultEndInfo;            //断层文件尾信息
    int nFaultNums;                              //断层个数
    vector <UnitFaultInfo *> arUnitFaultInfo; //全区的断层信息
    vector <Vertex3d> pAllData;                  //用于构建面的所有点的数组
    vector <nPGonps> nDataGonps;                 //构建的拓扑结构
};
```

通过以上的计算和处理过程,可将基于 TIN 的三维面元数据模型转化成基于 CPG 的三维体元数据模型,并生成模型数据文件(.GRDECL 文件)。将该文件加载到地质信息系统平台的三维部分 QuantyView3D 上,便可实现 CPG 精细模型的显示。

在完成了盆地(或坳陷、凹陷、洼陷)三维构造-地层格架静态模拟的基础上,还需要采用物理平衡法进行拓扑结构三维反演(毛小平等,1998a),以及有约束的多要素地质属性多点随机模拟,恢复其演化历程,提供油气成藏动力学模拟的四维空间。

### 3.1.1.2　构造-地层格架三维化插值的数学模型

盆地三维构造-地层格架建模可以通过分别利用系列钻孔柱状图、地质剖面图、构造平面图的内插和外推来实现,也可以通过混合利用这些图件进行内插和外推来实现。这种建模方法的要点是选择合理的空间拓扑推理的插值模型。常用的有线性插值模型、多项式插值模型、克里金插值模型、样条插值模型和相似变形插值模型。

#### 1. 线性插值模型

线性插值模型是最常用和最简单的插值模型。其要领是采用分段线性插值模型来形

成三维曲面，分段原则是两个剖面之间为一段。其计算公式如下：

$$I_h(x) = \frac{x - x_{k+1}}{x_k - x_{k+1}} I_h(x_k) + \frac{x - x_k}{x_{k+1} - x_k} I_h(x_{k+1}), \qquad x_k \leqslant x \leqslant x_{k+1}$$

式中，$I_h(x)$ 为分段线性插值函数，在每个小区间 $[x_k, x_{k+1}]$ 上都是线性的。

线性插值的优点是计算简单，速度快，可用于地质体形态简单的盆地或区块；缺点是插出的曲面有明显的棱角，难以刻画复杂地质体的真实形态。

### 2. 多项式插值模型

拉格朗日 $N$ 次多项式插值模型(李庆扬等, 1986)的计算公式如下：

$$Ln(x_j) = \sum_{k=0}^{n} y_k l_k(x_j) = y_j, \qquad j = 0, 1, \cdots, n \tag{3-2}$$

其中，

$$l_k(x) = \frac{(x - x_0) \cdots (x - x_{k-1})(x - x_{k+1}) \cdots (x - x_n)}{(x_k - x_0) \cdots (x_k - x_{k-1})(x_k - x_{k+1}) \cdots (x_k - x_n)}, k = 0, 1, \cdots, n$$

多项式插值模型的优点是在低次多项式的情况下，插出的曲面光滑，没有明显的棱角，符合地质体的实际形态；缺点是如果插值的次数太高，就会产生振荡，在某些地方甚至会偏离很远，不符合实际情况。

### 3. 克里金插值模型

采用克里金插值模型来形成三维曲面，对于形态不规则的地质体而言，具有明显的优越性。可供选择的子模型有球状模型和指数模型两种(王仁铎和胡光道, 1984)，即

$$Z_V^* = \sum_{i=1}^{n} \lambda_i Z_i \tag{3-3}$$

式中，$Z_i$ 为一组离散值($i = 1, 2, \cdots, n$)；$\lambda_i$ 由下组公式求出，即

$$\sum_{j=1}^{n} \lambda_j C(x_i, x_j) - \mu = \overline{C}(x_i, V),$$

$$\sum_{i=1}^{n} \lambda_i = 1, i = 1, 2, \cdots, n; j = 1, 2, \cdots, n$$

协方差函数 $C(h)$ 与验前方差 $C(0)$ 以及变异函数 $\gamma(h)$ 之间的关系如下。

对于球状模型：

$$\gamma(h) = \begin{cases} 0, & \gamma = 0 \\ C_0 + C_1 \left( \dfrac{3\gamma}{2a} - \dfrac{1h^3}{2a^3} \right), & 0 < \gamma \leqslant a \\ C_0 + C_1, & \gamma > a \end{cases}$$

式中，$\gamma$ 为变差函数；$h$ 为距离；$\gamma(h)$ 为距离为 $h$ 时的变差函数值；$C_0$ 为块金常数；$C_1$ 为拱高；$a$ 为变程。

对于指数模型：

$$\gamma(h) = C_0 + C_1\left(1 - e^{-\frac{h}{a}}\right)$$

式中，$C_0$ 为块金常数；$C_1$ 为拱高；但 $a$ 不为变程，变程约为 $3a$。

$$C(h) = C(0) + \gamma(h)$$

式中，$C(h)$ 为距离为 $h$ 时的协方差函数值；$C(0)$ 为距离为 0 时的协方差函数值。

克里金插值模型的显著优点是在计算一个新数据时，所有在变程范围内的数据都参与计算，很好地体现了数据的相关性，既适用于地质体外观形态模拟，也适用于地质体内部属性建模(地层物性参数计算，如孔隙度、渗透性和力学性质等，以及有机地球化学参数)的模拟。其缺点是因计算量太大而速度较慢。

### 4. 样条插值模型

用三次样条插值模型来形成三维曲面的计算公式(李庆扬等, 1986)如下：

若

$$y_j = f(x_j), \quad j = 0, 1, 2, \cdots, n$$

则三次样条插值函数为

$$S(x) = \sum_{j=0}^{n}\left[y_j\alpha_j(x) + m_j\beta_j(x)\right] \tag{3-4}$$

其中，$\alpha_j(x)$、$\beta_j(x)$ 为插值基函数，由下式计算：

$$\alpha_j(x) = \begin{cases} \left(\dfrac{x - x_{j-1}}{x_j - x_{j-1}}\right)^2\left(1 + 2\dfrac{x - x_j}{x_{j-1} - x_j}\right), & x_{j-1} \leqslant x \leqslant x_j, j \neq 0 \\[3mm] \left(\dfrac{x - x_{j+1}}{x_j - x_{j+1}}\right)^2\left(1 + 2\dfrac{x - x_j}{x_{j+1} - x_j}\right), & x_j \leqslant x \leqslant x_{j+1}, j \neq n \\[3mm] 0, & \text{其他} \end{cases}$$

$$\beta_j(x) = \begin{cases} \left(\dfrac{x - x_{j-1}}{x_j - x_{j-1}}\right)^2(x - x_j), & x_{j-1} \leqslant x \leqslant x_j, j \neq 0 \\[3mm] \left(\dfrac{x - x_{j+1}}{x_j - x_{j+1}}\right)^2(x - x_j), & x_j \leqslant x \leqslant x_{j+1}, j \neq n \\[3mm] 0, & \text{其他} \end{cases}$$

$m_j$ 由下式计算：

$$\lambda_j m_{j-1} + 2m_j + \mu_j m_{j+1} = g_j, \quad j = 1, 2, \cdots, n-1$$

$$\lambda_j = \frac{h_j}{h_{j-1} + h_j}, \mu_j = \frac{h_{j-1}}{h_{j-1} + h_j}$$

$$g_j = 3(\lambda_j f[x_{j-1}, x_j] + \mu_j f[x_j, x_{j+1}])$$

采用样条插值模型的优点,在于可克服多项式插值模型的缺点,即当插值次数过高时不会出现振荡现象,而且比较符合地质体的真实形态。

5. 相似变形插值模型

在相邻的地质剖面上,由于自然发生的相变和变形,常使地质体出现的位置偏移,上述各种插值模型只能按照外形机械地进行整体对应,难以具体地表达这种局部偏移现象。为了解决这个问题,可采用相似变形插值模型(田宜平,2001)。该插值模型类似于将每条线分解成两条独立的线条,然后分别进行插值。用户可以自由地根据确定点来控制某个目标点在线条之间的对应状况(图 3-8)。

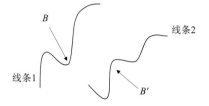

图 3-8 相似变形插值模型

假设线条 2 上的点 $B'$ 与线条 1 上的 $B$ 是对应点,可以通过两点,把两条线条都分成两段,然后将线条 1$B$ 点前后两段与线条 2 $B'$ 点前后两段分别进行对应插值。具体插值时可选择上述线性插值、多项式插值和样条插值等基本模型中的任一种,对应点可以选择多个,数目不限,十分灵活。例如,可以强制地让线条 1 的峰底与线条 2 上的峰顶对应,从而控制曲面的形态,使其符合实际变化。计算公式依所选基本插值模型而定。

相似变形插值模型的优点是可以让操作人员控制插值过程,能很方便地根据实际情况来确定不同剖面的对应点,从而使插值所形成的曲面更加符合实际情况;缺点是人工交互工作量较大,一般情况下取决于所选择的基本插值模型。

### 3.1.1.3 格架-介质一体化建模子系统逻辑结构

基于构造-地层格架与介质一体化的三维建模的思路,三维盆地(或坳陷、凹陷、洼陷)构造-地层格架建模子系统的逻辑结构包括两个部分(图 3-9):①多源数据采集和图形编辑子模块;②三维地质建模和空间分析子模块。前者提供高性能的二维、三维图形编辑工具,可将现有的二维地质图件资料,改造成适合于构建三维数字地质体的形式。具体功能包括线编辑、点编辑(注释编辑)、区编辑、属性编辑(用于输入地层年代信息、岩层和沉积相的拓扑关系、编码信息)及统改操作等。后者提供基于 TIN+CPG 混合数据模型进行三维构造-地层格架建模平台和空间分析工具,可先基于 TIN 数据结构采用系列地质剖面图或者构造平面图进行面三维建模,然后转化为基于 CPG 数据结构的体三维构造-地层格架模型,所提供的空间分析工具包括多种统计分析和数据挖掘方法。

## 3.1.2 基于系列平、剖面图的三维地质建模法

三维数字构造-地层格架是沉积盆地宏观地质结构的一种抽象表达,不仅形态极不规则而且内在拓扑关系错综复杂。为此,先要选择可用于描述这种形态、结构、关系的数据模型和方法。上述 TIN、CPG 和 TIN+CPG 数据模型,就是所需要的合理数据模型;而边界替代(boundary replacement, B-Rep)法是一种具有层次结构的,既能描述线和面,

·64·　　　　　　　　油气成藏动力学模拟原理、方法与技术

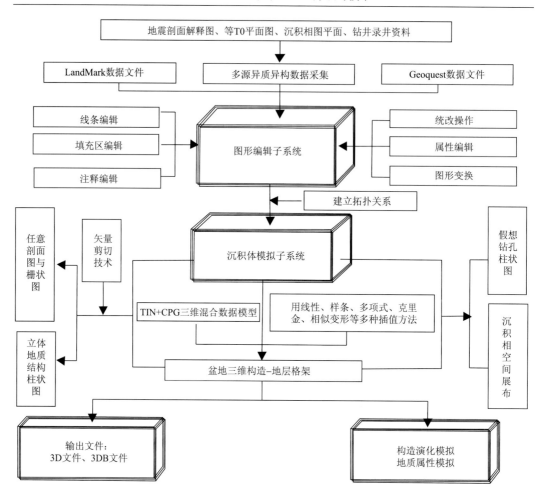

图 3-9　三维盆地构造-地层格架建模子系统的逻辑结构

又能描述体，而且在线—面和面—体转化之后，拓扑结构得以保持的简便表达方法（田宜平，2001）。B-Rep 法把空间对象理解为点、线、面和体 4 类元素的集合，每一类都由几何数据、类型标志及相互间的拓扑关系组成。其建模过程是在地质知识驱动下，在钻井柱状图、地质剖面图和构造平面图上的各种地质实体及其边界线按一定规则进行编码的基础上，采用合适的数学模型在系列平、剖面之间进行内插、外推的三维地质实体构型过程（He et al., 2008）。其编码和内插、外推的对象包括：单地质体及边界线、多地质体及边界线，以及特殊地质体及边界线。这样做既有利于三维构造-地层格架内部各种空间位置和拓扑关系的保持，也有利于对三维构造-地层格架进行矢量剪切及动态演化模拟。

### 3.1.2.1　基于剖面图的构造-地层格架三维建模

以系列二维地震解释剖面（图 3-10）为例，其中的地质体都以边界线表示，由于元素间的拓扑关系已确定，只要采用正确的编码规则，便可利用其拓扑关系来建立剖面间对

应边界的联系，实现地质结构的三维表达。在图 3-10 所示的剖面上，$F_1$ 和 $F_2$ 为"Y"字形正断层的两叉，T2、T4 和 T5 为地层界面。这些断层和地层界面，围限了两个封闭的地层实体(层段)，分别为 D0 和 D1。根据 B-Rep 模型的编码规则，以层位为序，从上到下分为 0、1、2 等。如果某层又被断层切为几块，则用"-"来区分，如 D0-0、D0-1 和 D0-2 等。同样，按照实体边的编码规定，上边为 B1，下边为 B2，左边为 B3，右边为 B4。若某边又分几段线段，则编码再加"-"区分，如 B3-1、B3-2 等。为了与地层界面协同建模，断层 $F_1$ 和 $F_2$ 被分割成相应的若干线段。于是，实体 D0-1 就由 D0-1B1、D0-1B2、D0-1B3-1、D0-1B3-2、D0-1B4-1 和 D0-1B4-2 六条线段组成。与此相同，可分别写出实体 D1-0、D1-1 及其他实体的各条围限边界线段。如图 3-10 所示，由于相邻实体之间存在着共边关系，实体 D0-1、D1-0 和 D1-1 的多个边界都有双重代码。这种公用边界的代码书写方式，是把该边界在两个实体中的代码都写上，中间用逗号隔开。例如，D0-1 与 D1-0 公共边界的编码为 D0-1B3-2, D1-0B4-1；D0-1 与 D1-1 公共边界的编码为 D0-1B2, D1-1B1；D1-0 与 D1-1 公共边界的编码为 D1-0B4-2, D1-1B3-1。

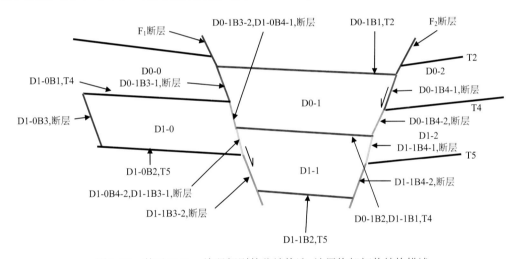

图 3-10　基于 B-Rep 编码规则的盆地构造-地层格架拓扑结构描述

用于建模的剖面都需用同样方式进行编码，再对地质实体进行剖面间对应边插值，然后赋予所生成曲面各边以属性。如果某个曲面是由公共边插值生成的，此曲面即为可体现实体间邻域关系的公共曲面。若干邻接的曲面可围成一个三维实体，且各个小三维实体通过编码联系起来，便可构成完整的盆地三维构造-地层格架。在相邻剖面间，对应边的地层意义必须一致。显然，依照沉积相或层序的边界，可划分出更多更小的实体。如果采用沉积相和微相的边界进行插值，将生成三维构造-成因地层格架；如果采用层序地层单元边界进行插值，则将生成三维构造-层序地层格架。当一个剖面上的某地层上下两边收敛于邻接剖面上的一条边时，就意味着该地层尖灭了。

### 3.1.2.2　基于剖面图的格架-介质一体化建模

仍以地震解释剖面的三维内插、外推建模为例。假设仅考虑简单的介质属性，系列剖面的代码可采用地层代码、沉积相顺序码、沉积相特征码和测线编号四类。在进行格架-介质一体化三维建模时，应对地质体进行逐层逐个的边界编码。为了统一，介质属性与构造-地层格架采用相互兼容的三维建模编码规则。

## 1. 地质体格架-介质属性与边界线的代码形式

剖面上地质体编码一般形式为：$Dxi\text{-}y\text{-}z\text{-}mn$。其中，$xi$ 为地层代码（$i=1，2，\cdots，7$）；$y$ 为沉积相约定代码；$z$ 为第 $i$ 地层内沉积相编码；$m$、$n$ 为紧邻的两条测线代码，其编码须按 $m>n$ 的顺序进行（如剖面 1332 编码为 27，剖面 1323 的编码为 26）。剖面上的地层界面（反射界面）、地层代码及沉积相代码见表 3-1、表 3-2。

**表 3-1　地层代码（以珠三坳陷为例）**

| 地层 | 反射界面 | 地层代码 $Dxi$ |
|---|---|---|
| 韩江组 | $T_2$ | $d_1$ |
| 珠江一段 | $T_4$ | $d_2$ |
| 珠江二段 | $T_5$ | $d_3$ |
| 珠海一段 | $T_6$ | $d_4$ |
| 珠海二段 | $T_7$ | $d_5$ |
| 恩平组 | $T_8$ | $d_6$ |
| 文昌-神狐组 | $T_9$ | $d_7$ |

**表 3-2　沉积相的代码**

| 沉积相 | 滨海 | 浅海 | 浅湖 | 台地 | 平原 | 河沼 | 河流 | 深湖 | 三角洲 | 砂(扇)体 |
|---|---|---|---|---|---|---|---|---|---|---|
| 顺序码($y$) | 0 | 1 | 2 | 3 | 4 | 5 | 6 | 7 | 8 | 9 |
| 颜色 | 11 | 4 | 18 | 218 | 153 | 148 | 337 | 7 | 5 | 20 |

地质体边界线条的代码由单体代码+边界线条代码组成。一般形式是：$Dxi\text{-}y\text{-}z\text{-}mnBj\text{-}k$，即由边界线条所在的单体代码（$Dxi\text{-}y\text{-}z\text{-}mn$）和边界线条代码（$Bj\text{-}k$）组合而成。在边界线条代码中，$j=1，2，3，4$；1 表示单体上边，2 表示单体下边，3 表示单体左边，4 表示单体右边；$k$ 表示某界面（上、下、左、右）的线条分段数。为便于识别、判定和编码，需约定剖面上的地质体边界线条（地震反射界面、沉积相界面、断层线、剖面边界、基底界面）代码及颜色（表 3-3）。此外，还需约定当出现上覆地层超覆而下伏地层尖灭的情况时，自尖灭点向上的上覆地层下侧边为 TG，即便它可能与其他地震反射界面对应。该约定一方面有利于显示盆地基底的完整分布范围，另一方面能方便地查询基底隆起对各套沉积物的控制情况。

**表 3-3　用于三维地质建模的地质剖面上有关线条的属性约定**

| 项目 | 沉积相界面 | 断层线 | 剖面边界 | 基底界面 |
|---|---|---|---|---|
| 代码 | TC | TF | TS | TG |
| 颜色 | 1 | 2 | 28 | 31 |

## 2. 地质体格架-介质属性的编码规则

### 1) 单个地质体的单段、多段编码

地质体的单体编码是针对沉积相界面(TC)和地层界面(反射界面，如表 3-1 的 $T_2$、$T_4$、$T_5$、$T_6$、$T_7$、$T_8$ 和 $T_9$)，以及断层线(TF)及基底界面(TG)进行的。单个地质体的编码，可采用单段编码(图 3-11)和多段编码(图 3-12 和图 3-13)两种方式。单个地质体多段编码可以认为是单个地质体单段编码的多次重复过程。在进行单个地质体多段编码时，对于地层或沉积相分叉、尖灭、合并现象，可按前述编码原则和下述方法进行处置。

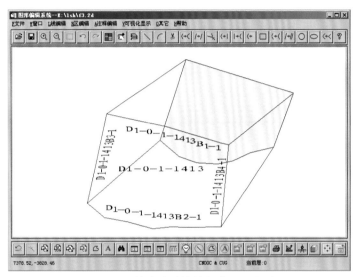

图 3-11 单个地质体单段编码示意图
剖面间单体边数一一对应

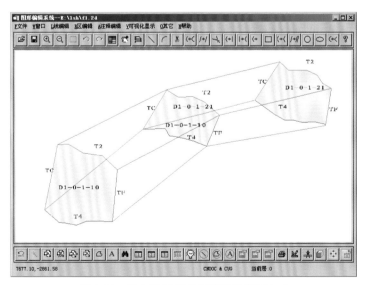

图 3-12 单个地质体多段编码示意图(一)
剖面间单体边数一一对应

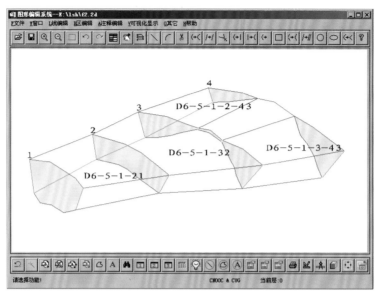

图 3-13　单个地质体多段编码示意图(二)

剖面间单体边数非一一对应

2) 单个地质体(单体)分叉后的编码处置

当沉积相较为复杂时,同一套地层中同类型的沉积相分叉、合并、尖灭现象往往多次出现,为了避免编码重复,同时也是为了保证已有的编码在平面上的连续性,有必要对个别分叉的沉积相的编码进行处置。以沉积相分叉为例:2、1 剖面和 3、2 剖面间的第 6 层河沼相均为一个单体,编码分别为 D6-5-1-21、D6-5-1-32。在 4、3 剖面间,D6-5-1-32 单体分为两个单体,为了保证 D6-5-1-32 单体的连续性,需要将 4、3 剖面间由 D6-5-1-32 分出的两个单体,分别编为 D6-5-1-2-43、D6-5-1-3-43,其中 D6-5 后面的 1-2 和 1-3 即为单个地质体分叉的编码处置结果。用同样方法,可以对沉积相以及其他各类地质体的合并、尖灭等现象进行处置。

3. 地质体边界线条的编码规则

1) 单个地质体单段的边界线条编码方法

根据以上规则,单纯的两个相邻剖面间的沉积相单体边界线条编码如图 3-14 所示。

在用于内插建模的两个相邻剖面间,每一段沉积相单体周缘的边界线条上、下、左、右分别邻接不同的单体,因此均具备双重乃至多重属性。在进行线条编码时,需要加以清理并逐一赋予邻接单体的属性(图 3-15)。

2) 单个地质体多段的边界线条编码方法

在对连续多个邻接剖面间的多段单体进行编码时,除了按照单段单体的编码要求将上、下、左、右划归不同的单体外,还需将这些线条的前、后划归不同的单体。因此每个边界线条通常有 4 个属性。但在多段单体的起止剖面上,边界线条可能只有两个属性(图 3-16)。当剖面间出现楔状尖灭情况时,起止剖面上的线条则可能只有一个属性,而在中间的剖面上可能出现两个或三个属性,视具体情况而定。

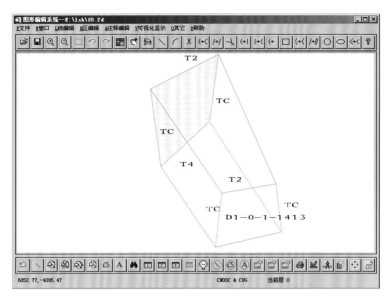

图 3-14　用于三维地质建模的两剖面间沉积相单体边界线条编码示意图

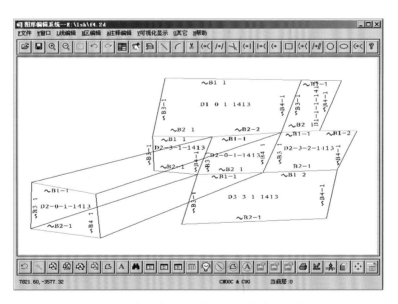

图 3-15　单段单体编码中边界线条编码示意图

### 4. 多个地质体的集成编码方法

在相邻地质剖面间同时进行多个地质体编码时，为了保证编码的有序和高效，需要进行多个剖面的地质结构整体分析——至少要将三条剖面联合考虑，结合不同层位沉积相的平面展布，判断有关沉积相单元的分叉、尖灭与合并情况。同时，还需要结合不同地震反射层的构造平面图，确定有关断层的走向、倾向和性质，以及各相邻地质剖面间

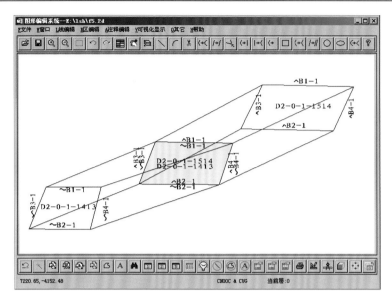

图 3-16　多段单体编码中边界线条编码示意图

的断层对应关系，力争最大限度地正确反映构造和沉积相在三维空间的展布情况。下面以珠江口盆地珠三坳陷为例加以说明。其中，以 1230 剖面为参照剖面，相邻的剖面为 1227 剖面及 1233 剖面，其多个地质体集成编码如图 3-17～图 3-19 所示。

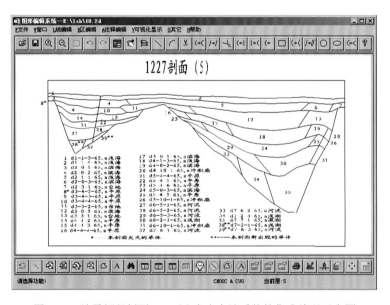

图 3-17　地震解释剖面 1227(5)中多个地质体的集成编码示意图

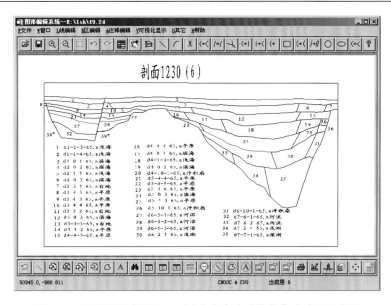

图 3-18　地震解释剖面 1230(6)中多个地质体的集成编码示意图

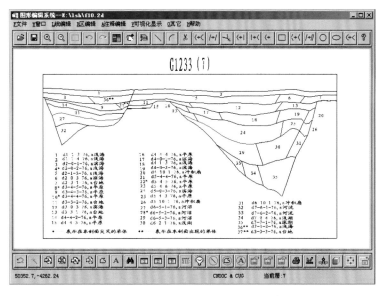

图 3-19　地震解释剖面 1233(7)中多个地质体的集成编码示意图

　　根据综合反射地震剖面的解释及沉积相平面图，在 1230 剖面上共划分出了 35 个单体(确切地讲为 35 个单体的横切面)；在 1227、1233 剖面上分别划分出 36 个、32 个单体。很明显，三条剖面之间的单体数不一致。其原因是不同类型沉积相在剖面间出现多次尖灭与再现。例如，1230 剖面上的 4、8、10、22、28 号单体，尖灭于 1233 剖面中的 4*、8*、10*、22*、28*号处。1233 剖面中的 36**、37**号单体则向 1230 剖面尖灭于 36*、37*号处。由于 1230、1233 剖面中位置有限，有些单体尖灭位置标注困难，观察时只能根据其对应的关系进行判断，但在图形编辑系统中通过图形放大器是可以清楚地看到的。

5. 几种特殊地质体的多体集成编码处理

在盆地中，有一些常见的构造体和沉积体由于其结构和形态较为复杂，难以在剖面上用简单的方式进行编码，需要做一些特殊处理。

1) 盆地内部局部隆起三维建模的编码

局部隆起是一种典型的盆地内部构造现象，其表现是局部地方的上覆地层被剥蚀掉了，如第③和第④剖面的中部(图 3-20)。在利用系列地质剖面的内插、外推法进行三维地质建模时，必须首先确定每个相邻剖面上各单一地质体的合并与尖灭的对应关系，使其既符合所选择插值模型的要求，又具备地质含义。然后按照多个地质体集成编码方法对其进行分段处理，即在两两相邻剖面间进行多个地质体集成编码。

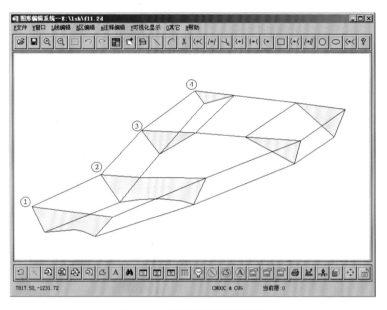

图 3-20　隆起地质模型示意图

沉积相为平原相，地层为第三层

如图 3-21 所示，在①~②剖面间的单体编码为 D3-4-1-21，两剖面上的边线一一对应。在图 3-22 的②~③剖面间，单体的编码为 D3-4-1-32，其两端剖面的图形形状及边界线条数差异甚远。针对这种情况，应当首先寻找其潜在的相似联系之处，即在②剖面上寻找③剖面的对应点。其方法是按照③剖面的特点，对②、③剖面同时作剪断处理(图 3-23)，分别得到 D3-4-1-32B1-1、D3-4-1-32B1-2 和 D3-4-1-32B1-3，以及 D3-4-1-32B2-1、D3-4-1-32B2-2 和 D3-4-1-32B2-3。然后在③剖面中，对线条 D3-4-1-32B1-2 进行拷贝并略微下移一点距离，得到线条 D3-4-1-32B2-2，这样 D3-4-1-32 单体的上、下边在③剖面中便分解为 6 个线条(边)。于是，③剖面的结构就与②剖面相似且一一对应了。把②剖面中 D3-4-1-21B1-1、D3-4-1-21B2-1 剪成三段后，还必须分别进行拷贝，然后将拷贝的线条"上部"连接起来恢复成 D3-4-1-21B1-1，使其"下部"边界线的 3 段能够与③剖面上相应的三段分别进行对应(图 3-23)。

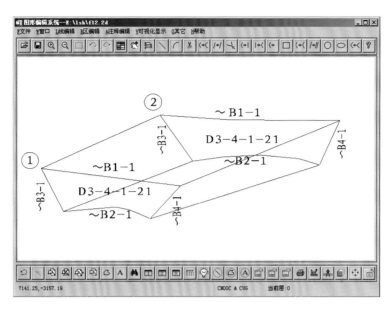

图 3-21 在图 3-20 中的①～②剖面间单体和边界线条编码示意图

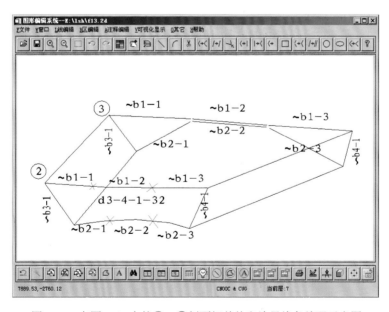

图 3-22 在图 3-20 中的②～③剖面间单体和边界线条编码示意图

在③～④剖面之间,地质体完全分成两个单体(图 3-24),在前后剖面上的边界线条数相等且一一对应,其编码分别为 D3-4-1-1-43、D3-4-1-2-43。

构建盆地中局部隆起地质模型的方法步骤可以组合起来,如图 3-25 所示。

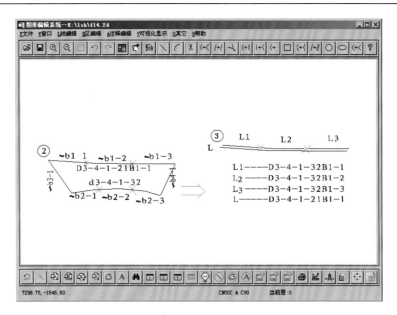

图 3-23　剖面②上部线条"剪拷"处理方法

实际上成图后 $L$ 会把 $L_1$、$L_2$、$L_3$ 覆盖隐蔽起来

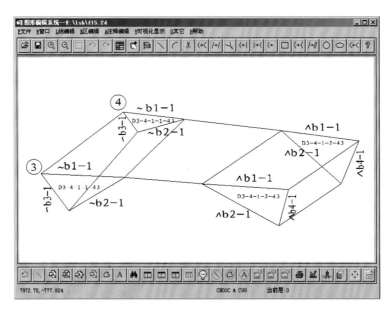

图 3-24　在③~④剖面间单体及其边界线条的编码示意图

2) 沉积体尖灭状况三维建模的编码

盆地地层中沉积体的尖灭有三个类型。第一类是水平方向的整体尖灭，其处理方法类似隆起；第二类是由断层将沉积体阻隔在一侧，或者分隔为两个单体；第三类与岩相突变有关，如准同沉积期大规模冲刷作用造成的沉积相突变。如果将盆地中的局部隆起或沉积体水平尖灭部分视为水平"楔子"，那么"断层式"和沉积相突变尖灭可形象地称为"垂向楔子"。图 3-26 为"断层式"和沉积相突变尖灭的建模方法示意。对这类"垂

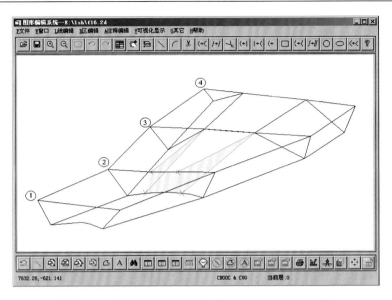

图 3-25　盆地中局部隆起的三维地质建模方法示意图

向楔子"进行处理时，应当注意两种情况：首先，"垂向楔子"仅参与其所在单体一侧的编码过程，即便该"垂向楔子"所在的剖面不是起始剖面也如此；其次，为了防止未来对三维地质模型进行 X 方向剪切分析时出现大的空隙，应当对"垂向楔子"的顶、底边进行拷贝覆盖。当"垂向楔子"上下叠置时，楔子的顶、底可能不止一条边界。

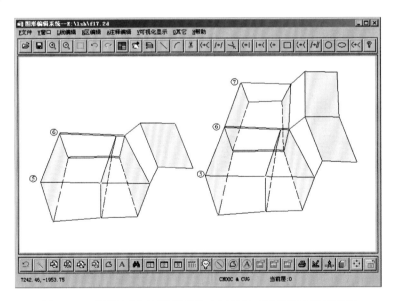

图 3-26　"断层式"沉积相单体尖灭状况三维建模方法示意图

有时候，地层的尖灭现象出现于两个备用建模剖面之间，即某一地层在前一个剖面上出现，而在下一个剖面上没有出现。例如，在图 3-27 的剖面①上有地层 B，而在剖面②上没有出现。在这种情况下，尖灭地层的某些多边形无法找到匹配的多边形，需要在剖面①和②之间的预定尖灭点处插入一条虚拟剖面①-1，并让其上存在一个与剖面①上的地层 B 相对应的无限小的多边形 B。预定的尖灭点位置不同，虚拟剖面①-1 的插入位置也不同。

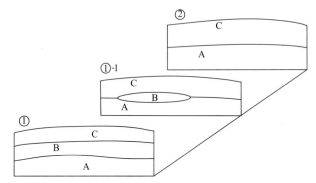

图 3-27　地层尖灭于预备剖面间的状况下内插人工剖面示意图

3) 单体结构不相似的三维建模编码

沉积体在水平方向尖灭的过程中，往往时而窄缩时而膨胀，加上不同时期沉积体的垂向叠置和迁移，在相邻剖面上通常表现出单体结构不相似，包括单体形态不同、边界形态不同、边界数量不同、单体面积不同(图 3-28)等。

对于这类地质体，可以采用侧向(水平)尖灭的方法进行处理，使相邻两剖面上地质体结构的不相似变为相似。在具体操作时，以满足边数多者为原则，即“就高不就低”。如图 3-28 所示，D1-1-1-1716 的底在⑯剖面上只涉及 1 个边，而在⑰剖面上涉及 2 个边。为了进行插值编码，需要把⑯剖面上 D1-1-1-1716 的底变为 2 个边，即在⑯剖面 D1-1-1-1716 单体右边作一条辅助线，使⑯剖面中的该单体底部也具有 2 个边。相应地，在⑰剖面中对应的沉积相界也要剪断并拷贝成两段。此方法亦可用于其他结构不相似情况。

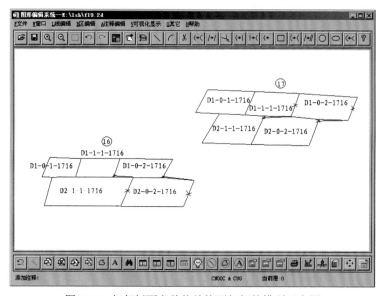

图 3-28　相邻剖面上单体结构不相似的模型示意图

4)断层编码及其消失的处理

同沉积构造及后期构造的发育通常是不均衡的，在空间中的规模、强度和影响范围变化较大，导致断层的断距、延伸距离和消失位置不同。这类地质模型的三维建模的编码输入较为麻烦，尤其是对断层消失的处理难度更大。对于断层编码而言，要求严格遵守前述共边原则，即当断距差异较大时，需采用制作"楔子"的方法来解决。图3-29为剖面间断距不同的断层模型，图3-30为该断层建模的编码输入方法示意图。

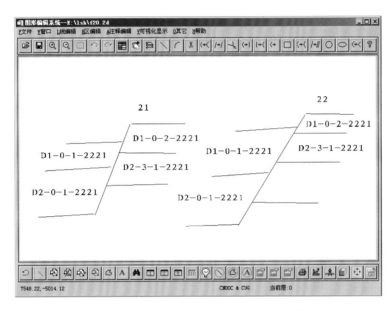

图 3-29 相邻剖面间断距差异较大的断层模型

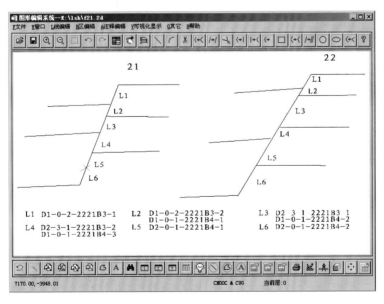

图 3-30 相邻剖面间断层建模的编码输入方法示意图

　　断层消失可以用断距为零来表示。张性断层通常随盆地发育而在时空中有强弱变化，使得断层在走向上有消失和再现，而在倾向上有逐渐生长的状况，即在平面延伸上有长短变化，而在垂向断距上有大小变化，其相关的编码和处理方法见图3-30。与同沉积基底断层相比，后生断层在剖面上没有断距变化，但是由于活动强度的变化，同样会有横向消失和再现的状况。与沉积体的尖灭不同，两种断层的消失都会出现"穿时"现象。在地质剖面上，断层消失的明显标志是断层面两侧单体的层面趋向平齐，横向上表现为耦合的梯形与倒梯形，如图3-31的剖面24所示。对这类地质模型的处理，需要从宏观上进行总体把握，同样采用"剪拷"技术并且遵守上述共边原则。图3-31为断层消失的实体模型，图3-32为断层消失三维建模的多体编码输入方法示意图。

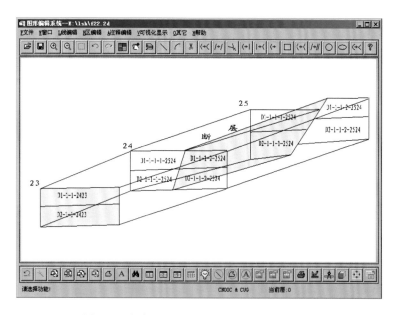

图3-31　相邻地质剖面间断层消失的实体模型

　　在图3-31中的剖面24具有双重属性，其属性分解依前后两段地质体而定，即向剖面23一侧无断层属性，而向剖面25一侧有断层属性。除了以上两类外，还有另一类断层消失——相交式断层消失。由于断层互相切割，其空间展布形态不易把握，加之断层两侧的沉积相突变，使得在断层面附近极有可能同时出现水平相变楔子、垂向"断层式"相尖灭和形迹不易把握的相交式断层逐层消失尖灭等状况。因此，相交式断层消失尖灭的建模过程异常复杂、难度很高。目前较为有效的处理方法是将"沉积相尖灭"与"断层尖灭"进行一体化分解（图3-32），理清其拓扑关系并结合具体情况进行编码。

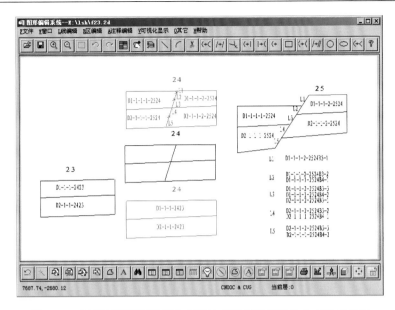

图 3-32　相邻剖面间断层消失三维地质建模的编码输入方法示意图

### 3.1.2.3　基于地质平面图的三维地质建模方法

地质技术人员所面对的勘探图件，除了系列剖面图外还有系列平面图，其中包括构造平面图和沉积相平面图。这两类平面图件是根据反射地震剖面图、地震等时线图、钻井资料、地层等厚图、地质构造剖面图和岩相剖面图等原始资料编制的，其精度较高且数据提取方便。基于系列平面图进行三维地质建模，有许多显著的特色和优点，如能够更加逼真地描述和表达各种地质体的表面形态及其空间变化，但也有更大的难度。其原因在于平面图在理论上代表了不规则的空间曲面及其在水平方向的连续变化，而不规则空间曲面之间的内插和外推计算，无论是算法模型还是计算过程复杂度都比较高。采用基于 B-Rep 边界表示法不规则四边形曲面网格表面建模法（翁正平等，2002），能够有效地利用构造平面图和沉积相平面图进行盆地三维地质模型构建。

#### 1. 基于平面图的盆地三维地质建模原理

地层界面等高线图是等 T0 图经过时深转换后形成的，再经过扫描矢量化成为构造平面图空间数据，便可直接用于构建三维构造-地层格架。

用于油气系统三维构造-地层格架建模的地质界线，包括各构造地层层面、内部的断层面、沉积相界面和地层边界面等。地质构造和地层的层次性，使得盆地的三维构造-地层格架也具有空间的层次性。在三维数字构造-地层格架中，每个沉积体(相)都可看作组成整个盆地三维构造-地层格架的基本单位，在空间中是一个简单的三维实体，即内部既不包含其他封闭三维实体，也不包含其他边界。以沉积体(相)为例，一个单一的沉积体(相)是由它的所有边界面(顶面、侧面和底面)构成并表示的(图 3-33)。其空间位置和相互之间的拓扑关系，因为共同构成这个实体而得以保持。

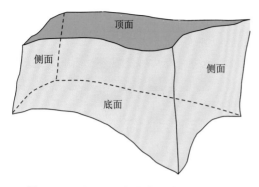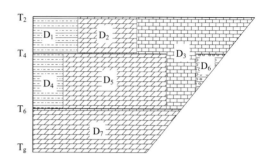

图 3-33　用 B-Rep 表达的三维地质单元体　　　　图 3-34　三维构造-地层格架的 B-Rep 表示

同样，在由多个不同层次的构造层面共同表达的三维盆地构造-地层格架中，一个复合的沉积体将由沉积相上表面(这是在此沉积体所处的两层构造层的上层面)、下表面(三维地层实体在下一层构造层上的部分)，以及上表面与下表面之间所夹的三维地层实体的侧面所构成(图 3-34)。只要按照空间位置和拓扑关系，将这些基本单位——沉积相连接起来，便可以组合成完整的盆地三维构造-地层格架。

在盆地演化过程中，基底不均衡沉降和构造反转所造成的局部隆升剥蚀，可能会造成某些沉积相的下表面出现在多个构造层面上，并不一定按照沉积顺序出现在下一构造层面上。图 3-34 所示的是多个沉积相组合体的截面示意，$T_2$、$T_4$、$T_6$、$T_g$ 分别表示沉积顺序为 2、4、6 的构造层和基底，$D_1$、$D_2$、$D_3$、$D_4$、$D_5$、$D_6$、$D_7$ 分别是不同构造层和沉积环境的沉积相单体。其中，沉积相单体 $D_5$ 的顶面在 $T_4$ 上，底面在 $T_6$ 上；沉积相单体 $D_3$ 的顶面在 $T_2$ 上，下表面分别落在 $T_4$、$T_6$ 和基底上；$D_6$ 的顶面在 $T_4$ 上，而底面在侧向的基底上而非 $T_6$ 上。

## 2. 基于平面图的盆地三维地质建模方法

沉积体(相)三维图形的生成是建立各级油气系统三维构造-地层格架的首要步骤。按照 B-Rep 边界表示法的原理，只要实现了三维沉积体(相)的边界面(空间曲面)的计算机显示，并建立界面间的空间拓扑关系，便可生成三维沉积体(相)图形。而如果把断层面也作为沉积体(相)的边界并参与建模，便可以建立起各级油气系统的三维构造-地层格架。与基于剖面的建模相似，三维地质空间实体的层面建模方法主要有四种：基于数据点的建模法、基于三角形的表面建模法、基于规则多边形格网的表面建模法和基于不规则多边形格网的表面建模法。此外，还有将其中任意两种方法结合起来的混合建模法。这五种建模方法分别适用于某一特定的数据结构。在通常的实际应用中，基于数据点的建模法实用性较差，而混合表面模型往往需转换为三角形网络模型，因此基于三角形的表面建模法、基于规则格网的表面建模方法和基于不规则格网的表面建模方法使用较多。

一般地说，基于规则网格的表面建模方法所用的是矩形网格(即曲面的区域是矩形)，比较适用于处理边界面平直且空间变化平缓的实体。然而，地质体的边界曲面常常变化比较大，甚至含有一些陡峭的斜坡和大量断层线，同时沉积相界面形态也很复杂，如果采用矩形网格将严重影响模拟精度。为了适应三维地质建模的需要，最佳选择是采用基于不规则格网的表面建模法,即以不规则网格曲面片耦合成整个构造-地层界面的方法——不规则四边形格网表面建模法(翁正平等,2002;翁正平,2013)。在面对复杂曲面时,只要确定不规则格网的四条边界线(图 3-35 的 $B_1$、$B_2$、$B_3$、$B_4$)以及用于表面建模的数据点(平面图上等值线上的数据采样点,如图 3-35 的 $L_1$、$L_2$、$L_3$、$L_4$、$L_5$、$L_6$、$L_7$、$L_8$、$L_9$),就可根据它们的空间形态划分出合理的网格。实践表明,这种不规则四边形格网表面建模法,不仅简单易行,而且与 TIN 相同,具有很好的合理性和灵活性。

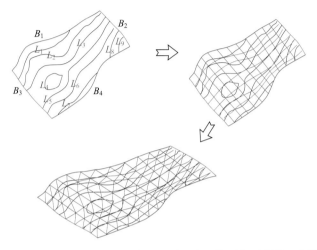

图 3-35　基于系列平面图的三维地质建模中不规则四边形格网向不规则三角形格网转换示意图

　　基于构造平面图和沉积相平面图建立盆地(或坳陷、凹陷)三维构造-地层格架模型的系统逻辑结构和工作流程如图 3-36 所示。

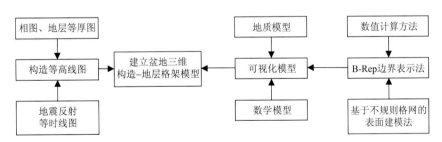

图 3-36　基于平面图建立盆地三维构造-地层格架模型的系统逻辑结构和工作流程

### 3.1.2.4　基于平面图的三维地质建模实现

　　根据以上原理和方法,可采用高级可视化语言 C++、Java、IDL 等,开发出基于构造平面图和沉积相平面图进行油气系统三维地质建模的软件。其工作流程如图 3-37 所示。图 3-38 为基于 B-Rep 和不规则四边形曲面格网,利用构造平面图和沉积相平面图建立的珠三坳陷油气系统三维构造-地层格架模型。实践表明,利用该软件所建立的三维构造-地层格架,既可以支持属性数据和空间数据的可视化查询检索,也可以支持各种矢量剪切分析,可作为开展盆地分析和油气系统模拟的另一种有效的数据可视化途径。

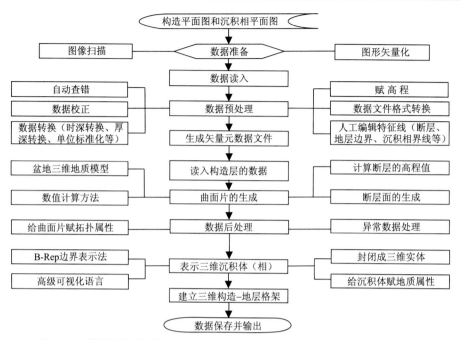

图 3-37　利用构造平面图和沉积相平面图建立油气系统三维地质建模的流程

资料来源：翁正平等(2002)

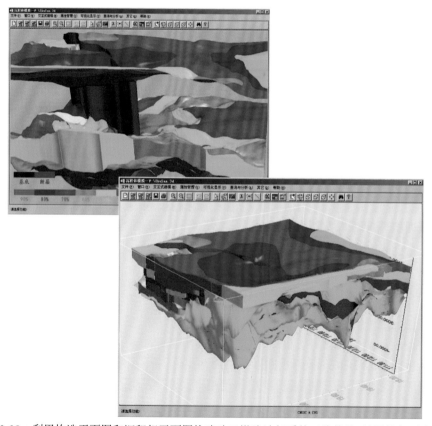

图 3-38　利用构造平面图和沉积相平面图构建珠三坳陷油气系统三维构造-地层格架示意图

## 3.2  油气系统多要素属性建模问题

空间分布和变化较为简单的属性三维建模,可与构造-地层格架的三维建模一起采用内插和外推方式进行。如果涉及属性多样化且空间分布和变化复杂时,就需要采用在构造-地层格架约束下的多点式地质统计学随机模拟方式来自动实现。目前,多点式地质统计学的应用领域已经从河流相建模发展到冲积扇和三角洲环境建模,从储层结构建模发展到储层物性空间分布建模,从宏观地质体建模发展到微观孔喉分布建模和孔喉预测,从地质结构分析发展到地震属性参数统计反演(张挺,2009),还从单学科信息建模发展到多学科信息综合建模(尹艳树等,2008)。

### 3.2.1  多点式地质统计学随机模拟方法原理

基于多点地质统计学(multiple-point geostatistics, MPS)的随机模拟方法,近年来发展很快,为地下复杂地质结构及介质各向异性的三维重建提供了良好支撑,在储层模拟、水文地质建模、多孔介质重构等领域取得了一系列应用成果。

#### 3.2.1.1  地质统计学随机模拟方法概述

随机模拟技术源自对油气储层非均质性、随机性和不确定性估计的描述和表达(Renard and Allard, 2013;Mariethoz and Caers, 2014)。特别是当可获取的数据稀疏,难以形成对研究对象的正确认识时,该方法可为开展油气系统模拟提供属性数据空间模型。但是,传统的两点式地质统计学随机模拟方法难以精细、逼真地描述和展示油气系统介质属性的非均质、非连续性空间分布特征,而且统计方法的平稳性假设与实际数据的非平稳性之间存在着明显的矛盾。为了开展面向油气系统模拟的三维地质属性建模,既要扬长避短,又要突破诸多限制和瓶颈,因此需采用多点式地质统计学的随机模拟方法,且以训练图像代替变异函数(陈麒玉等,2016)。

多点式地质统计学随机模拟的基本算法有两类,即迭代法和非迭代法。迭代法包含模拟退火法、后处理迭代法和基于神经网络的马尔可夫链-蒙特卡罗法。其中,模拟退火法是先从训练图像中得到多点统计参数,据此建立目标函数,再应用模拟退火法进行随机模拟;后处理迭代法是先基于传统变异函数进行随机模拟,再根据从训练图像中得到的各待模拟位置的局部条件概率,应用基于吉布斯(Gibbs)采样的迭代法,对中间结果进行迭代修改(后处理),恢复其多点统计特征;基于神经网络的马尔可夫链-蒙特卡罗法,则是先对从训练图像得到的多点统计参数进行神经网络训练,再应用马尔可夫链-蒙特卡罗(MCMC)模拟产生模拟图像。由于迭代法通常会受到迭代收敛的束缚,在应用上有些限制,一些研究者提出了非迭代法。目前,常用的非迭代法主要有 ENESIM 算法和 SNESIM 算法两种。其中,ENESIM 算法(Guardiano and Srivastava, 1993)是先从训练图像中提取局部条件概率,再应用序贯指示模拟方法进行模拟;SNESIM 算法(Strebelle and Journel, 2001)是先应用"搜索树"来存储训练图像的条件概率分布,在模拟过程中快速提取条件概率分布函数，再进行多点式地质统计学随机模拟。此外，还有一些其他的相关改进算法。各种方法的关键性能优劣比较如表 3-4 所示，可以根据实际情况选择使用。

表 3-4　各主要非迭代法性能比较

| 算法 | 离散变量 | 连续变量 | 多元变量 | 硬数据 | 软数据 | 非平稳性 | CPU 性能 |
|---|---|---|---|---|---|---|---|
| ENESIM | √ | × | × | √ | × | √[3] | 慢 |
| SNESIM | √ | × | × | √ | √ | √[1, 2] | 快 |
| FILTERSIM | √ | √ | × | √ | √ | √[2] | 中等 |
| GROWTHSIM | √ | × | × | √ | √ | √[2] | 未知 |
| SIMPAT | √ | √ | × | √ | × | √[3] | 慢 |
| DS | √ | √ | √ | √ | √ | √[1, 2] | 中等 |
| SA | √ | √ | √ | √ | √ | √[4] | 慢 |
| DISPAT | √ | √ | × | √ | √ | √[2] | 快 |
| WAVESIM | √ | √ | × | √ | √ | √[2] | 中等 |
| CCSIM | √ | √ | √ | √ | × | √[3] | 很快 |

注：1 表示非平稳性受控于图像描述；2 表示非平稳性受控于软数据；3 表示非平稳性受控于区带划分；4 表示非平稳性受控于目标函数。

资料来源：Mariethoz 和 Caers（2014）。

　　多点式地质统计学随机模拟也存在一些亟待解决的问题。例如，其训练图像类型过于单一、完整性差和平稳性不足等。目前的解决方法：其一是将训练图像划分成多个小训练图像，再分别对每个训练图像模拟，然后用某种方式进行整合，得到训练图像的整体动态模拟结果；其二是通过建立训练图像库来补充和丰富训练图像的类型（Zhang et al.，2006；Zhang et al.，2009；Bezrukov and Davletova，2010）；其三是通过建立主变量训练图像与附加信息训练图像之间的经验统计关系（Chugunova and Hu，2008），来获取训练图像的定量模型；其四是针对具有清晰形态的目标体，利用 FLUVSIM、面模拟技术和基于沉积事件的模拟技术，建立沉积相（如河流相和深水相）的训练图像（Pyrcz et al.，2009）。此外，针对不同模拟方式可能产生不同结果，许多研究者进行了可估计细节的模拟法研究。例如，不同相分级模拟法（Maharaja，2008）、删除条件数据点值的 SNESIM 改进算法（Stien et al.，2007）、基于 FILTERSIM 的井筒测量图像沉积相训练法（Hurley and Zhang，2011）和基于数据融合与挖掘的训练图像获取法（Mariethoz and Caers，2014）等。

　　国内学者的研究主要集中在算法的应用上。例如，冯国庆等（2005）采用多点式地质统计学模拟了东部某凹陷砂岩油藏的岩相分布；张伟等（2008）把多点式地质统计学与相控建模结合起来，用沉积相模型指导孔渗建模，成功地在训练图像中加入地质概念，实现对随机模型的地质约束；张挺（2009）提出了基于多点式地质统计学方法进行微观孔隙图像乃至多孔介质重构的方法；尹艳树等（2008）在分析了基于目标的 FLUVSIM 算法的优点（容易再现目标形态）和 SIMPAT 方法的优点（再现微观形态特征）基础上，提出了面向储层骨架的多点式地质统计学随机模拟方法；石书缘等（2011）利用精确再现的河道主流线对事件进行约束，提出了基于随机游走过程的多点式地质统计学随机模拟方法。

目前，国内外多点地质统计学随机模拟软件已经有多种，但这些软件是根据油气藏储层模拟需要研发的，用于油气成藏模拟需要做一些补充开发。

### 3.2.1.2 多点式地质统计学随机模拟原理

在实际勘查中，在钻探成本的约束下，每个油气勘查区的钻孔数量及其观测数据总是有限的，导致研究对象实体的结构、属性与关系信息不完全，除控制点以外的待估值在一定范围内具有不确定性。基于地质统计学的随机模拟以实际数据为基础，以随机函数为依据，通过适当的算法产生多个可选的、等可能的虚拟对象模型，不但可以较好地描述和表达出地质体的非均质性，还可以评价因为对象复杂和属性信息不完全而呈现的不确定性——多个模拟结果之间的差异可视作储层中不确定性的反映。

#### 1. 两点地质统计学随机模拟原理

随机模拟所采用的随机函数，由区域化变量的概率分布函数和协方差函数（或变异函数）来表征。其中，概率分布函数 $F(x,z)$ 是随机函数的主体，而概率密度函数（pdf）表征未抽样位置 $x$ 处属性 $Z$ 的先验概率分布模型，可表示为

$$F(x,z) = \text{Prob}\{Z(x) \leqslant z\} \qquad (3-5)$$

对于累积概率密度函数（cpdf），未抽样位置 $x$ 处属性 $Z$ 的先验概率分布模型可表示为

$$F[x,z|(n)] = \text{Prob}\{Z(x) \leqslant z|(n)\} \qquad (3-6)$$

随机模拟的基本思想，就是从一个随机函数 $Z(x)$ 中抽取多个可能的、反映 $Z(x)$ 空间分布的可供选择的、等概率的高分辨率模型并加以实现，记为

$$\{Z^{(l)}(x)|x \in D\}, l = 1, \cdots, L \qquad (3-7)$$

式中，$L$ 为变量 $Z(x)$ 在非均质场 $D$ 中空间分布的 $L$ 个可能的实现。

根据在模拟过程中是否采用条件约束，可以将随机模拟划分为条件随机模拟和非条件随机模拟两种（冯国庆等，2005）。如果用观测数据对模拟过程进行条件约束，使采样点的模拟值接近于实测值（即忠实于硬数据），称为条件随机模拟（图3-39），否则为非条件随机模拟。具体地说，条件随机模拟要求所产生的模拟结果（空间图像），不仅能够再现地质体属性的空间结构，还应当在资料点处与实际资料一致；而非条件随机模拟则仅仅要求所产生的模拟结果（随机图像），在概率分布及空间分布的结构上与参考模型一致。

在进行地质属性随机模拟时，变量 $Z(x)$ 可以取离散的类别变量，如岩石类型、沉积相类型等；也可以取连续的特征变量，如孔隙度、渗透率等。随机模拟模型分为离散型和连续型两类，其特征及适用条件见表 3-5。离散型模型与连续型模型的结合即为混合模型，其模拟计算过程分为两步：第一步应用离散型模型描述岩层的大规模非均质特征，如沉积相、砂体结构或流动单元；第二步应用连续型模型表征各沉积相（砂体结构或流动单元）内部的岩石物理参数空间变化特征。通过多个随机模拟算法的联合，可以模拟多个

变量，但难以推断和模拟交互协方差。一个简单的替代方法，是先模拟最重要、自相关性最好的主变量，然后通过它们的相关关系来模拟其他相关变量。

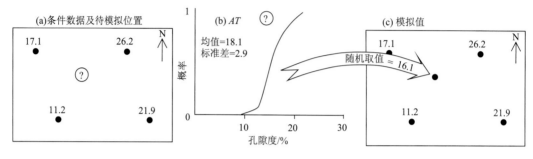

图 3-39　随机模拟过程

资料来源：Strebelle (2002)

**表 3-5　依变量类型划分的随机模型特征与适用条件**

| 随机模型 | 特征 | 适用条件 | 典型方法 |
| --- | --- | --- | --- |
| 离散型模型 | 用于描述具有离散性质的地质特征 | 砂体分布，隔层的分布，岩石类型的分布、裂缝和断层的分布、大小、方位等 | 标点过程、截断高斯随机域、马尔可夫随机域和二点直方图等 |
| 连续型模型 | 用来描述岩层参数连续变化的特征 | 孔隙度、渗透率、流体饱和度的空间分布 | 高斯域、分形随机域等 |

根据随机模拟的模拟对象单元，也可以将随机模型划分为两类(表 3-6)，即基于目标的随机模型和基于象元的随机模型(Mariethoz and Caers, 2014)。前者的模拟对象单元为模拟对象及其特征的整体，如沉积相、流动单元的整体等；后者的模拟对象单元是模拟对象及其特征的网格，如沉积相、流动单元等的剖分网格。

**表 3-6　依模拟单元划分的随机模型特征**

| 随机模拟方法 | | 变量类型 |
| --- | --- | --- |
| 分类 | 名称 | |
| 以目标为模拟单元 | 布尔模拟 | 离散型 |
| | 示性点过程 | 离散型 |
| 以象元为模拟单元 | 序贯高斯 | 连续型 |
| | 截断高斯 | 离散型 |
| | 序贯指示模拟 | 连续型和离散型 |
| | 模拟退火 | 连续型和离散型 |
| | 分形条件模拟 | 连续型 |
| | 多点地质统计 | 连续型和离散型 |

### 2. 多点式地质统计学随机模拟原理

多点式地质统计学随机模拟与两点地质统计学随机模拟的主要区别，在于条件分布概率的求解方法不同。前者仅仅利用变异函数分析和克里金法求解条件概率分布函数，而后者则以训练图像为概念模型，先从中寻找并统计与预测点约束条件完全相同的事件个数，再确定其概率分布函数，进而描述其位置相关性和联合变异性（Guardiano and Srivastava, 1993）。多点式地质统计学随机模拟法的优点就在于它能够反映地质空间中多个位置的相关性和联合变异性，从而表达复杂空间结构、几何形态和属性特征。

先考虑两点统计，相距为 $h$ 的两点均处于 $S_k$ 状态的概率，亦称二点非中心指示协方差：

$$\Phi(h;k) = E\{I(u;k), I(u+h;k)\} \tag{3-8}$$

再考虑 $n$ 个向量 $\{h_a, a=1, 2, \cdots, n\}$ 确定的数据样板 $\tau_n$，$n$ 个数据点 $(u+h_1), \cdots, (u+h_n)$ 同时为 $S_k$ 的概率，亦称为多点非中心指示协方差：

$$\Phi(h_1, \cdots, h_n; k) = E\left\{\prod_{a=1}^{n} I(u+h_a; k)\right\} \tag{3-9}$$

$n$ 个数据点 $(u+h_1), \cdots, (u+h_k)$ 同时分别为 $S_{k1}, \cdots, S_{kn}$ 的概率，亦称为多点非中心指示交互协方差：

$$\Phi(h_1, \cdots, h_n; k_1, \cdots, k_n) = E\left\{\prod_{a=1}^{n} I(u+h_a; k_a)\right\} \tag{3-10}$$

实际上可表述为包含 $n$ 个数据点的数据事件 $d_n = \left\{S(u_a) = s_{k_a}, a=1, \cdots, n\right\}$ 出现的概率，故称为多点统计，可表示为

$$\text{Prob}\{d_n\} = \text{Prob}\left\{S(u_a) = s_{k_a}; a=1, \cdots, n\right\} = E\left[\prod_{a=1}^{n} I(u_a; k_a)\right] \tag{3-11}$$

传统的两点地质统计学随机模拟法，采用两点间相关性建立的变异函数，只能大致地反映地质对象空间特征的变化趋势。多点式地质统计学随机模拟法引入训练图像的概念，可以对地层中的沉积相空间结构、空间关联关系及其空间分布特征进行量化，进而建立先验模型并加以描述和刻画。训练图像是一种集成、融合了多源（钻探、测井、地震等）、多类（结构化、本结构化、非结构化）数据的数字化、可视化概念模型。训练图像通过大量实际数据训练而成，能够表述沉积相的几何形态、介质结构及空间分布模式，其作用相当于定量的相模式，虽然与各钻井的具体信息不一定完全吻合，但却提供了容易理解、能指导沉积相和沉积体系预测的知识框架，可根据实际选择使用。

训练图像本质上是一个纯粹的概念模型，利用简单的手工绘画或计算机工具就可以生成。地质专家和建模人员借助露头类比、岩心分析和测井解释，得到对沉积相结构和空间相关性的认识，然后以训练图像的方式指导井间沉积相预测。这就使得基于多点式地质统计学的随机模拟结果可精确地展现沉积相和微相的空间几何形态，以及相互间接触关系。图 3-40 是使用两种随机模拟法，分别对某油气储层模拟结果的对比（吴胜和等，

2012)。显然，用传统两点地质统计学随机模拟所得到的河道形态不明显[图 3-40(a)]，而用多点式地质统计学随机模拟所得到的河道形态较为清晰[图 3-40(b)]。

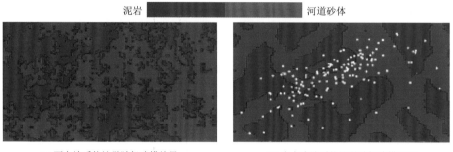

泥岩　　　　　　　　　　　　　　　　　河道砂体

(a) 两点地质统计学随机建模结果　　　　　　　　(b) 多点式地质统计学随机建模结果

图 3-40　两种随机模拟结果的对比(白点为数据点)

资料来源：吴胜和和李文克(2005)

综上所述，多点式地质统计学随机模拟方法可以在地质属性随机建模过程中整合多尺度、多类型、多要素的地质数据，由此拟合出来的地质属性模型，能够有效地降低随机模拟所面对的不确定性，可以发扬基于目标和基于象元的算法优点并克服其缺陷，为油气系统的非均质性、非连续性和不确定性描述提供了更好的途径。

### 3.2.1.3　多点式地质统计学随机建模的方法步骤及其要点

以 SNESIM 算法为例，建模的基本步骤如下：①建立研究对象的训练图像；②准备建模数据，将实测的井数据标注在最近的网格结点上；③应用与数据搜索邻域相联系的自定义数据样板(图 3-41)，并扫描训练图像，构建搜索树；④确定一个访问未取样结点的随机路径，把条件数据置于一个以未取样结点 $u$ 为中心的数据样板中，再从搜索树中检索 $c(d_{n'})$ 和 $c_k(d_{n'})$ 并求取 $u$ 处的条件概率分布函数；⑤从 $u$ 处的条件概率分布中提取一个值作为 $u$ 处的随机模拟值加入条件数据集中；⑥沿随机路径访问下一个结点，重复③、④步骤，如此循环往复，直到所有结点都被模拟到为止，即完成一个随机模拟子过

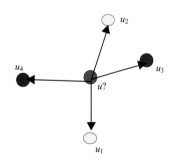

图 3-41　五点构形的数据样板

程；⑦改变访问未取样结点的随机路径，完成另一个随机模拟子过程。下面介绍其中若干要点。

#### 1. 确定数据样板与数据事件

数据样板是"多点"的集合。例如，某属性 $S$(如沉积微相)，可取 $N$ 个状态(不同沉积微相类型)，即 $\{S_n, n=1, 2, \cdots, N\}$，并通过 $k$ 个向量$\{h_a, a=1, 2, \cdots, k\}$ 来确定整体几何形态(数据构形)，即称为数据样板，记为 $\tau_k$。于是，$k$ 个向量终点处的 $k$ 个属性值，可称为 $k$ 个数据事件，记作 $d_k$。图 3-41 所示的，就是由一个中心点 $u$ 和邻近四个向量(即数

据事件)构成的数据样板。

多点地质统计量可以表述为一个数据事件 $d_k = \{S(u_a) = S_{na}, a = 1, 2, \cdots, k\}$ 所出现的概率，即数据样板中 $k$ 个数据点 $S(u_1), \cdots, S(u_k)$ 分别处于 $S_n, \cdots, S_{nk}$ 状态时的概率，记为

$$P\{d_k\} = P\{S(u_a) = S_{na}, a = 1, 2, \cdots, k\} \tag{3-12}$$

### 2. 扫描训练图像求解属性 $Z$

基于多点式地质统计学的随机模拟法遵从序贯模拟思路，可通过逐一扫描训练图像来获取数据事件并建立局部的条件分布函数，逐一获取属性 $Z_i$ 的条件概率。

$$P(Z_1 \leqslant z_1, Z_2 \leqslant z_2, \cdots, Z_n \leqslant z_n) \tag{3-13}$$

所谓数据事件，即已知网格结点在特定形状样板(数据样板)约束下的模型。扫描训练图像求解属性 $Z_i$ 的过程可大致归纳为：先通过数据样板与已经分配了条件数据的模拟网格进行对比，来获取数据事件；再用该数据事件扫描整个训练图像，获得属性 $Z_i$ 的条件概率分布；然后，从中随机抓取一个条件概率值赋予当前模拟结点的属性 $Z_i$(图 3-42)。继续这个过程，直到所有的 $N$ 个网格单元都被访问到，就生成了多点式地质统计学随机建模的一个实现。定义不同的随机路径，可以产生不同的实现。

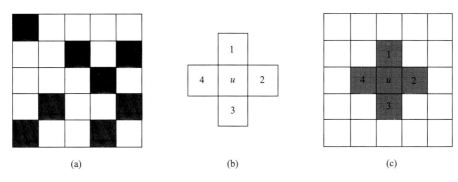

图 3-42　扫描训练图像的过程

(a)训练图像；(b)数据样板；(c)扫描训练图像

### 3. 搜索树结构与概率分布求解

搜索树概念(Strebelle, 2002)是为了在应用原始多点式地质统计的 ENESIM 法时，避免重复扫描训练图像而提出来的。ENESIM 法能从训练图像中直接提取条件概率，并应用序贯指示模拟获得模拟结果。该法为非迭代法，不存在收敛的问题，简单且易于实现，但因每模拟一个网格结点需重新扫描训练图像，以获取特定网格的条件概率，效率比较低。搜索树是一种可保存所有训练累积概率密度函数(cpdf)的动态数据结构，还能在模拟过程中快速提取 cpdf，对于所给定模拟对象的数据样板，只要扫描一次训练图像，就可以把 cpdf 存储在搜索树中，因此可以显著提高模拟效率。

搜索树实际上由一系列相连接的结点组成，每个结点都向下指向其下一层的 $k$ 个结点(设每个上层结点都有 $k$ 种可能的状态值)。假设搜索树中包含了 $j$ 个不同的数据事件，

那么获取搜索树中条件概率的时间就只有 $O[\lg(j)]$。利用数据样板扫描训练图像，便可得到搜索树，其结构如图 3-43 所示。

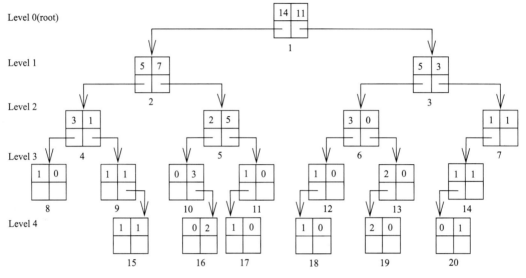

图 3-43　搜索树结构示意图

资料来源：Strebelle（2002）

每个搜索树的结点对应一个数据事件。设 $\tau_n'=\{h_a;\ a=1,\ 2,\cdots,\ n'\}$ 表示子搜索模板，它由 $\tau_n$ 的前 $n'$ 个向量所组成，如果令 $u$ 表示子模板 $\tau_n'$ 的中心结点位置，则这 $n'$ 个向量的位置为 $u+h_a(a=1,\ 2,\cdots,\ n')$。这些向量的位置决定了对应的搜索树中离每个中心结点 $u$ 最近的 $n'$ 个结点在子模板 $\tau_n'$ 中的位置。处于搜索树第 $n'$ 层的结点与搜索子模板 $\tau_n'$ 对应，而最高层的结点（根结点），在它所对应的搜索模板中没有条件数据存在。

只有那些在训练图像中至少出现过一次的数据事件，才有可能出现在搜索树结构之中，定义某个结点对应如下的数据事件

$$d_{n'}=\left\{S(u+h_a)=s_{k_a};a=1,2,\cdots,n'\right\} \tag{3-14}$$

于是，这个结点对应一个包含 $K$ 个整数的数列 $\{c_k(d_{n'}),k=1,2,\cdots,K\}$。此处 $c_k(d_{n'})$ 表示中心结点值 $S(u)$ 等于 $S_k$ 情况下，在训练图像中找到的与 $d_{n'}$ 相同的数据事件的数目。所有与 $d_{n'}$ 相同的数据事件的数目之和为

$$c(d_{n'})=\sum_{k=1}^{K}c_k(d_{n'})\geqslant 1 \tag{3-15}$$

与 $d_{n'}$ 相对应的结点拥有一个指针集合，定义为 $\{P_k(d_{n'}),k=1,2,\cdots,K\}$。$P_k(d_{n'})$ 指向该结点的第 $n'+1$ 层。在搜索树中，该层对应的数据样板是

$$d_{n'+1}=\{\ d_{n'}\ \text{和}\ S(u+h_{n'})\}=S_k \tag{3-16}$$

该数据样板 $d_{n'+1}$ 对应的结点此时也在搜索树中，这同时意味着可以在训练图像中找到至少一个与数据事件 $d_{n'+1}$ 相同的数据事件。在搜索树中，每个结点向下指向它的下级结点，共有 $K$ 个分支。如果在搜索树中存在由 $d_{n'}$ 的第一个数据所组成的数据事件 $d_1$ 所

对应的第一层结点，搜索指针就从根结点开始向下移动到第一层结点；而如果该第一层结点不存在，则对应 $d_{n'}$ 的结点自动取消。这就意味着在训练图像中没有数据事件 $d_{n'}$ 的重复，其对应的条件概率分布也就无法通过训练图像获得。以 $d_{n'}$ 作为条件数据事件，其对应的中心结点 $u$ 取某种状态值 $S_k$ 的概率分布，可以通过如下公式获得：

$$\text{Prob}(u; s_k \mid (n')) = \text{Prob}\left\{S(u) = s_k \mid S(u_a) = s_{k_a}; a = 1, \cdots, n'\right\} \approx \frac{c_k(d_{n'})}{c(d_{n'})} \quad (3\text{-}17)$$

式中，$c(d_{n'})$ 为数据事件 $d_{n'}$ 在有效的训练图像中的重复数；$c_k(d_{n'})$ 为在已有的 $c(d_{n'})$ 个重复中数据样板的中心值 $S(u)=s_k$ 的重复个数。

4. 多重网格概念及对应数据样板

多点式地质统计学随机模拟法采用了一种简单而严格的多重网格算法，有效地结合了传统序贯模拟方法和利用搜索树存储概率密度函数的技术。

定义级次为 $L$ 的多重网格，使搜索模板由 $T_n$ 扩展到 $T_n^{(L)}$，有 $T_n^{(L)} = \left\{2^{L-1}h_1, \cdots, 2^{L-1}h_n\right\}$。新模板 $T_n^{(L)}$ 和原模板具有相同的搜索结点，只是形状扩大了，这样既能保证提取到大尺度的结构信息，又不增加搜索树的存储空间。模拟从最粗尺度的格网 $G^{(L)}$ 开始，利用形状最大的模板 $T_n^{(L)}$，到次一级的格网 $G^{(L-1)}$，直到所有嵌套格网都模拟到。图 3-44 是一组多重网格和对应数据样板的示例。研究表明，多重网格的级次个数会影响模拟速度和对不同尺度地质结构的再现能力，适宜的多重网格级次数为 3 或 4（Arpat, 2005）。当 $L=1$ 时，只有小的空间结构被捕捉到，模拟结果的连通性较差；但当 $L$ 设置过大时，将导致搜索模板在有限的训练图像上找不到足够多的重复数据事件。

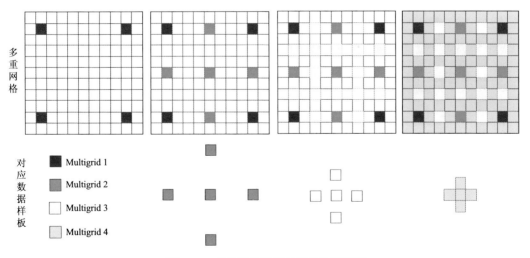

图 3-44　多重网格及其对应的数据样板

### 3.2.2　训练图像的建立与平稳性处理

任何空间统计预测均有满足平稳性假设的要求。在多点式地质统计学随机模拟中，同样也有这种要求，即要求所采用的训练图像中目标体的几何构型及空间分布在全区范围内基本不变，且不存在明显的变化趋势或局部变异性。

#### 3.2.2.1　建立训练图像的原则

训练图像本质上是一种储存参照模式的数据库。训练图像的建立和使用，通常要求遵循平稳性假设和本征假设原则(Mariethoz and Caers, 2014)。

(1)平稳性假设：若空间数据域内任何部位的样品都是取自同一总体，则该空间数据域内区域化变量是平稳的，即在某空间数据域内的区域化变量分布是均匀的，变量的平均值及方差与样品位置无关——无论位移向量多大，随机变量的分布特征不变，$Z(x)$和$Z(x+h)$的相关性不依赖于其具体空间位置，但这往往与实际情况相悖。

(2)本征假设：在实际工作中，有时协方差函数并不存在，因而没有先验方差，也就是说不满足平稳性假设。但在自然界和随机函数中，有些现象或函数具有无限离散性，但却可能存在变异函数，本证假设的提出放宽了对随机变量条件的要求。本征假设是指增量$Z(x+h)$的平均值与协方差存在无关，与$x$也无关。

需要遵从平稳性假设原则，是因为从训练图像中估计或提取一组多点统计数据，需要有足够的重复性。图3-45展示了三种候选训练图像：椭圆形集群训练图像、河流相训练图像和三角洲相训练图像。基于严格意义上的平稳性假设原则，只有训练图像2能够作为训练图像使用，这显然不能满足对沉积相空间分布进行随机模拟的需要。

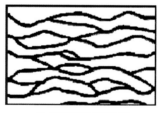

(a) 训练图像1(椭圆形集群)　　　(b) 训练图像2(河流相)　　　(c) 训练图像3(三角洲相)

图3-45　三组不同训练图像的形态"平稳性"差异

资料来源：Mariethoz 和 Caers (2014)

兼顾本征假设原则和平稳性假设原则，训练图像的覆盖范围大小和沉积模式类型应该与真实情况大致相当。因此，要求训练图像满足以下几点：

(1)稳定性，即贯穿整个研究区域，训练图像的统计参数不变；

(2)重复性，即可以用相同的构建元素反复重建；

(3)非周期性，即训练图像的一个部分都不是其他部分的复制，在覆盖所有可能变化的不同综合处理中，这些元素必须是变化的；

(4)相对简单，即训练图像的构建形式不能太复杂。

在可能的条件下，应当建立一个训练图像库，让地质工作人员能直接从库中选取和使用那些包含研究目标空间特征的训练图像，而不必实时制作。

### 3.2.2.2　训练图像的获取方法

地质人员擅长根据先验知识或图像数据库来建立不同的空间对象模式。所建立的模式在只有稀疏井数据情况下，可引导地层的精细建模。以河流沉积模式为例，地质技术人员通常根据不同类型的沉积模式（如辫状河、曲流河和网结河），从数据库中选择合适的训练图像来对河流相储层进行精细刻画（Mariethoz and Caers, 2014）。

下面是几种常用的制作储层训练图像的方法：

（1）地质类比。先对岩石露头、钻井编录和现代沉积环境进行详细研究，再采用地质类比方式建立沉积相模式，并通过手工方式绘制训练图像。

（2）层序地层学研究。同一沉积相在不同沉积体系域的结构和形态不同，所对应的训练图像也不同，如高水位体系域的河道结构、形态与低水位体系域不同。

（3）基于目标的模拟。基于目标的算法虽然存在局限性，但基于目标的模拟能够逼真地生成地质体的形状及其空间分布，其结果可以作为训练图像。

（4）基于过程的模拟。基于过程的模拟是按照搬运、沉积、压实、剥蚀、再沉积等地质作用规律，对沉积作用进行正演模拟，其结果可作为初始参考模型。

（5）利用岩心、测井、地震、遥感等地质解释成果，如砂体厚度图、波阻抗值大小分布图、泥质含量分布图等成果图，以及手绘草图等资料。

### 3.2.2.3　训练图像的平稳化处理

对训练图像的平稳化处理有两种简化的解决办法。对于局部变异性明显的非平稳区域，可采用分区模拟法（Arpat, 2005；Arpat and Caers, 2007），将非平稳区域分为有限个相对平稳的小区块，再进行多点统计预测；而对于趋势明显且用少量定量指标，如用方向和压缩比例等就能表达的非平稳性问题，可先利用几何变换法（Zhang et al., 2006），通过旋转和比例压缩将其变为平稳训练图像，再利用多个训练图像求取非取样点的条件概率分布函数。在整体变异性强烈的区域，分区模拟法和几何变换法都难以实施。其中，用于几何变换法的必要参数尤其不易获取。为了掌握对象地质体的变异性状况，以便制定分区模拟的区带划分和模拟方案，并获取几何变换的必要参数，需要对盆地（或坳陷、凹陷）进行精细的地质研究，保证多点式地质统计学随机模拟的顺利开展。

### 3.2.2.4　地震数据与沉积相数据综合建模

目前，地震数据与沉积相数据综合建模方法，有联合法和系列法两种。联合法是利用数据样板（$B$），同时扫描沉积相（$A$）和地震属性（$C$）的训练图像，从而直接获得联合的多点统计概率 $P(A|B, C)$，并将此多点统计概率保存在搜索树中。联合法是常用的方法，要求地震训练图像与沉积相训练图像高度一致，这在实际中很难保证，而且保存联合法的计算结果对内存需求很高，因此这种方法不常用；系列法则是首先计算推断地震属性与沉积相类型的关系概率 $P(A|C)$，再利用待估点周围数据样板的数据事件扫描沉积相类

型的训练图像，获得多点概率 $P(A|B)$ 并存入搜索树中；然后从搜索树中读取数据事件的概率 $P(A|B)$，并利用更新比率恒定(permanence of updating ratios)法(Journel, 2002)将 $P(A|C)$ 和 $P(A|B)$ 综合成 $P(A|B,C)$。该法是基于 $C$ 对 $A$ 的贡献不因 $B$ 的出现而变化的认识而建立起来的，其数据融合方式如图 3-46 所示。在开展地震属性数据综合时，可采用信息度量方法，赋给地震属性合适的权重，再通过聚类分析进行优化。

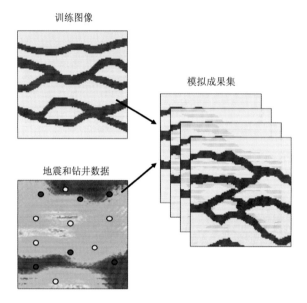

图 3-46  地震数据(软数据)与沉积相训练图像的集成与融合

资料来源：陈麒玉(2018)

### 3.2.3  多点式地质统计随机模拟法优化

由于各级油气系统涉及地层(或岩层)众多，断层发育、岩层厚薄不均，沉积结构复杂、相变强烈，具有典型的非连续、非均质特点，而所获取的各种地质勘查数据在空间中分布极不均匀，多点式地质统计学随机模拟方法在油气系统模拟中的应用受到了限制。针对这种数据特征，可以借鉴一种对已知数据分布密度敏感的模拟路径优化方法(陈麒玉, 2018)。该方法的模拟路径仅与搜索领域内已知样品点的数目相关，为了避免数据事件中的结点集中于某个区域，在选择数据事件时应对搜索区域进行分区；而为了在最大程度上保留多细节层次的属性特征，在模拟计算时对多空间中的相邻结点进行连通度分级，然后通过最终的连通度得分，来判断当前结点是否需要被重新模拟。

#### 3.2.3.1  模拟路径与数据事件选择方法的优化

**1. 数据分布密度敏感的模拟路径的优化**

已有的随机模拟路径比较适合于均匀分布的条件数据。但是，实际的地质勘查数据往往分布不均匀，如野外数据采集往往沿着规划的线路进行，而钻孔数据则集中于勘探线上的钻井内，在多点式地质统计学随机模拟的初始邻域内少有已知结点，无法构建数据事件。这就是需采用对数据分布密度敏感的新模拟路径的原因。

如图 3-47 所示，该新模拟路径被存储在一个链式结构中，其所有结点都包含当前模拟位置在模拟网格中的索引编号（path_index）、以此位置为中心的邻域内已知结点的数目（informed_points）和指向下一个结点的指针（*next）。在完成了当前结点的模拟后，更新当前结点邻域内所有未被模拟位置所对应的结点（informed_points）的值（即 informed_points++），再从随机模拟路径（path_list）中移除当前结点；然后，根据 informed_points 的值对模拟路径（path_list）中的剩余结点进行重新排序，得到新的随机模拟路径，再继续对下一个邻域范围内包含已知数据点最多的位置进行模拟。

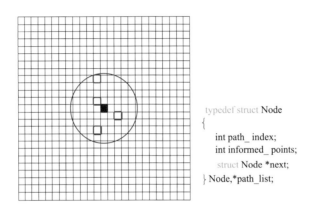

```
typedef struct Node
{
    int path_ index;
    int informed_ points;
    struct Node *next;
} Node,*path_list;
```

图 3-47　模拟路径的数据存储结构及其更新过程

如果通过随机分配的方式指定该结点的模拟结果（Mariethoz et al., 2010），随着模拟的进程将导致不一致性进一步扩散。在遇到这种无法获得相匹配的模式时，可尝试将当前的模拟位置添加到模拟路径的末尾，并将其冻结。对于当前模拟位置 $p_i$，如果其对应数据事件的模式可在训练图像中找到，且有稳定的累积概率密度函数 cpdf，则认为该位置模拟成功，转至下一个结点继续模拟；如果该结点无法成功模拟，则将该结点的信息拷贝至模拟路径的末尾，并将其冻结（图 3-48）。待完成这样一个模拟过程后，再解冻所有在第一轮模拟中存在不一致性的结点，继续按顺序对这些结点进行再模拟。

图 3-48　模拟路径的动态组织过程

绿色结点为已经成功模拟的位置，$p_i$ 为当前模拟位置，白色结点为模拟路径中还未模拟的位置，红色结点为未能成功模拟而被添加到模拟路径末尾且被冻结的结点

### 2. 空间分区的数据事件获取法

在多数多点式地质统计学随机模拟法中，数据样板都是尺寸固定的几何形状，不同尺度的模型无法被再现到模拟结果中。Mariethoz 和 Renard（2010）使用了一种灵活可变的搜索邻域来获取数据事件，其决定因素是邻域半径（$r$）和数据事件中最多可包含的已知结点数目（$N$）。该法随着模拟进程，已知结点越来越多，所获数据事件的分布也将越集中，能捕获的结构特征也更加细小。但是，如果所选数据事件的结点集中在中心结点的某一方向上［图 3-49(a)］，就不能很好地代表中心位置的模型分布特征，合理的数据事件结点应该较均匀地分布在中心结点的周围。为了解决这个问题，可采用传统两点统计法分区获取邻域的策略，即四分查找方法［图 3-49(b) 和(c)］。这种四分查找策略拓展到三维随机模拟中，就会变成三维空间的八分查找。尤其是对于来自实际地质勘查过程中分布极不均匀的条件数据，这种方法将会提供更加合理的数据事件(陈麒玉，2018)。

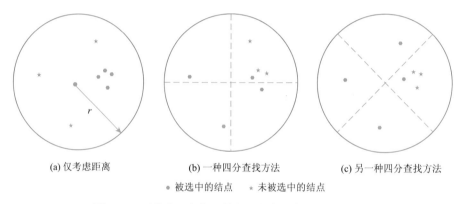

(a) 仅考虑距离　　　　　　(b) 一种四分查找方法　　　　　　(c) 另一种四分查找方法

● 被选中的结点　　★ 未被选中的结点

图 3-49　两种分区查找及其与仅考虑距离的方式的对比

### 3. 多点式地质统计学随机模拟路径与数据事件优化实验

将上述策略编程实现并嵌入多点式地质统计学随机模拟算法 DS（direct sampling; Mariethoz and Renard, 2010）中，再对前两种优化方法进行分组及组合（表 3-7），然后进行实验。从 3D 训练图像［图 3-50(c)］中抽取了 17 个虚拟钻井［图 3-50(a)］，其平面分布随机、极不均匀［图 3-50(b)］。在测试中，使用了统一的 DS 参数设置：最大搜索距离 $S$=40，搜索邻域中结点的最大数目=30，距离阈值 $t$=0.05，训练图像被扫描的比例 $f$=0.8。使用图 3-50 所示的 3D 训练图像、钻井数据和输入参数，依次执行表 3-7 的三个实验组

表 3-7　测试实验中所用到的各种实验组合方式

| 实验分组编码 | 实验组合方式 |
| --- | --- |
| 策略 1 | 随机模拟路径 + 只顾及邻域距离的数据事件(标准 DS) |
| 策略 2 | 数据分布密度敏感的模拟路径 + 只顾及邻域距离的数据事件 |
| 策略 3 | 数据分布密度敏感的模拟路径 + 考虑空间分区的数据事件 |

合方式，分别得到如图 3-51 所示的模拟结果。从图 3-51 中可以看出，原始的 DS 算法对 3D 训练图像的模式重构不是很理想（策略 1），而策略 2 和策略 3 的输出结果，更加接近 3D 训练图像中各属性的分布模式。

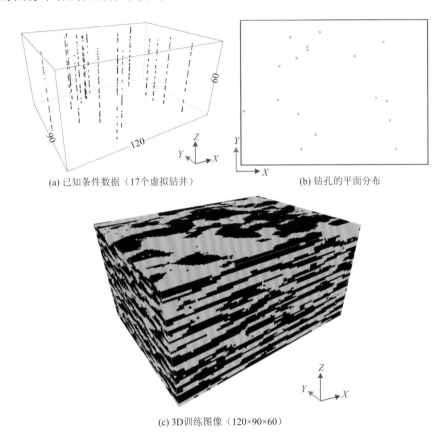

(a) 已知条件数据（17个虚拟钻井）　　　　(b) 钻孔的平面分布

(c) 3D训练图像（120×90×60）

图 3-50　实验中所使用的条件数据和训练图像

资料来源：陈麒玉（2018）

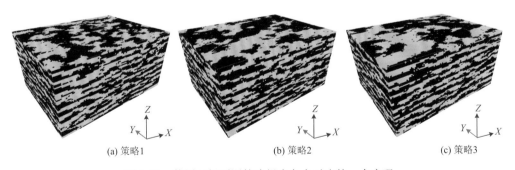

(a) 策略1　　　　　　　(b) 策略2　　　　　　　(c) 策略3

图 3-51　使用三组不同策略组合各自对应的一个实现

资料来源：陈麒玉（2018）

　　为了理解模拟结果在统计学特征上与 3D 训练图像（参考模型）的差异，对各个实验组合执行 10 次，输出 10 个不同的实现结果，并和训练图像一起绘制其对应的变异函数曲线(图 3-52)和连通性函数曲线(图 3-53)。在变异函数曲线图中,蓝色曲线(策略 3)更接近训练图像对应的曲线(黑色曲线),策略 2(绿色)其次,而策略 3(红色)稍差。在连通性函数曲线图中情况也是如此。这说明策略 3(数据分布密度敏感的模拟路径+考虑空间分区的数据事件)的模拟结果,在属性比例再现、空间变异性刻画和空间结构连通性重建等方面,都更接近训练图像。同时,也证实这些优化策略提升了原始 DS 算法的模拟能力,尤其是在已知条件数据空间分布极不均匀时。

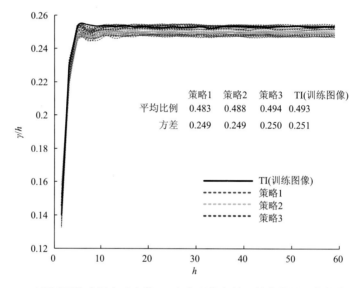

图 3-52　三组不同策略组合对应的 10 个实现的变异函数曲线图及其他统计特征

$\gamma$ 表示变差函数,$h$ 表示距离

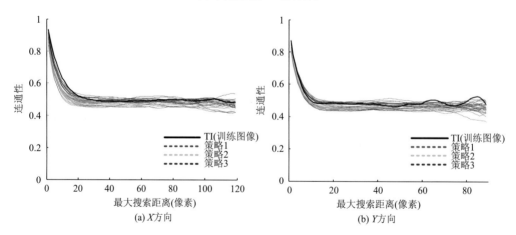

(a) $X$ 方向　　　　　　　　　　　(b) $Y$ 方向

图 3-53　三组不同策略组合对应的 10 个实现在 $X$、$Y$ 方向上的连通性曲线图

### 3.2.3.2　基于多连通度分级的后处理方法

已有的后处理方法都是用于处理模拟过程中的模型匹配不一致性的,能处理掉大部

分的伪影问题但无法根除小尺寸的噪声。从最终模拟结果中，可以提出一种基于多连通度分级的后处理方法，即以当前结点为中心，按照与中心结点的连通(接触)关系，给予周围结点不同的连通性权重。二维模拟网格的连通性关系，可分为只考虑边接触的 4 连通和同时考虑点接触的 8 连通(图 3-54)。对于二维 4 连通,每个结点(蓝色)的权重是 0.25；对于二维 8 连通，边接触结点的权重为 0.2，而点接触结点(绿色)的权重为 0.05。在三维模拟中，如果只考虑面接触的 6 个结点，则每个结点(蓝色)的连通性权重为 1/6；如果同时考虑线接触的 12 个结点，则面接触结点的权重为 1/9，线接触结点(绿色)的权重为 1/36，其和为 1，即 $6\times1/9+12\times1/36=1$；如果同时考虑面接触、线接触和点接触，则每个面接触结点的权重为 1/10，每个线接触结点的权重为 1/40，每个点接触结点(黄色)的权重为 1/80，同样保证了权重和为 1，即 $6\times1/10+12\times1/40+8\times1/80=1$。

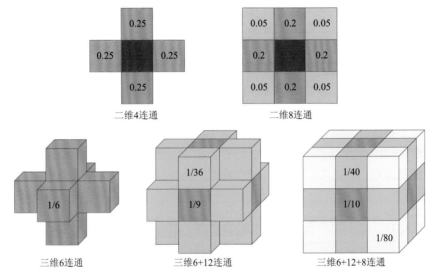

图 3-54　二维、三维的不同连通关系及其权重分配示意图

资料来源：陈麒玉(2018)

后处理操作的执行与否，取决于当前结点的连通度之和 $c$ 与给定的连通度阈值 $t$。在进行连通度计算时，需依次查验当前结点周围的所有结点，如果周围的结点属性值与中心结点相同，则为连通，对应的连通度及其 $c$ 就要增加对应的权重值。扫描所有周围结点，获得最终的连通度之和 $c$，如果 $c<t$，则当前结点需要被重新模拟，否则进行下一个网格结点的查验，直到模拟网格中的所有结点都被查验和再模拟。图 3-55 即为采取了三维 6+12+8 连通性的设置，并在给定连通度阈值 $t=0.15$ 的条件下，进行了连通度分级后处理的模拟结果。这个模拟结果证明，连通度分级后处理方法，能够较好地消除原始 DS 算法实现中所产生的噪声,大大提高了多点地质统计学随机模拟的质量(陈麒玉，2018)。

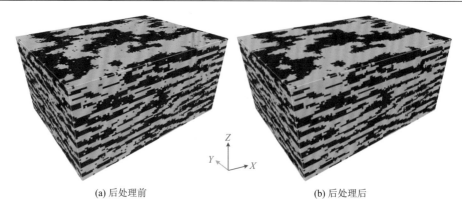

　　　　(a) 后处理前　　　　　　　　　　　　　　　(b) 后处理后

图 3-55　后处理前后对比

## 3.2.4　多点式地质统计三维地质模型的自动重构法

　　多点式地质统计学随机模拟理论和算法的发展，为各向异性的复杂地质结构三维重建提供了技术保障。面向复杂、多变的非均匀、非连续沉积与构造特征，需要采用一种基于局部搜索策略的多点式地质统计三维地质模型自动重构方法(陈麒玉, 2018)。该方法利用地质勘查及后期分析获得的低维数据(一维钻井数据、露头观测数据等及二维地质剖面图、地质平面图等)，在三维构造-地层格架约束下进行地质属性模型的自动重构。

### 3.2.4.1　局部搜索优化策略及概率融合计算

#### 1. 面向 MPS 三维重构的局部搜索优化策略

　　如图 3-56 所示，三维建模空间被来自 3 个正交方向的 6 个剖面分割成 9 个子区域。每一个子区域都被 $n$ 个子截面包围($1 \leqslant n \leqslant 6$)，但并不一定是封闭的[图 3-56(b)]。某一方向可能没有剖面围截，但至少有一个方向上有已知剖面。对于局部子区域内[图 3-56(c)中灰色立方体区域]的任意一个未知结点，用于多点统计的信息将从围绕着该子区域的 $n$ 个子截面中获取，而不是从所有的已知剖面获取。也就是说，对于每个待模拟位置，存在 $n$ 个局部的训练图像供扫描。这些局部的子截面是交错剖面中距离待模拟位置最近的，以它们作为训练图像来捕获多点统计信息，是更加合理和可信的。

　　该策略允许数据事件的中心结点访问子截面上的所有位置，且数据事件中的其他结点可分布到相邻的子截面中去。如图 3-57 所示，蓝色线框内为该子区域的搜索窗口。在模式匹配过程 1 中，数据事件的所有结点都来自当前子截面；而在模式匹配过程 2 中，数据事件的三个结点来自相邻子截面。该策略保证了模拟结果中空间模式在剖面附近的连贯性，其模式匹配均受模型边界约束(Mariethoz et al., 2010)。

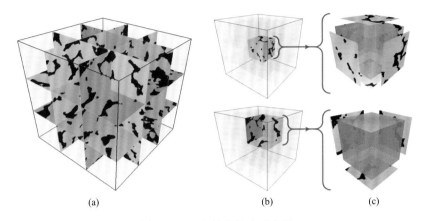

(a)　　　　　　　　　　　(b)　　　　　(c)

图 3-56　局部搜索策略示意图

(a) 6 个交错剖面及其在 3D 空间中的位置关系；(b) 两个局部子区域（一个位于中间一个位于角落）；(c) 相应的局部子截面（上部 6 个子剖面，下部 2 个子剖面）

资料来源：陈麒玉（2018）

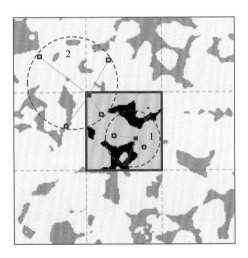

图 3-57　子截面的搜索窗口示意图

### 2. 训练图像和类比模型的概率融合计算公式

作为训练图像的纵横剖面越密集，三维建模空间的子区域划分就越多越小，有利于提升模拟计算效率。但尺寸太小的训练图像往往包含数据点太少，所提供的模型信息不充分。因此，在实际建模过程中，如果某一方向上存在较多的已知剖面，可根据其复杂程度进行抽稀处理，其余剖面只作为条件数据使用。采用子剖面建立三维训练图像和类比模型，涉及概率融合机制问题。Allard 等（2012）详述了地质统计学的概率融合方法，将其分为基于加法的概率融合方法和基于乘法的概率融合方法。二者均适合于只有两个属性的情况，但后者对非二元事件具有更好的适应性（Allard et al., 2012）。由于在地学应用中更加强调事件的并发性，即两个或者多个事件同时发生作用并输出一个最终结果，基于乘法的对数线性公式对此类并发操作具有显著的优势。

1）Linear Pooling 公式

Stone 提出的基于加法的 Linear Pooling 公式，是最直观、简单的概率融合方法。对于概率分布 $P_1,\cdots,P_n$，其融合公式如下：

$$P_G(A) = \sum_{i=1}^{n} w_i P_i(A), \quad w_1,\cdots,w_n \in R^+ \tag{3-18}$$

式中，$w_i$ 为各个不同概率分布的权重，它们的和必须等于 1，由此可获得一个全局的概率分布 $P_G \in [0, 1]$。

2）Log-Linear Pooling 公式

Log-Linear Pooling 公式是对已知概率分布的对数的线性运算（Genest and Zidek, 1986）。当先验概率 $P_0(A)$ 必须被考虑在内时，Log-Linear Pooling 公式表示为

$$P_G(A) \propto P_0(A)^{1-\sum_{i=1}^{n} w_i} \prod_{i=1}^{n} P_i(A)^{w_i} \tag{3-19}$$

式中，除了权重 $w_i(i=0, 1,\cdots, n)$ 之和为 1 必须保证外，没有其他限制。因此，设 $S$ 为除了 $w_0$ 之外的权重和，当 $S=1$ 时，则 $w_0=0$，先验概率分布 $P_0$ 将被过滤掉；当 $S>1$ 时，先验概率分布将获得一个负权重，其最终的概率分布 $P_G$ 将远离于先验概率分布 $P_0$；但当 $S<1$ 时，其最终的概率分布 $P_G$ 将趋向于接近先验概率分布 $P_0$。因此，可通过改变 $S$ 的值来调节先验概率分布对最终结果的影响程度。

3. 局部子截面的概率融合策略与计算

1）基于局部子截面的概率融合策略

基于加法的概率融合方法就像逻辑运算 "OR" 一样，可用来联合几个独立的概率分布，以获得一个更大、更稳定的联合概率分布（Allard et al., 2012）；而基于乘法的概率融合方法更像是逻辑运算 "AND"，通常用来聚合具有显著相关性的概率分布，以获得一个具有并发性的联合概率分布。对于每一个子区域而言，$n(1 \leqslant n \leqslant 6)$ 个条件概率密度函数都是从当前模拟结点周围的局部子截面中获得的。在一般情况下，一个局部的三维子区域被 6 个子截面包围，所以将产生 6 个相应的条件概率密度函数。在同一方向上，通常有两个平行的子截面，对这两个互相独立的平行子截面的概率分布进行融合，目的是获取一个更大、更稳定的联合概率分布，因此采用基于加法的 Linear Pooling 公式将更加适合。然而，为了能够描述各向异性特征，需要获取来自三个正交方向的 3 个条件概率密度函数，而且其联合概率分布应能包含来自各个方向上的统计信息。显然，基于乘法的概率融合方法更加适合于这种强调并发性的要求。

为了同时满足以上两方面需求，可采用如下概率融合策略，即：①使用 Linear Pooling 公式融合来自同一方向上平行子截面的条件概率密度函数；②使用 Log-Linear Pooling 公式融合第一步处理后来自互相正交方向上的条件概率密度函数。如果在某一方向上没有或者只有一个剖面，则这个方向上的第一步概率融合操作将被跳过。否则，第一步概率融合操作将被触发来完成两个概率分布的联合。两个平行子截面的概率分布权重，分别由当前模拟位置与两个子截面的距离来决定。其计算公式如下：

$$w_1 = \frac{\dfrac{1}{d_1}}{\dfrac{1}{d_1} + \dfrac{1}{d_2}}, \quad w_2 = \frac{\dfrac{1}{d_2}}{\dfrac{1}{d_1} + \dfrac{1}{d_2}} \tag{3-20}$$

上述策略可确保空间模型从一个剖面平稳过渡到另外一个剖面。在第二步,先验概率对来自正交方向的概率分布起积极影响。为此,需让先验概率分布的权重 $0 \ll 1$,其他权重 $w_i (i = 0, 1, \cdots, n)$ 全都相等,即 $w_i = (1 - w_0)/n$。其中 $n$ 为待融合的条件概率密度函数的个数。各子剖面的权重 $w_i (i = 0, 1, \cdots, n)$ 也可以不相等,其值由各剖面的重要程度决定(Comunian et al., 2012),但仍须保证全部权重之和为 1。

2)空间模型距离的计算

模型距离 $d\{N_x, N_y\}$ 是不同模型之间匹配程度(相似度)的一种近似表达,通常被用来比较模拟网格中待模拟位置的邻域与训练图像中数据事件的相似程度(Mariethoz et al., 2010)。被扫描的空间模型能否被接收,由距离阈值 $t$ 来决定,即当条件 $d\{N_x, N_y\} \leqslant t$ ($t \geqslant 0$) 满足时,来自训练图像的空间模型 $N_y$ 将被接收,并更新当前模拟过程的条件概率密度函数。对于一个类别变量,其模型距离可表示为

$$d\{N_x, N_y\} = \frac{1}{n} \sum_{i=1}^{n} a_i \in [0,1], \quad a_i = \begin{cases} 0, & Z(x_i) = Z(y_i) \\ 1, & Z(x_i) \neq Z(y_i) \end{cases} \tag{3-21}$$

用真实地质现象的非平稳训练图像建立的空间模型,重复性较差,很难获得一个稳定的条件概率密度函数。而采用局部搜索策略又因为缩小了训练图像的尺寸,使获得稳定的条件概率密度函数变得更为困难。通过使用空间模型距离来近似表达的方式,可以减轻这种影响,从而获得一个相对稳定的条件概率密度函数。

**4. 基于多重网格的邻域自适应方法**

对于一个较大的搜索邻域,只有给定较大的距离阈值 $t$,才能获取较稳定的条件概率密度函数。但是,这将导致剖面上小尺度的模型或低比例的属性被过滤掉。多重网格概念(Strebelle, 2002)可在一定程度上缓解这个矛盾,而基于多重网格的领域自适应方法(陈麒玉, 2018)则有助于多点式地质统计学自动建模的实现。其中的搜索模板、距离阈值 $t$ 和搜索半径,可随多重网格层级的增加而递减。

图 3-58 所示的是一个三层多重网格,展示了搜索邻域、搜索半径 $R$、距离阈值 $t$ 及其在不同网格上的相互关系。所谓搜索邻域,是指以当前模拟位置(图中灰色结点)为圆心,以搜索半径作圆形所围限的区域(内含红边黄心结点)。其中,初始的搜索半径 $R_0$ 和距离阈值 $t_0$ 是输入参数,其值按照实际情况设定并被分配给第一重网格。随着多重网格层级的递进,搜索半径将从 $R_0$ 线性递减为 1,距离阈值则将从 $t_0$ 线性递减到 0。于是,一个大的数据事件就被分解成多个小结构并分配到了多重网格上。这将导致每一重网格上搜索邻域内所包含的已知结点的数量降低,从而使设置一个较小的可接受的距离阈值 $t$ 成为可能。对于最后一重网格,由于搜索半径 $R$ 减小到了 1,每个搜索邻域内最多只有 8 个结点,其对应的距离阈值 $t$ 允许被设置为最严格的标准(即 $t = 0$),可保证小尺度模式结构能够被顺利重构。以上基于多重网格的邻域自适应方法,顾及了各种矛盾的各个方

面。因此，不管是大尺度的模型特征还是细节的结构都能够被较好地重构。

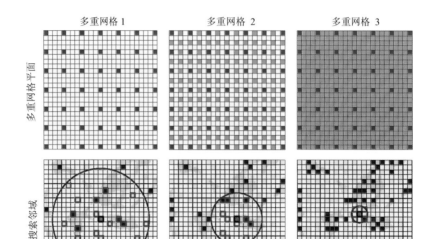

图 3-58　多重网格和对应的自适应搜索邻域的示意图

### 3.2.4.2　基于局部搜索策略的算法流程

在上述各项策略的基础上，列出如表 3-8 中所述的详细算法流程。

**表 3-8　基于 2D 横纵剖面的复杂地质结构模型重构算法（算法 1）**

| | |
|---|---|
| 1 | 加载数据，将所有的已知数据分配到模拟网格 SG 上 |
| 2 | 记录已知剖面在 $X$、$Y$、$Z$ 方向上的位置索引，并计算所有子区域对应的先验概率分布 $P_p$ |
| 3 | 　For 每一重多重网格 $g$: |
| 4 | 　　根据剩余结点定义一条随机模拟路径 |
| 5 | 　　Do 直到当前网格 $g$ 中所有的位置被访问: |
| 6 | 　　　获取当前模拟位置 $x$，确定对应的搜索邻域 $N_x$; |
| 7 | 　　　获得围绕模拟位置 $x$ 的所有剖面对应的位置索引: $\{x_0, x_1\}$, $\{y_0, y_1\}$, $\{z_0, z_1\}$ |
| 8 | 　　　随机扫描这些子截面并获得相应的条件概率密度函数 cpdfs; |
| 9 | 　　　获取对应于当前模拟位置 $x$ 的局部子区域的先验概率分布 $P_p$; |
| 10 | 　　　融合条件概率密度函数 cpdfs 和先验概率分布 $P_p$，获得联合概率分布函数 pdf; |
| 11 | 　　　从该条件概率分布函数中随机抽取一个对应的属性值，将其分配给当前模拟位置 $x$ |
| 12 | 　　End |
| 13 | 　End |

　　包括子区域的先验概率分布在内的多点统计信息，均按步骤 2 从围绕局部子区域的子截面中获得。其中，步骤 8 是算法流程中最重要的一步，其最初想法源自 DS（Mariethoz et al., 2010）的启示，具体做法如表 3-9 所示。

表 3-9　某一方向上局部子截面的扫描过程（算法 2）

| | |
|---|---|
| Input: | $x$：当前模拟位置；id：待扫描剖面的位置索引 |
| | $x_0, x_1, y_0, y_1$：与当前待扫描剖面垂直的另两个邻近剖面的位置索引 |
| Output: | cpdf：从当前子截面中获得的条件概率密度函数 |
| 1 | Function　ScanTI$(N_x, \text{id}, x_0, x_1, y_0, y_1, \&\text{cpdf})$ |
| 2 | 根据 id 和 $x_0, x_1, y_0, y_1$ 获取待扫描的子截面区域 Sub S（训练图像）； |
| 3 | 设置一个随机的扫描路径 $P$，并初始化匹配模式的计数器 sum=0； |
| 4 | for　$i := 0 \to p.\text{size}()$ such that $i < p.\text{size}() \times f$　do |
| 5 | 从当前子截面中抓取一个位置并获得其对应的邻域 $N_v$； |
| 6 | 根据式(3-21)计算模式距离 $d\{N_x, N_y\}$； |
| 7 | if $d\{N_x, N_y\} \leq t$　then |
| 8 | 根据训练图像中搜索邻域 $N_v$ 中心结点对应的属性值更新 cpdf； |
| 9 | sun++； |
| 10 | end if |
| 11 | if　sun $> N_{\max}$　then |
| 12 | break； |
| 13 | end if |
| 14 | end for |
| 15 | end Function |

其中，训练图像的比例 $f$ 与距离阈值 $t$ 借用了 DS 的参数，作用也和 DS 一致。$x_0$、$x_1$、$y_0$、$y_1$ 是与当前待扫描剖面垂直的另两个邻近剖面的位置索引，可用于确定待扫描子截面（训练图像）的区域范围。另一个参数 $N_{\max}$，表示当前训练图像中成功匹配的模型最大数量。$N_{\max}$ 的引入可以避免 cpdf 稳定后的无意义匹配与搜索。

### 3.2.4.3　方法的参数敏感性和算法性能

为了实现基于多点式统计的三维地质模型自动重构，需要对上述相关算法中的参数敏感性和算法性能进行测试、验证和分析。以岩层的孔隙度参数为例，当每个方向的横纵剖面数量从 1 个增加到 6 个而其他参数保持不变时，计算效率提升显著而孔隙度重建结果变化不大。随着条件数据（即已知剖面）的增加，模拟结果中地质体个数减少，其空间变异性降低，连通性趋于稳定；同时交错剖面太多将导致重构结果中的模型规则化产生大量噪声。因此，当一个方向上存在大量候选剖面时，应选择其中较复杂的、包含多样化模型信息的剖面作为训练图像，其余已知剖面以条件数据的方式参与三维模型的重建（陈麒玉，2018）。反之，当一个方向上的已知剖面太少时，可先使用二维多点式地质统计学随机模拟法获取若干个平行剖面，然后进行三维属性模型的重构。

通过试验表明，$N_{\max}$ 的最佳取值范围是[40, 120]。在此范围内既能保证获得稳定的 cpdf，又能降低计算消耗。通过试验还表明，基于多点式统计的三维地质模型自动重构方法，能够适应地下非均质、非连续介质特征的重构需要。目前常用的多点式统计重构方法包括：基于 DS 的不完整数据集重构法（Mariethoz and Renard, 2010）和使用序列二维多点统计模拟的 s2Dcd 重构法(Comunian et al., 2012)。通过基于距离的 MPS 模拟质量评价法(Tan et al., 2001)，验证基于局部搜索策略的多点式统计三维地质模型自动重构方法重构的空间结构模型(陈麒玉, 2018)与 3D 参考模型有较高的符合度。

同时，通过计算效率测试证明，本书采用的基于局部搜索策略的多点式统计三维地质模型自动重构方法，比 DS 和 s2Dcd 方法具有更高的计算效率。

# 3.3　三维地质模型的矢量剪切

如前所述，空间分析、空间编辑和空间查询功能，特别是盆地三维构造-地层格架模拟功能以及模拟结果的三维可视化矢量剪切功能的强弱，是衡量盆地模拟和油气成藏动力学模拟软件质量高低的重要标志。高效的矢量剪切技术将使盆地三维构造-地层格架模拟结果，不仅能够支持盆地油气成藏动力学模拟，而且能够作为对油气系统进行输导体系和储层分析的有力工具(田宜平等, 2000b; 杨成杰, 2010)。

## 3.3.1　地质模型的矢量剪切原理

盆地三维地质模型的矢量剪切包括切剖面、刻方柱、挖坑洞和制作栅状图等操作。从几何学角度看，矢量剪切可分 $X$ 方向、$Y$ 方向、$Z$ 方向和任意方向剪切。其基本方法原理为布尔运算：取出所有图形数据点，判断此点是在剪切面的哪一侧，保留在其中一侧的数据点，舍弃在另一侧的数据点；然后求出剪切面与所保留图形的交点，并按照其拓扑关系形成填充区，再与所保留的图形一起形成新的实体。例如，矢量剪切平面方程为 $ax+by+cz+d=0$，则 $ax+by+cz+d<0$ 和 $ax+by+cz+d>0$，分别代表了矢量剪切平面两侧的图形。一旦确定保留其中一侧，另一侧便被舍弃了。

盆地三维地质建模常用的数据结构，是边界替代(B-Rep)模型。所谓边界替代即用实体的边界来替代实体，各边界的联系通过几何拓扑关系建立(图 3-59)。这种拓扑关系是实现矢量剪切的依据和保证。图 3-59 中的单体由 4 个曲表面和两个填充区端面围

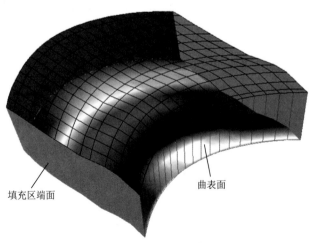

填充区端面　　　　　　曲表面

图 3-59　盆地三维构造-地层体的空间拓扑关系

成，其中，上、下曲表面为地层或沉积相界面，左、右曲表面为断层面或沉积相边界面，前后填充区端面为沉积相在地震剖面上的形态。

　　假如将此单体编码为 d0，则可以将两个填充区端面编码为 d0，4 个曲表面编码分别为 d0b1、d0b2、d0b3、d0b4。为了矢量剪切计算方便，规定上曲表面编码为 d0b1，下曲表面编码为 d0b2，左曲表面编码为 d0b3，右曲表面编码为 d0b4。当剪切面裁剪到此单体时，让计算机按上述方法原理分别对它与各面的相交情况进行判断，求解出边界交点，再保存交点的空间数据及属性数据，舍弃不要的图形后按交点的上下左右关系形成填充区。如果有多个单体，可以根据单体的编码来区分各单体的交点，并且分别形成对应的填充区，然后赋予相应的属性。这样原来的拓扑关系就可以得到继承了。

### 3.3.2　图元裁剪的基本方法

　　一般地说，构成一个单体的基本图形(简称图元)有：线条、填充多边形、空间曲面和该单体的注释。为了实现对盆地三维构造-地层格架的矢量剪切，需要具体地探讨对这 4 种图元进行裁剪的途径和方法(田宜平等，2000b)。

#### 3.3.2.1　线条裁剪方法

　　折线的剪裁可作为线条剪裁的一个典型事例。如图 3-60 所示，一条折线由 5 个线段组成，共有 6 个端点。假设用一个剪切面 S(在图中用一直线表示)对其裁剪，其算法如下：需要先决定剪切面 S 哪一边的点保留，哪一边的点要去掉。假如保留图 3-60 中剪切面下方的图形，则第 1、3、5、6 点保留。这时，需将相邻保留点的序号依次相减(用后面的点号减去前面的)，即 3–1 = 2，5–3 = 2，6–5 = 1。然后检查序号差值，如果不为 1 表示有断点，再统计断点数，并保留所有断点的空间数据。最后，将相邻保留点之间的线条分解成断点数+1 条线段，并利用相应的线段 12、线段 23、线段 34、线段 45 与剪切面 S 的关系，来求解 4 个交点 A、B、C、D 的坐标。于是，原线条仅保留了 1-A、B-3-C 和 D-5-6 三条线段。为了防止将起始点或终止点裁剪掉，造成在保留点的序号差值时出现混乱，在裁剪前必须首先对起始点和终止点进行特殊判断和识别。

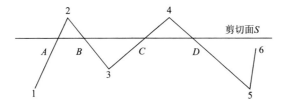

图 3-60　线条的裁剪方法示例

#### 3.3.2.2　填充多边形的裁剪方法

　　对填充多边形的裁剪，可理解成对边界线段的裁剪，只是裁剪时要考虑多边形的封闭性。其方法原理如下：首先按照线段的裁剪方法将填充多边形的边界线裁剪成几段，起始线段和终止线段因为首尾相连，可以看作一段线条；然后将每段线条分别与剪切面（图 3-61 上表示为直线）构成独立的填充多边形，并通过判断各个填充多边形与原始填充多边形的包含关系，确定所保留部分的有效填充区域（图 3-61）。

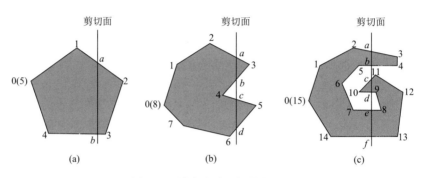

图 3-61　填充多边形的裁剪示例

数字为各多边形边界的点的序号

图 3-61 中有 3 种填充多边形(a)、(b)、(c)。由于填充多边形具有封闭性，故起始点和终止点重合。小写英文字母为剪切面与各填充多边形边界的交点。假定要留取剪切面左边的图形，而裁剪掉右边的图形。这时，对于填充多边形(a)，边界将被分为 3 段，0-1-$a$、$a$-2-3-$b$ 和 $b$-4-5。其中，$a$-2-3-$b$ 将被裁剪掉，起始段 0-1-$a$ 和终止段 $b$-4-5，将与剪切面合并围成一个新的填充多边形 $S$(0-1-$a$-$b$-4-5)。对于填充多边形(b)，边界将被分为 5 段，0-1-2-$a$、$a$-3-$b$、$b$-4-$c$、$c$-5-$d$ 和 $d$-6-7-8。其中 $a$-3-$b$ 和 $c$-5-$d$ 将被裁剪掉，剩下 0-1-2-$a$、$b$-4-$c$ 和 $d$-6-7-8。由于 0-1-2-$a$ 和 $d$-6-7-8 为起始线段和终止线段，可将两条线条合并，与剪切面(线)合围成一个新的填充多边形 $S$(0-1-2-$a$-$d$-6-7-8)，而让 $b$-4-$c$ 与剪切面(线)合围成另外一个新的填充多边形 $S$($b$-4-$c$)。填充多边形 $S$(0-1-2-$a$-$d$-6-7-8) 包含了填充多边形 $S$($b$-4-$c$)，而 $S$($b$-4-$c$) 不属于原来填充多边形的范围，应当剔除，所以新的填充多边形应该为 0-1-2-$a$-$b$-4-$c$-$d$-6-7-8 围成的区域。判断填充多边形的包含关系的简单办法是：取填充多边形内部的一点，然后采用夹角之和检验法来判断它是否在另外一个填充多边形的内部。交点的求解算法仍可采用图 3-61 中填充多边形(a)的方法计算。对于填充多边形(c)，其边界在裁剪中将被截为 7 段：0-1-2-$a$、$a$-3-4-$b$、$b$-5-6-7-$e$、$e$-8-9-$d$、$d$-10-$c$、$c$-11-12-13-$f$、$f$-14-15，其中 $a$-3-4-$b$、$e$-8-9-$d$、$c$-11-12-13-$f$ 将被裁剪掉，剩下 0-1-2-$a$、$b$-5-6-7-$e$、$d$-10-$c$、$f$-14-15。由于 0-1-2-$a$ 和 $f$-14-15 为起始线段和终止线段，将合并围成一个新的填充多边形 $S$(0-1-2-$a$-$f$-14-15)，$b$-5-6-7-$e$ 和 $d$-10-$c$ 分别构成另外两个新的填充多边形。填充多边形 $S$($b$-5-6-7-$e$) 被 $S$(0-1-2-$a$-$f$-14-15) 所包含，故有效填充区域为 0-1-2-$a$-$b$-5-6-7-$e$-$f$-14-15。而填充多边形 $S$($d$-10-$c$) 与 $S$(0-1-2-$a$-$b$-5-6-7-$e$-$f$-14-15) 没有包含关系，所以填充多边形 $S$($d$-10-$c$) 也是有效填充多边形，应当留下。

### 3.3.2.3　空间曲面的裁剪方法

虚拟空间曲面可以用四边形网络或三角形网络来表达。这两种网络的矢量剪切方法原理一致。以四边形网络为例(图 3-62)，可分别用四边形的每个边来与剪切面求交，将曲面与平面求交问题转化为线段与平面求交问题。对每个四边形求交运算后，只要将所有有效的填充多边形合并成一个曲面，便可解决空间曲面的裁剪问题。

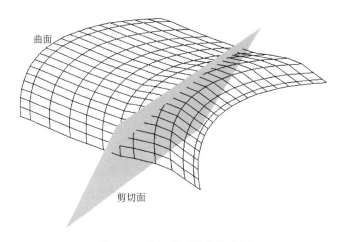

图 3-62　空间曲面的裁剪举例

### 3.3.2.4　注释的裁剪方法

注释在数据结构中属于点类型，只需用一个坐标便可以有效地控制其空间位置。在一般情况下,注释裁剪的简单处理办法是判断其坐标点是否在剪切面锁定的有效区域内：是则保留，不是则裁剪掉。当注释为矢量型的情况时，问题稍复杂一些，可以按 3 种精度来处理：串精确度、字符精确度和像素精确度。其处理办法有所差别：采用串精确度进行裁剪时，若字符串整个在剪切面限定的有效区内就予以显示，否则不予显示；采用字符精确度进行裁剪时，当字符串某个字符在剪切面限定的有效区内就显示该字符，否则不显示该字符；采用像素精确度进行裁剪时，则需判断字符串的哪些像素、笔画的哪一部分在剪切面限定的有效区内，然后采用字符裁剪法进行处理。

## 3.3.3　三维地质模型的整体剪切

矢量剪切是一种重要的三维数据可视化表达方式和空间分析功能。根据三维地质模型的矢量剪切原理，采用上述图元裁剪方法分别进行处理，便可以对盆地三维地质体进行任意方向、任意方式的矢量剪切，包括：切剖面(图 3-63)、切平面、制作栅状图(图 3-64)、刻方柱、挖坑洞(图 3-65)、提取特殊地质体(图 3-66)、进行深部地质结构矢量剪切分析(图 3-67)和图形-属性的双重可视化查询检索(图 3-68)，还可以制作虚拟钻孔(图 3-69)等，并且使剪切的结果仍然是矢量图形，原拓扑关系也得以保存。对于矢量剪切后保留下来的模型部分，可以查询任意地层、构造的空间展布以及任意沉积相的空间形态，能够实现图形与属性数据的双重可视化空间查询和关联查询，同时能对属性表结构进行动态修改。因此，该矢量剪切技术可以有效地支持盆地三维构造-地层格架分析，输导体系、储层、圈闭分析和其他相关信息的查询、检索与分析。

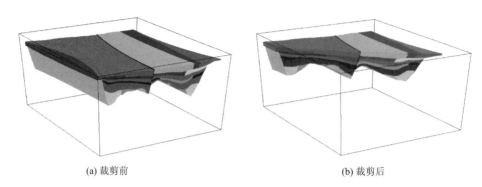

(a) 裁剪前                                    (b) 裁剪后

图 3-63    三维构造–地层格架的矢量剪切示例

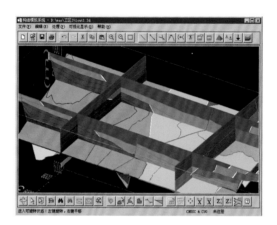

图 3-64    盆地三维构造–地层格架的水平切面图和栅状剖面图

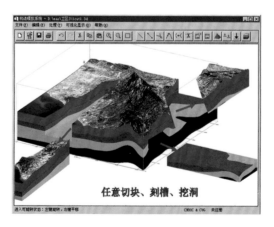

图 3-65    对地上地下一体化的三维地质体进行任意切块、刻槽和挖洞

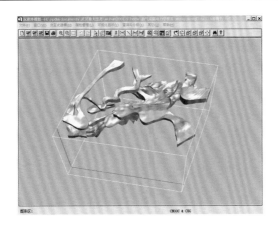

图 3-66　提取任意特殊地质体、相和微相

图为所提取的储层单砂体

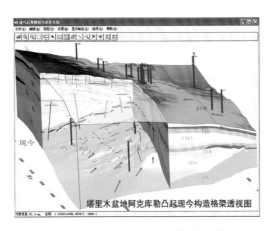

图 3-67　深部地质结构矢量剪切分析

显示深部地层结构与生储盖组合

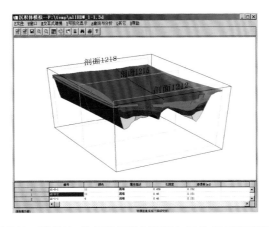

图 3-68　对盆地三维构造–地层格架进行图形与属性的双重可视化查询检索

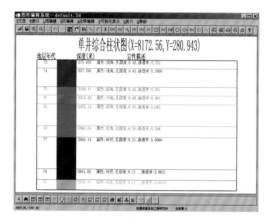

图 3-69　对珠三坳陷三维构造-地层格架进行假想井综合柱状图制作的效果

# 第 4 章　盆地构造-地层格架三维动态模拟

油气成藏过程模拟所依存的四维时空必须是真实盆地物质空间及其演化历程的虚拟映像。开展盆地构造-地层格架三维动态模拟就是为了对这一真实物质空间及其演化历程进行虚拟和再造(吴冲龙等,2001a)。其要领是依据勘探所得的地层、构造、岩性等真实数据,把现今的盆地构造-地层格架三维模型回溯到特定的地质年代。

## 4.1　盆地构造-地层格架三维动态模拟原理与方法

在传统的盆地模拟系统中,盆地沉降史和变形史的恢复,通常采用以去压实(也称压实校正)为核心的一维回剥法和以几何复原法为核心的二维平衡剖面法(Dahlstrom, 1969;Mitra and Namson, 1989;Poblet and McClay, 1996;Erickson et al., 2000;Carminati, 2009)。然而,一维回剥法难以处理地层多次升降和多时代连续剥蚀的难题,二维平衡剖面法难以应对多重同生断层和复式推覆构造。因此,现有的一维回剥法和二维平衡剖面法,无法直接推广到三维和四维模拟中去,需要在进行相关理论方法探讨的基础上建立新的方法模型,并突破相关的算法和技术瓶颈。

### 4.1.1　一维构造沉降史模拟的最大深度回剥法

回剥反演方法是盆地构造史恢复的一种重要方法。其反演精度与准确性直接影响到模拟的精度(石广仁, 1994, 1998)。该方法的算法原则在很多文献中均有详细的阐述(陆明德和田时芸, 1991;Ungere et al., 1984;陈荣书, 1994),其手工完成的回剥反演过程及其图示也有相应的介绍。但是,常规回剥反演方法仅能面对简单情况,对于地层多次隆升剥蚀和多时代连续剥蚀的复杂情况,既难以按统一的方式进行处理,也难以实现自动化。为解决这些问题,可采用一种更适用的回剥反演法——最大深度回剥法(毛小平等, 1998b),其基本思路是始终寻找从古至今各时间柱中埋深最大的一柱进行回剥反演。该算法逻辑简单明了,能自动实现,并可方便地推广到三维空间,实现三维构造史模拟。同时,针对现有的地层岩石校正方法中的缺陷,需采用一种新的地层骨架密度计算公式(李绍虎等, 1999)和一种基于地层骨架体积不变-地层骨架质量不变的压实校正法(李绍虎等, 2000)。

#### 4.1.1.1　一维回剥反演的基本方法和原则

回剥反演法简称回剥法。它的基本思想是在保持地层骨架厚度不变的条件下,从盆地内地层的现状出发,按地质年龄从新到老把地层逐层地剥去,再根据沉积物去压实原理,逐一恢复每个沉积阶段结束时各个地层的古厚度,然后建立单井(一维)的地层发育史和盆地沉降史模型，并以柱状图形式加以表示。

传统回剥反演技术所依据的沉积物去压实原理如下：

假设地层在沉降过程中横向上没有变化，仅在纵向上随着埋藏深度（埋深）的增加，上覆盖层负载也增加，导致孔隙度变小，地层被压实。因此，地层体积变小可归结为地层厚度变小。如果地层骨架厚度——地层孔隙度为零时的地层厚度——在沉降过程中保持不变，除非发生剥蚀和断层等事件，则其计算公式（Ungerer et al., 1984）为

$$h_s = \int_{z_1}^{z_2} [1 - \phi(z)] \mathrm{d}z \tag{4-1}$$

式中，$h_s$ 为地层的骨架厚度；$z_1$、$z_2$ 分别为地层顶、底界面的埋藏深度；$\phi(z)$ 为地层的孔隙度，在正常压实情况下与深度成指数相关关系，可表达为

$$\phi(z) = p_s \phi_s(z) + p_m \phi_m(z) + p_1 \phi_1(z) + p_c \phi_c(z)$$

式中，$p_s + p_m + p_1 + p_c = 1$；$p_s$、$p_m$、$p_1$、$p_c$ 分别为砂岩、泥岩、碳酸盐岩、煤的地层百分比；$z$ 为深度；$\phi_s(z)$、$\phi_m(z)$、$\phi_1(z)$、$\phi_c(z)$ 分别为其对应的孔隙度深度曲线。以砂岩为例，其值为

$$\phi_s(z) = \phi_{0s}(z) \exp(-c_s z)$$

式中，$\phi_{0s}(z)$ 为深度 $z=0$ 时的砂岩孔隙度；$c_s$ 为砂岩的压缩系数。在回剥反演中一个比较重要的过程是已知骨架厚度 $h_s$ 和地层顶界面埋藏深度 $z_1$，求取其地层底界面埋藏深度 $z_2$，由上面公式可推得

$$\begin{aligned}
z_2 = {} & (h_s + z_1) - p_s \phi_{0s}/c_s [\exp(-c_s z_2) - \exp(-c_s z_1)] \\
& - p_m \phi_{0m}/c_m [\exp(-c_m z_2) - \exp(-c_m z_1)] \\
& - p_1 \phi_{01}/c_1 [\exp(-c_1 z_2) - \exp(-c_1 z_1)] \\
& - p_c \phi_{0c}/c_c [\exp(-c_c z_2) - \exp(-c_c z_1)]
\end{aligned}$$

在实际处理中一般给出的是各岩性的孔隙度——深度曲线的许多离散样本点，而不是如上所述规则的曲线，这时可将积分方程离散化，用迭代法求取地层底界面埋藏深度。

在进行回剥反演时，第一步可先按式(4-1)求出各地层在现今的骨架厚度。为了简化计算，如果计算对象本身及其上方地层无任何剥蚀发生，可假定其骨架厚度在以后的回剥过程中始终保持不变；而如果计算对象本身及其上方地层存在剥蚀，其骨架厚度在回剥到剥蚀事件开始的年代应当根据剥蚀量重新计算。

第二步是依照新的时间序列从今至古进行回剥。当回剥至某一地层顶部时（设为 $t_i$），如果该地层无剥蚀，则仅去掉该地层，并将以下各地层向上抬升 $h_i$，再计算各地质分界面新的埋藏深度（以骨架厚度不变原则为约束）；如果该地层存在剥蚀，则向上抬升的厚度必须加上剥蚀厚度，然后才能计算各老地层的埋藏深度。

当存在大剥蚀量及连续剥蚀等复杂情况时，根据地层压实的不可逆性，还必须增加如下约束来进行回剥反演计算：①如果某地层的最大埋深大于该地层的现今深度，则其骨架厚度应按最大埋深时的顶、底界面计算；②如果某地层在某时的埋深比该地层的最大埋深要浅，则该地层这时刻的厚度应保持最大埋深时的厚度。

不难发现，该约束回剥反演方法——从今至古的回剥反演法，在处理地层多次升降、多次剥蚀时，将遇到一系列难题，处理起来相当麻烦。为了克服这一困难，需要采用一种最大深度回剥法(毛小平，2000)，其对这些复杂问题能进行统一的描述和处理，并且能够由程序完成全部运算，有利于实现整个回剥反演过程的自动化。

### 4.1.1.2　一维最大深度回剥法及其实现过程

所谓最大深度回剥法是一种从古往今与从今至古相结合递推求取地层埋藏史的新的回剥方法。它与传统的从今至古回剥反演方法不同，在处理遭受剥蚀的地层时，是先恢复埋藏最深处的一段地层，再逐段上推。这里的"最深"适合于每一段地层，因为每一段地层都有自己的埋藏最深处。由于剥蚀开始时刻(由用户给定或根据上述公式内插计算出)，地层最为完整，其底界面埋深代表该地层所经历的最大埋深。所以，我们只要从古到今依次恢复每一个地层剥蚀开始时刻(以后通称为起剥时刻)的地层柱，就能保证每次所计算的都是保存最完整、底界面埋深最大的一柱。这样，在处理地层的单层剥蚀问题时，底界面深度不以当前位置的 0m 起算，而以剥蚀厚度起算；在处理多层连续剥蚀问题时，则要将当前剥蚀量与上覆地层的总剥蚀量相加作为起算深度。当剥蚀结束再沉积时，若地层底界面埋深超过此起算深度，则需重新计算各地层底界面深度(这是后一步从今至古递推时的任务)。当前起剥时刻的地层柱已经恢复后，若后面再遇连续降升剥蚀，应当从该地层开始逆序(从今至古)，依次减去各层剥蚀量，而让其余下伏地层厚度保持不变。

随后，可按常规方法，从今至古对余下的各阶段正常沉积的地层柱进行恢复，即对正常沉积的各阶段地层柱(顶部无剥蚀)进行恢复：先剥去上覆地层，依次将下伏地层的顶界面上抬至地面，并根据骨架厚度及孔隙度-深度曲线求解积分方程，得出下伏各地层的埋藏深度。若后面紧接着遭受剥蚀的地层，则需重新计算地层的骨架厚度。照此依序循环处理，直至最老的地层。最后，根据压实不可逆性原理，从今至古将各地层柱内每一地层的顶部埋深，与前面各地层柱对应层位顶部进行对比，若浅则采用前面各地层柱剥蚀前的对应层厚度，否则不改变。这样就可将各地层柱沉降史正确地恢复出来。

这里给出一个含连续剥蚀及大剥蚀量的例子，用以体现最大深度回剥法回剥反演技术的全过程，并验证上述方法的有效性(图 4-1)。

如图 4-1 有七组地层，由上而下依次是：Q、N、E$d$、E$s^1$、E$s^2$、E$s^3$ 及 E$s^4$-K。它们的底界面地质年龄分别为 2Ma、22Ma、30Ma、32.5Ma、35Ma、37.5Ma 及 54Ma；底界面深度分别为 200m、1050m、1250m、1710m、2480m、2480m 和 3210m。E$d$ 在某地质年代开始遭受剥蚀，剥蚀量为 1000m；E$s^3$ 在另一地质年代开始遭受剥蚀，剥蚀量为 500m；在 E$s^3$ 被剥蚀光后，E$s^4$ 开始被剥蚀，剥蚀量为 40m。这七组地层的岩石组成：泥岩含量分别为 48.1%、48.1%、39%、35%、43%、40% 和 64.3%；灰岩含量均为 10%；其余归为砂岩含量。为简化起见，七组地层中的同种岩性暂时采用相同的孔隙度-深度曲线。其中，

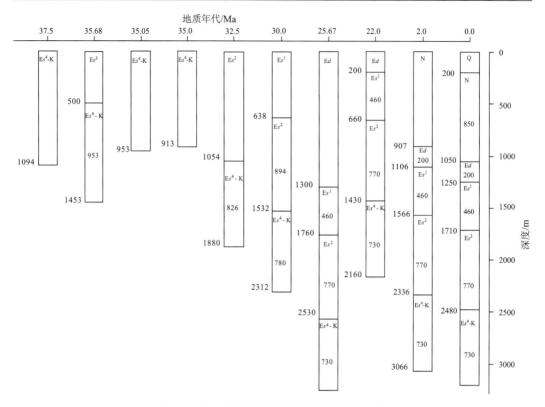

图 4-1　用最大深度回剥法进行回剥反演实例

方框内上方为地层名，下方为其厚度；方框外为地层界面深度

砂岩

$$\phi_{\mathrm{s}}(z) = \begin{cases} 0.500\exp(-0.523\times10^{-3}z), & 0\mathrm{m}\leqslant z\leqslant1900\mathrm{m} \\ 0.185, & 1900\mathrm{m}<z\leqslant2100\mathrm{m} \\ 0.410\exp(-0.523\times10^{-3}z), & z>2100\mathrm{m} \end{cases} \quad (4\text{-}2)$$

泥岩和灰岩

$$\phi_{\mathrm{m}}(z) = \begin{cases} 0.550\exp(-0.603\times10^{-3}z), & 0\mathrm{m}\leqslant z\leqslant1900\mathrm{m} \\ 0.175, & 1900\mathrm{m}<z\leqslant2100\mathrm{m} \\ 0.416\exp(-0.412\times10^{-3}z), & z>2100\mathrm{m} \end{cases} \quad (4\text{-}3)$$

具体回剥反演步骤如下：

首先，求出起剥时刻并将其与正常地质年代合并成为新的时间序列（图 4-1，$t_0, t_1, \cdots,$ $t_{10}$）；再求出各地层现今（$t_0=0$ 时）的骨架厚度，$h_{s1}, h_{s2}, \cdots, h_{s7}$；其次，从古往今寻找起剥时刻：$t_8=35.68\mathrm{Ma}$、$t_7=35.05\mathrm{Ma}$（至 $t_6=35.0\mathrm{Ma}$ 剥蚀结束）。显然 $t_8$ 至 $t_6$ 为连续剥蚀时间，其他为正常沉积时间。回剥反演计算应从这期间深度为最大的 $t_8$ 地层柱开始。以 $z=0$ 作为 $\mathrm{E}s^3$ 的顶界面，剥蚀量 500m 作为其底界面深度 $z_2$（也是下伏地层 $\mathrm{E}s^4$ 的顶界面埋深），因其现今厚度为 0，此时剥蚀量即为地层厚度；以刚得到的深度 $z_2$ 加上 $\mathrm{E}s^4$ 的剥蚀量 40m

作为 $z_1$，通过迭代法求解积分方程式(4-1)，便可得到该地层 $Es^4$ 的底界面深度 $z_2$。至此，$t_8$ 地层柱便恢复完毕。对连续剥蚀的 $t_7$、$t_6$，则将各地层顶、底界面深度逆序减去剥蚀量：$t_7$ 地层柱减去 $Es^3$ 的剥蚀量 500m；$t_6$ 地层柱减去 $Es^4$ 的剥蚀量 40m。再向今搜索至 $t_3$ 地层柱，以 $z=0$ 作为 $Ed$ 的顶面，以 $Ed$ 的剥蚀量 1000m 作为 $z_1$，代入式(4-1)，便可得到该地层 $Ed$ 的底界面深度 $z_2$。以刚得到的深度作为 $z_1$，同样可求出下伏地层 $Es^1$ 的底界面深度，以此类推便可恢复 $t_2$ 地层柱，将先得到的 $t_2$ 地层柱向上抬升(减去 $Ed$ 的剥蚀量)500m，即可得到 $t_2$ 地层柱。

最后，将剩余的未恢复的地层柱按常规方法(从今往古)进行处理。该方法已经有大量文献介绍，这里就不再赘述了。

从图 4-1 中可以看出，$t_3$=25.67Ma 时 $Es^4$-K 的底界面曾达到 3260m，到 $t_2$=22Ma 时 $Ed$ 被剥蚀掉 1100m，之后尽管有沉降，但 $Es^4$-K 的底界面深度始终未达到这个最大深度，故在 $t< t_3$ 的各柱中地层 $Es^1$、$Es^2$、$Es^3$ 及 $Es^4$-K 的厚度均不会变化，即不会进一步被压实，这是符合地质意义的。这也说明了最大深度回剥法回剥反演技术的合理性和可行性。

## 4.1.2　二维构造演化史模拟的物理平衡剖面法

平衡剖面技术是构造地质领域和盆地模拟领域的关键技术之一。然而，传统的平衡剖面法在本质上是几何平衡剖面法，按照上述几何准则所恢复的平衡剖面只是一种粗略的表达，不但不能重构经过长期复杂变形的盆地构造形态，更难以实现原始地质构造剖面的自动化恢复。为此，开展盆地构造演化模拟需要根据岩石变形机理和物质守恒原理，采用以法线不变准则和变形匹配准则为基础的物理平衡剖面法(毛小平等，1998a)。

### 4.1.2.1　传统几何平衡剖面法的原理与方法

#### 1. 传统几何平衡剖面法的基本原理

传统的平衡剖面技术是一种几何学方法，其用途是将剖面上的变形构造通过几何学原则复原成未变形状态的剖面。该法从几何学角度提出了三条剖面恢复的基本原则(Dahlstrom，1969；陈伟等，1993)：一是面积(体积)不变原则，二是岩层厚度不变原则，三是剖面中各标志层的长度一致原则。以这三条原则为前提，细化并拓展为以下规则：

(1)剖面线要平行于构造运动方向，即一般是垂直于构造走向。斜切构造带走向的剖面一般不能平衡或存在着不同程度的误差。

(2)剖面中的变形构造必须是可以复原的，并且复原后符合一般的地质准则，如逆冲断层沿运动方向总是向上切割地层、伸展断层总是向下切割地层、地层界面保持连续性变化、同一断层不呈锯齿状等。

(3)变形前后的物质守恒。该规则在地质学中的应用转变成了"体积不变原则"，即变形前后区域地层所占的体积不变。但体积是三维空间的，这使体积守恒原则难以在二维的平衡剖面技术中应用，在垂直构造走向的剖面上的变形，通常可以假设为平面应变，因此这时的三维体积不变原则可以转化为二维的"面积不变原则"，如果进一步假设变形前后岩层厚度保持不变，当各层间没有不连续的滑脱断层面时，则面积不变原则可转化为"层长不变原则"，因此各地层恢复后的原始长度在同一剖面中应当一致。

(4) 断层位移量守恒。传统的平衡剖面法认为，在一般情况下，同一条断层应当保持着相同的位移总量，其中部分位移量可能被转移成其他形式的变形，如断层沿倾向转变为褶皱，沿断层的位移随之转换为地层的褶皱；当断层发生分叉时，可使位移量分散到各小断层上；当出现同生断层时，位移量将被地层厚度差异弥补等。

由于构造变形的复杂性，剖面的平衡处理必须结合地质构造史分析来进行。传统平衡剖面法根据地质条件与变形机制的差异，建立了以下六种模型：水平断距不变模型(垂向剪切模型)、斜向剪切模型、位移不变模型、层长不变模型、滑移线模型和面积不变模型。其中，斜向剪切模型的原理是：断层上盘中的质点先平行于区域倾斜线移动一段距离 $H$，然后沿剪切角(从区域倾斜线的法线上测量)方向向上运动，充填水平拉伸形成的楔形断层空隙(郭秋麟等，1998)。这些原则与方法模型，对于恢复陆上规模较小且断裂系统单一的剖面，如单一推覆构造和铲状正断层(Mitra and Namson，1989；Zapata and Allmendinger，1996)是比较有效的，但对于断裂系统较为复杂的剖面，适应性就比较差。特别是对于构造运动多期次、多阶段叠加的地区，如果按上述原则和方法进行平衡(反演)计算，需要进行复杂的人工干预，很容易因为人为失误而导致模拟失真，自动正演方法(Poblet and McClay，1996)更无法实现。因此，传统几何平衡剖面法，很难重构经过长期复杂变形的盆地构造形态。根据岩石变形机理和物质守恒原理，需采用以法线不变准则和变形匹配准则为基础的物理平衡剖面法(毛小平等，1998a)。也只有这样，才能实现原始地质构造剖面的自动化复原。

2. 传统平衡剖面法的方法步骤

常规的构造变形的恢复包括正演与反演两种方法。反演是较为常用且精度较高的一种方法，它有以下几个过程(郭秋麟等，1998)：

(1) 建立复原剖面的标志面或线。一般假定标志面在未变形前是一水平面，如果断层上盘或下盘遭受过整体的区域变形，则复原的标志线可能成为倾斜线，这时可建立区域倾斜的复原标志面(从下盘的岩层断开点向上盘地层的切线)。

(2) 将上盘岩层界面上的点按照不同的几何变形模型恢复在标志面上，同样上盘断点也做相应的等量恢复，这时上、下盘之间将出现一个楔形空隙。以剪切模型为例：如果采用垂直剪切模型恢复，则上盘变形层上的各点垂直向上移动到标志面上，而上盘断层面上各点向上垂直移动一个等于该垂直线上变形移动到标志面上的距离；如果采用斜向剪切模型，则是将上盘变形层上的各点沿斜向剪切角倾斜向上移动到标志面上，而上盘的断面上各点向上以相同的斜向剪切角移动一个等于剪切面上变形层移动到标志面上的距离(即断面上各点的运动矢量与上盘变形层上各点的运动矢量相同)。

(3) 将上盘的各岩层点及断层点向下盘方向整体水平移动一个拉伸量，从而使楔形空隙闭合，断层上、下盘叠合在一起，复原到未变形状态。如果用某种几何模型进行变形复原后，断层上、下盘的叠合程度出现较大的差别，这说明所选用的几何模型可能不合适，这时可更换几何模型再进行复原，直到这种差别减少到最小限度，以此检验几何模型的适用性。

(4) 逐层复原演化史剖面。其要领是：首先将顶层剥掉，将第二层的顶面按前述的变形恢复方法复原到未变形的状态，其下伏各地层顶面也做相应的等量恢复，可得到第二层沉积后的构造剖面；再将第二层剥去，将第三层的顶面恢复到未变形状态，对其下伏各岩层做相应的等量恢复，于是又可得到第三层沉积后的构造剖面。以此方法类推，直到得到初始状态的剖面，进而便可得到剖面的构造演化史。

### 4.1.2.2　物理平衡剖面法的原理与方法

#### 1. 岩层剖面的法线不变准则

如上所述，传统的几何平衡剖面法的三条原则实质上只考虑了几何的合理性，而未曾考虑物理的合理性。关于这一点，可以用图 4-2 所示的简单情况来说明。在该图中，(a) 为断层下盘的现今形态，(b) 为恢复后的变形前形态。经典平衡剖面法的传统做法是设其面积、层长守恒，且无物质丢失及增加，让 $ABD'C'$ 对应于 $ABDC$。但在实际上，当层面因断层牵引而弯曲时，其顶面长度大于内侧，而不会相等，即弧 $AC$ 应大于弧 $BD$，这是由岩石变形的物理性质决定的。当然，对于厚度很小的单个岩层，可以认为层长是近似守恒的；但在多个岩层叠置的情况下，就不能认为层长是守恒的了。

可以设想，如果在岩层弯曲变形时，块体右端将出现处处连续的层面滑动，其效果类似于整个岩系的塑性变形。那么，长方体应如何映射到变形剖面上？即图 4-2(b) 中的 $C'D'$ 应映射到图 4-2(a) 中的哪些位置上？由于不同岩层有不同力学性质，设置其变形参数值时应当限制在地质上合理的范围内 (Poblet and McClay, 1996)，并且使恢复岩层变形前平衡状态的各种原则尽可能地符合岩石的物理变形规律。在这里，法线不变准则是一个应当首先遵循的原则：沿岩层层面的法线与岩层的相互垂直关系，在变形前后及变形中是一致的。

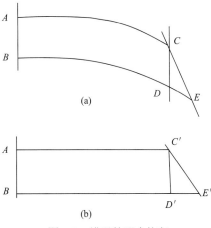

图 4-2　错误的形态恢复

根据岩石变形机理，岩层层面的法线在变形前后都垂直于岩层，相当于岩层沉积等时线的层面法线上的质点在变形前后没有发生位移。根据这一点，对任一岩层进行还原时，就有了局部锁定线，而不必从整体构造形变性质的分析来把握。局部锁定线规定了沿层面法线上质点在变形前后的对应关系，每条法线均可作为局部锁定线，而传统几何平衡剖面法使用一条或少量的全局锁定线，通过几何学原则来确定剖面的变形。如图 4-3 所示：由于沉积－成岩－变形过程的三向压缩和挠曲，变形后内侧面积变小，而外侧面积增大。变形前地质块体的任一法线 $AA'$[图 4-3(a)] 上的质点与变形后块体的法线 $BB'$[图 4-3(b)] 和 $CC'$[图 4-3(c)] 上的质点是一致的。显然，对图 4-3(b) 或图 4-3(c) 进行还原时，若严格按照几何一致性原则使内外弧长不变，则会得到一个梯形而不是图 4-3(a) 的长方体岩石块体。这种几何上的合理性，必然会导致物理上的不合理性。

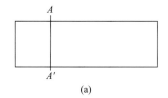 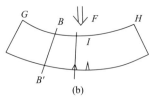 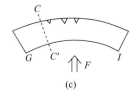

图 4-3　地层变形前后层面法线的对应情况

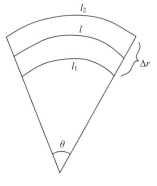

图 4-4　体积守恒的证明

根据这样的岩石变形物理特性及法线不变准则，在对任意内部连续的(无断层)岩层进行恢复时，只需在两端(与断层相接处，或模型边界的自然终止处)做层面对应的法线与层面相交，尽可能包容最大的范围，然后以上下层面在法线内的平均层长作为该岩层的层长，以平均厚度为变形前的厚度，便可将两条法线所夹的区域完全恢复到未变形的岩层状态。下面证明其面积、层长(以应变 0 线为准)是守恒的(毛小平等，1998a)。

设 $\theta$ 为变形弧的圆心角，$\Delta r$ 为平均厚度，$l_1$ 为变形岩块内弧长度，$l_2$ 为外弧长度，平均值 $l$ 近似为应变 0 线长度(真正的层长)，见图 4-4。因为

$$r_1 = \frac{l_1}{\theta}, r_2 = \frac{l_2}{\theta} \tag{4-4}$$

$$\begin{aligned}\Delta s &= \pi r_2^2 \cdot \frac{\theta}{2\pi} - \pi r_1^2 \cdot \frac{\theta}{2\pi} \\ &= (r_2 - r_1) \cdot \left(\frac{\theta}{2} r_2 + \frac{\theta}{2} r_1\right) = \Delta r \cdot \frac{l_1 + l_2}{2} = \Delta r \cdot l\end{aligned} \tag{4-5}$$

即以面积 $\Delta r \cdot l$ 近似替代实际面积 $\Delta s$。显然，法线不变准则并不违背面积不变准则和标志层长度一致准则，且更为合理和准确。

在存在断层的情况(图 4-5)下，在断层两盘做最近的对应法线，根据法线不变准则，它们映射为变形前的垂直线，可将它们作为两盘各自的局部锁定线进行恢复。如果在两盘局部锁定线之间的物质不能完全恢复到图 4-5(b)的状态，有空隙或重叠，即两个三角形△ $AA'D$ 和△ $BB'C$ 面积之和不等于恢复后四边形 $AA'B'B$ 的面积，那么就需自动调整对断层的解释。这时，对地震剖面原解释的改变、校正将降低到最低限度，仅在两局部锁定线 $AA'$、$BB'$ 之间进行，与其他区域无关。由于涉及范围小，误差必然也小。局部区域内的不平衡可用程序自动修改。

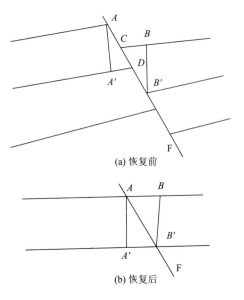

(a) 恢复前

(b) 恢复后

图 4-5　断层的处理

　　对于由水平方向构造应力作用造成的成岩期后推覆构造而言，尽管层间有滑动，但单层内的法线仍遵守法线不变准则：变形前的法线映射到变形后的法线。应当指出的是，对于单一岩层，当厚度不太大时，应力作用于岩层的端面时顶、底界面承载的应力差很小，不会产生层内剪切滑动或塑性变形。当多个岩层叠合厚度较大时，会出现岩层之间的相对位移：沿层面的滑动是因为其埋深差大时应力差也大。这时，只需用上述方法以未出现层内滑动的小层为单位进行处理，而并不以整个包含多层的推覆体为单位，便可避免层内沿层面的连续滑动。

　　图 4-6 所示为一推覆构造剖面(石广仁，1994)。如果按传统几何平衡剖面法进行原状恢复，结果是变形后的层面局部锁定线(法线)将被映射到变形前的一个斜面——不平行于层面的法线。这意味着每一个单层内都会出现沿层面的连续剪切滑动，而为了让其面积守恒，就需要让推覆体前沿三角形体△ABC[图 4-6(a)]按照几何准则，任意映射到未变形的块体△ A′B′C′[图 4-6(b)]上，使法线产生大幅度的倾斜变化。

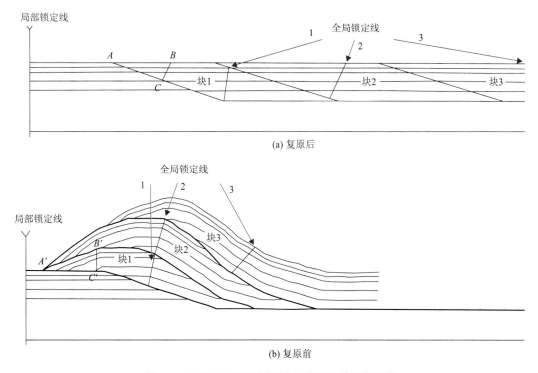

(a) 复原后

(b) 复原前

图 4-6　传统几何平衡剖面法的推覆构造复原过程

　　这种处理方法不符合实际地质情况。对于多套岩层而言，在推覆变形中除了沿着逆掩断层面依次产生后退式推覆体滑动之外，还有沿着软弱界面发生少量层间滑动，而且推覆体内部的形变是十分复杂的。对于成岩后的单一岩层而言，除非出现高温高压下的流变行为，层内连续滑动的可能性极小，这已被大量的野外观察事实所证实。实际上，在未变质的岩层剖面上，当两侧遭受挤压时，通常只有整套岩层沿着由剖面上的共轭剪切破裂发展起来的逆冲或逆掩断层运动，各岩层内部未见明显的沿层面连续滑动变形。

换言之，包括推覆构造在内的地质剖面，法线产状在复原前后应当保持基本不变。

**2. 岩层剖面的变形匹配准则**

有了法线不变准则，在从岩层顶部至底部的剖面逐层平衡的过程中，还需要解决下伏岩层如何进行变换才能与上覆岩层匹配的问题(毛小平等，1998a)。

显然，经古水深校正之后的岩层顶面形态，是该岩层沉积后各种构造、压实成岩等后期改造作用的总和。如图 4-7(d)，A 层的顶面弯曲为 $t=1$ 期的基底拗陷、上覆岩层负荷和 $t=0$ 时期基底上拱的作用之和。后期的变形量(变形度)是否 1∶1 地叠加起来作为早期形态恢复的依据？是否不带阻尼地线性叠加？换句话说，在产生顶层(浅层)岩层变形的同时，其下伏岩层——深层的变形是否与它相等或近似。本来，上下岩层的变形是互为因果关系的，但由于采用反揭方式进行剖面复原处理，我们所关心的只是各种因素的最终综合效应，故可以将二者的关系近似地归结为下伏岩层对上覆岩层的响应形变。这便是岩层变形匹配(传递)原则所要阐述的问题。该问题处理的好坏决定了平衡剖面质量的高低。当从顶到底逐层恢复剖面时，叠加的变形会越来越复杂，层面起伏、振荡幅度增大。例如，Dahlstrom (1969)给出的经典盆地模拟示例，当回剥至基底时，反演出的界面局部振荡很强烈。出现该现象有三种原因：一是变形叠加规则不完善，未能体现不同深度的构造应力场的差异；二是解释或资料处理方法有误，对每个层面的解释成果不代表当时的变形量；三是不同岩层所经历的变形历史不同，有的甚至出现多次构造反转，而现有的方法难以对其进行综合处理。

图 4-7　岩层的变形叠加过程

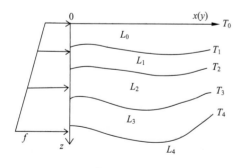

图 4-8　不同深度的变形分析

为简化起见，暂不考虑第三种原因。如图 4-8 以 $L_4$ 为基底，$T_4$ 为其顶面在 $t=0$ 时的形态，用 $T_4^0$ 表示。向上逐次有 $T_3^0$、$T_2^0$、$T_1^0$。$T_1^0$ 为岩层 $L_0$ 顶部沉积之后的形态，用 $f_1^0$ 表示。显然其下伏各分界面含有此分量，即让 $T_1$ 从水平状态变形到 $f_1^0$ 时，其下伏各分界面叠加上了和 $f_1^0$ 相同或相近的变形量，对下伏各层的作用不称为 $f_1^0$，而分别用 $f_2^0$、$f_3^0$、$f_4^0$ 代表。也就是说，$T_1$ 顶部产生形变 $f_1^0$ 时，$T_4$ 相应的响应变形(匹配)为 $f_4^0$。

当 $T_1$ 变为水平面时剥去 $L_0$ 层，这时 $T_2$ 已减去 $T_1$ 后期变形的影响，那么 $T_2 - f_2^0$ 为无

$T_0$ 时叠加的变形量，称为 $f_2^1$，$T_3$ 也已去除了 $T_0$ 时变形 $f_3^0$ 的影响成为 $T_3-f_3^0$，称为 $f_3^1$，$T_4$ 变为 $T_4-f_4^0$，称为 $f_4^1$。

　　显然 $L_2$ 顶的形态 $T_2-f_2^0-f_2^1=0$，又还原为平面，可以剥去。同理，当 $L_3$ 顶为 $T_3-f_3^0$ $-f_3^1$，$L_4$ 顶为 $T_4-f_4^0-f_4^1$ 时，均可还原为平面，依次类推有

$$T_i = T_i^k = \sum_{j=0}^{i-1} f_i^j, i=1,2,\cdots,n; j<n \tag{4-6}$$

式中，$n$ 为除 $T_0$ 外的界面个数；$k$ 为回剥次数序号(时序)；$f_i^j$ 为以 $T_i$ 为顶面且形变时对应的下伏岩层 $L_i$ 的变形。顶面 $L_j$ 形态可知，相匹配的下伏岩层变形量 $f_i^j$ ($i>j$) 与它相同或相近，可以 $f_j^{j-1}$ 近似代替，即变形与深度无关(对于小尺度的局部推覆体不在此列，因不同深度变形差异大)，不同深度的作用量均为 $f_j^{j-1}$。当 $|f_j^{j-1}-f_i^j|$ 误差大，或 $f_j^{j-1}$ 本身解释误差大时，均会影响深层回剥的结果，导致误差积累，产生不规则振荡。

　　顶层 $f_j^{j-1}$ 本身的地震剖面解释误差会导致扰动的传递。浅层界面的复杂程度通常大于深层，如图 4-9 所示，假设在剖面顶部 $L_1$ 有一个急剧变化——出现小范围的陷落，按常规(理论)原则进行处理时，这种急剧的振荡会向下传递[图 4-9(b)]，显然是不合理的。大量地震勘探资料表明，这种急剧变化会随着深度增

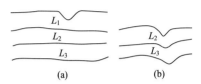

图 4-9　扰动传递示意图

大而衰减。为此，必须有一阻尼或平滑抑制、减弱这种传递，或修正 $L_1$ 顶面以使它代表真正顶部变形量 $f_1^0$。

## 4.1.3　三维构造–地层格架动态模拟体平衡法

　　三维体平衡法即三维物质平衡技术，始于三维构造体研究(Krantz，1996)。由于该技术以体平衡代替物质平衡，故称为地质构造的体平衡法。许多关于三维体平衡法的文献，虽然对于单个断裂系统的研究比较深入，但多停留在理论模型上(Corredor，1996；Buddin et al.，1996；Lee et al.，2019)，亟待改进。

### 4.1.3.1　断层刻画技术

　　断陷盆地的重要特征是断裂系统发育，如何精确、高效地刻画断层，是开展三维构造–地层格架动态模拟、建立断层输导体系格架的关键环节。

　　长期以来，人们围绕地震剖面上断裂系统的精确解释进行了许多研究，提出了很多有价值的解释方法，如断层切片技术、相干分析技术和边缘增强属性分析技术等。其中相干体分析技术，使面向断裂的不连续边界分析提高到了一个新的水平。但是，各种相干分析技术的应用效果在不同程度上都与分析参数的选择有关。为了克服这些参数效应和人为因素，真实反映断裂系统的细节，提高研究人员的工作效率，一些学者着手开展断层的自动识别和拾取研究。例如，Randen 等(2000)提出利用地震属性进行地震相边缘检测和三维地震纹理属性分析，为断层自动识别的可行性提供了理论基础；Pedersen 等

(2002)则提出了基于蚁群算法进行断层的自动跟踪的思路，也取得了一定的成果。但总体上还缺乏可操作性强的软件，在三维断层属性的计算方面更是空白。本书研发团队，针对上述难题，研发出了一套断层自动刻画的计算方法和软件系统，在断裂系统识别的基础上，采用计算机技术进行断层的智能化追踪解释，实现了在少量人工干预下自动提取断层面，并在此基础上实现了对断层产状、断距、落差、生长指数等关键要素在三维空间下的定量计算。

### 1. 基本原理与技术流程

断层刻画的基本原理和技术流程如图 4-10 所示。其要点分述如下：

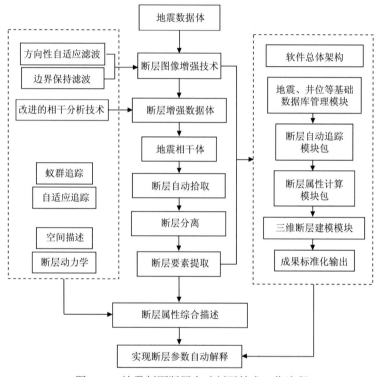

图 4-10　地震剖面断层自动刻画技术工作流程

第一步，开发断层图像增强处理技术，进行三维地震数据体的预处理。其方法要领是采用基于梯度矩阵的方向性自适应滤波、边界保持滤波技术等。本方法的技术出发点，是在压制地层干扰的同时，保证断层断点清晰、空间连续。

第二步，采用高分辨率的相干分析技术进行断层的精细成像。根据不同的地震地质条件，设计了针对性的相干计算方法，如针对高信噪比的 C3 改进型相干算法、针对深层低信噪比的高阶累积量相干算法等。

第三步，开发蚁群追踪算法实现对断层的三维立体追踪，并进行细线化处理。本次研究针对断层通常与地层存在大的产状差异的情况，对传统的蚁群追踪算法提出新的改进措施，实现了对断层的自适应方向约束下的蚁群追踪。

第四步，利用人机交互处理操作界面(图 4-11)，通过密度滤波实现断层的自动分离。

所谓密度滤波，是利用三维波阻抗追踪的结果，计算断层的瞬时距离、倾向和倾角，再根据同一条断层产状相似原理进行断层连续提取。在提取断层后，采用三维趋势面拟合技术进行断层的平滑处理。在完成断层连续追踪解释和提取之后，还要把每条断层以唯一的命名输出。

图 4-11　软件计算断层分离时的交互式软件操作界面与三维断层分离后的立体显示

第五步，选择预评价的断层，计算出每条断层的断层产状、断距、落差、生长指数等要素，为三维构造演化建模和输导体系建模提供依据。其中，断层的真倾角、倾向、曲率和走向等为几何属性，断层的断距、滑距、生长指数等为断层的动力学属性。

2. 应用效果评价

图 4-12 为东部某凹陷两条南北向测线的断层蚁群追踪结果。从图 4-12 中可以看出，

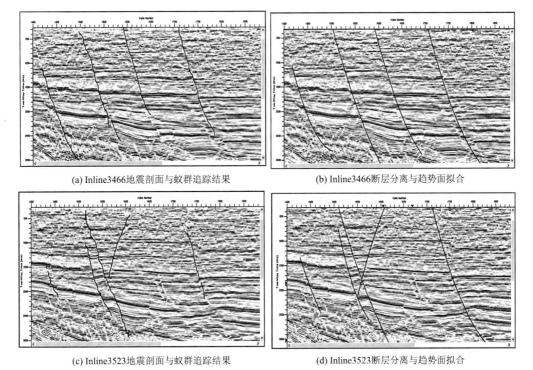

(a) Inline3466地震剖面与蚁群追踪结果

(b) Inline3466断层分离与趋势面拟合

(c) Inline3523地震剖面与蚁群追踪结果

(d) Inline3523断层分离与趋势面拟合

图 4-12　东部某凹陷地区地震剖面上的断层自动解释结果

主要断层(Ⅲ级、Ⅳ级)均能得到很好的刻画,但为了提高整体断层运算效率,所选择的计算约束参数粗略,致使个别小断距断层(Ⅳ级)未能被充分刻画。另外,部分相交断层在拟合时也存在交叉现象。但这些问题通过人机交互和少量的人工干预得到了解决。

由统计分析和实际对比得知,通过上述方法计算所得的两个地震剖面的几何属性参数值和动力学属性参数值(图 4-13),符合实际断层的变化规律,误差控制在 15% 以内,可满足构造演化和输导体系建模需要。仅个别地方因缺乏层位数据的控制,断层面的顶、底处出现了动力学属性异常,可通过精细地层解释或异常区域去除来解决。

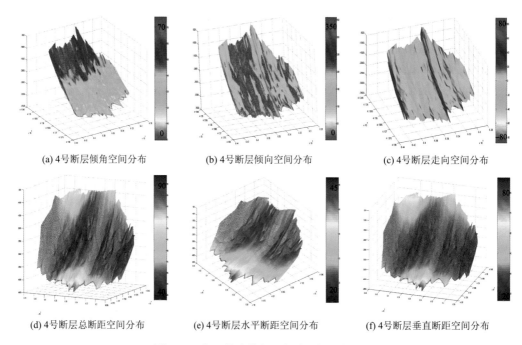

(a) 4号断层倾角空间分布　　　　(b) 4号断层倾向空间分布　　　　(c) 4号断层走向空间分布

(d) 4号断层总断距空间分布　　　(e) 4号断层水平断距空间分布　　(f) 4号断层垂直断距空间分布

图 4-13　济阳坳陷某断层各类属性计算结果

### 4.1.3.2　三维构造-地层格架的体积单元模型

Laubscher(1996)认为三维物质平衡是一种挑战,其原因有三:一是对于真三维的构造体特别是断块的表达较为困难,即对具有复杂三维拓扑结构的构造进行概念模型、方法模型和软件模型的构建有许多关键技术问题尚待解决。尽管目前已出现了三维体平衡软件,但其逻辑拓扑结构仍是二维的,俗称为拟三维。二是构造地质学及地震构造解释所研究的构造样式几乎都是二维的,对于如何消除三维构造变形的影响研究较少,如对于一套起伏不平且厚度不均的岩层,当排除了沉积相及其差异压实影响之后仍是起伏不平的时候,怎样映射到未变形的平衡状态的问题至今没有解决。三是在前两个因素影响和制约下,由于多个断裂系统的还原难度极大,且对不平衡构造的适应性难以解决,按常规的一步法进行体积计算无法实现。面对这种情况,需要在二维平衡剖面技术的基础上开发出体平衡法,其核心是基于一维最大深度回剥法、二维物理平衡法的三维体平衡法(或称物质平衡法)原理,通过分析断层体系演化及岩层变形在四维时空中的表现,建立盆地构造-地层格架的体平衡软件系统及其相应的数学模型(毛小平等, 1999b; Zhang et al., 2013)。

### 1. 体积单元概念及其模型的提出

如何有效地、逻辑地组织数据来定义属性相同或相近的"体积", 是实现三维构造-地层格架的体平衡法动态模拟的关键。不同的定义、方法的优劣, 决定了模拟中的复杂度和能解决多大复杂度的问题。现代的地理信息系统(GIS)技术主要面向栅格数据体, 而这里面对的是"矢量化"数据体, 不能照搬。

完全用计算机图形学的三维建模方法虽然灵活性好, 但仅对于静态地质模型有用, 对于盆地构造的动态演化而言则太复杂, 不适合于进行三维构造-地层格架的物质平衡计算。为此, 需要做进一步探讨。研究结果表明: 在用空间曲面来表示三维构造分界面时, 很难描述不规则的边界, 若勉强进行直接描述将会造成不连续(曲线与分界面之间), 以至复杂到根本不可能实现。在解决实际的盆地构造-地层格架的复原问题时, 由于三维结构不直观, 很难看出其中存在的问题, 即使使用三维可视化模型切片或等值线图, 也难以检查出设计中的不合理性(空隙或重叠存在)。如果采用"体积单元模型"的概念及思路, 并用于正演模型中, 则可以顺利地解决上述诸多问题。

所谓"体积单元", 就是一种基本地质单元, 每个小的体积单元内的物性都被看作是近似一致的, 或按一定规律分布并且可以用规则函数来描述的。当各个体积单元由有向空间曲面(正面和负面)表达时, 将构成带交集、并集的集合表达式, 可以用来进行空间点集运算。在此基础上, 利用空间曲面及其逻辑关系, 就能有机地将这些界面组织在一起。这种逻辑关系及界面的总和就是盆地构造-地层格架的体积单元模型——对具有复杂拓扑结构的三维构造-地层格架的一种表达模型(毛小平等, 1999b; Mao et al., 1998a)。因此, 只要对盆地岩层界面进行采样并定义相互间的逻辑关系, 便可以定义一个盆地的三维构造-地层格架模型。该模型以界面的正面和负面作为基本元素, 构造出一个个包含空间交集和并集的表达式, 从而定义一个个小的地质体空间, 然后用集合表达式来定义由这些单元连接而成的地质体, 并赋予该封闭且连通的空间以相应的地质属性。

### 2. 体积单元模型的构建原理

一个体积单元是某种属性, 如速度或波阻抗相同或相近的空间点集合, 它相当于单个属性均匀或相近的构造-地层块体, 体积单元的空间范围由多个二阶导数光滑的双三次康氏曲面围合而成, 整个模型可视作由一个个基本地质单元(即体积单元)堆砌而成。一组体积单元形成一个单位地质体, 内部为连通区域。它们堆砌后应无空隙, 最后形成了一个大的、完整的三维构造-地层格架, 称为体积单元模型(毛小平, 2000)。如图 4-14 所示, 模型由三个块体或体积单元 $V_1$、$V_2$、$V_3$ 构成。其中, 体积单元 $V_1$ 由分界面 $A$、$B$ 定义; $V_2$ 由 $B$、$C$ 定

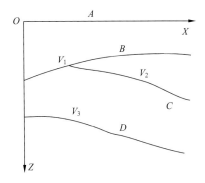

图 4-14　用体积单元结构模型
表达复杂构造

义；$V_3$ 由三个分界面 $B$、$C$、$D$ 定义，即由三个面合围而成。

以体积单元 $V_2$ 为例，该体积单元由分界面 $B$ 和 $C$ 定义，$B$ 之下和 $C$ 之上的区域的公共部分为 $V_2$ 空间的点集。任一曲面如 $B$ 有正面(法向向下)和负面(法向向上，负 $Z$ 轴方向)两面，分别用 $B^+$ 和 $B^-$ 表示，那么体积单元 $V_2$ 可以写成集合表达式

$$V_2 = B^+ \bigcap C^- \tag{4-7}$$

即 $V_2$ 由 $B$ 之下 $B^+$ 和 $C$ 之上 $C^-$ 的区域交集构成，另外，

$$V_1 = A^+ \bigcap B^- \tag{4-8}$$

$$V_3 = B^+ \bigcap C^+ \bigcap D^- \tag{4-9}$$

较为复杂的模型如图 4-15 所示，

$$V_1 = (A^+ \bigcap B^- \bigcup C^+ \bigcap D^-) \bigcap (E^- \bigcup F^+) \tag{4-10}$$

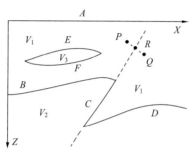

图 4-15　逆断层模型

其中最后一项 $(E^- \bigcup F^+)$ 为除去 $V_3 = E^+ \bigcap F^-$ 的其他集合，即挖去 $V_3$。

模型内有 $n$ 个体积单元，就有 $n$ 个集合表达式描述它们，$X = \{V_i, i = 1, 2, \cdots, n\}$，$X$ 为总模型空间。判断某点是否在体积单元 $i$ 内，即 $P \in V_i$，可比较 $P$ 与表达式内每个分界面的相对位置关系，如式(4-7)，若 $P \in B^+$ 则 $V_2$ 表达式 $B^+ \bigcap C^-$ 中 $B^+$ 以真代替，否则为假；同样 $P \in C^-$ 则 $C^-$ 为真，否则为假；若 $V_2$ 表达式运算值为真，则 $P \in V_2$，否则 $P \notin V_2$。

只要确定了各体积单元的集合表达式，加上分界面坐标信息，那么体积与分界面便被有机地组织起来了，具有 GIS 技术中的空间属性查询功能，此类矢量化信息相对于 GIS 栅格数据体的信息量要少得多。至此，体积单元模型建立，在运动学正演的射线追踪中可以查询任一点属于模型内哪一个体积单元，从而提取地震波速度或波阻抗信息。

### 3. 体积单元模型的作用和效能

体积单元模型的作用和效能在于实现三维构造-地层格架的体平衡法动态模拟，其中包括模型的一致性检查、空间查询和边界问题处理。

1)用于模型的一致性检查

有了各体积单元的集合表达式，在进行各体积单元的射线追踪前，就可以检查模型的设计是否合理。模型由许多体积单元堆砌而成，那么体积单元之间应无交集，即没有重叠，且堆砌之后无空隙存在，违背了这两条，在所设计的模型中进行射线追踪时就会出错。设模型空间为 $X$，内有 $n$ 个体积单元 $V_1, V_2, \cdots, V_n$，那么必须满足

$$\begin{cases} V_1 \bigcup V_2 \bigcup \cdots \bigcup V_n = X \\ V_i \bigcap V_j = \varnothing, \quad i, j \in [1, n] \end{cases} \tag{4-11}$$

图 4-14 中的模型用 4 个空间曲面构造 3 个体积单元 $V_1$、$V_2$ 和 $V_3$，即

$$\begin{cases} V_1 = A^+ \bigcap B^- \\ V_2 = B^+ \bigcap C^- \\ V_3 = B^+ \bigcap C^+ \bigcap D^- \end{cases}$$

显然满足式(4-11)的条件，但若

$$V_3 = (B^+ \bigcup C^-) \bigcap D^-$$

那么不满足式(4-11)的条件，$V_1$、$V_2$、$V_3$ 便会有重叠，即 $V_1 \bigcap V_3 \neq \varnothing$、$V_2 \bigcap V_3 \neq \varnothing$，无法判断交集上的点属于哪一个体积单元，另外若 $V_1$ 错误地定义为

$$V_1 = A^+ \bigcap B^- \bigcap C^-$$

则 $V_1 \bigcup V_2 \bigcup V_3 \neq X$，即模型空间 $X$ 内有空洞存在，这时 $X - (V_1 \bigcup V_2 \bigcup V_3)$ 不属于任何体积单元。实际处理中将任一界面 $S$ 延拓至全区，以便将 $X$ 分为唯一的两部分 $S^+$（正面）和 $S^-$（负面），这并不影响 $S$ 的有效区的界面表达精度，这样才能准确地定义 $S^+$ 和 $S^-$ 空间。

2) 体积单元模型的空间查询功能

在各体积单元的射线追踪过程中，需要知道速度和密度信息，即查询入射线与透射线处于哪一个体积单元，以便读取该体积单元内的速度或密度信息用于计算射线偏折。方法是在入射线与透射线上任取一点 $P$，判断它属于哪一个体积单元 $V_i$。对分层均匀介质的正演模拟，每个体积单元 $V_i$ 对应一个唯一的速度和密度参数；对连续介质模型，则对应一个速度和密度的连续变化的表达式，即查询到了体积单元号则其属性便确定了。

3) 基于空间查询处理边界问题

图 4-15 所示界面 $B$、$C$ 并未布满全空间，模拟时需将它们延拓成一个布满全区的界面，这时延拓的部分为虚设界面区域，应在射线追踪过程中能够被识别。如果不延拓，就必须定义一条边界曲线，即给出界面 $B$ 与 $C$ 相交的空间曲线，那将很困难。在体积单元模型中，用户只需定义各界面的主体，并将它按趋势延拓至全区，并定义体积单元逻辑关系、集合表达式即可。当射线入射至某界面，如 $C$ 上的任一点 $R$，$R$ 是界面的主体区上一点还是延拓区（虚设界面区）一点？这里可取 $R$ 点两边沿入射线方向相隔很近的两点 $P$ 和 $Q$，若 $R$ 点处是真速度分界面，那么通过空间查询功能查询 $P$、$Q$ 所在体积单元，$P$、$Q$ 不属于同一体积单元。若 $P$、$Q$ 属于同一体积单元，则 $R$ 处邻域为虚设界面。$R$、$P$、$Q$ 同属于体积单元 $V_1$，不必做反射、透射处理。这就间接地用体积单元判断方法解决了边界表达问题，用户只需关心界面主体形态，而不必考虑两界面会于何处相交。

### 4.1.3.3　三维构造-地层格架的体平衡法

与传统方法采用一步到位的思路不同，三维构造-地层格架的体平衡法通过两步实现从今至古逆推：第一步进行断层复原，第二步进行变形复原（毛小平等，1999b）。

#### 1. 断层复原的三维构造体平衡法

断层的复原是从左向右进行的。其算法要领是先选择最左面的断块作为固定单元，

相当于二维的锁定线，并以此刻顶部层位为当前操作对象，向右扫描。若存在断层，则先计算这个三维断层在顶部界面处所表现的沿断层走向的不同断距 $\Delta Z_i$（$i$ 代表沿断层走向上不同的点号），并分别按相应的断距移动断层右盘，在垂直于断面的平面上沿断面垂向滑动 $\Delta Z_i$，使断层复原归位。在还原断层两盘（恢复至断开前时），需把水平方向的位移 $\Delta x$ 和 $\Delta y$ 合成为 $\Delta D$，使其移动方向垂直于断层走向。断层的移动不仅涉及顶层，还会牵连到与它相连的整个断块（图 4-16）。因此，移动量 $\Delta D$ 是牵连该断块上所有相关层位的。由于采用平移方式进行计算，其结果不会出现体积损失。

在利用计算机自动进行体平衡时，断点对应规则和二维体平衡法类似。在二维情况下，断层两盘的界面是相互对应的，断层的恢复较为简单，不涉及断层走向及断面倾向问题。而对于三维情况，在断面两边的岩层与断面的两条交线上，对应点必须通过断层走向的法线所在的铅垂面，即在断层恢复时，断层右盘向左盘移动的方向垂直于断面与水平面的交线方向，见图 4-16，断层两盘 $A$ 与 $A'$ 对应。由此约定便可导出相应的断距计算方法。这是断层自动恢复的一种简要处理方法，对于正断层和逆断层都是有效的。对于走滑断层，则需要人工干预给定断点在水平方向上的滑动距离和方向。

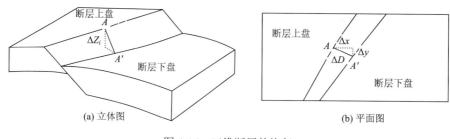

图 4-16　三维断层的恢复

### 2. 基于三维构造体平衡法的岩层挠曲复原算法

岩层挠曲变形是盆地构造演化的第二项重要变形类型，也是盆地构造体平衡研究的第二个重要内容。对于中、新生代盆地，在一般情况下的变形不是太强烈，因此只需要从体平衡的角度进行复原即可。根据上述岩层剖面的变形匹配准则，岩层挠曲变形的复原是从上而下进行的。盆地上部岩层的起伏，不能完全归因于构造形变，需要进行具体分析。通常认为，盆地上部岩层的形态是四种因素综合作用的结果，其函数关系如下：

$$F=S+A+D+N \tag{4-12}$$

式中，$S$ 为上部岩层的沉积因素（sediment factor）；$A$ 为古水深影响（ancient depth of seawater）；$D$ 为变形（deform）因素，主要来自构造挤压或拉张引起的挠曲；$N$ 为随机干扰（noise）因素，通常认为来自解释或测量误差。

在体积平衡过程中考虑了古水深 $A$ 因素之后，又通过压实校正去掉了沉积因素 $S$ 的影响，便只剩下变形 $D$ 因素和干扰 $N$ 因素的影响了。再对上部岩层做平滑或趋势面分析来消除随机干扰，便可得到趋势变形 $D$。在复原大尺度的岩层挠曲时，由于变形引起的上部岩层的起伏相对平缓，只需对经过去压实和古水深校正的上部岩层进行平滑处理就可以消除干扰，作为此期构造运动的变形量。最后，由曲面映射到平面上，并在一定程度上保留层长不变，就完成了。将此映射关系作用于下伏各岩层，保证体积近似不变，按照岩层剖面的变形匹配准则，这种映射关系的传递，在数量上与深度无关。

顶部岩层面由曲面映射为平面的算法采用两个步骤：先计算 $X$ 方向的层长并扩展它至一平面，再计算 $Y$ 方向的层长在 $X$ 的映射位移基础之上，确定 $Y$ 方向的映射离散关系。设变形前代表变形量的顶面岩层的空间坐标为 $p = \{p_{i,j}, i = 1, \cdots, m; j = 1, \cdots, n\}$，式中 $m$、$n$ 分别为 $X$ 和 $Y$ 方向的点数，$X$ 方向变换后为 $p'$，加上 $Y$ 方向的变换则映射至平面 $p''$，于是

$$p'_{i,j} = \sum_{k=0}^{i} | p_{k,j} - p_{k-1,j} | \tag{4-13}$$

式中，$p'_{i,j}$ 为沿 $X$ 方向各分段向量长度(模)的累加，且

$$p''_{i,j} = \sum_{k=0}^{j} | p'_{i,k} - p'_{i,k-1} | \tag{4-14}$$

$p'' = \{p''_{i,j}, i = 1, \cdots, m; j = 1, \cdots, n\}$ 便是岩层顶面映射为平面的结果。

应当指出的是，上述方法用于岩层的复杂挠曲变形的恢复，是一种近似计算方法。这种近似方法的优点，是可以有效地抹去在构造变动不太复杂的情况下引起的体积不平衡，适用于对中、新生代盆地的三维构造挠曲变形进行近似性仿真。

3. 基于三维构造体平衡法的动态过程内插生成

基于三维构造体平衡法的动态过程内插生成和二维的处理过程类似。这是进行盆地构造-地层格架演化历史模拟的最后步骤。在利用本法进行三维构造-地层格架的回剥反演中，每次所处理的是一套岩层，而不是连续的层位。换言之，在由今往古回剥反演时，每次只对一个具有一定厚度和时代间隔的层位进行回剥。其中间的动态过程需要进行内插生成。本法采用以深度变化为轴的方式进行内插，以便获取任一所需时刻的构造形态，然后再采用可视化技术将内插生成的瞬态三维构造-地层格架进行动态显示或输出。

## 4.2　体平衡法实现过程与基本算法

体平衡法的盆地三维构造-地层格架动态演化模拟子系统的实现过程，主要包括断层错移复原(Dokka and Travis, 1990；Richard, 1993；Rouby and Cobbold, 1996；毛小平等, 1999b；Rouby et al., 2000)、褶皱变形复原(Gratier et al., 1991；Samson, 1996；毛小平等, 1998a)和岩层压实校正三部分。下面，着重介绍基于三维角点网格模型进行盆地构造-地层格架体平衡法模拟的实现过程与基本算法(Zhang et al., 2013)。

### 4.2.1　体平衡法基本工作流程

根据上述方法原理,盆地构造-地层格架的体平衡法三维动态(即四维)演化模拟子系统工作流程如图 4-17 所示。该流程遵照从今向古逆推和先断层后褶皱的计算模式,第一步进行断层错移复原,第二步进行褶皱变形复原。

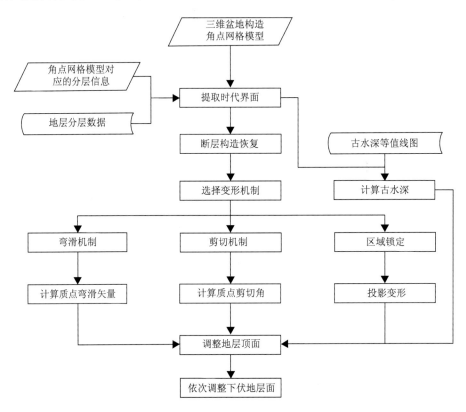

图 4-17　基于体平衡法的盆地三维构造-地层格架动态演化模拟子系统的实现流程图

在模拟过程中,需充分考虑断层发育机理,采用三维移动矢量场方式完成不规则六面体的空间移动,实现断距的动态恢复;采用三维的弯滑机制和剪切机制进行地层界面变形校正;在压实校正中,需兼顾沉积相、成岩作用对孔隙度变化的影响,采用"平面分区、纵向分带"的方式获取孔隙度-深度变化表征模板,再采用压实校正算法计算单元格网在不同地质时期的孔隙度数据,然后基于体平衡的原则,完成去压实计算。

### 4.2.2　三维断层位移的消除算法

在三维环境中的断层复原,是盆地构造变形复原的基本算法之一。所谓断层的复原,实际上就是岩层断距的消除过程。在传统的盆地二维构造演化模拟中,通常做法是先进行岩层褶皱变形校正,然后再进行断层复原。但是,在基于三维角点网格模型建立的三维盆地构造-地层格架模型中,如果先进行岩层褶皱变形校正,则会破坏空间拓扑关系,而如果强行保持其拓扑关系，则会造成单元格网的原始体积变化，无法满足体平衡的原则，也无法支持后续的岩层压实校正。因此，在进行变形不太强烈的三维盆地构造-地层格架动态模拟时，需要首先完成岩层的断距消除，然后完成岩层褶皱变形校正。

在角点网格模型中，断层依附于单元格网的侧面上，断层上、下两盘相邻单元格网之间存在逻辑上的一一对应关系。在断层倾向上通过断点可以构建空间上的断点移动矢量场，其方向和大小由断点之间的空间关系决定。将断层一盘作为固定盘，调整另一盘的格网单元，便可完成断距消除。这里需要保持三不变：①保持格网空间逻辑关系不变；②保持格网单元体积不变；③保持断层产状不变。如图 4-18(a) 所示：$p_1$、$p_2$、$p_3$、$p_4$ 四点构成断层面；由 $p_1p_2$ 构成位移矢量 $v_1$，由 $p_3p_4$ 构成位移矢量 $v_2$，其矢量长度分别为 $d_1$、$d_2$；断层下盘的边长为 $l_1$，上盘边长为 $l_2$。于是，在断距消除过程中将有如下两种情况：

设两矢量 $v_1$、$v_2$ 平行 [图 4-18(b)]，且 $l_1=l_2$。在断距 $d_1=d_2$ 的情况下，通过上盘沿矢量方向平移则可以完成断距消除。在 $d_1 \neq d_2$ 的情况下，沿矢量 $v_1$ 平移断层上盘格网单元，使 $p_1$ 点和 $p_2$ 点重合，记录断层上盘格网单元的体积为 $V_0$；再沿矢量 $v_2$ 平移断层上盘格网单元，使 $p_4$ 点与 $p_3$ 点重合，此时上盘单元格体积发生变化，可通过矢量 $v_2$ 计算 $p_5$ 点位置为 $p_5'$，使得调整后的单元格的体积仍等于 $V_0$。

设两矢量 $v_1$、$v_2$ 不平行 [图 4-18(c)]，且 $l_1 \neq l_2$。可先沿矢量 $v_1$ 平移上盘格网单元，使得 $p_1$ 点和 $p_2$ 点重合；这时，$p_4$、$p_5$ 点不会保持在矢量 $v_2$ 上，记录断层上盘格网单元的体积为 $V_0$，调整 $p_4$ 点与 $p_3$ 点重合，此时上盘单元格体积发生变化；然后，在矢量 $v_2$ 方向上计算出一点 $p_5'$，使得调整后的单元格的体积仍为 $V_0$。

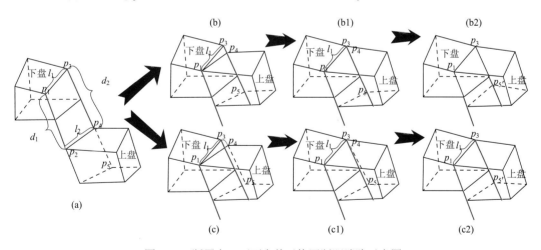

图 4-18　断层上、下两盘单元格网断距消除示意图

在调整过程中，格网单元的顶点坐标变化后，需调整相邻格网单元的顶点坐标(存在断层间隔情况下则无须调整)，同时该格网单元下方的所有格网单元也需相应调整，以期保持格网的空间逻辑关系。通过沿矢量方向的平移和体积的重新计算，可保持调整单元格的体积不变，同时保持断层产状不变。断距消除的结果是使某地层复原到断裂前位置，因此在对整个格网进行调整时，应提取当时所有断层信息，并按断层发育的先后顺序，

先消除后期发育的断层，再消除早期发育的断层。

　　在消除断距时，需进行断层的空间分布检索。对此，可采用按行、列、层的方式进行回溯追踪。如图 4-19 所示，假设在角点网格模型中，存在两条围限 $A$-$C$-$C_2$-2 断块的 $F_1$ 和 $F_2$ 断层，且 $F_2$ 的发育早于 $F_1$。按照断层发育的先后顺序，应先追踪后期发育的 $F_1$ 断层。其基本步骤是：第一步，先判断 $F_1$ 的走向是行方向还是列方向，若断层走向为行方向，则把追踪方向调整为列方向；随后固定 $A$-$C$-$C_2$-2 断块，即 $F_1$ 的左盘，在 2-$C_2$ 连线的断点处分别计算断距的空间矢量，再进行 2-$C_2$ 连线上角点网格的断距消除。第二步，先按列方向依次调整 3、4 点处角点网格坐标，再逐一追踪其他列并调整受影响的节点坐标，直到 $F_1$ 影响网格所有节点坐标调整完毕；随后，固定 $A$-$C$-$C_4$-4 盘，分别计算并消除 $C$、$C_1$、$C_2$、$C_3$、$C_4$ 处的断距，再依次按行方向调整 $D$-$E$-$F$ 上的坐标，消除此地层面上的所有断距。

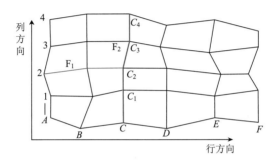

图 4-19　基于角点网格模型的断层复原过程的处理方法示意图

　　由于断层在各地层面上表现的起止位置不同，即断层所错断的地层数目不同，在断距消除过程中需充分考虑错断深度变化，即在断点追踪过程中以最深错断地层为初始判断依据，实时调整错断深度。在进行复原计算时，需先将断层数据离散到各个单元格角点上，并视该角点为断点，再按断层顺序进行断点在行或列方向的追踪并消除断距（图 4-20）。

　　此外，在断点追踪过程中，还需要判断下一个角点网格的格网单元上是否存在另外一条断层，或者该单元格下方是否存在断层（不同期次断层）。如果存在另一个断层且错断深度大于待复原的断层，则需要根据实际情况调整错断层数（图 4-21）。

### 4.2.3　三维构造变形的复原算法

　　基于角点网格模型进行构造演化模拟，需要解决构造模拟过程与真实地质过程的相似性问题。为此，要从构造变形机理入手建立其概念模型，再推演出适合角点网格模型的构造变形校正方法。其中包括以弯滑机制和剪切机制为主的两种方法，分别适用于对褶皱和断层的复原。为了简化构造变形的复原过程，暂不考虑变形的泊松比关系而遵从体平衡原则，即在变形校正过程中保持单元格网的体积不发生变化。

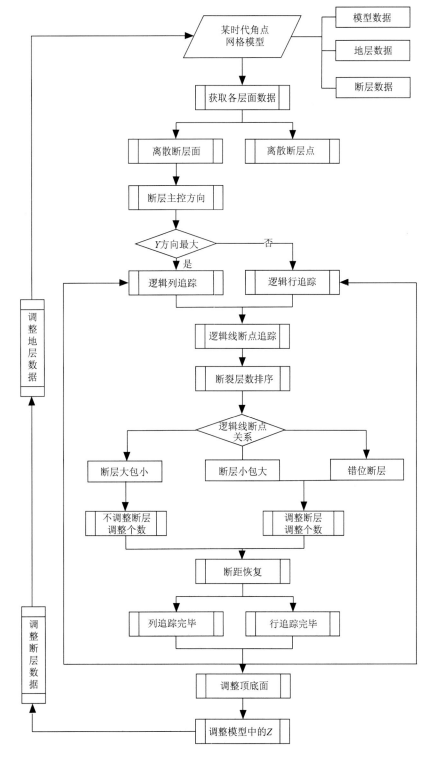

图 4-20　基于角点网格模型的断距消除流程图

资料来源：Zhang 等(2013)

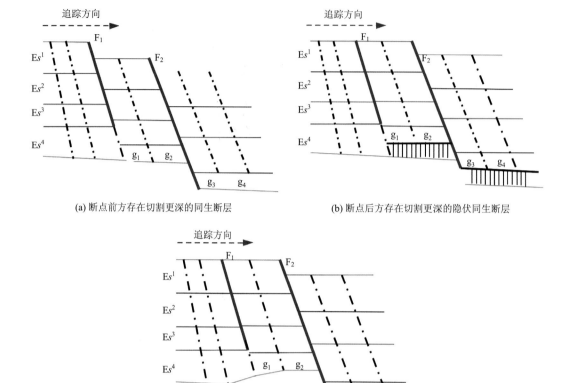

(a) 断点前方存在切割更深的同生断层　　　　(b) 断点后方存在切割更深的隐伏同生断层

(c) 调整后的效果

图 4-21　在剖面断点追踪方向上的错断深度调整图

调整 $F_1$ 前，应在追踪方向上判断断层的错断深度，如果存在 $F_2$ 断层的错断深度大于 $F_1$ 断层的错断深度，则将 $F_1$ 断层的错断深度调整为 $F_2$ 断层的错断深度。在图 4-21(a)中，$F_1$ 断层断及 $Es^3$ 的底部，$F_2$ 断层断及 $Es^4$ 的底部，应将 $F_1$ 的错断深度设置为 $Es^4$ 的底部，调整后的效果如图 4-21(c)所示。如果未调整 $F_1$ 断层的错断深度，则会出现图 4-21(b)所示的现象，网格单元 $g_1$ 和 $g_2$ 的体积会增加，同时，网格单元 $g_3$ 和 $g_4$ 下方会出现间隙区域

### 4.2.3.1　弯滑机制复原法

如前所述，根据岩石变形机理(Dahlstrom, 1969；钟嘉猷，1998)，沿地层层面的法线在变形前后与岩层层面的垂直关系不变，即法线不变原则。同时，在有褶皱的岩层中，存在着一个理论中和面，即无应变曲面。在对弯曲的岩层进行产状复原时，可以用这个中和面的法线作为局部锁定线，来锁定岩层形态(毛小平等，1998a)。如图 4-22 所示：由于变形过程的压缩和挠曲，变形后上下层面的长度发生变化，而中和面作为无应变曲面，其长度不变。通过中和面上的某些质点做出多条层面法线，可作为局部锁定线，其中图 4-22(a)中的 $P_1P_2$ 与图 4-22(b)中的 $P_3P_4$，以及图 4-22(c)中的 $P_5P_6$ 在变形前后存在质点对应关系。对中和面上的所有质点进行去弯滑校正，便可将其恢复到图 4-22(a)所示的状态。通过多个剖面的逐一处理，便可以使整个地层的上下界面复原。

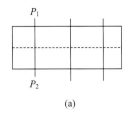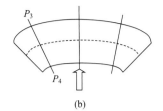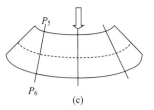

图 4-22　层面法线对应关系示意图

对于三维角点网格模型而言，可将组成地层的所有三维角点格网单元中心点作为无应变曲面的质点，做出多条该无应变曲面的层面法线，然后对该无应变曲面进行去弯滑校正，根据法线上的质点对应关系复原地层上下界面。

### 4.2.3.2　基于斜剪切机制复原法

对包含断层在内的变形岩层进行构造变形复原，可以采用基于斜剪切机制和层长不变机制的平衡剖面和三维面模型。采用斜剪切机制进行岩层构造变形复原的要领，是保持剪切矢量棒长度(断层面至上覆岩层标志面长度)不变，计算时先根据剪切恢复方向，在断层面与上盘岩层标志面之间计算出多个剪切矢量棒，然后将上盘岩层恢复至标志线，并在恢复过程中保持剪切矢量棒的长度不变，从而使断层上下盘之间拉开一个楔形空间，再将上盘和下盘进行拼接，完成构造变形校正与断距消除(图 4-23)。

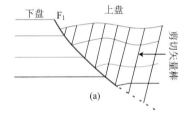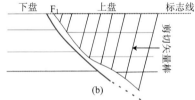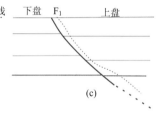

图 4-23　平衡剖面中斜剪切机制示意图

采用层长不变机制进行岩层构造变形复原的要领，则是保持变形岩层面上各点到未变形标志点的长度不变。层长不变机制也是通过平衡剖面和三维面模型处理，来实现体平衡的。在三维空间中，由于断层走向与倾向在空间中连续变化，两盘的剪切角度随之变化，若采用剪切矢量棒方法进行构造变形恢复，则剪切方向的空间分布将是一个随断层剪切角度变化而变化的矢量场。如图 4-24 所示，其上下两盘之间存在垂向断距和侧向滑移，恢复矢量由断层两盘相邻格网的断点所形成的矢量和断层趋势面决定。其中，两断点形成的矢量决定断距和侧向滑移角度 $\beta$，断层趋势面决定恢复矢量角度 $\alpha$。通过构建恢复矢量场，

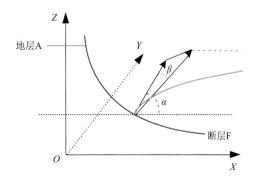

图 4-24　剪切矢量示意图

可得到断层不同位置的剪切矢量。显然，采用斜剪切机制复原法可以完成断裂变形的复原(图 4-25)。

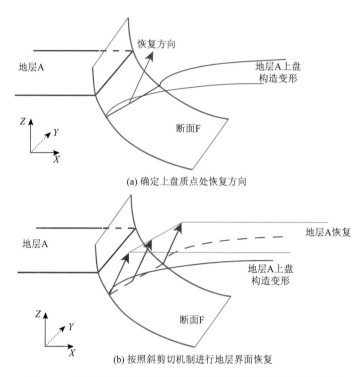

(a) 确定上盘质点处恢复方向

(b) 按照斜剪切机制进行地层界面恢复

图 4-25　采用斜剪切机制进行正断层构造变形复原的方法原理

　　如前所述，采用斜剪切机制进行正断层构造变形复原时需要分两步进行(图 4-25)，而如果采用层长不变机制，则需要分三步进行：①确定主映射方向。由于角点网格模型中，地层界面节点以行列方式分布，断裂构造形成的地层变形存在于行、列方向上，且主要变形因素存在于垂直断层走向的行或者列方向上，通过计算断层走向，确定其主要构造变形的映射方向，如果断层在行方向上，则确定主方向为列方向(即 $Y$ 坐标方向)，反之亦然；②根据主映射方向，将该方向的层长映射到一个平面；③计算在上述映射基础上另一方向的层长，确定离散映射关系，并将此映射关系作为下伏地层的映射关系调整下伏地层。通过这样的三步调整，便可获得构造变形校正后的原始地层形态。

## 4.2.4　三维构造变形的压实校正

　　岩层在沉降过程中的压实作用，也是导致地层变形的重要因素，在消除断距并复原构造变形以后，需要对岩层厚度进行压实校正，才能真正恢复岩层原貌。

### 4.2.4.1　孔隙度-深度的曲线模型

　　当沉积物连续沉积时，在上覆沉积物的负载作用下，下伏沉积物随着埋深加大而逐渐被压实，其孔隙度逐渐减小，厚度逐渐减薄。为简化起见，假定沉积物在埋藏期间的压实作用完全是机械压实作用造成的，即在压实过程中沉积物骨架体积不变，颗粒不发生变形，沉积物体积的减小是孔隙度减小，孔隙中流体逐渐被排出的结果，则某一岩层厚度、密度与孔隙度之间存在函数关系，可表达为孔隙度-深度关系曲线，简称压实曲线。不同的盆地原型有不同的压实曲线，需要根据实际资料进行拟合。

常用的孔隙度-深度模型有指数型和线性分段型两种。例如，单井砂岩测试数据中的孔隙度-深度关系，可用以孔隙度为横轴、以深度为纵轴的直角坐标系来展示[图 4-26(a)]。该曲线可根据散点数据的总体趋势，采用最小二乘法来拟合[图 4-26(b)]，也可以根据散点数据实际存在的分段特征，进行线性插值和分段拟合[图 4-26(c)]。

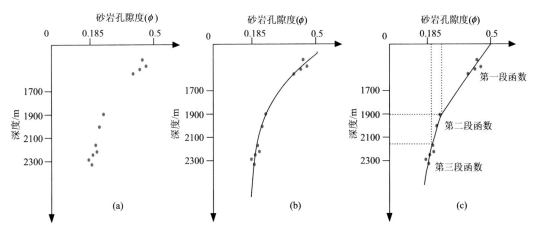

图 4-26 孔隙度-深度曲线的两种表达方式

在盆地构造-地层格架演化的正反演过程中，需要对每套岩层进行压实校正，使岩层骨架厚度恢复到未压实或者压实后的骨架厚度。其具体做法是根据岩层中的岩性组分，利用对应的岩层中孔隙度-深度曲线，逐层段地进行孔隙度动态计算，还原岩层在各演化阶段和各埋藏深度的孔隙度值，进而恢复岩层在不同时期的骨架厚度。

对于地质结构分区特征较为明显，而垂向变化分段性突出的盆地，采用平面上分区、纵向上分段方式进行孔隙度-深度曲线模拟，是较为简便而有效的。所谓平面上分区，是指考虑不同界面、不同岩性组分，采用不同的孔隙度-深度曲线；所谓纵向上分段，是指考虑经历不同压实阶段的岩层段，采用不同的插值和拟合方式。实际上，孔隙度和深度关系散点图上的分段特征，反映了岩层压实作用在正常压实阶段、次生孔隙发育阶段和超压阶段的不同特点，也是对纵向上指数曲线特征的一种近似表达。

采用平面上分区、纵向上分段的优势在于：①孔隙度演化史与沉积—压实—成岩过程紧密结合，较为准确地反映孔隙度随深度变化；②针对不同岩相和岩性进行平面上分区，可以使带边缘位置的孔隙度不受其他相带孔隙度-深度曲线影响。

### 4.2.4.2 压实校正的基本算法

根据孔隙度-深度曲线模型，可以进一步将经过消除断距和构造变形复原的盆地三维地层模型较为准确地反演至该地层在某一沉积阶段的原始形态。在一维和二维模拟中，通常采用孔隙度-深度曲线和骨架厚度守恒法则(Ungerer et al., 1984)进行压实校正。在三维模拟中，所面对的不是骨架厚度而是骨架体积，如果以构成三维角点网格模型的每一个格网单元的体积守恒进行压实校正，其计算难度很大。为简化起见，可近似地将构成格网单元的骨架体积转换为侧面四边的骨架厚度。在压实校正的计算过程中，为了保持格网单元之间的逻辑邻接关系，则需要将邻接单元进行同步压实校正。

例如，当对编号为$(i, j, k)$的格网单元进行压实校正时[图 4-27(a)]，需要依次对构成格网单元的 4 条侧边进行压实校正计算。当对 $ab$ 边进行计算时，首先需要判断逻辑上邻接的三个单元格在空间上是否存在连接关系[图 4-27(b)～(g)]。在图 4-27(b)中，编号为$(i, j, k)$的格网单元的 $ab$ 侧边与$(i-1, j, k)$和$(i-1, j-1, k)$格网单元相邻，该格网单元与编号为$(i, j-1, k)$的格网单元存在逻辑上的相邻关系，但因断层发育而在空间上并不存在相邻关系。在压实校正过程中，需要同时计算编号为$(i, j, k)$、$(i-1, j, k)$和$(i-1, j-1, k)$格网单元的邻接边，编号为$(i, j-1, k)$的格网单元不参与此次压实校正计算。

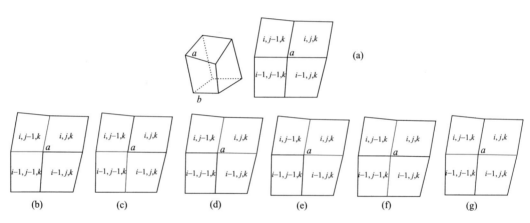

图 4-27　格网单元邻接关系示意图

在三维模型中，根据角点网格模型的 $i/j/k$ 号，可以获取任意单元格块体的体积与孔隙度参数，且由于单元格块体在三维空间中并不是绝对竖直的，而是按照角点网格模型纵向线方向排列的，该纵向线在空间上并非相互平行，而是存在一定交叉角度。如果按照计算单元格骨架厚度方式进行压实校正，其结果将会使本没有断层发育区域的格网单元之间产生一定的断距。这种情况与地质常识相违背，因此在进行三维空间的压实校正中，必须考虑体积变化，才能有效地进行三维空间的压实校正，相当于从计算骨架厚度转换为计算骨架体积。为了避免在压实校正过程中出现人为断层情况，需要首先搜索出由断层分割的独立断块，形成多个在区间上相对独立的断块片段，然后在断块内的单元格纵向线方向进行压实校正，并采用迭代计算方式调整网格体积，保持压实校正前后骨架物质体积不变，同时记录断块内的每一单元格骨架体积及断块总骨架体积。

根据以上算法，岩层压实校正的逻辑流程设计如图 4-28 所示。

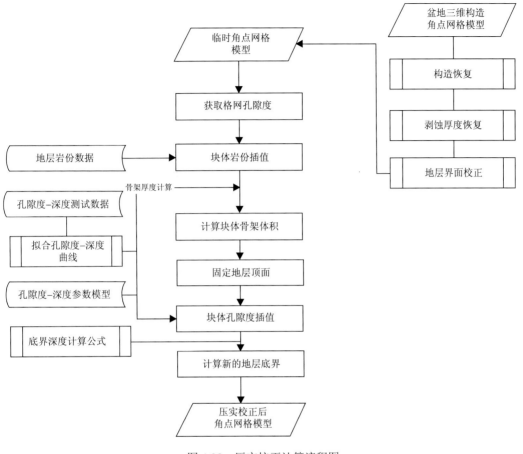

图 4-28　压实校正计算流程图

## 4.2.5　岩层被剥蚀厚度恢复的算法

　　在漫长的地质演化历史中，地层通常经历过多期次的沉降-埋藏、褶皱-断裂和隆升-剥蚀作用，因此在进行盆地构造-地层格架三维动态模拟时，还应当进行岩层被剥蚀厚度的恢复。恢复岩层被剥蚀厚度的计算方法有许多种，其中最常用的是地层对比法、沉积速率法、测井曲线计算法、$R_o$ 突变计算法和地层密度差法。迄今为止所提出的剥蚀厚度的计算方法都比较简单易行，本书对此不作专门讨论，而将研究重点放在如何在已有剥蚀厚度散点图的条件下进行剥蚀厚度恢复，使岩层厚度恢复到被剥蚀前的状态。其中，需要攻克的难点是如何统一进行多期次、多地层、大幅度的剥蚀厚度恢复。

　　当同一地质时期内出现多次剥蚀，或者一期剥蚀掉多套地层时，其有效的解决方法是：以剥蚀期次为第一循环变量，以剥蚀地层为第二循环变量，再以剥蚀期次为顺序进行剥蚀厚度恢复。以此设定的剥蚀厚度恢复流程，如图 4-29 所示。具体做法是根据角点网格模型的特点，在计算开始时对被剥蚀地层新增一层或多层格网，格网纵向上的高度表示剥蚀厚度，其岩性按照邻近格网层的岩性代码进行赋值，根据该格网所处深度，按照孔隙度-深度曲线进行插值计算并赋值,对于恢复剥蚀厚度后的下层所有格网不进行压实校正,其原因在于当地表抬升后,原地层的孔隙度不会因地层抬升而改变,只有当上覆地层厚度小于剥蚀厚度时,需要对所有格网的孔隙度数据进行重新计算。

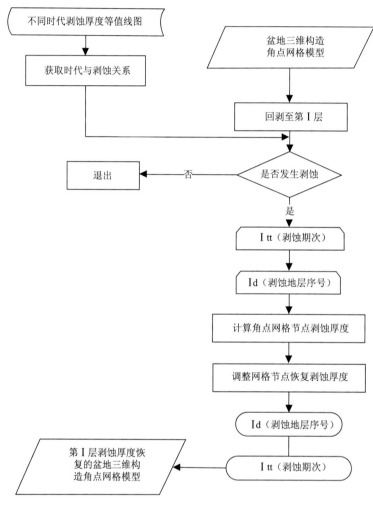

图 4-29　剥蚀厚度恢复流程图

在实际模拟过程中,需要按照剥蚀年代、剥蚀地层,将剥蚀厚度数据通过插值处理,获得格网化了的剥蚀厚度图,再按照发生剥蚀作用的从古至今的先后次序,将剥蚀厚度图存入相应的数据库中。然后,通过读取数据库中预存的剥蚀厚度数据,逐一计算角点网格模型中各点位处的剥蚀厚度,利用上述计算方法进行被剥蚀厚度恢复。最后,根据计算结果给出各套岩层的剥蚀厚度并调整角点网格模型顶部数据,绘制出研究区的剥蚀厚度图。

## 4.3 四维构造-地层格架模拟软件设计

开发基于体平衡法的沉积盆地构造-地层格架演化模拟软件,既需要有高超的算法和编程技术,更需要有合理的模型设计思路和开发技术路线。这些模型包括盆地构造的实体模型、概念模型和模拟模型三大类。其中的关键是解决如何基于体平衡法使静态的三维构造-地层格架转变为动态的四维充填-变形过程。

### 4.3.1 体平衡法软件设计目标与内容

盆地构造-地层格架演化史的反演,需要与超压法相结合,才能有效地消除具不同沉积相岩层的差异压实影响。其软件设计目标是解决如下问题:构造演化史再造、地层压实校正(全区孔隙度-深度模拟、渗透率模拟和超压模型模拟等)、剥蚀厚度恢复、古水深校正和古孔隙压力系统恢复等。其中,构造沉降演化史再造需要着重解决如何根据三维地质模型,自动地判断断裂活动的期次和如何进行盆地各断块构造的三维再造、复原多期次多层段岩层剥蚀过程,实现构造-地层格架的物理平衡。开展地层压实校正,需要着重解决如何在三维空间进行孔隙度-深度曲线的连续模拟,以及如何建立因断层和褶皱发育致使地层变形的力学机制和物理模型,实现地层界面的自动校正等问题。这些问题的解决可归结为若干具体研究内容(毛小平等, 1999b; Zhang et al., 2013):

1. 各个地质时期的模型数据的动态调度

由于在盆地构造-地层格架的静态三维建模采用了角点网格模型,要实现其动态化首先要实现各个地质时期的模型数据的动态调度。这个问题可通过建立与 Petrel 的接口,或者用专门的角点网格数据模型转换接口来解决,同时还需建立模型数据对象类。利用该接口可依次导入各个地质时期的三维地质模型数据,并将其动态调入内存,然后以一定步长动态地模拟和再现构造-地层格架演化的系列场景,从而使后续各个模拟项目能在真实的构造-地层格架数据模型约束下,进行时空上的统一动态模拟。

2. 在四维时空中进行盆地断块构造复原

在没有后期变形的沉积盆地中,主要构造类型是断块,即被断层围限的岩层块体。所谓的盆地构造-地层格架,在一定程度上就表现为断块组合。盆地通常就像是一个被"摔破了又被踢了一脚的盘子"。不同盆地有不同断块组合特点,世界上没有两个完全一样的断块组合。为了设计并开发出一套具有一定普适性的断块构造恢复软件,需要采用以断块分级、三维构模和断距恢复为主线的建模方法,沿断层走向递进计算断层的断距,然后根据断距逐步进行断块构造之间相对位置的归整和复原。

3. 复杂构造变形消除和地层界面校正

沉积盆地的构造变形,除了断层之外主要就是褶皱。褶皱变形的机制包括弯滑、横剖面剪切和纵剖面剪切三种方式。在褶皱变形强烈的盆地里，这三种变形作用会产生多次交替和叠加，使得盆地构造面貌变得十分复杂，难以描述、归位和复原。如何解决这个问题，即如何在三维空间中根据弯滑和剪切变形机理，综合地恢复地层变形，既是该模拟软件研发需要着重解决的问题，也是该软件研发的重要内容。

4. 在四维时空中的岩层压实量校正

在传统的一维和二维模拟中，仅采用简单的孔隙度-深度(厚度)曲线模型进行压实量校正。在三维模拟中，要解决骨架物质的体积平衡问题，需要有两个前提：其一是建立孔隙度-深度曲线模拟模型——在复杂的地质过程中，孔隙度变化不能简单地通过一个函数进行模拟，需要考虑成岩作用、次生孔隙发育等因素的影响；其二是制定地质体体平衡准则，即在进行压实校正过程中，压实前后骨架物质体积保持不变。

5. 大幅度、多期次、多层序剥蚀量恢复

剥蚀量的恢复是研究油气成熟度和成藏作用的重要环节，需要一种有效而通用的方法来恢复被剥蚀地层的原始厚度。对于小幅度、单期次、单层序的剥蚀量计算与恢复，有许多简单而适用的方法，如地层对比法、沉积速率法、$R_o$突变法、地层密度差法等。但是，对于大幅度、多期次、多层序的剥蚀作用，其剥蚀量的恢复难度很大。建立有效而通用的剥蚀量恢复方法的关键，在于这些简单方法的有机组合和综合应用。

6. 构造-地层格架的体平衡技术

需要在传统一维回剥法和二维平衡剖面法的基础上，根据物体变形机理和物质守恒原理，开发以法线不变准则和变形匹配准则为基础的物理平衡法。该技术研发目标是：适用于断块及其大规模、多期次、多层次构造变形剖面的恢复；既要能够支持拉张型盆地，又要能够支持挤压型盆地的构造史研究；既要能用于盆地分析和油气系统分析，又要能推广到三维构造-地层格架动态模拟中去，还要能提高还原精度和自动化程度。

7. 烃源岩的超压数字模拟算法

烃源岩的超压状况与岩层的差异压实关系密切，已有的超压预测方法问题如下：①多以单一的压实理念为理论基础，理论依据不完善；②决定预测地层压力精度的地震速度参数质量不足；③未考虑流体膨胀等因素引起的地层压力异常。为此，应当根据超压原理，以开始出现欠压实的深度作为超压顶界面的深度，同时综合考虑控制异常压力产生的多种因素，把欠压实作用与生烃作用相结合以进行压力预测。

## 4.3.2 体平衡子系统的功能结构设计

构造-地层格架演化是盆地演化的主体，因此构造-地层格架演化模拟是整个盆地演化模拟的主体，是整个盆地油气成藏过程模拟评价的基础和平台。基于体平衡法的盆地构造-地层格架反演模拟，是开展油气成藏过程动态模拟的关键环节。其难点之一，是当断层发生过多次叠加变形且存在多条不同性质时，如何实现自动的断层恢复、体平衡和地层单元关系的协调处理。其难点之二，是地层内非均质性显著，相变频繁，各套岩层体积单元的压实系数及其变化率都不同，在进行体平衡模拟时，对各处的孔隙度演化史要区别对待，即对不同时代、不同沉积相的岩层采用不同压实模型和平衡算法。

在构造-地层格架演化模拟中，所涉及的主要算法包括被剥蚀厚度恢复、压实校正、古水深校正、断层复原、岩层变形复原等。其中，压实模型的参数有岩性类型、地层岩性组成百分比、孔隙度-深度变化率和超压。岩性类型即砂岩、泥岩、灰岩、煤岩等。岩层的孔隙度随深度增加近似呈指数衰减，其中泥岩、粉砂岩衰减较快，而砂岩、灰岩(或碳酸盐岩)衰减较慢。不同岩层有不同的岩性类型，同一层内也可能有不同的岩性类型，其孔隙度变化与地层岩性组成百分比，需要综合起来描述和计算。断层复原的算法关键是判断断层发育与岩层界面的年代关系，恢复时可先固定断层一盘，再通过断距复原来实现；岩层变形复原则可采用三维空间的弯滑机制和剪切机制来实现。

整个模拟在构造-地层格架的三维静态角点网格模型基础上进行，相关的动力学方程引自成熟的二维系统(石广仁和张庆春, 2004)，并将其推广到四维时空中。

根据盆地构造-地层格架演化史模拟子系统的研发目标，其功能结构如图 4-30 所示。

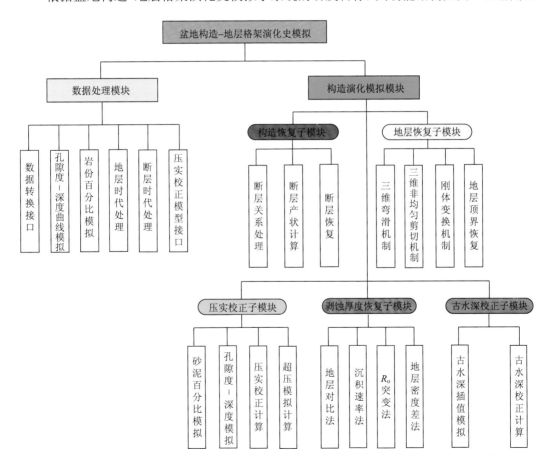

图 4-30　盆地构造-地层格架演化史模拟子系统的功能结构

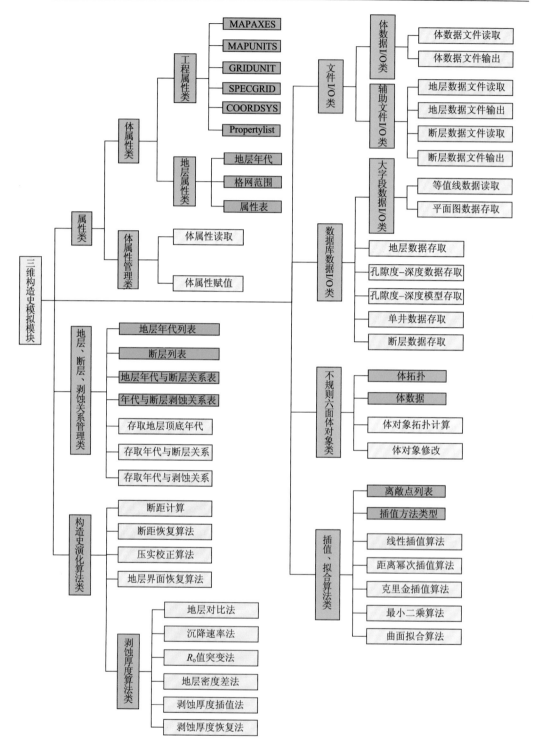

图 4-31　构造演化过程相关类结构

浅蓝色为类，绿色为属性，灰色为方法

### 4.3.3 体平衡子系统模型对象类设计

基于角点网格数据结构的盆地三维模型进行构造-地层格架演化史模拟,涉及多种数据源、多种算法,以及模型本身随时间推进的变动,需要将相关数据、算法以及模型本身进行抽象化,采用面向对象的设计(object oriented design,OOD)方法进行对象类设计。

OOD 的核心概念是对象,是对象属性与功能的统一。其设计思想是采用现实世界的对象类作为系统中类的基础,实现信息隐藏、抽象和相关操作。OOD 可以使系统开发和应用建立在一个较高的起点上,将自底向上的分析和自顶向下设计方法相结合,对系统运行中的对象进行抽象和归类。按照这种思想,将构造-地层格架演化史模拟中的相关数据和算法进行抽象和归类,可形成下列类结构(图 4-31)。

体数据类:用于实现角点网格模型节点数据与拓扑结构存储,以及对角点网格模型的相关操作等,如块体属性赋值、单元格提取、不规则六面体变动等。

文件 I/O 类:用于实现角点网格模型文件的读写操作,获取或者输出不同地质时期的盆地构造模型文件。

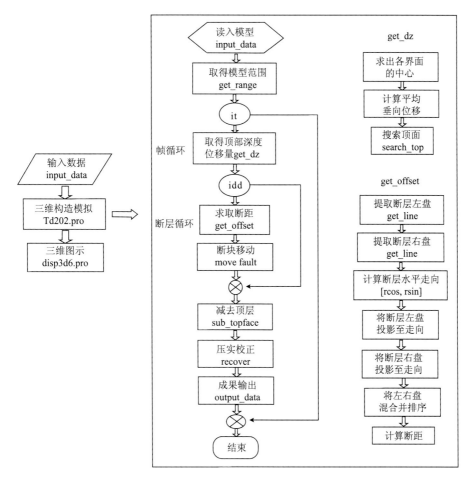

图 4-32 基于体平衡法的盆地三维构造-地层格架动态模拟的程序框图

数据库数据 I/O 类：用于实现对数据库中的对象关系模型数据的存取。

插值、拟合算法类：用于实现各种插值算法、曲线以及曲面拟合功能，包括孔隙度-深度曲线拟合、剥蚀厚度插值等算法。

属性类：用于实现空间对象的属性参数的保存与管理操作。

地层、断层、剥蚀时代关系管理类：用于实现在构造-地层格架演化中的地层与断层、地层与剥蚀的年代关系管理，用于构造、剥蚀恢复的判定。

构造史演化算法类：用于实现构造-地层格架演化模拟中断层恢复、地层界面恢复以及剥蚀厚度恢复和三维空间的压实校正算法。

根据以上方法模型，可以进一步设计出软件模型(图 4-32)。该模型已经采用新一代可视化语言编制出相应的软件，并且在工作站和 PC 上实现。

## 4.4　四维构造-地层格架模拟软件应用实例

以东部某凹陷的刘家洼陷为例，采用上述的模拟方法和模拟软件，取得了显著效果。刘家洼陷位于山东省东部某凹陷(图 4-33)的南部斜坡带。该洼陷共有 9 套地层，分别为 N$m$(明化镇组)、N$g$(馆陶组)、E$d$(东营组)、E$s^1$(沙一段)、E$s^2$(沙二段)、E$s^{3s}$(沙三上亚段)、E$s^{3z}$(沙三中亚段)、E$s^{3x}$(沙三下亚段)、E$s^{4s}$(沙四上亚段)。洼陷内发育断层 14 条，以同生正断层为主，东南部发育两条次生断层 F$^{11}$、F$^{11-2}$。大部分断层为东西走向，倾角较大，未见铲状正断层。在洼陷的西北部，断层走向转为北偏东方向。

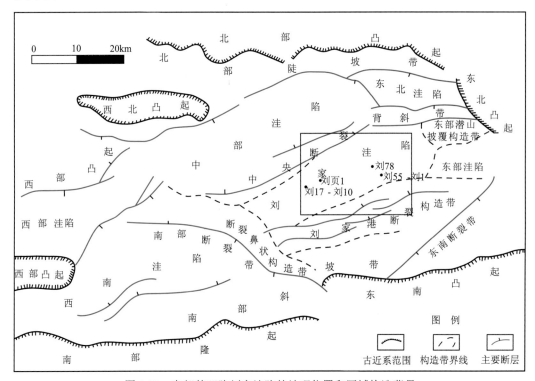

图 4-33　东部某凹陷刘家洼陷的地理位置和区域构造背景

　　根据断层和地层描述的数据文件(图 4-34)，构建了该洼陷现今三维构造–地层格架模型(图 4-35)，运用基于上述原理方法研发的软件进行四维反演和正演，再现了该洼陷各个地质时期的构造–地层格架的演化序列(图 4-36～图 4-43)。

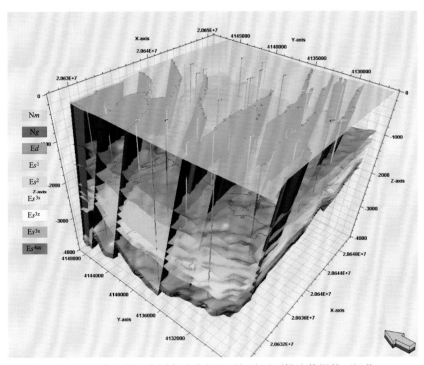

图 4-34　东部某凹陷刘家洼陷断层面与地层面描述数据的可视化

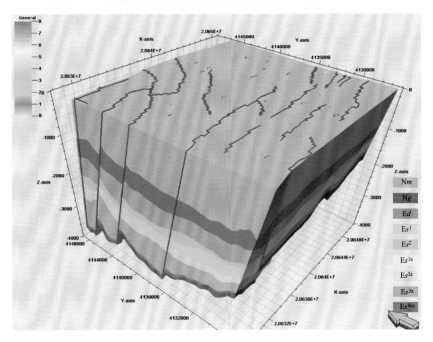

图 4-35　东部某凹陷刘家洼陷的现今(N$m$+Qp 末期)构造–地层格架模型

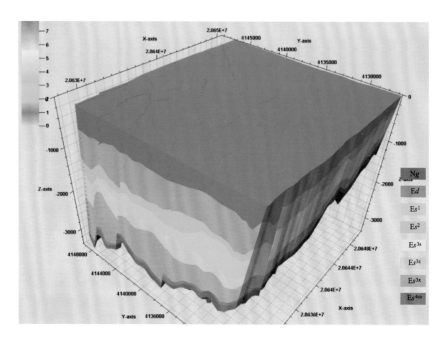

图 4-36　东部某凹陷刘家洼陷馆陶组末期构造–地层格架模型

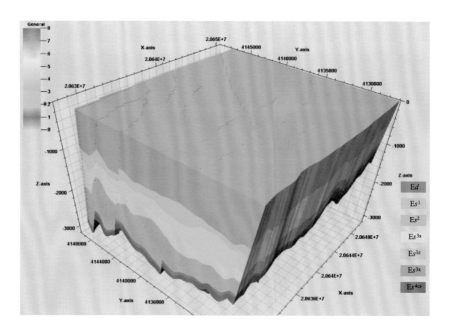

图 4-37　东部某凹陷刘家洼陷东营组末期构造–地层格架模型

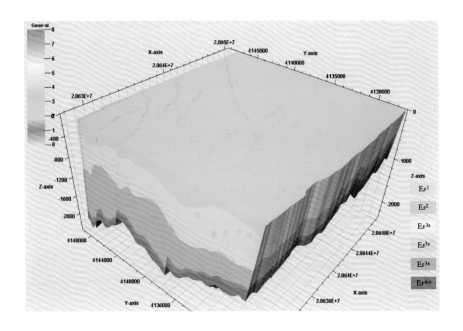

图 4-38　东部某凹陷刘家洼陷沙河街组一段末期构造-地层格架模型

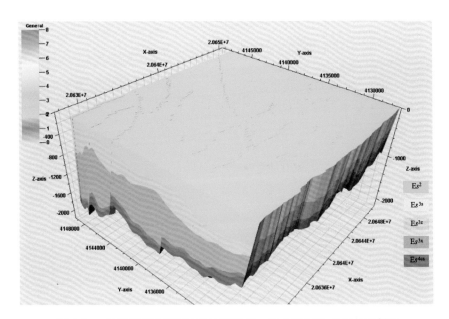

图 4-39　东部某凹陷刘家洼陷沙河街组二段末期构造-地层格架模型

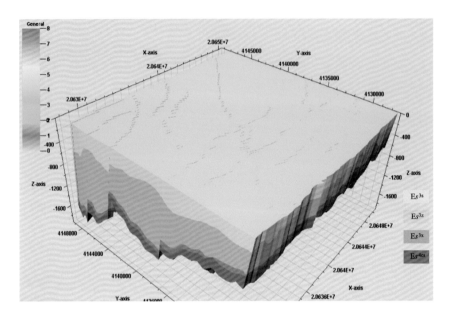

图 4-40　东部某凹陷刘家洼陷沙河街组三段上亚段末期构造-地层格架模型

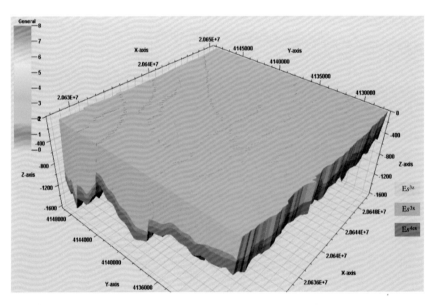

图 4-41　东部某凹陷刘家洼陷沙河街组三段中亚段末期构造-地层格架模型

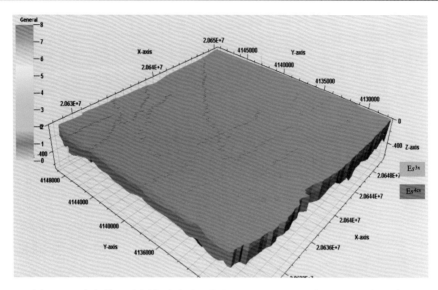

图 4-42　东部某凹陷刘家洼陷沙河街组三段下亚段末期构造-地层格架模型

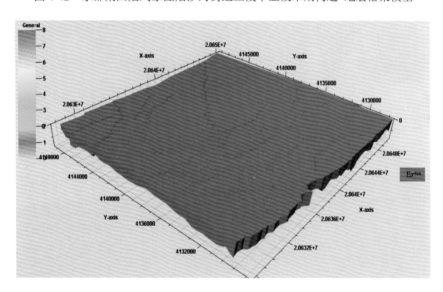

图 4-43　东部某凹陷刘家洼陷沙河街组四段上亚段末期构造-地层格架模型

　　模拟结果表明，刘家洼陷的构造演化经历了裂陷、抬升剥蚀和均衡拗陷三个阶段。在裂陷期，区域构造体表现为基底南北向伸展，形成了轴向东西的断陷构造格局，断层多为北倾正断层。在刘家洼陷的南部，裂陷期的最大伸展量达到 1420.8m。随着裂陷作用由弱而强又由强而弱，该洼陷同生正断层的发育和活动强度，经历由弱而强又由强而弱的变化，至东部东营组末期出现构造反转并抬升剥蚀。在馆陶期再度发生同体制裂陷，随后不久裂陷终止而继之以重力均衡沉降，洼陷由断陷转化为拗陷。与此相应，沉积环境也经历了由湖泊扩张到萎缩并逐步淤塞的平原化过程。构造-地层格架模拟结果的南北向 10 号剖面的系列图示，验证了模拟结果的正确性(图 4-44～图 4-52)。

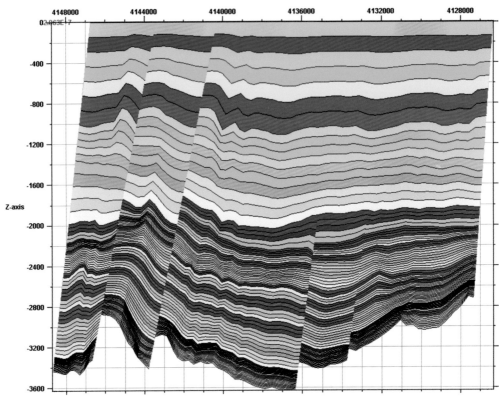

图 4-44　刘家洼陷 N*m*+Qp 末期构造-地层格架模型的南北向 10 号剖面

表层 N*m*+Qp 为拗陷沉积

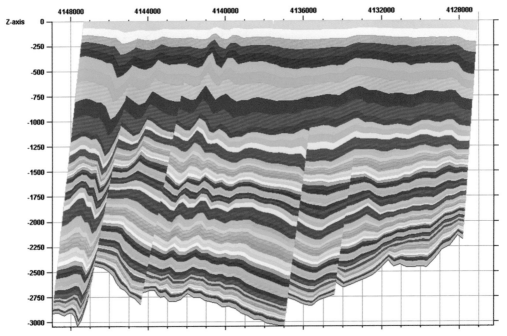

图 4-45　刘家洼陷馆陶组末期构造-地层格架模型的南北向 10 号剖面

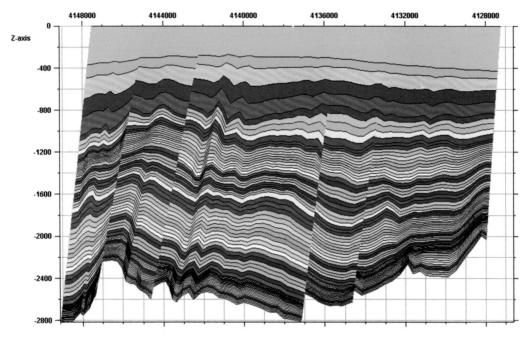

图 4-46　刘家洼陷东营组末期构造–地层格架模型南北向 10 号剖面

表层东营组为剥蚀恢复结果

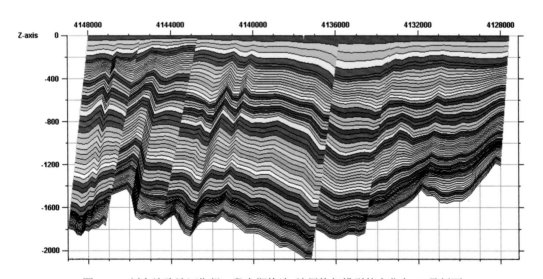

图 4-47　刘家洼陷沙河街组一段末期构造–地层格架模型的南北向 10 号剖面

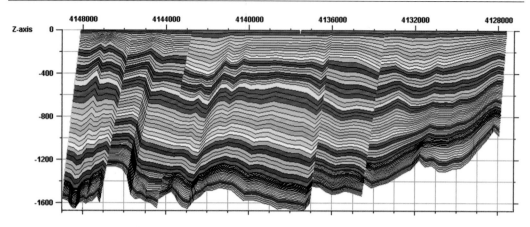

图 4-48　刘家洼陷沙河街组二段末期构造-地层格架模型的南北向 10 号剖面

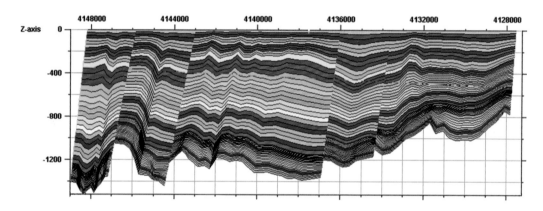

图 4-49　刘家洼陷沙河街组三段上亚段末期构造-地层格架模型的南北向 10 号剖面

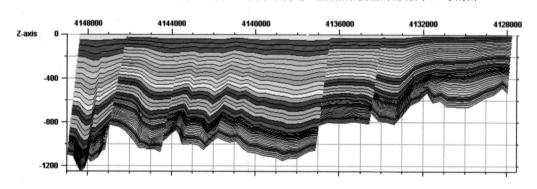

图 4-50　刘家洼陷沙河街组三段中亚段末期构造-地层格架模型的南北向 10 号剖面

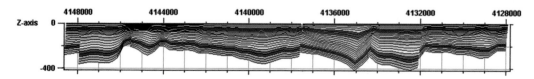

图 4-51　刘家洼陷沙河街组三段下亚段末期构造-地层格架模型的南北向 10 号剖面

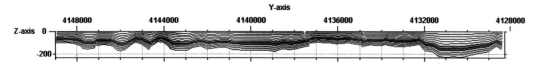

图 4-52　刘家洼陷沙河街组四段上亚段末期构造-地层格架模型的南北向 10 号剖面

对盆地地质构造演化过程理解的准确性,决定了盆地构造-地层格架三维动态模拟的可靠性。在上述基于角点网格模型和体平衡回剥反演法的构造-地层格架模拟中,遵循了三个准则(Zhang et al., 2013):①三维格网的逻辑拓扑结构不能在模拟中发生改变;②模拟过程应当反映真实的地质过程;③在模拟前后骨架物质体积守恒。上述应用结果说明,本书所提出的盆地构造-地层格架三维动态(四维)模拟思路、方法和技术是有效的,具有实际应用价值。目前有待进一步研究的问题是:①孔隙度-深度曲线模型的准确性问题。通过平面上分区和纵向上分段,可以反映不同相带、沉积物的沉积—压实—成岩过程,但孔隙度-深度曲线毕竟为一种统计曲线,当区域内孔隙度数据较少时,不能完全反映区域内孔隙度变化。②进行地层界面变形校正时,为保持格网单元的体积不变,会出现变形传递现象,有时会造成地层原始形态的整体畸变。③压实校正中,采用格网单元四条侧边的骨架厚度进行计算的普适性需要进一步验证。

# 第5章 盆地古地热场动态模拟

所谓盆地古地热场是指沉积盆地形成演化过程中内部各点的地热流体状态连同沉积物所组成的空间整体(吴冲龙等, 1997b)。热力学条件是盆地有机质成熟和烃类生成的基本条件之一。要动态地描述有机质的成熟过程，首先要动态地描述盆地古地热场特征，因此，盆地古地热场模拟既是有机质成熟史模拟的基础，也是实现盆地整体模拟的基础。对盆地古地热场的模拟再造的基本方法，是古地热场动力学正演、古地温标反演和二者(正、反演)结合模拟法。盆地古地热场的影响因素众多且变化多端，建造合理的盆地古地热场模拟方法模型，涉及古地温、古地温梯度、古地热传递方式等诸多复杂问题。

## 5.1 盆地古地热场演化的动力学模型

热的输入、在沉积物内的再分配和输出，是包括沉积盆地在内的上地壳热演化的主要内容，因而是各类各级油气系统中有机质演化和油气生成的重要控制因素。

### 5.1.1 盆地古地热场组成及叠加

根据地热学的一般原理，地壳中只要存在着温度的差别，便会有地热流从高温区流向低温区的运动。地热流的基本运动状态有两种：①稳定状态或平衡状态；②非稳定状态，即过渡状态或不平衡状态(Birch et al., 1968)。稳定地热流状态起源于稳态的地幔热流和地壳放射性元素衰变热流；而非稳定地热流状态起源于非稳态的构造-岩浆热事件。

在第一种状态下，温度是空间位置的函数，其分布不随时间而变化

$$T = f(x, y, z) \tag{5-1}$$

式(5-1)表明，每一单位体积的物质在这个过程中既不获得热量也不失去热量。

在第二种状态下，温度不仅随位置的迁移而变化，而且随着时间的延续而变化

$$T = f(x, y, z, t) \tag{5-2}$$

一般地说，在盆地形成演化过程中，地幔热流和地壳放射性元素衰变热流属于稳态地热流，所合成的地热流可称为正常地热流，所构成的地热流状态是一种大范围的稳定的热平衡状态；而各种构造-岩浆热事件产生的地热流属于非稳态地热流体，所合成的地热流可称为附加地热流。当地壳中小范围的不稳定的热事件发生时，原有的热平衡状态便被打破并转入过渡的不平衡状态；但当时间延续到一定长度，又会逐渐越过不平衡状态而趋向稳定的平衡状态。这种过渡状态延续时间的长短，取决于热事件的性质、规模以及沉积岩系的热物理性质(比热、热导率及热扩散率)和热传递方式(传导、对流及辐射)。

根据热力学的一般原理，盆地古地热流($q_e$)构成可表示为

$$q_e = q_b + \sum q_i , \qquad i = 1, 2, \cdots, n \tag{5-3}$$

式中，$q_b$ 为盆地基底热流 ($mW/m^2$)；$q_i$ 代表某一构造-岩浆热事件产生的附加地热流 ($mW/m^2$)。前者形成正常地热场，而后者形成附加地热场。

在一般情况下，盆地基底热流 ($q_b$)，大致等价于地表热流 ($q_s$)，而地表热流与岩层的放射性生热率和地幔热流之间，存在线性关系 (Birch et al., 1968)：

$$q_b \approx q_s = q_c + q_m = A \cdot D + q_m \tag{5-4}$$

式中，$q_c$ 为地壳放射性元素衰变热流 ($mW/m^2$)；$q_m$ 为地幔热流 ($mW/m^2$)；$A$ 为放射性生热率 ($\mu W/m^3$)；$D$ 为地壳放射性元素集中层的厚度 (km)。

在漫长地质历史中，盆地古地热场通常具有多阶段演化和多热源叠加特征，岩层中有机质演化也因此而具有多阶段演化和多热源叠加特征 (杨起等，1996)。然而，长期以来的研究多侧重于单一热源及其所形成的单一地热场，未能准确地描述这个过程。合理的办法是从地热流状态平衡与破坏的角度，将正常地热流与附加地热流分析结合起来，用正常地热流描述上地幔热流和地壳放射性元素衰变热流对地热场的贡献，而用附加地热流描述构造-岩浆热事件对地热场的贡献 (吴冲龙等，1997b，1999)。相对于盆地而言，深部地幔热柱形成和莫霍面上隆所产生的附加地热流，也属于大范围的稳态地热流，而且也不易与正常地幔热流分开，可以与正常地幔热流合并计算。

根据上述认识，综合运用镜质组反射率法、裂变径迹法、流体包裹体法、构造-岩浆史分析法、沉积物压实校正法和剥蚀量恢复法，就有可能深入地分析古地热流 (场) 的组成、相互关系及其叠加作用，进而追索其动态变化历程。

盆地的热传递方式有传导、对流、辐射三种，在一般情况下以热传导为主。以热传导作用为例，根据傅里叶定律有

$$\frac{\partial^2 T}{\partial x^2} + \frac{\partial^2 T}{\partial y^2} + \frac{\partial^2 T}{\partial z^2} = \frac{d \cdot c}{K} \cdot \frac{\partial T}{\partial t} = \frac{1}{\alpha} \cdot \frac{\partial T}{\partial t} \tag{5-5}$$

式中，$T$ 为古地温 (℃)；$t$ 为延续时间 (Ma)；$K$ 为热导率 [$W/(m \cdot K)$]；$d$ 为岩石密度 ($g/cm^3$)；$c$ 为岩石比热 [$J/(g \cdot ℃)$]；$\alpha$ 为热扩散率 ($m^2/s$)。显然，单位体积的物质在过渡状态中得到或失去的热量，与温度的变化乘以体积热容量所得的积相等。

## 5.1.2 盆地古地热场的分层模型

地热流体在沉积物内输入、分配和输出的内在控制机理是热传递，其方式有三种，即热传导、热对流和热辐射。热传导作用在沉积盆地中各个位置和各演化阶段里都有重要意义，而热对流和热辐射作用则仅在特定的位置和阶段中有意义。

考虑到热传递作用 (主要是热传导和热对流) 在不同层位、不同孔隙度和不同地层压力条件下有显著不同的意义，应当将盆地地热演化概念模型分解为三个子模型，即过压实层段子模型、欠压实层段子模型和正常压实层段子模型 (吴冲龙等，1999；图 5-1)。然后，根据分层热传递概念模型，建立相应的盆地地热场演化数学模型，进而开展定量分析和模拟。

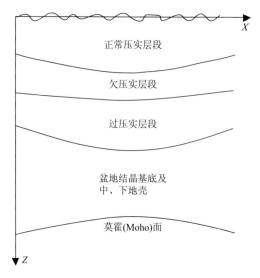

图 5-1 盆地深层地热场的分层模型

资料来源：吴冲龙等(1999)

#### 5.1.2.1 过压实层段子模型

该层段在欠压实层段底部至盆地结晶基底顶面，埋藏深度大，孔隙度极小，流体很少，各种热对流均可忽略不计，唯有岩浆侵入与热液上升有重要意义。热传递作用以热传导为主，但由于温度较高，热辐射的影响较显著且越向深处越大。考虑到中、下地壳的热传导特征与此相似，可以合并计算。以二维情况为例，对应的热演化方程为

$$\frac{\partial}{\partial x}\left(k_x\frac{\partial T}{\partial x}\right)+\frac{\partial}{\partial z}\left(k_z\frac{\partial T}{\partial z}\right)+Q=\rho c\frac{\partial T}{\partial t}, \quad (x,z)\in D \tag{5-6}$$

式中，$T$ 为古地温(℃)；$t$ 为从模拟起始时刻算起的时间(s)；$k_x$ 和 $k_z$ 为水平和垂直方向的地下孔隙介质热导率[W/(m·℃)]；$\rho$ 为地下孔隙介质的联合密度(kg/m³)；$c$ 为地下介质的比热[J/(kg·℃)]；$Q$ 为热源，这里为正常地热流和附加地热流之和(W/m³)；$D$ 为研究区域。

#### 5.1.2.2 欠压实层段子模型

欠压实层段即超压段，其顶面位置取决于岩层孔隙度($\varphi$)值，而 $\varphi$ 是动态变化的。由于该层段存在着超压流体，主要热传递方式是热传导和超压条件下的热对流，有效应力($\sigma$)是盆地正常压实层段及欠压实层段流体驱动的主要动力(Ungerer et al., 1990)，热辐射的影响基本没有。同样以二维情况为例，设水平和垂直方向热导率相同，欠压实层段的热演化方程可表示为

$$\frac{\partial}{\partial x}\left(k\frac{\partial T}{\partial x}\right)+\frac{\partial}{\partial z}\left(k\frac{\partial T}{\partial z}\right)-c_f\rho_f\left(\frac{\partial}{\partial x}(v_x T)+\frac{\partial}{\partial z}(v_z T)\right)+Q=\rho c\frac{\partial T}{\partial t} \tag{5-7}$$

式中，$k$ 为地下孔隙介质热导率[W/(m·℃)]；$\rho=\rho_s(1-\varphi)+\rho_f\varphi$ 为地下孔隙介质的联合密度

(kg/m³)，其中 $\rho_s$、$\rho_f$ (常数) 分别为骨架与地热流体的密度；$c=c_s(1-\varphi)+c_f\varphi$ 为地下介质的比热，其中 $c_s$、$c_f$ (常数) 分别为骨架与地热流体的比热；$v_x$、$v_z$ 分别为超压流体速度 $v=v_xi+v_zk$ 在 $x$、$z$ 方向的分量 (m/s)；$Q$ 为热源，为正常地热流和附加地热流之和 (W/m³)。

### 5.1.2.3　正常压实层段子模型

这一层段从地表至欠压实层段顶面，热传导仍具重要意义，热辐射微弱，而热对流增强，而且越近地表热对流越显得重要。沉积物正常压实产生的单向渗流，还有温差造成的循环对流都需一并考虑。在该层段中，随着沉积与沉降的不断进行，沉积物被逐步压实，部分沉积水从孔隙中被排挤出来。同时，在与补给区连通的高孔隙度层段，地势和重力驱动的循环也起了重要作用。其中，压实驱动的流体对热传递影响较小，效应较为局限，但在低渗透性岩石中占优势，其意义不能忽视 (Bethke, 1985)；热力驱动的自由对流，主要形成于正常压实层段的高渗透率对流单元内 (Rabinowicz et al., 1985；Quintard and Bernard, 1986)；地势 (水头) 驱动的流体循环，也主要发生于高渗透率的岩层中，其量值比压实驱动流体的量值大几个数量级 (Willett and Chapman, 1987；Ungerer et al., 1990)。

同样以二维情况为例，正常压实层段的热演化方程可表示为

$$\frac{\partial}{\partial x}\left(k_x\frac{\partial T}{\partial x}\right)+\frac{\partial}{\partial z}\left(k_z\frac{\partial T}{\partial z}\right)-\rho_f c_f\left\{\frac{\partial}{\partial x}\left[(v_x+u_x)T\right]+\frac{\partial}{\partial z}\left[(v_z+u_z)T\right]\right\}+Q=\rho c\frac{\partial T}{\partial t}\qquad(5\text{-}8)$$

式中，$u_x$、$u_z$ 分别为自由对流速度 $u=u_xi+u_zk$ 在 $x$、$z$ 方向的分量 (m/s)；其他符号含义同前。其中，

$$\iint_D c_f\rho_f\left[\frac{\partial}{\partial x}(v_x\tilde{T})+\frac{\partial}{\partial z}(v_z\tilde{T})\right]\varphi_i\mathrm{d}x\mathrm{d}z$$

$$=\iint_D c_f\rho_f\left(v_x\frac{\partial\tilde{T}}{\partial x}+v_z\frac{\partial\tilde{T}}{\partial z}\right)\varphi_i\mathrm{d}x\mathrm{d}z+\iint_D c_f\rho_f\tilde{T}\left(\frac{\partial v_x}{\partial x}+\frac{\partial v_z}{\partial z}\right)\varphi_i\mathrm{d}x\mathrm{d}z$$

$$=\iint_D c_f\rho_f\left(v_x\frac{\partial\tilde{T}}{\partial x}+v_z\frac{\partial\tilde{T}}{\partial z}\right)\varphi_i\mathrm{d}x\mathrm{d}z$$

### 5.1.2.4　三个层段子模型的耦合

从地热场分层模型所对应的三个热演化方程可以看出，当 $v_x=v_z=0$ 时，欠压实层段子模型对应的热演化方程(5-7)便转化为过压实层段子模型对应的热演化方程(5-6)；而如果将 $v_x$、$v_z$ 用 $v_x+u_x$、$v_z+u_z$ 替换，则欠压实层段子模型对应的热演化方程(5-7)就转化为正常压实层段子模型所对应的热演化方程(5-8)。所以，只要研究清楚欠压实层段子模型及其热演化方程的数值解，便可以将其推广到其他子模型中去 (李星等, 2001)。

盆地超压层段通常处于 2500～3500m 的深度上，大致与有机质成熟、烃类生成和黏土脱水的深度相当。超压作用一方面可以促进油气的排放 (Rouchet, 1981；胡济世, 1989；李明诚, 1994)，另一方面又会抑制有机质的成熟和油气的生成 (Law, 1992；Price and Wenger, 1992；Hao et al., 1998)。引起超压作用出现的主要因素是快速沉积作用及其伴随的差异压实 (Hermanrud, 1993)，而次要因素是在局部地方作用明显的生烃增压效应

（Waples，1994）。黏土转换及水热增压等作用尽管比较小，但也有一定贡献。生烃增压、黏土转换和水热增压，显然都与该层段的地热场特征有关。然而，沉积岩的热导率随温度的升高而显著降低（Vasseur et al.，1995），又随着压实及孔隙流体的排出而增加（Waples，1994）。因此，超压作用模拟与超压层段的地热场模拟是相辅相成的。由于超压层段存在微弱的热对流，求解超压层段地热场的数值方法至今没有很好地解决。下面将着重探讨这个问题并给出相应的数值解法。

### 5.1.3　盆地古地热场演化的影响因素

#### 5.1.3.1　盆地古地热场的影响因素分析

盆地古地热场通常用地层温度（$T$）、地温梯度（d$T$）和地热流值（$q$）来描述。其关系可表达为

$$q = -k \cdot \frac{\Delta T}{\Delta z} = -k \cdot dT \tag{5-9}$$

式中，$k$ 为岩层热导率，负号代表热传导方向与埋深增大方向相反；$\Delta T$ 代表测量段的温差；$\Delta z$ 代表测量段的距离（m）。

为了说明问题，下面结合松辽盆地的实际情况进行分析。该盆地的地温梯度在垂向上较为均匀，但在横向上差异明显［图 5-2，《中国石油地质志（卷二）》］。造成这种不均匀性的主要内部因素是介质（沉积盖层）的热导率（$k$），而主要外部因素是热源（盆地基底面的热流）。

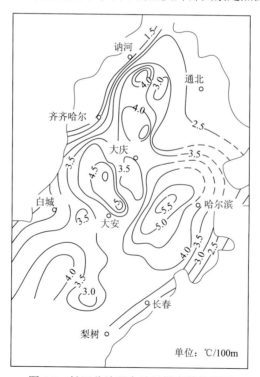

图 5-2　松辽盆地现今地温梯度等值线图

资料来源：大庆油田资料

根据式(5-9)，在地热流值($q$)稳定的情况下，热导率($k$)越大，地温梯度(d$T$)就越小。沉积盖层的热导率受控于岩石类型和岩相。在陆相盆地中，岩石类型和岩相的总体特征及其空间分布，主要受控于沉积物的含砂率($G$)。

对松辽盆地含油气岩系中 12 个有系统的地温梯度(d$T$)与含砂率($G$)测量值的钻井(表 5-1)，进行 $G$-d$T$ 相关分析,得到这两个参数的线性相关系数为–0.59,即地温梯度(d$T$)随着含砂率($G$)的增高而降低。这表明沉积相的空间变化，确实是在一定程度上影响着松辽盆地地温梯度横向变化的内在因素——通过控制热导率变化来实现。

**表 5-1　松辽盆地的平均含砂率($G$)与现今地温梯度(d$T$)的比较**

| 井号 | $G$ | 现今地温梯度(d$T$)/(℃/100m) | 相关分析 |
|---|---|---|---|
| 同深 1 井 | 0.36 | 4.01789 | |
| 肇 12 井 | 0.41 | 3.08633 | |
| 杏 4 井 | 0.60 | 2.55006 | |
| 松基 6 井 | 0.65 | 2.71522 | |
| 杜 420 井 | 0.51 | 4.57626 | 线性方程: $y = 6.114 - 4.799\,x$, |
| 卫深 3 井 | 0.40 | 4.12560 | 显著性: 0.05, |
| 宋 3 井 | 0.38 | 4.29933 | 线性相关系数: –0.59, |
| 南 15 井 | 0.53 | 3.36782 | 标准差: 1.68277 |
| 松南 17 井 | 0.57 | 3.34670 | |
| 松南 15 井 | 0.62 | 3.00131 | |
| 松南 13 井 | 0.65 | 3.25671 | |
| 三深 1 井 | 0.46 | 5.55679 | |

资料来源: Wu 等(1991)。

盆地底面温度受莫霍面埋深($M$)(Morgan, 1972；Cermak, 1979)、地壳中花岗岩厚度、放射性元素丰度(Buntebarth and Teichmuller, 1979)和热流沿深断裂体活动等因素影响。这些因素通过控制盆地底面温度而影响盆地热源和热量,其中莫霍面埋深意义最大。因为莫霍面埋深越小,上地幔热能向地表传导距离越短,盆地底部温度越高,地温梯度(d$T$)和地热流值($q$)就越大。对松辽盆地 36 个钻井的 d$T$ 和 $M$ 数据进行趋势面分析(图 5-3),发现二者趋势值高度相似(Wu et al., 1991)。

二维二阶趋势值相关分析结果表明,地温梯度随着莫霍面埋深增加而增大,相关系数 $r$=–0.882,标准差仅 0.161℃/100m,有效性在 0.01 置信水平上显著。回归方程为

$$\mathrm{d}T = 15.07763 - 0.35577M \tag{5-10}$$

所采用的 36 个钻井均匀分布在盆地内各个构造和沉积分区,因此分析结果具有代表性。而且, 由于 d$T$ 和 $M$ 的二维二阶趋势已经消除了局部因素的干扰, 很好地说明了地温梯度的区域变化特征确实受到了莫霍面埋深的控制。

综上所述, 松辽盆地现今地热场受到了莫霍面埋深($M$)(代表区域性变化)、沉积盖层的岩相(代表局部性变化)和其他因素(代表随机性扰动)的综合控制, 而镜质组反射率($R_o$)是所有这些区域性、局部性和随机性因素的综合效应。

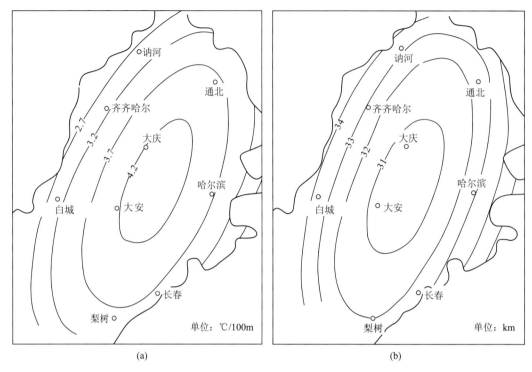

图 5-3　松辽盆地现今地温梯度(d$T$) (a)和现今莫霍面埋深($M$) (b)的二维二阶趋势面

资料来源：Wu 等(1991)

### 5.1.3.2　盆地古地热场的地球动力学分析

盆地古地热场地球动力学分析的基本方法是：通过对盆地形成和发展过程中岩石圈构造(伸展减薄、均衡调整、挠曲变形等)及相应热效应的模拟，获得岩石圈热演化(热流的时空变化)的物理模型；然后建立不同类型盆地的数学模型，在已知或假定的初始和边界条件下，通过调整模型参数使模拟计算结果贴合盆地的实际沉降史，确定盆地底部热流史；最后结合盆地埋藏史恢复盆地内沉积层的热历史。

#### 1. 沉积盆地构造-热演化动力学类型

不同类型的沉积盆地形成时的地球动力学背景和机制是不同的，沉积盆地中的热演化特征及其对盆地及油气系统的作用也不同。地壳中的主要盆地类型包括：①与拉张作用有关的弧后和陆内裂陷盆地；②与非造山期花岗岩侵入或变质作用有关的克拉通盆地；③与造山带前陆区岩石圈缩短和挠曲有关的前陆盆地；④与走滑或滑脱作用有关的走滑盆地。

第一类盆地的构造-热作用过程，包括早期岩石圈的伸展减薄、地幔侵位及与热膨胀和晚期冷却收缩以及沉积负载相关的均衡调整。其代表性的构造-热演化模型为瞬时均匀伸展模型(McKenzie, 1978；图 5-4)。该模型假定地壳和岩石圈的伸展量相同(即均匀伸展)，伸展作用是对称的，不发生固体岩块的旋转作用，属于纯剪切性质。构造沉降主要取决于伸展量、伸展系数($\beta$)以及初期地壳和岩石圈的厚度($L$)比值。模型的盆地总沉降量由两部分组成:其一是初始断层的沉降,称为初始沉降,它取决于地壳的初始厚度及伸展系数($\beta$);其二是岩石圈等温面向着拉张前的位置回退,从而引起的热沉降,热沉降只取决于伸展量的大小。

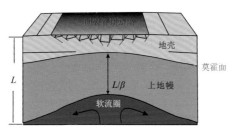

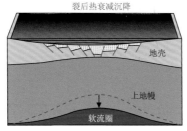

图 5-4　裂谷盆地示意模型

资料来源:McKenzie(1978)

　　第二类盆地的地壳伸展热沉降与第一类盆地相近,但岩石圈与地壳伸展的规模以及热沉降量较小。由于岩浆活动和变质作用的时空变化,盆地沉降有阶段性特征。

　　第三类盆地的热作用是间接的,主要通过影响挠曲均衡作用来体现。盆地底部热流变化较小,盆地内的断层剪切推覆作用的热效应具有重要作用。

　　第四类盆地是与走滑断层有关的拉分盆地,热作用与第一类盆地类似,所不同的是盆地发展早期的快速沉降起因于地壳拉张和侧向热传递,而晚期持续的热沉降相当有限,所以热演化模拟必须考虑横向的热扩散,即二维的热扩散模型;与薄皮滑脱构造有关的拉分盆地,由于不存在深部热扰动,只有浅部地壳伸展引起的初始沉降,而无后期热沉降。典型的拉分盆地所经历的是一个冷却过程,因而盆地较"冷"。而当拉分盆地规模不断扩大,往往会诱导地幔的侵位,由被动裂谷转化为主动裂谷,这时的拉分盆地与裂谷盆地在构造-热演化机理上更为接近,形成"热"盆(胡圣标和汪集暘,1995)。

　　采用构造-热演化方法研究盆地构造-热演化史,关键是建立与盆地成因相关的地质地球物理模型(盆地定量模型)。尽管沉积盆地构造-热演化模拟取得很大进展,但盆地的演化过程是复杂的,往往是多个不同成因机制的演化阶段的叠合,现有的盆地定量模型都经过了显著的简化,只反映主要的构造-热演化过程。此外,由于模型参数(如初始条件和边界条件)有很大的不确定性,尽管构造-热演化模拟所给出的盆地构造-热演化(热流史)结果是定量的,但在一定程度上只能将其视为半定量的。地球动力学法的优点是能够根据地球动力学模型模拟把握区域大地热流演化的总趋势和预测无钻井地区地层的热演化史，但由于模型本身所存在的问题，该方法只适用于那些研究程度较高、构造演化历程相对简单的地区。

### 2. 沉积盆地构造-热演化动力学模型

常规的构造-热演化动力学模拟法——McKenzie 法和 Royden 法可能适用于大型拉张型盆地，如大洋盆地。其理论模型主要考虑热传导。其方法原理是：在地球上取一个单元，设该单元在发生拉张之前的厚度为 $h=1.25\times10^5\mathrm{m}$，是地壳和岩石圈(lithosphere)的厚度之和。又设地表温度为 $T_0\approx15℃$，软流圈(asthenosphere)的温度为 $T_1=1333℃$。他们的理论模型认为，地壳的拉张是瞬间发生的，开始时基底快速裂陷，其厚度减小为 $h/\beta$（$\beta>1$，为拉张系数），形成初期的断陷型构造和沉积。随后，由于触发均衡补偿作用，软流圈抬升，其顶界深度由 $h$ 减小到 $h/\beta$。1333℃的高温热源随之上移，致使地表到软流圈的地温梯度变大，同时地壳发生热隆起和伸展裂陷。随着时间的延续，裂陷作用逐步减缓和停止，同时散热作用使地壳、岩石圈乃至软流圈顶部逐渐冷缩，盆地基底随之发生非断陷型下沉，沉积盖层中形成了上部的拗陷型构造和沉积格架，于是，构成了拉张型盆地(裂谷)特有的"下断上拗"构造形态，地表至软流圈的地温梯度，随之发生了先递增后递减的变化。此时，软流圈顶部的温度设为 $T_2$。以一维为例，对应的数学模型为

$$\begin{cases} \dfrac{\partial T(z,t)}{\partial t} = \chi^2 \dfrac{\partial^2 T(z,t)}{\partial z^2} \\ T(z,t)\big|_{z=0} = T_1, T(z,t)\big|_{z=h} = T_2 \\ T(z,t)\big|_{t=0} = \varphi(z) \end{cases} \tag{5-11}$$

其中，$\chi^2 = 0.008\mathrm{cm^2/s}$ 为热扩散率，而

$$\varphi(z) = \begin{cases} T_1 + \dfrac{\beta(T_2-T_1)}{h}z, 0 < z \leqslant \dfrac{h}{\beta} \\ T_2, \dfrac{h}{\beta} < z \leqslant h \end{cases}$$

该方程属于非齐次边界条件的定解问题。解之得

$$T(z,t) = T_1 + \frac{T_2-T_1}{h}z + \sum_{n=1}^{\infty} C_n \mathrm{e}^{-\left(\frac{n\pi\chi}{h}\right)^2 t} \sin\frac{n\pi}{h}z \tag{5-12}$$

其中，$C_n = \dfrac{2}{h}\displaystyle\int_0^h \varphi(z)\sin\frac{n\pi}{h}z\mathrm{d}z$，$n=1,2,\cdots$。

将 $\varphi(z)$ 代入积分表达式，得 $C_n = \dfrac{2\beta(T_2-T_1)}{(n\pi)^2}\sin\dfrac{n\pi}{\beta}$，$n=1,2,\cdots$，进而可得

$$T(z,t) = T_1 + \frac{T_2 - T_1}{h}z + 2(T_2 - T_1)\sum_{n=1}^{\infty}\frac{\beta}{(n\pi)^2}\sin\frac{n\pi}{\beta}e^{-\left(\frac{n\pi\chi}{h}\right)^2 t}\sin\frac{n\pi}{h}z \qquad (5\text{-}13)$$

从而可得，任意时刻 $t(t>0)$ 和任意深度 $z$（$0\text{km}<z<125\text{km}$）处的热流值 $Q(z, t)$ 为

$$Q(z,t) = K\frac{\partial T(z,t)}{\partial z} = \frac{K(T_2 - T_1)}{h}\left[1 + 2\sum_{n=1}^{\infty}\frac{\beta}{n\pi}\sin\frac{n\pi}{\beta}e^{-\left(\frac{n\pi\chi}{h}\right)^2 t}\cos\frac{n\pi}{h}z\right] \qquad (5\text{-}14)$$

$K$ 为热导率。当 $z=0$ 时，得地表热流值 $Q_0(t)$ 为

$$Q_0(t) = \frac{K(T_2 - T_1)}{h}\left[1 + 2\sum_{n=1}^{\infty}\frac{\beta}{n\pi}\sin\frac{n\pi}{\beta}e^{-\left(\frac{n\pi\chi}{h}\right)^2 t}\right] \qquad (5\text{-}15)$$

而 $z=h$ 处的地表热流值 $Q_1(t)$ 为

$$Q_1(t) = \frac{K(T_2 - T_1)}{h}\left[1 + 2\sum_{n=1}^{\infty}(-1)^n\frac{\beta}{n\pi}\sin\frac{n\pi}{\beta}e^{-\left(\frac{n\pi\chi}{h}\right)^2 t}\right] \qquad (5\text{-}16)$$

石广仁(1999)曾指出，沿 $z$ 方向的地表热流值为

$$Q(t) = \frac{KT_1}{h}\left[1 + 2\sum_{n=1}^{\infty}\frac{\beta}{n\pi}\sin\frac{n\pi}{\beta}e^{-\frac{n^2 t}{\tau}}\right]$$

该值等同于地表热流值 $Q_0(t)$。事实上，如果热演化没有达到平衡状态，不同深度的热流值是不相等的，用地表热流值代替整个 $z$ 方向的热流值不是很合理，用地表热流值代替基底热流值似乎也不可取。因为热流值随深度的不同而改变，见式(5-14)。

利用式(5-14)求解便可证明，$z=h$($\approx125\text{km}$)处的热流值为 $Q_1(t)$，而非 $Q_0(t)$。

McKenzie 法和 Royden 法所依据的上述盆地演化模型，可大致归结为"地壳拉张→基底瞬间拉张裂陷→地幔上隆和热侵蚀→基底热伸展→热衰减回沉→均衡沉降"模型。然而，具体研究结果表明，这一模式与中国中、新生代裂陷盆地的实际演化过程不相符合(吴冲龙等, 2001b)。中国多数中、新生代裂陷盆地的初期基底裂陷，并非一种短暂的"瞬间拉张"过程，而是由弱渐强并且在盆地演化中期达到极大值，随后迅速减弱并停止；表现为剖面上部无断裂的拗陷型沉积，也非断陷结束后才发生的，二者基本上同时开始，并且一开始就具有较高的速率，同样从盆地演化的中期开始逐步减弱。

以新生代抚顺盆地为例。根据沉积断面、同生断裂生长指数分析和定量模拟计算(吴冲龙等, 2001b)，其构造演化经历了六个阶段：慢速裂陷和快速拗陷→加速裂陷和快速拗陷→快速裂陷和快速拗陷→减速裂陷和快速拗陷→裂陷终止和减速拗陷→慢速拗陷和拗陷终止(图 5-5)。构造演化的结果形成了典型的"下断上拗"二元结构(图 5-6)。这种二元结构的形成，可能是区域构造应力场转变造成裂陷作用中断，而拗陷作用仍在继续。采用同沉积构造格架分析、基底沉降史反揭和热衰减模拟相结合的方法，计算出"上拗"部分所需的巨大沉积空间，40%来自下伏沉积物的压实，60%来自盆地基底的长期低速拗陷(表 5-2；图 5-7)。拗陷作用的终止，可能是该盆地区域在渐新世初期出现的新一轮

深部热事件及其伴随的巨厚辉绿岩床侵入，导致岩石圈热衰减和重力均衡调整的逆转。这种情况表明，用热力学法获取盆地基底热流值可能不适合于中国的中、新生代盆地。

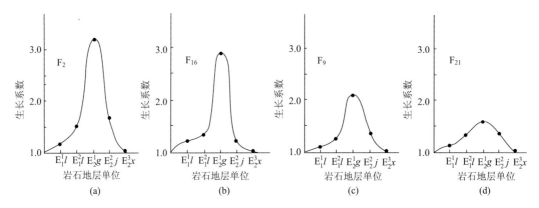

图 5-5　抚顺盆地主要同沉积正断层的生长系数

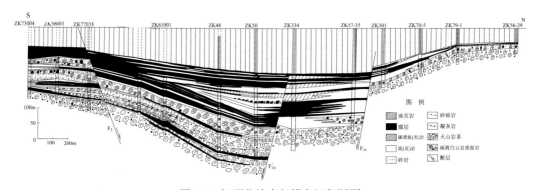

图 5-6　抚顺盆地中部横向沉积断面

勘探线平衡剖面，显示典型的"下断上拗"二元结构

资料来源：吴冲龙等 (2001b)

表 5-2　各因素对抚顺盆地各演化阶段基底沉降量的贡献

| 沉降量分配 | $E_1^1l$ | $E_1^2l$ | $E_2^1g$ | $E_2^2j$ | $E_2^3x$ | $E_2^4g$ |
|---|---|---|---|---|---|---|
| 地层最大厚度/m | 250 | 160 | 205 | 380 | 480 | 460 |
| 古水深推测值/m | 5 | 10 | 20 | 150 | 10 | 5 |
| 总沉降量(古水深校正后)/m | 358 | 276 | 337 | 393 | 282 | 289 |
| 总沉降速率/(m/Ma) | 59.7 | 69.0 | 84.3 | 65.5 | 47.0 | 32.1 |
| 构造衰减量/m | 110 | 100 | 160 | 120 | 40 | 0 |
| 构造衰减速率/(m/Ma) | 18.3 | 25 | 40 | 30 | 6.8 | 0 |
| 热衰减量/m | 87.7 | 54.5 | 51.3 | 73.3 | 70.9 | 103.6 |
| 热衰减速率/(m/Ma) | 14.6 | 13.6 | 12.8 | 12.2 | 11.8 | 11.5 |
| 重力均衡量/m | 160.3 | 121.5 | 125.7 | 199.7 | 171.1 | 185.4 |
| 重力均衡速率/(m/Ma) | 27.2 | 30.8 | 31.1 | 32.8 | 28.0 | 21.1 |
| 时间间距/Ma | 6 | 4 | 4 | 6 | 6 | 9 |

资料来源：吴冲龙等 (2001b)。

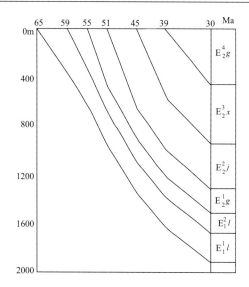

图 5-7　各阶段盆地基底总沉降量及总沉降速率

# 5.2　盆地古地热场演化动力学正演模拟

根据欠压实(超压)层段热传递子模型在三个层段中的上述特征和关联关系，可将其视作盆地各层段热传递的统一子模型，研究并解决其数值模拟法(Li et al., 2013)。

## 5.2.1　流体速度场的简化求解

获得超压方程数值解后，需要进一步解决确定超压流体速度场的求解问题。超压流体在异常孔隙压力超过岩石破裂极限而发生幕式突破之前，排出速率极低，其速度场 $v = v_x i + v_z k$ 近似满足条件 $\partial v_x / \partial x + \partial v_z / \partial z$，故可以被近似地视为稳定的不可压缩的无源流体。利用这一条件及相应的边界压力条件，可使整个计算过程得到简化。

设研究区域为 $D$，则超压层段非幕式突破期的二维地热场数学模型[式(5-7)]的定解条件为

$$
\begin{cases}
T(x,z,t)\big|_{t=0} = T_0(x,z) \\[2mm]
T(x,z,t)\big|_{\Gamma_1} = f(x,z,t) \\[2mm]
k\dfrac{\partial T}{\partial \bar{n}}\bigg|_{\Gamma_2} = q(x,z,t)
\end{cases}
\tag{5-17}
$$

在定解条件式(5-17)中，$\Gamma_1$ 是区域 $D$ 的第一类边界，$\Gamma_2$ 是区域 $D$ 的第二类边界；$\Gamma = \Gamma_1 + \Gamma_2$ 是 $D$ 的正向边界曲线；$\bar{n}$ 是 $\Gamma$ 的正向单位法向量；$T_0(x, z)$ 为初始温度；$f(x, z, t)$ 是第一类边界温度，一般指研究区域 $D$ 的上边界温度；而 $q(x, z, t)$ 是第二类边界地热流值，区域 $D$ 的下边界地热流值通常指来自盆地基底的大地热流值。

求解方程(5-11)必须首先确定超压流体速度场。在一般情况下，超压流体速度场 $v$ $=v_x i+v_z k$ 是从流体运动方程中求出的，计算过程较为复杂，有时甚至无法得到确定解。因此，需要从分析超压流体速度场求解条件出发，寻求其简易的近似解法。

由于超压流体发生幕式突破之前岩石的孔隙度已经变得很低，孔喉直径很小且连通性很差，造成流体排出速率极低，其他层段的流体也难以进入，其内部对流循环十分微弱，因此，可以认为速度场 $v = v_x i + v_z k$ 近似地满足条件

$$\frac{\partial v_x}{\partial x} + \frac{\partial v_z}{\partial z} = 0 \tag{5-18}$$

即，超压流体速度场 $v = v(x, z)$ 的散度近似为零，换言之，可将超压流体近似看作稳定的不可压缩的无源流体。于是，根据条件式(5-18)可以方便地求出速度场 $v = v_x i + v_z k$。由达西定律，得

$$v_x = -k_0 \frac{\partial P}{\partial x}, v_z = -k_0 \frac{\partial P}{\partial z} \tag{5-19}$$

其中，$k_0$ 为渗透系数；$P$ 为压力。进而可得

$$\frac{\partial}{\partial x}(k_0 \frac{\partial P}{\partial x}) + \frac{\partial}{\partial z}(k_0 \frac{\partial P}{\partial z}) = 0, \qquad (x,z) \in D \tag{5-20}$$

式(5-18)是式(5-11)的特例。只要给出边界条件，便可求出压力 $P$，从而根据式(5-19)可得到超压流体速度分量 $v_x$、$v_z$。

## 5.2.2　超压层段地热场子模型有限单元法模拟

超压层段地热场子模型的数值解，可通过有限单元法求得。该求解过程，涉及根据基函数构造的方程求近似解、刚度矩阵的计算和源汇项及边界条件的处理。

### 5.2.2.1　根据基函数构造的方程近似解

以二维情况为例，将研究区域 $D$ 划分为 $M$ 个三角形单元 $e_m (m=1, 2, \cdots, M)$，相应的基函数为 $\varphi_i(x,z)$ $(i=1, 2, \cdots, N)$，设 $N$ 为节点数，$\varphi_i(x,z)$ 为二元分片线性函数，且满足条件

$$\varphi_i(x_j, z_j) = \begin{cases} 1, & i = j \\ 0, & i \neq j \end{cases} \tag{5-21}$$

根据基函数构造出方程的近似解为

$$\tilde{T}(x,z,t) = \sum_{i=1}^{N} C_i(t) \varphi_i(x,z) \tag{5-22}$$

$C_i(t)$ 为待定系数。将 $\tilde{T}(x,z,t)$ 代入超压层段子模型的方程(5-7)得

$$\frac{\partial}{\partial x}\left(k \frac{\partial \tilde{T}}{\partial x}\right) + \frac{\partial}{\partial z}\left(k \frac{\partial \tilde{T}}{\partial z}\right) - c_f \rho_f \left[\frac{\partial}{\partial x}(v_x \tilde{T}) + \frac{\partial}{\partial z}(v_z \tilde{T})\right] + Q - c\rho \frac{\partial \tilde{T}}{\partial t} = r(x,z,t) \tag{5-23}$$

如果 $r(x,t,z) \equiv 0$，则 $\tilde{T}(x,z,t)$ 就是所求的解。我们希望在某种平均意义上使误差为零，即

$r(x, z, t)$ 在区域 $D$ 上的加权积分等于零，也就是

$$\iint\limits_{D} r(x,z,t)\varphi_i(x,z)\mathrm{d}x\mathrm{d}z = 0, \quad i = 1, 2, \cdots, N$$

则有

$$\iint\limits_{D}\left\{\frac{\partial}{\partial x}\left(k\frac{\partial \tilde{T}}{\partial x}\right) + \frac{\partial}{\partial z}\left(k\frac{\partial \tilde{T}}{\partial z}\right) - c_f\rho_f\left[\frac{\partial}{\partial x}(v_x\tilde{T}) + \frac{\partial}{\partial z}(v_z\tilde{T})\right] + Q - c\rho\frac{\partial \tilde{T}}{\partial t}\right\}\varphi_i\mathrm{d}x\mathrm{d}z = 0 \quad (5\text{-}24)$$

或写为

$$\iint\limits_{D}\left[\frac{\partial}{\partial x}\left(k\frac{\partial \tilde{T}}{\partial x}\right) + \frac{\partial}{\partial z}\left(k\frac{\partial \tilde{T}}{\partial z}\right)\right]\varphi_i\mathrm{d}x\mathrm{d}z - \iint\limits_{D}c_f\rho_f\left[\frac{\partial}{\partial x}(v_x\tilde{T}) + \frac{\partial}{\partial z}(v_z\tilde{T})\right]\varphi_i\mathrm{d}x\mathrm{d}z$$

$$(5\text{-}25)$$

$$+ \iint\limits_{D}Q\varphi_i\mathrm{d}x\mathrm{d}z - \iint\limits_{D}c\rho\frac{\partial \tilde{T}}{\partial t}\varphi_i\mathrm{d}x\mathrm{d}z = 0$$

因为

$$\frac{\partial}{\partial x}\left(k\frac{\partial \tilde{T}}{\partial x}\varphi_i\right) + \frac{\partial}{\partial z}\left(k\frac{\partial \tilde{T}}{\partial z}\varphi_i\right) = \left[\frac{\partial}{\partial x}\left(k\frac{\partial \tilde{T}}{\partial x}\right) + \frac{\partial}{\partial z}\left(k\frac{\partial \tilde{T}}{\partial z}\right)\right]\varphi_i + k\left(\frac{\partial \tilde{T}}{\partial x}\frac{\partial \varphi_i}{\partial x} + \frac{\partial \tilde{T}}{\partial z}\frac{\partial \varphi_i}{\partial z}\right)$$

所以又根据 Green 公式，可得

$$\iint\limits_{D}\left[\frac{\partial}{\partial x}\left(k\frac{\partial \tilde{T}}{\partial x}\right) + \frac{\partial}{\partial z}\left(k\frac{\partial \tilde{T}}{\partial z}\right)\right]\varphi_i\mathrm{d}x\mathrm{d}z$$

$$= \iint\limits_{D}\frac{\partial}{\partial x}\left(k\frac{\partial \tilde{T}}{\partial x}\varphi_i\right) + \frac{\partial}{\partial z}\left(k\frac{\partial \tilde{T}}{\partial z}\varphi_i\right)\mathrm{d}x\mathrm{d}z - \iint\limits_{D}k\left(\frac{\partial \tilde{T}}{\partial x}\frac{\partial \varphi_i}{\partial x} + \frac{\partial \tilde{T}}{\partial z}\frac{\partial \varphi_i}{\partial z}\right)\mathrm{d}x\mathrm{d}z$$

$$(5\text{-}26)$$

$$= \oint\limits_{\Gamma}\left(k\frac{\partial \tilde{T}}{\partial x}\varphi_i\cos\alpha + k\frac{\partial \tilde{T}}{\partial z}\varphi_i\cos\gamma\right)\mathrm{d}s - \iint\limits_{D}k\left(\frac{\partial \tilde{T}}{\partial x}\frac{\partial \varphi_i}{\partial x} + \frac{\partial \tilde{T}}{\partial z}\frac{\partial \varphi_i}{\partial z}\right)\mathrm{d}x\mathrm{d}z$$

$$= \oint\limits_{\Gamma}k\frac{\partial \tilde{T}}{\partial \bar{n}}\varphi_i\mathrm{d}s - \iint\limits_{D}k\left(\frac{\partial \tilde{T}}{\partial x}\frac{\partial \varphi_i}{\partial x} + \frac{\partial \tilde{T}}{\partial z}\frac{\partial \varphi_i}{\partial z}\right)\mathrm{d}x\mathrm{d}z$$

其中，$\alpha$、$\gamma$ 是有向曲线 $\Gamma$ 的外法向量的方向角。又因为超压流体可近似看作不可压缩的无源流体，其速度场可近似看作无源场，根据式(5-24)有

$$\iint\limits_{D}c_f\rho_f\left[\frac{\partial}{\partial x}(v_x\tilde{T}) + \frac{\partial}{\partial z}(v_z\tilde{T})\right]\varphi_i\mathrm{d}x\mathrm{d}z$$

$$= \iint\limits_{D}c_f\rho_f\left(v_x\frac{\partial \tilde{T}}{\partial x} + v_z\frac{\partial \tilde{T}}{\partial z}\right)\varphi_i\mathrm{d}x\mathrm{d}z + \iint\limits_{D}c_f\rho_f\tilde{T}\left(\frac{\partial v_x}{\partial x} + \frac{\partial v_z}{\partial z}\right)\varphi_i\mathrm{d}x\mathrm{d}z$$

$$= \iint\limits_{D}c_f\rho_f\left(v_x\frac{\partial \tilde{T}}{\partial x} + v_z\frac{\partial \tilde{T}}{\partial z}\right)\varphi_i\mathrm{d}x\mathrm{d}z$$

从而式(5-24)化为

$$\oint_\Gamma k\frac{\partial \tilde{T}}{\partial \vec{n}}\varphi_i \mathrm{d}s - \iint_D k\left(\frac{\partial \tilde{T}}{\partial x}\frac{\partial \varphi_i}{\partial x} + \frac{\partial \tilde{T}}{\partial z}\frac{\partial \varphi_i}{\partial z}\right)\mathrm{d}x\mathrm{d}z$$

$$-\iint_D c_f \rho_f \left(v_x \frac{\partial \tilde{T}}{\partial x} + v_z \frac{\partial \tilde{T}}{\partial z}\right)\varphi_i \mathrm{d}x\mathrm{d}z$$

$$+\iint_D Q\varphi_i \mathrm{d}x\mathrm{d}z - \iint_D c\rho \frac{\partial \tilde{T}}{\partial t}\varphi_i \mathrm{d}x\mathrm{d}z = 0$$

将式(5-22)代入，并整理得

$$\sum_{j=1}^{N}\left[\iint_D k\left(\frac{\partial \varphi_i}{\partial x}\frac{\partial \varphi_j}{\partial x} + \frac{\partial \varphi_i}{\partial z}\frac{\partial \varphi_j}{\partial z}\right)\mathrm{d}x\mathrm{d}z + \iint_D c_f \rho_f \left(v_x \frac{\partial \varphi_j}{\partial x} + v_z \frac{\partial \varphi_j}{\partial z}\right)\varphi_i \mathrm{d}x\mathrm{d}z\right]\cdot C_j(t)$$

$$+\sum_{j=1}^{N}\iint_D c\rho\varphi_i\varphi_j \mathrm{d}x\mathrm{d}z \cdot \frac{\mathrm{d}C_j(t)}{\mathrm{d}t} = \oint_\Gamma k\frac{\partial \tilde{T}}{\partial \vec{n}}\varphi_i \mathrm{d}s + \iint_D Q\varphi_i \mathrm{d}x\mathrm{d}z \qquad (5\text{-}27)$$

令

$$A_{ij} = \iint_D k\left(\frac{\partial \varphi_i}{\partial x}\frac{\partial \varphi_j}{\partial x} + \frac{\partial \varphi_i}{\partial z}\frac{\partial \varphi_j}{\partial z}\right)\mathrm{d}x\mathrm{d}z + \iint_D c_f \rho_f \left(v_x \frac{\partial \varphi_j}{\partial x} + v_z \frac{\partial \varphi_j}{\partial z}\right)\varphi_i \mathrm{d}x\mathrm{d}z$$

$$B_{ij} = \iint_D c\rho\varphi_i\varphi_j \mathrm{d}x\mathrm{d}z$$

$$F_i = \oint_\Gamma k\frac{\partial \tilde{T}}{\partial \vec{n}}\varphi_i \mathrm{d}s + \iint_D Q\varphi_i \mathrm{d}x\mathrm{d}z$$

则式(5-27)可写为

$$\sum_{j=1}^{N} A_{ij}C_j(t) + \sum_{j=1}^{N} B_{ij}\frac{\mathrm{d}C_j(t)}{\mathrm{d}t} = F_i, \quad i = 1,2,\cdots,N \qquad (5\text{-}28)$$

将式(5-28)中的 $\dfrac{\mathrm{d}C_j(t)}{\mathrm{d}t}$ 用差分 $\dfrac{C_j(t) - C_j(t-\Delta t)}{\Delta t}$ 代替，则有

$$\sum_{j=1}^{N} A_{ij}C_j(t) + \sum_{j=1}^{N} B_{ij}\frac{C_j(t) - C_j(t-\Delta t)}{\Delta t} = F_i \qquad (5\text{-}29)$$

整理得

$$\sum_{j=1}^{N}\left(A_{ij} + \frac{B_{ij}}{\Delta t}\right)C_j(t) = G_i$$

其中，$G_i = F_i + \sum_{j=1}^{N}\dfrac{B_{ij}}{\Delta t}C_j(t-\Delta t)$ 。

当已知前一个时刻的 $C_j(t-\Delta t)$，从方程中可解出后一个时刻的 $C_j(t)$。

### 5.2.2.2　刚度矩阵的计算

仍以二维状况为例，因为研究区域 $D = \sum_{m=1}^{M} e_m$，而 $\varphi_i$、$\varphi_j$ 是 $D$ 上的二元线性函数，且满足式(5-7)。所以，在 $e_m$ 上可令

$$\varphi_i(x,z) = \alpha_i^{(m)} + \beta_i^{(m)}x + \gamma_i^{(m)}z$$

$$\varphi_j(x,z) = \alpha_j^{(m)} + \beta_j^{(m)}x + \gamma_j^{(m)}z$$

于是，有

$$A_{ij} = \sum_{m=1}^{M} \iint_{e_m} k\left(\frac{\partial \varphi_i}{\partial x}\frac{\partial \varphi_j}{\partial x} + \frac{\partial \varphi_i}{\partial z}\frac{\partial \varphi_j}{\partial z}\right)\mathrm{d}x\mathrm{d}z + \sum_{m=1}^{M} \iint_{e_m} c_f\rho_f\left(v_x\frac{\partial \varphi_j}{\partial x} + v_z\frac{\partial \varphi_j}{\partial z}\right)\varphi_i\mathrm{d}x\mathrm{d}z$$

$$= \sum_{m=1}^{M} \iint_{e_m} k(\beta_i^{(m)}\beta_j^{(m)} + \gamma_i^{(m)}\gamma_j^{(m)})\mathrm{d}x\mathrm{d}z + \sum_{m=1}^{M} \iint_{e_m} c_f\rho_f(v_x\beta_j^{(m)} + v_z\gamma_j^{(m)})\varphi_i\mathrm{d}x\mathrm{d}z$$

$$B_{ij} = \sum_{m=1}^{M} \iint_{e_m} c\rho\varphi_i\varphi_j\mathrm{d}x\mathrm{d}z$$

当 $i$，$j$ 不全为三角形单元 $e_m$ 的节点时，有

$$\alpha_i^{(m)} = \beta_i^{(m)} = \gamma_i^{(m)} = 0 \qquad \text{或} \quad \alpha_j^{(m)} = \beta_j^{(m)} = \gamma_j^{(m)} = 0$$

从而有

$$\iint_{e_m} k(\beta_i^{(m)}\beta_j^{(m)} + \gamma_i^{(m)}\gamma_j^{(m)})\mathrm{d}x\mathrm{d}z = 0$$

$$\iint_{e_m} c_f\rho_f(v_x\beta_j^{(m)} + v_z\gamma_j^{(m)})\varphi_i\mathrm{d}x\mathrm{d}z = 0$$

$$\iint_{e_m} c\rho\varphi_i\varphi_j\mathrm{d}x\mathrm{d}z = 0$$

当 $i$、$j$ 同为三角形单元 $e_m$ 的节点时，又假设 $e_m$ 的另一个节点编号为 $k$，则根据 $\varphi_i$、$\varphi_j$ 的性质，得

$$\alpha_i^{(m)} = \frac{a_i^{(m)}}{2\Delta_m}, \beta_i^{(m)} = \frac{b_i^{(m)}}{2\Delta_m}, \gamma_i^{(m)} = \frac{c_i^{(m)}}{2\Delta_m}$$

$$\alpha_j^{(m)} = \frac{a_j^{(m)}}{2\Delta_m}, \beta_j^{(m)} = \frac{b_j^{(m)}}{2\Delta_m}, \gamma_j^{(m)} = \frac{c_j^{(m)}}{2\Delta_m}$$

其中

$$a_i^{(m)} = \begin{vmatrix} x_j & z_j \\ x_k & z_k \end{vmatrix}, b_i^{(m)} = \begin{vmatrix} z_j & 1 \\ z_k & 1 \end{vmatrix}, c_i^{(m)} = \begin{vmatrix} 1 & x_j \\ 1 & x_k \end{vmatrix}$$

$$a_j^{(m)} = \begin{vmatrix} x_k & z_k \\ x_i & z_i \end{vmatrix}, b_j^{(m)} = \begin{vmatrix} z_k & 1 \\ z_i & 1 \end{vmatrix}, c_j^{(m)} = \begin{vmatrix} 1 & x_k \\ 1 & x_i \end{vmatrix}$$

从而有

$$\iint_{e_m} k(\beta_i^{(m)}\beta_j^{(m)} + \gamma_i^{(m)}\gamma_j^{(m)})\mathrm{d}x\mathrm{d}z = \frac{k^{(m)}}{4\Delta_m}\left(b_i^{(m)}b_j^{(m)} + c_i^{(m)}c_j^{(m)}\right) \tag{5-30}$$

$$\iint_{e_m} c_f\rho_f(v_x\beta_j^{(m)} + v_z\gamma_j^{(m)})\varphi_i\mathrm{d}x\mathrm{d}z = \frac{\rho_f c_f}{6}\left(v_x^{(m)}b_j^{(m)} + v_z^{(m)}c_j^{(m)}\right) \tag{5-31}$$

$$\iint_{e_m} \rho c\varphi_i\varphi_j\mathrm{d}x\mathrm{d}z = \begin{cases} \dfrac{\Delta_m}{6}\rho^{(m)}c^{(m)}, i = j \\ \dfrac{\Delta_m}{12}\rho^{(m)}c^{(m)}, i \neq j \end{cases} \tag{5-32}$$

式中，$k^{(m)}$、$\rho^{(m)}$、$c^{(m)}$以及$v_x^{(m)}$、$v_z^{(m)}$分别为$k$、$\rho$、$c$ 和 $v_x$、$v_z$ 在三角形单元 $e_m$ 上的某取值；而 $\Delta_m$ 为 $e_m$ 的面积。

### 5.2.2.3　源汇项及边界条件的处理

已知

$$F_i = \oint_\Gamma k\frac{\partial\tilde{T}}{\partial\vec{n}}\varphi_i\mathrm{d}s + \iint_D Q\varphi_i\mathrm{d}x\mathrm{d}z = \oint_\Gamma k\frac{\partial\tilde{T}}{\partial\vec{n}}\varphi_i\mathrm{d}s + \sum_{m=1}^M \iint_{e_m} Q\varphi_i\mathrm{d}x\mathrm{d}z \tag{5-33}$$

所以，当 $i$ 不是 $e_m$ 的节点时，有

$$\iint_{e_m} Q\varphi_i\mathrm{d}x\mathrm{d}z = 0$$

当 $i$ 是 $e_m$ 的节点时，有

$$\iint_{e_m} Q\varphi_i\mathrm{d}x\mathrm{d}z = \frac{\Delta_m}{3}Q^{(m)}$$

其中，$Q^{(m)}$为 $Q$ 在 $e_m$ 上的某个取值。对于

$$\oint_\Gamma k\frac{\partial\tilde{T}}{\partial\vec{n}}\varphi_i\mathrm{d}s$$

当 $i$ 为内点时，有

$$\oint_\Gamma k\frac{\partial\tilde{T}}{\partial\vec{n}}\varphi_i\mathrm{d}s = 0 \tag{5-34}$$

当 $i$ 为第二类边界点时，又假设与 $i$ 相邻的两个边界点为 $j$、$k$，则有

$$\oint_\Gamma k\frac{\partial\tilde{T}}{\partial\vec{n}}\varphi_i\mathrm{d}s = \frac{1}{2}L_{ij}q_{ij} + \frac{1}{2}L_{ik}q_{ik} \tag{5-35}$$

式中，$L_{ij}$、$L_{ik}$分别为 $i$ 点到 $j$ 点和 $i$ 点到 $k$ 点的距离；$q_{ij}$为 $q$ 在 $i$、$j$ 两点之间的某个取值；$q_{ik}$为 $q$ 在 $i$、$k$ 两点之间的某个取值。当 $i$ 为第一类边界点时，

$$\oint_{\Gamma} k \frac{\partial \tilde{T}}{\partial \vec{n}} \varphi_i \mathrm{d}s$$

无法求出，从而

$$F_i = \oint_{\Gamma} k \frac{\partial \tilde{T}}{\partial \vec{n}} \varphi_i \mathrm{d}s + \sum_{m=1}^{M} \iint_{e_m} Q \varphi_i \mathrm{d}x\mathrm{d}z$$

也无法求出。但此时的温度已知，即

$$T(x_i, z_i, t) = f(x_i, z_i, t) \quad 或 \quad C_i(t) = f(x_i, z_i, t)$$

所以只要令

$$G_i = f(x_i, z_i, t)$$

且令

$$A_{ij} = \begin{cases} 0, j \neq i \\ 1, j = i \end{cases}, \qquad B_{ij} = \begin{cases} 0, j \neq i \\ 1, j = i \end{cases}$$

便可从式(5-29)中求出满足条件的所有 $C_j(t)$ $(j=1, 2, \cdots, N)$，从而得

$$\tilde{T}(x, y, t) = \sum_{j=1}^{N} C_j(t) \varphi_j(x, z) \tag{5-36}$$

## 5.2.3　超压层段地热场子模型差分法模拟

除了有限单元法，超压层段地热场子模型还可以采用差分法来求数值解。

### 5.2.3.1　盆地内超压层段热传导和热对流耦合方程

盆地沉积盖层中超压层段的三维热传导和热对流的耦合方程可表示为

$$\frac{\partial}{\partial x}\left(k\frac{\partial T}{\partial x}\right) + \frac{\partial}{\partial y}\left(k\frac{\partial T}{\partial y}\right) + \frac{\partial}{\partial z}\left(k\frac{\partial T}{\partial z}\right)$$

$$-\rho_f c_f\left[\frac{\partial}{\partial x}(v_x T) + \frac{\partial}{\partial y}(v_y T) + \frac{\partial}{\partial z}(v_z T)\right] + Q = \rho c \frac{\partial T}{\partial t} \tag{5-37}$$

式中，$k$ 为地下孔隙介质热导率$[\mathrm{W/(m \cdot {}^\circ\!C)}]$；$\rho = \rho(1-\varphi) + \rho_f \varphi$ 为地下孔隙介质的联合密度$(\mathrm{kg/m^3})$，其中 $\rho$ 和 $\rho_f$ 分别为骨架与地下流体的密度；$c = c(1-\varphi) + c_f \varphi$ 为地下介质的比热，其中 $c$ 和 $c_f$ 分别为骨架与地下流体的比热；$v_x$、$v_y$、$v_z$ 分别为超压流体速度 $v = v_x \boldsymbol{l} + v_y \boldsymbol{j} + v_z \boldsymbol{k}$ 在 $x$、$y$、$z$ 方向的分量$(\mathrm{m/s})$。当 $v_x=0$、$v_y=0$、$v_z=0$ 时，对应为过压实层段子模型热演化方程；如果将 $v_x$、$v_y$、$v_z$ 用 $v_x+u_x$、$v_y+u_y$、$v_z+u_z$ 替换(其中 $u_x$、$u_y$、$u_z$ 为自由对流速度分量)，则热演化方程就转化为正常压实层段的热演化方程(李星等，2001)。

### 5.2.3.2　超压层段地热场子模型的非等间距差分解法

设研究区域为 $\Omega$，则超压层段非幕式突破期的地热场数学模型为

$$\begin{cases} \dfrac{\partial}{\partial x}\left(k\dfrac{\partial T}{\partial x}\right)+\dfrac{\partial}{\partial y}\left(k\dfrac{\partial T}{\partial y}\right)+\dfrac{\partial}{\partial z}\left(k\dfrac{\partial T}{\partial z}\right) \\[2mm] \quad -c_f\rho_f\left[\dfrac{\partial}{\partial x}(v_xT)+\dfrac{\partial}{\partial y}(v_yT)+\dfrac{\partial}{\partial z}(v_zT)\right]+F=c\rho\dfrac{\partial T}{\partial t} \\[2mm] T\big|_{\Sigma_1}=T_0(x,y,z,t) \\[2mm] \dfrac{\partial T}{\partial n}\bigg|_{\Sigma_2}=\dfrac{q}{k} \\[2mm] T\big|_{t=0}=\varphi(x,y,z) \end{cases} \tag{5-38}$$

在定解条件中，$\varphi(x,y,z)$ 为初始温度（℃）；$T_0(x,y,z,t)$ 是第一类边界 $\Sigma_1$ 上的温度，一般指地表温度（℃）；$q(x,y,z,t)$ 是第二类边界 $\Sigma_2$ 上由外向内的地热流值，一般指基底热流值 [J/(s·m²) 或 W/m²]。假设有三维实体（图 5-8），用不等间隔的分点 $x_i(i=0,1,\cdots,I)$、$y_j(j=0,1,\cdots,J)$ 及 $z_k(k=0,1,\cdots,K)$，将 $x$、$y$、$z$ 轴分成若干个小区间 $\Delta x_i=x_i-x_{i-1}$、$\Delta y_j=y_j-y_{j-1}$、$\Delta z_k=z_k-z_{k-1}$（$i=1,2,\cdots,I$；$j=1,2,\cdots,J$；$k=1,2,\cdots,K$）。为了书写方便，规定 $f^n_{i,j,k}=f(x_i,y_j,z_k)$，$g^n_{i,j,k}=g(x_i,y_j,z_k)$，对时间 $t$ 用向后差分，并且令

$$\alpha_i=\frac{\Delta x_i}{\Delta x_i+\Delta x_{i+1}},\quad \beta_j=\frac{\Delta y_j}{\Delta y_j+\Delta y_{j+1}},\quad \gamma_k=\frac{\Delta z_k}{\Delta z_k+\Delta z_{k+1}}$$

$$\lambda_i=\frac{2}{\Delta x_i\Delta x_{i+1}},\quad \mu_j=\frac{2}{\Delta y_j\Delta y_{j+1}},\quad \nu_k=\frac{2}{\Delta z_k\Delta z_{k+1}},$$

以及

$$A^n_{i,j,k}=\lambda_i(1-\alpha_i)k_{i,j,k}+c_f\rho_f\frac{(w_x)^n_{i-1,j,k}}{\Delta x_i}$$

$$B^n_{i,j,k}=\mu_j(1-\beta_j)k_{i,j,k}+c_f\rho_f\frac{(w_y)^n_{i,j-1,k}}{\Delta y_j}$$

$$C^n_{i,j,k}=\nu_k(1-\gamma_k)k_{i,j,k}+c_f\rho_f\frac{(w_z)^n_{i,j,k-1}}{\Delta z_k}$$

$$\begin{aligned} D^n_{i,j,k}=&\lambda_i\alpha_ik_{i+1,j,k}+\mu_j\beta_jk_{i,j+1,k}+\nu_k\gamma_kk_{i,j,k+1}\\ &+\lambda_i(1-\alpha_i)k_{i,j,k}+\mu_j(1-\beta_j)k_{i,j,k}+\nu_k(1-\gamma_k)k_{i,j,k}+\\ &c_f\rho_f\left(\frac{(w_x)^n_{i,j,k}}{\Delta x_i}+\frac{(w_y)^n_{i,j,k}}{\Delta y_j}+\frac{(w_z)^n_{i,j,k}}{\Delta z_k}\right)+\frac{c_{i,j,k}\rho_{i,j,k}}{\Delta t_n} \end{aligned}$$

于是式（5-37）所对应的差分方程可以写成如下形式

$$\begin{aligned} &A^n_{i,j,k}T^n_{i-1,j,k}+B^n_{i,j,k}T^n_{i,j-1,k}+C^n_{i,j,k}T^n_{i,j,k-1}\\ &+\lambda_i\alpha_ik_{i+1,j,k}T^n_{i+1,j,k}+\mu_j\beta_jk_{i,j+1,k}T^n_{i,j+1,k}+\nu_k\gamma_kk_{i,j,k+1}T^n_{i,j,k+1}\\ &+D^n_{i,j,k}T^n_{i,j,k}=-Q^n_{i,j,k}-\frac{c_{i,j,k}\rho_{i,j,k}}{\Delta t_n}T^{n-1}_{i,j,k} \end{aligned} \tag{5-39}$$

其中，$i=1,2,\cdots,I-1$；$j=1,2,\cdots,J-1$；$k=1,2,\cdots,K-1$。

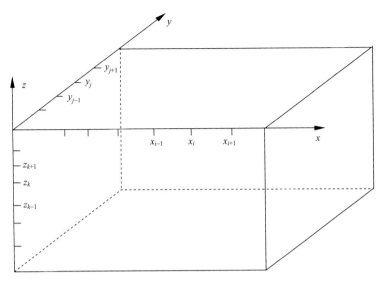

图 5-8　理想三维实体模型及其空间坐标

根据第一类边界条件，当地表温度已知时，有

$$T_{i,j,K}^n = f(x_i, y_j, z_K, t_n) \quad (i=0,1,\cdots,I;\ j=0,1,\cdots,J)$$

因为我们一般假设四周边界是绝热的，即地热流值为零，从而有

$$k\left.\frac{\partial T}{\partial n}\right|_{\Gamma_2} = q = 0 \quad \text{或} \quad \left.\frac{\partial T}{\partial n}\right|_{\Gamma_2} = 0$$

所以由一阶差分，得

$$T_{0,j,k}^n = T_{1,j,k}^n, \quad T_{I,j,k}^n = T_{I-1,j,k}^n \quad (j=0,1,\cdots,J-1;\ k=1,2,\cdots,K-1)$$

$$T_{i,0,k}^n = T_{i,1,k}^n, \quad T_{i,J,k}^n = T_{i,J-1,k}^n \quad (i=0,1,\cdots,I-1;\ k=1,2,\cdots,K-1)$$

由第二类边界条件可知，基底热流值为 $q$，即

$$k\left.\frac{\partial T}{\partial n}\right|_{\Gamma_2} = q(x,y,z,t)$$

又根据一阶差分，可得

$$k_{i,j,0}\frac{T_{i,j,1}^n - T_{i,j,0}^n}{\Delta z_1} = -q_{i,j,0}^n$$

或写为

$$k_{i,j,0}T_{i,j,0}^n - k_{i,j,0}T_{i,j,1}^n = q_{i,j,0}^n\Delta z_1 \quad (i=0,1,\cdots,I;\ j=0,1,\cdots,J)$$

于是，可以从这 $(I+1)\times(J+1)\times K$ 个方程

$$
\begin{cases}
A_{i,j,k}^{n} T_{i-1,j,k}^{n} + B_{i,j,k}^{n} T_{i,j-1,k}^{n} + C_{i,j,k}^{n} T_{i,j,k-1}^{n} \\
\quad + \lambda_i \alpha_i k_{i+1,j,k} T_{i+1,j,k}^{n} + \mu_j \beta_j k_{i,j+1,k} T_{i,j+1,k}^{n} + \nu_k \gamma_k k_{i,j,k+1} T_{i,j,k+1}^{n} + D_{i,j,k}^{n} T_{i,j,k}^{n} \\
= -Q_{i,j,k}^{n} - \dfrac{c_{i,j,k}\rho_{i,j,k}}{\Delta t_n} \cdot T_{i,j,k}^{n-1} \\
T_{0,j,k}^{n} = T_{1,j,k}^{n},\quad T_{I-1,j,k}^{n} = T_{I,j,k}^{n} \\
T_{i,0,k}^{n} = T_{i,1,k}^{n},\quad T_{i,J-1,k}^{n} = T_{i,J,k}^{n} \\
T_{i,j,0}^{n} - T_{i,j,1}^{n} = q_{i,j,0}^{n} \Delta z_1 / k_{i,j,0}
\end{cases}
\tag{5-40}
$$

解出 $(I+1) \times (J+1) \times K$ 个未知数

$$T_{i,j,k}^{n} \quad (i=0,1,\cdots,I;\ j=0,1,\cdots,J;\ k=0,1,\cdots,K-1)$$

当 $n=1$ 时，由初始条件，即可得

$$T_{i,j,k}^{0'} = (T_{0'})_{i,j,k} \quad (i=1,2,\cdots,I-1;\ j=1,2,\cdots,J-1;\ k=1,2,\cdots,K-1)$$

根据式(5-39)，依次可以解出

$$T_{i,j,k}^{1}, T_{i,j,k}^{2}, T_{i,j,k}^{3}, \cdots \quad (i=0,1,\cdots,I;\ j=0,1,\cdots,J;\ k=0,1,\cdots,K-1)$$

### 5.2.3.3　超压层段地热场子模型的多尺度差分算法

在进行盆地古地热场模拟时，往往需要通过计算单元局部加密，来刻画重要对象某个部位的细节特征。这就涉及多尺度差分算法问题。研究对象局部加密的差分解法有两种，即全区非等间距单元剖分差分解法和局部虚拟点加密非等间距单元剖分差分解法。如果采用全区非等间距单元剖分差分解法(图 5-9)，势必带来计算量的增加。特别是当

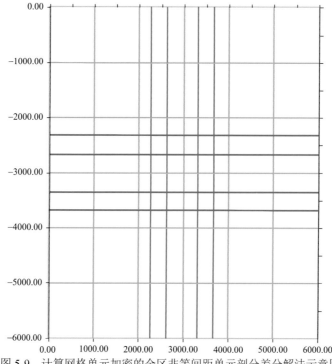

图 5-9　计算网格单元加密的全区非等间距单元剖分差分解法示意图

网格节点多、数据量大的时候，计算量会成倍增加。这时可采用在关注对象周围增加"虚拟点"的办法来处理(图 5-10)。由于虚拟点的值通过线性插值法获得，其计算量比全区非等间距单元剖分差分解法大大减少，而精度大大提高(Li et al., 2013；图 5-11)。

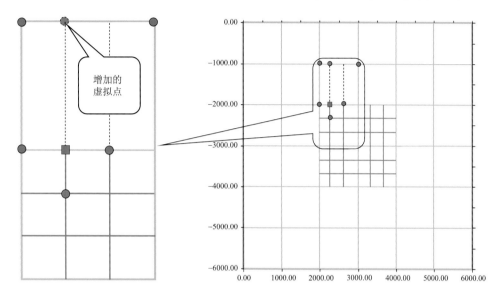

图 5-10　局部虚拟点加密非等间距单元剖分差分解法示意图

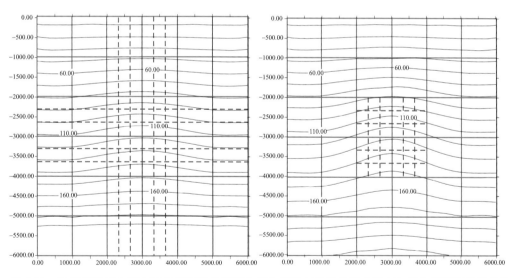

图 5-11　岩浆岩体侵入的全区非等间距单元剖分差分解法(左)和局部虚拟点加密非等间距单元剖分差分解法(右)模拟结果

　　尽管如此，对于超大型盆地的油气系统而言，三维古地热场动态模拟的计算量仍然十分惊人，需要借鉴道格拉斯(Douglas)交替算法进行降维处理，将一个三维问题转化为三个一维问题，实现三维非均质、多尺度油气系统的古地热场动态模拟。

# 5.3　盆地古地热场的古温标反演模拟法

所谓古温标是指盆地沉积盖层中能够记录和指示盆地地热演化历史的标志物。在盆地的形成演化过程中，地层中一些物质(有机质、矿物、流体包裹体等)在一定时间内受到热的作用，会发生一定物理化学变化。当这些变化以特定的指标被记录下来并保存至今，就成为能够用于回溯所经历的古地温信息的标志，即地质温度计。

## 5.3.1　古温标类型与特点

古温标法就是利用地质温度计来恢复盆地古地温演化史的方法。为了反演有机质成熟史，要求作为地质温度计的指标所指示的温度较低，并对温度的细微变化具有一定的灵敏度，如镜质组反射率、裂变径迹、流体包裹体成分、成岩自生矿物和牙形石色变指数等。其中，常用的有镜质组反射率、裂变径迹和流体包裹体。

### 5.3.1.1　镜质组反射率($R_o$)

镜质组反射率 $R_o$ 原是在煤变质作用研究中用于衡量煤阶的一项指标，其值与有机质热演化程度对应，并且具有显著的稳定性和不可逆性，以及采集方法简单、测定准确、价格低廉等特点，相对于裂变径迹等古地温计代价昂贵且具不确定性而言具有显著的优势。由于镜质组在烃源岩的分散有机质中普遍存在，$R_o$ 便被引入油气地质领域作为有机质成熟度鉴定标志和古地温计。这里有必要指出，在许多文献中使用"镜质体"的概念是不准确的，因为所测定的并非单一的镜质体，而是多种镜质体的组合(杨起等，1996)。温度对有机质转化反应的累积效应，可用速度常数对时间的积分表示(成熟度积分)。这就是说，$R_o$ 值是所经受的地温 $T$ 及有效受热时间 $t$ 的函数(Bostick，1971)，即

$$R_o = f(T, t) \tag{5-41}$$

这一函数关系符合阿伦尼乌斯(Arrhenius)定律。所以，当这个方法被引进油气地质学领域作为岩层分散有机质成熟度的标志后，很快就成为含油气盆地的古地温计。只要有了少量 $R_o$ 测量值和岩层埋藏史，便可以利用该古地温计的函数关系，求解各套沉积岩层在盆地演化进程中各阶段的古温度场，进而恢复盆地古地热场的演化历史。

目前，应用镜质组反射率研究盆地古地温的方法模型，主要有如下四种：

(1) $T$-$R_o$ 模型。仅将镜质组反射率作为温度的函数(Price，1983；Barker and Pawlewicz，1986)。他们利用世界上 35 个地区 600 多个腐殖型有机质的平均镜质组反射率($R_o$)及其对应的最大温度 $T_{max}$，建立回归方程 $\ln R_o = 0.0078T_{max} - 1.2$，用来估算各盆地不同层位的最大温度，方程回归系数 $r=0.7$，表明 $R_o$ 与 $T_{max}$ 相关性较显著。

(2) $T$-$t$-$R_o$ 模型。认为镜质组反射率($R_o$)是温度和时间的函数。由 Karweil(1956)提出并制定图表(图 5-12)，经 Bostick(1971)和 Teichmuller(1971)补充、校正。Hood 等(1975)和 Cannan(1974)等也相继进行了研究，并给出了量板图表和经验公式。

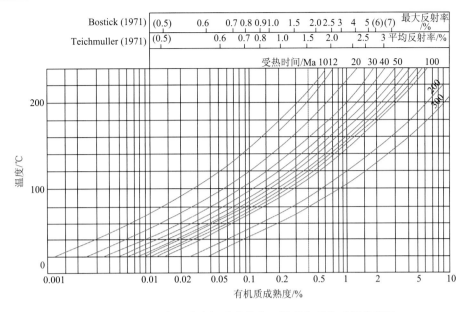

图 5-12 Karweil(1956)有机质成熟度、温度和受热时间关系图

资料来源：周中毅等(1997)

(3)单一活化能模型。基于 Arrhenius 一级化学反应动力学的时间-温度指数(TTI-$R_o$)模型。该模型由 Lopatin(1971)提出，由 Waples(1980)、Lerche 等(1984)和 Lerche(1988)改进，是利用镜质组反射率与 TTI 关系来拟合计算古热流的计算模型。

(4)多个活化能模型。通常称为 Easy%$R_o$ 模型，简称 Easy $R_o$ 模型。这是一种基于平行 Arrhenius 化学反应原理的动力学模型(Burnham and Sweeney, 1989；Sweeney and Burnham, 1990)。Easy $R_o$ 模型以化学动力学为基础，基本脱离了以前定量模型中的经验模式，该模型不但考虑了众多一级平行化学反应，还考虑了加热速率，计算也较为严格。Easy $R_o$ 模型的理论基础较为扎实，适用于描述Ⅲ型干酪根成熟过程，其计算可不依赖于盆地的其他地质条件，而且计算结果的准确性较高，因而在盆地地热史的动态模拟中应用广泛。

在以上 4 类基于镜质组反射率的热演化模型中，第一、二类模型是经验性的，使用较为简单，在盆地地热史研究中，常被用于最大古地温的粗略估计，但对于有效受热时间难以确定；第三、四类模型在现今应用较多，其中第四类模型相对精确一些，对于中、高有机质成熟度更为准确，但在成熟度较低时($R_o<0.9\%$)对 $R_o$ 估计可能偏高(图 5-13)。

总之，由于测量简便、价格低廉且可靠性高，镜质组反射率法在恢复盆地地热演化史和剥蚀厚度等方面，得到了广泛的应用。但是，镜质组反射率法本身也存在许多局限性，如：①不能直接应用于海相或前石炭纪缺失镜质组的地层；②低熟有机质中 $R_o$ 测值精度差；③测值受光性各向异性的影响；④测值受再沉积影响；⑤测值受岩性的影响；⑥测值受氧化-还原因素的影响；⑦测值受样品处理方法的影响等，在应用时需要具体分析。

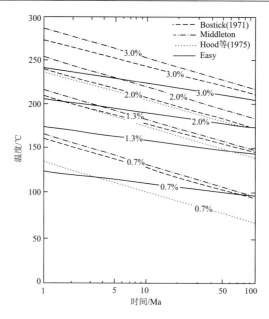

图 5-13　四种方法所求镜质组反射率与经历时间和最大温度关系对比

资料来源：Sweeney 和 Burnham（1990）

### 5.3.1.2　裂变径迹

利用磷灰石裂变径迹恢复盆地地热历史是近几十年发展起来的新方法。该方法依据的原理是：磷灰石在沉积岩中分布广且对温度敏感，其中所含的铀 238 会自行裂变并产生射线径迹，在盆地演化过程中因受到温度作用而发生退火作用，导致裂变径迹部分消失，分布密度和长度随之发生改变。裂变径迹退火的温度范围在 60～125℃，与生油窗的温度范围基本一致。根据裂变径迹的密度和长度标定的岩层古地温比较精确，可反映不同地质时期的特点，是比较理想的地质温度计（Gleadow et al., 1983）。磷灰石裂变径迹法常用的参数包括：裂变径迹年龄、表观年龄随深度的变化、单颗粒年龄分布、封闭裂变径迹平均长度随深度的变化和封闭裂变径迹长度分布等（Green et al., 1989）。

磷灰石中的裂变径迹，是不同时期形成的。随着时间推移，磷灰石中会不断形成新的裂变径迹，并具有类似的原生径迹长度[（16±1）μm]。不同裂变径迹的缩减程度，反映了它们所经历的退火状态及退火过程。在实验室条件下与盆地地质条件下，磷灰石裂变径迹的特征基本一致，都是随温度的增高，密度减小，长度变短，长度配分直方图由长、窄变为短、宽，直至消失（图 5-14）。未退火的矿物，裂变径迹的长度分布具有形状对称、峰窄、平均值较大、偏差较小等特点。进入退火带的径迹，长度分布随温度升高向短的方向移动，短径迹数增多，分布变宽，平均值变小，偏差变大。经历过比较复杂热演化历史的样品，其径迹长度分布可能出现双峰或混合峰的形态。据此，可分析并恢复盆地的地热演化史。

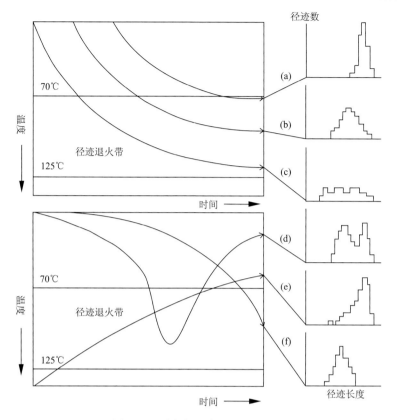

图 5-14　裂变径迹实验的结果图示

对于连续沉积且目前正处于最大埋藏深度(温度)的岩层，磷灰石裂变径迹的年龄-深度(温度)关系可分为 3 个带(图 5-15；Naeser et al., 1989)。从浅到深依次为：①未退火带：年龄反映物源的年代，大于或等于岩层年龄；②部分退火带：年龄逐渐减小，小于岩层年龄；③完全退火带：年龄等于零，岩层已经被完全退火。

岩层在达到最大埋藏深度后，由于抬升剥蚀或地温梯度的减小而逐渐冷却，磷灰石的裂变径迹年龄-深度(温度)关系将出现 5 个分带(图 5-16)。从上到下依次是：①未退火带；②部分退火带；③冷却带；④部分退火带；⑤完全退火带。冷却带也称为前完全退火带，是冷却后又生出的新裂变径迹，根据其年龄、年龄-深度曲线的斜率和岩层厚度，可以确定冷却事件发生的时间、速率和地层抬升剥蚀信息。

20 世纪 80 年代以来，裂变径迹热年代学得到发展。例如，Zeta 常数定年法和 Durango 等标准年龄样品的使用、单颗粒沉积碎屑物的测年、磷灰石退火行为的研究，以及基于不同的等温退火实验建立不同的磷灰石退火模型，其中包括平行直线模型、扇形直线模型、平行曲线模型、扇形曲线模型、统计模型等(Green et al., 1989；Laslett et al., 1987；Donelick et al., 1999)。同时，还出现了一系列可供选择使用的模拟软件。

磷灰石裂变径迹法有以下 3 个主要优点：①能够用于确定岩层所遭受的最大古地温；②能够确定从最大古地温状况下开始冷却的时间；③能够确定岩层达到最大古地温时的古地温梯度。此外，锆石裂变径迹退火温度高于磷灰石，可与磷灰石裂变径迹分析结合

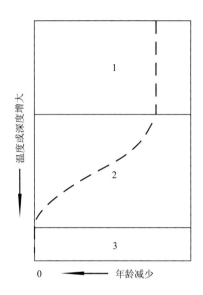
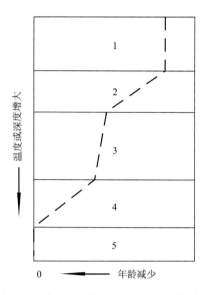

图 5-15　最大埋藏深度(温度)下的磷灰石裂变径
　　　　迹年龄与温度的关系

1-未退火带；2-部分退火带；3-完全退火带

资料来源：Naeser 等(1989)

图 5-16　受到一次冷却后的磷灰石裂变径迹
　　　　年龄与温度的关系

1-未退火带；2-部分退火带；3-冷却带；4-部分退火带；
5-完全退火带

资料来源：Naeser 等(1989)

使用，特别是对于热演化程度高的地区比较适用。但是，磷灰石裂变径迹测定数据的准确性和不确定性较为显著，因而可靠性经常遭到质疑。同时，其测量成本较高，样品测试难以大批量进行，难以获得盆地和各级油气系统中的空间分布数据。因此，在油气系统地热演化史的三维模拟中，磷灰石裂变径迹法多用于整体或局部地热场模型标定。

### 5.3.1.3　流体包裹体

盆地沉积物在埋藏和压实成岩的同时，通常会伴随着一系列新生矿物生成作用和有机质裂解作用。这些新生矿物在成岩期的不同阶段和成岩期后，有不同的生成顺序和产出形式。同时，自生矿物在形成过程中，常常封存了不同成因的微量地质流体(包括含烃流体)，形成大量的流体包裹体。因此，通过对自生矿物及其流体包裹体的研究，可以获得有关油气生成、运聚、成藏的地质环境、物理化学条件及其演化的重要信息。这对于恢复油气系统演化史，查明油气成藏动力学和热力学过程有重要意义。

流体包裹体形成时，被包裹的流体物质往往均匀地充满整个空间，随后由于温度、压力的变化，先前均匀的流体物质开始分化成气液两相。在实验条件下，将流体包裹体加热到某一温度，流体包裹体中的气液两相便会重新熔融为均匀的流体，此时的温度称为均一温度，代表了流体包裹体形成时的最低温度。在此基础上，再将压力校正到流体包裹体形成时的压力条件时，就可得到流体包裹体的捕获温度。流体包裹体的温度峰值往往对应于沉积盆地内部的重大构造-岩浆热事件，出现于盆地基底沉降幅度最大、烃源岩埋藏深度最大的时期。因此流体包裹体均一温度被广泛应用于含油气盆地及其各级油气系统的地热演化史分析研究。

流体包裹体的应用前提包括：①流体包裹体的成分能够代表其形成时主流体的成分。事实上，由于存在界面层效应，任何给定的流体包裹体的成分都不可能与主流体成分相同。然而，针对目前的流体包裹体研究，这种差别微不足道，其成分可以代表主流体的组成。②流体包裹体的物理化学条件、性质与主矿物结晶生长时的相一致。③流体包裹体与其寄主矿物之间不发生任何物质的交换或其他化学反应。④流体包裹体作为一封闭体系，在其形成时及形成后不存在物质的流入和流出。

从流体包裹体的组构、颜色和形态可获得一定地热演化信息。例如，气液比的大小可反映含流体包裹体矿物经受古地温的高低，气液比越大，所经历的古地温就越高；随着油气演化程度的增加，流体包裹体类型由纯液态包裹体向气液包裹体、气体包裹体方向变化；热演化程度越高，颜色越深。此外，流体包裹体的大小、数量及形态也可反映所在矿物的结晶速度。在动荡的环境中，结晶速度快，流体包裹体个体大、数量多、形态不规则；相反，在动力条件较弱的环境中，矿物结晶速度慢，流体包裹体个体小、数量较少、形态较规则。

目前流体包裹体研究主要有三方面的难题：一是如何分辨所测温度的期次归属；二是如何分辨成岩阶段及成岩序次，以及流体包裹体形成的期次；三是样品测试成本昂贵，难以大量测试并刻画三维空间的流体包裹体分布特征。这三个难题的存在，使得流体包裹体测温结果很难有针对性，在盆地地热场三维动态模拟中应用价值有限。

## 5.3.2　基于镜质组反射率估算古地热流体的方法

由于裂变径迹和流体包裹体获取代价高昂且具不确定性，目前多采用基于 $R_o$ 恢复盆地沉积岩层古温度的方法。其传统方法有 TTI-$R_o$ 法和 Easy $R_o$ 法。

### 5.3.2.1　TTI-$R_o$ 方法

Lopatin(1971)根据温度每增高 10℃ 干酪根热降解速率约增加一倍的机理，首先提出了计算 TTI 值的模型，其形式为

$$\text{TTI} = \sum_{T_{\min}}^{T_{\max}} \Delta t_m \cdot 2^m \tag{5-42}$$

式中，$T_{\min}$ 和 $T_{\max}$ 分别为最小和最大温度间隔；$\Delta t_m$ 为该间隔经历的受热时间(Ma)。$m=0$ 时对应于温度间隔 $100\sim110$℃，$m=1$ 时对应于 $110\sim120$℃ 等。

式(5-42)也可用积分形式写成

$$\text{TTI} = \int_{t_2}^{t_1} 2^{\frac{T_t-105}{10}} \, \mathrm{d}t \tag{5-43}$$

式中，$t_1$、$t_2$ 为时间的积分区间；$T_t$ 为依赖于时间的温度(℃)。Waples(1980)依此建立了以镜质组反射率($R_o$)为烃源岩古温标的古地温反演方法，即 TTI-$R_o$ 法。

TTI-$R_o$ 法的计算过程是：根据地热史模型所得的埋藏史，以及地热史模型所得的概略地温史，计算出时间温度指数(TTI)史；根据实测的 $R_o$ 值以及最大埋深时的 TTI 值，

制作 $R_o$-TTI 回归曲线；根据 TTI 史以及 $R_o$-TTI 回归曲线，计算出任何时间、任何地层的 $R_o$ 值。根据模拟所得的单井地层底界的概略地温史，可通过下式求该井各层底界的 TTI 史：

$$\text{TTI}(t) = \int_0^t 2^{\frac{T(t)-105}{10}} dt \qquad (5\text{-}44)$$

式中，$t$ 为埋藏时间（Ma）；$T(t)$ 为古地温（℃）。

TTI-$R_o$ 法认为 $R_o$ 值与 TTI 值存在对数线性关系，即

$$R_o(t) = a + b\ln[\text{TTI}(t)] \qquad (5\text{-}45)$$

由实测 $R_o$ 值及最大埋深时的 TTI 值，可回归出 $R_o$-TTI 曲线，即求出 $a$、$b$ 的值。从而利用式（5-44）计算出 TTI 史，再由式（5-45）计算出 $R_o$ 史。

TTI-$R_o$ 法综合考虑了受热温度和有效受热时间，方法原理和计算过程比较简便。传统的 TTI-$R_o$ 计算法是将地热史分成 $n$ 段，各段分界点的地质时间分别为 $0, t_1, t_2, \cdots, t_n$（从今到古），其线性的分段古热流模型表示为

$$
\begin{aligned}
q_1(t) &= q_0(1+\theta_1 t), & 0 &< t \leqslant t_1 \\
q_2(t) &= q_1[1+\theta_2(t_2-t_1)], & t_1 &< t \leqslant t_2 \\
&\cdots & &\cdots \\
q_n(t) &= q_{n-1}[1+\theta_n(t_n-t_{n-1})], & t_{n-1} &< t \leqslant t_n
\end{aligned}
\qquad (5\text{-}46)
$$

式（5-46）中，$q_0$ 为现今热流（mW/m$^2$）；$q_i(t)$ 为各个地质年代分段的古热流（$i=1,\cdots,n$）；$t$ 为距今时间（Ma）；$\theta_i$ 为相应的古热流系数（Ma$^{-1}$）。

这是一种通过 $n$ 个不同的线性函数，将盆地的古热流与现今热流关联起来的分段模型，包含了 $\theta_1, \theta_2, \cdots, \theta_n$ 共 $n$ 个待定参数，而且每个参数只与某一段地热史有关。这种分段线性模型既能反映地热流变化的大致趋势，也能表示地热流在地热史上复杂的阶段性变化，甚至可以描述叠合盆地的地热流复杂变化。这一模型涉及参数较少，适用于在勘探早期资料较少的条件下，或是地热史简单的情况下对盆地地热史进行反演。然而，这种模型给出的地热史是折线形式，并不符合实际情况，而且折线的转折点往往因为难以求解，需要主观地给出判断。此外，已有的方法得出的地热史只是众多可能结果中的一种，没有给出进行最优化选择的途径。为了解决这个问题，在算法上可做如下几点改进。

第一步：对各个地质时期的参数 $a_i$ 和 $b_i$ 进行拟合，并得出其平均值 $a$ 和 $b$；

第二步：确定关系式 $R_o=a+b\cdot\ln\text{TTI}$ 的拟合 $R_o$ 与实测 $R_o$ 的误差范围，应用拟退火算法得出当前阶段满足条件的 $\theta_i$ 和误差，应用反距离加权法计算各个 $\theta_i$ 的权重，并计算各个 $\theta_i$ 对应的地热流值，然后乘以权重得出这期的地热流值；

第三步：按从今到古的时序，重复第二个步骤进行回溯，依次得出各个时期的地热流值，再根据地热流值计算各个时期每个三维模型单元的古温度。

确定拟合参数和计算地热流值的流程分别如图 5-17 和图 5-18 所示。

### 5.3.2.2 Easy $R_o$ 方法

Easy $R_o$ 法是基于化学动力学模型对 TTI-$R_o$ 法和 ARR-TTI-$R_o$ 法的简化（Sweeney and

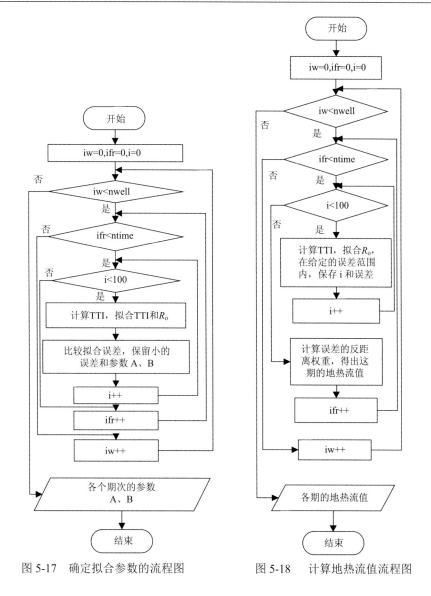

图 5-17　确定拟合参数的流程图　　　　图 5-18　计算地热流值流程图

Burnham, 1990)。据研究，有机物在成熟过程中形成了 $H_2O$、$CO_2$、$CH_4$ 等 4 种烃类物质，分别涉及活化能 38 ~74 kcal[①]/mol 的 35 个反应。

　　这 4 种物质的形成改变了镜质组中的 C、H、O 等元素及其化合物的组成，从而改变了镜质组反射率值。根据相关的化学动力学方程，可以计算出这 4 种产物在有机质某一反应阶段的量和残余镜质组的元素组成；而根据镜质组的元素组成，可以计算出镜质组反射率值。鉴于该过程所涉及的平行反应较多，计算十分复杂，Sweeney 和 Burnham(1990)将 35 个平行反应简化成 20 个平行反应，并采用化学动力学的一级反应方程来描述，即目前常用的 Easy $R_o$ 模型。其中，第 $i$ 个反应的化学动力学方程为

---

① 1cal$_{mean}$(平均卡)=4.1900J。

$$\frac{\mathrm{d}W_i}{\mathrm{d}t} = -W_i A \exp\left(-\frac{E_i}{RT}\right) \tag{5-47}$$

$$\frac{\mathrm{d}W}{\mathrm{d}t} = \sum_i \frac{\mathrm{d}W_i}{\mathrm{d}t} \tag{5-48}$$

$$W_i = W_{0i} - \int_0^t \frac{\mathrm{d}W_i}{\mathrm{d}t}\mathrm{d}t \tag{5-49}$$

式中，$W_i$为参与第$i$个反应的反应物的剩余浓度；$W_{0i}$为参与第$i$个反应的物质的原始浓度；$E_i$为第$i$个反应的活化能(kcal/mol)；$A$为第$i$种活化能物质的频率因子(Ma$^{-1}$)；$R$为气体常数；$T$为热力学温度；$t$为时间。镜质组总转化率(反应强度)与$R_o$的关系可表示为

$$F = 1 - \frac{W}{W_0} = 1 - \sum_i f_i \frac{W_i}{W_{0i}} \tag{5-50}$$

$$R_o(t) = \exp[-1.6 + 3.7F(t)] \tag{5-51}$$

上两式中，$F(t)$为镜质组的转化率，代表化学反应程度；$f_i$为参与第$i$个反应的物质在镜质组中所占的比例(化学计量因子)。其中，$F$值的变化范围为$0\sim0.85$，因而相应的$R_o$计算值的变化范围为$0.2\%\sim4.7\%$。于是有

$$F(t) = \sum_{i=1}^{20} f_i\left\{1 - \exp\left(-\frac{[I_i(t) - I_i(t-\Delta t)]\cdot\Delta t}{T(t) - T(t-\Delta t)}\right)\right\} \tag{5-52}$$

这里$\Delta t$为时间间隔；$T(t-\Delta t)$和$T(t)$分别为时刻$t-\Delta t$和时刻$t$的古地温(℃)；$f_i$为化学计量因子，见表5-3；而中间变量$I_i(t)$的计算公式为

$$I_i(t) = A[T(t)+273]\cdot\left\{1 - \frac{[a_i(t)]^2 + 2.33473a_i(t) + 0.250621}{[a_i(t)]^2 + 3.330657a_i(t) + 1.681534}\right\}\cdot\exp[-a_i(t)] \tag{5-53}$$

其中$a_i(t) = \dfrac{E_i}{R[T(t)+273]}$；$A$为第$i$种活化能物质的频率因子(Ma$^{-1}$)；$R$为气体常数，其值为1.986cal/(mol·K)；$E_i$为活化能(kcal/mol)。

表5-3　在Easy $R_o$中使用的化学计量因子和活化能

| $i$ | 化学计量因子($f_i$) | 活化能($E_i$)/(kcal/mol) | $i$ | 化学计量因子($f_i$) | 活化能($E_i$)/(kcal/mol) |
|---|---|---|---|---|---|
| 1 | 0.03 | 34 | 11 | 0.06 | 54 |
| 2 | 0.03 | 36 | 12 | 0.06 | 56 |
| 3 | 0.04 | 38 | 13 | 0.06 | 58 |
| 4 | 0.04 | 42 | 14 | 0.05 | 62 |
| 5 | 0.05 | 42 | 15 | 0.05 | 60 |
| 6 | 0.05 | 44 | 16 | 0.04 | 64 |
| 7 | 0.06 | 46 | 17 | 0.03 | 60 |
| 8 | 0.04 | 48 | 18 | 0.02 | 68 |
| 9 | 0.04 | 50 | 19 | 0.02 | 70 |
| 10 | 0.07 | 52 | 20 | 0.01 | 72 |

资料来源：Sweeney 和 Burnham(1990)。

Easy $R_o$ 法简化了 TTI-$R_o$ 法和 ARR-TTI-$R_o$ 法，但是其计算过程仍然较为复杂。从应用的角度看，这种方法如果用于描述热过程单一的有机质成熟史，可以有好的效果；但如果用于描述中国各时代盆地中广泛出现的多热源、多阶段叠加的有机质成熟史，将会遇到许多麻烦。申家年等（2015）认为，现有利用 Easy $R_o$ 反演古地温梯度得到的结果不确切的根本原因，在于忽视了地热史上地温梯度变化是连续的这一基本特征，便将 Lerche（1988）的古地热流正弦函数模型简化为古地温梯度正弦函数模型，作为利用 Easy $R_o$ 反演的古地温梯度约束条件。Lerche（1988）的古地热流正弦函数模型方程为

$$q(t) = q_0 \exp\left( \beta t + \sum_{i=1}^{n} \alpha_i \sin \frac{i\pi t}{t_{\max}} \right) \tag{5-54}$$

式中，$q_0$ 为初始地热流值；$t$ 为烃源岩的年龄；$\beta$ 和 $\alpha_i (i=1, 2, \cdots, n)$ 均为待定系数，可以根据具体盆地的实测参数来确定，$n$ 值越大，则模拟出来的古地温梯度起伏变化就越多；$t_{\max}$ 为盆地内最老地层的年龄。

将地热流正弦函数模型改写成地温梯度正弦函数模型，即

$$G_t = G_0 \exp\left( \beta t + \sum_{i=1}^{n} \alpha_i \sin \frac{i\pi t}{t_{\max}} \right) \tag{5-55}$$

式中，$G_t$ 为某一地质时间段的地温梯度，其他符号与式（5-54）相同。这里实际上隐含了一个假定条件，即同一地质时间同一井位的岩石热导率不随深度变化。

设盆地中的地层有 $l_1, l_2, \cdots, l_m$，共 $m$ 个地层单元，各地层单元在沉积后经历的时间 $t_1, t_2, \cdots, t_l, \cdots t_m$，所对应的埋深为 $H_1, H_2, \cdots, H_l, \cdots, H_m$，而地层温度分别为 $T_1, T_2, \cdots, T_l, \cdots, T_m$，地温梯度为 $G_1, G_2, \cdots, G_l, \cdots, G_m$，则根据式（5-55）可得

$$G_l = G_0 \exp\left( \beta t_l + \sum_{i=1}^{n} \alpha_i \sin \frac{i\pi t_l}{t_{\max}} \right) \tag{5-56}$$

于是，某个地质时期的地层温度为

$$T_l = (H_l - H_0) \cdot G_l + T_{0l} \tag{5-57}$$

式中，$H_0$ 为恒温层深度，一般取 20m；$G_0$ 为现今地温梯度；$T_{0l}$ 为 $l$ 层沉积时的古平均气温。这就是用正弦函数地温梯度模型约束的 Easy $R_o$ 法基本计算框架。对于较复杂的地热史，$n$ 取 3 就能够满足地质研究的要求，计算所得的地温梯度曲线具有唯一性。通过松辽盆地王府断陷一口井的试算证明，这样做可使求解的古地温梯度具有唯一性，所得到的古地温梯度为连续可导函数，符合古地温在地热史中的变化特征。

## 5.4　基于热结构反揭法估算古地热流的方法

热结构一词用于表征大陆区壳幔热流构成（Blackwell，1971），其中包括壳内不同地层的热流构成（汪集旸和汪缉安，1986a）。估算盆地古地热流的方法，除了常用的地球动力学法和古温标法之外，还有古地壳热结构分析法（汪集旸和汪辑安，1986a；吴冲龙，1999；吴冲龙等，1997d）。该法不仅可为盆地地热演化模型提供基底古地热流值，还可用来估算沉积盖层中的古地热流值。对于经历多世代叠加、多阶段演化的叠合盆地区域，

特别是那些经历过后期强烈构造变形的叠合盆地区域，采用地壳热结构分析及其反揭法来估算沉积盖层的古地热流值，能收到好的效果。

### 5.4.1　壳幔热结构分析的方法原理

根据能量守恒定律，地壳与地幔的现今热结构可表达为

$$T_i^{\,\overline{\text{下}}} = q_i^{\,\overline{\text{上}}} \cdot \frac{D_i}{k_i} - \frac{A_i D_i^2}{k_i} + T_i^{\,\overline{\text{上}}} \tag{5-58}$$

式中，$T_i^{\,\overline{\text{下}}}$ 和 $T_i^{\,\overline{\text{上}}}$ 分别为第 $i$ 层下、上界面的温度（℃）；$q_i^{\,\overline{\text{上}}}$ 为第 $i$ 层上界面的地热流值，表层取地表热流值（mW/m²）；$D_i$ 为第 $i$ 层的厚度（km）；$k_i$ 为第 $i$ 层的热导率；$A_i$ 为第 $i$ 层的放射性生热率（μW/m³）。

显然，给以一系列合理的初始条件和边界条件限定，然后变换式（5-58），便可获取盆地基底热流值。其方法要领是：①假定上、中、下地壳各层次的岩石放射性生热率和热导率是恒定的，些许变化可以忽略不计；②假定上地壳由盆地变质基底和沉积盖层组成，而且盆地变质基底和中地壳的物质成分、厚度（$H_底$ 和 $H_中$）相对稳定；③利用大地电磁测深资料了解上、中、下地壳各层次的现今厚度；④利用压实校正法和剥蚀量换算法，恢复盆地各演化阶段的地层总厚度（$H_b$）；⑤利用经验公式估算盆地各演化阶段古莫霍面埋深（$H_M$），并计算下地壳厚度 $[H_下 = H_M - (H_中 + H_底 + H_b)]$；⑥根据大地构造背景估计古莫霍面的地热流值和温度值，根据古纬度资料估计盆地古地表温度；⑦变换式（5-58），由下而上推算地壳各演化阶段的古地热流结构，再由上而下推算地壳的古地温结构。

由于盆地基底以下的热传递以热传导为主，只要大地构造背景、岩石放射性生热率和热导率的厘定和取值合理，这一推算应当是可靠的。由于盆地内部地热流状况通常都较为复杂，可以此为基础采用分层热演化的数学模型进行动态模拟。

具体地，变换式（5-58），得

$$q_i^{\,\overline{\text{上}}} = k_i \frac{T_i^{\,\overline{\text{下}}} - T_i^{\,\overline{\text{上}}}}{D_i} + A_i D_i \tag{5-59}$$

根据 $q = k \dfrac{\partial T}{\partial \vec{n}}$ 可知

$$q_i^{\,\overline{\text{下}}} = k_i \frac{T_i^{\,\overline{\text{下}}} - T_i^{\,\overline{\text{上}}}}{D_i} \tag{5-60}$$

从而式（5-59）化为

$$q_i^{\,\overline{\text{上}}} = q_i^{\,\overline{\text{下}}} + A_i D_i \tag{5-61}$$

式（5-61）说明，第 $i$ 层上界面的地热流值等于该层下界面的地热流值与该层产生的地热流值之和。于是得出经过盆地基底面的热流 $q_b$ 为

$$q_b = q_m + A_下 H_下 + A_中 H_中 + A_底 H_底 \tag{5-62}$$

式中，$A_下$、$A_中$、$A_底$ 分别为下地壳、中地壳以及上地壳盆地变质基底的放射性生热率；

$H_下$、$H_中$、$H_底$分别为下地壳、中地壳以及上地壳盆地变质基底的厚度；$q_m$为地幔热流值，可根据表 5-4 取值。该表列举了国内外已有的各种大地构造背景的盆地现今地幔热流平均值，可供对不同盆地或同一盆地不同原型发展阶段的对象类比选用。

表 5-4　盆地大地构造背景与现今地幔热流（$q_m$）值

| 盆地类型 | 局部构造位置 | $q_m/(mW/m^2)$ | | 实例 |
|---|---|---|---|---|
| | | 变化范围 | 平均值 | |
| 克拉通<br>（中生代） | 次级隆起 | 30.1～39.3 | 34.7 | 鄂尔多斯[1][2] |
| | 斜坡 | 29.6～31.3 | 30.2 | |
| | 次级凹陷 | | | |
| 内陆拗陷<br>（中生代） | 近缘斜坡 | 18.0～35.6 | 28.0 | 四川盆地[1][2] |
| | 次级隆起 | 42.9～49.0 | 46.0 | |
| | 次级凹陷 | 19.2～23.9 | 20.9 | |
| 内陆断陷<br>（新生代） | 盆外隆起 | | 34.0 | 河套盆地[2]、山西地堑系[2]、美国西部盆地山脉省[3][4] |
| | 凹陷边缘 | | 35.5 | |
| | 凹陷内部 | 43.2～69.0 | 58.3 | |
| 活动陆缘裂陷<br>（新生代） | 次级隆起 | 40.0～53.9 | 44.7 | 辽河盆地[1]、华北盆地[1][2][5]、苏北盆地[6]、郯庐裂谷[2]、澳大利亚东部盆地[3][4] |
| | 一般次级凹陷 | 41.0～58.4 | 51.4 | |
| | 中心凹陷 | 55.9～81.5 | 66.0 | |
| 被动陆缘裂陷 | 一般次级凹陷 | 21.0～33.0 | | 北美东部盆地[3][4] |
| 全球地壳 | 大洋区 | | 57.0 | 全世界数据平均[7] |
| | 大陆区 | | 28.0 | |
| | 海陆平均 | | 48.0 | |

资料来源：①汪集暘和汪缉安（1986b）；⑥王良书等（1989）；③Sass（1981）；④Morgan（1972）、Morgan 和 Sass（1984）；⑦Pollack 和 Chapman（1977）；②Wu 等（1991）；⑤龚育龄等（2003）。

地壳热结构分析的基础是综合物探、岩层露头放射性生热率和地表热流及地温测量资料。有了这些参数值，便可以利用"反揭法"模型，逐层求解地壳各分层和上地幔的地热流值、地温值，从而获得现代地壳的热结构。在一些未曾进行地球物理综合测深工作的地区，地壳物质结构可根据时代相同且大地构造背景也相同的毗邻地区资料来推测；在没有地表热流测量数据的地方，可用勘查钻孔测温资料来换算。显然，这种既能顾及盆地基底古地热流的各种成分，又能客观、简便和有效地确定其近似值的方法，比起采用在合理范围内进行调整使之符合观察结果的方法（Ungerer et al., 1990）来说，减少了主观随意性，避免了使盆地地热场模拟成为研究者手中的"泥人"而随意拿捏。

在油气系统地热场模拟中，为了描述烃源岩层中的古地热流和古地温，需把层面古地热流和古地温值计算模型［式（5-58）］，改换为层内计算模型（李星等，2009），即

$$T_i^下 = T_i^上 + \frac{q_i^上 \cdot D_i}{k_i} - \frac{1}{2}\frac{A_i D_i^2}{k_i} \quad 或 \quad T_i^下 = T_i^上 + \frac{q_i^下 \cdot D_i}{k_i} + \frac{1}{2}\frac{A_i D_i^2}{k_i} \tag{5-63}$$

式中，$T_i^下$ 和 $T_i^上$ 分别为第 $i$ 层下、上界面的温度；$q_i^上$、$q_i^下$ 为第 $i$ 层上、下界面的地热

流值，表层取地表热流值；$D_i$ 为第 $i$ 层的厚度；$k_i$ 为第 $i$ 层的热导率；$A_i$ 为第 $i$ 层的放射性生热率。

式(5-58)和式(5-63)实际上反映了正常地幔热流、地壳放射性元素热流和异常地幔热流的综合效应。其中所需要的古地壳厚度值，可以通过对盆地实际资料的统计分析来近似求取(Wu et al., 1991)。

根据式(5-63)和上述各项分析可知

$$q_b = q_m + A_下 H_下 + A_中 H_中 + A_底 H_底$$
$$= q_m + A_下[H_M - (H_中 + H_底 + H_b)] + A_中 H_中 + A_底 H_底$$
$$= q_m + A_下(H_M - H_b) + (A_中 - A_下)H_中 + (A_底 - A_下)H_底$$

式中，$q_m$ 为地幔热流值；$A_下$ 为下地壳放射性生热率；$A_中$ 为中地壳放射性生热率；$A_底$ 为盆地岩系放射性生热率；$H_b$ 为盆地地层总厚度(km)；$H_M$ 为莫霍面埋藏深度(km)；$H_中$ 为中地壳厚度；$H_底$ 为盆地基底岩系厚度。

表 5-5 为几种类型岩石的放射性生热率。

**表 5-5 若干岩石的放射性生热率**

| 岩石类型 | 放射性生热率/$(\mu W/m^3)$ | 岩石类型 | 放射性生热率/$(\mu W/m^3)$ |
|---|---|---|---|
| 花岗岩 | 3.0 | 板岩 | 1.8 |
| 花岗闪长岩 | 1.5 | 云母片岩 | 1.5 |
| 闪长岩 | 1.1 | 片麻岩 | 2.4 |
| 纯橄榄岩 | 0.0042 | 角闪岩 | 0.3 |
| 橄榄岩 | 0.0105 | 球粒陨石 | 0.026 |
| 砂岩 | 0.34~1.0 | | |

资料来源：Buntebarth 和 Teichmuller(1979)。

### 5.4.2 盆地古莫霍面埋深($M$)的统计估算及应用

沉积盆地基底沉降和莫霍面上隆相伴随，二者存在"镜像倒影"关系。这种情况与壳幔均衡重力调整有相关。大量研究成果揭示，沉积盆地从基底开始下沉、蓄水、沉积物充填，到激发重力均衡机制并完成 90%的调整，只需 1 万~10 万年，甚至更少(Ten Brink, 1974)。显然，岩石圈对盆地基底沉降的重力均衡反应时间很短，所伴随的垂直运动速度远快于卸荷侵蚀和荷载沉积的速度，因此当剥蚀和沉积交替发生时，盆地可以迅速得到均衡补偿。根据这种情况，可利用处于均衡状态的盆地中盖层厚度与莫霍面埋深的对应关系，建立一个预测盆地演化过程中莫霍面位置和形态演化过程的定量模型，进而可对沉积盖层中的地温和镜质组反射率的演化过程进行动态再造和预测。

#### 5.4.2.1 盆地各阶段古莫霍面埋深($M$)的统计估算

据此推测，松辽盆地基底的沉降与莫霍面抬升几乎同步发生，其重力均衡调整和补偿十分迅速。王茂吉等曾于 1982 年指出，目前松辽盆地平均布格重力异常为 0，重力均衡异常也仅为 20mGal 左右，表明基本上处于均衡补偿状态，其莫霍面现今形状就是该盆地演化过程中重力均衡调整结果，与沉积盖层厚度(表 5-6)配合，可建立预测松辽盆地莫霍面与沉积盆地底面"镜像倒影"动态演化过程的定量模型(Wu et al., 1991)。

表 5-6 松辽盆地沉积盖层地层表

| 地层年代 | | 岩石地层单位 | | 厚度/m | 构造性质 | 顶界年龄 /Ma |
|---|---|---|---|---|---|---|
| 纪 | 世 | 系/组 | 代号 | | | |
| 第四纪 | | 第四系 | Q | 0~130 | | |
| 新近纪 | 上新世 | 泰康组 | $N_2t$ | 90~100 | | |
| | 中新世 | 大安组 | $N_1d$ | 40~60 | | |
| 古近纪 | 渐新世 | 依安组 | $Ey$ | 30~120 | | |
| 白垩纪 | $K_2^2$ | 明水组 | $K_2^2m$ | 100~620 | 萎缩 | 65 |
| | | 四方台组 | $K_2^2s$ | 80~400 | | |
| | 晚白垩世 $K_2^1$ | 嫩江组 | $K_2^1n$ | 470~700 | 均衡沉陷 + 热衰减 | 83 |
| | | 姚家组 | $K_2^1y$ | 0~210 | | 88.5 |
| | | 青山口组 | $K_2^1q$ | 0~700 | | 90.4 |
| | $K_1^2$ | 泉头组 | $K_1^2q$ | 500~1900 | | 97 |
| | | 登楼库组 | $K_1^2d$ | 100~2100 | | 112 |
| | 早白垩世 $K_1^1$ | 营城组 | $K_1^1y$ | 280~2200 | 裂陷 + 热衰减 | 124.5 |
| | | 沙河子组 | $K_1^1s$ | 600~1400 | | 131.8 |
| | | 火石岭组 | $K_1^1h$ | 200~1500 | | 138.5 |
| 石炭纪—侏罗纪 | | 基底岩系 | | | | 145.6 |

资料来源：大庆油田资料和《中国石油地质志卷(综合)》。

为此，选取了松辽盆地分布均匀的 98 个钻井，利用钻井和地震资料，求出了沉积盖层的总可视厚度($K_1^1$-Q)等值线图，以及具有最大厚度的 3 套含油气岩系 $K_1^1$、$K_1^2d$ 和 $K_1^2q$ 沉积时的累积厚度等值线图(图 5-19)，然后分别统计各沉积层视厚度($h$)与现今莫霍面埋深($M$)之间的相关关系。发现从松辽盆地形成、沉积充填到盆地充填结束，随着时间的推移，沉积层总视厚度逐步增大，与现今莫霍面埋深的相关性也逐步变好(表 5-7)，盆地底面形态与现今莫霍面形态的镜像倒影现象逐渐形成。这种情况从另一个方面证实，现今的莫霍面的空间形态和位置，确实是松辽盆地结束充填后重力均衡的最终结果。

表 5-7 松辽盆地各沉积期末沉积物累积可视厚度与现今莫霍面埋深的回归分析结果

| 沉积期 | 相关系数($r$) | 剩余标准差($s$) | 置信水平($\alpha$) |
|---|---|---|---|
| $K_1^1$ | −0.548 | 0.481 | 0.001 |
| $K_1^1$+$K_1^2d$ | −0.673 | 1.315 | 0.001 |
| $K_1^1$+$K_1^2d$+$K_1^2q$ | −0.734 | 1.493 | 0.001 |
| $K_1^1$-Q | −0.796 | 1.595 | 0.001 |

资料来源：Wu 等(1991)。

(a) $K_1^1$

(b) $K_1^2d$

(c) $K_1^2q$

(d) 现今

图 5-19 松辽盆地各沉积期末沉积物累积厚度($h$)

单位为 km

通过对 98 个钻井的数据进行回归分析(Wu et al., 1991)，得到松辽盆地沉积盖层总厚度($K_1^1$-Q)与莫霍面埋深的线性相关系数为–0.796，其回归方程为

$$h = 55.19146-1.63092M \qquad (5\text{-}64)$$

$$或 \qquad M = \frac{55.19146-h}{1.63092} \qquad (5\text{-}65)$$

该方程在 0.01 置信水平上显著。由于回归分析所采用数据量比较大，结果应当是可信的。沉积层的总厚度可近似地视为重力均衡调整接近完全补偿状态的沉积盆地中补偿效应的总和。由于岩石圈重力均衡调整是迅速的，松辽盆地各演化阶段的莫霍面位置和形态，应当是和当时的盆地基底位置和形态相对应的。换言之，式(5-64)和式(5-65)可用来反推松辽盆地各沉积期末莫霍面位置和形态。于是利用式(5-65)和松辽盆地 98 个钻井中沉降幅度最大的阶段的沉积盖层累积厚度数据，得到了松辽盆地若干阶段的莫霍面埋深图(图 5-20)，重塑了莫霍面空间形态的形成和定位过程。

### 5.4.2.2　盆地地温梯度区域趋势演化过程的重构

在上述相关分析的基础上，利用式(5-65)同样可以重构地温梯度的区域演化过程。仍以松辽盆地为例，采用拟合方法绘制了系列地温梯度趋势演变图，再现了随着盆地基底逐渐沉降、莫霍面逐渐抬升、盆地地温梯度逐渐上升的过程。

这个计算过程较为麻烦。由式(5-65)计算所得的各重要沉积期结束时，莫霍面埋深(M)估计值可理解为由区域性因素控制的一维趋势值，而其平面分布可以视作二维趋势值。其中，各个沉积期末相应的莫霍面埋深回归估计值，可近似地代替其二维二次趋势值。将所得的 M 值代入式(5-10)，便可直接求得在各重要沉积期末，松辽盆地各处的古地温梯度二维二次趋势估计值。利用这种方法所得到的一系列地温梯度趋势演化的图件，同样可再现随着莫霍面的逐渐隆升，松辽盆地地温梯度出现趋势性升高的过程。

### 5.4.2.3　盆地沉积盖层的镜质组反射率预测

上文对影响松辽盆地地热场的各种参数进行了系统的单因素分析。实际上，各种因素的作用是同时发生并且相互影响的。在上述单因素分析的基础上，只要综合考虑 M-T、G-dT、M-h，以及 T-H、$R_o$-T 和 $R_o$-H 等的综合效应，采用多元回归的方法，即可实现对松辽盆地地温梯度和熟化梯度时空演化过程的精确模拟和重构。

在松辽盆地的各个钻井内部，镜质组反射率($R_o$)与其埋藏深度(H)及现今地温($T_p$)之间，都有良好的线性相关关系。但是，在各个钻井之间，这种线性相关程度却明显降低。这种变化突出地表现在熟化梯度($dR_o$)与现今地温梯度($dT_p$)之间线性相关程度较低。其原因在于古地热场的演化过程中，不断地受到构造-岩浆热事件和地下水循环等各种局部的、随机的因素影响。为了建立一个可用于全盆地的镜质组反射率($R_o$)预测模型，必须对干扰进行压制。压制干扰的主要方法，是按照盆地的构造-沉积分区分别进行相关分析，求得各分区的镜质组反射率($R_o$)与其埋藏深度(H)的 $R_o$-H 回归方程，以及各构造-沉积分区的现今地温梯度($dT_p$)(表 5-8)。这种处理方法符合熟化梯度和地温梯度的分区特征，因而效果较为显著。经过分区处理过的 $dR_o$ 与 $dT_p$ 之间的相关程度大大提高了。

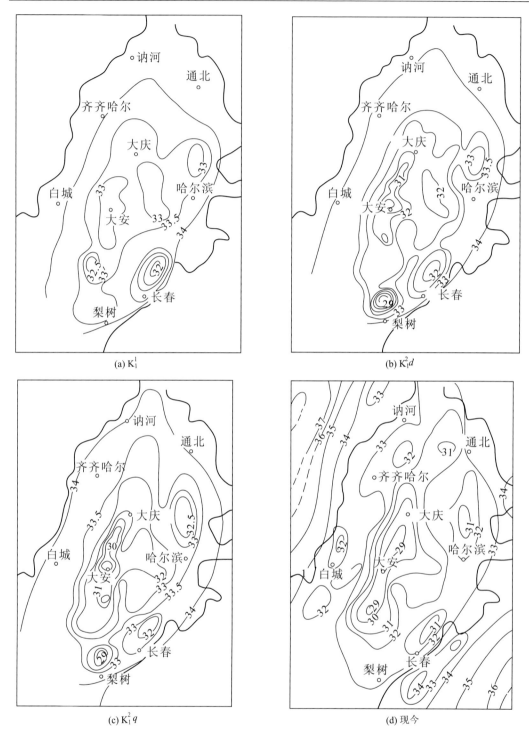

图 5-20　松辽盆地各沉积期末莫霍面埋深的统计预测

单位为 km

就整个松辽盆地而言，拟合的相关系数 ($Y$) 达到了 0.889，剩余标准差 ($s$) 为 0.307 (Wu et al., 1991)，回归方程为

$$dR_o = -2.13977 + 0.72647\,dT_p \tag{5-66}$$

方程的有效性在 0.01 置信水平($\alpha$)上显著。

表 5-8　松辽盆地各构造-沉积分区 $R_o$-$H$ 回归分析结果和 $dT_p$ 的平均值

| 构造-沉积分区 | 相关系数 $(r)$ | 剩余标准差 $(s)$ | 置信水平 $(\alpha)$ | 截距 $(A)$ | 斜率 $B(dR_o)$ /(%/100m) | $dT_p$/(℃/100m) |
|---|---|---|---|---|---|---|
| 西部斜坡区 | 0.913 | 0.027 | 0.01 | 0.10377 | 0.26520 | 3.8 |
| 中部深陷区 | 0.910 | 0.247 | 0.001 | -0.23868 | 0.76391 | 3.5 |
| 中部隆起区 | 0.944 | 0.168 | 0.001 | -1.28020 | 1.10803 | 4.1 |
| 东部起伏区 | 0.853 | 0.205 | 0.01 | 3.26820 | 1.85014 | 5.5 |
| 东南起伏区 | 0.984 | 0.070 | 0.001 | -0.23072 | 0.63797 | 3.9 |
| 南部起伏区 | 0.820 | 0.160 | 0.001 | 1.00208 | 0.26193 | 3.6 |

通过上述处理和统计分析，肯定了 $dR_o$ 与 $dT_p$ 之间确实存在着良好的线性相关关系，但为了使式(5-66)更具使用价值，需要将其改造为更一般化的形式。松辽盆地的 $dT_p$ 二阶趋势面与莫霍面埋深($M$)的二阶趋势面相似，说明了 $dT_p$ 的区域变化量受到 $M$ 的控制。但是，$dT_p$ 和 $M$ 各自的二阶趋势值的拟合度都低于 50%，说明其中包含了许多局部性和随机性因素。熟化梯度($dR_o$)是镜质组反射率($R_o$)在垂直方向上的变化率，因此只要抓住镜质组的埋深(即相应岩层的埋深)、现今地温梯度和现今莫霍面埋深的二阶趋势值，便可以从统计上准确把握住 $R_o$ 的各种主要影响因素——区域的与局部的、趋势的与干扰的、平面的与垂向的。从有 $R_o$ 值数据的 26 个钻井中，获得了 121 组 $R_o$ 值数据(舍弃个别偏差数据)，并从表 5-8 和图 5-20 中读取了其他钻井的 $dT_p$ 和 $M$ 值。对这些数据进行多元线性回归分析，获得了好的结果：$R_o$ 与 $H$、$dT_p$、$M$ 的多元相关系数为 0.8144，回归残差标准差为 0.3545，回归方程为

$$R_o = 1.07442 + 0.48475H + 0.24634dT_p - 0.04883M \tag{5-67}$$

方程的有效性在 0.01 置信水平上是非常显著的。

显然，利用式(5-67)根据某一层的埋深、地温梯度的实测值和井位的莫霍面埋深，就可以有效地估算出在任何钻井中目的层位的镜质组反射率值。其中，莫霍面埋深($M$)的二阶趋势值的单位为 km，地温梯度($dT_p$)单位为℃/100m，镜质组反射率($R_o$)单位为%。据此，根据 103 个点位的数据，对登楼库组底面($K_1^1$ 顶面)和登楼库组顶面($K_1^2q$ 底面)的 $R_o$ 值进行了预测(图 5-21)。图 5-21 中显示松辽盆地深部断陷盆地群沉积物($K_1^1$)的镜质组反射率值大多在 2%～3%，处于产气高峰期，对潜在气源岩的预测价值较大。

### 5.4.3　沉积物古热导率统计估算

沉积物古热导率是古地壳热结构分析的另一个重要参数，也是采用各种方法进行盆地古地热场模拟的重要参数(Elison et al., 2019)。在多数情况下，沉积物古热导率多是采用常温常压下的地表岩石和物质实测数据来作为近似值的(表 5-9)。

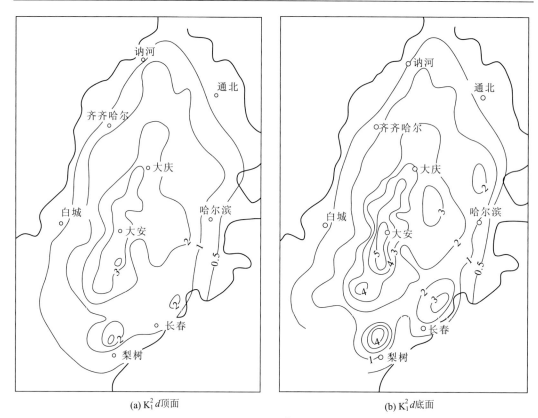

(a) K$_1^2$d顶面　　　　　　　　　　　　　　(b) K$_1^2$d底面

图 5-21　松辽盆地深层登楼库组(K$_1^2$d)顶、底面沉积物 $R_o$ 预测值

单位为%

表 5-9　几种地壳表层物质的热导率、密度和比热

| 名称 | 热导率/[W/(m·℃)] | 密度/(kg/m³) | 比热/[J/(kg·℃)] |
| --- | --- | --- | --- |
| 泥灰岩 | 1.92 | 1200 | 1634 |
| 煤 | 0.21 | 1200 | 1758 |
| 泥质页岩 | 0.8~2.1 | 2500 | 866 |
| 火山凝灰角砾岩 | 1.2~2.1 | | |
| 玄武岩 | 1.7~2.5 | 2540 | 1231 |
| 辉绿岩(20℃) | 2.29 | | 860 |
| 辉绿岩(900℃) | 1.66 | 2790 | 1347 |
| 辉绿岩(1100℃) | 1.43 | | 1414 |
| 砂岩 | 1.2~4.2 | | 710 |
| 钙质砂岩 | | | 840 |
| 黏土 | | | 860 |
| 烟煤 | | | 1260 |
| 水 | 0.6 | | 4200 |

资料来源：邦特巴斯(1988)。

　　然而，在盆地形成演化的过程中，沉积物的热导率是动态变化的。除了沉积物的岩石类型和矿物成分之外，影响热导率的因素还有孔隙度和地温。孔隙度又与岩性、压实程度及孔

隙充填情况密切相关。其中，压实程度取决于沉积物埋藏深度，而孔隙充填情况取决于填隙物类型及成岩程度，反映为岩石的密度和比热密切相关，同样取决于沉积物埋藏深度。显然，表 5-9 所示的地壳表层物质的热导率、密度和比热，难以作为盆地古地热场动态模拟的依据，但 Ungerer 等(1990)的热导率与埋藏深度关系曲线可以解决这个问题。

　　Ungerer 等(1990)根据几个盆地的实测资料，绘制了不同沉积物在不同地热梯度下的热导率与埋藏深度之间的关系曲线(图 5-22)。在进行盆地地热场动态模拟时，使用图示曲线很不方便，需要采用双重回归的方法将其转换为数学表达式。

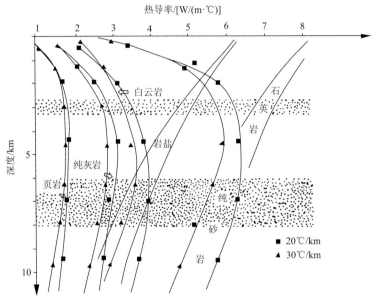

图 5-22　岩石热导率与埋藏深度之间的复杂关系

资料来源：Ungerer 等(1990)

　　其转换方法是：①按一定深度间隔对各曲线的热导率进行密集取值；②分别采用多项式回归法拟合出各条曲线的数学表达式；③对同种岩性的两条热导率曲线的系数再次进行线性回归。于是，得到如下经验公式(吴冲龙等，1999)：

$$K_{Sh}(页岩)=0.936122-0.039356\Delta T+(3.77919+0.49197\Delta T)H\times10^{-4}-(7.10736+0.45607\Delta T)H^{2}$$
$$\times10^{-8}+(3.28372+0.22924\Delta T)H^{3}\times10^{-12}$$

$$K_{L}(灰岩)=1.65637-0.18393\Delta T+(3.47354+2.09579\Delta T)H\times10^{-4}-(0.56212+0.30656\Delta T)H^{2}$$
$$\times10^{-7}+(2.02319+1.55438\Delta T)H^{3}\times10^{-12}$$

$$K_{D}(白云岩)=2.49882-0.25239\Delta T+(1.74634+2.35199\Delta T)H\times10^{-4}-(0.62132+3.44626\Delta T)H^{2}$$
$$\times10^{-8}+(2.36835+2.13317\Delta T)H^{3}\times10^{-12}$$

$$K_{S}(砂岩)=3.34011-0.03587\Delta T+(1.22136+0.13283\Delta T)H\times10^{-3}-(2.33496+0.05602\Delta T)H^{2}$$
$$\times10^{-7}+(1.04504+0.03229\Delta T)H^{3}\times10^{-11}$$

$$K_{Sa}(岩盐)=6.21146-0.03352\Delta T-(8.56667-1.44621\Delta T)H\times10^{-4}+(3.36318-0.73388\Delta T)H^{2}$$
$$\times10^{-8}$$

$$K_Q（石英岩）=7.86398+0.13269\Delta T-（7.79587-1.54145\Delta T）H\times10^{-4} \qquad (5\text{-}68)$$

式中，$\Delta T$ 为地温梯度（℃/100m）；$H$ 为埋深（m）。$K_{Sh}$（页岩）、$K_L$（灰岩）、$K_D$（白云岩）、$K_S$（砂岩）、$K_{Sa}$（盐岩）和 $K_Q$（石英岩）分别代表不同岩性的热导率。各组数据的复合回归系数都达到 0.97 以上，表明岩性、埋深和地温梯度综合地反映了上述各种因素的复杂影响。

## 5.5　古地热场模拟子系统开发与应用

盆地古地热场动态模拟软件系统开发的建模过程，也与整个油气成藏动力学模拟软件一样，遵循实体模型→概念模型→方法模型→软件模型的顺序。

该实体模型是对典型盆地地热演化分析得到的个体对象模型、概念模型是对多个盆地地热演化实体模型的对比、综合和概括而得到的群体对象模型，如盆地地热场的多热源、多阶段叠加变质作用模型及盆地古地热场的多层模型（吴冲龙等，1999）；方法模型则是描述概念模型的思路、方法、方案和步骤的集合。例如，根据概念模型的特点，在方法模型中分别采用了热传导方程、热对流方程等算子模型。软件模型是利用计算机来实现方法模型的目标、规则、标准、技术、过程和结构框架的集合。面对方法模型的多样性，软件模型允许有结构和功能上的差别，但也必须有统一的软件操作平台。

### 5.5.1　子系统总体设计思路及流程图

根据盆地地热场动态模拟原理，选用适当的方法模型及软件模型，在 QuantyPetro 平台上，研制开发出了盆地地热场动态模拟子系统。

系统中包含有数据管理、数据处理、模拟计算、动态显示、特殊输出、帮助六大功能模块（图 5-23）。各模块中又包含若干计算子模块。其中，"热动力学法"和"反揭法"是盆地地热场动态模拟子系统的核心模块。系统的整体逻辑结构和工作流程如图 5-24 所示，为了便于在盆地地热场动态模拟的基础上开展生烃模拟，QuantyPetro 软件采用地热场演化与有机质演化一体化模拟技术。同时还采用了温度与压力耦合模型，实现了热传导与热对流的联合动态模拟。在根据实际情况采用不同方法获取盆地基底热流值之后，读取

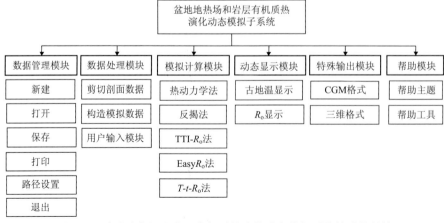

图 5-23　盆地地热场和岩层有机质热演化动态模拟系统的功能结构

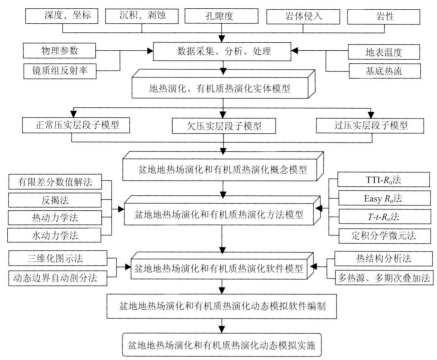

图 5-24    盆地地热场演化和有机质热演化动态模拟软件逻辑结构和工作流程图

或输入其他各项计算参数，便可借助该模拟子系统中的有限单元法和差分法，求解热传导、热对流方程，从而获得研究对象盆地的地热演化史及相应的有机质热演化史（图 5-25）。有机质热演化史模拟的相关内容，将在第 6 章"生排烃史模拟"中介绍。

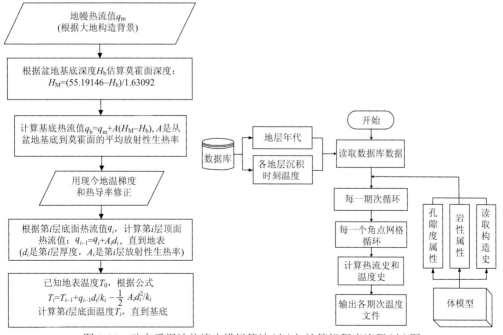

图 5-25    动态反揭法热流史模拟算法(左)与计算机程序流程(右)图

　　为了便于不同用户针对不同研究对象的选择使用，QuantyPetro 同时采用 TTI-$R_o$ 法、Easy $R_o$ 法和 $T$-$t$-$R_o$ 法三种方法，并且分别结合地壳热结构反揭法和化学动力学反演法进行编程实现。这些古地热场参数获取及其模拟的软件模型，分别如图5-26～图5-29所示。此外，为了使模拟更加符合实际，在该软件系统中还采用了温度与压力耦合模型，实现了热传导与热对流的联合动态模拟。

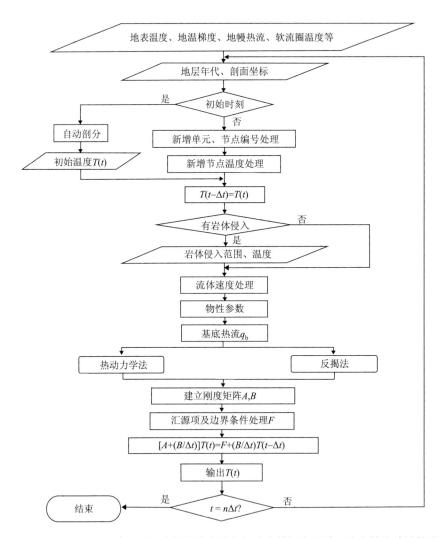

图 5-26　基于热动力学法和反揭法的盆地古地热场动态模拟有限单元法和差分法计算流程

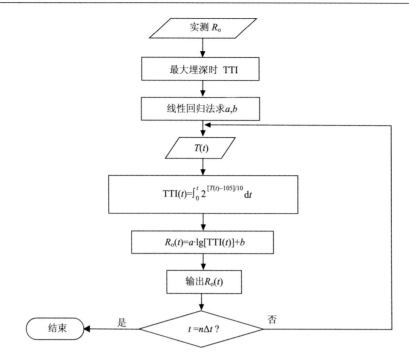

图 5-27　TTI-$R_o$ 法模拟参数获取及其软件模型设计

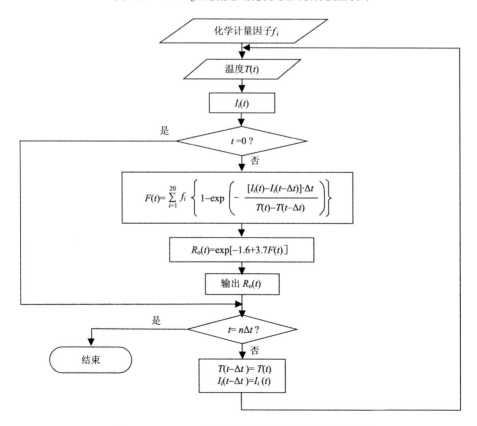

图 5-28　Easy $R_o$ 法模拟参数获取及其软件模型设计

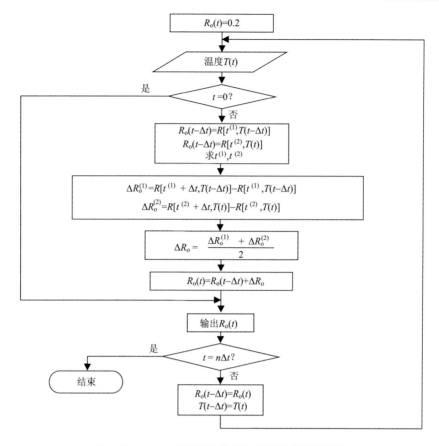

图 5-29　$T$-$t$-$R_o$ 法模拟参数获取及其软件模型设计

### 5.5.2　子系统应用建模与数据预处理

　　面对众多的影响因素及复杂的演化过程，盆地地热场模拟子系统在使用前应当进行应用建模，即进行对象盆地的地质模型、方法模型和数据模型的构建。

　　其中，地质模型的构建是指通过对所研究盆地的地热场定性分析，进行热传递层段和岩层压实层段模型的划分；方法模型的构建是指根据所建立的地质模型，选择合适的动力学模型或反揭法模型、正演模型或反演模型、有限单元法或差分法计算模型；数据模型的构建是指根据方法模型的参数设定，进行模拟数据的整理、筛选和组织。模拟所需的数据主要来源于两个方面：一是构造模拟系统对盆地构造演化的动态模拟结果；二是用户在实施盆地地热模拟时输入的数据。所有数据都须按模拟子系统的要求进行组织，并且须利用模拟子系统进行预处理，以保证其适用性(图 5-30)。数据预处理的任务，一方面是检查数据的合理性，如精确度够不够，量级、量纲和单位是否一致等；另一方面是对不合理的数据进行剔除或修补，如对量级、量纲和单位进行一致化处理等。

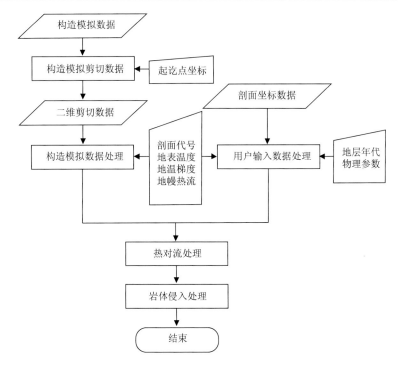

图 5-30　QuantyPetro 地热场模拟子系统的数据预处理

下面是 QuantyPetro 软件系统中的地热场模拟子系统所使用的一些参数的单位。热导率 $k$：W/(m·℃)，其中 1W=1J/s，1J=1N·m；密度 $\rho$：kg/m³；比热 $C$：J/(kg·℃)；地热流值 $q$：mW/m²，1mW/m²=$10^{-3}$W/m²；热源强度 $Q$：W/m³；放射性生热率 $A$：μW/m³，1μW/m³= $10^{-6}$W/m³；年代 $t$：Ma，1Ma=3.1536×$10^{13}$s；温度 $T$：1K =1℃–273；地温梯度 grad$T$：℃/100m，1℃/ 100m=100℃/m。而处理后的数据文件格式为 DH（剖面代号）；$E$1（热对流处理开关）；$E$2（岩体侵入处理开关）；Top$T$（地表温度 1K =1℃–273）；Grad$T$［地温梯度（℃/100m）］；$Q_m$（地幔热流 mW/m²）；Num（帧数，反映时间进程的阶段性）；$x(1)$，$x(2)$，…，$x(nc)$（横坐标 m）。

## 5.5.3　地热场模拟子系统的应用示例

基于上述各种方法对东部某凹陷的古地热场进行了动态模拟。所使用的孔隙度（$\varphi$）、岩性（$x$）和镜质组反射率（$R_o$）数据，来自构造-地层格架演化模拟和实测。

### 5.5.3.1　基于反揭法的地热场模拟

基于反揭法进行刘家洼陷的地热场模拟，所需要的各阶段地幔古热流值按表 5-4 所示的大地构造背景进行估计；地壳各层次的厚度和平均放射性生热率从表 5-10（迟清华和鄢明才，1998）中获取；各种岩性的骨架热导率按照某油田提供的资料，泥岩取值为 2.2W/(m·℃)，砂岩取值为 3.25W/(m·℃)；流体热导率参照表 5-9，取 0.6W/(m·℃)，各沉积地层的平均放射性生热率取值见表 5-11。

表 5-10　东部某凹陷地壳各结构层平均放射性生热率和厚度

| 结构层 | 厚度/km | 平均放射性生热率/(μW/m³) |
|---|---|---|
| 沉积盖层 | 6.0 | 1.40 |
| 上地壳底部 | 8.0 | 1.24 |
| 中地壳 | 7.5 | 0.86 |
| 下地壳 | 8.5 | 0.31 |
| 莫霍面深度 | 30.0 | 1.03 |

资料来源：迟清华和鄢明才(1998)。

表 5-11　东部某凹陷各沉积地层的平均放射性生热率　　(单位：μW/m³)

| 平原组 | 明化镇组 | 馆陶组 | 东营组 | 沙一段 | 沙二段 | 沙三上亚段 | 沙三中亚段 | 沙三下亚段 |
|---|---|---|---|---|---|---|---|---|
| 1.410 | 1.515 | 1.453 | 1.334 | 1.800 | 1.395 | 1.390 | 1.410 | 1.400 |

资料来源：据某油田。

　　刘家洼陷的古近系含油气岩系共分为十层，平原组、明化镇组、馆陶组、东营组、沙一段、沙二段、沙三上亚段、沙三中亚段、沙三下亚段和沙四段，主力烃源岩为沙四上段和沙三下段，以及部分沙三中段。所使用的参数包括构造-地层格架模拟所得的各阶段孔隙度与岩性数据。图 5-31 为刘家港区块实验区现今地温场三维模拟效果图。其中，沙四段的埋藏深度，反映了该洼陷基底的沉降幅度，模拟所得的各种地热参数代表了该洼陷在各个沉积和地热演化阶段的基底地热场状况(表 5-12)。

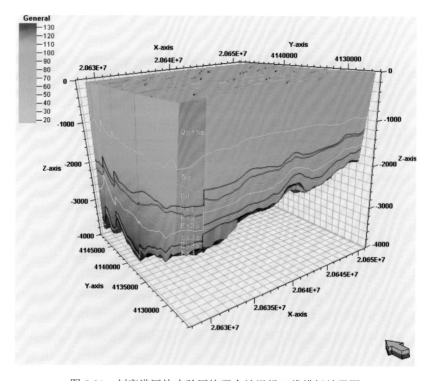

图 5-31　刘家港区块实验区块现今地温场三维模拟效果图

表 5-12　沙四段及其底部在各个沉积阶段的地热参数模拟结果

| 沉积与地热演化阶段 | 距今时间/Ma | 沙四段底最大埋深/m | 各套地层的沉积速率/(m/Ma) | 基底古地热流值/(mW/m²) | 洼陷平均地温梯度/(℃/100m) | 沙四段最高温度/℃ |
|---|---|---|---|---|---|---|
| ~现今 | 2.0~0.0 | 3983.04 | 289.82 | 58.6 | 3.14220 | 143.28 |
| ~馆陶组末 | 5.1~2.0 | 3403.40 | 69.67 | 61.57 | 3.41122 | 141.16 |
| ~东营组末 | 24.6~5.1 | 3187.42 | 42.39 | 72.89 | 4.16563 | 157.91 |
| ~沙一段末 | 32.4~24.6 | 2362.48 | 26.60 | 77.41 | 4.46064 | 128.03 |
| ~沙二段末 | 36.0~32.4 | 2154.99 | 64.51 | 79.50 | 4.64829 | 120.58 |
| ~沙三上亚段末 | 38.0~36.0 | 1922.74 | 322.48 | 80.66 | 4.85825 | 110.38 |
| ~沙三中亚段末 | 41.0~38.0 | 1600.26 | 328.22 | 82.40 | 5.08959 | 96.20 |
| ~沙三下亚段末 | 42.0~41.0 | 615.60 | 321.54 | 82.98 | 5.29462 | 52.84 |
| ~沙四段末 | 50.0~42.0 | 294.06 | 36.75 | 83.56 | 5.28136 | 35.41 |

从表 5-12 中可以看出,刘家洼陷各个时期的盆地基底古地热流值变化于 58.6~83.56 mW/m²。在现今沙四段底最大埋深 3983.04m 处,岩层最高温度达到 143.28℃。通过比较可知,在该洼陷形成初期,盆地基底古地热流处于稳定的高值状态,但地温却快速升高,至沙三中段沉积末期已达近百摄氏度,随后盆地基底古地热流值和地温梯度急剧下降,而地温则稳步升高。刘家洼陷地热场的这种变化,显然与深部热源衰减、岩层埋深增大、压实程度升高和热导率降低,以及它们之间的相对变化速率关系密切。基底古地热流值从一开始就出现递减状况,以及各套地层的沉积速率(m/Ma)的变化,证明了裂陷盆地沉积盖层的二元结构并非起因于基底热衰减(吴冲龙等,2001b)。

模拟结果表明,刘家洼陷的基底古地热流值与古地温梯度的变化趋势相同,但后者变化更大一些(图 5-32)。变化趋势相同,是因为地热流值与地温梯度值成正比;而古地温梯度变化更大,则揭示了沉积岩系的厚度变化较为剧烈。图 5-33~图 5-37 是从基于反揭法进行的三维地温场动态模拟结果中抽取的若干阶段古地温平面图。

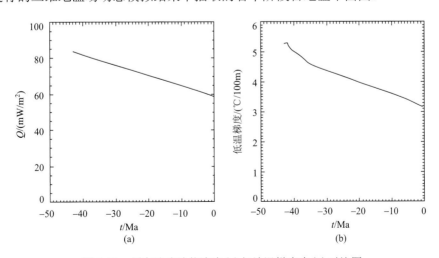

图 5-32　刘家洼陷地热流史(a)与地温梯度史(b)对比图

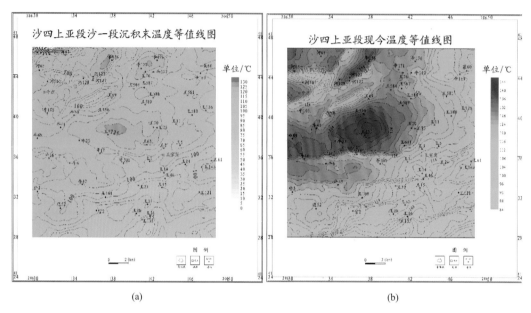

(a)　　　　　　　　　　　　　　　(b)

图 5-33　刘家洼陷沙四上亚段在沙一段沉积期末(a)和现今(b)的温度等值线图

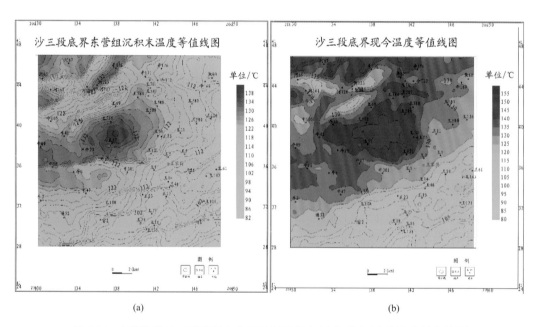

(a)　　　　　　　　　　　　　　　(b)

图 5-34　刘家洼陷沙三段底界在东营组沉积期末(a)和现今(b)的温度等值线图

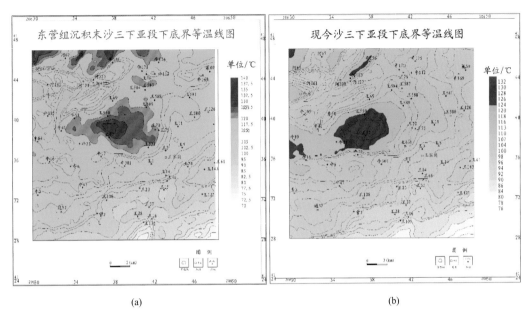

(a)　　　　　　　　　　　　　　　　(b)

图 5-35　刘家洼陷沙三下亚段底界在东营组沉积期末(a)和现今(b)温度等值线图

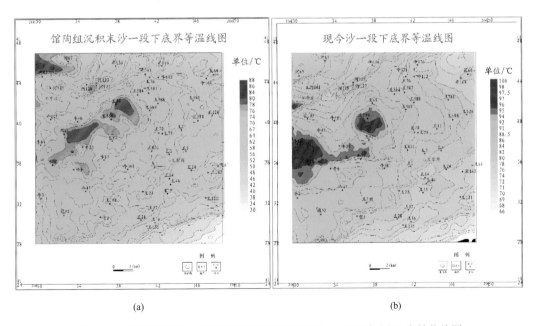

(a)　　　　　　　　　　　　　　　　(b)

图 5-36　刘家洼陷沙一段底界在馆陶组沉积期末(a)和现今(b)温度等值线图

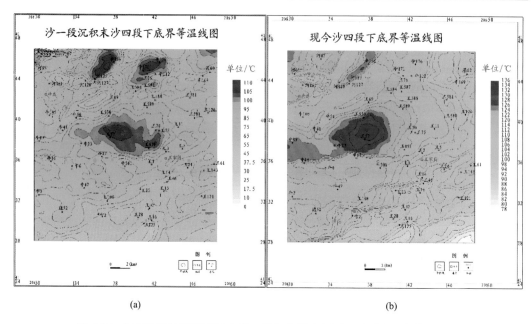

(a)　　　　　　　　　　　　　　　　(b)

图 5-37　刘家洼陷沙四段底界在沙一段沉积期末(a)和现今(b)温度等值线图

　　模拟结果表明，在洼陷演化过程中高温区偏于西北部，但最高古地温值始终出现在洼陷中心的王 57 井附近。根据古地温值与镜质组反射率的关系，烃源岩在 90～150℃ 为生油阶段，主力烃源岩沙四段、沙三下亚段和沙三中亚段，分别在沙二段沉积期末、沙一段沉积期末和东营组沉积期末开始生油，目前均处于生油高峰期中。

### 5.5.3.2　基于差分法动力学法的地热场三维动态模拟

　　基于差分法动力学法的刘家洼陷地热场三维动态模拟，采用了与地壳热结构反揭法相同的基本参数和数据。为了使该洼陷的地热场三维动态模拟更加真实，在进行差分法动力学法反演时，还顾及并解决了其三维非均质、非稳态和超大数据量的计算问题。所得到的三维非均质、非稳态和多尺度的地热场演化史如图 5-38 所示。

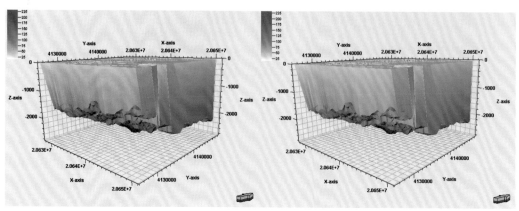

(a) 沙一段沉积期末三维温度场(24.60Ma)　　　(b) 沙一段沉积期末三维温度场(24.58Ma)

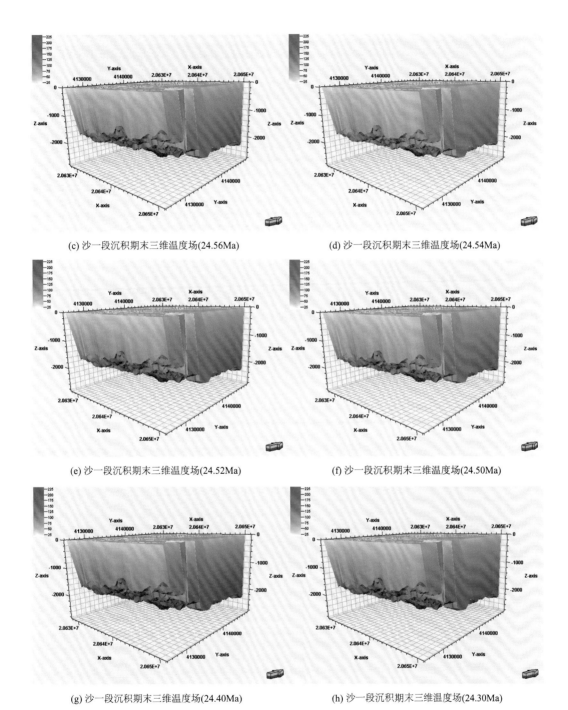

(c) 沙一段沉积期末三维温度场(24.56Ma)

(d) 沙一段沉积期末三维温度场(24.54Ma)

(e) 沙一段沉积期末三维温度场(24.52Ma)

(f) 沙一段沉积期末三维温度场(24.50Ma)

(g) 沙一段沉积期末三维温度场(24.40Ma)

(h) 沙一段沉积期末三维温度场(24.30Ma)

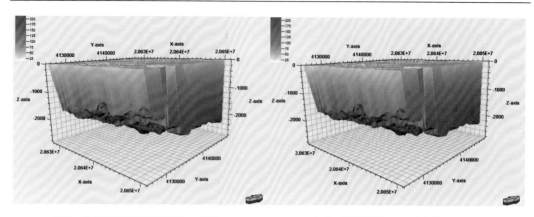

(i) 沙一段沉积期末三维温度场(24.20Ma)　　　　(j) 沙一段沉积期末三维温度场(24.10Ma)

图 5-38　以刘家洼陷沙一段沉积期末三维温度场差分法动力学反演模拟效果

表 5-13 是采用反揭法和反演法所得模拟结果的对比。从表 5-13 中可以看出，从沙四段沉积期到现今，通过两种方法模拟得到的各套地层的古地温值比较一致，多数仅有5～10℃的差距，但个别层位如沙四段到沙三中亚段，在东营组沉积期末的误差达到 14～16℃。两种方法模拟所得的各个地层底界古地温均值的差距，主要源自方法原理和采用参数的不同。热传导动力学反演法是直接根据有机质成熟度和理论化学计量因子、活化能等计算的，而地壳热结构反揭法是通过现今地热流和地壳层结构和各层圈热导率计算的。此外，由于计算方法的差异，在计算中产生的误差也有所不同。

表 5-13　基于反揭法与反演法所得的各地层底界在各时期末的古地温平均值表　（单位：℃）

| 时期及模拟法 | | 地层 | | | | | | | | |
|---|---|---|---|---|---|---|---|---|---|---|
| | | Qp+N$m$ | N$g$ | E$d$ | E$s^1$ | E$s^2$ | E$s^{3s}$ | E$s^{3z}$ | E$s^{3x}$ | E$s^{4s}$ |
| 现今 | 反演法 | 53.30 | 73.76 | 85.15 | 89.88 | 95.87 | 101.85 | 114.29 | 116.47 | 120.66 |
| | 反揭法 | 52.39 | 71.09 | 81.39 | 85.63 | 90.96 | 96.26 | 107.18 | 109.07 | 112.71 |
| 馆陶组沉积期末 | 反演法 | | 30.58 | 53.08 | 63.75 | 77.05 | 88.99 | 108.37 | 111.75 | 116.83 |
| | 反揭法 | | 31.43 | 54.87 | 65.89 | 79.55 | 91.71 | 111.25 | 114.63 | 119.70 |
| 东营组沉积期末 | 反演法 | | | 53.41 | 66.33 | 82.57 | 97.62 | 122.58 | 127.07 | 134.05 |
| | 反揭法 | | | 48.50 | 59.87 | 74.08 | 87.15 | 108.60 | 112.43 | 118.36 |
| 沙一段沉积期末 | 反演法 | | | | 25.87 | 43.37 | 59.881 | 88.68 | 93.99 | 102.89 |
| | 反揭法 | | | | 24.39 | 39.46 | 53.58 | 77.97 | 82.42 | 89.88 |
| 沙二段沉积期末 | 反演法 | | | | | 31.88 | 48.99 | 79.64 | 85.24 | 94.74 |
| | 反揭法 | | | | | 29.62 | 44.40 | 70.61 | 75.37 | 83.41 |
| 沙三上亚段沉积期末 | 反演法 | | | | | | 31.80 | 64.46 | 70.36 | 80.31 |
| | 反揭法 | | | | | | 29.30 | 56.92 | 61.86 | 70.19 |
| 沙三中亚段沉积期末 | 反演法 | | | | | | | 49.12 | 55.37 | 65.72 |
| | 反揭法 | | | | | | | 43.10 | 48.25 | 56.75 |
| 沙三下亚段沉积期末 | 反演法 | | | | | | | | 20.96 | 31.62 |
| | 反揭法 | | | | | | | | 19.89 | 28.64 |
| 沙四段沉积期末 | 反演法 | | | | | | | | | 26.50 |
| | 反揭法 | | | | | | | | | 24.54 |

### 5.5.3.3　基于动力学反演法的附加地热场模拟

东部某凹陷刘家洼陷的地热演化史较为单一，无附加地热场的叠加干扰问题。为了进行附加地热场的叠加模拟实验，在动力学反演法模拟实验中，假设该洼陷在沙一段沉积期末遭遇了一次较大规模的花岗岩体侵入，并设置了一个沉积物具有非均质性的实体模型，然后采用了局部加密剖分的分步差分算法进行动态模拟。

通过对模型局部加密剖分，得到了 71×76×78 个小立方体单元格网，共有节点 71×76×78=420888 个。如果采用一般的方法进行计算，需要开设 420888×420888 的大矩阵，这在具体编程中是无法实现的。因此采用交替方向隐式差分法中的 Douglas 格式，将该 420888×420888 的大矩阵分解为 $x$ 方向的 76×78 个 71×71 的小矩阵、$y$ 方向的 71×78 个 76×76 的小矩阵以及 $z$ 方向的 71×76 个 78×78 的小矩阵。通过分步交替算法来处理节点编号问题，使得相关的计算容易通过可视化语言来编程实现，可很好地再现花岗岩体侵入之后的 0.5Ma 时间内，附加地热场从出现、叠加到消失的过程(图 5-39)。这个结果表明，小规模花岗岩体侵入等附加地热场的影响是短暂的，但所产生的影响是不可忽视的。

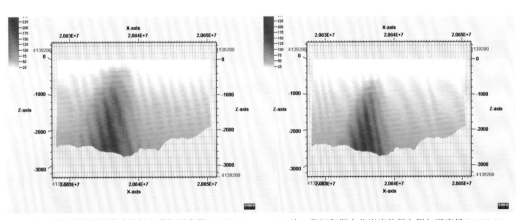

(a) 沙一段沉积期末花岗岩体侵入附加温度场(24.60Ma)　　(b) 沙一段沉积期末花岗岩体侵入附加温度场(24.58Ma)

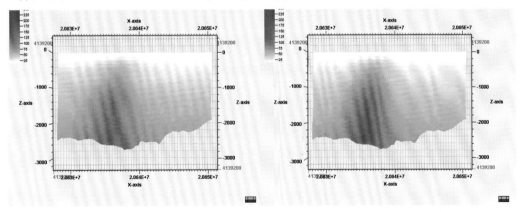

(c) 沙一段沉积期末花岗岩体侵入附加温度场(24.56Ma)　(d) 沙一段沉积期末花岗岩体侵入附加温度场(24.54Ma)

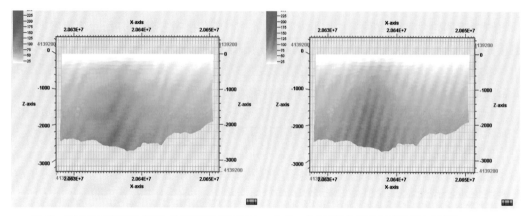

(e) 沙一段沉积期末花岗岩体侵入附加温度场(24.52Ma)　　(f) 沙一段沉积期末花岗岩体侵入附加温度场(24.50Ma)

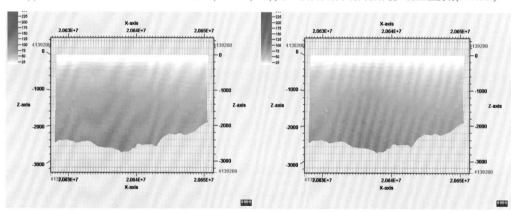

(g) 沙一段沉积期末花岗岩体侵入附加温度场(24.40Ma)　　(h) 沙一段沉积期末花岗岩体侵入附加温度场(24.30Ma)

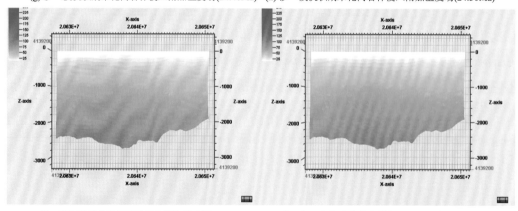

(i) 沙一段沉积期末花岗岩体侵入附加温度场(24.20Ma)　　(j) 沙一段沉积期末花岗岩体侵入附加温度场(24.10Ma)

图 5-39　采用差分法进行动力学反演获得的花岗岩体侵入附加温度场三维模拟的剖面效果

# 第6章 盆地古构造应力场模拟

构造应力场是指变形地块各处的应力状态连同地块本身所组成的整体。盆地是地壳变形的产物，区域构造应力场通过地块的力学边界——盆缘断裂或者沉积边界发生作用，在盆地内部形成一个从属于区域应力场的局部应力场，即盆地古构造应力场。构造应力是盆地油气生成和成藏的重要动力学条件，因而古构造应力场模拟也是盆地模拟和油气成藏动力学模拟的重要基础，很早以来在我国盆地分析领域就有广泛应用(吴冲龙，1984；沈淑敏等，1989；李平鲁，1992；李定龙，1994；曲国胜等，1997；吴冲龙等，1997a，1999)。

## 6.1 二维古构造应力场模拟方法原理

地壳构造应力是在静岩应力之上附加的一种应力，或者说是地应力中偏离静岩应力的部分，起源于地球自转力、板块间相互作用力、岩石相变力、壳幔热力、壳幔差异运动底剪力、异常重力，以及区域间差异静岩压力和流展力。国内外所进行的大量现代地应力测量均发现，在压性、压剪性构造活动带和前陆盆地中，地层的水平方向应力大大超过垂向应力(裴伟，1978；克鲁泡特金，1978；李方全，1979；李方全和王连捷，1979；孙宝珊等，1994)，表明在挤压型盆地的发展过程中和拉张型盆地的构造反转期，水平构造应力是不可忽视的。李四光(1962)曾用"拧毛巾"来形象地比喻柴达木盆地巴格雅乌汝背斜的旋扭运动，并指出这种扭压应力对油气排驱可能有重要影响。田口一雄(1981)认为，板块间相互作用所产生的区域构造应力，是构成地层中异常孔隙压力的诸多成分之一。李明诚(1994)也曾认为，这些侧向挤压的构造作用，"如果是发生在油气生成之后，必将成为油气运移的动力"。这些力时刻存在并在一定条件下转化为构造力，所导引出的叠加构造应力场不仅控制着研究区古构造运动方式和方向，也影响着油气排放、运聚(吴冲龙等，1995a)，因此研究盆地古构造应力场，有助于揭示盆地形成演化机制，也有助于了解和把握油气运聚特征。

### 6.1.1 二维盆地构造应力场理论模型

为了简化论述，根据盆地原型的地质模型特点及物理学原理，这里以"平面应力"和"平面应变"的线性和非线性问题二维有限单元模型为例来说明。

#### 6.1.1.1 平面应力问题

所谓平面应力问题，是指考虑地块中的一系列平行薄板，当外力作用与板面平行时，应力仅沿薄板的板面分布，而沿厚度方向($z$，垂直于板面)只有应变没有应力分布，设 $\sigma$ 为正应力，$\tau$ 为剪应力，$\varepsilon$ 为应变，$E$ 为弹性模量，$\mu$ 为泊松比，$x$、$y$、$z$ 分别代表纬向、

径向和垂向，即

$$\sigma_z = \tau_{zx} = \tau_{zy} = 0 \tag{6-1}$$

由剪应力成双定理有

$$\tau_{xz} = \tau_{zx} = 0, \quad \tau_{yz} = \tau_{zy} = 0 \tag{6-2}$$

应力矩阵简化为

$$\sigma = \begin{bmatrix} \sigma_x \\ \sigma_y \\ \tau_{xy} \end{bmatrix} \tag{6-3}$$

在平面应力问题中，应变与位移之间的关系由广义胡克定律描述

$$\varepsilon_z = \frac{1}{E}\Big[\sigma_z - \mu\big(\sigma_x + \sigma_y\big)\Big] \tag{6-4}$$

在平面应力状态下 $\sigma_z = 0$，所以有

$$\varepsilon_z = \frac{-\mu}{E}\big(\sigma_x + \sigma_y\big) \tag{6-5}$$

应变矩阵 $\varepsilon$ 可简化为

$$\varepsilon = \begin{bmatrix} \varepsilon_x \\ \varepsilon_y \\ \gamma_{xy} \end{bmatrix} = \begin{bmatrix} \dfrac{\partial u}{\partial x} \\[2mm] \dfrac{\partial v}{\partial y} \\[2mm] \dfrac{\partial u}{\partial y} + \dfrac{\partial v}{\partial x} \end{bmatrix} \tag{6-6}$$

在平面应力问题中，应变与应力之间的关系为

$$\begin{cases} \sigma_x = \dfrac{E}{1-\mu^2}(\varepsilon_x + \mu\varepsilon_y) \\[3mm] \sigma_y = \dfrac{E}{1-\mu^2}(\mu\varepsilon_x + \varepsilon_y) \\[3mm] \tau_{xy} = \dfrac{E}{2(1+\mu)}\gamma_{xy} \end{cases} \tag{6-7}$$

写成矩阵形式为

$$\begin{bmatrix} \sigma_x \\ \sigma_y \\ \tau_{xy} \end{bmatrix} = \frac{E}{1-\mu^2} \begin{bmatrix} 1 & \mu & 0 \\ \mu & 1 & 0 \\ 0 & 0 & \dfrac{1-\mu}{2} \end{bmatrix} \begin{bmatrix} \varepsilon_x \\ \varepsilon_y \\ \gamma_{xy} \end{bmatrix} \tag{6-8}$$

令

$$D = \frac{E}{1-\mu^2} \begin{bmatrix} 1 & \mu & 0 \\ \mu & 1 & 0 \\ 0 & 0 & \dfrac{1-\mu}{2} \end{bmatrix} \qquad (6\text{-}9)$$

称为平面应力情况下的弹性矩阵。简化得

$$\sigma = D\varepsilon \qquad (6\text{-}10)$$

### 6.1.1.2 平面应变问题

所谓平面应变问题，是指考虑地块中的一系列平行薄板，当外力作用与板面平行时，应变仅沿薄板的板面分布，即板内各点只有 $x$、$y$ 方向的位移，而沿厚度方向（$z$，垂直于板面）只有应力没有应变分布。这时，应变矩阵简化为式（6-6）。

在每个单元体上，由于 $\gamma_{yz} = \gamma_{zx} = 0$，所以有 $\tau_{yz} = \tau_{zx} = 0$；非零应力分量有四个：$\sigma_x$、$\sigma_y$、$\tau_{xy}$、$\sigma_z$。因 $\varepsilon_z = 0$，由广义胡克定律

$$\varepsilon_z = \frac{1}{E}\left[\sigma_z - \mu(\sigma_x + \sigma_y)\right] = 0 \qquad (6\text{-}11)$$

可得

$$\sigma_z = \mu(\sigma_x + \sigma_y) \qquad (6\text{-}12)$$

应变与应力之间的关系为

$$\begin{cases} \sigma_x = \dfrac{E(1-\mu)}{(1+\mu)(1-2\mu)}\left(\varepsilon_x + \dfrac{\mu}{1-\mu}\varepsilon_y\right) \\[3mm] \sigma_y = \dfrac{E(1-\mu)}{(1+\mu)(1-2\mu)}\left(\dfrac{\mu}{1-\mu}\varepsilon_x + \varepsilon_y\right) \\[3mm] \tau_{xy} = \dfrac{E}{2(1+\mu)}\gamma_{xy} \end{cases} \qquad (6\text{-}13)$$

将其写成矩阵的形式为

$$\begin{bmatrix} \sigma_x \\ \sigma_y \\ \tau_{xy} \end{bmatrix} = \frac{E(1-\mu)}{(1+\mu)(1-2\mu)} \begin{bmatrix} 1 & \dfrac{\mu}{1-\mu} & 0 \\[3mm] \dfrac{\mu}{1-\mu} & 1 & 0 \\[3mm] 0 & 0 & \dfrac{1-2\mu}{2(1-\mu)} \end{bmatrix} \begin{bmatrix} \varepsilon_x \\ \varepsilon_y \\ \gamma_{xy} \end{bmatrix} \qquad (6\text{-}14)$$

令

$$D = \frac{E(1-\mu)}{(1+\mu)(1-2\mu)} \begin{bmatrix} 1 & \dfrac{\mu}{1-\mu} & 0 \\ \dfrac{\mu}{1-\mu} & 1 & 0 \\ 0 & 0 & \dfrac{1-2\mu}{2(1-\mu)} \end{bmatrix} \tag{6-15}$$

将其写成矢量的形式为

$$\varepsilon = [\varepsilon_x, \varepsilon_y, \gamma_{xy}]^{\mathrm{T}}$$
$$\sigma = [\sigma_x, \sigma_y, \tau_{xy}]^{\mathrm{T}}$$

其中，T 表示转置，得

$$\sigma = D\varepsilon \tag{6-16}$$

其中，$D$ 为平面应变情况下的弹性矩阵；$E$ 是弹性模量(MPa)；$\mu$ 是泊松比。有限单元网格离散化后，由计算机自动形成刚度矩阵 $K$ 并求解位移矢量、应力场和应变场。

### 6.1.1.3　主应力与位移

当解算出各单元的 $\sigma_x$ 和 $\sigma_y$ 后，可由下式求出主应力大小与方向

$$\begin{cases} \sigma_1 = \dfrac{\sigma_x + \sigma_y}{2} + \sqrt{\left(\dfrac{\sigma_x - \sigma_y}{2}\right)^2 + \tau_{xy}^2} \\[4mm] \sigma_2 = \dfrac{\sigma_x + \sigma_y}{2} - \sqrt{\left(\dfrac{\sigma_x - \sigma_y}{2}\right)^2 + \tau_{xy}^2} \\[4mm] \alpha = \dfrac{1}{2}\arctan\dfrac{2\tau_{xy}}{\sigma_x - \sigma_y} \end{cases} \tag{6-17}$$

式中，$\sigma_1$ 为最大主应力(通常是主张应力)；$\sigma_2$ 为最小主应力(通常是主压应力)；$\alpha$ 为最大主应力(主张应力)与 $x$ 轴的夹角。

## 6.1.2　有限单元法数值模拟简介

有限单元法模拟是一种求解连续场问题的数值模拟技术,在许多领域有广泛的应用。这种数值模拟方法,是为了解决实际问题而经过长期探索后,由美国加利福尼亚大学 R. W. Clough 教授和我国南京大学冯康教授,均于 20 世纪 60 年代初独立提出来的。有限单元法的基本思想,是将研究目标存在的问题对应的求解域离散化,剖分成为有限个单元(面或体),这些单元之间仅仅依靠结点相互连接和传递作用信息。具体分析计算时,是先在剖分所得单元内假设得出近似解的基础模式,然后通过对应的适当方法,构建所有单元的内部点的待求量与所有单元结点量之间的关系模型。一般来说,剖分后用于分析的基础单元都属于很简单的形状单元,如三角形、四边形、四面体、六面体等。先使用能量关系或平衡关系,建立这些小单元结点量之间的求解方程式,再集合(叠加)所有单元的分析方程得出总体线性方程组;然后引入边界条件并求解总体线性方程组,即可得到所

有单元结点对应的全部结点量；最后，进行研究问题域总体结构的整体分析，求解得出目标量，如研究区域的应力场等。经过这些步骤，便可以完整地解决整个问题。

王仁(1994)曾经对我国早期探索采用有限单元法研究古构造应力场的历史做过总结，他指出：20 世纪 70 年代，石耀霖(1976)、王仁等(1979)曾做过山字形构造体系的数值模拟；王连捷和范云玲(1979)做过旋卷构造体系的构造应力场分析；罗焕炎等(1982)采用平面应力弹性模型，论证了青藏地块所受的载荷是印度板块的推挤和自身重力；吴冲龙(1984)采用平面应力弹塑性模型模拟了阜新盆地古构造应力场的动态变化和盆地构造演化，以逐步调整介质弹性模量和泊松比的分段模拟方式求弹塑性分析的近似解，并根据实测的节理裂隙统计结果来决定模拟的好坏，然后用计算结果解释盆地的构造演化和富煤带的形成和分布；梁海华(1987)用二维弹性模型模拟汾渭断陷带的动力条件。

在最早的盆地古构造应力场有限单元法模拟中(吴冲龙，1984)，探索性地提出了盆地古构造应力场模拟的方法准则，还根据同沉积构造分析和节理裂隙统计结果进行地质参照模型的构建，用以厘定计算模型并检验模拟结果。该项成果解释了在阜新盆地形成演化过程中，区域构造应力场由右旋伸展裂陷到左旋挤压隆升的构造演化历程，在国际上首次揭示了裂陷盆地的构造反转现象和机制。需要补充说明的是，李方全(1979)、汪素云和陈培善(1980)、王仁等(1982)还研究了现代构造应力场特征。随后的研究，在理论、方法和技术方面都取得了新的进步(张明利和万天丰，1998)，数据分析和模拟的维度从二维发展到三维(宋惠珍等，1982；高祥林等，1987；强祖基和谢富仁，1988；王红才等，2002)。

有限单元法要求把地块剖分成有限多个小单元。这些小单元可以是三角形，也可以是四边形。为了便于给每个小单元赋介质属性和力学参数值，剖分时应使每一个单元具有单一的岩性。所剖分的单元和网格越细密，应力场和应变场模拟计算结果的精度就越高，但所消耗的计算时间也将增加。为了提高精度并节约计算时间，一方面需要在算法上进行优化，另一方面需要根据研究区的实际情况确定单元的粒度。例如，在重要目标区把单元网格分得细密一些，而在其他区域则把单元网格分得稀疏一些。同时，为了避免出现较大的计算误差，应当保证各三角形或四边形单元的内角不小于 30°。

为了提高对研究区域进行有限单元剖分的效率，必须研究并解决自动剖分问题。有限单元自动剖分的关键，是让计算机自动判断某一已知点是处于单元体多边形边界内部还是外部。当给定了一个多边形的全部顶点坐标时，实际上就等于给定了该多边形的全部边界线，由此可得出判别点在多边形内外的准则：对于任意被检测的点，可以从该点引出一条伸向无穷远的射线(不妨设为水平向右的扫描线)，若射线与多边形边线的交点数目为奇数，该点为内部点；若交点数目为偶数或没有交点，则该点为外部点。

这个判别规则，在大多数情况下是正确的，但当水平向右的扫描线正好通过多边形的一个顶点时，就应当采用奇异点的处理准则，把多边形的顶点分为两大类：一类是局部极值点，即进入该点的边线和离开该点的边线的方向不单调，这时可将其看作两个点，既是进入该点边线的末点，也是离开该点边线的起点；一类是非极值点，即进入该点的边线和离开该点的边线的方向是单调上升或单调下降的，这时只能将此类顶点看作一个点，从进入边线的末点和离开边线的起点中删去一个。而当多边形的某一条边线为水平线时，应按如下规则判断边线端点类型：当水平线与扫描线平行时，它与扫描线没有交点，不必考虑水平边线的存在；但对水平边线的两个端点的计数，仍可采用上述处理奇异点的规则，若水平边线前后两条边线方向是一上一下的，则这两个交点分别记作前后两条边线的端点，共计数两次；若水平边线前后两条边线方向是单调上升或单调下降的，则这两个交点只能记一个。

判别点 PNT 在多边形单元内、外的工作流程如图 6-1 所示。

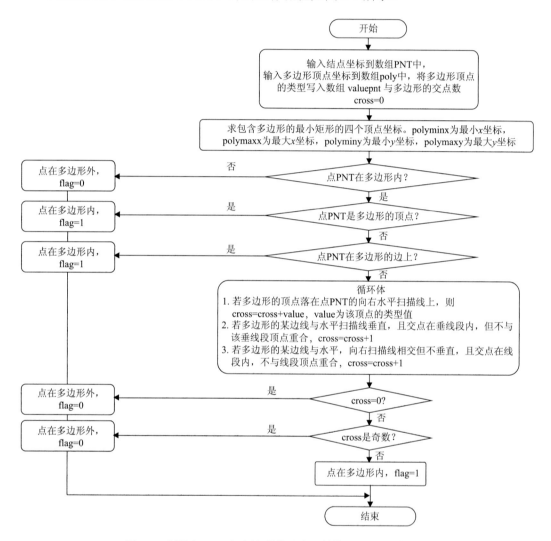

图 6-1　判别点 PNT 在多边形单元内、外的 pntinpoly 流程图

### 6.1.3　边界结点外力自动分解赋值

利用有限单元法进行地块平面构造应力场模拟，要求将外力分配到每个边界结点上，并且都分解成 $x$ 方向和 $y$ 方向的分力。边界结点力的分解和赋值通常采用手工方式进行，为了提高工作效率，系统需要提供自动化处理功能，用户仅需输入地块所受的合外力的大小和方向。下面以外力为挤压力的情况为例，对其方法原理作一简要说明。

假设：有区域 area，见图 6-2，受外部挤压力 F1、F2 的作用。F1、F2 与北向 N 成夹角 α，L1、L2 和 L3 为与外力作用方向平行或垂直的区域边界切线，p 和 q 为模拟区域边界线。求由外部挤压力作用到区域 area 的边界结点外力大小和方向。

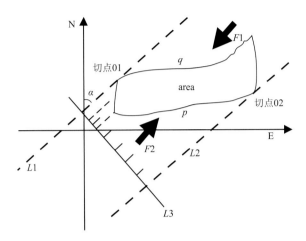

图 6-2　地块边界结点上外力的自动分解及赋值方法图解

### 6.1.3.1　求边界结点力的大小

(1) 做外力 F1、F2 的平行线 L1、L2，使 L1、L2 与区域 area 相切，得切点 01、切点 02。

(2) 做外力 F1、F2 的垂线 L3，求 L3 在 L1、L2 之间的长度，取适当长度作为单位长度平分 L3，再把此单位长度作为力的单位值。

(3) 以切点 01、切点 02 为力值的零点。

(4) 求区域边界结点相邻两结点在 L3 上的投影大小，与(2)中得到的力的单位值相比较，得每个结点的结点力的相对大小。

### 6.1.3.2　求边界结点力的方向

在外力作用下，边界结点力方向是外力与 x 轴正向成顺时针方向的夹角，用方位"度"表示。其大小在[0，180]之间，若有多种外力作用应进行合成。

(1) 在图 6-2 中，01-p-02 弧段受 F2，此弧段上的结点力 x 方向、y 方向分别与 x 轴、y 轴同向，所以均为正值。

(2) 在图 6-2 中，01-q-02 弧段受 F1，此弧段上的结点力 x 方向、y 方向分别与 x 轴、y 轴反向，所以均为负值。

(3) 在其他边界(或弧段)上，受 F1 和 F2 作用的结点力方向，也可以按照上述方法进行分解和自动赋值。

仿此，可以对各种作用方式的外力进行边界结点力方向和大小的分配。

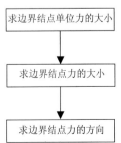

图 6-3　求结点力主流程

边界结点的单位力大小是求解边界结点力大小和方向的依据，其主流程如图 6-3 所示；

而求解边界结点单位力大小的子流程如图 6-4 所示。

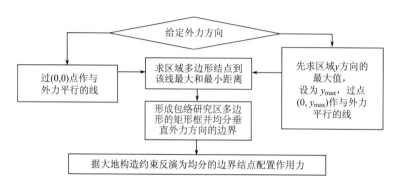

图 6-4 求边界结点单位力大小的算法子流程

### 6.1.4 边界外力的局部约束反演

在已有的研究中，构造单元的边界外力作用方式、方向与大小，都是依照地质分析结果定性赋值的。这样获取的模拟结果难以和通过其他方法得到的孔隙压力值进行定量叠加，因而无法得知地块各处最终的流体势总体特征和油气排运动力问题。为了解决这个问题，本书利用系统反馈控制机理，采用将今论古的方式，对不同大地构造背景下的外力作用方式、方向和大小进行约束，使模拟结果限定在合理的范围内。

#### 6.1.4.1 区域构造应力场的统计约束值

主应力大小制约了盆地古构造应力场模拟结果的有效性。抓住主应力值的合理性，其他问题便迎刃而解。许多研究者统计过不同大地构造环境的区域构造应力场数值(裴伟, 1978；克鲁泡特金, 1978；李方全, 1979；李方全和王连捷, 1979；沈淑敏等, 1989；王连捷和潘立宙, 1991；Zoback, 1992；孙宝珊等, 1994；吴珍汉, 1996；吴珍汉和白加启, 1997)，这些数值可作为研究区地块(构造单元)边界外力的作用方向和大小的统计约束值。

(1)盆地裂陷初期，边界或基底断裂上的外力

$$\sigma_{max} \leqslant 150MPa, \qquad \sigma_3 \leqslant 50MPa$$

(2)陆内盆地区的盆地内部(弧后扩张区)构造单元边界外力

$$\sigma_3 \approx 31.9 + 0.0141z (MPa) \quad (平均值)$$

(3)陆缘和陆内挤压(造山)带上的压力集中区构造单元边界外力

$$\sigma_3 < 200 + 0.02z (MPa)$$

(4)已经破裂的现代大洋中脊(冰岛等地)地表构造单元边界外力

$$\sigma_3 \approx 8.94MPa, \qquad \sigma_1 \approx 3.06MPa$$

(5) 被动大陆边缘挤压带上

$$\sigma_3 < 15.09 + 0.06788z \text{(MPa)}, \qquad \sigma_1 < 8.31 + 0.0465z \text{(MPa)}$$

(6) 被动大陆边缘局部拉张区(破裂时的边界断裂及基底断裂借用盆地裂陷期数据)

$$\sigma_3 < 8.968 + 0.0242z \text{(MPa)}, \qquad \sigma_1 < 5.019 + 0.0148z \text{(MPa)}$$

(7) 围压(静岩压力与静水压力之和)

$$\sigma_{围} = \rho_s gh(1-\varphi) + \rho_w gh\varphi$$

(8) 平衡状态

$$\sigma_1 = \sigma_2 = \sigma_3 = \rho_s gh\ (1-\varphi) + \rho_w gh\varphi$$

上述各式中，$z$ 为地层的埋深，单位为 m；$\rho_s$ 为骨架密度；$\rho_w$ 为水密度。

### 6.1.4.2 边界外力的局部约束反演

以上述统计值为约束，如果某一盆地或坳陷的某一构造演化阶段的模拟结果普遍超越极限，将提醒用户细心分析校对数据。如果没有其他问题，计算机将认为是外力施加不合理引起的，自动修正全部边界结点的外力大小，并且自动进行力矩平衡和模拟计算。随后，再将计算结果与统计约束值进行比较。这样周而复始，直至结果合理为止。至于由于应力局部集中引起的数值超限，不应当视为不合理数据，不在修正之列。这种情况，只要有一定的构造应力场知识是不难判断和掌握的，当然，实践经验也是十分重要的。进一步开发相应的人工智能子系统来进行辅助判断，是本系统的发展方向。

## 6.1.5 主应力迹线的绘制

主应力迹线是指最大主应力(其值大于 0 时,通常理解为张应力)和最小主应力(其值小于 0 时,通常理解为压应力)的平面走向线。当完成地块的构造应力场和应变场计算后，需要输出主应力的迹线图，以便分析盆地原型的构造应力场特征及其对盆地构造形变的影响。主应力迹线图可根据主应力值及夹角的相关关系来绘制，见式(6-17)。

最大主应力作用线方位角的确定可用图 6-5 和图 6-6 来表示。

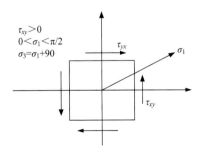 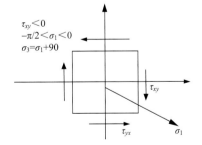

图 6-5　$\tau_{xy} > 0$ 时的最大主应力作用线　　图 6-6　$\tau_{xy} < 0$ 时的最大主应力作用线
$\sigma$ 指主应力作用线方位角　　　　　　　$\sigma$ 指主应力作用线方位角

具体可分如下几种情况来讨论

$$\sigma_x - \sigma_y = 0, \ \tau_{xy} > 0, \ \alpha = 45°;$$

$$\sigma_x - \sigma_y = 0, \ \tau_{xy} < 0, \ \alpha = -45°;$$

$$\sigma_x - \sigma_y > 0, \ \tau_{xy} > 0, \ 若 0° < \alpha < 90°, 则 \alpha = \frac{1}{2}\arctan\frac{2\tau_{xy}}{\sigma_x - \sigma_y};$$

$$\sigma_x - \sigma_y > 0, \ \tau_{xy} < 0, \ 若 -90° < \alpha < 0°, 则 \alpha = \frac{1}{2}\arctan\frac{2\tau_{xy}}{\sigma_x - \sigma_y};$$

$$\sigma_x - \sigma_y < 0, \ \tau_{xy} > 0, \ 若 0° < \alpha < 90°, 则 \alpha = \frac{1}{2}\arctan\frac{2\tau_{xy}}{\sigma_x - \sigma_y} + 90°;$$

$$\sigma_x - \sigma_y < 0, \ \tau_{xy} < 0, \ 若 -90° < \alpha < 0°, 则 \alpha = \frac{1}{2}\arctan\frac{2\tau_{xy}}{\sigma_x - \sigma_y} - 90°.$$

## 6.1.6　岩层破裂的判断与应力场调整

应力的积累可能导致岩层破裂，而岩层破裂必然导致应力场调整。当岩层破裂和应力场调整的过程不断地进行时，便形成一种岩层递进变形和应力场动态调整的现象。在进行盆地构造应力场模拟时，应当正视这个问题并加以处理[①]。

### 6.1.6.1　岩层破裂与应力场调整概念

在构造应力场中，岩层的破裂是从弹性形变开始的。由于岩层的抗拉强度和抗剪强度相对较小，岩层受力后总是首先发生张破裂（在拉应力主导的应力场中）或剪破裂（在压应力或剪应力主导的应力场中），因此，通常把单轴抗拉强度和抗剪强度作为衡量岩体稳定性的重要指标。岩层在张应力未达到抗拉强度时具有线弹性特性，一旦达到并破坏岩层后其强度降低为零，垂直裂缝的方向将不能再承受或积累拉应力。这时拉应力将向破裂口转移和集中，压应力、剪应力乃至整个盆地应力场图像将随之发生畸变。

在岩层发生剪破裂时，也会有同样的效应。在盆地所遭遇的每一次构造运动中，由于岩层受构造应力作用而破裂的现象是连续发生的，不仅会造成应力集中区不断移动，而且会造成盆地应力场图像（主应力、剪应力迹线和等值线的组合）随之改变，形成一种特有的破裂迹线方向和形态递进变化的序列。这种递进变形现象，可能会造成区域应力场或盆地外力作用方式、方向改变的假象。在利用等 T0 平面图或构造平面图进行构造应力场分析时，需要特别注意这个问题，避免引起判断失误。对盆地各演化阶段的构造应力场和应变场进行动态模拟，可能是理解与识别这一递进变形现象的有效方法。

① 吴冲龙，毛小平，田宜平，等. 2000. 中国海洋石油总公司"九五"重点攻关项目"油气成藏动力学模拟与评价系统研制"研究报告. 北京：中国地质大学.

　　在岩层发生张破裂和剪破裂之前，应力与应变关系服从胡克定律，即具有线弹性性质。而当在任一方向上的拉应力(张应力)或剪应力(差应力)超过岩石的抗拉强度或抗剪强度时，该应力分量将因岩层开裂而变为零。根据这种关系，我们一方面可以动态地模拟岩层在一次构造运动中的构造应力场和应变场动态变化状况；另一方面可以辅助估计在一次构造运动中的外力大小，进而调整所拟定和输入的外力数值，使其趋于合理。

### 6.1.6.2　岩层破裂判别原理

　　下面分别对张破裂和剪破裂的判断方法加以说明。

　　岩石的张破裂系数表达式为

$$\varepsilon = \frac{\sigma_T}{\sigma_{T'}} \tag{6-18}$$

式中，$\varepsilon$ 为张破裂系数；$\sigma_T$ 为岩石有效张应力；$\sigma_T$ 为岩石抗拉强度。$\varepsilon$ 值越高，岩石就越容易发生张破裂或张破裂扩展。

　　对于剪破裂，一般可采用莫尔-库仑破裂准则来评价。

　　根据莫尔-库仑破裂准则，在某一截面上岩石的抗剪强度不仅与岩石本身的力学性质有关，而且还与作用于该截面上的正应力有关，其剪破裂系数 $\lambda$ 的表达式为

$$\lambda = \left[\frac{(\sigma_{\max}-\sigma_{\min})\cos\theta}{2c(\sigma_{\max}-\sigma_{\min})\tan\theta+(\sigma_{\max}-\sigma_{\min})\sin\theta\tan\theta}\right]^2 \tag{6-19}$$

式中，$\lambda$ 为剪破裂系数；$c$ 为岩石内聚力(MPa)；$\sigma_{\max}$、$\sigma_{\min}$ 分别为某点上的最大和最小主应力(MPa)(张为正，压为负)；$\theta$ 为岩石内摩擦角(°)。

　　该准则的物理意义在于：当 $\lambda > 1$ 时，岩石所受的剪应力已达到或超过它本身的最大抗剪强度，岩石发生破裂；当 $\lambda < 1$ 时，岩石所受的剪应力还未达到岩石的最大抗剪强度，岩石仅部分形成隐裂隙，此时裂隙的形成还处于量的积累过程。

　　固体在应力或外力作用下，它的形状、体积会发生改变。变形比能是表示固体在应力作用下形变大小的物理量，当某一点的变形比能达到某一极限值时，材料便开始变形。同样地壳中某一地段的岩石在地应力作用下，也会发生形变或组分迁移，并与周围的地质体处于平衡状态。岩石的变形比能准则可用主应力表示，其计算公式为

$$\omega = \frac{1+\mu}{3E}(\sigma_{\max}^2 + \sigma_{\min}^2 - \sigma_{\max}\sigma_{\min}) \tag{6-20}$$

式中，$\omega$ 为变形比能(kJ)；$E$ 为岩石的弹性模量(MPa)；$\mu$ 为岩石的泊松比。

### 6.1.6.3　单元破裂的判别准则

　　如果单元 $\sigma_x$、$\sigma_y$、$\tau_{xy}$ 分别小于单轴抗拉强度、抗压强度和抗剪强度，单元正常变形。

　　如果单元 $\tau_{xy} >$ 单轴抗剪强度，单元剪破裂，$\tau_{xy}$ 释放，$\sigma_1$ 和 $\sigma_3$ 随之释放。

　　如果单元 $\sigma_x >$ 单轴抗拉强度，单元 $\sigma_y <$ 单轴抗压强度，单元张破裂，$\sigma_1$ 释放，$\sigma_3$ 和 $\tau_{xy}$ 随之释放。

如果单元 $\sigma_x$＜单轴抗拉强度，单元 $\sigma_y$＞单轴抗压强度，单元压破裂，$\sigma_3$ 释放，$\sigma_1$ 和 $\tau_{xy}$ 随之释放。

如果单元 $\sigma_x$＞单轴抗拉强度，单元 $\sigma_y$＞单轴抗压强度，则单元同时发生张破裂和压破裂，$\sigma_1$ 和 $\sigma_3$ 同时释放，$\tau_{xy}$ 随之释放。

### 6.1.6.4 破裂转移的模拟方法

单元破裂情况(拉、压或剪破裂)，可根据各岩层有限单元的应力值 $\sigma$、应变值 $\tau_{xy}$ 与单轴抗拉强度、抗压强度和抗剪强度比较结果，利用约定的临界构造应力约束值来判别。在模拟子系统中，采用"*"来标记破裂单元，使用户能够根据标记，清楚地看到破裂单元的分布情况。当系统判别出破裂单元后，就自动重新对破裂单元进行对应的岩石力学参数(弹性模量 $E$、泊松比 $\mu$、岩石密度、单轴抗拉强度等)赋值。具体参数的参考值来自中国石油集团西北地质研究所有限公司实测结果、水利水电科学研究院等《岩石力学参数手册》，以及原煤炭工业部历年实测数据(包括晚加里东期、早海西期、晚海西期、印支-燕山期、喜山期 5 个变形段的力学数据)。经过重新赋值，便可模拟出应力调整后的岩层新应力场和应变场。如此循环往复，经过几个轮回，便可以了解在同一个构造运动体制下，不同时期岩层的破裂情况以及破裂转移情况，从而反映出岩层在递进变形中应力、应变的动态变化状况。

## 6.2 三维古构造应力场模拟方法原理

随着算法和模拟技术的改进，盆地三维古构造应力场模拟方法得到了较为普遍的应用。盆地三维古构造应力场模拟与盆地二维古构造应力场模拟，在思路与方法上没有本质的区别，只是需要考虑研究对象应力-应变关系及其算法在三维空间中的拓展，所需要处理的信息和解决的问题更为复杂，因而也更具有不确定性。该模块目标是使三维构造应力场模拟结果，在一定程度上与地层孔隙压力实现定量叠加。

### 6.2.1 三维构造应力-应变场的理论模型

盆地三维古构造应力场模拟的有限单元法公式，是盆地二维古构造应力场模拟的拓展。

#### 6.2.1.1 四面体单元的位移分析

先把一个六面体单元剖分为 5 个四面体单元(图 6-7)。按右手法则，用单元顶点编号顺序表述，分别为：1-10-8-7、1-8-5-2、5-8-10-11、1-5-10-4、1-8-10-5。如图 6-8 所示，每个四面体单元有 4 个结点，每个结点有三个位移分量 $u$、$v$、$w$，即共有 12 个自由度，每个位移函数可定义为如下形式：

$$\begin{cases} u(x,y,z) = \alpha_1 + \alpha_2 x + \alpha_3 y + \alpha_4 z \\ v(x,y,z) = \alpha_5 + \alpha_6 x + \alpha_7 y + \alpha_8 z \\ w(x,y,z) = \alpha_9 + \alpha_{10} x + \alpha_{11} y + \alpha_{12} z \end{cases} \tag{6-21}$$

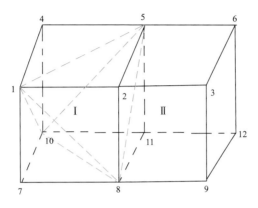

图 6-7　角点网格模型示意图

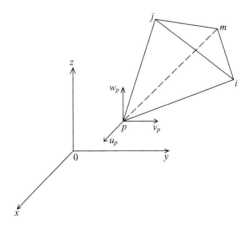

图 6-8　四面体单元的位移分析

结点位移阵列可表示为

$$\delta^{\mathrm{T}} = \begin{bmatrix} u_i & v_i & w_i & u_j & v_j & w_j & u_m & v_m & w_m & u_p & v_p & w_p \end{bmatrix} \tag{6-22}$$

与平面应力场分析类似,可针对位移函数构造出对应的基函数并求解得出其表达式。在此就不详述基函数的求解过程了,可得出基函数的表达式为

$$\begin{aligned} N_i &= \frac{1}{6V}(a_i + b_i x + c_i y + d_i z), \quad i = i, m \\ N_j &= -\frac{1}{6V}(a_j + b_j x + c_j y + d_j z), \quad j = j, p \end{aligned} \tag{6-23}$$

单元位移函数与结点位移、基函数之间存在如下矩阵表达式关系：

$$
\begin{bmatrix} u \\ v \\ w \end{bmatrix} = \begin{bmatrix} N_i & 0 & 0 & \cdots \\ 0 & N_j & 0 & \cdots \\ 0 & 0 & N_k & \cdots \end{bmatrix} \cdot \delta^{\mathrm{T}} \tag{6-24}
$$

上式中 $6V = \begin{vmatrix} 1 & x_i & y_i & z_i \\ 1 & x_j & y_j & z_j \\ 1 & x_m & y_m & z_m \\ 1 & x_p & y_p & z_p \end{vmatrix}$，$V$ 为四面体单元 $ijmp$ 的体积。为了使体积 $V$ 不出现负值，

结点 $i$、$j$、$m$、$p$ 必须按右手系排列。系数 $a_i$、$b_i$、$c_i$、$d_i$ 分别如下：

$$
\begin{cases}
a_i = \begin{vmatrix} x_j & y_j & z_j \\ x_m & y_m & z_m \\ x_p & y_p & z_p \end{vmatrix} & (i,j,m,p) \\[30pt]
b_i = -\begin{vmatrix} 1 & y_j & z_j \\ 1 & y_m & z_m \\ 1 & y_p & z_p \end{vmatrix} & (i,j,m,p) \\[30pt]
c_i = -\begin{vmatrix} x_j & 1 & z_j \\ x_m & 1 & z_m \\ x_p & 1 & z_p \end{vmatrix} & (i,j,m,p) \\[30pt]
d_i = -\begin{vmatrix} x_j & y_j & 1 \\ x_m & y_m & 1 \\ x_p & y_p & 1 \end{vmatrix} & (i,j,m,p)
\end{cases} \tag{6-25}
$$

### 6.2.1.2　四面体单元的刚度矩阵

根据上述原理可获取四面体单元刚度矩阵。按照如下应力-应变的物理关系，将位移函数代入其中，即可得出应变与结点位移阵列之间的矩阵关系式为

$$
\begin{cases}
\varepsilon_x = \dfrac{1}{E}\left[ \sigma_x - \mu\left( \sigma_y + \sigma_z \right) \right], \gamma_{xy} = \dfrac{\tau_{xy}}{G} \\[14pt]
\varepsilon_y = \dfrac{1}{E}\left[ \sigma_y - \mu\left( \sigma_x + \sigma_z \right) \right], \gamma_{yz} = \dfrac{\tau_{yz}}{G} \\[14pt]
\varepsilon_z = \dfrac{1}{E}\left[ \sigma_z - \mu\left( \sigma_x + \sigma_y \right) \right], \gamma_{zx} = \dfrac{\tau_{zx}}{G}
\end{cases} \tag{6-26}
$$

常数 $E$、$G$ 和 $\mu$ 之间存在关系：$G = E/\left[ 2\left( 1+\mu \right) \right]$，可将上式变换为矩阵式，即

$$\begin{bmatrix} \sigma_x \\ \sigma_y \\ \sigma_z \\ \tau_{xy} \\ \tau_{yz} \\ \tau_{zx} \end{bmatrix} = \frac{E(1-\mu)}{(1+\mu)(1-2\mu)} \begin{bmatrix} 1 & \dfrac{\mu}{1-\mu} & \dfrac{\mu}{1-\mu} & 0 & 0 & 0 \\ \dfrac{\mu}{1-\mu} & 1 & \dfrac{\mu}{1-\mu} & 0 & 0 & 0 \\ \dfrac{\mu}{1-\mu} & \dfrac{\mu}{1-\mu} & 1 & 0 & 0 & 0 \\ 0 & 0 & 0 & \dfrac{1-2\mu}{2(1-\mu)} & 0 & 0 \\ 0 & 0 & 0 & 0 & \dfrac{1-2\mu}{2(1-\mu)} & 0 \\ 0 & 0 & 0 & 0 & 0 & \dfrac{1-2\mu}{2(1-\mu)} \end{bmatrix} \begin{bmatrix} \varepsilon_x \\ \varepsilon_y \\ \varepsilon_z \\ \gamma_{xy} \\ \gamma_{yz} \\ \gamma_{zx} \end{bmatrix}$$

$$(6\text{-}27)$$

可简写为 $\sigma = D\varepsilon$。其中,

$$\begin{cases} \varepsilon_x = \dfrac{\partial u}{\partial x}, \gamma_{xy} = \gamma_{yx} = \dfrac{\partial u}{\partial y} + \dfrac{\partial v}{\partial x} \\ \varepsilon_y = \dfrac{\partial v}{\partial y}, \gamma_{yz} = \gamma_{zy} = \dfrac{\partial v}{\partial z} + \dfrac{\partial w}{\partial y} \\ \varepsilon_z = \dfrac{\partial w}{\partial z}, \gamma_{zx} = \gamma_{xz} = \dfrac{\partial w}{\partial x} + \dfrac{\partial u}{\partial z} \end{cases}$$

$$(6\text{-}28)$$

具体关系可表述为如下简单形式

$$\varepsilon = B\delta^{\mathrm{T}}$$

式中, $\varepsilon$ 为应变矩阵; $B$ 为几何矩阵。$B$ 的具体表达形式为

$$B = \begin{bmatrix} B_i & -B_j & B_m & -B_p \end{bmatrix}^{\mathrm{T}}$$

$$B_i = \frac{1}{6V} \begin{bmatrix} b_i & 0 & 0 \\ 0 & c_i & 0 \\ 0 & 0 & d_i \\ c_i & b_i & 0 \\ 0 & d_i & c_i \\ d_i & 0 & b_i \end{bmatrix} \quad (i,j,m,p)$$

$$(6\text{-}29)$$

然后, 根据虚位移原理可得出四面体单元的单元刚度矩阵为

$$K = VB^{\mathrm{T}}DB$$

$$(6\text{-}30)$$

式中, 矩阵 $B$、$D$ 均已求出, 因此可进一步计算获取单元刚度矩阵。单元刚度矩阵表示了单元结点力和结点位移的关系, 即

$$F = K\delta^{\mathrm{T}}$$

在求解完方程组后, 得出的结果为所有单元的 6 个应力值信息, 包括 $x$、$y$、$z$ 方向

的正应力值以及三个剪应力值。但是在实际研究应用中，一般需要求取单元或结点的主应力值。因此还需进行主应力大小和方向的求取，求取方法如下。

关于主应力 $\sigma$ 的特征三次方程为

$$\sigma^3 - I_1\sigma^2 + I_2\sigma - I_3 = 0 \tag{6-31}$$

该方程中系数为

$$\begin{cases} I_1 = \sigma_x + \sigma_y + \sigma_z \\ I_2 = \sigma_x\sigma_y + \sigma_y\sigma_z + \sigma_z\sigma_x - \tau_{xy}^2 - \tau_{yz}^2 - \tau_{zx}^2 \\ I_3 = \sigma_x\sigma_y\sigma_z + 2\tau_{xy}\tau_{yz}\tau_{zx} - \sigma_x\tau_{yz}^2 - \sigma_y\tau_{zx}^2 - \sigma_z\tau_{xy}^2 \end{cases} \tag{6-32}$$

三个主应力(即方程的三个实解)分别为

$$\begin{cases} \sigma_1 = \sigma_0 + \sqrt{2}\tau_0\cos\theta \\ \sigma_2 = \sigma_0 + \sqrt{2}\tau_0\cos\left(\theta + \frac{2}{3}\pi\right) \\ \sigma_3 = \sigma_0 + \sqrt{2}\tau_0\cos\left(\theta - \frac{2}{3}\pi\right) \end{cases} \tag{6-33}$$

其中有

$$\begin{cases} \sigma_0 = \frac{1}{3}\left(\sigma_x + \sigma_y + \sigma_z\right) \\ \tau_0 = \frac{1}{3}\sqrt{\left(\sigma_x - \sigma_y\right)^2 + \left(\sigma_y - \sigma_z\right)^2 + \left(\sigma_z - \sigma_x\right)^2 + 6\left(\tau_{xy}^2 + \tau_{yz}^2 + \tau_{zx}^2\right)} \\ \theta = \frac{1}{3}\arccos\left(\frac{\sqrt{2}J_3}{\tau_0^3}\right) \\ J_3 = I_3 - \frac{1}{3}I_1 I_2 + \frac{2}{27}I_1^3 \end{cases} \tag{6-34}$$

其中，$J_3$ 为中间变量。将求得的 $\sigma_1$、$\sigma_2$、$\sigma_3$ 按数值大小排序就得到第一、第二、第三主应力。

求解主应力方向的线性代数方程组为

$$\begin{cases} \left(\sigma_x - \sigma\right)v_1 + \tau_{yx}v_2 + \tau_{zx}v_3 = 0 \\ \tau_{xy}v_1 + \left(\sigma_y - \sigma\right)v_2 + \tau_{zy}v_3 = 0 \\ \tau_{xz}v_1 + \tau_{yz}v_2 + \left(\sigma_z - \sigma\right)v_3 = 0 \end{cases} \tag{6-35}$$

根据前面解出的主应力值以及主应力方向满足的条件 $v_1^2 + v_2^2 + v_3^2 = 1$，即可逐个求出三个主应力所对应的三个主方向。

三个主应力的三个主方向余弦 $L$、$M$、$N$ 分别为

$$\begin{cases} L_i = \dfrac{a}{\sqrt{a^2 + b^2 + c^2}} \\[3mm] M_i = \dfrac{b}{\sqrt{a^2 + b^2 + c^2}} \\[3mm] N_i = \dfrac{c}{\sqrt{a^2 + b^2 + c^2}} \end{cases} \tag{6-36}$$

其中，$a=\tau_{xy}\tau_{yz}-(\sigma_y-\sigma_i)\tau_{zx}$，$b=\tau_{xy}\tau_{zx}-(\sigma_x-\sigma_i)\tau_{yz}$，$c=(\sigma_x-\sigma_i)(\sigma_y-\sigma_i)-\tau^2_{xy}$，$i=1, 2, 3$。三个主应力的方位角 $w_i$、倾角 $T_i$ 分别为

$$\tan w_i = \frac{L_i}{M_i}, \sin T_i = N_i$$

至此即可得出所有单元的主应力大小及方向。

## 6.2.2　三维构造应力场模拟工作流程

盆地三维古构造应力场模拟的有限单元法工作流程，如图 6-9 所示。

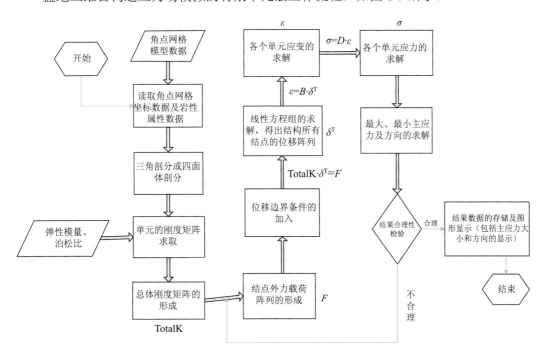

图 6-9　盆地三维古构造应力场模拟的有限单元法工作流程

从总体上看，可分为如下几个步骤：

（1）数据输入：在三维构造应力场模拟时，主要输入数据为角点网格模型数据文件，以及数据库中的一些地质力学参数，如弹性模量和泊松比。

（2）单元剖分：将研究区域进行网格单元剖分，使研究对象成为以结点相连的有限个

六面体小单元。在结构剖分即划分单元时，就整体而言，单元的大小(即网格的疏密)要根据精度的需要和计算机的速度来确定。根据误差分析，应力的误差与单元的尺寸成正比，位移的误差与单元尺寸的平方成正比，可见，单元分得越小，计算结果就越精确。但是，单元尺寸越小，单元的数目就越多，计算的时间就越长，要求的计算机容量也就越大。因此，划分单元时应综合考虑单元尺寸对精度和计算工作量的影响。由于此次研究是基于角点网格数据模型进行的，该数据模型的形成在建模时已考虑了网格的疏密性问题，因此可直接使用其已有的不规则六面体数据结构，而不需进行又一次的网格剖分工作。

(3)单元分析：先将所有的六面体剖分成 5 个四面体(图 6-7)，然后基于四面体计算所有单元的单元刚度矩阵，以便进行后面的总体叠加与计算。

(4)总体分析：在单元分析的基础上，根据已得出的各单元刚度矩阵和方程求解总体刚度矩阵。为此，需进行单元刚度矩阵的叠加操作，即将各单元刚度矩阵叠加起来——按单元形成总体刚度矩阵和按结点形成总体刚度矩阵。

(5)外力载荷分析：与二维构造应力场相同，需要根据研究区域的实际大地构造背景，分析其应力场特征和约束值，得出合理的区域边界结点的外力载荷分布状况和具体数值。这样便可根据总体刚度矩阵和外力载荷阵列形成总体方程组。

(6)方程组求解以及应力值的计算：求解方程组先得出所有结点的位移阵列，然后根据位移信息求解应力方向和大小，最终得出应力场信息。

(7)结果的合理性检验与保存：根据实际大地构造类型类比所得的构造应力场约束值，对模拟结果进行对比分析，若合理则保存所得结果，若不合理则重新分析并调整外力的作用方式、方向和大小，然后再计算直至得出合理结果。

## 6.2.3　编程实现与可靠性检测校验

基于上述方法原理，在 QuantyPetro 软件系统中建立了实现二维平面和三维立体构造应力场模拟的功能。目前，二维构造应力场模拟基于 TIN 面元数据模型进行，而三维构造应力场模拟基于角点网格数据模型进行。

### 6.2.3.1　构造应力场模拟子系统的编程实现

在编程实现过程中，该子系统着重解决了以下若干问题。

(1)算法的改进：在现有的二维平面应力-应变场算法的基础上，进行了三维空间结构推导，得到了基于四面体模型的三维应力场有限单元模拟算法。

(2)三维空间模型的单元剖分与分析：基于角点网格数据模型的四面体剖分，对复杂的空间拓扑结构进行合理有效的单元和整体结构的结点编号。

(3)算法的编码实现及效率优化：对算法进行了编码实现，针对输入数据的复杂性和大数据量等问题，在研发过程中不断对算法的效率进行优化。

(4)大数据量存储管理与计算：针对数据量巨大的特点，采用文件方式存储输入数据和模拟结果，用大型稀疏矩阵和网格抽稀法进行管理和计算。

(5)模拟结果的合理性分析与检验：如果模拟结果不合理，则调整外力方式、方向和大小并重新计算，如此反复进行直至得出合理的模拟结果。

构造应力场模拟子系统的运行，包括角点网格数据模型读取、数据文件读取、应力-应变方程组确立、大型方程组求解及模拟结果的存储和分析整理等环节。其中，角点网格数据模型的读取，需要针对三维构造应力-应变场求解要求，设计对应的数据读取及模型构建流程。图 6-10 即为角点网格数据模型的数据读取流程图。

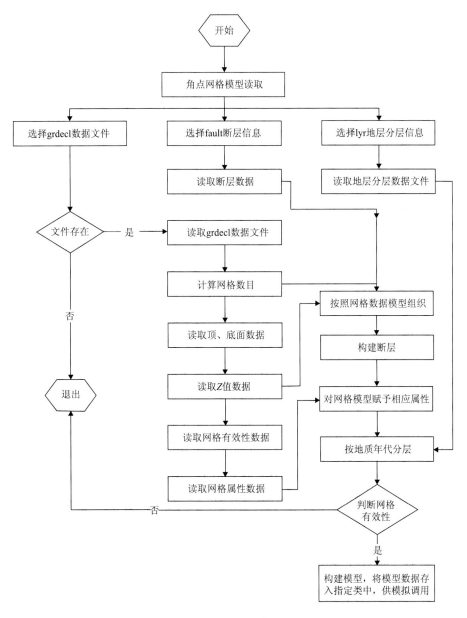

图 6-10　角点网格数据模型的数据读取流程

　　数据读取流程的主要环节包括：从角点网格数据模型文件（grdecl 文件）及对应的断层文件（fault 文件）和分层文件（lyr 文件）中，读取模拟所需的坐标数据、断层数据及属性数据等，并将其存入指定类（类名为 CGV3DprojectData）中。在随后的构造应力场模拟中，即可直接用该类规定的途径与方法调用所需的数据。

　　在构造应力场有限单元法模拟过程中，涉及应力及应变方程组求解，以及超大型矩阵的存取。为了减少了存取数据量，根据其稀疏对称矩阵特性，只需存储下三角且为非零的元素。整个求解过程根据图 6-9 中的流程进行，其中涉及的大量功能函数如下。

　　（1）stressField_3D：模拟功能主控函数，用于控制整个模拟流程。

　　（2）getUnitEandU：获取弹性模量和泊松比的函数。读取数据库中全部单元的弹性模量及泊松比数据，以及角点网格数据模型的单元属性数据。

　　（3）getTotalKByTetrahedron：单元刚度矩阵求取函数。根据前文所述原理获取所有四面体单元的单元刚度矩阵。

　　（4）getTotalK_3D：总体刚度矩阵求取函数。对所求得的单元刚度矩阵进行叠加处理，以便得出整个网格模型的总体刚度矩阵。

　　（5）setNodeForce：结点外力设置函数。根据用户通过可视化窗口输入的外力信息，采取平均分配的方式，将外力分配到对应的边界结点上。

　　（6）setBoundCondition：边界约束条件设置函数。根据用户输入的边界条件，对相应的边界结点进行位移约束，以确保模型受力的合理性及方程组求解的正确性。

　　（7）LINBCG：大型线性方程组求解函数。对前面所建立的方程组进行求解，得出模型内所有结点的位移阵列。

　　（8）getStrsAndStrn_3D：应力-应变求取函数。根据前文所述的应力-应变公式和已求得的位移阵列，来求解所有单元的应力-应变值，然后再进一步求取所有对应的主应力大小和方向，包括第一、第二及第三主应力（$\sigma_1$、$\sigma_2$、$\sigma_3$）。

　　（9）judge_stress：应力模拟结果合理性检验函数。利用模拟区域的构造应力场约束值，对模拟结果进行合理性检验，若合理则保存所得到的模拟结果，若不合理则返回前面过程并调整外力的作用方式、方向和大小，重新计算应力场，直至得出合理的模拟结果为止。

### 6.2.3.2　盆地古构造应力场模拟子系统的校验

　　图 6-11 为盆地古构造应力场模拟子系统的操作主界面，主要包括以下几个方面内容。

　　（1）单一地层模拟的选择：可根据需求只计算选中的地层。

　　（2）外力输入与编辑：左侧为外力输入窗口，右侧为外力的一个可视化、交互式编辑图形窗口。图 6-11 中网格为模拟区域顶面地层的俯视图。可根据实际情况输入并调整外力状态。

　　（3）边界约束设置：输入固定边界，以便于求解方程组。

　　（4）计算条件设置：选择是否进行网格的抽稀（若网格量数据过大，则计算时间会很长，影响效率），以便提高计算效率，以及选择相应的计算精度。

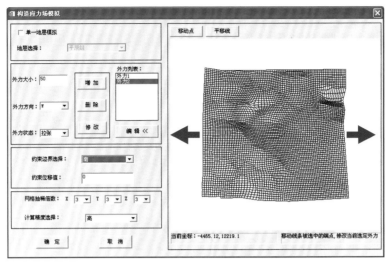

图 6-11　盆地古构造应力场模拟子系统的对话框

为了验证软件的合理性和可靠性,采用规则的均质理论模型进行实验模拟(图 6-12):在二维模型中,将每个 20×20 的四边形网格剖分为两个三角形。$x$、$y$ 方向刻度均为 0～100。弹性模量与泊松比取常量 1500.0MPa 和 0.36。右侧施以 50MPa 的东向拉力,平均分配到右边界所有结点上;左侧为约束边界,其结点位移为 0。右侧外力作用所引起的最大主应力大小范围为:9.66088～18.2573MPa。在所得结果中,图 6-13 为最大主应力等值线图和所有单元的应力值大小(按颜色表示大小,颜色越亮表示最大主应力值越大)。图 6-14 是二维构造应力场实验模拟结果的应力迹线图。图 6-15 和图 6-16 分别为相同理想模型下,施加大小相等的东西向挤压力的最大和最小主应力等值线图。与理论模型及国际著名的 ANSYS 软件对比,上述模拟结果是合理和可靠的。

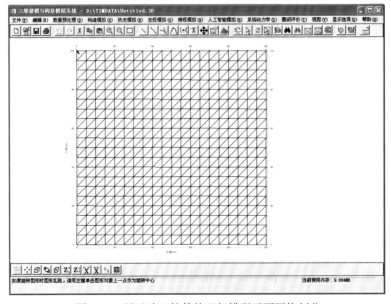

图 6-12　用于验证软件的理想模型平面网格剖分

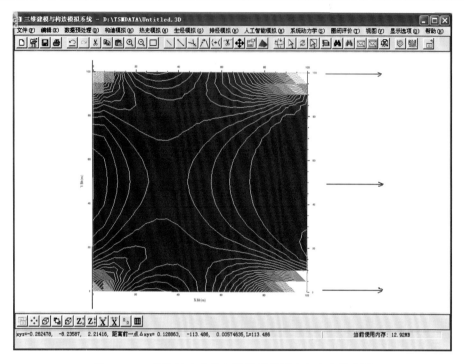

图 6-13　二维构造应力场实验模拟的最大主应力分布图

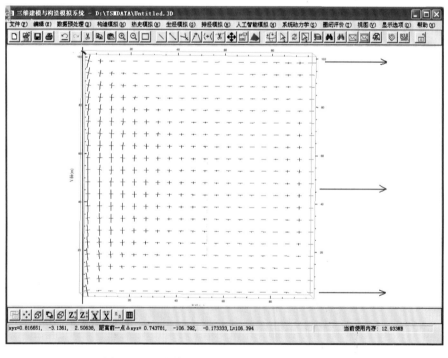

图 6-14　二维构造应力场实验模拟的应力迹线图

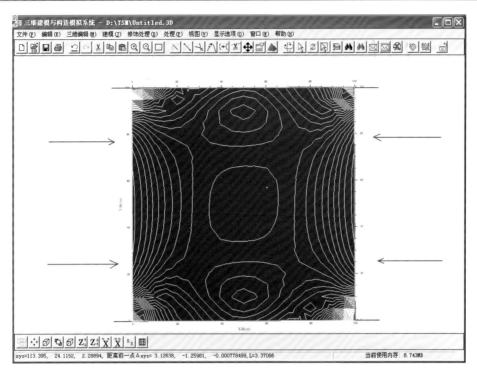

图 6-15　东西两边施加相同大小挤压力的最大主应力等值线图

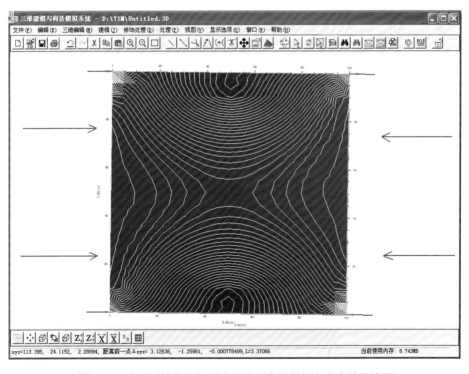

图 6-16　东西两边施加相同大小挤压力的最小主应力等值线图

　　三维应力场模拟实验，也采用规则三维理想模型，进行软件计算结果的合理性和可靠性检验。受力方案是对模型两边水平方向(东西向)施加相同大小的拉张力，并分解到边界面各结点上。模拟结果的应力值存入模型中进行立体显示(图6-17)。

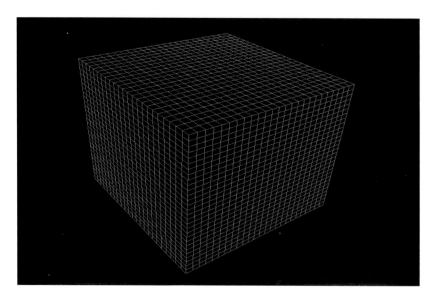

图 6-17　用于验证软件的规则三维理想模型的网格剖分

　　图 6-18 中显示，在东西两面施加相同拉张力时，最大主应力从上到下逐步增大，东西两侧面处于对称平衡状态，表明该三维模拟子系统也是可靠的。

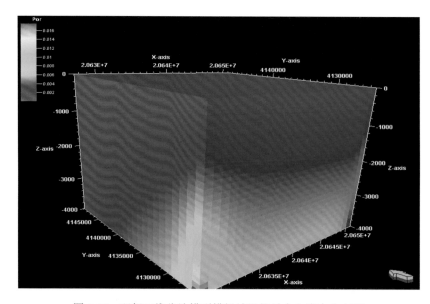

图 6-18　理想三维盆地模型模拟结果的最大主应力分布图

　　以现今应力场(即 T0 期)的角点网格模型为例,对模拟区域边界施以东西向(EW)的挤压力,大小为 70MPa。模拟结果如图 6-19 所示,图为计算得出的理想的三维盆地模型的六面体单元顶面最大主应力分布,大小变化范围为 0.67～118.33MPa。

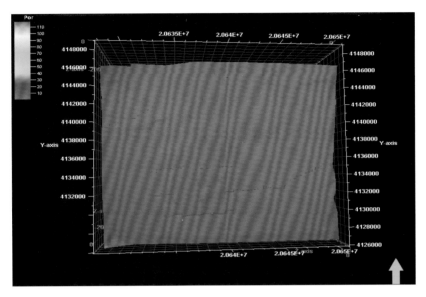

图 6-19　理想三维盆地模型模拟结果的六面体单元顶面最大主应力分布图(顶视)

　　从图 6-19 中可看出,存在断层的地方,应力场会发生局部的积累和释放现象,这是符合实际构造变形特征的。图 6-20 显示模拟模型的一个侧面应力状况,各个地层的主应力值随着地层深度的增加,呈逐渐变大的趋势。这是因为在计算模拟时,考虑了所有单元的自重和上覆岩层的压力。显然,这一模拟结果也是合理的。

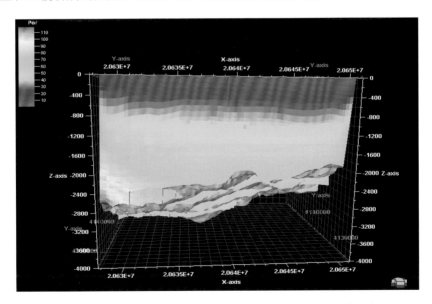

图 6-20　理想三维盆地模型模拟结果的侧面应力分布图(侧视)

　　基于有限单元法的平面与三维空间的应力场模拟，工作流程包括角点网格数据模型文件的读取、外力载荷的交互编辑与计算后的自动调整、边界约束设置、应力-应变计算以及结果保存。其中，对于断层的处理是解决模拟介质条件的关键，即以调整相关单元的地质力学参数的方式进行。断层单元的弹性模量和泊松比均不同于正常单元，其弹性模量相对小得多，而泊松比较大。对于地块边界外力的厘定，则是解决边界条件的关键，即通过大地构造背景类比分析给定约束，根据计算结果的合理性进行外力调整，若计算结果不合理，而其他数据又不存在问题，则自动调整外力载荷方式、方向和大小，再重新计算，直至计算结果合理为止。该功能的前提是外力载荷的方向是根据实际情况得出的合理结果。

　　本构造应力场模拟子系统的研发和应用，改变了传统油气成藏过程模拟只对应力场进行定性分析的状况，同时把盆地古构造应力场数值模拟推进到了三维可视化方式。如能深化其理论、方法和技术体系研究和软件开发，对正确揭示盆地或凹陷油气藏形成过程的三维空间应力场特征，及其对油气生、排、运、聚和散的影响是十分重要的。它能为盆地的三维构造演化模拟及油气成藏分析提供有实际意义的应力场信息。

# 6.3　实验区块三维构造应力场模拟

　　盆地古构造应力场模拟子系统通过理想模型的验证后，又在济阳坳陷东部某凹陷的刘家港区块开展了实际应用模拟，实现了与流体势模拟结果的有效叠加。

## 6.3.1　刘家港实验区块的地质特征

　　济阳坳陷东部某凹陷刘家港区块周缘，由断裂带和相邻隆起所围限，总体上为一个北断南超的半地堑。该凹陷形成于燕山运动末期，经历了中生代左行扭张和新生代右行扭压运动，方形成现今呈现的复杂构造形态和面貌。该区块的沉积和油气运移作用，受到十分复杂的构造格局控制。其中，影响最大的因素当属其周围存在的大量断裂。这些断裂控制了刘家洼陷的构造形态和总体规模，并将洼陷限制在它的下降盘。从边界构成来看，北侧陡坡带的边界基本上以断层边界为主，它们的特点在于位移距离较小，大多与断面陡及落差大的边界断层相对应；而与之对应的南侧缓坡带则刚好相反，常常是以沉积边界为主，它们的特点则在于位移距离较大，且大多与断面缓以及落差小的边界断层相对应。次级洼陷幅度和深陷的形成时期，多与断层落差及断层活动时期相一致。

　　济阳坳陷东部某凹陷的刘家港区块由多个次级构造单元组成，包括中央断裂-背斜带、北部陡坡带、刘家洼陷和南部斜坡带四级构造单元。刘家洼陷为该凹陷南侧众多洼陷中的一个，其周遭构造格局显示，东部、北部及西部均与弧形的中央断裂-背斜带相连接；南部则与凹陷南部斜坡带相连接，南北界受东西向断裂控制，呈现东西长 40km、南北宽 15km 的似菱形的沉积洼地，面积约为 600km$^2$。

　　其构造演化特征，可通过分析各个构造演化阶段及对应地层的地质特征来认识。同时通过分析相关钻井资料，得到各套地层的沉积相和力学属性(表 6-1)。在古近系的整个沉积过程中，由于该凹陷所在区域曾多次发生沉降和隆升交替活动，对应的湖平面也发生了相应的大面积、大幅度变化。这些变化导致数个沉积间断面的形成，造成该区沙三段、东营组及沙四段等地层，在局部地区出现了不同程度的地层缺失，以及不同力学性质的细碎屑相和粗碎屑相交替出现。就断层的影响而言，根据该区域地层的分布情况分析和判断，在断块抬升得越高的地方，对应地层的缺失也将会越多。

表 6-1　东部某凹陷古近系沉积盖层简表

| 界 | 系 | 统 | 组 | 厚度/m | 主要岩性特征 | 沉积环境 |
|---|---|---|---|---|---|---|
| 新生界 | 古近系 | 渐新统 | 东营组<br>(Ed) | 100～500 | 灰色、灰绿色泥岩与砂岩、含砾砂岩呈不等厚互层 | 三角洲—湖泊 |
| | | 始新统 | 沙一段<br>(Es$^1$) | 0～450 | 灰色、灰绿色泥岩夹砂岩、生物灰岩、白云岩等 | 湖泊—三角洲 |
| | | | 沙二段<br>(Es$^2$) | 0～350 | 紫红色、灰绿色泥岩及砂岩、含砾砂岩 | 三角洲 |
| | | | 沙三上亚段<br>(Es$^{3s}$) | 400～450 | 厚层块状砂岩、含砾砂岩、粉砂岩及灰绿色泥岩夹薄层泥岩 | 三角洲—湖泊 |
| | | | 沙三中亚段<br>(Es$^{3z}$) | 400～500 | 深灰色泥岩、油页岩、夹薄层砂岩、粉砂岩 | 湖泊—浊流 |
| | | | 沙三下亚段<br>(Es$^{3x}$) | 100～150 | 深灰色泥岩、油页岩，局部夹有砂岩 | 湖泊—浊流 |
| | | | 沙四段<br>(Es$^4$) | 1500～1600 | 下部为紫红色泥岩及盐膏岩，上部为灰色泥岩、油页岩夹白云岩 | 咸水湖泊、河流—盐湖 |
| | | 古新统 | 孔店组(Ek) | | 紫红色泥岩及盐膏岩 | 盐湖 |

　　该凹陷面积约 6000km$^2$，位于渤海湾盆地之中，是大型宽缓的新生代张扭型半地堑式伸展盆地，总体走向 NEE，呈现北陡南缓或者北断南超、西断东超的构造格局。凹陷内部不同走向的基底断层，是继承古老先存断裂发育的。这些基底断层，包括北部 NE-NNE 走向断层、东部 NWW-NW 走向断层、西部 NEE 走向或者近 EW 走向断层，把凹陷分割成复式半地堑，造成的垂向落差在 2000～4000m，形成一系列不同形态和性质的次级堑垒构造，使古近系沉积盖层的等厚线及相带分布大体呈现近 EW 和 NE 走向。区域的板块相互作用和大地构造环境，决定了该凹陷的外力作用方式、方向和大小，而这些基底断层则控制着该凹陷的构造-地层格架及应力-应变介质状况(表 6-2)。

　　这种复杂的地质结构、边界形态、边界性质和内部非均质非连续介质特征，是设定该研究区构造应力-应变场模拟的边界条件和介质条件的依据。

　　综合前人和本团队对济阳坳陷东部某凹陷的盆地分析成果，得出该区块构造-地层格架及其时空演化经过 4 个裂陷或沉陷阶段，其主要特征如下。

　　(1)孔店早期的北西向裂陷阶段。在该阶段，凹陷的构造、沉积演化主要表现为：以主动伸展裂陷背景下的初始断陷沉积为主，发育走向 NW 的半地堑和半地垒。

表 6-2　东部某凹陷及邻区构造演化特征表

| 地质年代 | 年龄/Ma | 济阳坳陷地层 | | 构造环境 | 板块背景 | 盆地结构 |
|---|---|---|---|---|---|---|
| 第四纪<br>上新世<br>中新世 | 1.75<br>5.3<br>23.8 | 平原组(Qp)<br>明化镇组(Nm)<br>馆陶组(Ng) | | 裂谷后的热沉降开始 | 印藏碰撞挤出、太平洋板块聚敛加速 | 复式半地堑 |
| 渐新世 | 33.7 | 东营组<br>(Ed) | 东一段<br>东二段<br>东三段 | 同裂谷期断陷沉积的主要阶段，右旋走滑拉张作用强烈，发育 EW 向和 NE 向地堑和半地堑盆地 | 太平洋板块与欧亚板块聚敛速率回升时期太平洋板块与欧亚板块聚敛方向由 NW 转为近 EW 向 | |
| 始新世 | 53.0 | 沙河街组<br>(Es) | 沙一段<br>沙二段<br>沙三段<br>沙四段 | 郯庐断裂转变为右行走滑拉分，形成 EW 向半地堑盆地 | 太平洋板块与欧亚板块聚敛速率降至最低 | 滚动半地堑 |
| 古新世 | 65.5 | 孔店组<br>(Ek) | 孔一段<br>孔二段<br>孔三段 | 主动伸展背景下的初始裂陷沉积，发育 NW 向半地堑 | 太平洋板块与欧亚板块聚敛作用开始松弛 | 旋转半地堑 |
| 白垩纪 | 142.0 | 王氏组(K₂w)<br>青山组(K₁²q)<br>莱阳组(K₁²l) | | 左旋走滑拉张作用形成中生代拉张盆地。在白垩纪末期发生构造反转，遭受强烈的剥蚀 | 太平洋板块与欧亚板块快速聚敛 | |
| 侏罗纪 | 205.1 | 蒙阴组(J₃m)<br>三台组(J₂s)<br>坊子组(J₂f) | | | | |

(2)孔店晚期-沙四期东西向裂陷阶段。此时，郯庐断裂的运动使研究区由中生界及孔店早期的左旋走滑向右旋走滑转换，导致凹陷内一系列东西向及北东向基底断裂活动。早期的北西向断层活动强度逐渐减弱，由 SN 向或 NEE 向拉伸应力场控制着基底构造的发育，在其中若干断裂带的南侧形成了沉降中心。在其中一些断裂带南侧，出现沉降中心由 ES 向 NW 迁移的趋势，反映出该断裂带东段的活动性逐步减弱，而西段的活动性逐步增强的动态变化特征。

(3)沙三-东营期北东向裂陷阶段。处于郯庐断裂右旋走滑运动体制下的 NW-SE 向拉张-剪切环境，沉积了地堑和半地堑型碎屑物质。沉积盖层由沙三段、沙二段、沙一段及东营组等组成。主要断裂走向 NE，凹陷的沉降中心和沉积中心均向 NE 延伸。凹陷西北部发育走向 NE、倾向 SE 的边界断层；中部发育走向 NE、倾向 NW 的调节断层；南部边缘斜坡零星发育了走向 NE 的调节断层。至沙二段沉积期，局部继承沙三段沉积期的特点，控盆断层形态由早期铲式向坡坪式转化，滚动半地堑向坡坪式断层控制下的复式半地堑转换。

(4)馆陶期的裂陷后期均衡沉陷阶段。中新世馆陶期裂陷作用进入了后期重力均衡沉陷阶段。这时该凹陷基底的强烈伸展作用，转为裂陷期后的壳幔垂向重力均衡作用。在这一阶段中，凹陷结构由古近纪的不对称半地堑，逐渐向对称地堑转化，沉积盖层呈现中部厚、两侧薄，沉积体有向 NE 延伸的趋势。馆陶组与下伏地层，甚至出现局部不整合接触关系。

### 6.3.2　基于角点网格数据结构的三维地质建模

利用模拟区域的构造数据、地层数据、井数据、地震探测数据等，开展了基于角点网格数据结构的刘家港区块三维地质建模。所建立的刘家港区块三维地质模型含有 75×70×87 个不规则六面体网格单元。通过进一步剖分，得到了 2283750 个四面体单元及 474848 个结点。该三维地质模型的角点网格单元如图 6-21 所示。

图 6-21　刘家港区块的角点网格数据结构模型

#### 6.3.2.1　模拟模型的参数数据组织

模拟模型的介质需用参数包括弹性模量($E$)、泊松比($\nu$)、初始黏结力、初始摩擦角、残余黏结力、残余摩擦角、岩石密度、单轴抗拉强度等。这些参数最好采用实测数据，如无实测数据可参考《岩石力学参数手册》或相邻地区同类岩性的数据，以及国外公布的一些数据。具体参数值，可按碎屑岩含砂率和沉积综合体的岩性组合进行加权平均。

在盆地演化过程中，各组地层的岩石力学性质总是随着沉积物的压实、成岩和变质过程而不断变化的，为了描述这种连续变形的动态应力-应变场特征，可按岩石变形规律，采取分段变更每一组力学参数的方式，以分段参数递变的线弹性形变来模拟整体的非线性弹-塑性形变，逐步逼近实际的应力-应变场(吴冲龙, 1984)。本次模拟共给出了 6 套递变的力学参数值(表 6-3～表 6-8)，分别代表介质岩石力学强度的 6 个递变阶段，对该凹陷的 8 个构造演化阶段的递进变形模拟，均使用这 6 套数据。

表 6-3　第一套数据

| 参数 | 岩性类型(以区域含砂率值表示) | | | | | |
|---|---|---|---|---|---|---|
| | <50% | 50%~60% | 60%~70% | 70%~80% | >80% | 基底岩系 |
| 弹性模量($E$)/MPa | 20000 | 23000 | 26000 | 29000 | 32000 | 41000 |
| 泊松比($\nu$) | 0.3225 | 0.3111 | 0.2995 | 0.2881 | 0.2765 | 0.2320 |
| 初始黏结力/MPa | 0.6 | 0.7 | 0.8 | 0.9 | 1.0 | 1.1 |
| 初始摩擦角/(°) | 31 | 31.5 | 32 | 32.5 | 33.0 | 34 |
| 残余黏结力/MPa | 0.16 | 0.21 | 0.26 | 0.31 | 0.36 | 0.41 |
| 残余摩擦角/(°) | 26 | 26.5 | 27 | 27.5 | 28 | 29 |
| 岩石密度/($10^5$kg/m$^3$) | 0.0225 | 0.0228 | 0.0231 | 0.0234 | 0.0237 | 0.0271 |
| 单轴抗拉强度/MPa | 5.0 | 5.2 | 5.4 | 5.6 | 5.8 | 7.3 |

表 6-4　第二套数据

| 参数 | 岩性类型(以区域含砂率值表示) | | | | | |
|---|---|---|---|---|---|---|
| | <50% | 50%~60% | 60%~70% | 70%~80% | >80% | 基底岩系 |
| 弹性模量($E$)/MPa | 21000 | 24000 | 27000 | 30000 | 33000 | 42000 |
| 泊松比($\nu$) | 0.3125 | 0.3011 | 0.2895 | 0.2781 | 0.265 | 0.2294 |
| 初始黏结力/MPa | 0.65 | 0.75 | 0.85 | 0.95 | 1.05 | 1.15 |
| 初始摩擦角/(°) | 32 | 32.5 | 33 | 33.5 | 34 | 35 |
| 残余黏结力/MPa | 0.17 | 0.22 | 0.27 | 0.32 | 0.37 | 0.42 |
| 残余摩擦角/(°) | 27 | 27.5 | 28 | 28.5 | 29 | 30 |
| 岩石密度/($10^5$kg/m$^3$) | 0.0234 | 0.0237 | 0.0240 | 0.0243 | 0.0246 | 0.0272 |
| 单轴抗拉强度/MPa | 5.4 | 5.6 | 5.8 | 6.0 | 6.2 | 7.35 |

表 6-5　第三套数据

| 参数 | 岩性类型(以区域含砂率值表示) | | | | | |
|---|---|---|---|---|---|---|
| | <50% | 50%~60% | 60%~70% | 70%~80% | >80% | 基底岩系 |
| 弹性模量($E$)/MPa | 22000 | 25000 | 28000 | 31000 | 34000 | 43000 |
| 泊松比($\nu$) | 0.3025 | 0.2911 | 0.2795 | 0.2681 | 0.2665 | 0.2268 |
| 初始黏结力/MPa | 0.70 | 0.80 | 0.90 | 1.00 | 1.10 | 1.20 |
| 初始摩擦角/(°) | 33 | 33.5 | 34 | 34.5 | 35 | 36 |
| 残余黏结力/MPa | 0.18 | 0.23 | 0.28 | 0.33 | 0.38 | 0.43 |
| 残余摩擦角/(°) | 28 | 28.5 | 29 | 29.5 | 30 | 31 |
| 岩石密度/($10^5$kg/m$^3$) | 0.0243 | 0.0246 | 0.0249 | 0.0252 | 0.0255 | 0.0273 |
| 单轴抗拉强度/MPa | 5.8 | 6.0 | 6.2 | 6.4 | 6.6 | 7.4 |

表 6-6　第四套数据

| 参数 | 岩性类型(以区域含砂率值表示) | | | | | |
|---|---|---|---|---|---|---|
| | <50% | 50%~60% | 60%~70% | 70%~80% | >80% | 基底岩系 |
| 弹性模量(E)/MPa | 23000 | 26000 | 29000 | 32000 | 35000 | 44000 |
| 泊松比(ν) | 0.2925 | 0.2810 | 0.2695 | 0.2581 | 0.2465 | 0.2241 |
| 初始黏结力/MPa | 0.75 | 0.85 | 0.95 | 1.05 | 1.15 | 1.25 |
| 初始摩擦角/(°) | 34 | 34.5 | 35.0 | 36.5 | 36 | 37 |
| 残余黏结力/MPa | 0.19 | 0.24 | 0.29 | 0.34 | 0.39 | 0.44 |
| 残余摩擦角/(°) | 29 | 29.5 | 30 | 30.5 | 31 | 32 |
| 岩石密度/($10^5$kg/m$^3$) | 0.0251 | 0.0254 | 0.0257 | 0.0260 | 0.0263 | 0.0274 |
| 单轴抗拉强度/MPa | 6.2 | 6.4 | 6.6 | 6.8 | 7.0 | 7.45 |

表 6-7　第五套数据

| 参数 | 岩性类型(以区域含砂率值表示) | | | | | |
|---|---|---|---|---|---|---|
| | <50% | 50%~60% | 60%~70% | 70%~80% | >80% | 基底岩系 |
| 弹性模量(E)/MPa | 24000 | 27000 | 30000 | 33000 | 36000 | 45000 |
| 泊松比(ν) | 0.2825 | 0.2711 | 0.2595 | 0.2481 | 0.2365 | 0.2215 |
| 初始黏结力/MPa | 0.8 | 0.9 | 1.0 | 1.1 | 1.2 | 1.3 |
| 初始摩擦角/(°) | 35 | 35.5 | 36 | 36.5 | 37 | 38 |
| 残余黏结力/MPa | 0.20 | 0.25 | 0.30 | 0.35 | 0.40 | 0.45 |
| 残余摩擦角/(°) | 30 | 30.5 | 31 | 31.5 | 32 | 33 |
| 岩石密度/($10^5$kg/m$^3$) | 0.0260 | 0.0263 | 0.0266 | 0.0269 | 0.0272 | 0.0275 |
| 单轴抗拉强度/MPa | 6.5 | 6.7 | 6.9 | 7.1 | 7.3 | 7.5 |

表 6-8　第六套数据

| 参数 | 岩性类型(以区域含砂率值表示) | | | | | |
|---|---|---|---|---|---|---|
| | <50% | 50%~60% | 60%~70% | 70%~80% | >80% | 基底岩系 |
| 弹性模量(E)/MPa | 25000 | 28000 | 31000 | 34000 | 37000 | 46000 |
| 泊松比(ν) | 0.2725 | 0.2611 | 0.2495 | 0.2381 | 0.2265 | 0.2115 |
| 初始黏结力/MPa | 0.85 | 0.95 | 1.5 | 1.15 | 1.25 | 1.35 |
| 初始摩擦角/(°) | 36 | 36.5 | 37 | 37.5 | 38 | 39 |
| 残余黏结力/MPa | 0.21 | 0.26 | 0.31 | 0.36 | 0.41 | 0.46 |
| 残余摩擦角/(°) | 31 | 31.5 | 32 | 32.5 | 33 | 34 |
| 岩石密度/($10^5$kg/m$^3$) | 0.0269 | 0.0272 | 0.0275 | 0.0278 | 0.0281 | 0.0276 |
| 单轴抗拉强度/MPa | 6.8 | 7.0 | 7.2 | 7.4 | 7.6 | 7.55 |

## 6.3.2.2　区块边界受力方式分析

构建实验区构造应力场模拟的三维实体模型，需要在掌握块段各时期的边界和介质条件的同时，根据沉积盖层的同沉积变形特征厘定边界受力状况。

所得的基本认识如下。①孔店组（$Ek$）沉积期：凹陷呈近东西走向，反映近南北向伸展导致近东西向基底断层裂陷强烈；②沙四段（$Es^4$）沉积期：构造受近 NW 向拉伸和 NEE 向顺扭作用控制，最大主应力（伸展）方向 NW330°；③沙三段（$Es^3$）—沙二段（$Es^2$）沉积期：裂陷轴走向 NNE，反映最大主应力（拉张）方向为 NW340°，北东向断裂活动加剧；④沙一段（$Es^1$）和东营组（$Ed$）沉积期：最大主应力（伸展）继续顺时针方向旋转为近 SN 向，东营组沉积期末的最大主应力旋转至 NE15°，北西向断层仅剩微弱的活动；⑤馆陶组（$Ng$）沉积期：裂陷作用结束，垂向重力均衡主导了区域构造变形；⑥明化镇组（$Nm$）沉积期：研究区被北东东向的挤压作用控制，最小主应力（挤压）转变成近 EW 向，与渤海湾盆地的大部分地区相似，研究区 NE 向断层呈右旋剪切特征，而 NW 向断层呈左旋剪切特征。

研究区的构造应力场实验模拟模型，以上述 6 个阶段外力作用方式为基础，采用了 6 个阶段递进变形和外力施加方式、方向，大小则参考 6.1.4.1 节区域构造应力场约束值的第(1)盆地裂陷初期边界或基底断裂上、第(2)陆内盆地区的盆地内部构造单元边界及第(3)陆缘和陆内挤压（造山）带上的应力集中区构造单元边界的外力设定。考虑到断层带影响，设定其弹性模量为邻近地层单元的40%、泊松比为邻近地层单元的110%。

### 6.3.2.3 实验模拟结果分析

根据东部某凹陷刘家港区块的构造-地层格架、自古近纪以来演化史、变形边界条件和内部介质条件，以及外力作用方式、方向和大小的设定方案，采用本团队研发的三维构造应力-应变场数值模拟子系统，进行了动态模拟。

为了模拟工作的方便，把近 SN 向的拉张作用转化为等价的近 EW 向挤压作用，即对模拟区域边界施以 EW 向挤压力，并且根据上述区域约束条件，使大小为 70MPa，从而保证了其合理性和模拟成果的可信度。为了使方案符合块段的实际受力和变形状态，在模型南北向两侧及底部进行了边界位移约束。模拟计算结果表明，最大主应力（拉张）的大小范围为 0.52～68.51MPa，中间主应力范围为–12.69～14.22MPa，最小主应力（挤压）范围为–15.63～9.76MPa。应力正值表示为拉应力，负值表示压应力。

为了进一步校验深部的构造应力场状态，为修正模拟方案提供依据，特分析了国家地震局收集整理的研究区大量水力压裂地应力测量资料，并按深度进行了线性回归，得出了 1300～3300m 深度范围内值的分布范围，即

$$\begin{cases} \sigma_H = -22.58 + 0.034H \\ \sigma_h = -11.65 + 0.022H \\ \sigma_v = (0.021 \sim 0.022)H \end{cases} \qquad (6\text{-}37)$$

式中，$\sigma_H$ 为最大水平方向主应力；$\sigma_h$ 为最小水平方向主应力；$\sigma_v$ 为垂直方向主应力；$H$ 为深度（m）；构造应力单位为 MPa。

式(6-37)表明，当地层超过一定的深度后，三个主应力满足 $\sigma_H > \sigma_v > \sigma_h$，也就是说垂向应力即为中间主应力。通过将模拟数据与已有的现今测量数据范围比较可知，模拟

结果是处于合理范围内的。所得到的结果如图 6-22～图 6-24 所示。

这些模拟结果，从多个角度反映了研究区在现今构造作用体制下，断层对应力分布有明显的影响，断层带最小主压应力值一般要低 10～5MPa。

模拟结果与研究区的实际构造形变特征符合程度较高，很好地揭示了东部某凹陷形成演化的地球动力学机制及其构造-地层格架的发育历程。

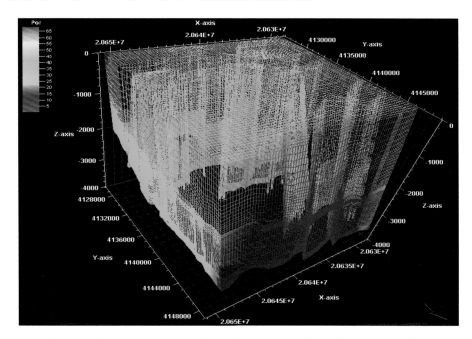

图 6-22　东部某凹陷刘家港区块现今三维构造应力场最大主应力网格显示

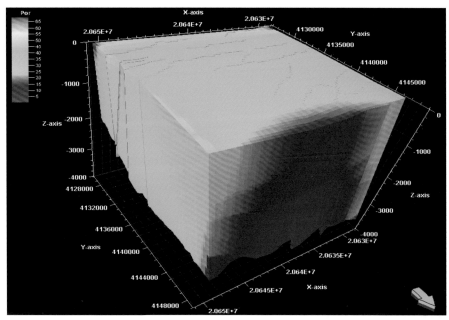

图 6-23　东部某凹陷刘家港区块现今三维构造应力场最大主应力实体模型显示

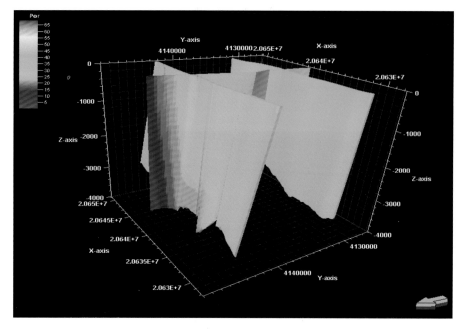

图 6-24　东部某凹陷刘家港区块现今三维构造应力场最大主应力剖面显示

### 6.3.3　归纳与总结

　　本章从对应力、应变及应力与应变之间的关系的分析，以及对应的平衡方程、几何方程和物理方程的推导及分析，剖析了应力的基本原理和求取方法，以及角点网格数据模型的网格结构及存储文件格式等，对三维构造应力-应变场数值模拟的地质体数学模型的建立提供了新途径。在软件研发的过程中，分析了基于角点网格数据模型的三位有限单元法的构造应力-应变场数值模拟流程，解决了超大方程组的存储及求解问题，并进行了算法研究和实现。此外，通过外力作用方案的可视化交互编辑功能，使模拟过程更加合理化。这一切，保证了模拟结果的正确性和可靠性。

　　基于所研发的软件，对东部某凹陷刘家港区块进行了构造应力-应变场数值模拟。模拟结果显示，在考虑地层自重和上覆地层压力的情况下，三维空间中的应力值自上而下逐渐变大，已有断层对应力场的分布有明显的影响。模拟结果与济阳坳陷东部某凹陷的构造演化特征基本相符，也与油气从高应力区向低应力区运移的特征相符，证明本项模拟方法、技术和模型能很好地应用于油气成藏模拟领域。

　　这些模拟结果证明，通过三维构造应力-应变场的数值模拟，所获取的应力-应变场信息会更加完整、准确，能够更好地满足人们分析并解决不同深度地层在构造运动中的复杂应力-应变关系及协同演化问题。

# 第7章　生烃作用和排烃作用模拟

生烃作用和排烃作用，分别指烃源岩中分散有机质裂解生烃和烃类物质被排放到烃源岩之外的机制、过程和效果。它们都是各级油气系统中的基本地质作用，其动力学模拟是油气系统定量分析和盆地定量分析的重要环节。对生、排烃作用的模拟是在构造-地层格架模拟、地热场演化模拟的基础上，应用数值模拟技术恢复各级构造单元及其油气系统的生、排烃历史，以深化对研究区油气系统的研究。相比较之下，在复杂的油气系统中，生、排烃作用的不确定性相对较少，易于采用确定性的动力学进行描述。

## 7.1　生烃作用模拟方法原理

生烃作用模拟的主要内容是根据有机质裂解生油理论，通过动力学计算重建油气系统中分散有机质的成熟史和生烃史。在油气系统的生烃作用模拟中，可采用 TTI-$R_o$ 法、Easy $R_o$ 法、化学动力学法和氢指数法(TTPCI-$I_H$ 法)四种方法。其中，TTI-$R_o$ 法、Easy $R_o$ 法是基于经验的反演法，可用于描述和表达有机质的成熟史，化学动力学法是基于理论的正演法，可用于描述和表达有机质的生烃史。生烃作用模拟所得的生烃量，既是对各级构造单元及其油气系统进行资源潜力评估的依据，又是后续排烃作用、运烃和聚烃作用模拟的依据。由于有机质热演化与盆地热演化相伴相随，各种盆地模拟系统中的有机质热演化与盆地热演化的模拟总是合并进行的，甚至采用同一个计算方法。例如，TTI-$R_o$ 法和化学动力学法，既可用于盆地地热场演化模拟，也可用于盆地有机质热演化模拟。

### 7.1.1　基于 $R_o$ 的生烃作用反演模拟

按照有机成因说，当有机质埋藏入地下以后，在一定地质作用过程中获得适当条件便可实现干酪根的降解。不同干酪根的降解条件不同，生烃作用也不同，应当分别进行模拟，然后加以汇总。干酪根的降解过程是分阶段进行的，其模拟工作也应当分解为若干对应的阶段。分阶段的指标是干酪根的成熟度，成熟度达到生烃门限之前，生烃尚未发生；成熟度超过生烃门限以后开始生烃，成熟度达到某个范围进入生烃高峰期，而成熟度超过生烃结束门限就停止生烃。$R_o$ 是含油气岩系中分散有机质成熟度的标志，因此有机质成熟度模拟就主要是有机质 $R_o$ 动态变化的模拟。目前常用的反演模拟法为 TTI-$R_o$ 法。

### 7.1.1.1　有机质成熟度史反演模拟

**1. 成熟史的 TTI-$R_o$ 法模拟**

TTI-$R_o$ 法是建立在镜质组反射率($R_o$)与所经受的地温 $T$ 及有效受热时间 $t$ 的函数关系之上的。$R_o$ 史的三维模拟要求先求取 TTI 演变史，然后根据 TTI 演变数据和各井的 TTI-$R_o$ 关系曲线，得到各历史时期的 $R_o$ 估计值，然后采用反距离权重(IDW)法进行插值，换算成角点网格数据模型中各个单元格中心点的 $R_o$ 数据。

1) 有机质成熟度史反演模拟的步骤

利用 TTI-$R_o$ 法进行有机质成熟度史反演模拟的方法步骤如下：

(1) 根据构造-地层格架模拟所得的埋藏史数据，以及地热场演化模拟所得的古地温史数据，模拟计算出时间-温度指数(TTI)变化史的数据；

(2) 根据实测的 $R_o$ 以及最大埋深时的 TTI 值，制作 $R_o$-TTI 回归曲线；

(3) 根据 TTI 史以及 $R_o$-TTI 回归曲线，计算出 $R_o$ 史，即烃类成熟度史。

2) 时间-温度指数(TTI)变化史模拟

Lopatin(1971)根据温度每增高 10℃ 干酪根热降解速率约增加一倍的机理，首先提出了计算 TTI 值的模型，其形式为

$$\text{TTI} = \sum_{T_{\min}}^{T_{\max}} \Delta t_m \times 2^m \tag{7-1}$$

式中，$T_{\min}$ 和 $T_{\max}$ 分别为最小和最大温度间隔；$\Delta t_m$ 为该间隔经历的受热时间(Ma)；$m=0$ 时对应于温度间隔 100～110℃，$m=1$ 时对应于温度间隔 110～120℃等。

式(7-1)也可写成积分形式：

$$\text{TTI} = \int_{t_2}^{t_1} 2^{\frac{T_t-105}{10}} \, \mathrm{d}t \tag{7-2}$$

式中，$t_1$、$t_2$ 分别为时间的积分区间；$T_t$ 为有机质成熟度演化各个时间的温度(℃)。

根据地热演化史模拟所得出的各网格单位的温度数据，并采用式(7-2)进行 TTI 变化史的模拟，为了使结果更加准确，可使用辛普森(Simpson)公式对上述的 TTI 公式[式(7-2)]进行积分求解，即

$$\text{TTI} = \frac{t_2-t_1}{6}\left(\text{TTI}_{T_1} + 4\times\text{TTI}_{\frac{T_1+T_2}{2}} + \text{TTI}_{T_2}\right)$$

Wood(1988)根据 Arrhenius 原理，对 TTI 计算公式作了改进。

(1) 对于温度逐步上升且加热速度为常数的时间段$[t_n, t_{n+1}]$，$\text{TTI}_{\text{ARR}}$ 增量为

$$\Delta\text{TTI}_{\text{ARR}} = \frac{A}{V_Q}\left[\frac{RT_{n+1}^2}{E+2RT_{n+1}}\mathrm{e}^{-\frac{E}{RT_{n+1}}} - \frac{RT_n^2}{E+2RT_n}\mathrm{e}^{-\frac{E}{RT_n}}\right] \tag{7-3}$$

式中，$V_Q$ 为加热速度(d$T$/d$t$)；$A$ 为频率因子(Ma$^{-1}$)；$E$ 为活化能(kJ/Ma)；$R$ 为气体常数 0.008314kJ/(mol·K)；$T$ 为热力学温度(K)；$n$ 为由下而上的计算时间段序数。

(2) 对于温度保持为某一常数的时间段$[t_n, t_{n+1}]$，$\text{TTI}_{\text{ARR}}$ 增量为

$$\Delta\mathrm{TTI}_{\mathrm{ARR}} = (t_{n+1} - t_n)A\mathrm{e}^{-\frac{E}{RT_n}} \tag{7-4}$$

累积时间-温度指数为

$$\mathrm{TTI}_{\mathrm{ARR}} = \sum_{n=1}^{m}\left[\varepsilon_n\frac{A}{V_{\mathrm{Q}}}\left(\frac{RT_{n+1}^2}{E+2RT_{n+1}}\mathrm{e}^{-\frac{E}{RT_{n+1}}} - \frac{RT_n^2}{E+2RT_n}\mathrm{e}^{-\frac{E}{RT_n}}\right) + \mu_n(t_{n+1}-t_n)A\mathrm{e}^{-\frac{E}{RT_n}}\right] \tag{7-5}$$

其中

$$\varepsilon_n = \begin{cases} 1, & \text{当}[t_n, t_{n+1}]\text{为增温时间} \\ 0, & \text{当}[t_n, t_{n+1}]\text{为常温时间} \end{cases}, \qquad \mu_n + \varepsilon_n = 1$$

在 TTI 变化史的模拟过程中，若采用了角点网格数据模型，对于某一地层在垂向上可剖分为若干小层，各个小层的中心点的沉积年代采用垂向上的线性插值来实现。在干酪根热降解过程中，由于构造抬升或剥蚀造成的地温不变或下降，可采用使热降解作用暂停的处理办法，直到地温升至过去的最高温度时再重新开始进行 TTI 计算。

3) 烃类成熟度史模拟

$R_{\mathrm{o}}$ 与 TTI 之间的关系在不同盆地、不同坳陷、不同井位乃至不同层段都会有差异，必须对各井的各层段 $R_{\mathrm{o}}$-TTI 曲线分别加以回归，其计算公式(石广仁, 1999)如下：

$$\begin{aligned} R_{\mathrm{o}} &= b_1\lg_{\mathrm{TTI}} + a_1, & 0 < \mathrm{TTI} \leqslant I_1 \\ R_{\mathrm{o}} &= b_2\lg_{\mathrm{TTI}} + a_2, & I_1 < \mathrm{TTI} \leqslant I_2 \\ &\cdots, & \cdots \\ R_{\mathrm{o}} &= b_{n-1}\lg_{\mathrm{TTI}} + a_{n-1}, & I_{n-2} < \mathrm{TTI} \leqslant I_{n-1} \\ R_{\mathrm{o}} &= b_n\lg_{\mathrm{TTI}} + a_n, & I_{n-1} < \mathrm{TTI} \leqslant I_n \end{aligned} \tag{7-6}$$

为简化计算，可以在每个 $R_{\mathrm{o}}$ 小分区中选取代表性的钻井作上述回归分析，将所得的回归公式作为该小区的 TTI-$R_{\mathrm{o}}$ 公式使用。由于计算过程需要大量实际资料，这项工作可由一个子模块来实现，也可由用户在启动模拟系统前单独完成。在实际的模拟计算中，TTI-$R_{\mathrm{o}}$ 的曲线回归通常是采用分段线性方法，对不同的井给出不同的 TTI 和 $R_{\mathrm{o}}$ 数据。

在完成 TTI-$R_{\mathrm{o}}$ 的曲线回归之后，便可通过线性插值得到所需的 $R_{\mathrm{o}}$ 演化史数据。在 QuantyPetro 系统中，先根据各井的 TTI-$R_{\mathrm{o}}$ 关系曲线，换算出各历史时期的 $R_{\mathrm{o}}$ 估计值，然后采用反距离权重(IDW)法进行插值[式(7-7)]，进一步换算出角点网格数据模型中各个单元格中心点在各个演化阶段的 $R_{\mathrm{o}}$ 数据，描述烃类成熟度史。

$$f(x,y) = \frac{\sum_{i=1}^{n}\frac{1}{d_i^2}Z_i}{\sum_{i=1}^{n}\frac{1}{d_i^2}} \tag{7-7}$$

**2. 成熟史的 $T$-$t$-$R_{\mathrm{o,M}}$ 法模拟**

TTI-$R_{\mathrm{o}}$ 法是建立在干酪根热降解实验基础之上的，需要实际的化验室有机质裂解实验数据，适用于勘探程度稍高的阶段，而且计算过程较为复杂，难以适应 $R_{\mathrm{o}}$ 测量和地球化学实验数据较少的研究对象。Bostick 等(1979)曾经根据煤化作用的热动力模拟结果，结合大量实测数据，计算出了低煤化阶段($R_o$<2.0%)的化学反应速度，并绘制出了镜质组平均反射率($R_{o,M}$)与煤化温度($T$)、时间($t$)的关系曲线，即 $T$-$t$-$R_{o,M}$ 曲线。只要尽可能地增补国内已有的数据，便可使该关系曲线具有更好的普遍性和可参照性。

1) $T$-$t$-$R_{o,M}$ 经验公式的获取

本团队在 Bostick 等(1979)的 $T$-$t$-$R_{o,M}$ 曲线的基础上，补充了中国的松辽、鄂尔多斯、四川、二连、华北等盆地和东北亚断陷盆地系的大量实测数据，然后采用双重回归法将 $T$-$t$-$R_{o,M}$ 关系曲线转化为经验公式(吴冲龙等, 1999)。其具体构建过程是：①在 $T$-$t$-$R_{o,M}$ 曲线图(Bostick et al., 1979)上，按 0.3Ma、0.5Ma、1.0Ma、10Ma、100Ma 和 400Ma 六个时间点，读取最高温度 $T$ 和镜质组平均反射率 $R_{o,M}$ 值；②插入中国的松辽、鄂尔多斯、四川、二连和华北等盆地和东北亚断陷盆地系的大量实测数据；③采用多种曲线模型，按六个时间点分别对 $T$-$R_{o,M}$ 进行非线性相关分析，在极高的置信水平(0.001)上和相关关系($r$>0.997)上，确认在各个时间节点上均具有显著的指数函数关系，即 $T=A\cdot\exp(B/R_{o,M})$；④观察相关分析结果(图 7-1)，发现各曲线的 $A$ 和 $B$ 均随着有效受热时间 $t$ 的增大而规

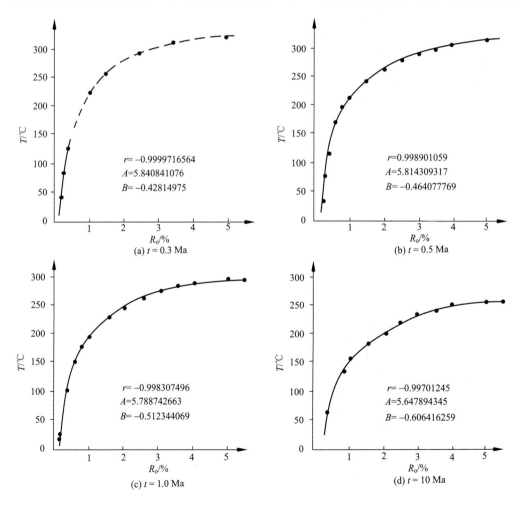

(a) $t$ = 0.3 Ma

$r$= −0.9999716564
$A$=5.840841076
$B$= −0.42814975

(b) $t$ = 0.5 Ma

$r$=0.998901059
$A$=5.814309317
$B$= −0.464077769

(c) $t$ = 1.0 Ma

$r$= −0.998307496
$A$=5.788742663
$B$= −0.512344069

(d) $t$ = 10 Ma

$r$= −0.99701245
$A$=5.647894345
$B$= −0.606416259

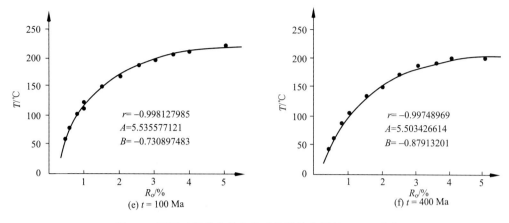

图 7-1　不同时代的分散有机质及煤化作用的 $T$-$R_{o,M}$ 曲线

资料来源：Bostick 等(1979)和中国松辽、鄂尔多斯、二连、四川等盆地

律地减小；⑤分别对 $A$-$t$ 和 $B$-$t$ 关系进行相关分析(表 7-1)，同样在极高的置信水平(0.001)上和相关关系($r>0.994$)上，确认分别具有显著的倒指数函数关系($A=\mathrm{e}^{b/(\ln t-a)}$)和幂函数关系($B=a\cdot t^{b}$)；⑥最后，把经过该双重回归的结果汇总起来，便得到 $T$-$t$-$R_{o,M}$ 表达式为

$$R_{o,M} = \frac{0.492t^{0.093}}{\dfrac{646.32}{111.85+\ln t} - \ln T} \tag{7-8}$$

式中，$T$ 为古地温(℃)；$t$ 为岩层绝对年龄(Ma)；$R_{o,M}$ 为镜质组平均反射率(%)。

表 7-1　$T$-$t$-$R_{o,M}$ 曲线的 $A$-$\ln t$、$B$-$t$ 关系相关分析

| 指标 | $A$-$\ln t$ 相关分析 | $B$-$t$ 相关分析 |
| --- | --- | --- |
| 相关系数 $r$ | 0.9957724 | 0.9947635 |
| $A$ 值 | −111.8496488 | 0.4924935 |
| $B$ 值 | 646.3206337 | 0.0920285 |

2) $T$-$t$-$R_{o,M}$ 经验公式的数值解法

式(7-8)既是对 Bostick 等(1979)图表的简化，也是 Arrhenius 方程在煤化作用方面的一种统计表达式，即煤变质作用动力学经验公式。在已知古地温和有效受热时间的条件下，利用该公式可以估算研究对象的煤化(变质)程度——$R_{o,M}$ 值。例如，假设地层温度恒定，即 $T$ 分别为 20℃、25℃、30℃、35℃、40℃时，利用式(7-8)可算出如图 7-2 所示的 $R_{o,M}$ 曲线值。从图 7-2 可看出，当受热时间相同时，若岩层温度较高，相应的 $R_{o,M}$ 值也较大；若岩层温度较低，相应的 $R_{o,M}$ 值也较小。在恒温条件下，若有效受热时间短或 $R_{o,M}$ 初值较小，则 $R_{o,M}$ 随时间的增长率较大；若有效受热时间长或 $R_{o,M}$ 初值较大，则 $R_{o,M}$ 随时间的增长率较小。整个变化趋势具有倒数指数曲线特征。

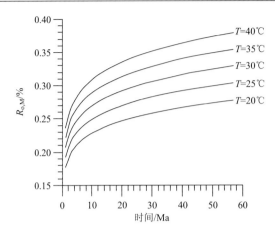

图 7-2　在不同地层温度条件下利用式(7-8)计算的各时刻 $t$ 的 $R_{o,M}$ 值

但是，当古地热场受到其他热源的影响时，如受到岩体侵入和断裂作用的影响时，岩层古地温将随之出现扰动，必然导致 $R_o$ 的变化发生停滞或加速现象。这时，$R_{o,M}$ 值不能简单地应用式(7-8)计算，而需要采用适宜的数值解法，如根据微积分学中的定积分微元法原理(图 7-3)，以式(7-8)为基础，推导出一个简便的 $R_{o,M}$ 演化的数值计算公式。

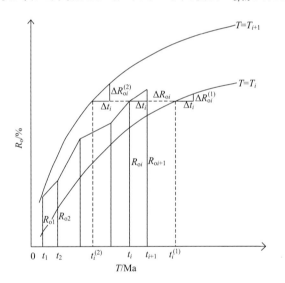

图 7-3　求解镜质组平均反射率 $R_{o,M}$ 增量 $\Delta R_i$ 的定积分微元法原理

为书写方便，以下将式(7-8)简记为 $R_o=R_o(t, T)$。设给定时刻：$t_1<t_2<\cdots<t_i<\cdots$，其中 $t_i(i=1, 2,\cdots)$ 为有效受热时间。对应温度分别为

$$T_1=T(t_1), T_2=T(t_2),\cdots, T_i=T(t_i),\cdots$$

假设相应时刻的镜质组反射率为

$$R_{o1}=R_o(t_1), R_{o2}=R_o(t_2),\cdots, R_{oi}=R_o(t_i),\cdots$$

令 $\Delta R_{oi}=R_{oi+1}-R_{oi}(i=1, 2,\cdots)$，从而有

$$R_{o2}=R_{o1}+\Delta R_{o1}, R_{o3}=R_{o2}+\Delta R_{o2},\cdots, R_{oi+1}=R_{oi}+\Delta R_{oi},\cdots$$

所以，只要已知 $R_{o1}$ 并求出 $\Delta R_{oi}(i=1, 2, \cdots)$，则根据式(7-8)可得到各时刻的镜质组反射率 $R_{oi}(i=1, 2, \cdots)$。因为 $t_1$ 一般较小，所以可令 $R_{o1}=R_o(t_1, T_1)$。

下面只需求出时间段$[t_i, t_{i+1}]$内 $R_o$ 的增量 $\Delta R_{oi}$。研究表明，$\Delta R_{oi}$ 不仅与受热温度($T_i \sim T_{i+1}$)的高低、时间延续($\Delta t_i=t_{i+1}-t_i$)的长短有关，而且还与 $t_i$ 时刻的镜质组反射率($R_{oi}$)的大小有关(即当 $R_{oi}$ 较小时，如果再经过时间 $\Delta t_i$ 及恒定温度 $T_i$ 后，增量 $\Delta R_{oi}$ 较大；而当 $R_{oi}$ 较大时，如果再经过时间 $\Delta t_i$ 及恒定温度 $T_i$ 后，增量 $\Delta R_{oi}$ 较小)。因为在时间段$[t_i, t_{i+1}]$内的温度仍然是变化的，所以无法直接应用式(7-8)进行计算。但由于 $\Delta t_i$ 较小，从而温度 $T_i$ 与 $T_{i+1}$ 相差也较小，故可利用定积分微元法的思想求出部分量 $\Delta R_{oi}$ 的近似值。令

$$R_{oi} = R_o(t_i^{(1)}, T_i) , \qquad R_{oi} = R_o(t_i^{(2)}, T_{i+1})$$

即认为 $R_{oi}$ 是在恒温 $T_i$ 下，经过有效受热时间 $t_i^{(1)}$ 的结果；或认为 $R_{oi}$ 是在恒温 $T_{i+1}$ 下，经过有效受热时间 $t_i^{(2)}$ 的结果。又令

$$\Delta R_{oi}^{(1)} = R_o(t_i^{(1)} + \Delta t_i, T_i) - R_o(t_i^{(1)}, T_i)$$
$$\Delta R_{oi}^{(2)} = R_o(t_i^{(2)} + \Delta t_i, T_{i+1}) - R_o(t_i^{(2)}, T_{i+1})$$

即认为 $\Delta R_{oi}^{(1)}$ 是在恒温 $T_i$ 下，时间从 $t_i^{(1)}$ 到 $t_i^{(1)}+\Delta t_i$ 时 $R_o$ 的增量；而认为 $\Delta R_{oi}^{(2)}$ 是在恒温 $T_{i+1}$ 下，时间从 $t_i^{(2)}$ 到 $t_i^{(2)}+\Delta t_i$ 时 $R_o$ 的增量。

因为 $T_i$ 和 $T_{i+1}$ 相差不大，所以 $\Delta R_{oi}^{(1)}$ 与 $\Delta R_{oi}^{(2)}$ 也较接近，尽管如此，仍取上述两个增量 $\Delta R_{oi}^{(1)}$ 与 $\Delta R_{oi}^{(2)}$ 的算术平均值为时间段$[t_i, t_{i+1}]$内 $R_o$ 的增量 $\Delta R_{oi}$，即

$$\Delta R_{oi} \approx \frac{\Delta R_{oi}^{(1)} + \Delta R_{oi}^{(2)}}{2} \tag{7-9}$$

根据式(7-9)，以图 7-4(a)、(b)、(c)三种不同温度变化情况为例，模拟出了相应的 $R_{o, M}$ 值变化过程[图 7-4(d)、(e)、(f)]。其中，图 7-4(e)在时间段 20~40Ma 内遇到了一个降温事件，所以此后的 $R_{o, M}$ 的增长速度降低；图 7-4(f)在时间段 20~40Ma 内遇到了一个升温事件，所以此后的 $R_{o, M}$ 的增长速度升高；而图 7-4(d)的地温是恒定的，所以应用式(7-9)计算出的 $R_{o, M}$ 值，与用式(7-8)计算出的 $R_{o, M}$ 值完全一样(见图 7-2 中的 $T=30℃$曲线)。

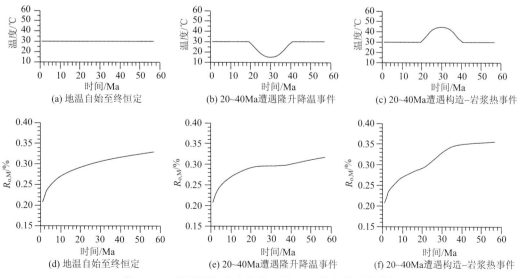

图 7-4　三种不同温度变化情况的 $R_{o, M}$ 值变化过程模拟

### 7.1.1.2 有机质生烃史反演模拟

生烃史模拟的内容包括每个烃源层的生油强度、生油量、含油饱和度、生气强度、生气量、含气饱和度等变化史的总和(石广仁, 1999)。

#### 1. 有机质生烃模型

烃源岩中的分散有机质是生烃作用的主角,而干酪根是分散有机质的主要成分,因此有机质生烃史反演模拟实际上就是干酪根裂解生烃过程模拟。干酪根不溶于正常溶剂,其主要元素组成是 C、H、O、S 和 N,以 C 和 H 为主。根据 C/H 和 O/C 的比值,以及其他物质结构和组成,结合镜下观测的干酪根形态,干酪根可分为三种类型,即 I 、II 、III 型。不同类型的干酪根有不同的生油气能力,前人通过裂解实验证实: I 型干酪根生油能力最好而生气能力最差; III 型干酪根生油能力最差而生气能力较强; II 型干酪根的生油和生气能力都处在第二的位置。前人的实验还证明,干酪根的裂解生烃过程,是在温度控制下的一个复杂化学过程。为了简化起见,在进行生烃作用模拟时,不必顾及其复杂过程而只需要抓住不同类型干酪根的古地温、化学计量因子(指前因子)和活化能等控制参数(Tissot and Welte, 1984),以及干酪根降解率-$R_o$关系曲线,便可以建立干酪根生烃(油、气)作用的模拟模型,从整体上把握和描述盆地及其各级油气系统的生烃作用状况。

基于三维角点网格数据模型和生烃曲线或降解率曲线所建立的生烃模型为

$$W_i = H_i \times \rho_o \times C_{i原} \times \frac{D_i}{0.083} \tag{7-10}$$

$$C_{i原} = \frac{C_{i残}}{1 - D_i}$$

$$D_i = f(R_{oi})$$

$$Q = \sum_{i=1}^{n} W_i \cdot \Delta S_i$$

式中,$W_i$ 为某角点网格单元的生烃(油或气)强度($10^6$t/km$^2$);$H_i$ 为某角点网格单元的生油岩厚度(km);$C_{i原}$ 和 $C_{i残}$ 分别为某角点网格单元的原始有机碳含量和残余有机碳含量(丰度)(%);$\rho_o$ 为烃源岩密度(取 $2.3 \times 10^9$t/km$^3$);$D_i$ 为某角点网格单元的降解率,是 $R_o$ 的函数,故 $D_i = f(R_{oi})$,不同类型的干酪根有不同的降解率;0.083 是碳换算为烃的换算系数;$S_i$ 为某角点网格单元的面积(km$^2$);$Q$ 为某油气系统总生烃(油或气)量($10^6$t)。

#### 2. 生烃作用模拟

采用上述有机质生烃模型,基于 TTI-$R_o$ 的生烃模拟方法和流程如图 7-5 所示。

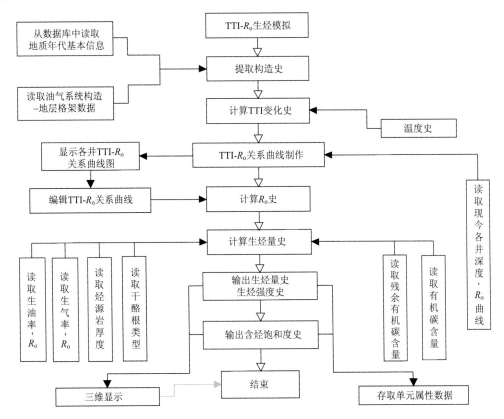

图 7-5　TTI-$R_o$ 生烃史模拟的方法和流程

1）残余有机碳含量

油气系统中的生烃强度，不仅与烃源岩的规模及有机质种类、丰度有关，而且与有机质成熟度和降解率（$D|_t$）有关。在烃源岩中，随着埋深加大和地温升高，有机质也处于不断成熟和降解生烃过程中，有机碳含量总是处于动态的变化之中。目前所测得的烃源岩有机碳含量，实际上是经过长期降解后的残余有机碳含量，记为 $C_{残}$。

$$C_{残} = (1 - 0.01D|_t)C_{原}，\qquad C_{原} = \frac{C_{残}}{1 - 0.01D|_{t=0}}$$

而 $C(t)$ 应为

$$(1 - 0.01D|_t)C_{原} = (1 - 0.01D|_t) \cdot \frac{C_{残}}{1 - 0.01D|_{t=0}} = \frac{1 - 0.01D|_t}{1 - 0.01D|_{t=0}} C_{残} \qquad (7\text{-}11)$$

这里 $C_{原}$是原始有机碳含量（%）；$D|_t$ 是 $t$ 时刻的降解率；$D|_{t=0}$ 是现今降解率。

有效烃源岩的规模通常用成熟烃源岩的体积来描述，计算时需要求解其占烃源岩总体积的比例。为了简化计算，可采用有效烃源岩厚度占总烃源岩的厚度的比例 $M$ 来刻画。

2）$R_o$-生烃图版

图 7-6～图 7-8 为生烃图版 $R_o$ 值与对应的降解率和生烃率 Gr 值组成的曲线族（石广仁，1999），在缺乏实测数据时可从中选择适当的 Gr 值，也可用于判读生烃门限与生烃

结束门限。

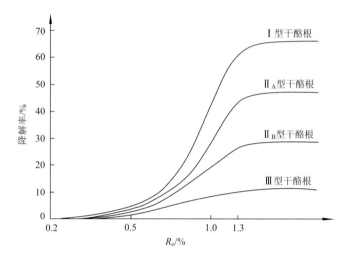

图 7-6　干酪根降解率-$R_o$关系综合曲线

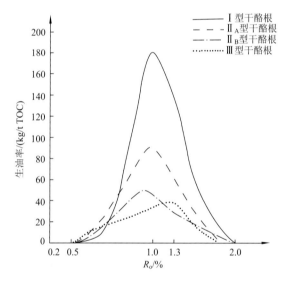

图 7-7　干酪根生油率-$R_o$关系曲线

当 $R_o$ 由 $R_{o1}$ 变到 $R_{o2}$ 时，平均生烃强度为

$$E_x = \frac{10^{-15}}{R_{o2} - R_{o1}} \int_{R_{o1}}^{R_{o2}} (z_2 - z_1) M \cdot d \cdot c \cdot \frac{Gr}{1 - 0.01D} \Big|_{t=0} dR_o \qquad (7\text{-}12)$$

式中，$z_1$、$z_2$ 分别为烃源层顶、底界深度(m)；$M$ 为暗色泥岩厚度百分比；$d$ 为暗色泥岩的相对密度；$c$ 为残余有机碳含量；$D$ 为有机质降解率；Gr 为生烃率。此处 $R_{o1}$＞生烃门限，$R_{o2}$＜生烃结束门限；Gr 可分别按生油率和生气率代入。

如果用户定义的干酪根有 $m$ 类，可由式(7-12)分别计算其生烃强度，然后按各类干酪根在烃源岩中所占的比例求加权平均值，即

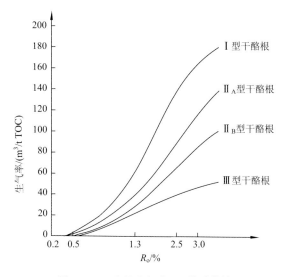

图 7-8　干酪根生气率-$R_o$关系曲线

$$\overline{E}_x = p_1 E_{x1} + p_2 E_{x2} + \cdots + p_m E_{xn} \tag{7-13}$$

式中，$E_{xj}$ 是第 $j$ 类干酪根的生烃强度值（$10^4\text{t/km}^2$），$j = 1, 2, \cdots, n$；$p_k$ 是第 $k$ 类干酪根在烃源岩中所占的比例，$k = 1, 2, \cdots, m$。

按井进行的生烃强度模拟得出的结果经汇总处理后，便可得出探区乃至坳陷或盆地的生烃强度史，并绘制出各地质年代的生烃强度平面图和立体图。

3）生烃量计算流程

根据不同层位烃源岩在不同时期的生烃强度分布图，可以采用网格化方法计算出相应的生烃量和生烃量史，即

$$Q_x = \sum_{i=1}^{n} \overline{E}_{xi} \cdot \Delta S_i \tag{7-14}$$

式中，$Q_x$ 是烃源层的生烃量（$10^4\text{t}$）；$\overline{E}_{xi}$ 为烃源层中第 $i$ 个网格上的生烃强度（$10^4\text{t/km}^2$）；$\Delta S_i$ 为烃源层第 $i$ 个网格的面积（$\text{km}^2$）。

应用 TTI-$R_o$ 方法计算生烃强度的方法步骤和程序框图分别如图 7-5 和图 7-9 所示。

（1）首先要进行单井模拟，并选定模拟开始时间，把模拟时间范围划分为若干时间区间 $[t_{i-1}, t_i]$，即为时间步长，然后按照时序跟踪烃源岩成熟区间的顶、底节点进行模拟，直至该节点被剥蚀或进入生烃结束阶段，节点的参数取区间平均值。

（2）对给定的时间段，需按照沉积史模拟结果，给出各节点的位置、温度、残余有机碳含量等有关数据，计算各节点的 TTI 指标增量，进而得出各区间的 TTI 积累值；在此基础上找到相应的 TTI-$R_o$ 回归关系，算出该时刻节点处的 $R_o$ 值；通过拟合把 $R_o$-生烃图版转化为曲线方程，以便自动提取某一时刻、某一节点的生烃率，进而计算各节点处的生烃强度，并累积该井位该时刻的生烃强度，最后计算该井位到该时刻为止的总生烃量。

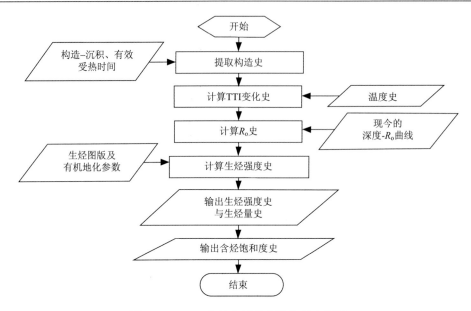

图 7-9　TTI-$R_o$ 方法生烃强度计算程序框图

（3）由单井到剖面的处理办法是：①对各种中间参数进行插值处理，然后按上述步骤一步步进行模拟；②对最后结果进行插值处理，避开中间多种数据的插值。由若干剖面到全区进行模拟结果的合成，其处理办法与此类似。

### 7.1.1.3　典型实验区模拟结果示例

#### 1. 有机质成熟度

针对典型试验区东部某凹陷刘家洼陷的实际情况，模拟中在采用镜质组反射率（$R_o$）的同时，结合热解峰温（$T_{max}$）对烃源岩成熟度进行标定。为了进行方法验证，$R_o$ 采用了宋明水（2004）的新生界散点拟合曲线（图 7-10）。该 $R_o$ 散点数据与拟合曲线表明，研究区新生界烃源岩有机质成熟度，随埋深增加呈指数曲线增大的趋势，偏离较小。

在有机质成熟度的基础上，结合 TTI 对实验区各井的 TTI-$R_o$ 关系曲线进行了拟合。从拟合效果看，尽管不同钻井的相关程度和变化速率不完全相同，但总的趋势一致，表明该区块中新生界烃源岩大多符合正常热演化规律（图 7-11 和图 7-12）。新生界烃源岩基本上处于未成熟-低成熟阶段，即沙一段烃源岩处于未成熟阶段，沙三中、下部刚刚进入低成熟-中成熟阶段。其中，沙三下亚段烃源岩的成熟度绝大多数小于 1%，最高可达 1.1%，整体处于低成熟-中成熟阶段。显然，刘家洼陷还未进入最大生烃阶段。

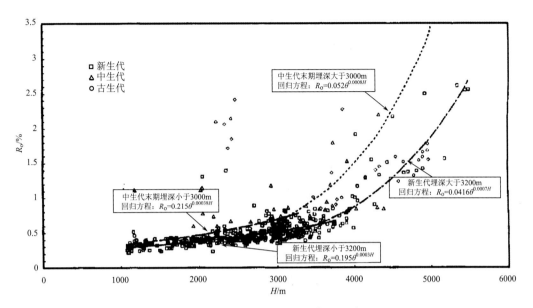

图 7-10 镜质组反射率和深度的关系

资料来源：宋明水（2004）

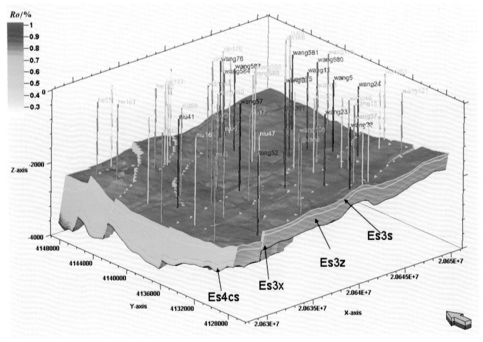

(a)

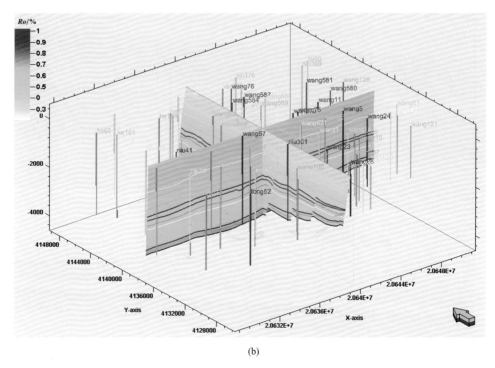

(b)

图 7-11 实验区明化镇组沉积期研究区 $R_o$ 三维分布图

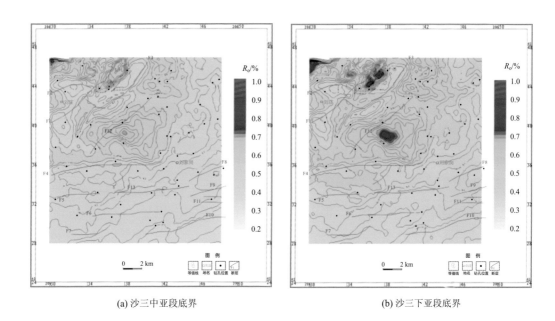

(a) 沙三中亚段底界                                 (b) 沙三下亚段底界

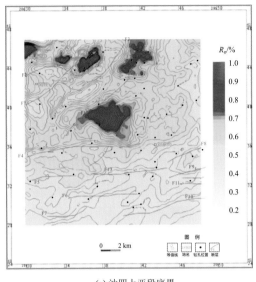

(c) 沙四上亚段底界

图 7-12 实验区现今各烃源岩层底界 $R_o$ 平面图

## 2. 生烃作用模拟结果

在 TTI-$R_o$ 法生烃作用模拟中采用的基本地质资料,是物性参数模型(包括孔隙度、渗透率、岩性等属性)和暗色泥岩分布图。模拟的输入数据,除了镜质组反射率($R_o$)数据外,还包括有机地化参数(干酪根类型分布图、有机碳含量图、有机碳恢复系数、生烃率等),由某油田提供。这里的干酪根包括 Ⅰ 型和 Ⅱ (包括 Ⅱ$_A$ 和 Ⅱ$_B$)型,Ⅲ 型相对较少。显然,刘家洼陷的干酪根主要为轻油型干酪根,其中的气是干酪根生油过程的伴生气。

模拟结果证实,刘家洼陷的主力烃源岩为沙三段和沙四上亚段。烃源岩从沙三上亚段沉积期开始生油,从馆陶组沉积期开始生气。目前,沙四上亚段刚刚进入生烃高峰阶段,其他烃源岩层还未进入生烃高峰阶段,整体上处于低成熟-中成熟阶段,目前仍以生油为主(图 7-13)。沙四上亚段和沙三上亚段,为从高水位深湖相向低水位前三角洲亚相演化的沉积,烃源岩的品质从下向上变差。其中,沙三上亚段和沙三中亚段烃源岩产烃能力低,沙三下亚段和沙四段烃源岩产烃能力较强(表 7-2)。这是因为在该段烃源岩中,Ⅰ 型干酪根产烃能力强,而 Ⅲ 型、Ⅱ$_B$ 型干酪根产烃能力较低,基本为无效有机质。

表 7-2 利用 TTI-$R_o$ 法计算得到的明化镇组沉积期各烃源层生烃量表

| 各烃源岩总生烃量/($10^8$t) | | | 沙一下亚段 /($10^8$t) | 沙三上亚段 /($10^8$t) | 沙三中亚段 /($10^8$t) | 沙三下亚段 /($10^8$t) | 沙四上亚段 /($10^8$t) |
|---|---|---|---|---|---|---|---|
| 总生烃量 | 总生油量 | 总生气量 | | | | | |
| 29.28 | 27.23 | 2.05 | 0 | 0.87 | 6.31 | 11.62 | 10.48 |

$Es^{3x}$ 烃源岩在 32.4Ma 时开始生油,埋深在 2600m 左右,东营组沉积期末埋深达到 3200m,实验区洼陷中心附近 $R_o$ 值达到 0.46%。也就是说,在整体抬升遭受剥蚀之前,$Es^{3x}$ 烃源岩有一部分进入生油门限,但是生烃量较少;馆陶组沉积以后至距今 11Ma 时,

E$s^{3x}$ 烃源岩开始大量生烃，此时埋深在 4100m，地温为 138.483℃，$R_o$ 值超过 0.8%。E$s^{3x}$ 各个时期生烃强度如图 7-14 所示。

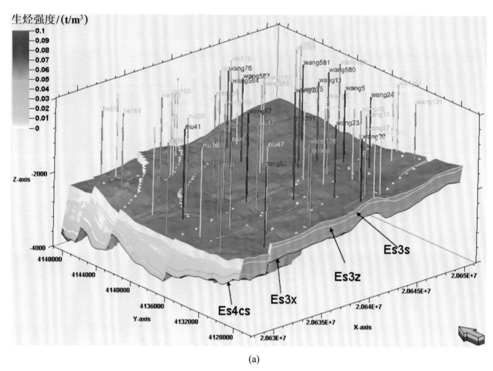

(a)

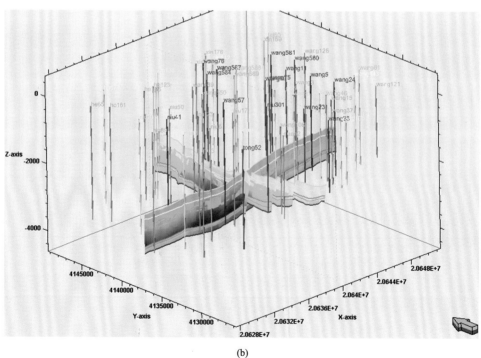

(b)

图 7-13　实验区明化镇组沉积期累积生油效果图

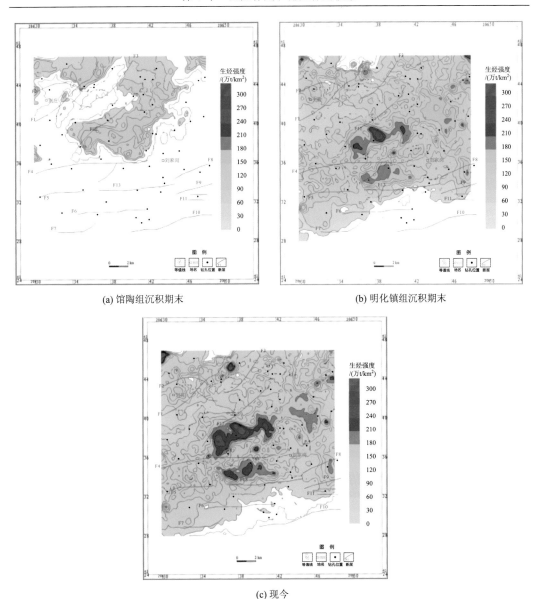

(a) 馆陶组沉积期末　　　　　　　　　　(b) 明化镇组沉积期末

(c) 现今

图 7-14　实验区沙三下亚段在各时期的生烃强度图

　　从模拟结果还得知，实验区 $Es^{4s}$ 烃源岩在距今 36Ma 时开始生油，生油门限深度在 3000m 左右，地温处于 121℃左右，烃源岩成熟度 $R_o$ 在 0.46%左右，生成低熟油；到 42.4Ma，埋深达到 3500m 左右，烃源岩成熟度 $R_o$ 增大到 0.6%。此后，持续 8Ma 的整体抬升，生烃作用一度停止。到距今 6Ma，烃源岩埋深约在 4200m，地温在 142℃左右，达到了生油高峰。目前，在洼陷中心附近，埋深在 4400m 以下，烃源岩成熟度超过 1.02%，处于高成熟热演化阶段。$Es^{4s}$ 各个时期生烃强度如图 7-15 所示。

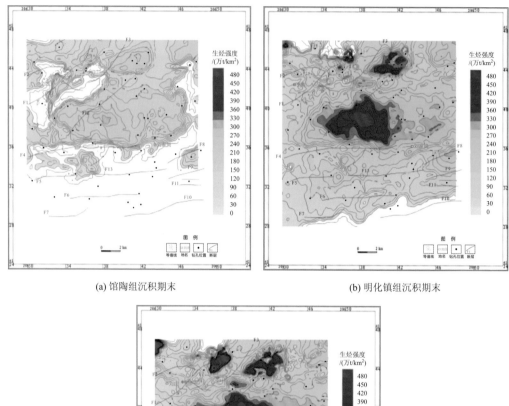

(a) 馆陶组沉积期末　　　　　　　　　　　　(b) 明化镇组沉积期末

(c) 现今

图 7-15　实验区沙四上亚段各时期生烃强度平面图

目前，实验区刘家洼陷 $Es^{4s}$ 烃源岩正处于生烃高峰阶段，而 $Es^{3x}$ 烃源岩大部分处于生油高峰前的演化阶段，$Es^{3z}$ 和 $Es^{3s}$ 烃源岩在新近纪的馆陶组沉积期，陆续进入生油门限，其 $R_o$ 在 0.48%～0.6%，仍处于生油初期阶段。

## 7.1.2　化学动力学法正演模拟

Tissot 和 Welte(1984)认为，干酪根在温度和时间的作用下向烃类转化的过程是干酪根$(K)$→热降解的中间产物$(M)$→最终产物$(U)$。从油气的生成过程考虑，中间产物被认为是液态烃(油),而最终产物就是天然气。这样,干酪根的降解生油过程可划分为生油、生气两大阶段。第一阶段为生油阶段,第二阶段为生气阶段。这两个阶段实际上难以严格区分,划分方案只是一种逻辑方案。化学动力学模拟就是指以干酪根热演化动力学原理为基础,通过化学动力学的数理方程来定量描述生烃量过程的一种正演方法(图7-16)。其具体内容是利用化学动力学参数(生烃潜量、活化能和频率因子),结合地热场演化史和烃源岩埋藏史,通过求解化学动力学方程组,计算各套烃源岩生烃量随时间和地热场演化所发生的变化,从而得到反映干酪根热演化-生烃演化程度的降解率史,即成熟度史。然后利用古地温、有机碳含量、干酪根类型等地化资料,计算得到烃源岩在各个演化阶段的生烃量变化史。

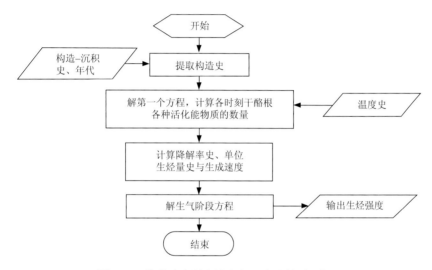

图 7-16　化学动力学方法生烃强度计算原理框图

### 7.1.2.1　干酪根→热降解的中间产物阶段(第一阶段)

记 $t$ 时刻第 $i$ 种干酪根含量为 $Z_i(t)$,初值为 $Z_i(0)=X_{i0}$,第一阶段降解率的中间产物记为 $y_i(t)$,此阶段的化学动力学方程为

$$\frac{\mathrm{d}z_i}{\mathrm{d}t} = -k_{1i}z_i, \qquad i = 1, 2, \cdots, n \quad (\text{考虑几种干酪根})$$

$$k_{1i} = A_{1i} \exp\left(\frac{-10^3 E_{1i}}{R(T+273)}\right), \qquad T = T(t) \tag{7-15}$$

式中,$z_i$ 为 $t$ 时刻干酪根中含第 $i$ 种活化能物质的数量[g/g(TOC)];$t$ 为埋藏时间(Ma);$k_{1i}$ 为生油阶段干酪根中含第 $i$ 种活化能物质的反应速率(Ma$^{-1}$);$A_{1i}$ 为第 $i$ 种干酪根的频率因子(Ma$^{-1}$);$E_{1i}$ 为第 $i$ 种干酪根的生油活化能(kcal/mol);$R$ 为气体常数,$R=1.987\mathrm{cal}/(\mathrm{mol\cdot K})$;$T$ 为岩层古地温(℃),通过地热演化史模拟求得。

解几个方程的定解问题,即

$$\begin{cases} \dfrac{\mathrm{d}z_i}{\mathrm{d}t} = -k_{1i}z_i, \\ Z_i(0) = Z_{i0}, \end{cases} \quad i = 1, 2, \cdots, n \tag{7-16}$$

其中，$n=6$（Tissot, 1987），$A_{1i}$、$E_{1i}$ 由表 7-3 中得到。

**表 7-3　三类干酪根活化能分布生油潜量**

| 活化能 | | 各类型干酪根的频率因子 | | | | | |
|---|---|---|---|---|---|---|---|
| | | I 型 | | II 型 | | III 型 | |
| 种类 | 平均值 /(kcal/mol) | $X_{i0}$ | $A_{1i}/\mathrm{Ma}^{-1}$ | $X_{i0}$ | $A_{1i}/\mathrm{Ma}^{-1}$ | $X_{i0}$ | $A_{1i}/\mathrm{Ma}^{-1}$ |
| $E_{11}$ | 10 | 0.024 | $4.75 \times 10^4$ | 0.022 | $1.27 \times 10^5$ | 0.023 | $1.27 \times 10^3$ |
| $E_{12}$ | 30 | 0.064 | $3.04 \times 10^{16}$ | 0.034 | $7.74 \times 10^{16}$ | 0.053 | $4.20 \times 10^{16}$ |
| $E_{13}$ | 50 | 0.136 | $2.28 \times 10^{26}$ | 0.251 | $1.48 \times 10^{27}$ | 0.072 | $4.33 \times 10^{25}$ |
| $E_{14}$ | 60 | 0.152 | $3.98 \times 10^{30}$ | 0.152 | $5.52 \times 10^{29}$ | 0.091 | $1.97 \times 10^{32}$ |
| $E_{15}$ | 70 | 0.347 | $4.47 \times 10^{31}$ | 0.116 | $2.04 \times 10^{35}$ | 0.049 | $1.20 \times 10^{33}$ |
| $E_{16}$ | 80 | 0.172 | $1.10 \times 10^{34}$ | 0.120 | $3.80 \times 10^{35}$ | 0.027 | $7.56 \times 10^{31}$ |
| $X_0 = \sum\limits_{i=1}^{n} x_{10}$ | | 0.895 | | 0.695 | | 0.313 | |
| $Y_0 = \sum\limits_{i=1}^{n} y_{10}$ | | 0.051 | | 0.035 | | 0.018 | |
| $U_0 = U_{10}$ | | 0.000 | | 0.000 | | 0.000 | |
| 各类干酪根在烃源岩中所占比例 Pt | | 百分比，如：30% | | 百分比，如：60% | | 百分比，如：10% | |

资料来源：Tissot 和 Welte（1984）。

### 7.1.2.2　中间产物（液态烃）→最终产物（U）阶段（第二阶段）

此阶段化学动力学方程为

$$\frac{\mathrm{d}U_j}{\mathrm{d}t} = k_{2j}y \tag{7-17}$$

式中，$U_j$ 为最终产物的第 $j$ 种；$y$ 为生油量，而

$$y = \sum_{i=1}^{n} y_i, \quad k_{2j} = A_{2j} \exp\left(\frac{-10^3 E_{2j}}{R(T+273)}\right)$$

式中，$A_{2j}$ 为生气阶段的频率因子（$\mathrm{Ma}^{-1}$）；$E_{2j}$ 为生气阶段的活化能（kcal/mol）；$R$ 为气体常数 [kcal/(mol·K)]；$T$ 为古地层温度（℃）；$y_i$ 为干酪根中具有第 $i$ 种活化能物质的生油量；$U_j$ 为生气量，当只考虑生成一种气态烃时取 $j=1$。于是，当 $Z_0 = \sum Z_{i0}$，为 $t=0$ 时干酪根初值，即生烃潜量；当 $y_0 = \sum y_{i0}$，为 $t=0$ 时干酪根中初始液态烃数量；当 $U_0 = \sum U_{i0}$，为 $t=0$ 时干酪根中初始气态烃数量。

### 7.1.2.3　化学动力学方程的求解

假定热降解中没有别的物质参加，根据物质守恒定律，可以得到

$$\sum_{i=1}^{n} Z_{i0} + \sum_{i=1}^{n} y_{i0} + \sum_{j} U_{j0} = \sum_{i=0}^{n} Z_i(t) + \sum_{i=1}^{n} y_i(t) + \sum_{j} U_j \tag{7-18}$$

对第 $n$ 个 $i$ 求解

$$\begin{cases} \dfrac{\mathrm{d}Z_i}{\mathrm{d}t} = -k_{1i}Z_i \\ Z_i(0) = Z_{i0} \end{cases} \tag{7-19}$$

可得各演化阶段的生烃潜量 $Z(t) = \sum\limits_{i=1}^{n} Z_i(t)$。

当最终产物只有一种气态烃时，假设只求一种气态烃的产量，即 $j=1$，此时 $U_0 = U_{i0}$，若取 $U_{i0} = 0$，则有

$$Z_0 + y_0 = \sum_{i=1}^{n} Z_i(t) + \sum_{i=1}^{n} y_i(t) + U_1(t) \tag{7-20}$$

由此得

$$y(t) = \sum_{i=1}^{n} y_i(t) = x_0 y_0 - \sum_{i=1}^{n} z_i(t) - U_1(t) \tag{7-21}$$

从而得到方程

$$\begin{cases} \dfrac{\mathrm{d}U_1}{\mathrm{d}t} = k_{21}\left[ \left(Z_0 + y_0 - \sum_{i=1}^{n} Z_i(t)\right) - U_1 \right] \\ U_1(0) = U_{10} \end{cases} \tag{7-22}$$

或

$$\begin{cases} \dfrac{\mathrm{d}U_1}{\mathrm{d}t} + k_{21}U_1 = k_{21}(Z_0 + y_0 - Z(t)) \\ U_1(0) = U_{10} \end{cases} \qquad \text{（变系数方程）}$$

生烃量史的模拟计算为

$$\text{生油量：} Q_{Oil} = H_i \times S_i \times \text{TOC} \times \rho_i \times U_O \tag{7-23}$$

$$\text{生气量：} Q_{Gil} = H_i \times S_i \times \text{TOC} \times \rho_i \times U_G \tag{7-24}$$

式中，$H$ 为烃源岩厚度(m)；$S$ 为烃源岩面积(m²)；TOC 为烃源岩中有机碳含量(%)；$\rho$ 为烃源岩密度(t/m³)；$U_O$ 为单位生油量[g/g(TOC)]；$U_G$ 为单位生气量[g/g(TOC)]。

化学动力学模拟的工作流程如图 7-17 所示。

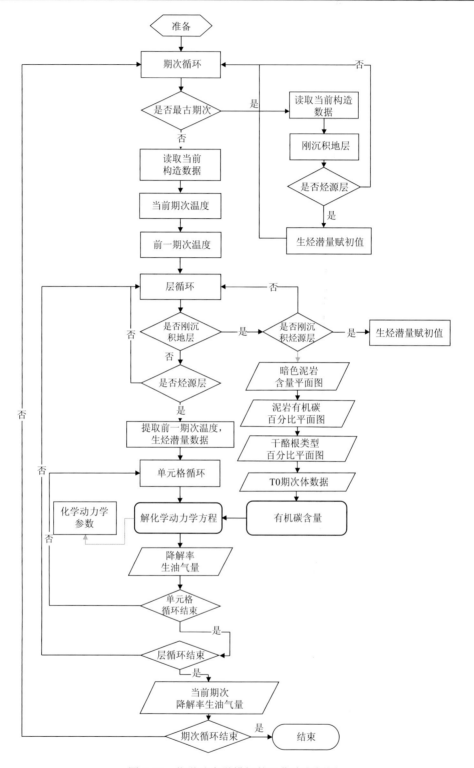

图 7-17 化学动力学模拟的工作流程框图

### 7.1.3 氢指数法模拟模型

在已有的重建生烃史的 TTI-$R_o$、Easy $R_o$ 和化学动力学 3 种方法中，由于压力和催化剂作用的不确定性、模拟实验的局限性和实际地质观测的难度较高，以及分散有机质的 $R_o$ 影响因素较多，使得上述各种方法的可靠性一直存在问题。因此，需要寻找一个既能综合反映各种因素的作用，又能避免压力、催化剂的不确定性和 $R_o$ 精度不足带来的影响，还能表征干酪根生烃能力的若干参数组合，以便从总体上把握和校正各套烃源岩的生烃能力。为此，提出了时间(time)、温度(temperature)、压力(pressure)、催化剂(catalyst)、氢指数(hydrogen index)综合模拟法，简称为 TTPCI-$I_H$ 法(吴冲龙和周江羽，1994[①]；吴冲龙等，2001a)，并结合实际资料对此做了进一步的研究(Tian et al.，2013)。

#### 7.1.3.1 已有方法的不足之处分析

TTI-$R_o$ 法和 Easy $R_o$ 法的基本假设是"地温每增加 10℃，烃类成熟反应速率增加一倍"(Lopatin，1971)。研究结果表明，当活化能处于 $(10\sim20)\times4.184$kJ/mol 时，这个假设是成立的。但是，由于干酪根的组分和化学键十分复杂，活化能的范围远远超出 $(10\sim20)\times4.184$ kJ/mol(Tissot et al.，1987)，这个假设可能是不成立的。其次，TTI 的第二假设是"把各种类型的有机物视为同一物"，当仅考虑煤岩时这个假设是正确的，而当将它应用于烃源岩时，就可能不正确了(Tissot et al.，1987)。

后来，Wood(1988)基于阿伦尼乌斯方程建立了改进的 TTI 公式

$$\text{TTI} = \sum_{n=1}^{m}\left[\varepsilon_n \frac{A}{V_Q}\left(\frac{RT_{n+1}^2}{E+2RT_{n+1}}\mathrm{e}^{-\frac{E}{RT_{n+1}}} - \frac{RT_n^2}{E+2RT_n}\mathrm{e}^{-\frac{E}{RT_n}}\right) + \mu_n\left(t_{n+1}-t_n\right)A\mathrm{e}^{-\frac{E}{RT_n}}\right] \quad (7\text{-}25)$$

式中，$V_Q$ 为加热速度(d$T$/d$t$)；$A$ 为频率因子(Ma$^{-1}$)；$E$ 为活化能(kJ/mol)；$R$ 为气体常数 $[0.083\text{kJ}/(\text{mol·k})]$；$T$ 为热力学温度(K)；$n$ 为由下而上的计算时间段序数；$\varepsilon_n$ 和 $\mu_n$ 都为开关变量。

$$\varepsilon_n = \begin{cases} 1, & \text{当}[t_n,t_{n+1}]\text{为增温时间} \\ 0, & \text{当}[t_n,t_{n+1}]\text{为常温时间} \end{cases}, \qquad \mu_n + \varepsilon_n = 1 \quad (7\text{-}26)$$

为区别起见，前者称为 TTI$_{\text{lop}}$ 法，后者称为 TTI$_{\text{ARR}}$ 法。TTI$_{\text{ARR}}$ 法虽然避免了"温度每升高 10℃，干酪根反应速率提高一倍"的假定带来的问题，却与化学动力学法一样，陷入 $E$ 和 $A$ 的取值疑难中。依据化学动力学原理，盆地内某处单位体积内干酪根的数量(浓度，$C_A$)的减少(降解成烃)的速度与浓度($C_A$)成正比，即

$$\frac{\mathrm{d}C_A}{\mathrm{d}t} = -K \cdot C_A \quad (7\text{-}27)$$

其中系数 $K$ 与干酪根的类型和温度相关，可表达为

$$K = A \cdot \mathrm{e}^{\frac{E}{R \cdot T}} \quad (7\text{-}28)$$

---

[①] 吴冲龙，周江羽. 1994. 典型盆地天然气运移、聚集的数学模式. 北京：国家科技攻关项目研究报告.

此即阿伦尼乌斯方程。公式中符号的定义与前文一致。

长期以来，人们认为干酪根热降解的反应速率只与温度有关，而与地层压力关系不大。实际上，在地下深处高压状态下，压力因素的影响是不可忽视的，因为 $E$ 和 $A$ 受到压力的控制。一些模拟实验揭示了压力可以抑制有机质热演化（Price and Wenger, 1992），并且在欧洲北海盆地（McTavish, 1998；Carr, 2000）、美国 Unita 盆地（Fouch et al.,1994）、加拿大 Sable 盆地（Carr, 1999）及我国莺歌海盆地（Hao et al., 1998; Hao et al., 1995）和准噶尔盆地（周中毅等，1997；查明等，2002）中，也找到了超压抑制有机质热演化的实例。烃源岩出现超压现象的原因，主要是在烃源岩快速沉降、压实的背景下，由于静岩压力、水热增压、生烃增压和构造应力的联合作用，造成烃源岩的孔喉急剧缩窄、流体排出不畅和欠压实现象。

勘查和研究资料证实，静岩压力能使煤的孔隙率和水分降低、比重增加，还促使芳香族稠环平行于层面做有规则的排列；构造应力能改变镜质组的光学性质，增强其光学各向异性。有些地区和盆地的油气窗所对应的 $R_o$ 不同，说明 $R_o$ 并不完全代表有机质的成熟度，其中就有压力变化引起镜质组物理结构改变的因素。在华盛顿油田 6540m 深处和巴尔湖油田 6060m 深处，地层温度均超过 200℃，$R_o$ 均大于 2%，却仍赋存着油藏，很可能就是那里高的沉降速率和异常高压，抑制了液态烃进一步裂解为气态烃。异常孔隙压力降低了有机质的反应速度和油气成熟度，一方面造成了 $R_o$ 观测值与干酪根的裂解程度不相符合，另一方面造成了 TTI 计算值与油气窗所对应的 $R_o$ 值不匹配。烃源岩分散有机质中的镜质组通常以芳香环为核并带有烷基侧链，在有机质热演化过程中，异常压力将促使烷基侧链裂解成挥发分析出，而芳香环缩合度不断加大，形成更为密集的结构单元，造成透射率降低、反射率升高。

此外，矿物催化剂也能通过改变反应机理来影响有机质的反应速度，亦即使反应的活化能 $E$ 降低，从而提高反应速度。通过实验得知，干酪根热降解过程中碳链断裂的能量为 $(60 \sim 90) \times 4.184 kJ/mol$，而 Connan（1974）通过对世界 12 个含油气盆地生油门限温度的考察，计算出在地层条件下有机质生烃的活化能仅有 $(12 \sim 14) \times 4.184 kJ/mol$。这表明在地质条件下，这类反应是在矿物催化剂（catalyst）参与下完成的。实验研究的结果（Hunt et al., 1980；Hunt, 1984）表明，黏土（主要是蒙托石）与有机质的复合物在缓慢加热时便会脱羧基、脱氨基而形成低分子量的烷烃、环烷烃和芳香烃。这可以解释成岩阶段低温条件下出现少量轻烃的现象。Greensfelder 等（1949）所进行的十六烷在无催化剂条件下和用硅矾土作酸性催化剂的条件下干酪根裂解的著名对比实验，更证明了催化作用的巨大效能：在 100℃ 时进行热降解，使用高活度催化剂只需几个月，而低活度催化剂大约需要 $1 \times 10^4 a$。据此推算，在无催化剂条件下的单纯反应周期需 $1 \times 10^{10} a$，大大超过了地球的年龄。显然，没有催化剂，干酪根不可能大量裂解生油。

根据实际资料分析并经各种模拟实验证实，人们普遍认为：有机质在中温（<125℃）下以热催化裂解为主，在高温下则以单纯热降解为主。

综上所述，烃源岩中的油气生成不仅与有机质所经历的时间、温度有关，而且与所承受的压力及伴生的矿物催化剂的活度、浓度有关。这就是说，简单地使用 TTI-$R_o$ 不能很好地反映盆地的油气成熟度及其演化史，而利用它所算得的总生烃量自然也不可能真正地符合盆地的实际情况。诚然，我们可以对每个盆地进行具体的 TTI-油气窗和 $R_o$-油气窗拟合，但这样做仍然解决不了盆地内部各分区的差异问题，对像鄂尔多斯盆地和四川盆地这样的多世代、多原型叠加盆地的复杂成熟史和生烃史，更难以实现准确、可靠的描述。合理的做法是寻找一个能综合地反映上述诸因素的影响结果，又不必具体地计较各因素的影响情况，还能很好地表征干酪根的生烃能力的参数，以便从总体上把握各地层的总生烃量，为 TTI-$R_o$ 法提供校正依据。氢指数($I_H$)正是这样的合适参数(王安乔和郑保明，1987)。

### 7.1.3.2　TTPCI-$I_H$ 法原理和方法

基于上述分析，为了区别于只考虑温度、时间因素的 $TTI_{lop}$ 和 $TTI_{ARR}$ 法，可以采用时间(time)、温度(temperature)、压力(pressure)、催化剂(catalyst)、氢指数(hydrogen index)综合模拟法，简称为 TTPCI-$I_H$ 法。

#### 1. 干酪根的热降解规律

同类型干酪根的氢指数，从地表向下逐渐降低，在进入生油门限之后降速加快，并在达到一定深度后稳定在一个很小的数值上，即生烃终止点上(图 7-18，表 7-4)，反映了干酪根热降解过程和规律。中国主要沉积盆地 65 口井的 2243 个样品的氢指数，所构成的各类型干酪根自然降解曲线说明了这一点(王安乔和郑保明，1987)。在该终点上，所积累的生烃量将达到最大值；而在该点以下，任何深度的同类型干酪根都不再生烃了。因此，烃源岩的总生烃量等于该点的生烃量累积值。由此，可以设计出研究区生烃量的模拟模型。

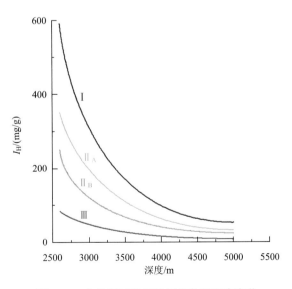

图 7-18　各类型干酪根的氢指数随深度变化

**表 7-4　各类型干酪根的氢指数特征值及其对应的热降解温度极大值**

| 阶段特征 | | 干酪根类型 | | | | | |
|---|---|---|---|---|---|---|---|
| | | Ⅰ | Ⅱ | | | Ⅲ | |
| | | | Ⅱ₁ | Ⅱ₂ | Ⅱ₃ | Ⅲ₁ | Ⅲ₂ |
| 生油门限处 | $T_{max}$/℃ | 435 | 435 | 435 | 435 | 435 | |
| | $I_H$ 分布区中间值 /(mg/g) | 590 | 350 | 250 | 166 | 84 | |
| 生烃终止点 | $T_{max}$/℃ | 456 | 456 | 452 | 450 | 446 | 444 |
| | $I_H$ 分布区中间值 /(mg/g) | 53 | 33 | 24 | 16 | 8 | |

**2. 各类型干酪根的热动力学参数**

在生油门限以下，各类型干酪根的热降解均可用化学动力学第一定律来描述，即

$$K = \frac{H_{i+1} - H_i}{H_i \cdot (t_{i+1} - t_i)} \tag{7-29}$$

式中，$K$ 为反应速率；$H_i$ 为氢指数（$I_H$，mg/g）；$i$ 为生油门限以下某一反应段的标号；$t$ 为沉降曲线上相应点的地层年代值（Ma）；$H_i$ 和 $H_{i+1}$ 分别为各反应段起点（底部）和终点（顶部）的氢指数，通过实测获取，当测点较少时，可以用内插方式加密。其生油门限处的 $H$ 值和降解终点处的 $H$ 值可从表 7-4 中获取，并可参与 $K$ 值拟合。

将式（7-29）求取的 $K$ 代入阿伦尼乌斯方程，并对其取对数，即转换为线性形式

$$\ln K = \ln A - \frac{E}{R} \cdot \frac{1}{T} \tag{7-30}$$

式中，$A$ 为频率因子；$E$ 为活化能；$R$ 为气体常数；$T$ 为每一反应区间的古温度，通过地热史模拟获取。对同一反应阶段各反应区间的 $\ln K$ 与 $1/T$ 进行线性回归（金胜明，1993），可得到 $\ln K$ 与 $1/T$ 关系的线性表达式。所获得的截距 $a$ 相当于 $\ln A$，斜率 $b$ 相当于 $-E/R$。按此法求得的 $E$ 和 $A$ 分别称为干酪根热降解时的表观活化能和表观频率因子。

因此，它们比单纯实验室得出的结果更接近盆地的实际情况。由于各沉积盆地的地质条件差异很大，所以每一个沉积盆地都要拟合出自己的表观活化能（$E$）和表观频率因子（$A$）。用 TTPCI 代替原来的 TTI，把所求得的 $E$、$A$ 值代入 Wood（1988）建立的 Arrhenius TTI 计算式（7-25），便可得到

$$TTPCI = \sum_{n=1}^{m} \left[ \varepsilon_n \frac{A}{V_Q} \left( \frac{RT_{n+1}^2}{E + 2RT_{n+1}} e^{-\frac{E}{RT_{n+1}}} - \frac{RT_n^2}{E + 2RT_n} e^{-\frac{E}{RT_n}} \right) + \mu_n (t_{n+1} - t_n) A e^{-\frac{E}{RT_n}} \right] \tag{7-31}$$

式中各个变量的含义同式（7-25）和式（7-30）。

3. 原始生烃量模拟

一般可以用以下公式计算生油门限下各期次累计生烃量，即

$$Q = H \cdot S \cdot \text{TOC} \cdot \rho \ (H_0 - H_i) \cdot 10^{-3} \tag{7-32}$$

式中，$Q$ 为生油门限下某个期次的累计生烃量(t)；$H$ 为烃源岩厚度(m)；$S$ 为烃源岩面积($m^2$)；TOC 为烃源岩中有机碳含量(%)；$\rho$ 为烃源岩密度($t/m^3$)；$H_0$ 为某种干酪根类型的原始氢指数[mg/g(TOC)]；$H_i$ 为生油门限下某一期次的氢指数[mg/g(TOC)]。

4. 氢指数模拟流程

氢指数模拟的工作流程如图 7-19 所示。首先读取各类型干酪根的氢指数-深度曲线，并根据埋藏史计算氢指数；再拟合表观频率因子和表观活化能，进而得到各期次的有机质(干酪根)的成熟度(TTPCI)史，然后恢复氢指数史，最后结合烃源岩厚度、有机碳含量、干酪根类型比例和热演化时间期次，计算各套烃源岩的生烃量史。

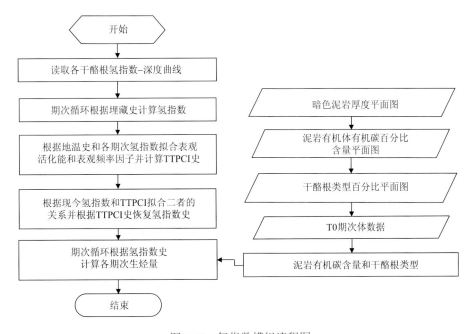

图 7-19 氢指数模拟流程图

### 7.1.3.3 TTI-$R_o$ 法和 TTPCI-$I_H$ 法的应用实例及对比

1. 典型实验区概况

为了分析并验证各种模拟方法的优劣，选择东部某凹陷刘家港区块油气系统作为对比单元。该地的构造和地层的基本情况，已在第 4 章中做了简单介绍。在其 10 套地层中，$Es^1$(沙一段)、$Es^{3s}$(沙三上亚段)、$Es^{3z}$(沙三中亚段)、$Es^{3x}$(沙三下亚段)和 $Es^{4s}$(沙四上亚段)是烃源岩层，其中，沙三下亚段和沙四上亚段为主力烃源岩层，沙三中亚段为次要

烃源岩层。沙三下亚段的暗色泥岩厚度 50～250m，有机碳含量最高可达 5.2%，为 I 型和 II$_A$ 型干酪根；沙四上亚段暗色泥岩厚度 40～220m，有机碳含量最高可达 4.2%，以 I 型干酪根为主。沙三中亚段烃源岩的干酪根，包含有 II$_B$ 型及 III 型。

2. TTI-$R_o$ 法模拟结果

从实测 $R_o$ 与深度曲线(图 7-20)上可知，在东部某凹陷超压开始出现的 3000m 深度以下，镜质组反射率($R_o$)曲线呈折线式急剧转缓。这种迹象表明那里的烃源岩有机质热演化存在着被超压抑制的状况。根据拟合的深度-$R_o$ 曲线进行生烃史计算，所得到的生烃量如表 7-5 和图 7-21 所示，迄今为止的生烃作用仅限于 3000m 以下的沙三下亚段($Es^{3x}$)和沙四上亚段($Es^{4s}$)，以及沙三中亚段($Es^{3z}$)中下部的烃源岩，总生烃量也仅有 1.3604 亿 t，而 3000m 以上烃源岩均处于未成熟状态，没有烃类的生成。

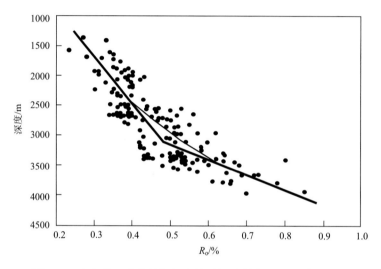

图 7-20　东部某凹陷有效烃源岩镜质组反射率 $R_o$ 与深度关系图

资料来源：张美珍等(2008)

**表 7-5　利用 TTI-$R_o$ 法计算得到的东部某凹陷刘家洼陷各烃源层生烃量表**

| 总生烃量/亿 t | 沙一下亚段/$10^7$t | 沙三上亚段/$10^7$t | 沙三中亚段/$10^7$t | 沙三下亚段/$10^7$t | 沙四上亚段/$10^7$t |
| --- | --- | --- | --- | --- | --- |
| 1.3604 | 0 | 0 | 2.8994 | 3.6212 | 7.0834 |

显然，采用 TTI-$R_o$ 法模拟计算的结果，与油田勘查的实际情况相差甚远，这可能说明了深度-$R_o$ 曲线所反映的超压抑制现象是存在的。在出现超压的情况下，$R_o$ 值不能代表烃源岩的实际演化程度和有机质成熟度，这时采用 TTI-$R_o$ 法模拟所得的生烃量，自然也就不能代表烃源岩生烃作用的实际结果，需要探索新的方法途径。

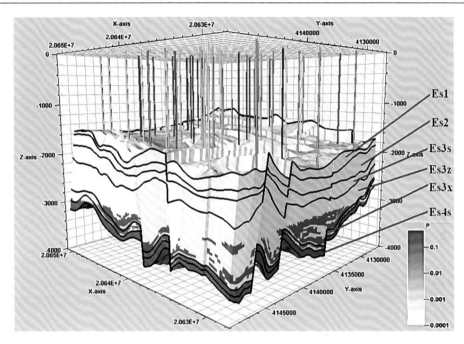

图 7-21　TTI-$R_o$法模拟的东部某凹陷刘家洼陷现今生油量的体数据显示

### 3. TTPCI-$I_H$法模拟结果

从前面的分析可知，$I_H$的演化受超压的影响较小，其测值本身代表了烃源层中的温度、时间、压力(包括超压)和催化剂等的综合效应，采用 TTPCI-$I_H$法进行有机质热演化及其生烃作用模拟，应该能够比较好地反映实际情况。

图 7-22 是各类型干酪根 TTPCI-$I_H$拟合曲线，反映了地质历史中各类型干酪根在多种因素影响下的热演化过程和规律。采用 TTPCI-$I_H$法对典型实验区刘家洼陷的各套烃源岩，分别进行有机质成熟度和生烃作用模拟。模拟结果(表 7-6、图 7-23 和图 7-24)表明，迄今为止，在 2600m 深度以下的主力烃源岩沙三下亚段($Es^{3x}$)和沙四上亚段($Es^{4s}$)，以及次要烃源岩沙三中亚段($Es^{3z}$)的大部分都已经成熟并生成油气，总生烃量达到了 34.25 亿 t。模拟结果与实际勘探及地质分析结果[1]比较，在数量级上达到了一致，充分地证明了 TTPCI-$I_H$的合理性和有效性。显然，当 $R_o$ 受到抑制而不能准确反映盆地有机质成熟度时，利用 TTPCI-$I_H$ 能够得到比较符合实际的模拟结果(Li et al., 2013)。

表 7-6　利用 TTPCI-$I_H$法计算得到的东部某凹陷刘家洼陷各烃源层生烃量表　　(单位：亿 t)

| 总烃量 | 沙一段亚段 | 沙三上亚段 | 沙三中亚段 | 沙三下亚段 | 沙四上亚段 |
|---|---|---|---|---|---|
| 34.25 | 0 | 0 | 9.4655 | 8.4800 | 16.2996 |

---

① 金强. 2003. 济阳坳陷下第三系有效烃源岩分布与评价. 中国石油大学：国家科技攻关项目报告：78-106.

需要指出的是，TTPCI 虽然能够较为合理地估算地层有机质的总生烃量，却并没有解决有机质热降解峰温 $T_{max}$ 与地层压力、催化剂、地热梯度及热作用时间的相互关系，因此，难以动态、细致地描述各级油气系统的生烃量史。这个问题的最终解决，还有待进一步研究。在实际工作中，作为一种近似的替代方式，可以将利用 TTPCI-$I_H$ 法所求得的总生烃量代入 TTI-$R_o$ 法中去，作为其有机质的最终生烃量和生烃率的校正。

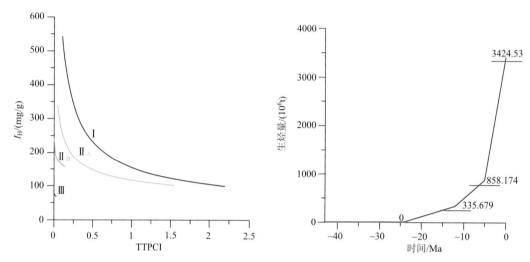

图 7-22　各类型干酪根 TTPCI-$I_H$ 拟合曲线　　图 7-23　TTPCI-$I_H$ 法得到的各期次累计生烃量

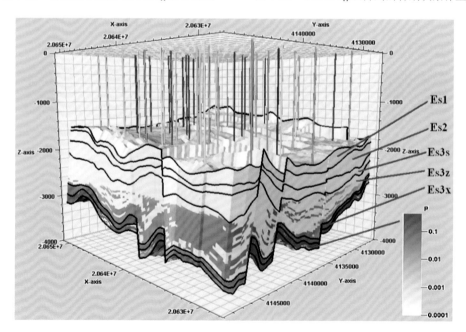

图 7-24　TTPCI-$I_H$ 法计算得到的东部某凹陷刘家洼陷现今生烃量体数据显示

# 7.2 排烃作用史模拟

排烃作用是指烃源岩中生成的烃类物质转移到烃源岩之外的过程，也称油气初次运移。排烃过程可分为两个阶段：第一阶段为压实排烃阶段，这时烃源岩孔渗性较好，所生成的油气在压实过程中能以渗流方式及时排出(石广仁和张庆春，2004)，孔隙系统保持压力的动态平衡；第二阶段为微裂缝排烃阶段，即当烃源岩被压实到达一定阶段后孔渗性降低，所生成的烃类物质排出受阻，需依靠"超压"造成的微裂缝排出。分子扩散作用可能贯穿于天然气排放和运移全过程。为了顺利地模拟排烃作用，针对排烃机理尚不明确而且在短期内难以查明的情况，需要寻找一个既能避开排烃方式的争议，又能直接给出较准确模拟结果的排烃模型。本书作者们根据能量守恒和物质守恒定律，从系统动力学的角度，提出了一个基于阶段演化、体积系数和溶解状况的排烃模型，然后采用三维可视化建模技术加以编程实现(Liu et al.，2013a)。

## 7.2.1 压实排烃模拟

针对压实排烃的模拟方法包括压实渗流法(石广仁和张庆春，2004)，考虑到压实作用下的渗流排烃受一定的门限控制，模拟时需要配合排烃门限法(庞雄奇等，1997)和饱和度门限法(Nakayama，1987；Ungerer et al.，1990；Forbes et al.，1991)。下面拟结合具体问题，讨论压实排烃模拟的原理与方法。

### 7.2.1.1 基本假设

采用上述压实渗流法进行压实排烃模拟，需做以下假设：

(1)岩石骨架是不可压缩的，压实中流体的排出量(体积)等于压实期间孔隙中流体增量体积与压实后孔隙体积的减少量之和(即守恒律：排出量+存量=原存量+生成量)。

(2)烃源岩处于压实阶段，孔隙系统流体压力等于静水压力，亦即假定排烃无大的阻碍，能"及时"排出，可以不考虑超压问题。

(3)孔隙系统内的流体呈油、气、水三相存在，各相流体排出的体积与各相可动饱和度成正比(郝石生等，1994)。在实际过程中，各相流体并非一开始就按各自的体积百分比排出，而是受到一定的门限控制。以油为例，当其饱和度未超过某个 $S_{or}$ 值时，只排出气和水。这个问题在后文讨论不可动油饱和度 $S_{ori+1}$ 时再详加说明。

分阶段排烃模拟流程如图 7-25 所示。

### 7.2.1.2 排烃量的计算

随着埋藏深度的增加，生油岩孔隙度逐渐变小，所生成的油气将从孔隙中被排出。本书的压实排烃模拟，采用体积排烃计算法，即以油气体积变化为计算因子。建立的压实排烃模型涉及去压实算法和压实过程描述。岩层去压实算法采用正演方式，即从最老的一层开始进行计算。一般地说，岩层刚刚沉积时，并没有烃类生成，岩层孔隙中充满

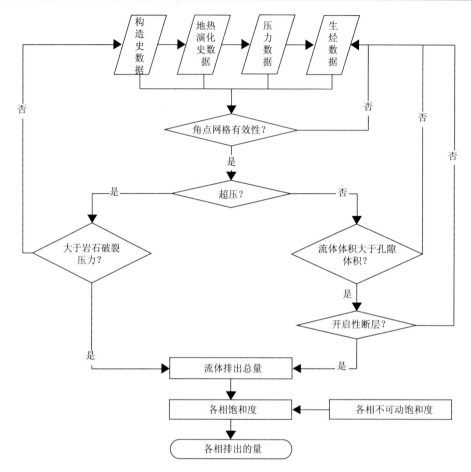

图 7-25　分阶段排烃模拟流程图

了水，即各相饱和度为：油、气为 0，水为 1。生烃作用开始后，孔隙中的烃类物质不断增加，而孔隙体积却不断减小，孔隙流体饱和度不断变化。当某一时刻孔隙中单相或多相的流体饱和度大于其不可动临界饱和度时，便开始出现烃类的集中排放。

1. 天然气溶解度计算

因为游离气的量对气体的排出量有很大影响，要准确计算出排气量，必须顾及气体在油和水中的溶解状况，以及这种溶解对油和水体积的影响，还要考虑油、气、水在一定的压力和温度条件下的体积系数。需要指出的是，之所以没有顾及油在气和水中的溶解度，是因为油在气和水中的溶解度较小，对于模拟结果影响较小。此外，考虑到实验获得的溶解度值适用范围有限，且不能保证精度，而经验公式适用性较广，本书采用相关的经验公式来计算天然气在油和水中的溶解度。

1) 天然气在水中的溶解度计算

在纯水中天然气的溶解度可按下式(杨继盛和刘建仪，1994)计算：

$$R_{sw} = \frac{A + B(145.03p) + C(145.03p)^2}{5.615} \tag{7-33}$$

式中，$R_{sw}$ 为天然气在纯水中的溶解度；$A=2.12+3.45 \times 10^{-3}(\theta)-3.59 \times 10^{-15}(\theta)^2$；$B=0.0107-5.26 \times 10^{-5}(\theta)+1.48 \times 10^{-7}(\theta)^2$；$C=-8.75 \times 10^{-7}+3.9 \times 10^{-9}(\theta)-1.02 \times 10^{-11}(\theta)^2$；$p$ 为地层压力。其中 $\theta=1.8(T-273)+23$；$T$ 为温度（℃）。

在矿化水中

$$R_{sb} = R_{sw} \times SC' \tag{7-34}$$

$$SC' = 1-\left[0.0753-0.000173(\theta)\right]S \tag{7-35}$$

式中，$R_{sb}$ 为天然气在矿化水中的溶解度；$SC'$ 为矿化度校正系数；$S$ 为水的矿化度。

2）天然气在油中的溶解度计算

本项计算采用 Al-Marhoun（1988）提出的公式，即

$$R_{so} = \left[a\gamma_g{}^b \gamma_o{}^c T^d P\right]^e \tag{7-36}$$

式中，$a=3598.5721$；$b=1.877840$；$c=-3.1437$；$d=-1.32657$；$e=1.398441$；$\gamma_g$ 为天然气的相对密度；$\gamma_o$ 为原油的相对密度；$P$ 为地层压力（MPa）；$T$ 为温度（℃）。

## 2. 体积系数计算

根据中国东部中、新生代陆相含油气盆地的特点，本次压实排烃实验模拟，采用相应的经验公式来计算油的体积系数（杨继盛和刘建仪，1994；于伟杰和顾辉亮，2004）。

1）水的体积系数计算

$$B_{wb} = B_w(SC) \tag{7-37}$$

$$SC = \{b_1(145.03p) + [b_2 + b_3(145.03p)][(\theta)-60] \\ + [b_4 + b_5(145.03p)][(\theta)-60]^2\}S + 1.0 \tag{7-38}$$

式中，$b_1 = 5.1 \times 10^{-8}$；$b_2 = 5.47 \times 10^{-8}$；$b_3 = -1.95 \times 10^{-10}$；$b_4 = -3.23 \times 10^{-8}$；$b_5 = 8.5 \times 10^{-13}$；$\theta$ 的含义和计算同式（7-33）；$B_{wb}$ 为地层条件下水的体积系数；SC 为矿化度校正系数；$T$ 为地层温度；$S$ 为水的矿化度；$B_w$ 为纯水的体积系数，取值为 1；$p$ 为地层压力。

2）油的体积系数的计算

$$B_o = 0.0023R_{so} + 1.0434 \tag{7-39}$$

式中，$B_o$ 为地层条件下油的体积系数；$R_{so}$ 为溶解气油比。

3）气体的体积系数的计算

$$B_g = \frac{V_{p,T}}{V_{sc}} = 3.458 \times 10^{-4} \frac{ZT}{p} \tag{7-40}$$

式中，$B_g$ 为地层条件下天然气的体积系数；$V_{p,T}$ 为在 $p$、$T$ 状态下的气体体积；$V_{sc}$ 为在标准状态下同质量气体的体积；$Z$ 为气体压缩因子。

### 3. 游离相气体体积计算

通过以上对溶解度的计算，可计算出孔隙中游离相气体的体积，即

$$N_{og} = V_o \times R_{so} \times B_o \tag{7-41}$$

$$N_{wg} = V_w \times R_{sw} \times B_{wb} \tag{7-42}$$

$$V_g' = \left(V_g - N_{og} - N_{wg}\right) \times B_g \tag{7-43}$$

式中，$R_{so}$、$R_{sw}$ 为气体在油和水中的溶解度；$N_{og}$、$N_{wg}$ 分别为油、水中溶解的气体的体积；$V$ 为体积；$B$ 为体积系数；下标 o、w、g 分别为油、水、气；$V_g'$ 为游离相气体的体积。当孔隙中有油和水时，可计算出油和水中的溶解气的量；当孔隙中不存在水、油中的任一相时，可把该相的值赋 0，只计算存在的那一相中溶解气的量。

### 4. 临界含油饱和度的计算

地层中流体总体积的计算公式为

$$V_1 = V_w \times B_{wb} + V_o \times B_o + V_g' \tag{7-44}$$

目前临界含油饱和度的确定方法有两种，一是根据以往的经验值；二是在综合研究的基础上编制模拟区不同类型烃源岩的临界含油饱和度量板。在受资料来源限制时，模拟中可选用前者。一般地说，烃源岩的平均临界排烃饱和度为 10%、排水饱和度为 8%，假定 $T_i$ 时刻开始排烃，则孔隙中的各相饱和度分别为

$$\begin{cases} S_w = \dfrac{V_w \times B_{wb}}{V_1} \\ S_o = \dfrac{V_o \times B_o}{V_1} \\ S_g = \dfrac{V_g'}{V_1} \end{cases} \tag{7-45}$$

式中，$S_w$、$S_o$、$S_g$ 分别为水、油、气的饱和度；$V_w$、$V_o$、$V_g'$ 分别为水、油、气的体积；$V_1$ 为流体的体积。

### 5. 压实排烃量计算

各相可动饱和度的计算公式为

$$\begin{cases} S_{wb} = \max(S_w - S_{wr}, 0) \\ S_{ob} = \max(S_o - S_{or}, 0) \\ S_{gb} = \max(S_g - S_{gr}, 0) \end{cases} \tag{7-46}$$

式中，$S_{wb}$、$S_{ob}$、$S_{gb}$ 分别为水、油、气可动饱和度；$S_{wr}$、$S_{or}$、$S_{gr}$ 分别为水、油、气的不可动饱和度。

排出的流体的总体积为

$$V_{ex} = V_1 - V_p \tag{7-47}$$

式中， $V_p$ 为单元体的孔隙体积； $V_{ex}$ 为排出的流体的总体积。

各相流体排出体积计算公式为

$$\begin{cases} V_{exw} = V_{ex} \times \dfrac{\dfrac{S_{wb}}{S_{wb} + S_{ob} + S_{gb}}}{B_{wb}} \\[4mm] V_{exo} = V_{ex} \times \dfrac{\dfrac{S_{ob}}{S_{wb} + S_{ob} + S_{gb}}}{B_o} \\[4mm] V_{exg} = V_{ex} \times \dfrac{\dfrac{S_{gb}}{S_{wb} + S_{ob} + S_{gb}}}{B_g} \end{cases} \tag{7-48}$$

式中， $V_{exw}$、$V_{exo}$、$V_{exg}$ 分别为排出的水、油和气的流体的体积。

排烃后，各相饱和度计算公式为

$$\begin{cases} S'_w = (V_w - V_{exw}) / V_p \\ S'_o = (V_o - V_{exo}) / V_p \\ S'_g = (V'_g - V_{exg}) / V_p \end{cases} \tag{7-49}$$

式中， $S'_w$、$S'_o$、$S'_g$ 分别为排烃后水、油、气剩余部分的饱和度。

根据以上算法，可以模拟计算出处于压实阶段单元体的排烃情况。

### 7.2.1.3 压实排烃模拟工作流程

根据上述排烃量计算的方法原理，所设计的压实排烃模拟的工作流程如图 7-26 所示。

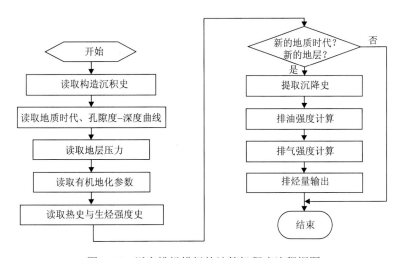

图 7-26 压实排烃模拟的计算机程序流程框图

## 7.2.2　微裂缝排烃模拟

20 世纪 70 年代以来，超压是排驱油气进行初次运移的主要动力，已经成为石油、天然气地质研究者的一种主流认识。超高压力，即孔隙流体异常高压。微裂缝排烃阶段与压实排烃阶段的区分，在于烃源岩演化是否进入超压阶段。若没有进入超压阶段，则按压实排烃计算；若进入超压阶段，就需要判断其压力是否超过岩石的破裂极限，若未超过，则不进行排烃计算；若超过，则进行微裂缝排烃计算。其中，是否进入超压阶段可通过压力场模拟结果进行判断。因此，超压阶段计算的主要是不同深度岩石的压力。

### 7.2.2.1　微裂缝排烃原理

异常高的流体压力能导致烃源岩形成微裂缝的观点，目前已经被人们所普遍接受（Rouchet, 1981；Ungerer et al., 1984）。Snarsky 发现，当流体压力达到静岩压力 1.42～2.4 倍时，岩石就会产生微裂缝。Momper 于 1980 年提出，在松软地层中流体压力只要超过上覆静岩压力的 89%，就能打开原有近水平的脆弱面（层理、裂隙等），并形成新的垂直微裂缝。张万选和张厚福在 1981 年研究了大港地区泥岩，结果表明，埋藏深度在 2700～3200m 时是压实的突变阶段，孔隙度将从 12% 急剧下降到 4.5%。这种情况将造成孔隙流体排驱不畅，孔隙压力骤增。Hunt（1990）通过对全世界 180 多个沉积盆地的统计也发现，沉积盆地异常高压带的顶界大约出现在埋深 3000m 的泥岩中，也就是说，埋深大约达到 3000m 的时候，烃源岩孔隙度的减少将迅速到达极限，排烃作用将进入第二阶段，即微裂缝排烃。

Rouchet（1981）在土耳其东南部、美国尤因塔盆地和墨西哥湾岸等地，通过对油气运移中驱动力、毛细管阻力和岩层破裂强度之间的关系的研究，进一步揭示只有超高孔隙流体压力的脉动式发生和作用，才能保证油气顺利排驱并向储集层运移。胡济世（1989）通过对中国东部中、新生代油气田的研究和总结，提出了一种"异常高压、流体压裂与油气运移的模式"。张树林和田世澄（1990）及其他许多研究成果则表明，油气大量生成的层位恰与欠压实层段相当，而欠压实生油岩的油气主要运移期与欠压实消减期一致。

沉积盆地中烃源岩在异常高压作用下的微裂缝排烃，主要发生在成岩作用中晚期。此时烃源岩的孔隙度和渗透率很低，成为一种封闭或半封闭体系，欠压实现象明显。在上覆静岩压力、烃源岩内生烃增压和孔隙流体升温增压（水热膨胀增压）等因素的综合作用下，形成了异常高的孔隙流体压力。当这一压力超过岩石破裂极限后，烃源岩将发生破裂并生成大量微裂缝。烃源岩内的高压孔隙流体在异常高压作用下，通过微裂缝以油、气、水混相的状态从烃源岩中排出。含烃流体排出后，烃源岩内的压力降低，微裂缝闭合，排烃过程暂停。烃源岩内压力的继续积累，将导致微裂缝再次开启和孔隙流体再次排出。这一过程可以重复多次，微裂缝不断开启和闭合，使烃类不断地排出烃源岩，直至生烃结束（Rouchet, 1981）。大量的烃类因此而不断地从烃源岩中被排出。这种排烃作用是以周期性的突发性喷涌方式进行的，也称为微裂缝排烃作用。在超压阶段，微裂缝排烃是烃源岩的主要排烃方式，而由浓度差引发的油气扩散作用，处于相对次要的地位（胡济世, 1989）。

在当前条件下，为了进行异常高压下的微裂缝排烃模拟，可根据伯努利定理对实际地质过程进行简化，并提出如下基本假设：①烃源岩排烃动力是烃源岩孔隙系统内的异常高压；②间歇开启的微裂缝是液体排出唯一通道；③排烃作用以油、气、水三种游离相进行；④各相流体的排出量，与其各自可动饱和度成正比。

### 7.2.2.2　微裂缝出现与旧裂缝开启的力学模型

在超压阶段，岩石的孔隙度按如下规律变化：

$$\varphi(z) = \varphi_o \mathrm{e}^{-\delta cz} \tag{7-50}$$

孔隙体积公式为

$$V_i = \int_{z1_i}^{z2_i} \varphi_o \mathrm{e}^{-\delta cz} \mathrm{d}z \tag{7-51}$$

与此相应，孔隙压力系数按如下公式计算：

$$\delta = \frac{s - p}{s - p_H} \tag{7-52}$$

式中，$c$ 为压缩系数；$z$ 为深度；$i$ 为地层序号；$s$ 为上覆岩层压力；$p$ 为孔隙压力；$p_H$ 为静水压力，$p_H = gz\rho_w \approx gz$，$\rho_w$ 为水的密度 $(\mathrm{g/cm^3})$，$g$ 为重力加速度 $(\mathrm{m/s^2})$。

当 $p > p_H$ 时，$0 < \delta < 1$，上覆岩层压力部分由超压承担，故当发生超压时，就会出现欠压实，孔隙度减少变缓。在这个排烃阶段中，只有当微裂缝出现开启，或关闭的旧裂缝重新开启时，排烃作用才发生。因此，模拟计算需要有判别不同情况的步骤，如计算岩石破裂压力与微裂缝张开所需临界压力。其力学模型假设为：

(1) 烃源岩所在处的应力场，可用最大的主应力 $S_1$、中间主应力 $S_2$ 和最小主应力 $S_3$ 来描述。通常由重力产生的岩层垂直向下的最大主应力为 $S_1$，在数值上等于岩层静岩压力 $(S)$；$S_2$ 和 $S_3$ 则是由构造应力造成的或重力派生的水平方向应力。设地下岩石以弹性方式承受上覆岩层重荷，则最小主应力 $S_3$ 与最大主应力 $S_1$ 之间有如下关系：

$$S_3 = \frac{\nu}{1 - \nu} \cdot S_1 \tag{7-53}$$

式中，$\nu$ 为岩石的泊松比，$\nu \in (0, 0.5)$。由于 $\nu/(1-\nu) < 1$，故有 $S_3 < S_1$。

(2) 若 $S_3$ 为水平主压应力轴，设 $k$ 为岩石的抗张强度，$P$ 为烃源岩的孔隙压力，则当 $P \geqslant S_3 + k$ 时，岩石将发生破裂并形成以垂直层面为主的微裂缝；若 $S_3$ 为水平主张应力轴，当 $S_3 + P \geqslant k$ 时，岩石也将破裂并同样形成以垂直层面为主的微裂缝；若 $S_3$ 不确定为水平主张应力轴还是水平主压应力轴，按照水平主压应力轴处理。

(3) 微裂缝保持开启条件

$$P \geqslant S_3 = \frac{\nu}{1 - \nu} \cdot S_1 \tag{7-54}$$

(4) 已闭合的微裂缝再次张开需要的临界压力 $P_c$ 为

$$P_c = \frac{\nu}{1 - \nu} \cdot S_1 \tag{7-55}$$

(5) 岩石破裂的经验条件为 $P \geqslant 2.3 \times 0.85 gz$，岩层孔隙压力采用下式计算：

$$P = \frac{\overline{\rho}_f gz}{0.01 \times 10^6} + P_c \tag{7-56}$$

式中，$z$ 为埋深；$\bar{\rho}_f$ 为流体密度。

超压计算的目的是求解孔隙压力系数 $\delta$ 及孔隙度 $\varphi$，也可用来判别是否有微裂缝排烃发生，但这种判别也可以用另一种方式进行（见后文 $V_{i+1}$ 与 $V'_{\mathrm{p}ci+1}$ 大小的比较）。

这里应当着重指出四个问题：其一，由于采用的超压方程不一样，排烃模拟中会出现不同的超压计算方案。有关超压计算问题，将在后文专门进行讨论，这里先假定已求得各时刻、各点处的超压，且仅考虑该阶段的排烃模拟问题。其二，由于烃源岩中的各部分超压状况不同，各个位置上发生微裂缝排烃的可能也是不同的。因此，需要分别估算烃源岩界面上不同类型的排烃面积，及其相应的排烃强度和排烃量。其三，求解超压方程时应该注意阶段性变化，超压作用不能无限制增长，到达一定界限时由于微裂缝排烃发生，超压得以释放，超压计算应重新开始。因此，超压作用将会呈现"波动"形式，相应的烃饱和度的变化亦如此——饱和度的总和为 1，而且单项饱和度也有下界，如水饱和度一般不小于 0.3，烃饱和度不超过 0.7。其四，烃源岩排烃作用的阶段划分与生烃作用的阶段划分均与埋深有关，排烃作用通过孔隙度与埋深关联起来，而生烃作用通过成熟度与埋深关联起来，因此排烃作用阶段划分与生烃作用阶段的划分可以通过埋深发生关联。

### 7.2.2.3 排烃时间、排烃强度和排烃量的计算模型

根据上述异常高的孔隙流体压力下，烃源岩微裂缝排烃原理和力学模型，可通过对压实排烃模拟算法的改造来实现对微裂缝排烃的模拟。

假设在 $dt=t_{i+1}-t_i$ 时间段内的排烃量是在 $t_{i+1}$ 时刻一次完成的（无开启微裂缝时，排烃量为 0，仍按原设定的时间步长继续压实排烃阶段的计算）。新的时间区间内，在某层烃源岩，取一单位面积的体积元 $V_i$（时刻 $t_i$ 体积）、温度 $T_i$、压力 $P_i$（现为超压），饱和度 $S_{oi}$（油）、$S_{gi}$（气）、$S_{wi}$（水）为 $t_i$ 时刻排烃后算得的数据，则孔隙体积分配为

$$
\begin{aligned}
V_{wi} &= V_i S_{wi} \\
V_{oi} &= V_i S_{oi} \\
V_{gi} &= V_i S_{gi}
\end{aligned}
\tag{7-57}
$$

在 $dt$ 时间段内由生烃作用引起了变化，但油、水孔隙体积计算依旧为

$$
\begin{aligned}
V'_{oi+1} &= V_{oi} + E_{oi} \\
V'_{wi+1} &= V_{wi}
\end{aligned}
\tag{7-58}
$$

式中，$E_{oi}$ 为生油体积。气的孔隙体积计算变为：$t_{i+1}$ 时刻前，孔隙中天然气达到的摩尔数（物质的量）为

$$
\mathrm{GN}'_{i+1} = \frac{V_{gi} \cdot P_i}{R(273.15+T_i)} + N^{\text{生}}_{gi} + V_{wi} \cdot \rho_{wgi} + V_{oi} \cdot \rho_{ogi}
\tag{7-59}
$$

其中，$N^{\text{生}}_{gi}$ 为 $dt$ 时间内天然气生成量（mol）；$\rho_{ogi}$ 和 $\rho_{wgi}$ 为 $t_i$ 时刻气在油、水中的溶解度（mol/m³）。这里

$$
\rho_{oi} = \rho'_{oi} = \frac{N'_{ogi}}{V'_{oi}}, \qquad \rho_{wi} = \rho'_{wi} = \frac{N'_{wgi}}{V'_{wi}}
\tag{7-60}
$$

式中，$V_{oi}$ 为油总体积；$V_{wi}$ 为孔隙水体积；$N_{ogi}$ 为气溶于油的数量；$N_{wgi}$ 为气溶于水的数量。

假定天然气先溶于油，有余再溶于水，仍有余再以游离相存在。我们看 $t_{i+1}$ 时刻天然气各相态的摩尔数：$t_{i+1}$ 时刻天然气在石油和水中最大溶解度分别为 $\rho_{o\max i+1}$ 和 $\rho_{w\max i+1}$，由此得到 $t_{i+1}$ 油溶气最大允许值为

$$N'_{og\max i+1} = V'_{oi+1} \cdot \rho_{o\max i+1}$$

实际 $t_{i+1}$ 时刻排烃前的油溶气值为

$$N'_{ogi+1} = \min(GN'_{i+1} \cdot N'_{og\max i+1}) \tag{7-61}$$

$t_{i+1}$ 时刻，水溶气最大允许值为

$$N'_{wg\max i+1} = V'_{wi+1} \cdot \rho_{w\max i+1}$$

实际为

$$N'_{wgi+1} = \min(N'_{wg\max i+1}, GN'_{i+1} - N'_{ogi+1}) \tag{7-62}$$

至此可算出下一次要用的天然气的溶解度为

$$\rho'_{oi+1} = \frac{N'_{ogi+1}}{V'_{oi+1}}, \quad \rho'_{wi+1} = \frac{N'_{wg\,i+1}}{V'_{wi+1}} \tag{7-63}$$

前面假定油、水体积受压力变化影响可忽略，而气相体积变化受压力变化影响不可忽略。计算游离相天然气体积时，采用的压力不是 $t_{i+1}$ 时刻的超压，而是 $t_{i+1}$ 时刻的临界压力，而且应分两种情况进行，即当未出现过破裂时，采用 $\nu \cdot S_1/(1-\nu)+k$ 作为临界压力 $P_{i+1}$；而当出现过欠压实排烃且第一次排出量非零以后，各时刻临界压力就要用 $\nu \cdot S_{1\,i+1}/(1-\nu)$，即

$$V_{gi+1} = (GN'_{i+1} - N'_{ogi+1} - N'_{wgi+1}) \cdot R \cdot \frac{273.15 + T_{i+1}}{P_{ci+1}} \tag{7-64}$$

由此得出在 $P_{c\,i+1}$ 下孔隙中各相流体总体积为

$$V'_{pci+1} = V'_{wi+1} + V'_{oi+1} + V'_{gi+1} \tag{7-65}$$

这里的计算是一种虚拟计算：如果超压方程求解得到的 $P_{i+1} \geqslant P_{ci+1}$，则烃源岩微裂缝开启排烃，此时 $V_{pci+1}$ 有实际意义；如果 $P_{i+1} < P_{ci+1}$，则烃源岩不发生排烃作用，$V_{pci+1}$ 就不具实际意义。这时，实际孔隙中流体的体积恰为 $V'_{oi+1}$（$t_{i+1}$ 时的孔隙体积）。

在模拟计算时，先计算

$$VQ_{i+1} = \max(V'_{pci+1} - V'_{oi+1})。 \tag{7-66}$$

当 $VQ_{i+1} > 0$ 时，计算各相饱和度

$$S'_{wi+1} = \frac{V'_{wi+1}}{V'_{pci+1}}$$

$$S'_{oi+1} = \frac{V'_{oi+1}}{V'_{pci+1}} \tag{7-67}$$

$$S'_{gi+1} = \frac{V'_{gi+1}}{V'_{pci+1}}$$

由用户提供 $t_{i+1}$ 时刻的束缚水饱和度 $S_{wri+1}$，不可动油饱和度为 $S_{ori+1}$，不可动气饱和

度为 $S_{\text{gr}i+1}$，即可计算出可动饱和度为

$$S'_{\text{wb}i+1} = \max(S'_{\text{w}i+1} - S_{\text{wr}i+1}, 0)$$
$$S'_{\text{ob}i+1} = \max(S'_{\text{o}i+1} - S_{\text{or}i+1}, 0) \tag{7-68}$$
$$S'_{\text{gb}i+1} = \max(S'_{\text{g}i+1} - S_{\text{gr}i+1}, 0)$$

各相流体排出体积为

$$\text{VQ}_{\text{w}i+1} = \text{VQ}_{i+1} \cdot S'_{\text{wb}i+1}$$
$$\text{VQ}_{\text{o}i+1} = \text{VQ}_{i+1} \cdot S'_{\text{ob}i+1} \tag{7-69}$$
$$\text{VQ}_{\text{g}i+1} = \text{VQ}_{i+1} \cdot S'_{\text{gb}i+1}$$

这就是所算得的排烃强度。下面，再考虑在排烃界面面积因素影响下，时间段 d$t$ 内的排烃量（$\text{NQ}_{\text{g}i+1}$）。天然气排出强度（摩尔数）可表示为

$$\text{NQ}_{\text{g}i+1} = \text{NQ}_{\text{wg}i+1} + \text{NQ}_{\text{og}i+1} + \text{NQ}_{\text{gg}i+1}$$
$$= \text{VQ}_{\text{w}i+1} \cdot \rho_{\text{w}i+1} + \text{VQ}_{\text{o}i+1} \cdot \rho_{\text{o}i+1} + \text{VQ}_{\text{g}i+1} \cdot \frac{P_{\text{g}i+1}}{R(273.15 + T_{i+1})} \tag{7-70}$$
$$= \text{VQ}_{\text{w}i+1} \cdot \rho'_{\text{w}i+1} + \text{VQ}_{\text{o}i+1} \cdot \rho'_{\text{o}i+1} + \text{VQ}_{\text{g}i+1} \cdot \frac{P_{\text{g}i+1}}{R(273.15 + T_{i+1})}$$

则算出 $t_{i+1}$ 时刻排烃后各相流体的饱和度为

$$S_{\text{w}i+1} = \frac{V'_{\text{w}i+1} - \text{VQ}_{\text{w}i+1}}{V_{\text{p}i+1}}$$
$$S_{\text{o}i+1} = \frac{V'_{\text{o}i+1} - \text{VQ}_{\text{o}i+1}}{V_{\text{p}i+1}} \tag{7-71}$$
$$S_{\text{g}i+1} = \frac{V'_{\text{g}i+1} - \text{VQ}_{\text{g}i+1}}{V_{\text{p}i+1}}$$

此处 $V_{\text{p}i+1}$ 即 $V_{i+1}$。

当 $\text{VQ}_{i+1}=0$ 时，

$$S_{\text{w}i+1} = \frac{V'_{\text{w}i+1}}{V_{i+1}}$$
$$S_{\text{o}i+1} = \frac{V'_{\text{o}i+1}}{V_{i+1}} \tag{7-72}$$

但 $V_{\text{g}i+1}$ 不能用来计算 $S_{\text{g}i+1}$，得重新计算，根据

$$S_{\text{w}i+1} + S_{\text{o}i+1} + S_{\text{g}i+1} = 1 \tag{7-73}$$

可得出 $S_{\text{g}i+1}=1-S_{\text{w}i+1}-S_{\text{o}i+1}$，然后进入下一时间段的模拟计算。

至此，我们讨论了有关基于压实作用和超压作用的排烃机制，以及相应的排烃时间、排烃强度和排烃量问题，下面将进一步讨论超压方程求解和排烃方向确定等问题。

#### 7.2.2.4　断层封闭性处理

断层封闭性可衡量断层输导油气的性能，断层因此而被划分为开启性断层和封闭性断层两类。断层输导油气的性能有垂向和横向之分，排烃模拟主要考虑断层的垂向输导性能。对于垂向输导而言，开启性断层的两盘都是砂岩等渗透率较好的岩石；而封闭性断层的两盘则都是泥岩等渗透率较差的岩石。由于断层两盘的相对错移活动，在开启性断层和封闭性断层之间会出现一些过渡类型，即半封闭半开启断层、以开启为主的断层和以封闭为主的断层。

在排烃作用发生时，当遇到开启性断层，可视为排烃顺畅，孔隙中大于不可动饱和度的流体都可排出；当遇到封闭性断层，首先判断该单元格周围各单元格的岩性，若周围有砂岩等渗透率较好的岩石类型时，则按无断层情况下的分阶段排烃模型进行正常计算，若周围都是泥岩等渗透率较差的岩石类型，则按不排烃处理。

当遇到半封闭半开启断层、以开启为主的断层或以封闭为主的断层时，则视情况确定沿断层垂向排放的比例——半封闭半开启断层按照砂岩处理；以开启为主的断层按照 2/3 开启性断层处理；以封闭为主的断层，按照 1/3 开启性断层处理。

#### 7.2.2.5　超压方程的建立和求解

超压方程的建立和求解是开展微裂缝排烃模拟的前提。一般地说，作为烃源岩的泥岩层由于易于压实且孔渗性能不好，易出现超压而引起欠压实和微裂缝排烃作用；而砂岩层由于不易压实且孔渗性能好，不易出现欠压实现象。在进行排烃模拟计算时，为了描述压实排烃动力，对于非超压岩层仅需计算静水压力；而为了描述超压微裂缝排烃动力，对超压岩层则要计算动水压力(即静水压力+超压)。然而，在实际模拟计算中，为了避免分阶段计算带来的模型转换问题，并提高自动化水平，采用了对任何地层都进行超压计算，再由计算机根据计算结果自动判别地层是否存在超压的措施。

岩层的计算模型由骨架和孔隙流体两部分组成。任一孔隙流体都承受着其上覆沉积物的总负载。这个总负载 $S$ 是由两种力合起来支撑着的：一种是骨架的有效应力 $\sigma$；另一种是孔隙的流体压力 $P$。所以力的平衡方程为

$$S = \sigma + P$$

根据力的平衡方程，地层中的受力情况如下：

$$S = \sigma + \rho_f g\left(H + \frac{h}{2}\right) + P_a \tag{7-74}$$

式中，$h$ 为地层的厚度；$H$ 为该层的上覆沉积物的厚度；$\rho_f$ 为孔隙流体密度；$P_a$ 为超压；$g$ 为重力加速度。又按上覆沉积物总负载的定义可知，地层中点的受力情况如下：

$$S = \bar{\rho}gH + \rho g\frac{h}{2} \tag{7-75}$$

其中，$\bar{\rho} = \rho_s(1-\varphi) + \rho_f\varphi$ 为该地层中厚度为 $H$ 中沉积物的平均密度，$\varphi$ 为厚度 $H$ 中的平均孔隙度。分别对式(7-74)和式(7-75)求导，得

$$\frac{\partial S}{\partial t} = \frac{\partial \sigma}{\partial t} + \rho_f g \frac{\partial H}{\partial t} + \frac{1}{2}\rho_f g \frac{\partial h}{\partial t} + \frac{\partial P_a}{\partial t} \tag{7-76}$$

$$\frac{\partial S}{\partial t} = \frac{\partial}{\partial t}\left\{\bar{\rho} g H + [\rho_s(1-\varphi) + \rho_f \varphi]g\frac{h}{2}\right\}$$

$$= \bar{\rho} g \frac{\partial H}{\partial t} + \frac{1}{2}[\rho_s(1-\varphi) + \rho_f \varphi]g\frac{\partial h}{\partial t} - \frac{1}{2}(\rho_s - \rho_f)gh\frac{\partial \varphi}{\partial t} \tag{7-77}$$

岩石体积 $V$ 是骨架体积 $V_s$ 与孔隙体积 $V_\varphi$ 之和，即

$$V = V_s + V_\varphi$$

所以，有

$$V_s = V - V_\varphi$$

根据骨架不可压缩的假设 $\dfrac{\partial V_s}{\partial t} = 0$，得

$$\frac{\partial V_s}{\partial t} = (1-\varphi)\frac{\partial V}{\partial t} - V\frac{\partial \varphi}{\partial t} = 0$$

于是有

$$\frac{\partial \varphi}{\partial t} = \frac{1-\varphi}{V}\frac{\partial V}{\partial t}$$

又因为 $V = \Delta x\, \Delta y\, h$，故 $\dfrac{\partial V}{\partial t} = \Delta x \Delta y \dfrac{\partial h}{\partial t}$，从而

$$\frac{\partial \varphi}{\partial t} = \frac{1-\varphi}{h}\frac{\partial h}{\partial t} \tag{7-78}$$

将式(7-78)代入式(7-77)并化简，得

$$\frac{\partial S}{\partial t} = \bar{\rho} g \frac{\partial H}{\partial t} + \frac{1}{2}[\rho_s(1-\varphi) + \rho_f \varphi]g\frac{\partial h}{\partial t} - \frac{1}{2}(\rho_s - \rho_f)gh\frac{1-\varphi}{h}\frac{\partial h}{\partial t}$$

$$= \bar{\rho} g \frac{\partial H}{\partial t} + \frac{1}{2}\rho_f g \frac{\partial h}{\partial t} \tag{7-79}$$

联立式(7-76)和式(7-79)得

$$\frac{\partial \sigma}{\partial t} + \rho_f g \frac{\partial H}{\partial t} + \frac{1}{2}\rho_f g \frac{\partial h}{\partial t} + \frac{\partial P_a}{\partial t} = \bar{\rho} g \frac{\partial H}{\partial t} + \frac{1}{2}\rho_f g \frac{\partial h}{\partial t}$$

得

$$\frac{\partial P_a}{\partial t} = (\bar{\rho} - \rho_f)g\frac{\partial H}{\partial t} - \frac{\partial \sigma}{\partial t}$$

令 $G_\sigma = (\bar{\rho} - \rho_f)g$ 则有

$$\frac{\partial P_a}{\partial t} = G_\sigma \frac{\partial H}{\partial t} - \frac{\partial \sigma}{\partial t} \tag{7-80}$$

因为骨架压力等于厚度 $H$ 中的总负载减去相应的流体压力，即

$$\sigma = \bar{\rho} g H - \rho_f g H = (\bar{\rho} - \rho_f)g H$$

所以由 $G_\sigma = (\bar{\rho} - \rho_f)g$ 得

$$\sigma = G_\sigma H \tag{7-81}$$

其中，$G_\sigma$ 也称为骨架有效应力梯度。又根据孔隙度-深度曲线公式：

$$\varphi_1 = \varphi_0 e^{-\bar{c}H} \tag{7-82}$$

式中，$\varphi_0$ 为深度为零时的孔隙度；$\varphi_1$ 为地层顶界的孔隙度；$\bar{c}$ 是按地表至地层顶界的平均值来取值的压缩系数。式 (7-82) 两边取对数后，再对 $\varphi_1$ 求导数，得

$$\ln\varphi_1 = \ln\varphi_0 - \bar{c}H$$

$$\frac{1}{\varphi_1} = -\bar{c}\frac{\partial H}{\partial \varphi_1}$$

所以

$$\frac{\partial H}{\partial \varphi_1} = -\frac{1}{\bar{c}}\frac{1}{\varphi_1}$$

又由式 (7-81)，得

$$\frac{\partial \sigma}{\partial t} = \frac{\partial \sigma}{\partial \varphi}\frac{\partial \varphi}{\partial t} = G_\sigma\frac{\partial H}{\partial \varphi_1}\frac{\partial \varphi_1}{\partial t} = -\frac{G_\sigma}{\bar{c}}\frac{1}{\varphi_1}\frac{\partial \varphi_1}{\partial t}$$

由于地层骨架厚度 $h_s = h(1-\varphi)$，所以 $h = h_s/(1-\varphi)$，又假设 $\dfrac{\partial \varphi_1}{\partial t} = \dfrac{\partial \varphi}{\partial t}$，于是有

$$\frac{\partial \sigma}{\partial t} = -\frac{1}{\bar{c}}\frac{1}{\varphi_1}\frac{\partial \varphi}{\partial t} = -\frac{G_\sigma}{\bar{c}}\frac{1}{\varphi_1}\frac{1-\varphi}{h}\frac{\partial h}{\partial t}$$

$$= -\frac{G_\sigma}{\bar{c}}\frac{1}{\varphi_1}\frac{(1-\varphi)^2}{h_s}\frac{\partial h}{\partial t}$$

代入式 (7-80)，得地层的超压方程为

$$\frac{\partial P_a}{\partial t} = G_\sigma\frac{\partial H}{\partial t} + \frac{G_\sigma}{\bar{c}}\frac{1}{h_s}\frac{(1-\varphi)^2}{\varphi_1}\frac{\partial h}{\partial t} \tag{7-83}$$

式 (7-83) 中 $\dfrac{\partial h}{\partial t}$ 反映了流体从地层排出的量，根据达西定律

$$\frac{\partial h}{\partial t} = -\left[\frac{k_1}{\mu_1}\frac{P_a - P_{a1}}{(h+h_1)/2} + \frac{k_2}{\mu_2}\frac{P_a - P_{a2}}{(h+h_2)/2}\right]$$

式中，$h$ 为地层厚度；$P_a$ 为地层中点的超压；$k_1$、$\mu_1$ 分别为地层顶界的渗透率和流体黏度；$k_2$、$\mu_2$ 分别为地层底界的渗透率和流体黏度；$h_1$、$P_{a1}$ 分别为地层的上一层的厚度和超压；$h_2$、$P_{a2}$ 分别为地层的下一层的厚度和超压。

从而将式 (7-83) 化为

$$\frac{\partial P_a}{\partial t} = G_\sigma\frac{\partial H}{\partial t} - \frac{G_\sigma}{\bar{c}}\frac{1}{h_s}\frac{(1-\varphi)^2}{\varphi_1}\left[\frac{k_1}{\mu_1}\frac{P_a - P_{a1}}{(h+h_1)/2} + \frac{k_2}{\mu_2}\frac{P_a - P_{a2}}{(h+h_2)/2}\right] \tag{7-84}$$

对式 (7-84) 按时间进行差分，可得

$$P_{\mathrm{a}}(i+1) - P_{\mathrm{a}}(i) = G_{\sigma}\left(i+\frac{1}{2}\right)[H(i+1) - H(i)]$$

$$-\frac{G_{\sigma}\left(i+\frac{1}{2}\right)}{\bar{c}\left(i+\frac{1}{2}\right)}\frac{1}{h_{\mathrm{s}}}\frac{\left[1-\varphi\left(i+\frac{1}{2}\right)\right]^{2}}{\varphi_{1}\left(i+\frac{1}{2}\right)}$$

$$\left[\frac{k_{1}\left(i+\frac{1}{2}\right)}{\mu_{1}\left(i+\frac{1}{2}\right)}\frac{\dfrac{P_{\mathrm{a}}(i+1)+P_{\mathrm{a}}(i)}{2}-P_{\mathrm{a}1}\left(i+\frac{1}{2}\right)}{\left[h\left(i+\frac{1}{2}\right)+h_{1}\left(i+\frac{1}{2}\right)\right]/2}+\frac{k_{2}\left(i+\frac{1}{2}\right)}{\mu_{2}\left(i+\frac{1}{2}\right)}\frac{\dfrac{P_{\mathrm{a}}(i+1)+P_{\mathrm{a}}(i)}{2}-P_{\mathrm{a}2}\left(i+\frac{1}{2}\right)}{\left[h\left(i+\frac{1}{2}\right)+h_{2}\left(i+\frac{1}{2}\right)\right]/2}\right]\Delta t$$

令

$$A=\frac{G_{\sigma}\left(i+\frac{1}{2}\right)}{\bar{c}\left(i+\frac{1}{2}\right)}\frac{1}{h_{\mathrm{s}}}\frac{\left[1-\varphi\left(i+\frac{1}{2}\right)\right]^{2}}{\varphi_{1}\left(i+\frac{1}{2}\right)};\quad B_{1}=\frac{k_{1}\left(i+\frac{1}{2}\right)}{\mu_{1}\left(i+\frac{1}{2}\right)};\quad B_{2}=\frac{k_{2}\left(i+\frac{1}{2}\right)}{\mu_{2}\left(i+\frac{1}{2}\right)};$$

$$C_{1}=\frac{h\left(i+\frac{1}{2}\right)+h_{1}\left(i+\frac{1}{2}\right)}{2};\quad C_{2}=\frac{h\left(i+\frac{1}{2}\right)+h_{2}\left(i+\frac{1}{2}\right)}{2};$$

$$D=G_{\sigma}\left(i+\frac{1}{2}\right)[H(i+1)-H(i)]$$

则有

$$P_{\mathrm{a}}(i+1) - P_{\mathrm{a}}(i)$$

$$=D-A\left\{\frac{B_{1}}{C_{1}}\left[\frac{P_{\mathrm{a}}(i+1)+P_{\mathrm{a}}(i)}{2}-P_{\mathrm{a}1}\left(i+\frac{1}{2}\right)\right]+\frac{B_{2}}{C_{2}}\left[\frac{P_{\mathrm{a}}(i+1)+P_{\mathrm{a}}(i)}{2}-P_{\mathrm{a}2}\left(i+\frac{1}{2}\right)\right]\right\}\Delta t$$

$$=D-\frac{A}{2}\left(\frac{B_{1}}{C_{1}}+\frac{B_{2}}{C_{2}}\right)P_{\mathrm{a}}(i+1)\Delta t-\frac{A}{2}\left(\frac{B_{1}}{C_{1}}+\frac{B_{2}}{C_{2}}\right)P_{\mathrm{a}}(i)\Delta t+A\left[\frac{B_{1}}{C_{1}}P_{\mathrm{a}1}\left(i+\frac{1}{2}\right)+\frac{B_{2}}{C_{2}}P_{\mathrm{a}2}\left(i+\frac{1}{2}\right)\right]\Delta t$$

整理得

$$\left[1+\frac{A}{2}\left(\frac{B_{1}}{C_{1}}+\frac{B_{2}}{C_{2}}\right)\Delta t\right]P_{\mathrm{a}}(i+1)$$

$$=\left[1-\frac{A}{2}\left(\frac{B_{1}}{C_{1}}+\frac{B_{2}}{C_{2}}\right)\Delta t\right]P_{\mathrm{a}}(i)+A\left[\frac{B_{1}}{C_{1}}P_{\mathrm{a}1}\left(i+\frac{1}{2}\right)+\frac{B_{2}}{C_{2}}P_{\mathrm{a}2}\left(i+\frac{1}{2}\right)\right]\Delta t+D$$

即

$$P_{\mathrm{a}}(i+1)=\frac{\left[1-\dfrac{A}{2}\left(\dfrac{B_{1}}{C_{1}}+\dfrac{B_{2}}{C_{2}}\right)\Delta t\right]P_{\mathrm{a}}(i)+A\left[\dfrac{B_{1}}{C_{1}}P_{\mathrm{a}1}\left(i+\dfrac{1}{2}\right)+\dfrac{B_{2}}{C_{2}}P_{\mathrm{a}2}\left(i+\dfrac{1}{2}\right)\right]\Delta t+D}{1+\dfrac{A}{2}\left(\dfrac{B_{1}}{C_{1}}+\dfrac{B_{2}}{C_{2}}\right)\Delta t} \tag{7-85}$$

根据式(7-85)，可由第 $i$ 个时刻的超压 $P_a(i)$ 推导出第 $i+1$ 个时刻的超压 $P_a(i+1)$。主要流程图(图 7-27)如下。

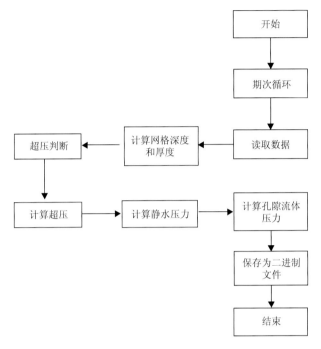

图 7-27　烃源层超压模拟计算流程图

### 7.2.2.6　排烃方向模拟

排烃方向模拟也是油气初次运移研究的重要内容之一。同时，在完成排烃作用的各项模拟之后，也需要用含烃流体的流线动态图示方法表达排烃方向及其动态变化。排烃方向及其动态变化的模拟，通常有两种简便的方法(石广仁,1999)，一种是基于排烃强度差异的法线方向法，另一种是基于渗流力学的达西定律法。

#### 1. 法线方向法

一般地说，排烃方向总是从排烃高强度处指向排烃低强度处。对于某井的生烃层，假定其生、排烃条件不如邻井，因厚度大而使面积排烃强度(单位面积排烃量)比邻井大。但其生油层的体积排烃强度(单位体积排烃量，即排烃强度 $E_{exv}$ )可能比邻井小。在这种情况下，排烃方向应按照排烃强度从周围指向该井，而不是从该井指向周围。具体排烃方向垂直于排烃强度等值线，即排烃强度等值线法线。

计算某井生油层的排烃强度公式为

$$E_{exv} = \frac{E_{ex}}{z_2 - z_1} \tag{7-86}$$

式中，$E_{exv}$ 为生油层的排烃强度；$E_{ex}$ 为生油层的面积排烃强度，由本章前几节确定；$z_1$

为油层顶界的深度；$z_2$ 为油层底界的深度。

利用前文中的表达式，可以算出某井生油层的排烃强度史。如果模拟出全区各井的各生油层的排烃强度时空演化过程，就可获得各生油层在其所经历的各地质年代排烃强度等值线图，进而可在这种平面等值线上，按一定的间距和规则画出法线并获得指示排烃方向的平面图。显然，该法虽然可在一定程度上指出排烃方向，但因受控于多种地质因素，故存在着一定的局限性。

### 2. 达西定律法

基本做法是先计算出各生油层在各地质年代的超压场，再通过达西定律的计算来画出排烃方向。达西定律的数学表达式如下：

$$q = -K \cdot A \cdot \frac{\Delta P}{\mu \cdot L} \tag{7-87}$$

式中，$q$ 为流体的流量($cm^3/s$)；$K$ 为孔隙介质的渗透率($D^{①}$)；$A$ 为孔隙介质的横截面积($cm^2$)；$\Delta P$ 为孔隙介质两端的压差(流出端的压力减去流入端的压力)($atm^{②}$)；$\mu$ 为流体的黏度($cP^{③}$)；$L$ 为孔隙介质的长度($cm$)。两端同时除以 $A$，就得到流体的流速

$$v = \frac{q}{A} = -K \cdot \frac{\Delta P}{\mu \cdot L} = -\frac{K}{\mu} \cdot \frac{\Delta P}{L} \tag{7-88}$$

式中，$v$ 为流体的流速($cm/s$)；其余同上。

在基于古超压场模拟计算结果绘制生油层在某地质年代的古超压等值线图时，可进一步求出每个网格点上的排烃方向，即古超压场内每个网格点上烃类的流向。为了保持图面清晰，不必画出每个网格点的排烃方向箭头，只需给出代表性箭头即可。对于任一选定的网格点，设 $G_0$ 为该网格点，其相邻的左网格点为 $G_1$，右网格点为 $G_2$，下网格点为 $G_3$，上网格点为 $G_4$。显然，利用 $G_1$、$G_2$、$G_3$ 和 $G_4$ 4 点的古超压 $P_{a_1}$、$P_{a_2}$、$P_{a_3}$ 和 $P_{a_4}$，可确定 $G_0$ 点的烃类流向。通过 $G_0$ 点的 $x$ 方向流速和 $y$ 方向的流速如下

$$v_x = \frac{-K}{\mu} \cdot \frac{P_{a_2} - P_{a_1}}{L_x}$$
$$v_y = \frac{-K}{\mu} \cdot \frac{P_{a_4} - P_{a_3}}{L_y} \tag{7-89}$$

式中，$v_x$ 为网格点 $G_0$ 处流速的 $x$ 分量($cm/s$)；$v_y$ 为网格点 $G_0$ 处流速的 $y$ 分量($cm/s$)；$K$ 为网格点 $G_0$ 处的渗透率($D$)；$\mu$ 为网格点 $G_0$ 处的流体黏度($cP$)；$L_x$ 为网格点 $G_1$ 与 $G_2$ 之间的距离($cm$)；$L_y$ 为网格点 $G_3$ 与 $G_4$ 之间的距离($cm$)；$P_{a_i}$ 为网格点 $G_1$、$G_2$、$G_3$、$G_4$ 处的古超压($atm$)，$i=1, 2, 3, 4$。网格点 $G_0$ 的排烃方向，以该方向与 $x$ 方向的夹角 $\alpha$ 表示，则

---

① $1D=0.986923 \times 10^{-12} \, m^2$。

② $1atm=1.01325 \times 10^5 \, Pa$。

③ $1cP=10^{-3} \, Pa \cdot s$。

$$\tan\alpha = \frac{|v_y|}{|v_x|}$$

即

$$\alpha = \arctan\frac{|v_y|}{|v_x|} \tag{7-90}$$

上式仅适用于 $v_x$ 和 $v_y$ 均为正的情况，即 $G_0$ 的右上角。确定夹角 $\alpha$ 的一般公式为

$$\begin{cases} \alpha = \arctan\dfrac{|v_y|}{|v_x|}, & \text{当} v_x \text{为正}, v_y \text{为正时} \\[3mm] \alpha = 180° - \arctan\dfrac{|v_y|}{|v_x|}, & \text{当} v_x \text{为负}, v_y \text{为正时} \\[3mm] \alpha = 180° + \arctan\dfrac{|v_y|}{|v_x|}, & \text{当} v_x \text{为负}, v_y \text{为负时} \\[3mm] \alpha = 360° - \arctan\dfrac{|v_y|}{|v_x|}, & \text{当} v_x \text{为正}, v_y \text{为负时} \end{cases} \tag{7-91}$$

式中的反正切函数应以度为单位，确保其 4 个计算式的正确性。

一旦画完了所有选定的网格点上的排烃方向箭头，就完成了该生油层在某地质年代的排烃流线图。一般认为，采用同样方法就可以获得各个生烃层在各地质年代的排烃流线图，用以动态地表达研究区的排烃方向及其变化。然而，值得指出的是，在烃源岩进入生烃的深度上，烃源岩及其上覆输导层的压实成岩程度都已经相当高了，目前并无证据说明在这种情况下，油气排放及进入输导层后的运动方式和方向仍然受到达西定律制约。因此，用达西定律法模拟排烃方向及其动态变化的可靠性不大。

### 7.2.3　排烃模拟的实施

刘家港区块的排烃作用三维动态模拟的实现流程(图 7-28)简述如下。

按照方法模型的参数和数据格式，先依次读取每个时期、每个单元格的空间坐标、孔隙度、生烃量、温度、压力等数据，然后计算出相应的参数。

读取压力数据，该压力包括上覆岩层压力和孔隙中流体压力。其中后者的计算中主要考虑了生烃增压的情况。与微裂缝排烃计算出的破裂压力情况进行对比，判断是否可以进入微裂缝排烃阶段。有以下三种情况：①没有超压，按压实排烃计算；②有超压，压力超过岩石破裂压力，按微裂缝排烃计算；③有超压，但压力小于岩石破裂压力，按不排烃处理。

读取断层数据，判断单元格是否与断层相邻。

读取空间坐标值，通过 IDL 编译器自带的 MESH_VOLUME 函数，进行各单元格体积的计算；所读取的孔隙度值结合单元格体积，可以计算出孔隙体积。

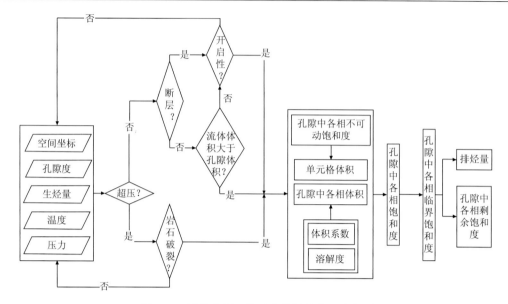

图 7-28　排烃作用三维动态模拟的实现流程图

　　读取生烃量数据，并结合前一期次计算的排烃后各项剩余的饱和度值，计算当前时刻孔隙中的烃类饱和度情况。其中，油量的计算可直接由生油量文件读取；气体的计算则需要考虑不同温压条件下，气体在油和水中的溶解情况。

　　读取温度值，结合压力数据计算各相的体积系数和天然气在油和水中的溶解度等；该部分的计算可根据模拟区域的实际情况，拟合出不同深度的体积系数和溶解气油比曲线，这样可以提高模拟的精度；若相关资料获取难度较大时，也可以结合该地区的温度场和压力场情况，采用相应的经验公式进行计算。

　　通过对以上各参数的计算，再结合各相临界饱和度值，计算出单元格中各相的排烃情况。

## 7.3　排烃作用模拟结果分析

　　排烃史模拟是为油气运移聚集史模拟提供物质来源和初始烃量的关键。本书采用压实排烃和微裂缝排烃相结合的分阶段模拟方法计算排烃量，并以气体在油和水中的溶解度及地下油气水的体积系数变化为主导因素，再利用高级语言把这些过程的模拟与地质体三维模型结合起来，然后结合压力和温度以及各单元格的生烃量等计算出最终的排烃量，实现油气排放过程的三维动态模拟。利用该方法模型和软件系统，在济阳坳陷东部某凹陷刘家港区块的油气排放史模拟中，取得了与实际情况较为符合的成果。

　　基于上述方法模型和实际资料，对济阳坳陷东部某凹陷刘家港区块各套烃源岩的排烃史开展了模拟实验(图 7-29)。通过对比分析，发现该模拟实验区有沙四上亚段和沙三下亚段两套主力烃源岩，其排烃作用均是从馆陶组(Ng)沉积期开始的(表 7-7)，都经历了压实排烃和微裂缝排烃两个演化阶段。

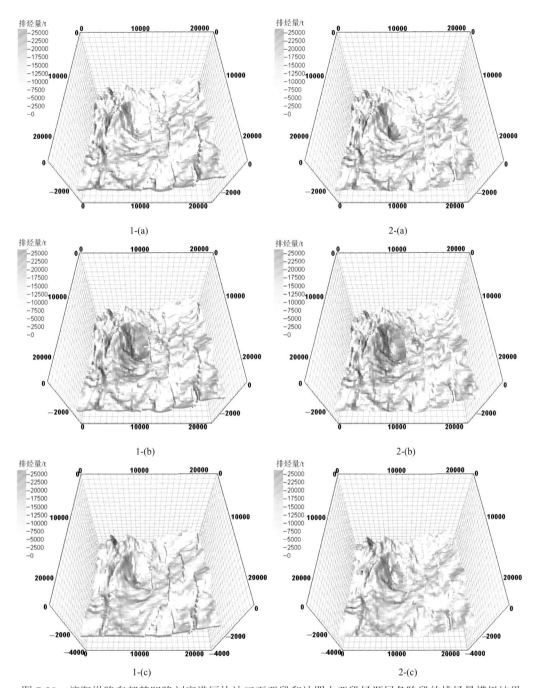

图 7-29 济阳坳陷东部某凹陷刘家港区块沙三下亚段和沙四上亚段烃源层各阶段的排烃量模拟结果

1 表示沙三下亚段烃源岩；2 表示沙四上亚段烃源岩；(a)表示馆陶组沉积期；(b)表示明化镇组沉积期；(c)表示第四系平原组沉积期

表 7-7  济阳坳陷东部某凹陷刘家港区块部分地层各时期生排烃量数据表及主要排烃方式 （单位：$10^6$t）

| 层位 | Ng 排烃量 | Nm 排烃量 | Qp 排烃量 | 累计排烃量 | 累计生烃量 | 主要排烃方式 |
|---|---|---|---|---|---|---|
| 沙三上亚段 | 0.0 | 0.0 | 1.1 | 1.1 | 13.7 | 未出现超压，压实排烃为主 |
| 沙三中亚段 | 13.6 | 15.5 | 4.4 | 33.5 | 423.5 | 开始出现超压，压实排烃为主，无微裂缝排烃 |
| 沙三下亚段 | 7.7 | 155.7 | 18.4 | 181.8 | 490.5 | 大量出现超压，较多微裂缝排烃，微裂缝排烃为主 |
| 沙四上亚段 | 25.5 | 188.2 | 16.1 | 229.8 | 609.9 | 大量出现超压，大量微裂缝排烃，微裂缝排烃为主 |
| 合计 | 46.8 | 359.4 | 40.0 | 446.2 | 1537.6 | 浅部以压实排烃为主，深部以微裂缝排烃为主 |

在馆陶组(Ng)沉积期的压实排烃作用阶段，排烃量很小，发生排烃作用的地域范围也比较小；随后排烃强度逐渐增大，排烃地域逐渐扩大，到明化镇组(Nm)沉积期，排烃作用达到高峰。迄今为止，主要排烃量都集中在整个沙三段和沙四上亚段，且沙三下亚段和沙四上亚段的排烃量占整个排烃量的 86.25%。

从各套岩层的压力和生烃作用模拟结果看，现今的沙三中亚段虽然排烃量不大，但已开始出现超压现象，只是由于超压值较小，没有达到烃源岩的破裂压力，排烃方式以压实排烃为主；沙三下亚段和沙四上亚段已经大量生烃，可能因为生烃增压作用发生，超压现象也大量出现，排烃方式以微裂缝排烃为主(表 7-7)。

从表 7-8 中可以清楚地看到，如果考虑气体在油和水中的溶解情况，则在各沉积期气体排出的量总体较小；如果不考虑气体在油和水中的溶解情况，则计算所得的排气量较大。但在部分期次和部分层位中，前者比后者计算的排气结果大。这是因为溶解的气体随着油和水的排出而离开了烃源岩，而这种结果也是符合实际情况的。

表 7-8  考虑气体在油和水中的溶解度与不考虑气体在油和水中的溶解度的结果对比 （单位：$10^6$t）

| 层位 | 考虑气体在油和水中的溶解度 | | | | | | 不考虑气体在油和水中的溶解度 | | | | | |
|---|---|---|---|---|---|---|---|---|---|---|---|---|
| | Ng | | Nm | | Qp | | Ng | | Nm | | Qp | |
| | 生气量 | 排气量 | 生气量 | 排气量 | 生气量 | 排气量 | 生气量 | 排气量 | 生气量 | 排气量 | 生气量 | 排气量 |
| 沙三上亚段 | 0.00 | 0.00 | 0.00 | 0.00 | 0.00 | 0.00 | 0.00 | 0.00 | 0.00 | 0.00 | 0.00 | 0.00 |
| 沙三中亚段 | 1.45 | 0.00 | 7.20 | 0.13 | 15.60 | 0.34 | 1.45 | 0.00 | 7.20 | 0.00 | 15.60 | 0.78 |
| 沙三下亚段 | 11.65 | 0.00 | 25.89 | 3.02 | 58.28 | 13.40 | 11.65 | 0.00 | 25.89 | 0.06 | 58.28 | 25.95 |
| 沙四上亚段 | 69.79 | 0.00 | 83.08 | 17.78 | 280.13 | 22.71 | 69.79 | 0.01 | 83.08 | 0.22 | 280.13 | 279.56 |
| 总排气量 | 57.38 | | | | | | 306.58 | | | | | |

根据三维动态模拟结果，生成了相应的二维排烃强度等值线图(图 7-30～图 7-33)。

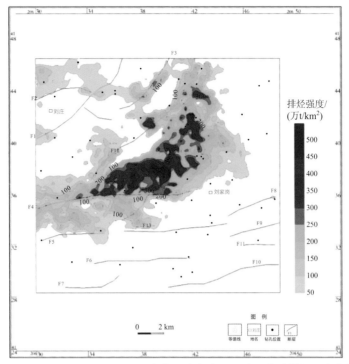

图 7-30 济阳坳陷东部某凹陷刘家港区块各套烃源岩现今总排烃强度等值图

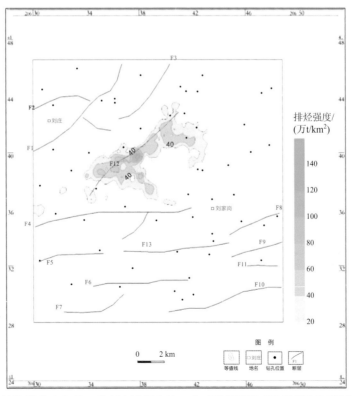

图 7-31 济阳坳陷东部某凹陷刘家港区块沙三中亚段烃源岩明化镇组沉积期排烃强度图

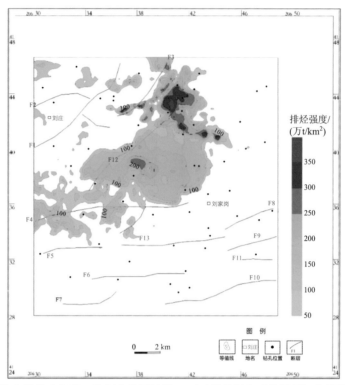

图 7-32　济阳坳陷东部某凹陷刘家港区块沙三下亚段烃源岩明化镇组沉积期排烃强度图

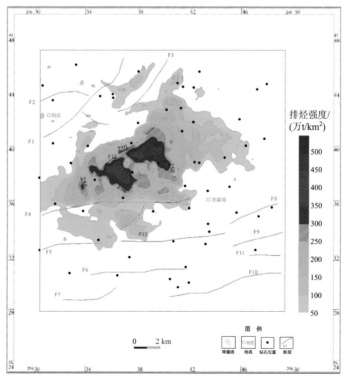

图 7-33　济阳坳陷东部某凹陷刘家港区块沙四上亚段烃源岩明化镇组沉积期排烃强度图

　　济阳坳陷东部某凹陷刘家港区块是勘探程度较高的地区，以该已知区为例开展排烃模拟实验，有助于分析比较模拟效果并检验模拟方法和模型的有效性。根据模拟结果，刘家港区块沙三中亚段排烃量较少，排烃范围也较小，模拟排烃量为 $3.35 \times 10^7$ t，平均排烃强度为 $4.5 \times 10^5$ t/km$^2$；沙三下亚段排烃量显著增加，为 $1.818 \times 10^8$ t，平均排烃强度为 $2.4 \times 10^6$ t/km$^2$，最大排烃强度为 $4.0 \times 10^6$ t/km$^2$；沙四上亚段排烃量比沙三段有所增加，为 $2.298 \times 10^8$ t，排烃范围也有所扩大，平均排烃强度为 $3.0 \times 10^6$ t/km$^2$，最大排烃强度为 $5.2 \times 10^6$ t/km$^2$。

　　这个结果与根据实际勘探成果估算的结果比较接近（表 7-9）：本书的模拟结果除了沙三中亚段的排烃强度较小外，沙三下亚段和沙四上亚段的排烃强度基本准确。这表明，本书提出的方法、模型具有较高的可信度。

表 7-9　济阳坳陷东部某凹陷刘家港区块各套烃源岩的累计现今排烃量和排烃强度比较表

| 数据来源 | 参数 | 沙三中亚段 | 沙三下亚段 | 沙四上亚段 |
|---|---|---|---|---|
| 孔凡仙等(2000) | 排烃强度/(t/km$^2$) | $1.6 \times 10^6$ | $(2.0 \sim 4.0) \times 10^6$ | $(2.0 \sim 4.0) \times 10^6$ |
| 本书模拟<br>结果 | 排烃量/t | $3.35 \times 10^7$ | $1.818 \times 10^8$ | $2.298 \times 10^8$ |
| | 平均排烃强度/(t/km$^2$) | $4.5 \times 10^5$ | $2.4 \times 10^6$ | $3.0 \times 10^6$ |
| | 最大排烃强度/(t/km$^2$) | $1.3 \times 10^6$ | $4.0 \times 10^6$ | $5.2 \times 10^6$ |

　　模拟结果表明，根据能量守恒和物质守恒原理，所建立的以烃类在烃源层的各相体积系数和溶解状况为主导的分阶段排烃新模型，可以避开至今尚不明了的排烃机理争论，是一种可行而且有效的排烃量、排烃强度和排烃史模拟方法模型。值得指出的是，随着人们对排烃机理的研究逐步深入，排烃数学模型中也应当逐步增补排烃机理的体现，以及多来源、多类型、多维度、多尺度、多主题数据的充分融合与应用，同时还应当进一步考虑烃类排放作用与烃类生成、运聚作用之间的控制和反馈控制关系。

# 第8章 油气运聚的人工智能模拟

在陆相盆地的油气系统中，沉积体的岩性复杂多变，断层、裂隙和不整合面发育，油气赖以运移和聚集的介质充满了非均质性，同时，地层温度、压力和油气相态、流体势也复杂多变，造成油气运移方向、速率和运移量的变化充满了非线性特征，难以确定性求解。所以，单纯使用传统动力学模拟方法，不可能实现油气运移和聚集(运聚)过程的定量描述和动态模拟。王伟元(1993)曾探索过利用专家系统模拟油气运移和聚集的途径与方法。然而，单纯使用人工智能方式，难以解决油气相态、介质、驱动力，油气运移方向、运移速率和运移量，以及物质空间的定量化描述问题。本书采用选择论方式(吴冲龙等，2001a)，将传统动力学模拟与人工神经网络模拟结合起来，即在三维构造-地层格架及有关物理、化学参数的动态模拟基础上进行有限单元剖分，再利用传统动力学模拟方法对油气相态、油气运移和聚集的驱动力求解，然后运用人工神经网络技术来解决各个单元体之间油气运移方向、运移速率和运移量等的非线性变化问题(Wu et al.，2013)。这是对油气成藏过程人工智能模拟的一种尝试。

## 8.1 油气运聚的概念模型与知识图谱

长期以来，国内外盆地模拟和油气成藏动力学模拟中的油气运移模拟，主要采用达西渗流法，即采用常规渗流力学模型(Doliguez, 1987；England et al., 1987；陈发景和田世澄，1989；England and Fleet, 1991)来描述油气运聚的物理和化学过程。例如，德国尤利希公司有机地球化学研究所的 PetroMod、法国石油研究院的 TEMISPACK、美国 Platte River 公司的 BasinMod 三个盆地模拟软件。PetroMod 是含油气系统技术领域行业的主导软件，在运移模拟中采用的主要方法就是达西渗流+流线法；BasinMod 盆地模拟软件在油气运聚史模拟中，采用了运载层吸附油气散失模型法；法国石油研究院 TEMISPACK 的排烃、运移、圈闭和渗流模拟，是通过双向达西定律及压实作用与水力裂缝关系进行的。同样，中国石油勘探开发研究院推出的二维盆地模拟图形工作站 BASIMS，也采用了二维三相渗流力学模型来模拟油气运聚过程(石广仁等，1996)。这些方法的适用性值得审视。

实际上，地质作用具有显著的非线性特征，决定了地质演化进程具有显著的随机性和模糊性，再加上介质的非均匀性以及油气相态和驱动力在非均匀介质中的复杂变化，使油气运聚过程也充满了混沌与非线性特征(吴冲龙等，1993，1998a)。因此，油气运移方向、运移速率和运移量，难以用传统动力学模型来确定性求解，更难以实现确定性的定量动态模拟。况且，迄今为止并没有可靠证据表明，在几千米深处砂层孔隙度很低的情况下，含烃流体的运移是服从达西定律的。因此，对不同类型油气系统的油气运聚过程，宜采用基于选择论的模糊人工神经网络和知识图谱来模拟(吴冲龙等，2001a)。

用作油气运聚人工智能模拟的概念模型和知识图谱源自油气成藏模式,是通过对多个实体模型进行全要素对比、分析、综合、归纳和概括所得到的。这是对油气运聚历史过程和普遍特征的认知。油气成藏模式涉及的要素包括油气藏形成的基础条件、动力介质、形成机制和演化历程等(吴冲龙等,2009)。由于受到多种因素的影响和控制,油气运移、聚集的过程非常复杂,在归纳其成藏模式和概念模型时需全面考虑。为了建立支持油气运聚人工智能模拟的概念模型及其知识图谱,需要结合前人更系统更完整的研究成果,对与油气运聚作用密切相关的各种地质作用过程和要素进行归纳和概括。

## 8.1.1　盆地构造类型与油气运移

盆地构造类型控制着盆地的沉积、构造、地热场、地应力场及其演化,从而对油气系统中烃类生成数量、运移方式和聚集条件起主导作用。Perrodon(1992)曾根据盆地构造类型与油气运移、聚集的关系,综合得出了三种油气运移体系。

### 8.1.1.1　断层运移体系

断层运移体系主要是指控制油气垂向运移的大陆裂谷断层体系(图 8-1)。此类盆地具有快速沉降和高热流等特征,会导致快速沉积和烃源岩快速成熟。所生成的油气,通常优先选择频繁活动的断层向上运移。烃源岩中存在的裂隙可以增强油气垂直向上运移的过程,但短暂的断层紧闭却会阻止油气运移的继续,并且导致局部构造单元形成异常高压。同时,快速沉积的盆地往往发育较多基底断层并常见沉积相变,会导致运载层横向连续性差。

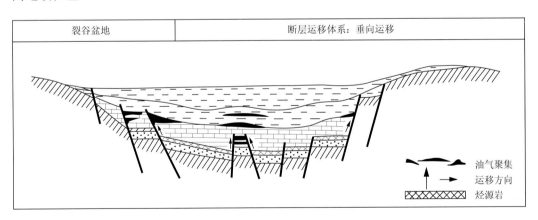

图 8-1　断层运移体系

资料来源:Mann 等(1977),转引自郭秋麟等(1998)

### 8.1.1.2　长距离运移体系

长距离运移体系是指有利油气横向运移的沉积体系或不整合面,常出现在长期发育的克拉通盆地中(图 8-2)。这类盆地在相当长的地史时期中,具有非常稳定的低沉降和低热流特征。烃源岩层常局限于单一的地质单元中，成熟烃源岩层分布在盆地中心，各种圈闭分布在盆地边缘。盆地中范围大且水体浅的台地有利于形成物性好的运载层。另外，由于沉积间断、剥蚀等事件，常造成不整合或地层尖灭。因此，油气可以从盆地中心沿着运载层或不整合面，向盆地边缘发生较大规模的横向运移，结果常常形成地层圈闭油气藏。

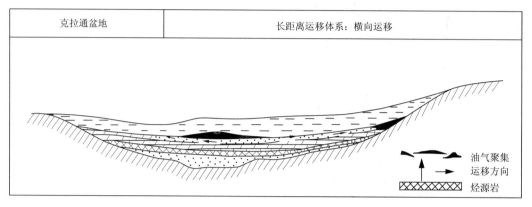

图 8-2　长距离运移体系

资料来源：Mann 等(1977)，转引自郭秋麟等(1998)

### 8.1.1.3　分散运移体系

分散运移体系是指由支持垂向运移的断层和支持横向运移的连绵砂体、不整合面等要素组成的油气运移体系(图 8-3)，主要发育在与造山运动有关的挤压-拗陷型盆地中。这类盆地常具有不稳定且偏低的地温梯度，有利于生烃及保存期限的延长；在构造挤压反转处容易形成背斜圈闭和活动断层，有利于油气垂向运聚；在地层倾斜处则有利于油气横向运移。但是，如果构造变形持续而强烈，一方面会使运移通道不连续，阻止油气大规模横向集中运移；另一方面又会破坏已经聚集的油气藏，造成油气散失。

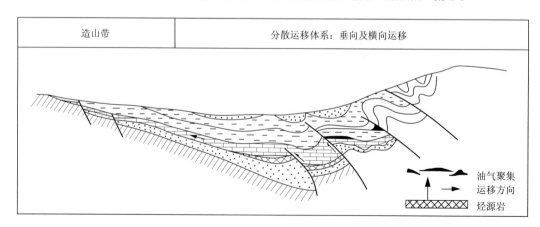

图 8-3　分散运移体系

资料来源：Mann 等(1977)，转引自郭秋麟等(1998)

　　上述三种油气运移体系，提供了不同类型盆地或凹陷中油气运移的整体特征，有助于从总体上认识不同类型盆地或凹陷中的油气成藏状况和资源潜力。对于以追索油气运移方式、方向、路径和聚集结果为目标的"油气运聚模拟子系统"研发而言，还需进一步了解盆地中油气运移、聚集的相态，驱动力，圈闭特征及其演化历程，较为完整地揭示油气成藏的动力学机制，以便建立其实体模型和概念模型。

## 8.1.2　油气运移的相态及判别模型

　　油气的相态不仅影响二次运移的比率，而且制约着运移的速度和方向。一般地说，烃类流体向上运移过程中，随着温度和压力降低，低分子烃类会从石油中分离出去成为气相，高分子烃类会从气体中分离出去成为液相，而进入输导体的油气经过垂向分异，至输导体顶面将成为连续油气相(图 8-4)。多数人主张，当石油进入输导体后，特别是在浅部输导体中，均以游离相态存在和运移(England et al., 1987；Dembicki and Anderson, 1989)，但天然气运移的相态可能兼有游离相和油溶相(郝石生等, 1993)。

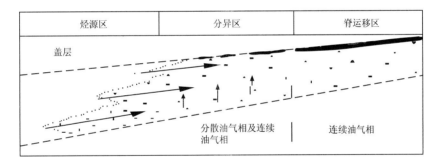

图 8-4　烃类在运移中的相态变化示意图

资料来源：龚再升和杨甲明(1999)

　　烃类在运移过程中的相态变化，主要受所处位置的温压条件控制。England 等(1987)讨论了烃类二次运移过程中组分($X$)与温度($T$)、压力($P$)的关系，并且指出：

　　当 GF＜GOR 时，油相对于气不饱和，不会出现独立气相，气溶于油中运移；

　　当 GF＞1/CGR 时，气相对于油不饱和，不会出现独立油相，油溶于气中运移；

　　当 1/CGR＞GF＞GOR 时，油与气各自相对另一相完全饱和，二者均呈游离相运移。

　　这里，GF 是从烃源岩排出的烃类地面气油质量比，CGR 是凝析气的油气质量比，GOR 是被采出地面的气油质量比。计算时将涉及地下油气密度的换算问题。其中，饱含气体的油密度($\rho_o$, kg/·m³)可根据质量平衡原理，用 GOR 和岩层油的体积系数 $B_o$ 求得，即

$$\rho_o = \frac{1 + \text{GOR}}{B_o} \times 800 \tag{8-1}$$

式中，$B_o$ 为体积为 $V$ 的地下烃流体采至地表后，经气/液分离器后的体积减小量，即

$B_o=V/V_o$。地下气密度($\rho_g$, kg/m³)同样可根据质量平衡原理,用 CGR 和岩层气的体积系数 $B_g$ 求得

$$\rho_g=\frac{1+CGR}{B_g}\times0.8 \tag{8-2}$$

式中,$B_g$ 是岩层气的体积系数,可按如下简化式求得

$$B_g=335Z\times\frac{T}{P} \tag{8-3}$$

式中,$Z$ 是经验压缩系数;$T$ 和 $P$ 分别是地下烃流体的温度和压力。只要知道地下烃流体所处位置的温度、压力、气饱和度和油饱和度,就可以求得 GF、GOR 和 CGR 值,判断出该处烃流体的相态,进而求得该位置的油、气密度,并通过计算机编程来实现动态模拟。

### 8.1.3　油气运移的驱动力和驱动机制

油气越过烃源岩边界进入输导体内开始二次运移的驱动力,包括孔隙剩余压力、浮力、毛管阻力、水动力和构造应力,以及其合力流体势。其中的每一种动力,都可以看作是整个油气运聚驱动力体系中的一个分量。这些动力的来源、特征、作用、驱动机制和计算方法,是构建基于模糊人工神经网络的运聚知识图谱的依据。

#### 8.1.3.1　油气运移驱动力的组成及其作用

**1. 孔隙剩余压力**

油气越过烃源岩边界进入输导体内开始二次运移的驱动力,首先是孔隙剩余压力,其运移指向是孔隙剩余压力较小的区域。产生孔隙剩余压力的机制包括差异压实、水热增压、生烃增压、黏土矿物转化脱水增压和扩散作用。

差异压实是指在剩余流体压力的作用下产生的不均衡压实作用,流体的排出方向与孔隙剩余压力递减的方向保持一致。这时,承受上覆地层负荷的孔隙流体,随着埋藏深度不断增大和沉积物负荷不断加载而增压,到了一定程度将因孔隙急剧变小(大约在10%)而出现局部排驱不畅,阻碍压实作用继续进行,于是出现欠压实现象。水热增压是指随着沉积物埋深加大而使孔隙水温度升高,导致体积膨胀、孔隙压力增大。生烃增压是在干酪根升温降解生油气时,体积急剧增大而造成的——生油时体积增加 10 倍,而生气时体积增加 1000 倍。黏土矿物转化脱水增压作用,是指泥质沉积物埋深达到 3000m 左右而进入成岩阶段时,黏土矿物释放出的层间水进入孔隙所导致的增压。扩散作用是指油气通过烃源岩内外部的浓度差,从高浓度区域向低浓度区域转移的一种分子扩散现象。这 5 种增压因素的存在及其作用机制,是油气在输导体中垂向和横向运移的原初条件。

**2. 浮力**

石油和天然气密度都比水小,密度差将产生浮力,记为$-(\rho_w-\rho_f)g$,将驱使油气由下

而上作垂向运移。这里，$\rho_f$ 为烃流体的综合密度，可根据油气的质量比加权平均求得；$g$ 为重力加速度。同质量的天然气体积远大于石油，故产生的浮力也远大于石油。在性质相同时，连片油气的浮力大于分散油气的浮力。开始时油气分散，浮力小，被阻滞于通道体系的下部某处；而后将逐渐汇成油气流(柱)，浮力增大。当浮力与水势之和超过最大连通孔隙喉道的毛管阻力时，油气开始上浮运移。

石油开始运移的临界油柱高度($Z_0$)是

$$Z_0 = \frac{P_c}{(\rho_w - \rho_o) \cdot g + \phi_w} \tag{8-4}$$

在封盖层下，当油气沿着倾斜的层面运移时，

$$Z_0 = \frac{P_c}{[(\rho_w - \rho_o) \cdot g + \phi_w] \cdot \sin\alpha} \tag{8-5}$$

式中，$\alpha$ 为岩层倾角；$P_c$ 为毛管阻力(取负值)；$\rho_w$、$\rho_o$ 分别为水、油的密度；$\rho_f$ 为烃流体的综合密度，可根据油气的质量比加权平均求得；$\phi_f$ 为流体势；$\phi_w$ 为水势；$g$ 为重力加速度。

### 3. 毛管阻力

油气在储层中运移，必然受到孔隙喉道两端因孔径不同造成的毛管阻力差限制。砂体的孔隙较大，毛管阻力很小，因此伸入烃源岩的砂体能像海绵一样吸取油气，而在运移路径上的砂体能容易地捕捉油气。在考虑盖层或断层的封隔作用时，需要比较它们与输导层砂体的毛管阻力。其计算公式如下：

$$P_c = 2\gamma\left(\frac{1}{rt} - \frac{1}{rp}\right) \tag{8-6}$$

式中，$\gamma$ 为界面张力(N/m，地表为 $3\times10^{-2}$N/m=30dyn[①]/cm)；rt 和 rp 分别为岩石的孔隙喉管和孔隙半径。当岩层深处水压破裂(超压段)或介质孔隙结构均一，rt 和 rp 差别将变小，会造成毛管阻力趋于零。$\gamma$ 随温度的降低而降低，梯度约为 0.18dyn/cm，即有

油：$\quad\quad\quad\gamma_o = 26 - (T-15)\times0.18\,(\text{dyn/cm}) \tag{8-7}$

气：$\quad\quad\quad\gamma_g = 70 - (T-15)\times(0.18\sim1.8)\,(\text{dyn/cm}) \tag{8-8}$

式(8-7)和式(8-8)中，$T$ 为岩层单元体的温度(℃)。由这二式可推知，当 $T$=135℃时(单元体大约处于 4000m 深处)，$\gamma$=0，毛管阻力消失。

### 4. 水动力

由于储层中都是充满水的，油气进入储层后会受到地下水流的作用，从而出现水动力驱动作用。水动力包括压实水流和大气水流两种。压实水流一方面驱使油气从泥岩层向上进入砂岩层，另一方面驱使油气从泥岩区横向流向砂岩区；大气水流则驱使油气由高水势的供水区流向低水势的汇水区。在有地下水流运动的条件下，油气运移的方向由

---

① 1dyn=$10^{-5}$N。

孔隙剩余压力、浮力、水动力和毛管阻力的合力决定；如果还存在构造应力，则油气运移的方向由孔隙剩余压力、浮力、水动力、毛管阻力和构造应力的合力决定。这时，由于合力通常不是垂直向上的，石油和天然气将分别向垂直于各自的等势线(法线)的方向运移，并且油-水和气-水界面分别沿着油和气的等势面倾斜。

在动水条件下，石油开始运移的临界油柱高度($Z_0$)是

$$Z_0 = \frac{2\gamma\left(\frac{1}{rt} - \frac{1}{rp}\right)}{[(\rho_w - \rho_o)\cdot g + \phi_w]\cdot \sin\alpha} - \frac{\rho_w}{\rho_w - \rho_o}\cdot\frac{dH}{dx}\cdot x \tag{8-9}$$

式中，$H$ 为总水头；$x$ 为连续油体的水平长度。当水流运动方向下倾时，$dH/dx$ 取正值；当水流运动方向上倾时，$dH/dx$ 取负值。

在盆地形成演化早期，压实水流较为强大，其流动方向由下而上，由中心向边缘，与孔隙剩余压力及浮力方向相近；在盆地形成演化晚期，地表大气水流作用增强，其流动方向由上而下，由边缘向中心，与孔隙剩余压力及浮力方向近乎相反。因此，仅就水动力的驱动作用而言，早期进入输导体的油气将沿着上倾的砂岩层、断层带顶面和背斜脊向上运移，晚期进入输导体的油气将随地表水动力条件增强而改变方向。

### 5. 构造应力

在特定的构造环境中，构造应力对油气运移起重要作用。特别是那些扭压性盆地、压性盆地，或者后期发生扭压性反转的裂陷盆地，构造应力的影响不应该被忽略。那些侧向挤压的构造作用，如果是发生在油气生成之后，必将成为油气运移的有效动力(李四光，1962；李明诚，1994；吴冲龙等，1997d；吴冲龙和王华，1999)。大量现代地应力测量结果，有力地支持了这一认识——在压性、压剪性构造活动带和压性盆地中，岩层的水平方向应力大大超过垂向应力(裴伟，1978；克鲁泡特金，1978；李方全，1979；李方全和王连捷，1979；孙宝珊等，1996)。换言之，这些盆地的水平构造应力显著大于重力。如第6章所述，目前对构造应力场的求解通常采用有限单元法，属于数值模拟。但由于无法确切了解构造应力场产生时的介质条件、边界条件(边界性质和边界形态，以及外力的作用方式、方向和大小)，对古构造应力场的模拟计算结果，没有办法与其他驱动力进行定量叠加计算，只能用于对区域或局部构造特征及其演化的定性解释，即定量计算、定性应用。

为此，可通过与当地现代测量值或同类大地构造单元的现代测量值的类比，或通过对研究区构造变形的反演模拟，对研究区古构造应力值做出合理估计。当通过构造变形的反演模拟来获取古构造应力值时，需以同类大地构造单元的现代测量值作为约束条件(吴冲龙等，1997d，2001b)，然后由计算机自动进行约束反演，将该区的边界外力限定在合理范围内，实现构造应力模拟结果与其他驱动力分量的叠加。

### 6. 驱动机制概括

含烃流体进入输导体后，便受到油气运聚驱动力体系中各个分量的作用。每一个驱

动力分量由于自身的性质、成因和作用特点，对油气运移所产生的影响有很大的差异。各个驱动力分量的作用，大致可以概括为：在差异压实作用控制下，含烃流体的运动趋势总是从深处向浅处、从高压区向低压区流动；在水热增压作用的控制下，含烃流体的运动方向是从高地温区向低地温区、从深处向浅处、由下部向上部流动；在生烃增压作用控制下，含烃流体的运动方向总是从生排烃量大的地方向生排烃量小的地方、从超压处向非超压处、由深而浅、由下而上流动；在黏土矿物转化脱水增压控制下，流体运动总是从黏土矿物转化强向转化弱、由深而浅流动，但这种作用十分局限；在扩散作用控制下，含烃流体特别是天然气运移总是从高浓度区向低浓度区转移。它们的作用方向既有相同也有相反的，相互间有正向叠加也有负向叠加的，形成决定油气运移总体方向的流体势。

### 8.1.3.2　油气运聚动力的合成及驱动机制

流体势是输导体中孔隙剩余压力($P_r$)、浮力($P_b$)、水动力($P_w$)、毛管阻力($P_c$)和构造应力($P_t$)等的矢量合成，即$\boldsymbol{\phi}_f = \boldsymbol{P}_r + \boldsymbol{P}_b + \boldsymbol{P}_w + \boldsymbol{P}_c + \boldsymbol{P}_t$。其物理意义是单位质量的流体所具有的机械能总和，在输导体中可表达为(England et al., 1987)

$$\phi_f = S - \rho_f gZ + P_c = \phi_w + (\rho_w - \rho_f) gZ + P_c \tag{8-10}$$

式中，$\phi_f$为流体势；$\phi_w$为水势(这里主要来自孔隙剩余压力，$\phi_w = S - \rho_w gZ$)；$S$为岩层骨架静压力；$g$为重力加速度；$Z$为流体深度；$P_c$为毛管阻力(负值)；$\rho_f$为烃流体密度，可根据油气质量比对$\rho_o$和$\rho_g$加权平均求得；$\rho_w$为水的密度，即

$$\rho_w = \frac{1}{1.00087 - (7.96930 - 0.44992T) \times 10^{-6} Z - (1.16069 - 0.10516T) \times 10^{-9} Z^2} \tag{8-11}$$

为了估算油气在烃源岩中的总体运移方向，应在分别估算各分量值的基础上，进行矢量合成，然后根据流体势的大小和方向，对油气运移方向进行整体趋势估计。应当注意的是，在盆地演化过程中，流体势的各分量都是动态变化的，如在初始状态下，输导体和油气圈闭中的这几种力通常处于相对平衡状态，但随着盆地基底不断沉降和沉积物不断堆积、埋藏和压实，压实水动力将逐步衰减，地表水动力将逐步增强，而浮力也将随着油气质点的汇聚和油气流的形成而不断增大。在盆地裂陷过程中，构造应力可能是比较微弱的，而当盆地演化过程中遭遇构造挤压反转时，构造应力的作用将逐步显现出来并不断加强。在油气实际运聚模拟过程中，需要采用动态模拟的方法。

## 8.1.4　油气运移的通道体系

在一个油气系统的独立运移单元中，所有运移通道(包括多孔隙岩层、断层、裂隙带、背斜脊、不整合面、热流体侵位、喷涌管道等)和相关围岩将形成一个通道体系，其中断层和背斜脊可能成为油气运移的主干通道。

### 8.1.4.1　多孔隙岩层(体)

多孔隙的沉积岩层(体)能成为油气运移输导体和储集体。其中，孔隙度决定沉积岩

层(体)的储集量,而连接孔隙之间的喉道决定着沉积岩层(体)的渗透性。在总孔隙度不变的前提下,喉道半径越大且孔隙半径与喉道半径的差值越小,沉积岩层(体)的连通性就越好,即孔渗性能就越好,油气在其中运移所受的毛管阻力也越小。

实际上,作为油气运移输导层的沉积岩层(体)通常是非均质的,具体表现在孔隙度、湿润性和渗透性等的空间变化上(Dembicki and Anderson, 1989)。龚再升和杨甲明(1999)认为,烃源岩向某一输导体排出烃类的体积,等于烃类所占据的输导体孔隙空间。因此,排驱到输导体的初始烃量,可以根据输导体孔隙度来换算。油气从烃源岩排出并进入输导体后,通过垂向分异而上升至输导体顶面,并逐步形成连续油气相,当达到一定油柱高度时即沿着输导体顶面向构造高位运移聚集(图 8-5)。

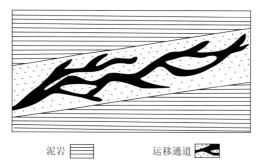

泥岩 ▤▤▤      运移通道 🌿

图 8-5　多孔隙岩层(体)中油气运移通道剖面示意图

资料来源:England(1993),转引自郭秋麟等(1998)

### 8.1.4.2　断层

断层既可作为油气运移的通道,又可成为油气圈闭形成的封堵层。断层的输导能力取决于自身的渗透性,而其渗透性取决于压力、性质、产状、两盘岩性和活动史等(图 8-6)。

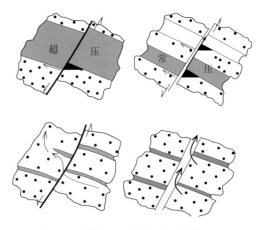

图 8-6　断层与岩层关系与烃类运移

资料来源:龚再升和杨甲明(1999)

一般认为，如果断层面通过超压带或超压囊，其输导能力将因受到超压带或超压囊封闭作用而降低；如果断层面通过正常压力系统的砂泥岩层，断层将按两侧等量的原则给相连的砂体分配含烃流体；张性和张扭性地区的断层具有较好的连通性，而挤压性地区的断层具有较好的封堵性；断层倾角大有利于运移，倾角小有利于封堵；构造活动期断层的连通性好，相对静止期封堵性好；砂质岩发育层段的断层面渗透性较泥质岩发育层段好(曾溅辉和金之钧, 2000)。

同一条断层或断层带的不同部位在不同时期，会表现出不同的连通性和渗透性，要准确地厘定断层连通性和渗透性较为困难,只有结合具体情况进行分析和综合才能奏效。

### 8.1.4.3　裂隙带

天然裂隙带通常较平直且有一定延伸距离，既能直接成为油气运移的辅助通道，也可以改善岩石孔隙间的连通性和渗透性。按照成因，裂隙大体上可分为构造裂隙和成岩裂隙两大类，前者是油气穿层运移的主要通道，而后者则是油气在储层内运移的重要通道。对裂隙带的评价，通常可根据其发育程度和延伸距离来判断。

### 8.1.4.4　不整合面

不整合面可成为油气运移和散失的通道，也可成为油气大规模聚集的场所。能成为油气运移通道和聚集场所的不整合面具有如下特点：①形成于大规模沉积间断或隆升剥蚀事件，下伏地层风化侵蚀、溶解淋滤成为较高孔隙度和渗透率的古风化壳或古岩溶带；②具有区域性，能在横向上连通岩性不同的岩层，并形成时空跨度很大的生、储、盖组合，以至成为长距离横向运移的输导体或油气藏；③在时空上具有相对稳定性，一旦形成便很难改变，在勘探中易于连续识别、追寻和控制(图 8-7)。

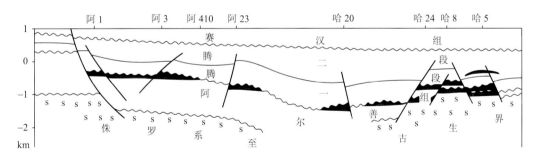

图 8-7　二连盆地阿尔善构造带不整合面通道及油气聚集示意图

资料来源：郭秋麟等(1998)

### 8.1.4.5　古构造脊

构造脊是指盆地中具同生和准同生性质的同一构造带上相邻诸高点的连线(龚再升和杨甲明，1999，图 8-8)。构造脊可分为封闭性构造带的构造脊和非封闭性构造带的构造脊。前者如背斜构造带的构造脊，后者如鼻状斜坡带的构造脊。由于浮力的驱动作用，油气总是沿着构造等高线的法线方向由低位向高位运移，并在到达构造脊以后汇聚成油气流，继续沿着其上扬的方向运移，直至合适的圈闭处聚集成藏。大量勘探实践证明，那些与烃源体相连接的构造脊，能够成为石油、天然气运移的主干通道。

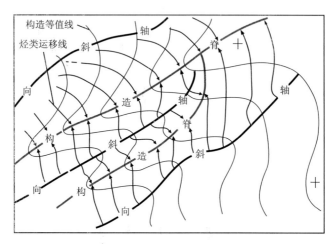

图 8-8　油气沿构造脊运移和聚集示意图

资料来源：龚再升和杨甲明(1999)

### 8.1.5　油气在圈闭中的聚集

#### 8.1.5.1　油气聚集模式

油气在运移过程中，如果遇到圈闭就可能发生聚集。油气在圈闭中的聚集可能通过渗滤作用(Roberts and Cordell, 1980)或排替作用来实现，还可能通过二者联合作用来实现(李明诚, 1994)；在远离烃源岩的运移通道上，可能出现油气分异聚集现象，而由于途中损耗和局部聚集，油气运移通量和聚集量将逐渐减少。

油气聚集的最好场所是背斜圈闭，但大量勘探成果证明，在某些适宜的条件下，断层圈闭、不整合面和岩性圈闭(砂体)也能聚集大量油气，甚至超压带也能对油气起封存作用。此外，裂缝带的存在和开启也是自生自储型油气藏形成的重要条件。在各种圈闭中，油气聚集的可能模式如图 8-9 所示。

#### 8.1.5.2　圈闭的有效性

大量勘探资料表明，具备有效性的圈闭才能聚集油气。通常认为，圈闭的有效性需从供油条件、储集条件、封盖条件和保存条件 4 个方面进行评价。

1. 供油条件

持续而充足的油气供给，是圈闭充注油气而成藏的前提。圈闭的供油条件包括：油气源岩排出的油气数量多少、圈闭是否位于油气运移的主干通道上、圈闭形成期与油气二次运移高峰期在时间上是否具有一致性或者相互匹配等。

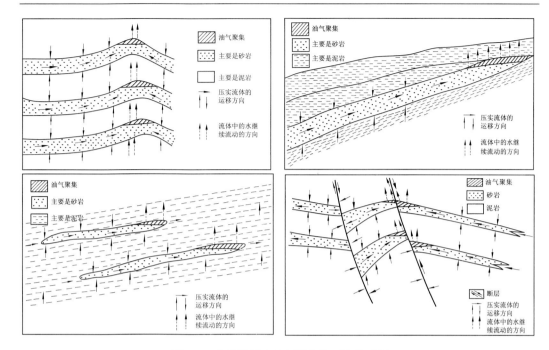

图 8-9　各类圈闭中油气聚集的可能模式图

资料来源：Cordell（1977），转引自李明诚（1994）

## 2. 储集条件

储层孔隙的发育程度，是决定圈闭储集油气能力和丰度的重要因素。能作为储层的岩层(体)，可大体分为碎屑岩类、碳酸盐岩类、火山碎屑岩类和其他岩类。碎屑岩类储层包括河流相砂岩体、湖泊相砂岩体及海相砂岩体等；碳酸盐岩类储层包括礁相(岸礁、堤礁、环礁和点礁等)、浅滩相(包括生物滩及鲕滩)及藻坪相等，其中礁相最为有利；火山碎屑岩类储层包括集块岩、火山角砾岩和火山凝灰岩等。此外，岩浆岩、变质岩和火山岩等岩石，在构造、风化、淋滤等作用影响下，也可能成为储层。

## 3. 封盖条件

存在封堵性好的区域性盖层，是油气大规模聚集和长期保存的必备条件。巨厚的泥岩和膏盐层是优质的油藏盖层，但对于天然气而言，再好的区域封盖层也阻挡不住其扩散作用的发生。扩散作用是气藏被破坏的重要原因，气藏的保存是补充和扩散动态平衡的结果(郝石生等，1993)。因此，油藏和气藏的封盖条件有不同评价指标。

## 4. 保存条件

当地质条件发生变化时，已经形成的油气藏可能会遭受破坏，因此研究评价其保存条件至关重要。圈闭的保存条件除了与盖层的封堵性有关外，还与成藏期后的断层破坏、抬升剥蚀、岩浆活动、水动力条件和生物降解等作用密切相关。然而，这是一个常常容易被忽略的问题，在进行圈闭有效性分析时尤其应当给予关注。

### 8.1.6　油气运聚概念模型及知识图谱概括

前文从盆地构造类型、运移动力、输导介质、温压条件、油气相态、聚集成藏和后期破坏等方面，即从油气藏形成的基础条件、动力介质、形成机制、演化历程等要素，对油气运聚问题进行了讨论。对所得认识的概括构成了油气成藏的概念模型，即油气成藏模式(吴冲龙等，2009)。油气成藏模式除了可用于不同级别和精度的油气资源定性预测、评价外，还为油气藏的定位和定量预测提供了依据，因而是油气运聚人工智能模拟系统研发的依据。从软件工程角度看，该概念模型的知识图谱脉络为：

(1)盆地构造类型控制了盆地的沉积、构造和地热特征及其演化方式和方向，从而对油气系统中烃类生成数量、运移方式和聚集条件起主导作用。

(2)某一独立油气运移单元中所有的运移通道(包括断层、裂隙带、孔隙、洞穴、不整合面、热流体侵位和喷涌管道等)和相关的围岩组成一个通道体系，与烃源体相接的某些通道(如背斜脊、同生断裂和不整合面)可能成为主干运移通道。

(3)烃类流体在向上运移的过程中，低分子烃类从石油中分离出去成为气相，高分子烃类从气体中分离出去成为液相，石油的密度增大而天然气的密度减小。

(4)油气的相态影响二次运移的比率、运移的速度和方向，但油气在进入输导体之后，特别是在较浅的输导体中，总是以游离相形态存在和运移的。

(5)油气运移的动力是流体势，按其构成而言，二次运移的驱动力以浮力为主，其次是压实水动力和大气水动力；对于仍处于压实过程中的输导体来说，孔隙剩余压力十分重要，而在压性盆地和构造反转期的拉张盆地，构造应力的作用也不能忽视。

(6)温度的变化既制约着油气的相态，也影响着流体压力、浮力和毛管阻力，还可以改变通道的某些特征，从而对流体势和油气运移的速度、方向、效率起作用。

(7)油气聚集的最好场所是背斜圈闭，但在某些情况下断层圈闭、不整合面和岩性圈闭(砂体)也能富集大量油气，甚至超压带也可以对油气起封存作用，烃源岩中发育高孔隙砂体、裂缝带的发育和开启(有效应力 $\sigma=0$)是自生自储型油气藏存在的重要条件。

(8)封堵性好的区域性盖层的存在，是油气大规模聚集和长期保存的必备条件；扩散作用是气藏破坏的重要原因，气藏的保存是补充和扩散动态平衡结果。

(9)油气在圈闭中的聚集可能通过渗滤或排替作用来实现，也可能通过渗滤和排替联合作用来实现；在运移通道上可能会出现油气分异聚集现象，由于中途损耗、散失和局部聚集，油气运聚量将按圈闭出现先后依次减少。

## 8.2　油气运聚模拟的人工神经网络模型

关于油气运移、聚集模拟的数学模型，传统动力学模拟领域已经有许多成熟的成果(Allan, 1989；Welte and Yükler, 1981；Dembicki and Anderson, 1989；Ungerer et al., 1990；Lerche et al., 1984；Lerche, 1988；石广仁，1994, 1999；Hindle, 1997)可供参考。下面结合

开展人工智能模拟的需要，对有关过程和作用机理及其数学模型做一些探讨。

## 8.2.1　油气运聚智能模拟方法的选择

控制油气运移和聚集的条件，可归纳为油气、介质和驱动力三个方面。在这里，油气包括相态和数量，其中相态包括游离油相、游离气相、气溶油相和油溶气相；介质包括通道体系、储层、圈闭和盖层；驱动力包括流体势及其各个分量。一般认为，烃类在运移过程中的相态变化，主要受温压条件控制；对介质状态起关键作用的是孔隙度和渗透率，不管是岩性岩相差异、断层性质差异还是通道特征差异，都可大致归结为孔隙度与渗透率差异；而在驱动力问题上，起关键作用的是流体势，不管是运移方向、运移速率还是聚集机理的变化，都可以大致归结为流体势变化。

由于介质的非均匀性难以确定性求解，油气相态、流体势在非均匀介质中的复杂变化也难以确定性求解，造成油气运移方向、运移速率和运移量的非线性变化更难以确定性求解。所以，单纯使用传统的动力学模拟方法，无法实现油气运聚过程的定量描述和动态模拟。然而，单纯使用人工智能方式，又不能解决相态、介质、驱动力以及油气运移方向、运移速率和运移量的定量化描述问题。一个合理而有效的途径是采用选择论方式(Wu et al., 2013)，将动力学模拟与非动力学模拟结合起来，通过非动力学模拟——三维内插和体平衡模拟，来客观且动态地生成三维非均质的盆地(或凹陷)构造-地层体及其物性参数体；将传统动力学模拟与人工神经网络模拟结合起来，在三维构造-地层体的动态模拟基础上进行单元剖分，再利用传统动力学模拟方法对相态和驱动力求解，然后运用人工神经网络技术和机器学习方法，来解决油气系统中各个单元体之间，油气运移方向、运移速率和运移量等的分配和赋值，以及它们的非线性变化问题。

## 8.2.2　油气运移方向和运移比率的推理规则

油气运移方向和运移比率的推理规则来自概念模型中的专家知识和实践经验，可以抽提出油气相态判别规则、流体势组成判别规则、水动力类型判别规则、构造应力反演的约束判别规则、断层力学性质判别规则、断层活动性判别规则、断层封堵性判别规则、裂隙带开启程度判别规则、断层和裂隙带活动期判别规则、接触面积判别规则、油气运移方向判别规则、油气运移比率分配规则和运移量衰减判别规则等。

## 8.2.3　BP 人工神经网络原理

人工神经网络系统(ANNS)是由大量的简单元件(神经元)广泛相互连接而成的复杂系统，具有强大的知识学习、联想、自组织和自适应能力(van Gerven and Bohte, 2017)。由于人工神经网络在复杂的非线性大系统中，具有较高的建模能力和对数据良好的拟合能力而备受关注。人工神经网络采用大规模、并行分布式存储与处理机制，使知识的获取、存储与推理一体化，可克服专家系统知识获取难、学习能力差和知识库管理难等缺点，不仅增加了系统模拟的灵活性和准确性，还能与其他机器学习方法相结合。

　　神经元是人工神经网络的基本处理单元，它一般是多输入、单输出的非线性器件，如图 8-10 所示，其中 $X_1$、$X_2$、$\cdots$、$X_n$ 为输入量，$W_{ji}$ 是 $j$ 节点（输入）到 $i$ 节点（后层节点）的权重，$Y_i$ 为输出向量，$\theta_i$ 为阈值，即有

$$Y_i = f\left(\sum_{j=1}^{n} W_{ji} \cdot X_j + \theta_i\right) \tag{8-12}$$

$$f(x) = \frac{1}{1 + \mathrm{e}^{-x}} \tag{8-13}$$

　　根据神经元之间的连接关系，人工神经网络存在着多种结构形式。本系统从实际需要出发，暂时采用了较为简单的 BP 神经网络模型，其拓扑结构如图 8-11 所示。BP 神经网络由输入层、隐含层和输出层组成。BP 神经网络执行两个过程，即学习过程和评价预测过程。学习过程由正向传播和反向传播组成，通过对实例的学习不断修正节点之间的联系强度（权重）来完成。正向传播包括输入、计算和输出三个子过程。反向传播实际上是一种校正过程，包括误差比较和修改权重两个子过程。评价预测过程是利用经过学习和训练之后的网络，求解给定输入的节点值并输出对应的节点值。

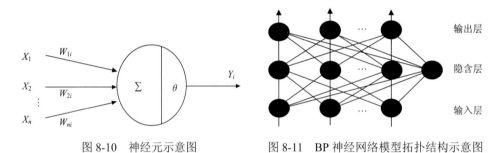

图 8-10　神经元示意图　　　　　图 8-11　BP 神经网络模型拓扑结构示意图

## 8.3　输导体系智能评价的模糊人工神经网络模型

　　油气运聚模拟面对的是具有四维时空特征的油气系统，其中的输导体系是油气运移的作用空间。为了定量地评价所涉及的各种参数集，应先根据已建立的概念模型，采用模糊数学方法对通道体系的影响因素进行定量化，然后利用人工神经网络建立其评价模型，即模糊人工神经网络评价模型（吴冲龙等，2001a）。通道体系的输导性能评价，可归结为对介质特征的评价。目前已认识的通道介质类型，大致有岩层（体）、断层、裂隙带和不整合面 4 种，它们的输导性影响因素众多，但评价标准不统一。综合各方面的见解，采用模糊数学的隶属度分割方法建立了各影响因素的评价矩阵。每一个评价矩阵相当于一个输导性评价子模型，即分别相当于岩层（体）、断层、裂隙带和不整合面 4 个子模型。

　　对于碎屑岩系，为了与砂岩、砂岩为主、砂泥均等、泥岩为主和泥岩对应，其评价矩阵的元素由"好、较好、中等、较差、差"组成，评价结果分为 5 个等级。对于断层、裂隙带和不整合面，其评价矩阵的元素按有利度由"好、中等、差、很差"组成，评价

结果分为 4 个等级。只要从知识库中获取岩层(体)、断层、裂隙带和不整合面输导性评价的学习样本，采用 $n$(输入层)-$2n+1$(隐含层)-$1$(输出层)的拓扑结构进行学习训练，就可建立起 BP 神经网络评价子模型。考虑到岩层(体)、断层、裂隙带和不整合面的输导性处于不同的水平，为了便于比较和综合，应对各子模型的评价结果进行归一化处理。

## 8.3.1　岩层(体)评价子模型

### 8.3.1.1　学习样本的获取

根据岩层(体)概念模型，为了描述岩层(体)的非均质性，可把影响岩层(体)输导性的控制因素归纳为孔隙度、渗透率、砂岩百分比、沉积相与砂体类型、裂隙发育程度和接触面积(与烃源岩)等。而根据各因素对岩层(体)输导性的影响及自身特点，可对其进行级别划分，以便作为岩层(体)输导性评价指标(表 8-1)。基于这些指标的不同组合，通过向专家咨询等方式，可确定所对应的岩层(体)输导性级别，从而达到获取岩层(体)输导性评价学习样本的目的。

**表 8-1　岩层(体)输导性评价指标分级表**

| 指标 | 评价级别 | | | | |
|---|---|---|---|---|---|
| | Ⅰ | Ⅱ | Ⅲ | Ⅳ | Ⅴ |
| 孔隙度/% | >25 | 20~55 | 15~20 | 10~15 | ≤10 |
| 砂岩百分比/% | >70 | 55~70 | 40~55 | 30~40 | ≤30 |
| 渗透率/mD | >100 | 70~100 | 70~40 | 40~10 | ≤10 |
| 沉积相与砂体类型 | 冲积扇相、河流相、三角洲相 | 平原相、台地相 | 滨海相、潮坪相 | 浅湖相、浅海相 | 深湖相、膏盐相 |
| 裂隙发育程度 | 非常发育 | 较发育 | 中等发育 | 较不发育 | 不发育 |
| 接触面积(与烃源岩) | 大 | 较大 | 中等 | 较小 | 小 |

### 8.3.1.2　岩层(体)输导性评价指标和等级

采用模糊数学方法对岩层(体)输导性的评价指标及其评价等级进行定量化，以满足建模的需要。其隶属函数的确定结果如下。

(1)孔隙度：

$$\mu_{\mathrm{yb}}(x)=\begin{cases} 0.9, & x>25\% \\ 0.75, & 20\%<x\leqslant25\% \\ 0.50, & 15\%<x\leqslant20\% \\ 0.25, & 10\%<x\leqslant15\% \\ 0.1, & x\leqslant10\% \end{cases}$$

(2)砂岩百分比:

$$\mu_{yk}(x) = \begin{cases} 0.9, & x>70\% \\ 0.75, & 55\%<x\leqslant70\% \\ 0.50, & 40\%<x\leqslant55\% \\ 0.25, & 30\%<x\leqslant40\% \\ 0.1, & x\leqslant30\% \end{cases}$$

(3)渗透率:

$$\mu_{ys}(x) = \begin{cases} 0.9, & x>100 \\ 0.75, & 70<x\leqslant100 \\ 0.50, & 40<x\leqslant70 \\ 0.25, & 10<x\leqslant40 \\ 0.1, & x\leqslant10 \end{cases}$$

式中，$x$ 的单位为 mD。

(4)沉积相与砂体类型:

$$\mu_{yt}(x) = \begin{cases} 0.9, & x=A \\ 0.75, & x=B \\ 0.50, & x=C \\ 0.25, & x=D \\ 0.1, & x=E \end{cases}$$

式中，A 为冲积扇相、河流相、三角洲相；B 为平原相、台地相；C 为滨海相、潮坪相；D 为浅海相、浅湖相；E 为深湖相、膏盐相。

(5)裂隙发育程度:

$$\mu_{yl}(x) = \begin{cases} 0.9, & x=A \\ 0.75, & x=B \\ 0.50, & x=C \\ 0.25, & x=D \\ 0.1, & x=E \end{cases}$$

式中，A 为非常发育；B 为较发育；C 为中等发育；D 为较不发育；E 为不发育。

(6)接触面积:

$$\mu_{ym}(x) = \begin{cases} 0.9, & x=A \\ 0.75, & x=B \\ 0.50, & x=C \\ 0.25, & x=D \\ 0.1, & x=E \end{cases}$$

式中，A 为接触面积大；B 为接触面积较大；C 为接触面积中等；D 为接触面积较小；E 为接触面积小。

(7) 评价级别：

$$\mu_{yp}(x) = \begin{cases} 0.6, & x=A \\ 0.45, & x=B \\ 0.30, & x=C \\ 0.15, & x=D \\ 0.0, & x=E \end{cases}$$

式中，A 为 Ⅰ 级；B 为 Ⅱ 级；C 为 Ⅲ 级；D 为 Ⅳ 级；E 为 Ⅴ 级。

将从专家知识中获取的样本，在对岩层(体)输导性评价指标及评价级别等指标定量化之后，采用 7(输入层)-15(隐含层)-1(输出层)神经网络拓扑结构，设定系统的误差为0.0001，经过反复学习，即建立了岩层(体)的模糊人工神经网络评价模型。

## 8.3.2　断层评价子模型

断层既可以成为油气运移的通道，又可以成为油气圈闭形成的封堵层(体)。在断层评价子模型中，断层输导性的评价参数可归纳为断层性质、断层断距、断层活动性、断层有效性、断层倾角、断层两侧岩性对置关系、断层面与岩层倾斜关系、所错断盖层的压力状况、断层延伸范围和断层级别 10 个方面。

### 8.3.2.1　学习样本的获取

根据上述 10 个参数的自身特点对断层输导性、断层两侧对置岩层的岩性进行级别划分，作为断层输导性评价指标(表 8-2)。利用这些指标的不同组合，通过向专家咨询等方式，确定其分别对应的断层输导性级别，便可以达到获取断层评价学习样本的目的。

表 8-2　断层输导性评价指标分级表

| 指标 | 断层级别(针对输导性的多参数综合分级) | | | |
| --- | --- | --- | --- | --- |
| | Ⅰ | Ⅱ | Ⅲ | Ⅳ |
| 断层性质 | 张性断层 | 张扭性断层 | 压扭性断层 | 压性断层 |
| 断层断距 | 小于单储层厚度 | 单储层厚度的 10% | 单储层厚度的 10%~25% | 大于单储层厚度的 25% |
| 断层活动性 | 长期活动 | 主要运移期前期活动 | 主要运移期后期活动 | 运移开始后停止活动 |
| 断层有效性 | 有效通道 | 较有效通道 | 部分封闭 | 完全封闭 |
| 断层倾角/(°) | ≥50 | 30~50 | 10~30 | <10 |
| 断层两侧岩性对置关系 | 储层与储层对置 | 储层被盖层遮挡 80%~90% | 储层被盖层遮挡 90%~95% | 储层被盖层完全遮挡 |
| 断层面与岩层倾斜关系 | 断层面与岩层同向 | 断层面与岩层反向 | | |
| 所错断盖层的压力状况 | 常压 | 低超压 | 中超压 | 强烈超压 |
| 断层延伸范围 | 上切盖层下达源岩 | 盖层之下沟通生储层 | 局部盖层之下 | |

**8.3.2.2　断层输导性评价指标和等级**

采用模糊数学方法对断层输导性及其渗透性进行定量化，其隶属函数的确定结果如下。

(1) 断层性质：

$$\mu_{dx}(x)=\begin{cases}1.0, & x=A\\0.7, & x=B\\0.4, & x=C\\0.1, & x=D\end{cases}$$

式中，A 为张性断层；B 为张扭性断层；C 为压扭性断层；D 为压性断层。

(2) 断层断距：

$$\mu_{dj}(x)=\begin{cases}1.0, & x=A\\0.7, & x=B\\0.4, & x=C\\0.1, & x=D\end{cases}$$

式中，A 为小于单储层厚度；B 为单储层厚度的 10%；C 为单储层厚度的 10%～25%；D 为大于单储层厚度的 25%。

(3) 断层活动性：

$$\mu_{dh}(x)=\begin{cases}1.0, & x=A\\0.7, & x=B\\0.4, & x=C\\0.1, & x=D\end{cases}$$

式中，A 为长期活动；B 为主要运移期前期活动；C 为主要运移期后期活动；D 为运移开始后停止活动。

(4) 断层有效性：

$$\mu_{dy}(x)=\begin{cases}1.0, & x=A\\0.7, & x=B\\0.4, & x=C\\0.1, & x=D\end{cases}$$

式中，A 为有效通道；B 为较有效通道；C 为部分封闭；D 为完全封闭。

(5) 断层倾角：

$$\mu_{dq}(x)=\begin{cases}1.0, & x\geqslant 50\\0.7, & 30\leqslant x<50\\0.4, & 10\leqslant x<30\\0.1, & x<10\end{cases}$$

式中，$x$ 的单位为(°)。

(6)断层两侧岩性对置关系：

$$\mu_{dd}(x) = \begin{cases} 1.0, & x = A \\ 0.7, & x = B \\ 0.4, & x = C \\ 0.1, & x = D \end{cases}$$

式中，A 为储层与储层对置；B 为储层被盖层遮挡 80%～90%；C 为储层被盖层遮挡 90%～95%；D 为储层被盖层完全遮挡。

(7)断层面与岩层倾斜关系：

$$\mu_{dg}(x) = \begin{cases} 0.9, & x = A \\ 0.5, & x = B \end{cases}$$

式中，A 为断层面与岩层同向；B 为断层面与岩层反向。

(8)所错断盖层的压力状况：

$$\mu_{dp}(x) = \begin{cases} 1.0, & x = A \\ 0.7, & x = B \\ 0.4, & x = C \\ 0.1, & x = D \end{cases}$$

式中，A 为常压；B 为低超压；C 为中超压；D 为强烈超压。

(9)断层延伸范围：

$$\mu_{df}(x) = \begin{cases} 0.9, & x = A \\ 0.5, & x = B \\ 0.1, & x = C \end{cases}$$

式中，A 为上切盖层下达源岩；B 为盖层之下沟通生储层；C 为局部盖层之下。

(10)断层级别：

$$\mu_{dc}(x) = \begin{cases} 1.0, & x = A \\ 0.6, & x = B \\ 0.3, & x = C \\ 0.0, & x = D \end{cases}$$

式中，A 为Ⅰ级；B 为Ⅱ级；C 为Ⅲ级；D 为Ⅳ级。这四个级别均为断层输导性的多参数综合分级。

把从专家知识中获取的样本，在按照上述方法和准则对断层评价指标及评价级别等定量化的基础上，采用 10(输入层)-21(隐含层)-1(输出层)神经网络拓扑结构，将断层评价影响因素的定量化指标作为网络的输入，断层级别的定量化指标作为网络的输出，系统的误差设定为 0.0001，经过反复学习，即建立了断层的模糊人工神经网络评价模型。

## 8.3.3　裂隙带评价子模型

裂隙带的存在对油气运聚作用很大，甚至可能成为油气运移的主干通道。影响油气在裂隙带中运移的因素包括：裂隙带的发育程度、裂隙带的连通性、裂隙带的张开程度、裂隙带的力学性质、裂隙带的倾角、裂隙带与地层间的倾向关系和裂隙带的压力情况等。

#### 8.3.3.1 学习样本的获取

根据各因素对裂隙带输导性的影响及自身特点，可对其进行级别划分，以便作为裂隙带输导性评价指标(表 8-3)。根据这些指标的不同组合，通过向专家咨询等方式，确定其分别对应的裂隙带的输导性级别，从而达到获取裂隙带评价学习样本的目的。

表 8-3 裂隙带输导性评价指标分级表

| 指标 | 裂隙带级别 | | | |
| --- | --- | --- | --- | --- |
| | I | II | III | IV |
| 裂隙带的发育程度 | 非常发育 | 发育 | 较发育 | 不发育 |
| 裂隙带的连通性 | 好 | 中等 | 差 | 很差 |
| 裂隙带的张开程度 | 大 | 中 | 小 | 不张开 |
| 裂隙带的力学性质 | 张性裂隙 | 张扭性裂隙 | 压扭性裂隙 | 压性裂隙 |
| 裂隙带的倾角/(°) | ≥50 | 30~50 | 10~30 | <10 |
| 裂隙带与地层间的倾向关系 | 同向 | 反向 | | |
| 裂隙带的压力情况 | 常压 | 低超压 | 中超压 | 强烈超压 |

#### 8.3.3.2 裂隙带输导性评价指标和等级

采用模糊数学方法对裂隙带输导性和渗透性的影响因素进行评价，其隶属函数确定如下。
(1)裂隙带的发育程度：

$$\mu_{lf}(x)=\begin{cases}1.0, & x=A\\0.7, & x=B\\0.4, & x=C\\0.1, & x=D\end{cases}$$

式中，A 为非常发育；B 为发育；C 为较发育；D 为不发育。
(2)裂隙带的连通性：

$$\mu_{lt}(x)=\begin{cases}1.0, & x=A\\0.7, & x=B\\0.4, & x=C\\0.1, & x=D\end{cases}$$

式中，A 为连通性好；B 为连通性中等；C 为连通性差；D 为连通性很差。
(3)裂隙带的张开程度：

$$\mu_{lz}(x)=\begin{cases}1.0, & x=A\\0.7, & x=B\\0.4, & x=C\\0.1, & x=D\end{cases}$$

式中，A 为张开大；B 为张开中；C 为张开小；D 为不张开。

(4) 裂隙带的力学性质：

$$\mu_{ll}(x) = \begin{cases} 1.0, & x = A \\ 0.7, & x = B \\ 0.4, & x = C \\ 0.1, & x = D \end{cases}$$

式中，A 为张性裂隙；B 为张扭性裂隙；C 为压扭性裂隙；D 为压性裂隙。

(5) 裂隙带的倾角：

$$\mu_{lq}(x) = \begin{cases} 1.0, & x \geqslant 50 \\ 0.7, & 30 \leqslant x < 50 \\ 0.4, & 10 \leqslant x < 30 \\ 0.1, & x < 10 \end{cases}$$

式中，$x$ 的单位为(°)。

(6) 裂隙带与地层间的倾向关系：

$$\mu_{lg}(x) = \begin{cases} 0.9, & x = A \\ 0.5, & x = B \end{cases}$$

式中，A 为同向；B 为反向。

(7) 裂隙带的压力情况：

$$\mu_{ly}(x) = \begin{cases} 1.0, & x = A \\ 0.7, & x = B \\ 0.4, & x = C \\ 0.1, & x = D \end{cases}$$

式中，A 为常压；B 为低超压；C 为中超压；D 为强烈超压。

(8) 裂隙带级别：

$$\mu_{lc}(x) = \begin{cases} 1.0, & x = A \\ 0.7, & x = B \\ 0.4, & x = C \\ 0.1, & x = D \end{cases}$$

式中，A 为Ⅰ级；B 为Ⅱ级；C 为Ⅲ级；D 为Ⅳ级。这四个级别均为裂隙带输导性的多参数综合分级。

将从专家知识中获取的样本，利用上述方法和准则在裂隙带评价指标及评价级别定量化的基础上，采用 7(输入层)-15(隐含层)-1(输出层)神经网络拓扑结构，将裂隙带评价影响因素的定量化指标作为网络的输入，裂隙带级别的定量化指标作为网络的输出，系统误差设定为 0.0001，经过反复学习，即可建立裂隙带的模糊人工神经网络评价模型。

### 8.3.4 不整合面评价子模型

不整合面既可能是油气大规模运移和散失的通道，也可能是油气大规模聚集的场所。

影响不整合面输导性的因素很多，但归纳起来大致有 5 个主要方面，即不整合面类型、孔隙度、孔隙连通性、与其他运移通道的关系(是否连通)和不整合面级别。

### 8.3.4.1　学习样本的获取

根据各因素自身的特点及其对不整合面输导性的影响进行级别划分，作为不整合面输导性评价的指标(表 8-4)。利用这些指标的不同组合，通过向专家咨询等方式，确定其分别对应的不整合面的输导性级别，从而达到获取不整合面评价学习样本的目的。

**表 8-4　不整合面输导性评价指标分级表**

| 指标 | 不整合面级别 | | | |
| --- | --- | --- | --- | --- |
| | Ⅰ (超大型) | Ⅱ (大型) | Ⅲ (中型) | Ⅳ (小型) |
| 孔隙度/% | >20 | 15~20 | 10~15 | ≤10 |
| 孔隙连通性 | 好 | 中 | 差 | 很差 |
| 不整合面类型 | 风化溶蚀型 | | 沉积间断型 | |
| 与其他运移通道的关系 | 与其他通道连通 | | 与其他通道不连通 | |

### 8.3.4.2　不整合面输导性评价指标和等级

将不整合面视为渗透性不同的"层"，采用模糊数学方法对不整合面的输导性、渗透性及其影响因素进行定量化评价，可满足建模的需要。其隶属函数如下。

(1)孔隙度：

$$\mu_{bk}(x)=\begin{cases}1.0, & x>20\% \\ 0.7, & 15\%<x\leqslant20\% \\ 0.4, & 10\%<x\leqslant15\% \\ 0.1, & x\leqslant10\%\end{cases}$$

(2)孔隙连通性：

$$\mu_{bl}(x)=\begin{cases}1.0, & x=A \\ 0.7, & x=B \\ 0.4, & x=C \\ 0.1, & x=D\end{cases}$$

式中，A、B、C、D 分别为孔隙连通性好、中、差和很差。

(3)与其他运移通道的关系：

$$\mu_{bg}(x)=\begin{cases}0.9, & x=A \\ 0.4, & x=B\end{cases}$$

式中，A 为与其他通道连通；B 为与其他通道不连通。

(4) 不整合面类型：

$$\mu_{bx}(x) = \begin{cases} 0.9, & x = A \\ 0.4, & x = B \end{cases}$$

式中，A 为风化溶蚀型；B 为沉积间断型。

(5) 不整合面级别：

$$\mu_{bc}(x) = \begin{cases} 0.8, & x = A \\ 0.5, & x = B \\ 0.2, & x = C \\ 0.0, & x = D \end{cases}$$

式中，A 为Ⅰ级；B 为Ⅱ级；C 为Ⅲ级；D 为Ⅳ级。

把从专家知识库中获取的样本，在对不整合面评价指标及评价级别等定量化的基础上，采用 4(输入层)-9(隐含层)-1(输出层)神经网络拓扑结构，把不整合面影响因素的定量化指标作为网络的输入，不整合面级别的定量化指标作为网络的输出，系统的误差设定为 0.0001，经过反复学习，即可建立不整合面的模糊人工神经网络评价模型。

# 8.4 输导层油气运移初值的三维重建

输导层油气运移初值的三维重建，是衔接排烃史模拟和人工智能油气运聚模拟的必要环节，用于解决在排烃史模拟中油气从烃源岩层进入输导层的机制问题，同时为人工智能运聚模拟进行输烃量的预分配。目前国内外的油气运聚模拟初值，是在设定边界条件和初始条件后人为给定的(庞雄奇等，1993；石广仁和张庆春，2004)。由于多数模拟基于层面三维模型进行，难以顾及岩性和岩相的复杂性和非均质性。本书所提出的输导层油气运移初值的三维重建方法，是在判断各运聚单元油气运移方向和分配油气输导比值时，通过属性建模和定量动态模拟来获取的。只要充分考虑地层岩性、岩相的复杂性和非均质性，以及输导体系和流体势的影响，就能很好地逼近真实含油气盆地及其油气系统的地质实体，重建输导层的三维油气运移初值及其时空分布特征。

## 8.4.1 输导层油气运移初值三维重建模型

油气从烃源岩里生成后运移至相邻的输导层中，总体趋势是由高势区指向低势区。考虑到进入输导层后的油气运移初值受到输导层介质和运移动力等诸多因素的影响和控制，其三维重建可借鉴油气运移的理论、方法和实践总结的知识图谱。本书提出并建立了一种油气排驱方向和输导比值的综合判别法，下面简要介绍相关模型的设计和实现。

### 8.4.1.1 输导层油气运移初值的三维重建原理

输导层油气运移初值是指油气进入输导层后进行再分配的初始状态。该油气运移初值受到输导层介质和运移动力等诸多因素的影响和控制，其三维重建的原理研究包括油气运移的初始相态、初始驱动力及其方向、初始通道三个方面。

### 1. 油气运移的初始相态

油气运移的相态包括水溶相、游离相、油溶气相、气溶油相和扩散相 5 个大类。

石油在水中的溶解度不过百万分之一，所以水溶相不可能成为石油运移的主要相态；但天然气的溶解度是石油的 100 倍，水溶相对于天然气运移而言不可忽视。在一定温压条件下，烃类可呈游离态的油相或气相进入输导层(Dickey, 1975)，但当烃源岩中的油、气、水三相共存时，油、气必须超过临界饱和度(即油、气相运移所需的最小饱和度)，才能发生游离相的运移。石油和天然气是相互可溶的，天然气在石油中的溶解度比在水中要大得多。在有机质的不同演化阶段，油气运移相态会有变化。在有机质低熟阶段，由于岩层埋深较浅，所生成的油气少且原生水较多，含油气饱和度很低，油气运移相态以水溶相为主；在生油气高峰阶段，转为以游离相、气溶相或油溶气相为主；在凝析油气阶段，油气运移则以气溶油相为主；在过成熟阶段，则以游离相和扩散相为主。

基于以上认识，在进行输导层油气运移初值的三维重建时，应当着重关注处于生油气高峰阶段的烃源岩排烃状况。这时，大量石油以游离态从烃源岩中被排出，而天然气主要以溶解态排出，且天然气溶解量随着温度和压力的升高而升高。

### 2. 油气运移的初始驱动力和方向

油气从烃源岩排放至输导层边界必须有驱动力。首先是孔隙剩余压力，运移前方指向孔隙剩余压力较小的区域。产生孔隙剩余压力的机制包括差异压实、水热增压、生烃增压、黏土矿物转化脱水增压作用和扩散作用。同时，浮力、地下水动力、毛管阻力和构造应力的驱动作用也十分重要，其合力就是流体势(England et al., 1987；England and Fleet, 1991)。

油气在烃源岩中的运移方向，尚无可靠的定量估算方法，本书尝试用流体势法来进行整体趋势估计和三维重建。在流体势各分量的作用下，进入输导层的油气初始排驱方向，总是从高地温区到低地温区，从高孔隙压力区到低孔隙压力区，从生排烃量大的地方向生排烃量小的地方，从埋深大的层位向埋深小的层位，总体由下而上运移。

### 3. 油气运移的初始通道

重建输导层油气运移初值，还需解决油气运移的初始通道问题，即需查明与烃源岩接触的输导层及其介质、岩性、断层、裂缝和不整合面的状况。

综上所述，在油气进入输导层并在其中运移的机理尚不清楚，且难以进行动力学定量计算的情形下，用整体趋势评判来代替局部细节描述分析，用流体势计算和通道体系的多目标、多层次模糊综合评价来进行油气运移初值的三维重建，为油气运聚的模糊人工神经网络模拟，提供运移方向和油气量分配的判据无疑是合理的。

#### 8.4.1.2　输导层油气运移初值的三维重建模型设计

所谓输导层油气运移初值的三维重建，就是采用三维可视化方式再造油气在正常压实下产生的剩余压力、欠压实产生的异常高压力，以及在毛管阻力和浮力等合力(即流体势)作用下，油气从烃源岩向输导层转移的方式、方向及其输烃量预分配过程。根据上文分析，油主要以游离相从烃源岩中排出，而天然气主要以溶解态运移。油气在进入输导层之后，将会在流体势驱使下继续运移，直到油气耗尽，或者遇到封闭断层，或者受到盖层的封堵才会停止。在此过程中，油气运移方向通过流体势差值、岩性和断层性质来判断，而油气输导的比率分配根据流体势差值比率、岩性和断层性质的差异来确定。为了细致地模拟油气运移方向和输导比率分配，需要在三维构造-地层格架的动态模拟基础上进行单元剖分，将其转化为有限个单元体(图 8-12)。模拟用的三维构造-地层格架，可基于角点网格数据模型来建立。

　　输导层油气运移初值三维重建的实现过程，可划分为油气从烃源岩单元体排放到邻近输导层单元体的状况及过程的重建(图 8-12 的①)和油气在输导层单元体中分配的状况及过程的重建(图 8-12 的②)。①过程和②过程的分割依据，是离烃源岩最近的输导层单元体孔隙体积是否填满。如果没有填满，就进行①过程，否则进行②过程。具体地说，烃源岩中的某个单元体油气运移初值的三维重建过程是：首先获取排烃史三维模拟结果，即烃源岩单元体的排油量和排气量，并转化为当前温度压力条件下的体积。从排烃作用发生的瞬间开始，如果当前单元体的排油体积或排气体积大于 0，就搜索该烃源岩单元体周围 6 个单元体。这时，如果 6 个单元体的生烃量都大于 0，说明该单元体位于烃源岩的内部，就让油气垂直向上运移一个单元。如果该单元体上方的单元体生烃量为 0，则判定该单元体位于烃源岩的边缘，然后根据流体势、岩性和断层性质判断油气该向哪个单元体运移，最后根据流体势的比率和当前输导层单元体的孔隙体积，向邻侧单元体分配油气体积(图 8-12 的①)。

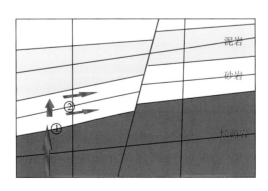

图 8-12　输导层油气运移初值三维重建的构造-地层格架单元剖分及初次运移方向示意图

　　如果进行完①过程，剩余的油或气量仍大于 0，则进行图 8-12 的②过程，即搜索周围未被注满的输导层单元体。接受油气的潜在单元体，仍根据流体势、岩性和断层性质来判断，即根据当前输导层单元体与邻接的可接受油气的单元体流体势比值，以及孔隙体积、岩性和断层性质的差异，将当前输导层单元体的油气量分配给这些单元体。重复进行②过程，直到剩余排烃量等于 0，或周围 6 个单元体都不满足运移条件便结束运算。

## 8.4.2　输导层油气运移初值三维重建算法

输导层油气运移初值三维重建的算法及其计算机模块设计所依托的知识图谱，是在前述的综合考虑了岩相变化、断层和流体势等因素的油气运移理论成果基础上形成的。具体实现过程是：通过流体势差值、岩性和断层性质判断油气的排驱方向，接着根据流体势差值比率、岩性和断层性质差异来分配油气输导比值，然后结合成熟的油气地质基本参数计算方法，利用可视化语言编写功能模块加以实现。

### 8.4.2.1　基本流程设计

输导层油气运移初值三维重建的算法流程如图 8-13 所示。基于角点网格的三维地质模型，读取温度、超压、流体势和排烃数据，判断最近储层单元体是否充注满；如果没有充注满，则调用运移模拟(过程①)模块，否则调用聚集模拟(过程②)模块，计算流体势的差值和油气水的分配量，以及在岩性和断层制约下输导层单元体向外部单元体的运移量。

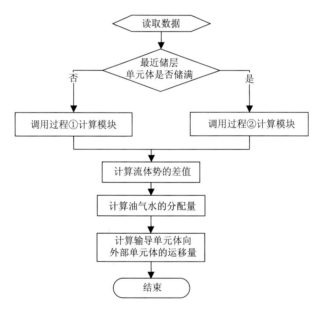

图 8-13　输导层油气运移初值三维重建的算法流程图

### 8.4.2.2　参数获取及模拟计算

(1)各邻接单元体的最大储烃量计算公式(Okui et al., 1998)为

$$\text{Vol}_{\text{max}} = \text{Vol} \times \text{Pro} - \text{Vol}_{\text{swir}} \tag{8-14}$$

式中，$\text{Vol}_{\text{max}}$ 为最大储烃量$(\text{m}^3)$；$\text{Vol}$ 为单元体的体积$(\text{m}^3)$；$\text{Pro}$ 为孔隙度(%)；$\text{Vol}_{\text{swir}}$ 为束缚水体积$(\text{m}^3)$。

$$\text{Vol}_{\text{swir}} = \text{swir} \cdot \text{Vol} \tag{8-15}$$

式中，$\text{Vol}_{\text{swir}}$ 为束缚水体积 $(\text{m}^3)$；swir 为束缚水饱和度 $(\%)$；Vol 为单元体的体积 $(\text{m}^3)$。

$$\text{swir} = 0.425 - 0.0862 \lg K \tag{8-16}$$

式中，swir 为束缚水饱和度；$K$ 为渗透率 $(\text{mD})$。

　　束缚水饱和度是从油气运移角度提出的。当油气从烃源层转移到输导层时，由于毛管阻力和油、水、气对于岩石润湿性的差异，油气不可能完全驱替岩石孔隙中的水。残存的这部分水几乎是不流动的，并以特殊的分布和状态存在，因此被称为不可动水。由于这部分水的存在与分布是受固体性质影响的，所以也称为束缚水，相应的饱和度称为束缚水饱和度。

　　实测结果表明 (李晓辉, 2006)，砂岩孔隙度≥20%时，束缚水饱和度约为 20%；此后，束缚水饱和度随砂岩孔隙度的降低而线性递增 (图 8-14)，结果符合上述经验公式。

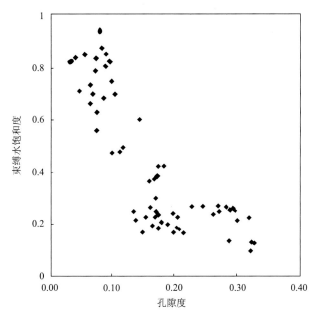

图 8-14　孔隙度与束缚水饱和度关系图

　　(2) 在运移过程中气可压缩且主要以溶解态运移，在重建气的三维运移初值时，需考虑气的压缩体积、溶解气油比和溶解水气比 (杨继盛和刘建仪, 1994)。

　　气体的压缩体积的公式为

$$\text{Vol}_{\text{gp}} = \text{Vol}_{\text{g}} \bullet B_{\text{o}} \tag{8-17}$$

式中，$\text{Vol}_{\text{gp}}$ 为在当前压力和温度下的气体体积 $(\text{m}^3)$；$\text{Vol}_{\text{g}}$ 为常温常压下的气体体积 $(\text{m}^3)$；$B_{\text{o}}$ 为体积因子 $(\%)$。

　　溶解气油比的公式为

$$R_{\text{s}} = [a\gamma_{\text{g}}^{\,b}\gamma_{\text{o}}^{\,c}T^{\,d}P]^{e} \tag{8-18}$$

式中，$R_{\text{s}}$ 为溶解气油比 $(\text{m}^3/\text{m}^3)$；$a=3598.5721$；$b=1.1877840$；$c=-3.1437$；$d=-1.32657$；

$e=1.398441$；$\gamma_g$ 为天然气的相对密度 $(t/m^3)$；$\gamma_o$ 为原油的相对密度 $(t/m^3)$；$T$ 为当前温度（℃）；$P$ 为当前的压力 $(MPa)$。

溶解水气比在纯水和矿化水中有所差别，其公式分别为

纯水中：

$$R_{sw} = \frac{A + B(145.03P) + C(145.03P)^2}{5.615} \tag{8-19}$$

矿化水中：

$$R_{wb} = R_{sw} SC' \tag{8-20}$$

$$SC' = 1 - [0.0753 - 0.000173(\theta)]S \tag{8-21}$$

$$A = 2.12 + 3.45 \times 10^{-3}(\theta) - 3.59 \times 10^{-15}(\theta)^2 \tag{8-22}$$

$$B = 0.0107 - 5.26 \times 10^{-5}(\theta) + 1.48 \times 10^{-7}(\theta)^2 \tag{8-23}$$

$$C = -8.75 \times 10^{-7} + 3.9 \times 10^{-9}(\theta) - 1.02 \times 10^{-11}(\theta)^2 \tag{8-24}$$

$$\theta = 1.8(T' - 273.15) + 32 \tag{8-25}$$

式中，$SC'$ 为矿化度校正系数；$S$ 为水的矿化度，用 NaCl 的质量百分比表示 $(\%)$；$T'$ 为热力学温度 $(K)$；$\theta$ 为中间变量；$P$ 为当前的压力 $(MPa)$。

### 8.4.3　油气运移初值三维重建实例

以东部某凹陷刘家港区块为例。该凹陷位于山东省北部，其东西长近 100km，南北宽 70km，面积约 6000km$^2$。刘家港区块处于该凹陷南部斜坡带的洼陷向凸起过渡带上，南北均为东西向断裂所围限。本次开展模拟实验的区域，南北分别与北部凸起和刘家洼陷相连。刘家洼陷属于该凹陷南部的次级洼陷，其东部、北部、西部与该凹陷中央背斜带相接，南侧为该凹陷的南斜坡断裂带。刘家洼陷的主要烃源岩为沙三段和沙四段，目前仍然处于生、排烃高峰期。刘家洼陷所排放的油气，能就近进入刘家港区块，因此刘家港区块可作为油气运移初值三维重建的案例。

由于刘家港区块现今生烃段和排烃段都较厚，输导层油气运移初值三维重建的效果明显。图 8-15 为实验区块现今排油状况三维地质模型的剖面图，表示现今油气排放主要发生于沙三下亚段，油被排往上覆的沙三中亚段；图 8-16 是实验区块输导层石油运移初值三维重建后的模型剖面图，表明本期石油初始排放主要发生于沙四上亚段，初始运移的油气集中于沙三下亚段；图 8-17 为实验区块现今排油状况三维模拟结果，排油位置为中部和西北地区的沙三下亚段有效烃源岩；图 8-18 为实验区块现今输导层石油运移初值三维重建的结果，排油源层主要为沙四上亚段。比较两组图可以发现，三维重建后的初始排油位置靠近沙四上亚段，且排油量较多。这表明现今的主力烃源岩由沙四上亚段转为沙三下亚段。

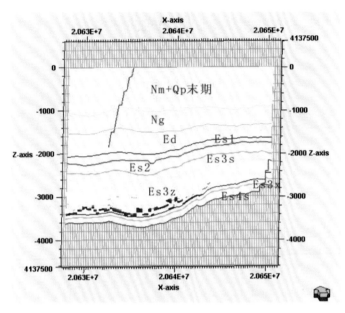

图 8-15　东部某凹陷刘家港区块现今排油状况三维地质模型的剖面图

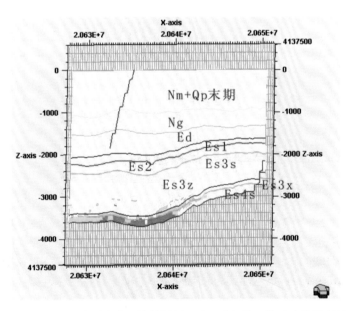

图 8-16　东部某凹陷刘家港区块输导层石油运移初值三维重建的模型剖面图

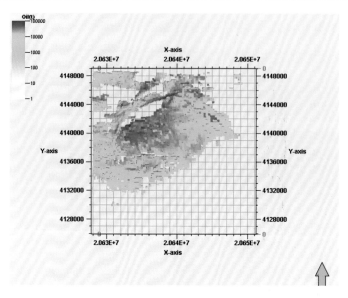

图 8-17　东部某凹陷刘家港区块现今排油状况三维模拟结果

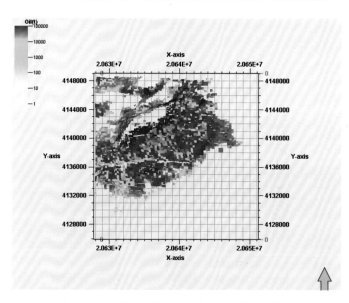

图 8-18　东部某凹陷刘家港区块输导层石油运移初值的三维重建结果

东部某凹陷刘家港区块油气运移初值三维重建的案例表明：①烃源岩的油气在正常压实产生的孔隙剩余压力、欠压实产生的异常高压力、毛管阻力和浮力等合力(即流体势)的作用下从烃源岩向输导层运移，油主要以游离相从烃源岩中排出，而天然气主要以溶解相运移。②影响输导层油气运移初值三维重建的主要因素包括流体势、岩性和断层性质，以及地质建模的数据结构和数据模型。③通过流体势差值、岩性和断层性质来判断油气的排驱方向，然后根据流体势差值所占比例、岩性和断层性质的差异，来分配油气输导的比值，是行之有效的途径和简便快捷的方法。

总之，上述输导层油气运移初值的三维重建方法和模型，能够解决在排烃史三维模拟之后油气如何从烃源岩层运移至输导层的问题，以及人工智能油气运聚模拟的输烃量预分配问题，同时可用于描述自生自储型油气藏和透镜体油气藏。

# 8.5　油气运聚的单元体模型

## 8.5.1　单元体的划分

为了使非均质的油气运移和聚集介质转化为有限个均质体，可采用三维网格化方法来剖分单元体。其准则是在横向上能够反映岩性、岩相、断层、裂隙带的变化及局部构造圈闭，在纵向上能够反映模拟区各层系的构造-地层发育过程及其他各项地质特征。每个单元体需要输入的数据包括初始烃量、相态、介质类型、孔隙度和驱动力等。其中，初始烃量可以通过传统排烃动力学模拟来获取，而相态和流体势可以采用前述数学模型来求解和判定；介质类型和孔隙度可以从三维构造-地层体模拟结果中获取。

每个单元体内的油气运移分量可用图 8-19 表示，其中

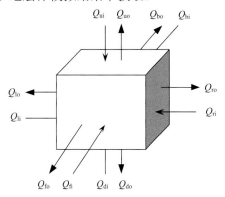

$$\sum Q_o = \sum Q_i + Q_e - Q_r \qquad (8\text{-}26)$$

$$\sum Q_i = Q_{ui} + Q_{di} + Q_{li} + Q_{ri} + Q_{bi} + Q_{fi} \qquad (8\text{-}27)$$

$$\begin{cases} Q_{uo} = FR_{uo} \times \sum Q_o, & FR_{uo} = R_{uo} + \Delta R_{uo} \\ Q_{do} = FR_{do} \times \sum Q_o, & FR_{do} = R_{do} + \Delta R_{do} \\ Q_{lo} = FR_{lo} \times \sum Q_o, & FR_{lo} = R_{lo} + \Delta R_{lo} \\ Q_{ro} = FR_{ro} \times \sum Q_o, & FR_{ro} = R_{ro} + \Delta R_{ro} \\ Q_{bo} = FR_{bo} \times \sum Q_o, & FR_{bo} = R_{bo} + \Delta R_{bo} \\ Q_{fo} = FR_{fo} \times \sum Q_o, & FR_{fo} = R_{fo} + \Delta R_{fo} \end{cases} \qquad (8\text{-}28)$$

图 8-19　单元体油气运移分量示意图

式中，$Q_o$ 为本单元体的烃输出量；$Q_i$ 为来自外单元体的烃输入量；$Q_e$ 为本单元体的排烃量；$Q_r$ 为运聚后的烃残留量；$Q_{ui}$、$Q_{di}$、$Q_{li}$、$Q_{ri}$、$Q_{bi}$、$Q_{fi}$ 和 $Q_{uo}$、$Q_{do}$、$Q_{lo}$、$Q_{ro}$、$Q_{bo}$、$Q_{fo}$ 分别为本单元体向其上、下、左、右、前、后各侧单元体的烃输入量和烃输出量；$FR_{uo}$、$FR_{do}$、$FR_{lo}$、$FR_{ro}$、$FR_{bo}$、$FR_{fo}$ 分别为本单元体向其上、下、左、右、前、后各侧单元体输出的烃总比率；$R_{uo}$、$R_{do}$、$R_{lo}$、$R_{ro}$、$R_{bo}$、$R_{fo}$ 分别为在不考虑地层倾斜及流体势单向驱动的情况下，本单元体向其上、下、左、右、前、后各侧单元体的烃输出比率，即输烃比率；$\Delta R_{uo}$、$\Delta R_{do}$、$\Delta R_{lo}$、$\Delta R_{ro}$、$\Delta R_{bo}$、$\Delta R_{fo}$ 分别为在考虑地层倾斜及流体势单向驱动的情况下，本单元体向其上、下、左、右、前、后各侧单元体的烃输出比率修正值。

## 8.5.2　基于单元体输烃比率估算的人工神经网络模型

每个单元体向其上、下、左、右、前、后各侧单元体的输烃比率，可以根据该单元体与相邻单元体的介质类型、孔隙度和驱动力的综合比较来进行半定量确定。根据海量研究资料的查阅、挖掘和专家咨询，建立了相关的知识库和学习样本抽取的方法。

8.5.2.1  学习样本的获取

以仅考虑向上浮力和毛管阻力驱动的情况为例，每个单元体向其上侧、下侧、左侧、右侧、后侧、前侧各单元体的油气输烃比率，取决于其本身及周围单元体的介质类型、埋藏深度和孔隙度。一方面通过前述的有关公式来求解单元体的孔隙度、浮力和毛管阻力；另一方面通过向领域专家咨询、调查的方法，来获取定性分析单元体输导性及其与周围各单元体之间关系的专家知识。然后综合定量与定性分析结果，确定该单元体向其周围单元体的烃输出比率，形成单元体输烃比率评价学习样本。下面以两条从水平的泥岩单元体向外排烃的判断规则(专家知识)的定性表述为例加以说明。

1)规则 1106

(1)若盆地处于持续沉降阶段，且

(2)单元体基本上由泥岩组成，且

(3)单元体的泥岩处于正常压实阶段晚期，且

(4)单元体的顶上是砂岩，且

(5)单元体的一侧是砂岩，且

(6)单元体的另三侧是泥岩，

则油气主要是向顶上的砂岩做垂向运移(分配量是油 0.7、气 0.8)，部分向砂岩一侧横向运移(分配量是油 0.3、气 0.2)。

2)规则 1107

(1)若盆地处于持续沉降阶段，且

(2)单元体基本上由泥岩组成，且

(3)单元体的泥岩处于正常压实阶段晚期，且

(4)单元体的顶上是砂岩，且

(5)单元体的一侧是砂岩，且

(6)单元体的两侧是泥岩，且

(7)单元体的另一侧是断层，且

(8)断层的输导性好，

则油气主要向断层一侧做横向运移(分配量是油 0.5、气 0.48)，部分向顶上的砂岩做垂向运移(分配量是油 0.35、气 0.4)，少量可以向砂岩一侧横向运移(分配量是油 0.15、气 0.12)。

8.5.2.2  单元体输导性评价指标

采用模糊数学的隶属度分割方法对单元体与周围各单元体输导性评价指标定量化，建立评价矩阵，其具体形式如下。

(1)岩层(体)：

$$\mu_{dy}(x) = \begin{cases} 0.6, & x = A \\ 0.3, & x = B \\ 0.0, & x = C \end{cases}$$

式中，A 表示岩层级别为 I 级(相当于砂岩)；B 表示岩层级别为 II 级(相当于砂泥互层)；C 表示岩层级别为 III 级(相当于泥岩)。

(2)断层：

$$\mu_{dd}(x)=\begin{cases}1.0, & x=A\\0.6, & x=B\\0.3, & x=C\\0.0, & x=D\end{cases}$$

式中，A 表示断层的级别为 I 级；B 表示断层的级别为 II 级；C 表示断层的级别为 III 级；D 表示断层的级别为 IV 级。

(3)裂隙带：

$$\mu_{dl}(x)=\begin{cases}0.7, & x=A\\0.4, & x=B\\0.1, & x=C\\0.0, & x=D\end{cases}$$

式中，A 表示裂隙带级别为 I 级；B 表示裂隙带级别为 II 级；C 表示裂隙带级别为 III 级；D 表示裂隙带级别为 IV 级。

(4)不整合面：

$$\mu_{br}(x)=\begin{cases}0.8, & x=A\\0.5, & x=B\\0.2, & x=C\\0.0, & x=D\end{cases}$$

式中，A 表示不整合面的级别为 I 级；B 表示不整合面的级别为 II 级；C 表示不整合面的级别为 III 级；D 表示不整合面的级别为 IV 级。

采用 6(输入层)-13(隐含层)-1(输出层)的神经网络拓扑结构，把从专家经验中获取的样本代入网络，把各单元体的输导性定量指标值作为网络输入，把向相邻各单元体的烃输出比率作为网络输出，系统误差设定为 0.0001，经过反复学习，即建立了单元体输烃比率的模糊人工神经网络评价模型。

### 8.5.2.3　断层单元的烃运移模型

断层单元的输导性比较特殊，需要做一些专门的讨论。由于断层的作用，可能导致储层与储层、储层与盖层、储层与烃源岩或烃源岩与盖层等不同输导性的地层对置。显然，无论断层单元是作为油气运移的有效通道单元，还是作为封堵单元，它们对油气的运移和聚集都将会产生重要影响。

如果断层单元作为油气运移的通道单元，油气在沿着断层单元向上运移的过程中，会向与其相连接的储层单元分配烃量。同时如果存在多个储层单元，上部储层单元的烃类分配量一般会较下部少。烃类的分配依据主要是断层单元与储层单元、储层单元与储层单元之间输导性的对比关系，其简单模型(图 8-20)表达如下。

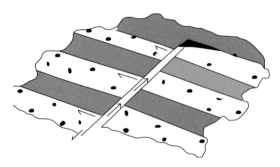

图 8-20　断层烃运移量分配关系示意图
图中箭头长短表示分配烃量的多少

假设与断层相连接且接受断层烃分配量的储层单元体的数量为 $n$，各单元体的输导性评价指数分别为 $i_1, i_2, \cdots, i_k, \cdots, i_n$，则第 $k$ 个单元体接受的烃分配量为

$$Q_k = Q \times d_k \times \frac{i_k}{\sum\limits_{j=1}^{n} i_j} \tag{8-29}$$

式中，$Q_k$ 为第 $k$ 个单元体接受的烃分配量；$Q$ 为断层烃分配总量；$d_k$ 为第 $k$ 个单元体接受烃分配量的修正系数(根据运移距离确定)。

断层运移烃类的实际地质过程非常复杂，影响因素众多，需要在上述简单模型基础上，综合各种地质因素进行分析，才能够很好地解决与断层单元相连接的各地层单元体烃量分配问题，为模拟软件模型的建立和软件开发奠定基础。

### 8.5.3　圈闭评价的人工神经网络评价模型

圈闭评价是油气运聚人工神经网络模拟的重要组成部分,其内容包括油源条件评价、储集条件评价、封盖条件评价和保存条件评价。这四个条件均存在并且形成有机的组合,是决定圈闭有效性的基本因素。

#### 8.5.3.1　油源条件评价

##### 1. 学习样本获取

油源条件的影响因素可以归纳为供油面(体)积/圈闭面积、供油量、与圈闭距离、空间位置、时间匹配和断层活动性等。应当根据各种因素对油源条件的影响及自身的特点,对其进行级别的划分,然后作为油源条件好坏评价的指标。油源条件评价的具体划分结果如表 8-5 所示。根据油源条件评价指标的不同组合,通过向专家咨询等方式,可分别确定其对应的油源条件级别,从而达到获取油源条件评价学习样本的目的。

##### 2. 油源条件评价指标和等级

采用模糊数学的隶属度分割方法,对油源条件评价指标进行定量化,可建立"优、良、中、差、劣"的 5 元评价矩阵,其具体形式如下。

表 8-5　油源条件评价指标分级表

| 指标 | I | II | III | IV | V |
|---|---|---|---|---|---|
| 供油面(体)积/圈闭面积 | >4 | 3～4 | 2～3 | 1～2 | ≤1 |
| 供油量/$10^8$t | >3 | 1.5～3 | 0.5～1.5 | 0.25～0.5 | ≤0.25 |
| 与圈闭距离 | 短 | 长 | | | |
| 空间位置 | 位于运移主线 | 位于运移支线 | 不在运移路线上 | | |
| 圈闭形成时间 | 运移期前 | 主运移期前期 | 主运移期后期 | 主运移期末期 | 主运移期结束后 |
| 断层活动时间 | 长期活动 | 主运移期前期 | 主运移期后期 | 主运移期末期 | 主运移期结束后 |

(1)供油面(体)积/圈闭面积：

$$\mu_{gm}(x) = \begin{cases} 0.9, & x > 4 \\ 0.7, & 3 < x \leqslant 4 \\ 0.5, & 2 < x \leqslant 3 \\ 0.3, & 1 < x \leqslant 2 \\ 0.1, & x \leqslant 1 \end{cases}$$

(2)供油量：

$$\mu_{gl}(x) = \begin{cases} 0.9, & x > 3 \times 10^8 \\ 0.7, & 1.5 \times 10^8 < x \leqslant 3 \times 10^8 \\ 0.5, & 0.5 \times 10^8 < x \leqslant 1.5 \times 10^8 \\ 0.3, & 0.25 \times 10^8 < x \leqslant 0.5 \times 10^8 \\ 0.1, & x \leqslant 0.25 \times 10^8 \end{cases}$$

(3)与圈闭距离：

$$\mu_{ji}(x) = \begin{cases} 0.9, & x = A \\ 0.1, & x = B \end{cases}$$

式中，A 表示与圈闭距离短；B 表示与圈闭距离长。

(4)空间位置：

$$\mu_{gw}(x) = \begin{cases} 0.9, & x = A \\ 0.5, & x = B \\ 0.1, & x = C \end{cases}$$

式中，A 表示位于运移主线；B 表示位于运移支线；C 表示不在运移路线上。

(5)圈闭形成时间：

$$\mu_{gs}(x) = \begin{cases} 0.9, & x = A \\ 0.7, & x = B \\ 0.5, & x = C \\ 0.3, & x = D \\ 0.1, & x = E \end{cases}$$

式中，A 表示运移期前形成圈闭；B 表示主运移期前期形成圈闭；C 表示主运移期后期形成圈闭；D 表示主运移期末期形成圈闭；E 表示主运移期结束后形成圈闭。

(6)断层活动时间：

$$\mu_{gd}(x)=\begin{cases}0.9, & x=A\\0.7, & x=B\\0.5, & x=C\\0.3, & x=D\\0.1, & x=E\end{cases}$$

式中，A 表示长期活动；B 表示主运移期前期活动；C 表示主运移期后期活动；D 表示主运移期末期活动；E 表示主运移期结束后活动。

(7)油源条件级别：

$$\mu_{gj}(x)=\begin{cases}0.9, & x=A\\0.7, & x=B\\0.5, & x=C\\0.3, & x=D\\0.1, & x=E\end{cases}$$

式中，A、B、C、D、E 分别表示油源条件为 I 级、II 级、III 级、IV 级和 V 级。

将从专家知识中获取的样本，在经过上述方法对油源条件评价影响因素及评价级别等指标定量化的基础上，采用 6(输入层)-13(隐含层)-1(输出层)神经网络拓扑结构，系统误差设定为 0.0001，经过反复学习，即建立油源条件评价的模糊人工神经网络评价模型。

### 8.5.3.2　储集条件评价

#### 1. 学习样本获取

在实际地质条件下，储层是非均质性的，根据所建立的储层概念模型，综合地把影响储层储集性好坏的控制因素，归纳为孔隙度、砂岩百分比、渗透率、砂体类型、裂隙发育程度、储层厚度等。具体的储层储集性评价指标，需要根据各因素对储层储集性的影响及自身的特点，进行层次级别划分。具体划分方案如表 8-6 所示。根据这些指标的不同组合，通过向专家咨询或人工智能计算等方式，确定其分别对应的储层的级别，便可以获取储层评价学习样本，形成评价指标体系。

**表 8-6　储集条件评价指标分级表**

| 指标 | I | II | III |
|---|---|---|---|
| 孔隙度/% | >15 | 5～15 | ≤5 |
| 砂岩百分比/% | >60 | 30～60 | ≤30 |
| 渗透率/mD | >100 | 10～100 | ≤10 |
| 砂体类型 | 冲积扇相、河流相、三角洲相、台地相 | 平原相、滨海相、河沼相 | 浅海相、浅湖相、深湖相 |
| 裂隙发育程度 | 非常发育 | 发育 | 不发育 |
| 储层厚度/m | >1400 | 100～1400 | ≤100 |

2. 储集条件评价指标和等级

采用模糊数学方法对储层储集性的影响因素及其评价等级进行定量化，以满足建模的需要。其隶属函数的确定结果如下。

（1）孔隙度：

$$\mu_{\mathrm{ck}}(x) = \begin{cases} 0.9, & x > 15\% \\ 0.5, & 5\% < x \leqslant 15\% \\ 0.1, & x \leqslant 5\% \end{cases}$$

（2）砂岩百分比：

$$\mu_{\mathrm{cb}}(x) = \begin{cases} 0.9, & x > 60\% \\ 0.5, & 30\% < x \leqslant 60\% \\ 0.1, & x \leqslant 30\% \end{cases}$$

（3）渗透率：

$$\mu_{\mathrm{cs}}(x) = \begin{cases} 0.9, & x > 100 \\ 0.5, & 10 < x \leqslant 100 \\ 0.1, & x \leqslant 10 \end{cases}$$

式中，$x$ 的单位为 mD。

（4）砂体类型：

$$\mu_{\mathrm{cl}}(x) = \begin{cases} 0.9, & x = \mathrm{A} \\ 0.5, & x = \mathrm{B} \\ 0.1, & x = \mathrm{C} \end{cases}$$

式中，A 为冲积扇相、河流相、三角洲相、台地相；B 为平原相、滨海相、河沼相；C 为浅海相、浅湖相、深湖相。

（5）裂隙发育程度：

$$\mu_{\mathrm{cc}}(x) = \begin{cases} 0.9, & x = \mathrm{A} \\ 0.5, & x = \mathrm{B} \\ 0.1, & x = \mathrm{C} \end{cases}$$

式中，A 为非常发育；B 为发育；C 为不发育。

（6）储层厚度：

$$\mu_{\mathrm{ch}}(x) = \begin{cases} 0.9, & x > 1400 \\ 0.5, & 100 < x \leqslant 1400 \\ 0.1, & x \leqslant 100 \end{cases}$$

式中，$x$ 单位为 m。

(7)评价级别：

$$\mu_{cj}(x) = \begin{cases} 0.6, & x = A \\ 0.3, & x = B \\ 0.0, & x = C \end{cases}$$

式中，A 为 I 级；B 为 II 级；C 为 III 级。

将从专家知识中获取的样本，在经过上述方法对储层评价影响因素及评价级别等指标定量化的基础上，采用 6(输入层)-13(隐含层)-1(输出层)神经网络拓扑结构，系统误差设定为 0.0001，经过反复学习，即建立了储集条件评价的模糊人工神经网络评价模型。

### 8.5.3.3 封盖条件评价

#### 1. 学习样本获取

良好的盖层是油气成藏的重要条件。根据所建立的圈闭封盖条件概念模型，在综合考虑了盖层封闭能力影响因素基础上，将影响盖层封闭性好坏的控制因素归纳为物性封闭能力、压力封闭能力、烃浓度封闭能力、岩性、单层厚度、累积厚度、沉积相和成岩程度等。根据各因素对盖层封闭能力的影响及自身的特点，对其进行了级别的划分，作为盖层封盖条件评价的指标，具体划分结果如表 8-7 所示。根据这些指标的不同组合，确定其分别对应的盖层的级别，从而达到获取盖层评价学习样本的目的。

表 8-7　封盖条件评价指标分级表

| 指标 | I | II | III | IV |
|---|---|---|---|---|
| 物性封闭能力(盖层排替压力与储层剩余压力差)/MPa | >2.0 | 0.5~2.0 | 0.1~0.5 | ≤0.1 |
| 压力封闭能力(盖层与储层压力系数之差) | >0.3 | 0.2~0.3 | 0.1~0.2 | ≤0.1 |
| 烃浓度封闭能力 | 已进入生烃门限，且具异常压力 | 已进入生烃门限，且具异常压力 | 已进入生烃门限，不具异常压力 | 已进入生烃门限，不具异常压力 |
| 岩性 | 膏盐岩、泥岩、钙质泥岩 | 含砂泥岩、含粉砂泥岩 | 粉砂质泥岩、砂质泥岩 | 泥质粉砂岩、泥质砂岩 |
| 单层厚度/m | >20 | 10~20 | 2.5~10 | ≤2.5 |
| 累积厚度/m | >300 | 150~300 | 50~150 | ≤50 |
| 沉积相 | 半深-深海相、浅海相、半深-深湖相、蒸发台地相 | 三角洲前缘亚相、台地相、潟湖相、滨浅湖相 | 台地边缘相、滨岸相、三角洲平原相 | 河流相、冲积扇相 |
| 成岩程度 | 晚成岩 A 亚期 | 早成岩 B 亚期 | 晚成岩 B 亚期、早成岩 A 亚期 | 晚成岩 C 亚期 |

资料来源：陈章明(1993)。

## 2. 封盖条件评价指标和等级

采用模糊数学方法对盖层封闭能力的影响因素及其评价等级进行定量化，根据有利度建立"优、良、中、差"的 4 元评价矩阵。其隶属函数的确定结果如下。

(1) 物性封闭能力：

$$\mu_{fw}(x) = \begin{cases} 0.9, & x > 2 \\ 0.6, & 0.5 < x \leqslant 2 \\ 0.3, & 0.1 < x \leqslant 0.5 \\ 0.0, & x \leqslant 0.1 \end{cases}$$

式中，$x$ 单位为 MPa。

(2) 压力封闭能力：

$$\mu_{fy}(x) = \begin{cases} 0.9, & x > 0.3 \\ 0.6, & 0.2 < x \leqslant 0.3 \\ 0.3, & 0.1 < x \leqslant 0.2 \\ 0.0, & x \leqslant 0.1 \end{cases}$$

(3) 烃浓度封闭能力：

$$\mu_{ft}(x) = \begin{cases} 0.9, & x = A \\ 0.1, & x = B \end{cases}$$

式中，A 为已进入生烃门限，且具异常压力；B 为已进入生烃门限，不具异常压力。

(4) 岩性：

$$\mu_{fx}(x) = \begin{cases} 0.9, & x = A \\ 0.6, & x = B \\ 0.3, & x = C \\ 0.0, & x = D \end{cases}$$

式中，A 为膏盐岩、泥岩、钙质泥岩；B 为含砂泥岩、含粉砂泥岩；C 为粉砂质泥岩、砂质泥岩；D 为泥质粉砂岩、泥质砂岩。

(5) 单层厚度：

$$\mu_{fd}(x) = \begin{cases} 0.9, & x > 20 \\ 0.6, & 10 < x \leqslant 20 \\ 0.3, & 2.5 < x \leqslant 10 \\ 0.0, & x \leqslant 2.5 \end{cases}$$

式中，$x$ 单位为 m。

(6) 累积厚度：

$$\mu_{fh}(x)=\begin{cases}0.9, & x>300\\0.6, & 150<x\leqslant300\\0.3, & 50<x\leqslant150\\0.1, & x\leqslant50\end{cases}$$

式中，$x$ 单位为 m。

(7) 沉积相：

$$\mu_{fs}(x)=\begin{cases}0.9, & x=A\\0.6, & x=B\\0.3, & x=C\\0.0, & x=D\end{cases}$$

式中，A 为半深-深海相、浅海相、半深-深湖相、蒸发台地相；B 为三角洲前缘亚相、台地相、潟湖相、滨浅湖相；C 为台地边缘相、滨岸相、三角洲平原相；D 为河流相、冲积扇相。

(8) 成岩程度：

$$\mu_{fc}(x)=\begin{cases}0.9, & x=A\\0.6, & x=B\\0.3, & x=C\\0.0, & x=D\end{cases}$$

式中，A 为晚成岩 A 亚期；B 为早成岩 B 亚期；C 为晚成岩 B 亚期、早成岩 A 亚期；D 为晚成岩 C 亚期。

(9) 评价级别：

$$\mu_{fj}(x)=\begin{cases}0.9, & x=A\\0.6, & x=B\\0.3, & x=C\\0.0, & x=D\end{cases}$$

式中，A 为Ⅰ级盖层；B 为Ⅱ级盖层；C 为Ⅲ级盖层；D 为Ⅵ级盖层。

将从专家知识中获取的样本，在经过上述方法对盖层评价影响因素及评价级别等指标定量化的基础上，采用 8(输入层)-17(隐含层)-1(输出层)神经网络拓扑结构，系统的误差设定为 0.0001，经过反复学习，即建立了封盖条件评价的模糊人工神经网络评价模型。

### 8.5.3.4　保存条件评价

#### 1. 学习样本获取

保存条件的影响因素可以归纳为断层情况、上覆地层剥蚀情况、岩浆活动情况、生物降解、水动力情况等。根据各因素对保存条件的影响及自身的特点，对其进行了级别的划分，然后将其作为保存条件好坏评价的指标。其具体划分方案如表 8-8 所示。根据这些指标的不同组合，通过向专家咨询或智能计算等方式，确定其分别对应的保存条件级别，从而达到获取保存条件评价学习样本的目的。

表 8-8　保存条件评价指标分级表

| 指标 | I | II | III | IV | V |
|---|---|---|---|---|---|
| 断层情况 | 无断层 | 压性断层 | 压扭性断层 | 张扭性断层 | 张性断层 |
| 上覆地层剥蚀情况 | 无 | 轻度(0~150m) | 中度(150~550m) | 严重(550~1000m) | 特严重(>1000m) |
| 岩浆活动情况 | 无 | 接近油气藏 | 部分穿过油气藏 | 穿过油气藏 | |
| 生物降解 | 无 | 轻度 | 中度 | 严重 | 特严重 |
| 水动力情况 | 无 | 阻滞带、不活跃 | 迟滞带内侧、不太活跃 | 迟滞带外侧、活跃 | 流畅带、很活跃 |

### 2. 保存条件评价指标和等级

采用模糊数学的隶属度分割方法将保存条件评价指标定量化，根据对保存的有利度建立"优、良、中、差、劣"的 5 元评价矩阵。其具体形式如下。

(1)断层情况：

$$\mu_{bd}(x) = \begin{cases} 0.9, & x = A \\ 0.7, & x = B \\ 0.5, & x = C \\ 0.3, & x = D \\ 0.1, & x = E \end{cases}$$

式中，A 为无断层；B 为压性断层；C 为压扭性断层；D 为张扭性断层；E 为张性断层。

(2)上覆地层剥蚀情况：

$$\mu_{bf}(x) = \begin{cases} 0.9, & x = A \\ 0.7, & x = B \\ 0.5, & x = C \\ 0.3, & x = D \\ 0.1, & x = E \end{cases}$$

式中，A 为无剥蚀；B 为轻度剥蚀；C 为中度剥蚀；D 为严重剥蚀；E 为特严重剥蚀。

(3)岩浆活动情况：

$$\mu_{by}(x) = \begin{cases} 0.9, & x = A \\ 0.6, & x = B \\ 0.3, & x = C \\ 0.0, & x = D \end{cases}$$

式中，A 为无岩浆活动；B 为岩浆接近油气藏；C 为岩浆部分穿过油气藏；D 为岩浆穿过油气藏。

(4) 生物降解：

$$\mu_{bs}(x) = \begin{cases} 0.9, & x = A \\ 0.7, & x = B \\ 0.5, & x = C \\ 0.3, & x = D \\ 0.1, & x = E \end{cases}$$

式中，A 为无；B 为轻度；C 为中度；D 为严重；E 为特严重。

(5) 水动力情况：

$$\mu_{bw}(x) = \begin{cases} 0.9, & x = A \\ 0.7, & x = B \\ 0.5, & x = C \\ 0.3, & x = D \\ 0.1, & x = E \end{cases}$$

式中，A 为无水动力作用；B 为阻滞带、不活跃；C 为迟滞带内侧、不太活跃；D 为迟滞带外侧、活跃；E 为流畅带、很活跃。

(6) 评价级别：

$$\mu_{bj}(x) = \begin{cases} 0.9, & x = A \\ 0.7, & x = B \\ 0.5, & x = C \\ 0.3, & x = D \\ 0.1, & x = E \end{cases}$$

式中，A 为 Ⅰ 级保存条件；B 为 Ⅱ 级保存条件；C 为 Ⅲ 级保存条件；D 为 Ⅳ 级保存条件；E 为 Ⅴ 级保存条件。

将从专家知识中获取的样本，通过上述方法对保存条件评价影响因素及评价级别等指标定量化，然后采用 6(输入层)-13(隐含层)-1(输出层) 的神经网络拓扑结构，经过反复学习，便可以建立保存条件评价的模糊人工神经网络评价模型。为了保证模拟精度，同时考虑计算机运行速度和时间，系统的误差设定为 0.0001。

### 8.5.3.5　圈闭综合评价

在对油气圈闭的油源条件、储集条件、封盖条件和保存条件分别进行评价的基础上，需要进一步采用模糊人工神经网络算法，对圈闭的质量和经济条件进行综合评价。

首先根据运聚模拟结果，提取油源条件、储集条件、封盖条件和保存条件评价值，以及有关的圈闭参数值：高点埋深、圈闭面积、闭合度、圈闭类型。利用模糊综合评判方法，对圈闭成藏条件进行综合评价。然后，对圈闭的勘探、开发和生产等过程中发生的投资、成本和收益进行经济评价，得到圈闭可能的内部收益率、净现值和净现值率等。本书采用概要型经济评价体系模型，进行勘探阶段的经济评价，即

$$M = Q_o P_o R_o P_{om} + Q_g P_g R_g P_{gm} - NHP_p \tag{8-30}$$

式中，$M$ 为圈闭经济评价值；$Q_o$ 为油资源量；$P_o$ 为圈闭含油概率；$R_o$ 为预探阶段最终油探明率；$P_{om}$ 为油价；$Q_g$ 为气资源量；$P_g$ 为圈闭含气概率；$R_g$ 为预探阶段最终气探明率；$P_{gm}$ 为气价；$N$ 为探井数；$H$ 为平均井深；$P_p$ 为每米探井费用。

最后，对进行过成藏条件评价和经济评价的圈闭，进行综合评价并划分圈闭类别，优选出可供预探的有利圈闭。综合评价采用二因素排队法进行，即

$$R = 1 - \sqrt{gw(1-\alpha)^2 + ew(1-\beta)^2} \qquad (8\text{-}31)$$

式中，$R$ 为圈闭综合评价系数，$R$ 越大，圈闭越好；$\alpha$ 为圈闭成藏条件评价值的合成，$\alpha$ 值越大，成藏条件越好；gw 为成藏条件评价的权重；$\beta$ 为圈闭经济评价值，值越大，经济价值越大；ew 为经济评价的权重；gw+ew＝1。

## 8.6　油气运聚人工智能模拟系统的研发与应用

在建立了油气运移和聚集的实体模型、概念模型和方法模型之后，需要进一步建立其模拟软件模型，即总结实现油气运聚方法模型的目标、规则、标准、技术、过程和程序结构框架。然后选择合适的系统开发平台和语言，完成软件的开发工作。

### 8.6.1　油气运聚人工智能模拟系统工作流程

油气运聚人工智能模拟的内在逻辑过程，就是根据多动力合成的流体势和当前单元的岩层输导性、断层、不整合面、裂隙带，采用模糊人工神经网络来决定油气向相邻的哪个单元运移，以及运移量的大小。这个逻辑过程的图示，便是油气运移和聚集模拟软件研发的基本框图(图 8-21)，可用于规划研发工作。

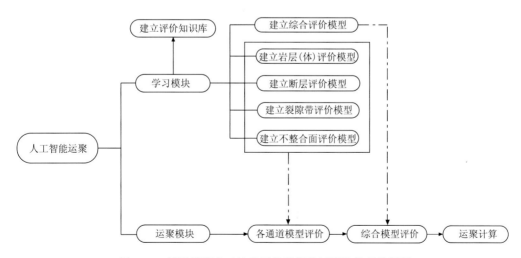

图 8-21　基于模糊人工神经网络的智能运聚软件研发框图

其中，学习模块是整个系统的灵魂。该模块由各种运移方向判断子模块组成，其功能是根据各单元的特征判断本单元向周围单元运移的比率(图 8-22)。

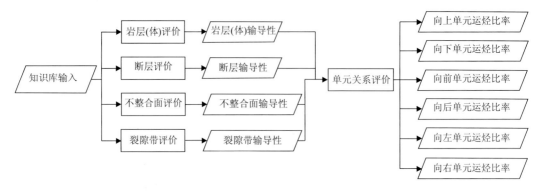

图 8-22　智能运聚软件系统的学习模块功能描述

　　把油气运移、聚集人工智能模拟子系统，与油气成藏动力学模拟与评价系统的其他子系统结合起来，可以得到如下完整的工作流程(图 8-23)。

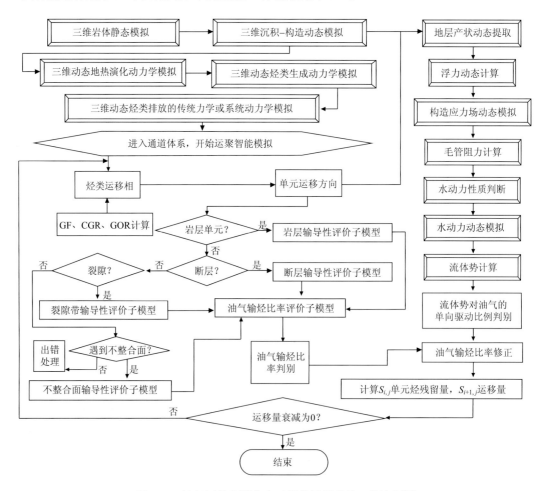

图 8-23　油气运移和聚集人工智能模拟系统工作流程图

双线框代表传统动力学模拟方式

## 8.6.2　系统功能设计

系统功能设计是否合理关系到所开发系统的实用性、安全性和生命力等。根据油气运移和聚集的方法模型、人工智能模拟的工作流程及与油气成藏动力学模拟与评价系统的其他子系统的关系，确定本系统的主要功能模块为文件管理模块、可视化显示模块、输导体系评价模块、运聚过程模拟模块、圈闭评价模块和帮助设置模块(图 8-24)。

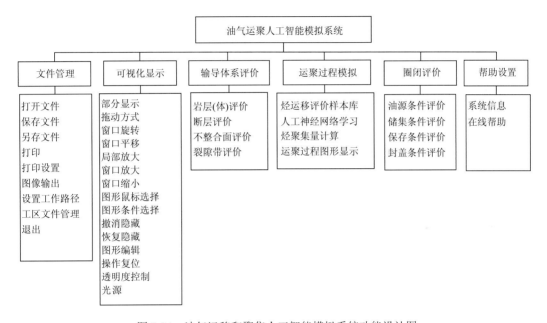

图 8-24　油气运移和聚集人工智能模拟系统功能设计图

## 8.6.3　油气运聚人工智能模拟系统的算法

### 8.6.3.1　人工神经网络的基本算法

在上述的工作流程分析、软件功能及用户界面设计的基础上，进行软件开发工作。系统选用 BP 神经网络技术的人工智能方法为实现手段，其软件的具体算法和工作流程如下(图 8-25)。

(1)权值和阈值初始化。给全部权值和阈值随机赋初值。

(2)随机选取一模式对 $A_k = (a_1^k, a_2^k, \cdots, a_n^k)$，$Y_k = (y_1^k, y_2^k, \cdots, y_q^k)$ 提供给 BP 神经网络。

(3)用输入模式 $A_k = (a_1^k, a_2^k, \cdots, a_n^k)$、连接权值 $w_{ij}$ 和阈值 $\theta_j$ 计算中间层各单元的输入 $s_j$；然后用 $s_j$ 通过 $S$ 函数计算中间层各单元的输出 $b_j$。

$$s_j = \sum_{i=1}^{n} w_{ij} \cdot a_i - \theta_j, \qquad j = 1, 2, \cdots, p \qquad (8\text{-}32)$$

$$b_j = f(s_j), \qquad j = 1, 2, \cdots, p \qquad (8\text{-}33)$$

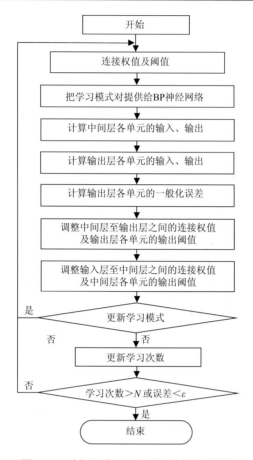

图 8-25　油气运聚 BP 神经网络算法流程图

（4）用中间层的输出 $b_j$、连接权值 $v_{jt}$ 和阈值 $\gamma_t$ 计算输出层各单元的输入 $l_t$，然后用 $l_t$ 通过 $S$ 函数计算输出层各单元的响应 $c_t$。

$$l_t = \sum_{j=1}^{p} v_{jt} \cdot b_j - \gamma_t, \qquad t = 1, 2, \cdots, q \qquad (8\text{-}34)$$

$$c_t = f(l_t), \qquad t = 1, 2, \cdots, q \qquad (8\text{-}35)$$

（5）用希望输出模式 $Y_k = (y_1^k, y_2^k, \cdots, y_q^k)$、网络实际输出 $c_t$，计算输出层各单元的一般化误差 $d_t^k$。

$$d_t^k = (y_t^k - c_t) \cdot c_t (1 - c_t), \qquad t = 1, 2, \cdots, q \qquad (8\text{-}36)$$

（6）用连接权值 $v_{jt}$、输出层的一般化误差 $d_t^k$、中间层的输出 $b_j$，计算中间层各单元的一般化误差 $e_j^k$。

$$e_j^k = [\sum_{t=1}^{q} d_t \cdot v_{jt}] \cdot b_j (1 - b_j), \qquad j = 1, 2, \cdots, p \qquad (8\text{-}37)$$

（7）用输出层各单元的一般化误差 $d_t^k$、中间层各单元的输出 $b_j$ 修正连接权值 $v_{jt}$ 和阈

值 $\gamma_t$。

$$v_{jt}(N+1) = v_{jt}(N) + \alpha \cdot d_t^k \cdot b_j, \quad j = 1, 2, \cdots, p; \quad t = 1, 2, \cdots, q \quad (0 < \alpha < 1) \quad (8\text{-}38)$$

$$\gamma_t(N+1) = \gamma_t(N) + \alpha \cdot d_t^k, \qquad t = 1, 2, \cdots, q \qquad (8\text{-}39)$$

(8)确定学习率 $\beta$，用中间层各单元的一般化误差 $e_j^k$、输入层各单元的输入数据 $A_k = (a_1^k, a_2^k, \cdots, a_n^k)$，修正连接权值 $w_{ij}$ 和阈值 $\theta_j$。

$$w_{ij}(N+1) = w_{ij}(N) + \beta \cdot e_j^k \cdot a_i^k, \qquad i = 1, 2, \cdots, n; \quad j = 1, 2, \cdots, p \qquad (8\text{-}40)$$

$$\theta_j(N+1) = \theta_j(N) + \beta \cdot e_j^k, \qquad j = 1, 2, \cdots, p \qquad (8\text{-}41)$$

(9)随机选取下一学习模式对提供给 BP 神经网络，返回到步骤(3)直到 $m$ 个学习模式对均训练完毕。

(10)重新从 $m$ 个学习模式对中随机选取一个模式对，返回步骤(3)，直到网络全局误差 $E$ 小于设定的某极小值(网络收敛)或学习次数大于设定的某极大值(无法收敛)为止。

(11)结束学习。

### 8.6.3.2　图形显示技术

油气运移和聚集人工智能模拟的目的是圈定油气可能聚集的圈闭位置，跟踪油气运移的主要运移通道，因此如何显示模拟结果至关重要。本系统采用了三维图形透视显示和分层界面动态显示技术。三维图形透视显示技术是将某一时刻某地层中的油气运移、聚集情况，投影到三维沉积体图形下方，以平面图形式显示出来。这时该地层以反色的形式显示以区别于其他地层，实现图像显示与地层变化的联动。分层界面动态显示技术是将某一时刻某岩层中的油气运移、聚集情况，投影到该岩层的顶界面(空间曲面)上进行动态显示，可以追踪油气运移的流线、主干通道、运移通量和聚集量。此外，系统还采用了平面等值线图和剖面等值线图的显示技术,使用户能够以多种方式显示模拟结果。

### 8.6.3.3　单元体属性自动提取技术

在进行油气运移和聚集过程模拟中，实现各单元体属性的自动提取是在不同单元体之间进行烃量分配的关键。本系统可以设置外接数据库，也可以用文件的形式读取沉积体模拟、沉积-构造动态模拟中有关地层、构造的属性信息，对通道体系的输导性进行评价后，可同时以属性文件的形式保存。在自动剖分的过程中，能自动读取属性文件并对各单元体进行属性赋值，进而完成单元体输烃比率评价和烃运聚量的模拟计算。

### 8.6.3.4　油气运聚人工智能模拟的实现过程

油气运移是一个复杂的过程，涉及多种情况的灵活处置。例如，根据流体势或界面的起伏，对油气运移的方向和运移量进行判断。输导层中的流体势，需要通过动态运算才能获得；而岩层起伏对油气运聚方向的判断，不需要求解复杂的方程，可以采用非动力学方式来判断。在一般情况下，本系统以地震反射界面所反映的地层分界面为标准，每一套岩层通过相邻地震反射界面来判断。如果因为某个分界面被剥蚀或削蚀，致使部分区域缺失此界面，需要按照它所涉及的地层补上，即剥蚀量恢复。

油气聚集模拟也是如此。在本系统中，油气聚集模拟是油气运移模拟的特例，油气聚集，与油气运移是同时进行的。当油气充注储集体时，通常先充注气，如有剩余空间再充注油。当某个单元体的油气运聚模拟进入下一个阶段时，其前一个阶段的排烃量需要清零，但前一阶段的聚集量与当前阶段的排烃量将一起作为源提供给当前阶段的新圈闭，依照对比结果或继续聚集，或局部移出，或全部散移出，由此实现油气再分配。如果上覆地层的砂岩比大，则把上覆地层改为输导层，让油气进入并通过。当油气运移至盆地边界时，则按散失处理，令该油气源消失。油气运聚人工智能模拟的实现算法如图 8-26 所示。

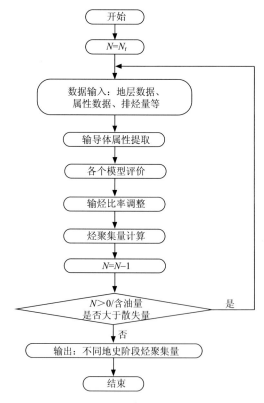

图 8-26　油气运聚人工智能模拟实现算法框图

与岩层单元一样，断层单元间的输导性比较，是油气运聚人工神经网络模拟过程的基本内容之一。进行油气人工神经网络运移模块设计时，对于断层的基本处理思路是：首先判断当前单元体中是否含有断层，若有，则接着判断层属于哪一个级别和类别，对单元体周围的情况进行比较并计算运移量。然后，判断指向断层是否有油气运移量，若有，则这部分油气量移向断面另一侧，并沿断面向上进行分配。计算到最后，需要判断沿断面向上分配的油气量是否递减为 0，以及油气是否运移到达断层面的最顶端。若没有，则继续向断层和断层两侧分配油气，否则终止运行(图 8-27)。

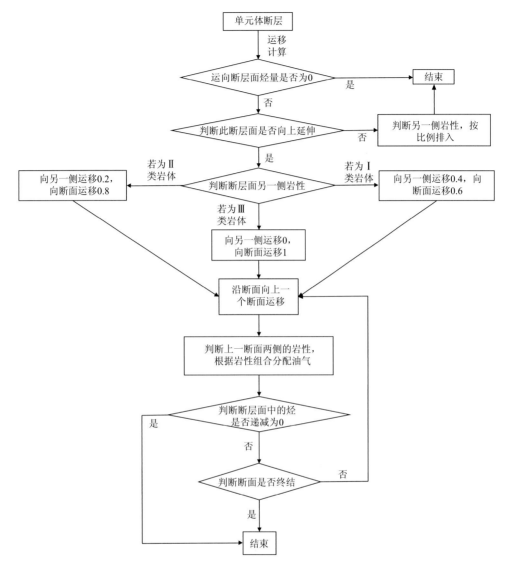

图 8-27　断层单元体油气运聚人工神经网络模拟算法框图

　　在模拟计算过程中，涉及一系列相关参数的输入和输出。其中，输入参数包括古构造史、地热史、生排烃史、各输导层的输导性。这些是中间成果，但对油气运聚人工智能模拟而言，它是输入数据。这些中间成果以角点网格形式存放，包含了各单元的孔隙度、渗透率，若有断层，也包含了断层参数，以及每个单元的生烃量、排烃量等参数，还包括各神经元模型。这些参数值都与模拟对象的体数据凝聚在一起，作为六面体网格模型的属性数据存储，或与几何数据分开存储。输出参数包括：各单元在不同时期油、气的饱和度和运移量，特别是能展现一些关键时期的各圈闭上的油气充注度及充注量。

### 8.6.4 油气运聚人工智能模拟系统的应用

油气运移和聚集人工智能模拟系统的应用过程，实质是一个用户的建模过程，其工作流程(图 8-28)反映了用户的工作方式，集中地体现了系统的工作内容、数据流向和功能需求(吴冲龙等，2001a)。其中的地质模型是用户通过具体盆地(或坳陷或凹陷)和油气系统(或子系统或次级子系统)分析而得到的关于油气运移和聚集过程的概略性认识。方法模型是根据油气运移和聚集的特点而建立的基于人工神经网络的人工智能模型。模拟模型是进行油气运移和聚集人工智能模拟所需要的参数和数据集合，是对地质模型的定量化抽提和描述。在具体模拟过程中，系统将以沉积岩(层)体模拟、构造演化模拟、地热场模拟、构造应力场模拟、生烃和排烃模拟的结果为基础，分别对研究区各层段的全部沉积体、断层、不整合面、裂隙带在各个演化阶段的输导性进行综合评价。在评价过程中，系统可自动对研究区进行单元体剖分，并且自动拾取每一地史阶段(或时间段)的所有剖分单元体的输导性值，估算出各单元体的输烃比率，再根据传统动力学模拟所得的流体势及地层的倾斜方向和倾角等，对油气运移比率的评估结果进行修正。

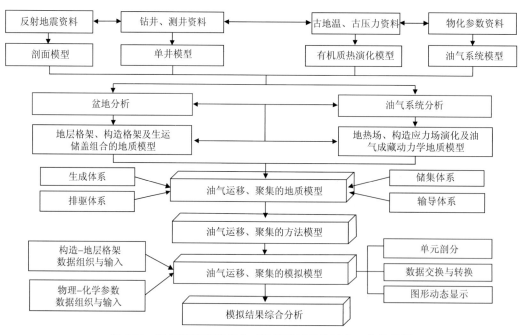

图 8-28　油气运移和聚集人工智能模拟系统用户工作流程图

当单元体向周围相邻单元体输导油气的比率之和为 1 时，单元体只起单纯的油气输导作用；当单元体向周围相邻单元体输导油气的比率之和<1 时，单元体产生油气聚集，输烃比率越低，充注率就越高。随着时间推移，油气充注率不断累积，直至达到 100%为止。这时，邻侧单元体不再向它输出油气，而改向其他邻接单元体输出，或转为自身积累。如此循环往复，直至每个单元体烃的输入量和输出量达到平衡或满足给定条件，由此实现不同地史阶段不同地层的不同单元体中烃聚集量的计算。进而，通过可视化

技术显示烃的运移、聚集过程。油气运移和聚集人工智能模拟系统在珠江口盆地、塔里木盆地、临清坳陷、百色盆地、渤海湾盆地和二连盆地的多个凹陷得到成功应用。

其中，在珠一坳陷珠海组一段的模拟，生动地诠释了构造脊作为油气运移主干通道的地位和流花油田的形成机制（图 8-29～图 8-34）；在塔里木盆地（图 8-35 和图 8-36）和塔河油田（图 8-37～图 8-41）的模拟，给出了随后被证实的预测，即自海西期早期开始，阿克库勒凸起上塔河油田的油气源区从满加尔凹陷逐步转移到顺托果勒低凸起，寒武系和下奥陶统的油气运聚方向和地点随之转移到西部的艾丁地区；在临清坳陷的模拟应用（图 8-42），则揭示了晚古生界的天然气聚集于堂邑-高塘凸起，同样为后来的勘探结果所证实。

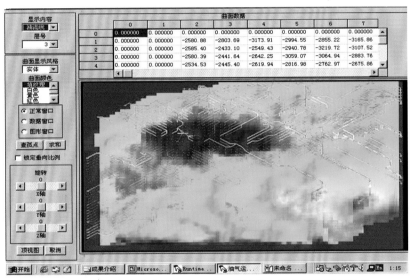

图 8-29　珠一坳陷珠海组一段石油运移流线与聚集圈闭模拟结果

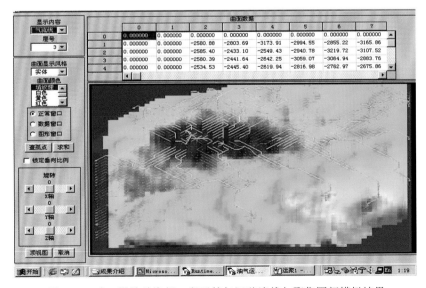

图 8-30　珠一坳陷珠海组一段天然气运移流线与聚集圈闭模拟结果

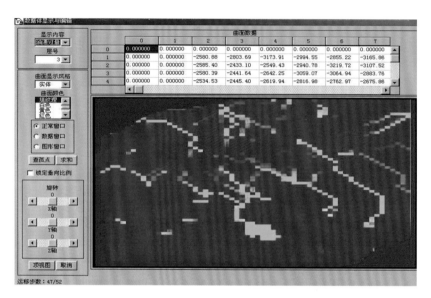

图 8-31　珠一坳陷珠海组一段石油运移主干通道与聚集圈闭模拟结果

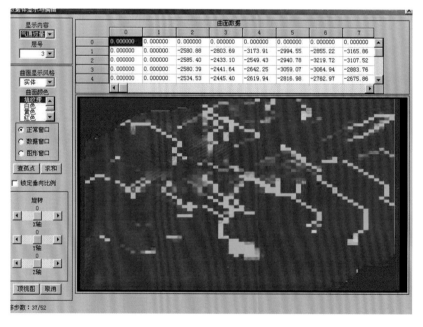

图 8-32　珠一坳陷珠海组一段天然气运移主干通道与聚集圈闭模拟结果

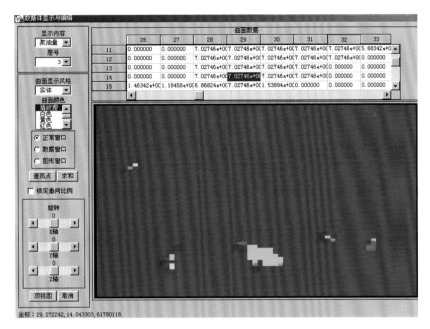

图 8-33  珠一坳陷珠海组一段石油聚集量模拟结果

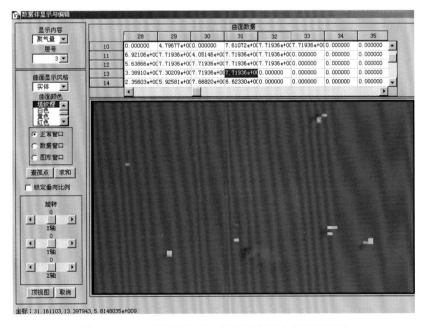

图 8-34  珠一坳陷珠海组一段天然气聚集量模拟结果

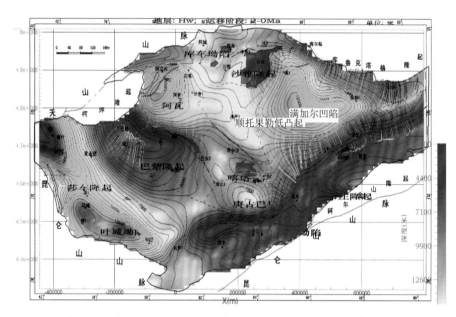

图 8-35　塔里木盆地寒武系现今天然气运移流线与圈闭模拟结果

满加尔凹陷向塔河油田供气已近结束

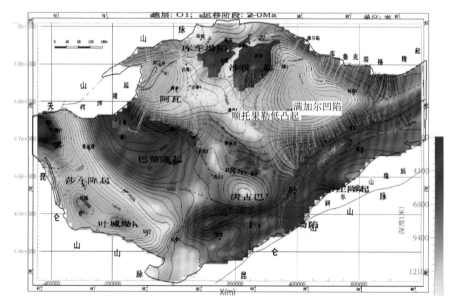

图 8-36　塔里木盆地下奥陶统现今天然气运移流线与圈闭模拟结果

模拟结果表明塔河油田的气来自顺托果勒低凸起

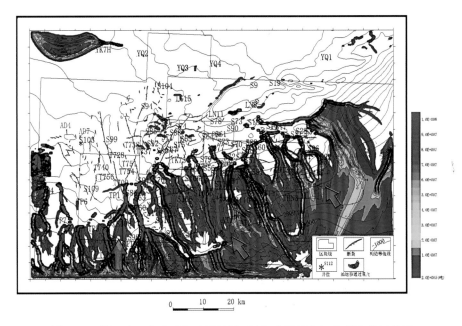

图 8-37　塔河油田寒武系海西期早期石油运移流线与运移强度模拟结果

指示主要油源已转为 SW 侧顺托果勒低凸起，箭头代表油气运移方向，下图同

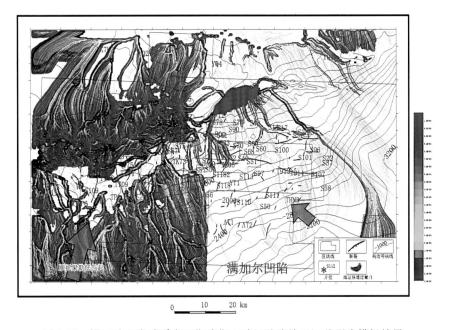

图 8-38　塔河油田寒武系海西期晚期石油运移流线及运移强度模拟结果

指示油源全为 SW 侧顺托果勒低凸起，箭头长度表示石油运移量大小

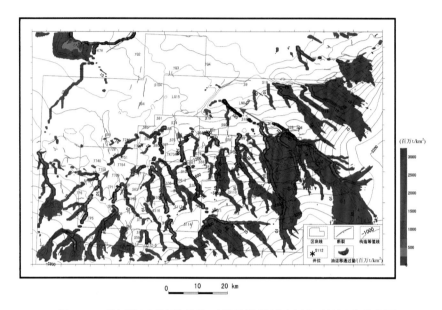

图 8-39　塔河油田下奥陶统海西期早期(泥盆纪末)石油运移强度图

指示油源以 SE 侧满加尔凹陷为主

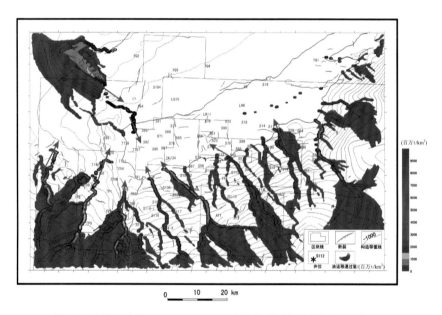

图 8-40　塔河油田下奥陶统海西期晚期(二叠纪末)石油运移强度图

指示油源转为 SW 侧顺托果勒低凸起为主

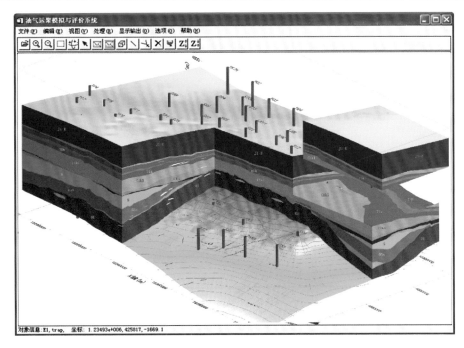

图 8-41　塔河油田海西期早期下奥陶统石油运移流线及运移强度模拟结果的三维模型

通过珠一坳陷、珠三坳陷、东部某凹陷、临清坳陷和阿克库勒凸起等的模拟实验表明，基于模糊人工神经网络的油气运聚模拟方法和软件，能较好地体现地层产状和流体势（超压+浮力+孔隙剩余压力+毛管阻力+水动力）的驱动作用，还能体现背斜脊、断层带等主干通道的输导作用，有一定实用价值。有待进一步改进的是如何根据不同类型油气田的实际情况，探索基于人工神经网络进行油气运聚信息深度挖掘的机器学习算法，开展运移通道与聚集圈闭的介质本体谱系研究，以及内涵更丰富和逻辑过程更合理的知识图谱构建。

## 8.7　油气圈闭评价子系统研发与应用

油气圈闭评价在油气人工运聚智能模拟基础上进行，其内容主要是圈闭有效性评价，即油气聚集单元有效性评价。评价融合了常规圈闭评价方法，突出了虚拟圈闭特色。通过常规油气成藏地质系统分析与三维可视化定量模拟结合，即与评价参数三维可视化、定量化结合，着重解决油气圈闭的有效性问题。换言之，该子系统的分析、模拟和评价，基于定量油气运聚人工智能动态模拟思路，针对油气成藏圈闭条件、油源条件、储集条件、保存条件和时空配置关系的虚拟孪生对象进行，是一种全新的油气圈闭评价。

### 8.7.1　研究目标与工作流程

本子系统的圈闭评价以油气成藏理论为依据，以石油、天然气勘探数据库为依托，充分利用地面物化探资料、井筒资料、综合研究资料及构造史、地热史、生烃史、排烃

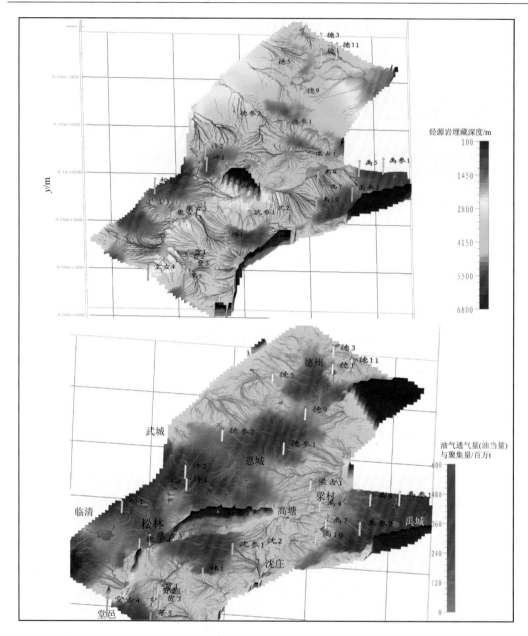

图 8-42　临清坳陷石炭-二叠系（上图）天然气和古近系沙三段（下图）石油现今运移、聚集模拟结果

上、下图的运移流线和聚集圈闭的运聚量均用右下色标，上、下图的凹陷和凸起地层埋深均用右上色标

史和运聚烃史模拟成果，采用综合、定量的方法，对所识别出的圈闭（包括古圈闭）进行风险评价、资源量估算、经济评价、综合排队优选和可钻圈闭的精细描述，进而提出预探井部署设计建议，为勘探目标优选提供对比分析工具和决策支持。其研究内容及工作流程如图 8-43 所示。

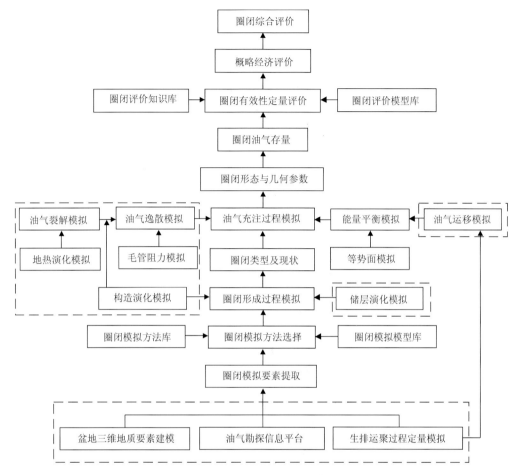

图 8-43　圈闭评价子系统逻辑结构图

虚线框内为本评价子系统外的内容

## 8.7.2　研究思路与方法原理

在构建圈闭评价模拟模型时，一个油气圈闭可能会被剖分成多个计算单元。圈闭有效性和资源价值评价是针对整个聚集单元的，必须把一个聚集单元所包含的全部计算单元都找到并集合起来。为此，在进行聚集单元评价时，应以递归方式搜索全部计算单元及其有效性，判断每一个单元与其他单元的邻接关系，再将所有相邻有效单元合并成一个完整油气聚集单元。然后计算油气聚集单元的基本信息并提取其相关参数值，利用适宜的技术流程和计算方法，进行聚集单元的地质、经济、技术的动态综合评价。评价结果可用报表和三维可视化形式输出。油气圈闭评价模块的总体实现思路如图 8-44 所示。

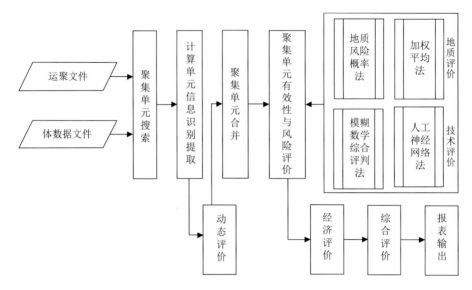

图 8-44　油气圈闭(聚集单元动态)评价实现思路与技术流程图

　　基于上述研究思路，子系统的模拟评价模块的功能结构分析和详细设计，从聚集单元搜索(包括聚集单元搜索和聚集单元信息识别)、聚集单元动态评价、聚集单元风险评价、聚集单元经济评价、聚集单元综合评价五个方面进行。

### 8.7.2.1　油气圈闭搜索模块

　　油气圈闭搜索是在油气运聚模拟的基础上，以递归方式搜索油气聚集单元并识别其有效性，再判断每一个单元与其他单元邻接关系，然后将所有相邻有效单元合并成一个整体油气聚集单元(图 8-45～图 8-47)。该聚集单元即搜索出来的虚拟圈闭。

　　搜索出模拟圈闭之后，将运聚模拟所得的评价参数值赋予相关模拟圈闭。这些评价参数值统称为圈闭信息，包括：圈闭条件(高点埋深、圈闭面积、闭合度、圈闭类型)、油源条件(运聚资源量)、保存条件(盖层厚度、盖层岩性、断裂性质、断距)、储集条件(聚油单元厚度、储层孔隙度、储层渗透率、储层岩性)等(图 8-48)。其中，盖层岩性、断裂性质、断距和储层岩性 4 种参数可直接从综合地质剖面上获取。其他参数的获取方式如下：

　　(1)圈闭面积：将模拟圈闭投影到地面，计算其投影面积作为模拟圈闭面积。

　　(2)高点埋深：搜索模拟圈闭最高点的埋深。

　　(3)闭合度：计算模拟圈闭顶层单元格的最高点与最低点的差值。

　　(4)圈闭类型：主要分为构造圈闭、岩性圈闭、地层圈闭、构造-岩性复合圈闭、构造-地层复合圈闭。

　　(5)运聚资源量：将模拟圈闭中单元格的资源量进行累加计算获得。

　　(6)盖层厚度：选取盖层单元格中的最小厚度。

　　(7)聚油单元厚度：计算聚油单元格的平均厚度。

　　(8)储层孔隙度和储层渗透率均选取其在模拟圈闭区域中的平均值。

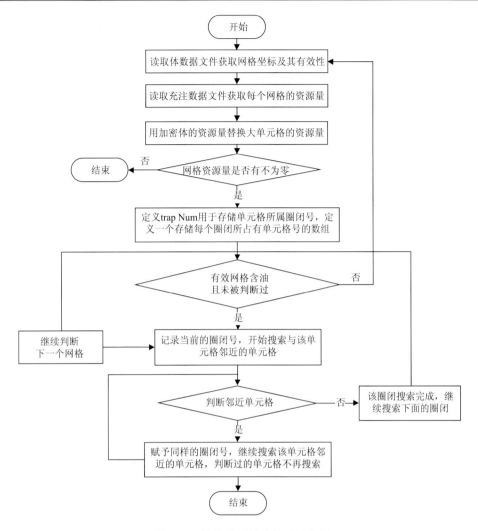

图 8-45　聚集单元搜索算法流程图

#### 8.7.2.2　油气圈闭动态评价模块

油气圈闭从形成到现今状态的演化过程，是一个复杂的、多因素控制的地质演化过程。它不仅受到地层内部演化的影响，也受到外部构造应力的影响。通过三维油气成藏模拟进行圈闭的四维(时间+三维空间)历史恢复，可获取圈闭在不同地质历史时期的几何形态，为后续的研究奠定数据及技术基础。其算法流程图见图 8-49。

#### 8.7.2.3　油气圈闭评价模块

油气圈闭地质评价是进行油气资源评价的基础工作。其主要内容是进行圈闭勘探风险地质评价，而主要任务是在分析圈闭条件、油源条件、储集条件、保存条件和配套关系等单项成藏地质条件的基础上，用特定的定量评价方法，对圈闭的可靠性、含油气性做出综合评判，然后根据综合评判值对圈闭进行排序分类，提供钻探目标并力求提高钻

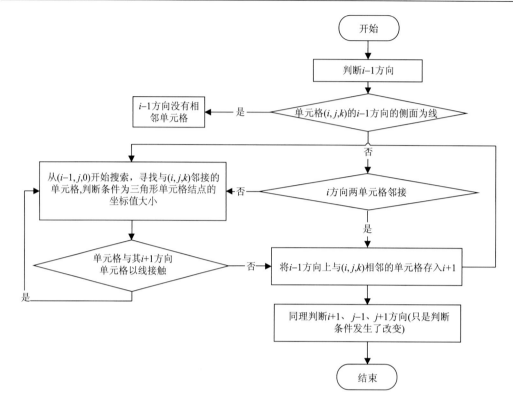

图 8-46　搜索邻接单元的算法流程图

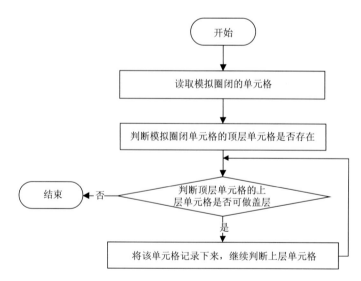

图 8-47　模拟圈闭盖层搜索算法流程图

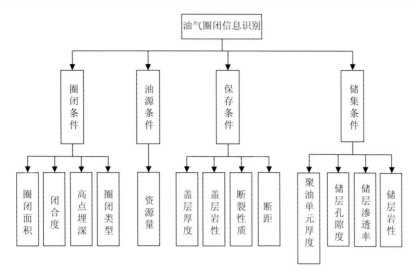

图 8-48　聚集单元信息识别参数

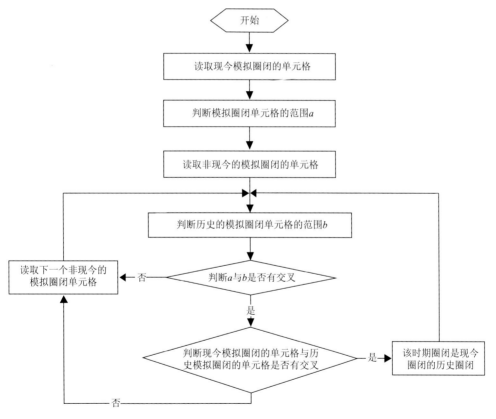

图 8-49　聚集单元动态评价算法流程图

探成功率。目前，开展圈闭地质评价常用的数学方法有地质风险概率法、加权平均法、模糊数学综合评判法、人工神经网络法和灰色关联分析法等。本子系统提供了除灰色关联分析法之外的其他 4 种常用方法。用户在确定了权重及分级标准后，可根据实际需求选择使用。

### 1. 地质风险概率法

地质风险评价任务是回答圈闭中油气存在的可能性。圈闭的地质风险评价得分越高，即地质把握系数越大，表明圈闭的地质条件越好，其中存在油或气的可能性越大；反之，表明圈闭的地质条件越差，存在油或气的可能性越小。

地质风险概率法是根据概率论中"相互独立事件同时发生的概率等于它们各自发生概率的乘积"原则，以含油气系统理论把圈闭、油源、储集、保存、配套关系这五项条件看成是相互独立的事件，如果圈闭含有油气，则这五项条件缺一不可，并且圈闭含油气概率就是五项条件的发生概率乘积。由于各项地质条件出现的概率均为[0, 1]，如果简单地相乘，计算所得的数值会变得很小，不利于评价。为了提高地质评价分辨率，采用五项条件概率相乘后再开五次方，从而使偏小的数值变大，其公式为

$$P = \sqrt[5]{\prod_{i=1}^{5} P_i} \tag{8-42}$$

式中，$P$ 表示圈闭中油气成藏的概率；$P_i$ 表示各项地质条件的评价值。

单项地质条件 $P_i$ 的分值取决于其子项地质因素的好坏，如保存条件由盖层厚度、盖层岩性、断裂性质、断距等决定。对于这些子项地质因素可以建立一套评价标准，依据其大小、发育程度或相对优劣划分不同等级，并赋予一个定量评价值来标识优劣。于是，可用各子项地质条件因素系数的加权和来表示其母项地质条件，即

$$P_i = \sum_{k=1}^{K} a_{ik} p_{ik} \tag{8-43}$$

式中，$K$ 为各母项地质条件的子项参数个数；$a_{ik}$ 为各子项地质因素的权值；$p_{ik}$ 为各子项地质因素评价的系数。

由式(8-42)看出，只要有一项地质条件概率为零，则圈闭的含油气概率就等于零，这与圈闭成藏五项条件缺一不可的地质认识吻合。地质风险概率法的算法流程图见图8-50。

### 2. 加权平均法

加权平均法的单项地质条件概率的计算方法，与地质风险概率法一致，只是在计算圈闭地质评价值时，考虑到各地质条件对圈闭成藏的重要性不同，而赋予各地质条件不同的权值，即将式(8-43)改为

$$P = \sum_{i=1}^{l} a_i P_i \tag{8-44}$$

式中，$a_i$ 为各地质条件的权值。加权平均法的算法流程图见图8-51。

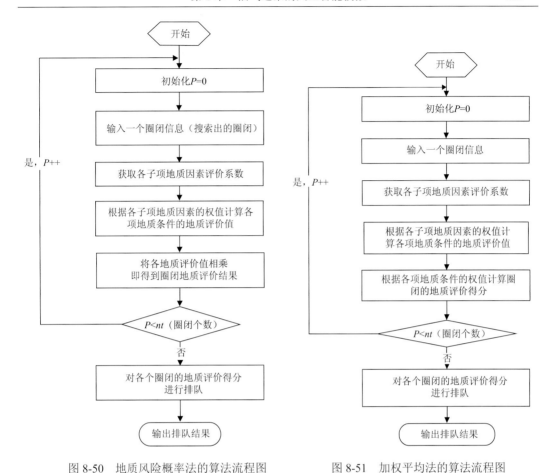

图 8-50　地质风险概率法的算法流程图　　　　　图 8-51　加权平均法的算法流程图

### 3. 模糊数学综合评判法

地质条件的不确定性以及受勘探资料、研究手段等技术和能力的限制，为圈闭地质评价过程带来了很多的模糊概念。由于模糊数学是研究和处理模糊体系规律的理论与方法，它把普通集合论只取 0 或 1 两个特征值的特征函数，推广到在[0, 1]区间上取值的隶属函数，把绝对属于或不属于的"非此即彼"关系转为灵活的渐变关系，因而便于把"亦此亦彼"的中间过渡模糊概念用数学方法处理。这种思路与圈闭含油气性相对好坏的评价十分相近，因此，应用模糊数学综合评判法进行圈闭地质评价具有明显的优势。模糊数学综合评判法通过对因素集合 $U$ 和评语集合 $V$ 建立模糊映射关系，实现对圈闭的地质综合评价。其中圈闭因素集合由选定的 $n$ 个评价因素构成，即

$$U = (u_1, u_2, \cdots, u_n) \tag{8-45}$$

评语集合则由 $m$ 个评语等级构成，即

$$V = (v_1, v_2, \cdots, v_m) \tag{8-46}$$

对于由 5 个评语等级构成的评语集合，它的元素赋值见表 8-9。

表 8-9 油气圈闭成藏概率的 5 个评语等级表

| 评语等级 | 元素 | | | | |
|---|---|---|---|---|---|
| | −2 | −1 | 0 | 1 | 2 |
| 好 | 0 | 0 | 0 | 0.5 | 0.5 |
| 较好 | 0 | 0 | 0.25 | 0.5 | 0.25 |
| 中等 | 0 | 0.25 | 0.5 | 0.25 | 0 |
| 较差 | 0.25 | 0.5 | 0.25 | 0 | 0 |
| 差 | 0.5 | 0.5 | 0 | 0 | 0 |

表 8-9 中第一行各元素构成等级矩阵 $C$，即

$$C=(-2, -1, 0, 1, 2) \tag{8-47}$$

其他各行则依次构成不同级别的评语集合 $V$。

为了用评价因素来评判圈闭的等级，定义从 $U$ 到 $V$ 的模糊映射 $R$ 为综合评价变换矩阵，即

$$R = \begin{bmatrix} r_{11} & r_{12} & \cdots & r_{1m} \\ r_{21} & r_{22} & \cdots & r_{2m} \\ \vdots & \vdots & & \vdots \\ r_{n1} & r_{n2} & \cdots & r_{nm} \end{bmatrix} \tag{8-48}$$

$R$ 的每一行是某一项评价因素的评价等级对应的 $V$。

又因每个评价参数在圈闭地质评价中所起的作用不同，特设立评价参数权重分配集 $A$，即

$$A=(a_1, a_2, \cdots, a_n) \tag{8-49}$$

定义圈闭的综合评判值为

$$W=A \cdot R \tag{8-50}$$

圈闭的综合评判得分为

$$D=W \cdot C^{\mathrm{T}} \tag{8-51}$$

根据圈闭的综合评判得分可对圈闭进行排队。若评价参数过多，可分为两级进行综合评判。模糊数学综合评判法的算法流程图见图 8-52。

#### 4. 人工神经网络法

圈闭地质评价属于半结构化和非结构化问题，用上述结构化方法来处理这种问题，始终摆脱不了评价过程中的随机性和评价者的主观性。人工神经网络是由若干处理单元相联结而形成的复杂网络系统，它能在一定范围内模拟人的思维，具有学习、记忆、联想、容错和并行处理等能力，是处理这种非结构化问题的有效方法。它既能体现专家的经验，发挥他们的知识，又能尽可能地降低评价过程中人为的不确定性因素。

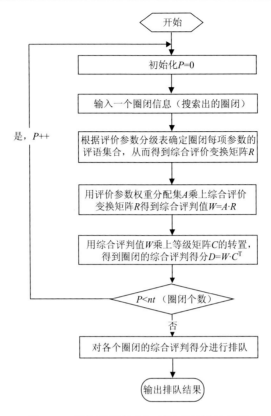

图 8-52　模糊数学综合评判法的算法流程图

　　利用人工神经网络法进行圈闭地质评价的基本原理是，先通过若干已知圈闭的含油气性和地质条件参数值(样本模式)，对网络进行学习训练，使其获得相关领域专家的经验和知识，以及对评价指标的倾向性认识。圈闭勘探风险地质评价实际上是圈闭油气成藏概率的综合评价。当需要对未知圈闭(新样本)的油气成藏概率进行综合评价时，网络将再现专家的经验、知识库和直觉思维，实现定性与定量的有效结合，从而保证评价的客观性和一致性。BP 神经网络是目前应用最广泛、研究最深入的一种多层前馈神经网络。在这里，我们采用三层 BP 神经网络进行圈闭地质评价，其算法流程图见图 8-53。

　　圈闭地质评价中涉及各个评价参数的分级标准和权重，以及 BP 神经网络算法所涉及的样本库，在子系统中均提供了修改对话框，用户可使用默认值，也可自己设定。

### 8.7.2.4　油气圈闭经济评价模块

　　广义的油气聚集单元即油气圈闭的经济评价，是对圈闭的勘探、开发和生产等过程中发生的投资、成本和收益进行全面的计算和评价，最后得到圈闭可能的内部收益率、净现值和净现值率等。在本油气圈闭评价子系统中，采用了简化的经济模型进行勘探阶段的经济评价，借以建立战略型和概要型的经济评价体系。其计算公式如前文式(8-30)所示。

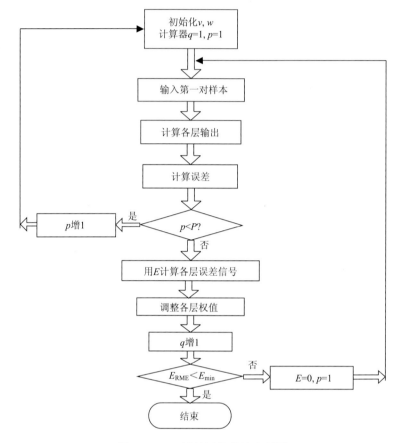

图 8-53　BP 神经网络算法流程图

$v$ 为评语集合；$w$ 为评价值；$P$ 为圈闭的个数；$p$ 为圈闭序号；$q$ 为神经网络层数；$E$ 为各层的误差信号

### 8.7.2.5　油气圈闭综合评价模块

聚集单元综合评价是对进行了地质评价、经济评价的圈闭综合排队，划分出圈闭类别并优选出可供预探的有利圈闭。在圈闭评价子系统中，综合评价采用了二因素排队法，其公式如下：

$$R = 1 - \sqrt{\mathrm{gw}(1-\alpha)^2 + \mathrm{ew}(1-\beta)^2} \tag{8-52}$$

式中，$R$ 为圈闭综合评价系数，$R$ 越大，圈闭越好；$\alpha$ 为圈闭地质评价值，$\alpha$ 值越大，成藏条件越好；gw 为成藏条件评价的权重；$\beta$ 为圈闭经济评价值，$\beta$ 值越大，经济价值越大；ew 为经济评价的权重；gw+ew = 1。

## 8.7.3　油气圈闭评价子系统研发及模拟实验评述

图 8-54 为本油气圈闭评价子系统的结构组成。其中聚集单元搜索、聚集单元动态评价、聚集单元风险评价、聚集单元经济评价和聚集单元综合评价等相关模拟评价模块均

已完成研发，所需要的基本模拟评价功能也已基本实现。

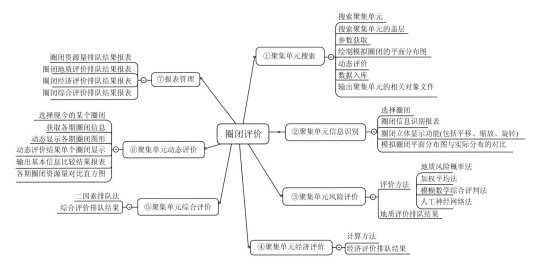

图 8-54　圈闭成藏概率评价子系统的结构

该子系统以东部某凹陷刘家港区块为例，在油气生排运聚散模拟的基础上，开展了较为完整的运行实验。其中包括对其油气聚集单元进行动态的搜索、参数获取、地质评价、经济评价和综合评价，为刘家港区块的勘探工作的科学决策提供可靠的决策依据，从而提高了评价的工作效率，降低了分析评价成本。

8.7.3.1　油气圈闭的快速搜索

利用油气圈闭评价子系统，对实验区刘家港区块进行油气圈闭快速搜索后可知，区内现今总共存有 92 个构造-地层圈闭，其中有效者的平面分布如图 8-55 所示。

从搜索的油气聚集单元和实际的勘探结果对比上看，在研究区中吻合程度较高，说明了油气运聚方向和位置具有理论与实践合理性。但是，也有部分经勘探发现有资源的圈闭没有被搜索出来，可能是处于模拟系统误差范围内而被忽略，或者是某些地质因素还没有被揭示出来。由图 8-55 可知，刘家港区块的油气主要集中在中南部。

8.7.3.2　油气圈闭信息识别结果

模拟结果表明，油气主要集中在几个虚拟圈闭中，其他虚拟圈闭的资源量小且圈闭面积小(表 8-10)。其中，圈闭 1 的数据反映为最佳圈闭，可作为首选的主要勘探目标。其他圈闭优劣排序，可作为依次开展勘探部署的依据。

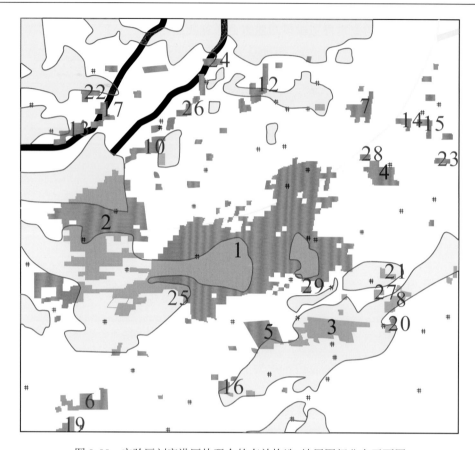

图 8-55 实验区刘家港区块现今的有效构造-地层圈闭分布平面图

图中黄色为实际勘探结果，粉色为预测圈闭，数字表示圈闭号，蓝色数字表示排序前五个最佳圈闭

表 8-10 东部某凹陷刘家港区块的主要模拟圈闭的信息识别结果

| 圈闭 | 油资源量/10⁶t | 圈闭面积/km² | 闭合度/m |
|---|---|---|---|
| 圈闭 1 | 116 | 48 | 1100 |
| 圈闭 2 | 26.3 | 16 | 570 |
| 圈闭 3 | 10 | 3.5 | 506 |
| 圈闭 4 | 4 | 1.6 | 736 |
| 圈闭 5 | 3.8 | 2 | 513 |
| 圈闭 6 | 3.7 | 1.8 | 195 |

### 8.7.3.3 油气圈闭动态评价结果

在上述油气圈闭信息识别的基础上开展了油气圈闭动态评价，结果表明，从 Ng 末期到现今，在油气运移、聚集的各时期，聚集油气的圈闭最早从中部开始出现，逐步向西、向南和向北蔓延。各时期油气聚集的空间动态变化如图 8-56 所示。

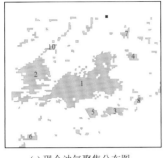  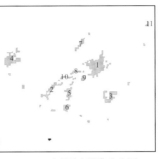 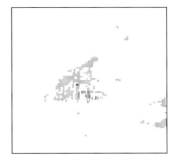

(a) 现今油气聚集分布图　　　　(b) Nm末期油气聚集分布图　　　　(c) Ng沉积末期油气聚集分布图

图 8-56　从现今追索到新近系馆陶组(Ng)沉积末期的油气聚集分布变迁

图中的数字是有效油气圈闭编号

各时期油气聚集的总资源量及总面积见表 8-11。

表 8-11　实验区各时期油气聚集的结果对比

| 时期 | 总资源量/10^6t | 总面积/km^2 |
|---|---|---|
| 现今 | 204.65 | 93.9 |
| Nm 末期 | 123.49 | 20.4 |
| Ng 沉积末期 | 81.76 | 22.4 |

由各期总资源量和油气覆盖总面积的变化可知，Ng 沉积末期、Nm 末期、现今均为主要油气聚集期，在这几个时期聚集了大量的油气，并运移、聚集到了现今的模拟圈闭处。从油气聚集的情况看，越接近现今，油气聚集规模相对越大，油气聚集和保存的可靠性越高。另外，油气圈闭的覆盖面积相对集中，说明油气聚集成藏有继承性，该区域属于优质油气聚集地区。

#### 8.7.3.4　油气圈闭风险评价结果

根据油气聚集单元信息识别得出的结果，应用地质风险概率法、加权平均法、模糊数学综合评判法和人工神经网络法 4 种方法，采用与前文相同的原始基础数据和权重系数，从圈闭、油源、保存、储集和配套史 5 个方面，对刘家港区块的 6 个主要圈闭进行了勘查风险的综合评判，所得的风险评价结果如表 8-12 所示。

表 8-12　采用 4 种方法对刘家港区块主要圈闭进行风险评价的结果

| 圈闭 | 地质风险概率法 | | | 加权平均法 | | | 模糊数学综合评判法 | | | 人工神经网络法 | | |
|---|---|---|---|---|---|---|---|---|---|---|---|---|
| | 评价值 | 级别 | 排名 | 评价值 | 级别 | 排名 | 评价值 | 级别 | 排名 | 评价值 | 级别 | 排名 |
| 圈闭 1 | 0.858 | I | 1 | 0.910 | I | 1 | 0.861 | I | 1 | 0.898 | I | 1 |
| 圈闭 2 | 0.695 | II | 3 | 0.816 | I | 3 | 0.742 | II | 4 | 0.756 | II | 3 |
| 圈闭 3 | 0.514 | II | 6 | 0.715 | II | 6 | 0.659 | II | 6 | 0.527 | III | 6 |
| 圈闭 4 | 0.587 | II | 5 | 0.777 | II | 5 | 0.715 | II | 5 | 0.623 | II | 5 |
| 圈闭 5 | 0.655 | II | 4 | 0.793 | II | 4 | 0.771 | II | 3 | 0.698 | II | 4 |
| 圈闭 6 | 0.721 | II | 2 | 0.824 | II | 2 | 0.785 | II | 2 | 0.802 | II | 2 |

圈闭 1 具有丰富的油气储量，且保存条件好，地质评价值很高，故被划为 I 类圈闭；圈闭 2、圈闭 3、圈闭 4、圈闭 5、圈闭 6 的资源量相对较少，保存条件也较差，故被划为 II 类圈闭。从表 8-12 中可以看出，4 种评判方法得到的优劣顺序存在一定的差异，但总的排队结果基本一致，圈闭 3 在各种评价方法中的情况都相对较差。

### 8.7.3.5　油气圈闭经济、综合评价

针对油气圈闭风险评价结果中的 I、II 类圈闭，利用上述油气圈闭经济评价模块和综合评价模块，对实验区油气圈闭进行了经济评价和综合评价，其结果见表 8-13。

表 8-13　实验区油气圈闭经济评价、综合评价结果

| 圈闭 | 经济评价值 | 综合评价值 | 综合排名 |
| --- | --- | --- | --- |
| 圈闭 1 | 0.92 | 0.88 | 1 |
| 圈闭 2 | 0.65 | 0.67 | 2 |
| 圈闭 3 | 0.63 | 0.57 | 6 |
| 圈闭 4 | 0.62 | 0.60 | 5 |
| 圈闭 5 | 0.59 | 0.62 | 3 |
| 圈闭 6 | 0.53 | 0.61 | 4 |

综上所述，可知刘家港区块的开采价值很高，其中圈闭 1 的经济评价值和综合评价值均为最高。圈闭 2 和圈闭 5 也具有明显的优先开采价值。其他圈闭可以在进一步获取信息后再次进行分析和判断。

### 8.7.3.6　油气圈闭评价子系统模拟实验总结

通过与实际勘探结果对比，本子系统的实验模拟达到了预期的效果，表明可实际应用于圈闭的油气资源勘探潜力定量评价及勘探目标优选。

油气圈闭评价对整个模拟过程具约束和修正意义，确保了模拟结果的合理性。因为使用油气圈闭评价的成果，对油气藏存在的可能性、类型及质量进行分析、判断，可以帮助了解油气成藏模拟结果的合理性，纠正油气成藏模拟过程中的偏差。

随着各种勘查数据的增加和各种先进算法的出现，未来的油气运聚和成藏模拟必将更加精细地给出油气聚集的方向和区域，油气圈闭评价也必将更加接近实际。油气圈闭定量评价软件的发展方向能更加准确地区分出圈闭位置和准确地给出圈闭类型、细节和油气储量，并且让用户身临其境地、沉浸式地动态观察圈闭变化，使用户能够方便地进行圈闭形成机理和过程分析、圈闭中油气聚集散失过程和原因分析，以及圈闭的破坏和消失过程分析。未来的油气成藏动力学模拟的圈闭定量评价，也将会加大对模拟过程的限制和约束，从而提高模拟结果的可靠性和准确性，对油气资源预测的作用将越来越大。

# 第9章 油气系统与油气系统动力学模拟

"油气系统"的概念是油气地质学与系统科学相结合的产物,为油气地质工作者提供了一种新的思想。为了使油气成藏动力学模拟的系统工程模型付诸实现,需要依据系统科学的基本原理,从油气成藏动力学的角度深入探讨"油气系统"概念的内涵、外延及其结构、功能和分析方法,进而采用广义的"油气系统"概念,引进"系统动力学"(system dynamics)的理论与方法(福雷斯特,1986),建立"油气系统动力学"(petroleum system dynamics)概念模型及方法体系(吴冲龙等,1997b,1998a,2000)。

## 9.1 油气系统的原理与方法

### 9.1.1 油气系统的概念与内容

#### 9.1.1.1 油气系统概念的内涵与外延

油气系统概念的提出与完善,是石油地质学家们将系统科学应用于石油天然气地质学领域的成功尝试。早在 1963 年,中国学者胡见义和胡朝元就基于系统观念从实际出发,对控制油气藏形成、分布的各项必要因素的匹配关系进行了深入探讨,分别提出了"有利生油区控制油气藏分布"的见解和"成油系统"的概念,对中国油气勘探开发起了重要的指导和推动作用。这与 10 年后 Dow(1972)提出的"石油系统"(oil system)概念,基本上是一致的。此后,又经过二十多年的演变,发展成为理论和方法都较为完善的"油气系统"(petroleum system)概念(Perrodon,1992)。根据一般系统论,"油气系统"作为石油地质学家进行油气资源预测、评价的对象和模型,应属于自然(物质)-人造(概念)复合系统。目前的"油气系统"概念倡导者和研究者们,也基本上是以复合系统的观点来看待它。但是,他们对"油气系统"所下的定义和注释却有明显的差别,甚至同一研究者在不同时间和场合所下的定义和注释也有所不同。其原因可能在于他们对问题阐述的侧重点不同,有的侧重于系统的自然属性,有的则侧重于系统的人造属性,有的则两方面兼顾。实际上,这些认识完全可以在一般系统论指导下,从广义的角度统一起来(吴冲龙等,1997b)。

1. 油气系统概念的内涵

根据一般系统论,系统可分为自然系统(包括物质系统、能量系统、生物系统、生态系统等)、人造系统(包括概念系统、工具系统、管理系统、社会系统等)和复合系统(自然系统与人造系统的复合)3 大类。油气系统作为石油地质学家进行油气资源预测、评价的对象和模型,应属于自然(物质)-人造(概念)复合系统。国外"油气系统"的倡导者,也基本上是以复合系统的观点来看待它,但由于看问题的角度和视域不同,对问题的阐述必然有所侧重，导致出现定义上的差别。关于这一点，只要将他们的定义与系统科学的权威学者关于"系统"的定义相比较，便可以清楚地了解。

Magoon(1992)曾指出，"'系统'一词描述相互依存的各地质要素和作用，这些要素和作用组成了能形成油气藏的功能单元"；Magoon 和 Dow(1994)又将油气系统定义为"一个自然系统，其中包含有活跃的生油凹陷、所有与其有关的油气及形成油气藏所必需的地质要素及作用"。这正是一般系统论创始人路德维希·冯·贝塔兰菲(1987)关于"系统可定义为相互作用的诸要素的复合体"常规定义的具体运用。Perrodon(1992)所指出的"'系统'的一般定义是为达到某一目的而组织起来的一组动态相关成分"，则可以看作是系统动力学(system dynamics)的创始人福雷斯特(1986)关于"系统是为了一个共同目的而一起运行的各部分的组合"的经典定义的直接引用。Perrodon 和 Masse(1984)还曾提出，"油气系统是各种地质事件在空间和时间上组织、配置的最终结果"；Demaison 和 Huizinga (1991)也认定，"'油气系统'是一个油气生成和聚集的动态物理化学系统，是地质空间和时间尺度的函数"。这两个定义不但是路德维希·冯·贝塔兰菲(1987)关于系统"不仅要被看作空间的整体，而且要被看作时间的整体"的动态观念的演绎和延伸，更与控制论和系统动力学研究者关于过程模拟(仿真)模型设计思路的一系列论述相吻合。此外，Perrodon (1980)还曾将油气系统定义为"控制油气藏分布的地质准则，尤其是在烃源岩、储集层和盖层组合存在的情况下，通常表现为由一组油藏所占据的地理范围"。显然，上述作者都接受了系统工程学思想。

路德维希·冯·贝塔兰菲(1987)的定义是一种通用性系统定义，侧重于说明那些以自然物为组成单元的自然系统；福雷斯特(1986)和控制论研究者们侧重于说明为达到某种目的而建造起来的人造系统；系统工程学的研究对象，通常是包含自然系统和人造系统的复合系统，因此这一领域的研究者对系统的定义总是兼顾这两方面的特点。与此相应，Magoon (1992)、Magoon 和 Dow(1994)的定义侧重于系统的自然属性，主要是针对研究对象的实体，其"油气系统"概念的内涵，是与油气生排运聚散有关且与周围环境密切联系着的若干相互作用和相互依赖的地质要素和过程有关的集合体。Demaison 和 Huizinga (1991)的定义侧重于系统的人造属性，主要针对研究对象的概念模型，其"油气系统"概念的内涵，是为了描述油气的生成、排放、运移、聚集、散失过程(作用)而精心挑选出来的一组相关地质参数及其联系方式的集合体。而 Perrodon(1980，1992)、Perrodon 和 Masse(1984)对油气系统的定义，有时侧重于自然属性，有时侧重于人造属性，但更多的是同时兼顾两个方面，亦即针对研究对象的实体与其概念模型的复合体，其"油气系统"概念的内涵包含了以上两类定义中的全部内容，即与油气生排运聚散有关，且与周围环境密切联系着的若干相互作用和相互依赖的地质要素、过程(作用)、联系方式及其描述参数的集合体。当然，Magoon 和 Demaison 等研究者有时也会根据所关注对象的差异，改换看问题的角度和视域，但其基本观念并没有改变。

既然"油气系统"概念是石油天然气地质学与系统科学相结合的产物，为了更全面和准确地表达"油气系统"概念的内涵，上述各种定义可综合如下：针对研究对象而言，"油气系统"是与油气生成、排放、运移、聚集、散失有关且与周围环境密切联系着的若干相互作用和相互依赖的地质要素和过程(作用)有关的集合体；针对抽象模型而言，"油气系统"是为了描述油气生排运聚散过程(作用)而精心挑选出来的一组相关地质参数及其联系方式的集合体;而针对研究对象与抽象模型复合体而言,"油气系统"是与油气生排运聚散有关且与周围环境密切联系着的若干相互作用和相互依赖的地质要素、过程(作用)及其描述参数和联系方式有关的集合体(吴冲龙等,1997a,1998a)。

2. 油气系统概念的外延

系统概念的外延与内涵相应,受研究者观察问题、分析问题时的视角和视域的影响,在根本上取决于研究者的目的。当研究者着眼于一个具体事物时,他可能只将与这一事物有密切联系的参数、参数间的联系和有关过程作为系统的组成部分,并由此划定系统的边界和范围,而将那些对这事物有影响的参数和过程作为系统的外部影响因素来处理。这样构成的具体系统,就成为研究者给定的系统概念的外延。当研究者需要从更大的范围去把握事物的发展变化原因和规律时,就需要改变视角、扩大视域,将原来作为系统外部影响因素的参数及过程与该系统组合起来,构成一个更高层次的系统,并重新划定系统的边界和范围。反之,当研究者期望更加细致地研究系统内某一组成部分的特征和过程时,也可以将该组成部分看作一个完整的次级子系统,仅将其内部的某些参数作为该子系统的组成部分,而将原来系统的各参数看作是外部影响因素或相邻的同级子系统。这样一来,便赋予了系统的层次性结构。这些分析,同样适合于"油气系统"。

一般地说,系统的层次性是系统中子系统与子系统之间的一种垂向结构关系。系统中的任一子系统,向上被别的子系统所包含,向下则包含别的子系统。下级子系统是上级子系统的元素,上级子系统是下级子系统的集合。如果某一层次或某一类子系统,具有与该系统概念内涵相符合的完整的结构与功能,那么这些子系统也应当属于该系统概念的外延。这就是说,系统概念的外延应当扩大。在这种情况下,子系统的规模是与子系统的级别相适应的,级别越高,规模就越大。

如前所述,国外油气系统理论与方法的倡导者,都曾按照各自对油气系统概念内涵的理解,分别界定了的系统规模、范围和边界,或者将其与沉积盆地、勘探区带(exploration play)和钻探目标(drillable prospects)并列,作为由粗而细、由浅入深的不同油气调查程度看待(Magoon and Dow,1991);或者将其与含油气区、沉积盆地、亚盆地、坳陷、凹陷、区带、成藏组合、圈闭或勘探目标等并列,作为需要分别加以专门研究的油气地质实体看待(Demaison and Huizinga,1991;Magoon,1992;Perrodon,1992)。

但不管从哪个角度看,他们所认定的油气系统概念的外延都是单一的,所倡导的"油气系统"概念都是狭义的,只是由于看问题的角度和视域不同,而分别将其置于不同的层次级别上:或放在盆地之上,或放在盆地之下,或与盆地同级。例如,Magoon(1992)注重系统结构的完整性,强调"所有这些基本要素和作用都出现",结果在美国所划分的130个含油气系统,在多数情况下都相当于一个甚至多个含油气区;Demaison 和Huizinga(1991)注重系统的功能,从具体的物理化学动力学条件出发,强调了盆地构造分类的无效性和具体的成藏控制因素在油气形成、运移和聚集中的作用,认定一个含油气盆地包含一个或多个油气系统,所划分的油气系统在规模上通常相当于凹陷或区带;Perrodon(1992)则兼顾系统的结构与功能两方面,强调了沉积盆地类型及其大地构造背

景在油气成藏过程中的地球动力学控制意义，认为油气系统的规模小于含油气区，可相
当于一个沉积盆地、盆地的一部分或一组亚盆地，所划分的三种油气系统模型，基本上
属于盆地级，即大陆裂谷型油气系统、克拉通型油气系统和造山带型油气系统。以上
三种不同划分方法，恰好将油气系统置于三个不同的层次级别上，因而具有三个不同
的规模。

　　油气系统概念既然是石油天然气地质学与系统科学相结合的产物，那么它就应当适
合于整个含油气地质单元序列，而不应当只成为该系列的一个具体地质单元，因此，上
述三种油气系统的划分方案都具有相对的合理性，它们可以在"广义的含油气系统"的
概念下统一起来，都可以作为"油气系统"的外延——研究对象的实体及其概念模型在
垂向上的四个层次级别——油气区(或者超大型盆地)级油气系统、盆地(或亚盆地、坳陷)
级含油气系统、凹陷(或洼陷、区带)级含油气系统和圈闭(或油气组合、勘探目标)级含
油气系统(图9-1)。其中圈闭(或油气藏、勘探目标)级系统，通常缺少烃源岩这一要素，
不具备油气系统的结构-功能完整性，不能作为油气系统概念的外延。也就是说，圈闭(或
油气藏、勘探目标)级系统不属于严格定义下的油气系统，但可以作为一个研究单位。油
气区级系统、盆地(和坳陷)级系统和凹陷级系统在类型、级别、规模和结构-功能上，分
别对应于Magoon(1992)、Perrodon(1992)、Demaison和Huizinga(1991)所划分的油气系
统。其中，盆地级油气系统可以参照Perrodon(1992)的分类模型，进一步划分为3个子
系统。这些子系统都是严格定义下的油气系统。通常一个油气区级油气系统可包含若干
个相对独立的盆地(坳陷)级含油气系统，而一个盆地(坳陷)级油气系统可包含若干个相
对独立的凹陷级含油气系统。当然，这3个级别的油气系统并不一定同时存在，其划分
依据是油气成藏的基本要素和作用都出现且与邻区相对独立。如果着眼于油气成藏地质
作用的类型及其时空结构，这3个级别的油气系统都可再划分出生烃、排烃、运烃、聚
烃和散烃五个成藏动力学子系统。不过，这些子系统都不是严格定义下的油气系统。另
外，为了研究方便，还可以根据油气资源的主体——有机质和烃类——的演化阶段及其
有关的地质要素和作用，将油气系统划分为有机质子系统、石油子系统和天然气子系统。
除了有机质子系统外，都可作为严格定义下的油气系统。

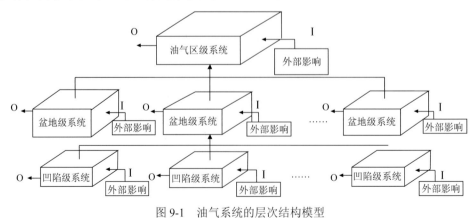

图9-1　油气系统的层次结构模型

I和O分别代表输入与输出

资料来源：吴冲龙等(2000)

### 9.1.1.2　油气系统的组成、结构及边界

在把油气系统概念应用于油气资源预测、评价和勘探部署时,将会遇到有关系统的内容、组成、结构和边界等问题。一般地说,系统的内容、结构及其边界约定,总是与系统定义相适应的。定义不同,所包含的内容、结构和其边界约定会有所不同。

侧重系统自然属性的研究者,如 Magoon 和 Dow 等,常将作为自然物而存在的"油气藏"及与之有关的"生、储、盖"等要素作为系统结构的组成实体。Dow(1977)最初阐述这个问题时认为,"石油系统"的组成包括"生油岩和储集岩"。Magoon(1992)将其拓广为"包含成熟的烃源岩及所有已形成的油气藏,并包含油气藏形成时所必不可少的一切地质要素及作用"。他解说,"油气"一词包括下列高度聚集的任何烃类物质:赋存于常规储层、天然气水混合物、致密储层、裂缝性页岩和煤层中的热成因及生物成因的天然气;储集在硅质碎屑岩、碳酸盐岩中的凝析油、原油、重油及固态沥青。"地质要素"包括油气源岩、储集岩、盖层及上覆岩层,而"地质作用"则包括圈闭的形成及烃类的生成、运移和聚集。他还进一步指出,这些地质要素和地质作用必须有适当的时空配置,才能使烃源岩中的有机质转化为油气,进而形成油气藏。系统论者都承认系统是结构与功能的统一体,Magoon(1992)也没有例外,如他在其主编的《油气系统》一书的译本所写的序言中说,"油气系统的基本要素和作用是指某种功能,而不是指岩性、特征或几何形态",这在实际上并非否定油气系统的物质性,而是在申明他所定义的系统遵循结构与功能统一律。关于系统的展布范围,可用成熟烃源岩及来自该烃源岩的常规和非常规油气藏的界线圈定。

侧重系统人造属性的研究者如 Demaison 等,则偏向于将作为自然物的抽象而存在的油气"充注率""运移方式""捕集体制"及其"组合"等要素,作为系统结构的组成实体。Demaison 和 Huizinga(1991)强调指出,一个油气系统要求有一定地质要素在时间上的集中,并且有形成油气藏所必需的事件(如成熟烃源岩、排烃、二次运移、聚集和保存)。因此,他们所定义的油气系统由 3 个控制地下油气聚集的地质要素组成:①在圈闭形成期或之后,有足够体积的油气生成;②有利的运移-排驱几何结构,以引导油气集中注入圈闭,而不是造成油气在地下运移"损耗带"中散失或上升至地表散失;③圈闭体积足够大,且从圈闭充填早期至今都有保存油气藏的能力。他们的油气系统也因此而按动力学性质分解成两个成因子系统,即生烃子系统和运移-捕集子系统(图 9-2)。该油气系统没有明确的边界规定,通常按烃类成藏的化学动力学和物理动力学所涉及的范围划定。

兼顾系统的自然-人造双重属性的研究者,如 Perrodon(1992)等"趋向于认为该系统包含两个主要实体:一个是烃的数量,另一个是储集场所或储层、圈闭和盖层组合。"这两个实体被成功地置放于他所建立的三个盆地级的油气系统类比模型中,并且通过"成果"和"大地石油特征"这两个参数来体现。其中,既有烃类本身及其探明数量,又有烃源岩、储层、圈闭、通道和盖层等物质条件,以及烃类生成、储集、封盖等作用的组合。这是该油气系统模型的特色,其系统边界大致是盆地的边界。

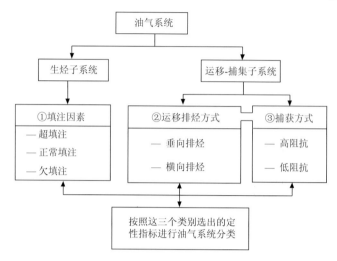

图 9-2 油气系统成因分类流程

资料来源：Demaison 和 Huizinga(1991)

综上所述，在空间结构上，侧重自然属性者强调成熟烃源岩及来自该烃源岩的油气藏空间分布范围和界线；侧重人造属性者强调运聚通道及圈闭的物性参数、几何结构、体积容量；而注重双重属性者用一个完整的盆地将所有这些参数都包括了进去。在时间结构上，侧重自然属性者重视系统形成演化的时间段划分及其分界时刻的确定；侧重人造属性者重视事件序列的分析及其物理化学过程的预测。值得指出的是，Magoon(1992)认为"从地质角度看，油气的运移与聚集发生在短暂的时间段内或者说地质瞬间内"，并且以此为根据来确定关键时刻。然而在实际上，油气运聚的持续时间是很长的，甚至跨越几个时代，与再次转移或破坏同时或交叉进行，油气藏的存在不过是它们之间的一种平衡状态。因此，这个问题可能需要重新认识。同样，在油气系统分类的问题上，侧重自然属性者如 Magoon(1992)、Magoon 和 Dow(1994)多着眼于物质结构与时空结构，重视物质分类；侧重人造属性者如 Demaison 和 Huizinga(1991)多着眼于物理、化学动力学条件，重视成因分类；而注重双重属性者如 Perrodon(1980，1992)，则兼顾以上两个方面，所拟定的油气系统模型，既考虑了物质结构及时空结构，又考虑了地球动力学条件，将物质分类与成因分类融为一体。显然，在这个问题上不必要求一致，应当允许各个研究者按照自己的研究目的和视角进行合理选择。

明确了以上差异之后，我们也可以对油气系统的结构组成、时空范围及其边界进一步作出如下归纳：对于研究对象实体而言，油气系统的组成实体包含成熟的烃源岩，以及已形成的各种油气藏，并且包括油气藏形成时所必需的地质要素——在空间上包括所有这些要素和作用都出现的地区，或认为很有希望或很可能出现的地区；在时间上包括形成一个油气系统的持续时间和油气在该系统内的保存时间。对于抽象概念模型而言，油气系统的组成实体包含油气的生烃潜力、排放与运移方式、捕集体制与保存条件——在空间上包括烃源岩体积、运聚通道及圈闭的物性参数、几何形态与体积容量；在时间上包括与油气生成、排放、运移、聚集、散失有关的各种地质事件及其物理、化学动力学过程。对于研究对象实体与概念模型复合体而言，则应包含上述两方面的内容。
至于油气系统的分类，可以根据各自的研究目的，分别选取物质分类、成因分类或复
合分类。

## 9.1.2 油气系统的传统研究方法

传统的油气系统研究者主要采用系统方法与黑箱-灰箱方法相结合的方法。其要领在
于根据系统的基本观点，从整体出发，注重整体与局部(要素)、系统整体与外部环境之
间的相互联系、相互制约、相互作用的辩证关系；综合地、动态地考察对象的组成成分、
结构功能、相互联系方式及其历史发展，将系统逐级分解成为不同层次的子系统，然后
根据系统内外有关情况，把握整体与局部的关系，进而判定子系统的功能和目标是否服
从系统整体的最优目标；当系统及其各级子系统出现黑箱-灰箱问题时，便借助黑箱-灰
箱方法加以解决，从而实现对油气系统资源潜力及成藏组合的快速半定量预测和评价。
但多数油气系统研究者并不严格地按方法要领去做，而是根据自己的研究目的和条件有
所侧重、有所取舍。其具体方法可归纳为结构图解法、成因分析法和模型类比法。

### 9.1.2.1 系统结构图解法

这是 Magoon 提倡采用的方法。如前文所述，Magoon(1992)基于自己对油气系统自
然属性的关注，特别强调油气系统有特定的区域、地层及时间展布范围。他认为这样的
油气系统可以用 4 种图件和 1 种表格完整地加以描述，并且以 Deer-Boar(•)油气系统为
例，具体地说明了这一方法体系——系统方法与黑箱-灰箱方法的结合。

Magoon(1992)所编制的图件包括：①表示该油气系统基本要素及关键时刻的埋藏史
曲线图(图 9-3)；②表示烃类运移、聚集关键时刻的油气系统及有效烃源岩的区域展布
平面图(图 9-4)；③表示同一关键时刻含油气系统的地层特别是有效烃源岩的空间展布
剖面图(图 9-5)；④展示基本要素和作用发生时间的事件图(图 9-6)。他所制定的表格，
是油气系统一览表，用于定性地说明一个大区域内各油气系统的名称、可靠性程度、烃
源岩类型、储集岩类型、油气类型及所在的油气区名称及代码。

这里，关键时刻的确定是以地层剖面的埋藏史曲线图为依据的，可用烃源岩处于最
大埋深的时刻来表示。关键时刻的油气系统区域展布范围，则由成熟烃源岩及在二次运
移发生时来自该烃源岩的常规和非常规油气藏的界线所圈定。显然，Magoon 并没有追
求系统中的具体物理化学过程，而是把注意力放在烃源岩与油气藏的联系上。

为了说明一个油气藏中的油气来源于某成熟烃源岩的可靠程度，Magoon(1992)将油
气系统的可靠性分为 3 个等级，即已知的(known)、假想的(hypothetical)及推测的
(speculative)。其中，已知的表示为(!)，假想的表示为(•)，推测的表示为(?)。若有足
够的地球化学资料证实烃源岩与油气藏存在匹配关系，该油气系统可定为已知级；若地
球化学资料仅可确定烃源岩，而无法建立烃源岩与油气藏之间的匹配关系，该油气系统可
定为假想级；若烃源岩与油气藏都仅是根据地质地球物理资料推测的，则该油气系统可定为
推测级。油气系统的名称，由烃源岩名称、主要储集岩名称和可靠性等级符号构成。例如，
以 Deer 页岩为源岩和 Boar 砂岩为主要储集岩的假想油气系统，可表示为 Deer-Boar(•)。

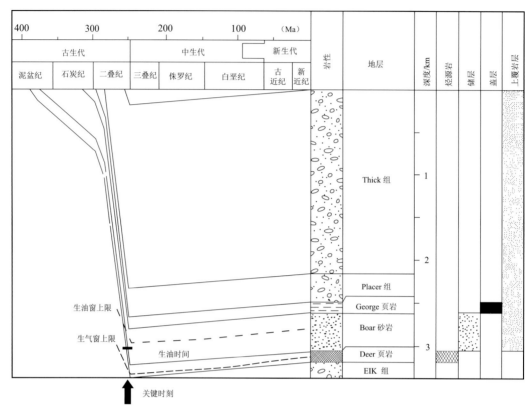

图 9-3　假想的 Deer-Boar(·)油气系统中关键时刻(250Ma)和石油生成时间(260～240Ma)

该图表示的主要信息均用在事件图(图 9-6)上；本图采用的所有的地层名称都是虚设的；埋藏史图的位置见图 9-4 和图 9-5

资料来源：Magoon 和 Dow(1994)

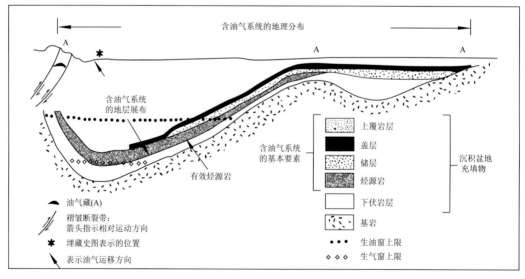

图 9-4　假想的 Deer-Boar(·)油气系统在关键时刻的地理展布平面图

未成熟烃源岩位于生油窗之外，有效烃源岩位于生油窗和生气窗以内

资料来源：Magoon 和 Dow(1994)

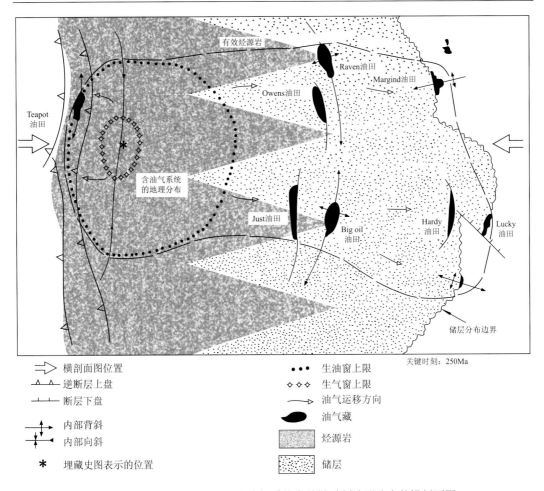

图 9-5　假想的 Deer-Boar（·）油气系统在关键时刻地层分布的横剖面图

未成熟烃源岩位于生油窗的上倾方向，有效烃源岩位于生油窗下倾方向

资料来源：Magoon 和 Dow（1994）

　　这一方法体系，体现了 Magoon 对油气系统概念的内涵及外延的理解，属于高度粗线条的评价方法。其优点是可以从大区域整体上把握油气藏与烃源岩的关系及其空间分布，缺点是不能了解油气生储盖组合质量和生排运聚散的效率，并且缺乏定量或半定量结果，只适合于油气区级或超大型盆地级油气系统的定性研究。当然，与其他方法相配合，也可以用于盆地级和凹陷级含油气系统。正如 Magoon（1992）所说的那样，如果在油气系统范围内可以划分出成藏组合或勘探对象，那么勘探工作者可能发现烃类；如果一个地区的油气系统图件做得很好，那么在油气系统之外或在油气系统之间就不会再发现烃类。因此，其研究结果不但可以指导勘探工作者发现烃类，反过来也可成为系统划分合理性的标准。

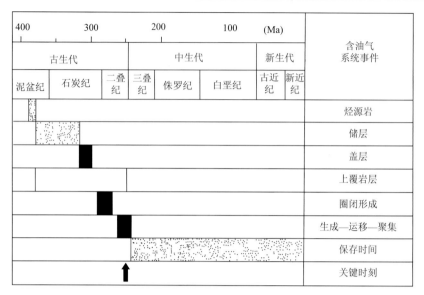

图 9-6　假想的 Deer-Boar(·)油气系统事件图

该图表示各基本要素与所有成藏作用之间的关系，同时表示了保存时间与关键时刻的关系

### 9.1.2.2　系统成因分析法

Demaison 和 Huizinga(1991)基于油气系统中油气生成、排放、运移、聚集、散失的动力学性质和过程，提出了一个成因分类方案。在这个方案中，他们把油气系统分解成两个子系统，即受化学动力学过程控制的生烃子系统和受物理动力学过程控制的运移-捕集子系统(图 9-2)。每一个子系统只选取 1～2 项对油气富集起决定作用的综合性控制参数，如烃类充注率、运移排烃方式和捕集方式。这样做的目的在于描述和预测：①油气系统和含油气盆地各部分的相对充注潜力；②盆地中油气聚集带和区带的位置。两个目标分别在两个子系统中进行定量或定性评价，然后抽取定性参数加以综合。

1. 生烃子系统评价

在生烃子系统的评价中，Demaison 和 Huizinga(1991)引入生烃潜力指数(source potential index, SPI)作为近似估算区域油气充注潜力的工具；其定义和计算方法表示于图 9-7 中。SPI 的计算只在成熟的烃源区有用，未成熟的烃源区 SPI 值可视为理论生烃潜力指数值。在一指定地区，理论 SPI 值与当前残留的 SPI 实际值之差可提供从 $1m^2$ 范围的生油柱中排出的油气数量($t\,HC/m^2$)。当烃源岩面积巨大，且厚度、有机相和丰度稳定时，未成熟烃源区测定的 SPI 可代表横向上成熟了的同一生烃单元(单位面积)的原始 SPI 值；而当烃源岩在厚度、有机相和丰度上显示出明显的横向变化时，可以通过沉积模式和地震资料的类比来确定 SPI。

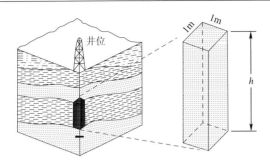

图 9-7　生烃潜力指数(SPI)的定义和计算

$SPI = h \cdot (S_1 + S_2) \cdot \rho / 1000$；SPI 为烃源岩的生烃潜力指数$(t\,HC/m^2)$；

$S_1 + S_2$ 为平均生烃潜力$(kg\,HC/t)$；$h$ 为净烃源岩厚度$(m)$；$\rho$ 为烃源岩密度$(t/m^3)$

资料来源：Demaison 和 Huizinga(1991)

　　求解 SPI 时，应当对每一处于或邻近烃源区的烃源岩进行尽可能多的计算，然后求出分区平均值和全区平均值。由于采用适合于不同干酪根类的平均生烃潜力$(S_1 + S_2)$，来作为烃源区的生烃潜力指数(SPI)的主要因子，故比生烃潜力评估指数(SPRI)更适合于进行全球对比。后者是通过烃源岩平均总有机碳含量(TOC，%)、成熟生油岩厚度与成熟度换算系数相乘计算出来的。由于烃的区域充注量等于区域烃源区中油气生成量减去扩散和运移散失量，而扩散和运移散失量随地层倾角、油/水密度、界面张力、湿度和运移路上的岩石非均质性而变化，甚至复杂得不能求解。Demaison 和 Huizinga(1991)根据世界各地 SPI 测定实验的结果，及其与已知油气储量的相关关系，综合考虑了其对运移-捕集子系统的影响，提出了一个 SPI 评价指标序列，即在垂向排烃的油气系统中：欠充注(低)，SPI<5；正常充注(中)，5≤SPI<15；过充注(高)，SPI≥15。在横向排烃的油气系统中：欠充注(低)，SPI<2；正常充注(中)，2≤SPI<7；过充注(高)，SPI≥7。

### 2. 运移-捕集子系统评价

　　Demaison 和 Huizinga(1991)在评价运移-捕集子系统时，对烃类运移方式和盖层封堵条件采用了定性分析方法。运移方式的确定是该子系统评价的关键环节，必须结合盆地的构造格架和地层格架，或者一体化的构造-地层格架特征来寻找识别标志。

　　含横向排烃系统的盆地有如下共同特征：①石油聚集多出现在远离烃源区(多大于30km)的未成熟沉积地层中；②位于最有效区域封堵层之下的同时代单个储层系统，常常汇聚了油气系统内所圈闭的绝大多数油气；③有效区域封堵层的断裂作用通常较为微弱或不发育；④在油气过充注的系统中，重油的大量聚集常常发现于靠近盆地边缘的浅层未成熟沉积地层中。通常认为，前陆盆地和碟形内克拉通拗陷是集中横向排烃的有利环境，它们能提供一些伸入生烃盆地中的低幅度拱形构造。

　　含垂向排烃系统的盆地则有如下共同特征：①油气聚集几乎全部位于烃源区之上或与之很靠近的地方，横向运移距离通常小于 30km；②具备多套垂向重叠的储层，内含有明显属于不同年代而成因类型相同的油气；③断裂作用持续活跃，直至最后有效区域封堵层的形成；④在过充注的系统中，当构造活动破坏了当地区域顶部封堵层且至今仍然活跃的地区，常见油苗显示。在一般情况下，裂谷和裂陷盆地、走滑断陷盆地和逆冲断层带，是油气垂向运移的有利环境，它们往往通过提供各种犁状断层系、走滑断层系、逆冲断层系和泥岩底辟、盐丘构造等来破坏区域封储层。

捕集体制是阻止油气大规模散失的最主要控制条件，可分为高阻抗和低阻抗两种。评价捕集体制的阻抗能力，可采用构造变形的程度和封堵层的完整性两个参数。高阻抗系统以横向连续封堵层伴随中等到高度的褶皱变形为特征；低阻抗系统以高度的区域连续性，伴随轻度的褶皱变形，或者低度的区域封堵有效性(盖层断续或孔渗性好，或裂隙、断层发育)为特征。这些特征可作为判别捕集体制阻抗能力的标志。

### 3. 系统总体的综合评价

对一个油气系统进行整体评价，可以从子系统评价结果的综合着手。Demaison 和 Huizinga(1991)按这样的方法来进行对油气系统的综合评价：先对两个系统的三个控制性要素分别进行评价，然后将评价结果组合起来，作为对整个油气系统的总评价(图 9-2)。不仅如此，还可以将凹陷级油气系统的评价综合起来，作为盆地级油气系统的总评价。Demaison 和 Huizinga(1991)关于世界含油气盆地资源潜力的评价图，正是这样编制出来的。这种做法使系统十分简洁而有效，并且有利于全球对比。该做法由于充分地考虑了不同要素叠加时的"突现性"，符合系统学第一定律；同时由于采用定性与定量相结合的方式，取得了单纯的定性分析或单纯的定量模拟所达不到的效果，为区域油气系统的评价提供了快速、半定量途径。

从目前情况看，系统成因分析法比较适用于凹陷(或成藏组合区带)级油气系统的评价。如果要推广到油气区级和盆地级油气系统去，这种方法还需要改进。这是因为在一个大的含油气区或一个超大型盆地范围内，各项地质要素在横向上变化十分复杂，SPI 的平均值能否说明问题值得怀疑；其次，SPI 与盆地的油气储量关系，目前仍无定量化的成果，需要进一步作统计分析，以便取得合理的分级指标；排烃-运聚效率、捕集效率和保存效率方面，还缺乏相应的定量或半定量工具。如果能作出上述改进，并且与其他方法相结合，该方法作为各个层次油气系统的通用评价方法之一是很有希望的。

### 9.1.2.3　系统模型类比法

系统模型类比法从整体出发，也具备综合性和最优化特征。Perrodon(1992)着眼于体现油气生、储、盖组合的盆地整体，所建立的模型是遵循整体相似性原则的复合型系统类比评价模型，其最小功能单位是油气生、排、运、聚及其赖以发生的烃源层、排运通道、储层和盖层。该方法以地质现象的有序性为基础。Perrodon(1992)认为，从油气的生成开始，经过排放、运移，再进入圈闭保存下来，这些依次发生的事件与沉积盆地地球动力学紧密相关，决定于全球的板块构造体制和运动。对这种地质事件序列的了解，是进行含油气远景解释的前提，因此油气系统的模型可根据盆地的构造类型确定。

Perrodon(1992)的类比评价模型包括了 3 个大类，即大陆裂谷、克拉通和造山带(图 9-8)。他将构造类型对烃类生成数量、运移方式和聚集条件等地质要素和作用的控制，作为系统间差异的本质来理解，从大地构造位置、大地石油特征及已有勘探成果等几个方面，提供了进行类比和评价的定性标志。

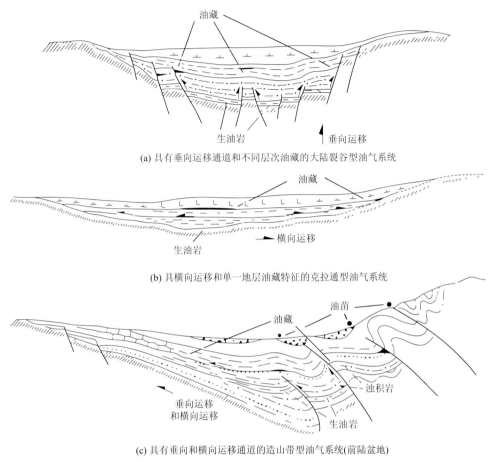

(a) 具有垂向运移通道和不同层次油藏的大陆裂谷型油气系统

(b) 具有横向运移和单一地层油藏特征的克拉通型油气系统

(c) 具有垂向和横向运移通道的造山带型油气系统(前陆盆地)

图 9-8　油气系统的类比评价模型

资料来源：Perrodon(1992)

　　在该类比评价模型中，大陆裂谷型油气系统通常具有高沉降速率，常造成沉积中心孤立且水域封闭，储集岩相变迅速、冲积扇发育且储集性能普遍较差，沉积物深埋促成地层压力偏高、地热流高、有机质快速成熟、断裂发育而褶皱不发育，有利于垂向运移但捕集性能较差；晚期的断-拗转化常导致海侵，有利于形成广阔的封堵性良好的盖层和新烃源岩，为石油生成、垂向运移和不同层次的油气聚集提供了良好的条件，能形成大型的富含油气区。克拉通型油气系统具有低沉降速率、低地热流和正常地层压力，生油岩通常局限于单一层系；断层不发育但沉积间断常见，烃源岩损耗较大；盆地规模巨大且发育时间长，有利于储集岩的形成，储集岩可能均质而连续，也可能频繁间断而不连续；油气以横向运移方式为主，路径漫长；油气产地通常较分散，且仅为小规模油气藏，最有利的聚集区域在盆地中心。造山带型油气系统具有较高沉降速率，但沉积作用不均匀，不利于高孔渗性能的岩石发育；挤压构造应力高，沉积地层频繁遭受破坏，背斜圈闭发育但存在被断层严重破坏的危险；低地热流，造成有机质成熟度低；在受构造运动影响较弱的地带有利于有效圈闭的形成，向远离强烈构造带的方向油气富集程度增加，但油藏往往分散，一般仅形成低产油气区。

在各大类油气系统内部，都存在着许多能够显著地改变评价结果的差异。Perrodon 将这些差异作为在同一类型油气系统中进行油气资源评价的类比标志。Perrodon(1992) 指出：对于大陆裂谷型油气系统，①"拉分盆地"中常见沿走滑断层产生的连续"雁列褶皱"，代表盆地发育早期的构造作用；②"弧后盆地"通常具高度的不对称性，并且可能具有挤压边缘；③如果有前裂谷岩系(尤其是地台沉积)或三角洲层序的存在，可以提高地层储集性能。对于克拉通型油气系统：①应注意了解在其下方是否存在着陆内裂谷，如果是叠置于陆内裂谷之上的，则总有有效的烃源岩；②如果地台出现有规律的倾斜，则油气横向运移可达 100km 以上，形成巨大的高黏度油带；③在有背斜发育的地方，可以形成高度富集的油气藏，甚至形成"巨型"油气田。对于造山带型油气系统，应当着重查明是否存在三大类油气系统的叠加。这种叠加现象一般出现于前陆盆地中，它们综合了造山带、克拉通、离散陆缘和陆内裂谷的多重特点，常常可以形成世界上最富集的含油气区带。

这种模型类比法强调沉积和(或)构造因素的主导作用，并且将烃源岩的存在和特征放在首要位置，为远景区带的预测和厘定提供了一个基本依据。这种方法以盆地为单位，将油气系统的自然属性和人造属性合为一体，可以很好地与盆地分析工作结合起来，简单易行，很适合于对盆地级油气系统进行战略性评价，特色十分显著；缺点是对地质过程的物理、化学动力学缺乏必要的深入分析，对油气生成、排放、运移、聚集、散失的效率和数量也缺乏定量或半定量估计，因而不可能单独对油气富集区带进行定位和定量预测。作为方法本身，这种模型类比法是具有启发性和普适性的，人们完全可以按照相似的思路和原则，去建立孤立分布的凹陷级或坳陷级油气系统的类比模型。

## 9.1.3　油气系统理论与方法的总结

根据以上分析，可知："油气系统"的概念对于区域油气资源的评价是十分有用的。它是石油天然气地质学与系统科学相结合的产物，为石油天然气地质工作者提供了一种新的思想和方法，但目前流行的"油气系统"概念是狭义的，建议采用广义"油气系统"的概念，将其与传统的油气区、盆地、坳陷、凹陷、洼陷、区带、勘探目标等概念区分开来，作为石油天然气地质学家从系统科学角度所看到的一种研究对象实体与抽象模型相复合的新型地质实体(吴冲龙等, 1997a, 2001b)。从广义和复合的角度看，"油气系统"概念的内涵与油气生成、排放、运移、聚集、散失等环节有关，且与周围环境密切联系着的若干相互作用、相互依赖的地质要素和过程(作用)及其描述参数、联系方式构成整体。其外延应包括分布于不同时空范围内的不同规模的同类集合体，可以按层次划分为油气区(或者超大型盆地)、盆地(包括亚盆地、坳陷)、凹陷(或洼陷、区带)3 个级别。

对于研究对象实体而言，油气系统的组成实体包含成熟的烃源岩、运移通道、储集岩、盖层、上覆岩层和已形成的油气藏，并包括油气藏形成时所必需的地质要素(各种物理化学条件和几何特征)及作用(圈闭的形成、烃类的生排运聚散事件及其过程、效率与数量),在空间上包括所有这些要素和作用都出现的地区,或认为很有希望出现的地区,在时间上包括形成一个油气系统的持续时间和油气在该系统内的保存时间。对于抽象的概念模型而言,油气系统的组成实体包含油气的生烃潜力、排放与运移方式、捕集体制与保存条件,在空间上包括源岩体积、运聚通道、圈闭的物性参数、几何形态与体积容量,在时间上包括与油气生成、排放、运移、聚集、散失有关的各种地质事件及其物理、化学动力学过程。对于研究对象实体与抽象的概念模型复合体而言,则应包含上述两方面的内容。油气系统的分类,可根据各自研究目的,分别选取物质分类、成因分类或复合分类。

　　从前文的分析可以看出,现有的几种油气系统研究方法,基本上是与研究者的目的及其对油气系统概念的认识相适应的。Magoon(1992)的目的是在大区域范围内预测油气资源存在的可能性,他拟定的油气系统级别最高、规模最大,与含油气区或超大型盆地相当,因而所选择的结构图解法也最为粗犷;Perrodon(1992)的目的是提供在盆地范围内确定远景区带的基本依据,他所拟定的油气系统级别其次、规模也其次,大致与盆地或亚盆地相当,因而所选择的模型类比法属粗线条;Demaison 和 Huizinga(1991)的目的是描述和预测含油气盆地各部分的生烃潜力和油气富集区带的位置,他们所拟定的油气系统级别最低、规模最小,仅与凹陷(洼陷或区带)相当,因而所选择的成因分析法线条较细。

　　由此而论,“油气系统”的研究方法应当是定性与定量相结合的系统方法。Magoon(1992)的结构图解法、Perrodon(1992)的模型类比法及 Demaison 和 Huizinga(1991)的成因分析法,各有特色,也各有缺陷,可相互取长补短。经过改进后,可分别应用于 3 个级别“油气系统”的资源预测与评价。其预测与评价结果,可作为对相应区域的油气潜力进行快速预测、评价的依据。进一步的研究可与盆地模拟、成藏模拟和目标模拟结合起来。考虑到油气生成、排放、运移、聚集、散失的地质过程存在显著的非线性特点,可采用系统动力学的思路与方法,建立油气系统动力学的方法体系。

## 9.2　油气系统动力学的理论与方法

　　总的看来,油气系统的三种常规研究方法都偏向于静态和定性,且过于简略,未能细致分析和研究油气系统的内部结构、运作功能及其各组成部分之间的联系和反馈控制机理,因而难以细致地描述风格多样且千变万化的油气系统。未来的研究,应当采用定性与定量相结合的系统方法,进而可考虑与盆地模拟和成藏模拟相结合(吴冲龙等,1998a),以及采用系统动力学的思路与方法,来建立油气系统动力学(petroleum system dynamics)的方法体系。

### 9.2.1　油气系统动力学概念

　　根据福雷斯特(1986)关于系统动力学的定义,可把描述油气成藏作用的多维时空系列的系统动力学称为"油气系统动力学"。油气系统动力学综合地运用系统论、控制论、系统力学、决策理论和仿真技术成果，维护了模型的统一性和整体性，并沟通了系统内部各部分、各系统之间的联系，从层次结构上把系统联为一体，进而建立了水位(level)方程和速率方程，为油气系统动态模拟奠定了基础(吴冲龙等，1998a，2001b)。

### 9.2.1.1　油气系统动力学的思想

从系统论的角度看，油气系统具有如下特性：

(1)整体性。油气系统可按研究内容和特征划分出各种子系统，但其整体并不是各组成部分的简单总和，而是相互关联、相互作用的非线性综合的结果，涌现出了单个部分所没有的新结构性质、功能行为和新规律。

(2)关联性。油气系统的子系统或各个元素之间存在普遍的相互作用，任何一个子系统或元素性状的变化，是所有元素性状变化的函数或结果，而任何一个子系统或元素性状的改变又会引起所有元素性状的变化。

(3)结构性。结构是系统元素相互关系的总和，也是系统存在的组织形式，油气系统具有"结构功能同一律"。在一定的环境条件下，油气系统的功能主要取决于它的结构，而功能也会反作用于结构，并且在一定条件下导致结构改变。

(4)层次性。系统的层次性是系统中子系统与子系统之间的一种垂向结构关系，油气系统的层次与系统的运动状态相适应，系统运动状态的改变将引起系统层次的突变，各层次之间具有向上因果律和向下因果律，即支撑与控制律。

(5)动态性。油气系统及其各级子系统都与外界环境进行物质交换、能量交换和信息交换，既有输入也有输出，以维持自身的稳定状态，它们都有自己的发生发展规律和方向，有很强的抗干扰能力，然而又共同服从于盆地系统的总规律、总方向。

(6)反馈性。油气系统的各级子系统输出信息对输入信息都有显著的控制作用，在系统的发展演化过程中，普遍存在着延迟和放大，表现出信息反馈系统的基本特点。

(7)自组织性。油气系统是一种有序与无序的混合动态演化系统，其演化过程都是自组织过程，都能自动地从有序程度低的简单系统演化为有序程度高的复杂系统，因而是一种自组织系统，在排放、运移过程中表现得尤为显著。

根据上述特征，我们认为，油气系统是一种具有结构功能同一律的自组织反馈控制系统，即油气及其生运储盖时空结构与油气成藏功能的统一体。因此，研究油气系统，必须同时考虑该系统的结构与功能，只有通过反复交叉地考察该系统的结构与功能，才能建立起反映实际的模型。油气系统的演化是它的各子系统或各组成元素相互作用的非线性动态综合结果。各子系统和各组成元素的地位和作用，总是随着时间和空间的变化而变化着的，应当进行客观的多因素动态分析而不必拘泥于固定的认识。由于油气系统是一个非线性大系统，其研究方法应当是定性与定量相结合的系统分析、综合推理方法——分层次而又交叉地综合考察油气系统内部的物质流、能量流和信息流，将它们在油气成藏过程中的速率、时间、作用(功能)、转换及效应(数量、积累和位势)有机地组合成一个统一的因果反馈模型，然后以此为基础建立系统的模拟模型(吴冲龙等，1997a，1998a)。显然，油气系统动力学的建模和模拟，不同于经典动力学的单纯功能建模和模拟。

该模拟模型由系统动力学知识体系和方程体系组成，可用于对油气系统及其各子系统的非线性宏观过程及效应(油气成藏效率与数量)进行计算机模拟。

### 9.2.1.2　油气系统动力学的研究内容

开展油气系统动力学研究的目的，是从全新角度提供对盆地、坳陷、凹陷和洼陷等各级构造单元和勘探目标，进行油气资源预测、评价的定量依据。

如前文所述，复杂的油气系统整体不等于它各部分之和，联系各子系统或各组成元素之间的纽带是非线性的，因此需要采用非线性动力学理论方法来建立油气系统各部分之间的联系模型，研究油气系统的整体运作功能，这便是系统动力学的主要研究任务。具体地说，油气系统动力学的研究目标，不是追求对含油气的个别子系统细节的刻画，如有机地球化学、油气运聚理论、圈闭理论和油气层物理学等研究得更深入，而是用非线性动力学的理论方法，把构造、沉积、地热、有机质以及油气生成、排放、运移、聚集、散失等子系统之间相互渗透的本质因素，按大自然法则(物质守恒原理和能量守恒原理)在更高的一个层次上有机地联系起来，研究它们的整体运作功能，解释油气藏形成、演化机理，进而对油气资源潜力和勘探目标做出合乎实际和逻辑的预测、评价。

油气系统动力学研究内容主要包括：①研究油气系统的结构功能特征；②研究系统与子系统之间以及各子系统之间的联系和反馈控制机理，建立它们的反馈关系；③确定各子系统的时空尺度分析原则；④研究油气系统对大地构造、海平面升降、气候变化及地幔动态等区域背景因素的响应；⑤研究系统不稳定性的阈值条件，包括油气生成、排放、运移、聚集、散失等过程的突变条件以及产生自组织行为和混沌行为的条件；⑥在一定的时空范围内建立油气系统的动力学方程组；⑦编制计算机软件，进行油气系统动力学数值模拟；⑧以模拟结果为依据进行油气资源量及勘探目标预测、评价。

在以上各项研究内容中，核心是建立油气系统动力学方程组。这项工作也是实现系统综合和系统模拟的关键。系统动力学认为，系统的行为模式与特性主要取决于其内部的动态结构与反馈机制(王其藩，1995)。为研究油气系统动力学，首先要弄清系统结构与功能，界定系统规模与范围，查明系统之间及各子系统之间的联系和反馈控制机理。系统动力学模拟能避开目前尚在争论之中的一系列化学动力学和物理动力学问题，运用一些确定的基本物理、化学定律，从总体上把握其中能量转换、物质转移和信息转移的规律，又能对各种影响因素的动态变化做组合分析，如同实验室一般地再现油气生成、排放、运移、聚集、散失的基本过程及其数量与效率，其模拟结果将作为对盆地各级构造单元和勘探目标进行资源预测、评价的依据，从而实现油气系统分析及系统动力学模拟的目的。

对油气系统进行动力学综合是一件复杂而艰巨的工作，这方面的研究刚刚开始，没有现成的实例可供借鉴，需要选择典型盆地、坳陷、凹陷、洼陷或区带进行解剖。可充当这种解剖典型的应当是后期改造微弱、油气地质条件较好、子系统之间关联密切、勘探程度高，且按常规方法研究得较为深入的盆地或其次级含油气构造单元。

### 9.2.2　油气系统动力学的概念模型

油气系统是油气及其生运储盖时空结构与油气成藏功能的统一体。分析研究油气系统，必须同时考虑该系统的结构与功能，并且也只有通过反复交叉地考察该系统的结构与功能，才能建立起反映实际的系统动力学模拟模型。因此，油气系统动力学模拟模型不同于常规动力学的单纯功能模型，而是结构-功能一体化的模型。

#### 9.2.2.1　油气系统结构-功能的三维参数空间模型

依照油气系统概念的外延，油气系统结构-功能模型可用图9-9所示的三维图解来表示。图中大单元体为上级油气系统，而小单元体为下级有利的油气系统。一般地说，下级有利的油气系统处于系统参数空间的最佳位置上。物质维和能量维由油气系统各组成要素分解而成，其中，物质维兼有系统分布空间范围的概念，因而又可视作空间维；功能维代表了油气成藏作用机理与过程，具有明显的时间进度含义，因而又可以视作时间维。应当指出，不论是物质维(空间维)、能量维(信息维)，还是功能维(时间维)，都不具备绝对的矢量意义，其对坐标的先后顺序要求并非十分严格，可能跳跃发展，也可能交叉、反复。从系统的层次特性出发，油气系统的结构还可表示为如图9-1所示的层次关系。具体的油气系统属于哪个层次或划分为几个层次级别，需要具体分析。

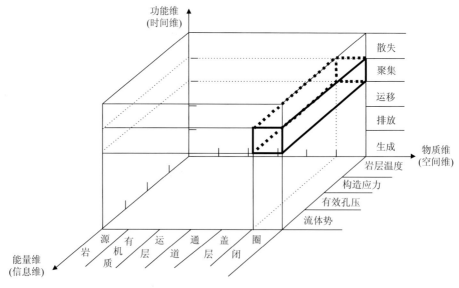

图9-9　油气系统结构-功能的三维参数空间图解

粗线段所围成的长方体表示油气成藏条件的最佳组合

资料来源：吴冲龙等(1998a)

#### 9.2.2.2　油气系统的时空尺度

油气系统是一种多时空尺度的系统，为了实现子系统的向上综合和高层综合，同时也为了充分地利用不同勘查阶段的钻探和测试资料，其构建和描述需要具有适合于不同子系统和不同勘查精度的时空尺度。油气系统的时空尺度，包括最小时空尺度和最大时空尺度两种。最小时空尺度是指模型单元的尺寸及时间步长，而最大时空尺度是指系统整体的规模和历史。为了建立油气系统的模拟模型，既需要研究低层次含油气子系统之间及其内部各组成要素之间的相互作用和反馈控制机理，又要研究它们与上一层次含油气子系统之间的相互作用和反馈控制机理。这必然会涉及一系列时空尺度的选择与匹配问题。

油气系统的时空尺度选择应当遵循如下 4 条原则：①结构功能原则。实际资料表明，不但不同层次的油气系统具有不同的时空尺度，而且相同层次的油气系统也常具不同的时空尺度，其原则在于结构-功能差异。在不同层次的油气系统中，高层次者时空尺度大，而低层次者时空尺度小；在同一层次的油气系统中，规模大者时空尺度大，规模小者时空尺度小。②特征变量原则。一般地说，含油气子系统的时空范围越小，研究者所面对的特征与过程就越具体，模型所涉及的状态变量数目也就越多。这将使问题变得异常复杂，并使地质过程的本质变得模糊不清。为了解决这个问题，应当使时空尺度的选择有利于揭示那些反映子系统之间本质联系的特征状态变量。③相干变量准则。油气系统动力学关注的是各子系统之间的相互作用，所采用的状态变量应当是相干变量，即要求该状态变量同时在这多个子系统中都是重要的。为此，需要适当放大模型单元的最小时空尺度，以避免因时空尺度过小而导致某些状态变量在不同子系统中的重要性不同。④相互作用原则。在相同层次的子系统之间，相互作用的尺度是不同的，如构造应力场、应变场和地热场可以在很广的尺度上作用于源岩、输导层、储层、盖层、有机质及地热流体，但这些作用的受体只能以扰动形式对前者的局部产生显著作用。在不同的油气系统中，相互作用尺度的差异又叠加上了层次差异，在选择模型的最小与最大时空尺度时，必须兼顾这两种情况。

根据以上原则，兼顾目前地震勘探技术的精度、微型计算机或微型工作站的计算能力，各层次油气系统动力学模拟模型单元的最小空间尺度和最小时间尺度分别拟定为：

油气区级或超大型盆地（或大型叠加盆地）级油气系统——在水平方向上取（200～500）km×（100～200）km，垂直方向上取 100～150m，时间上取 2.0～4.0Ma；盆地（或亚盆地、坳陷）级油气系统——在水平方向上取（50～200）km×（50～100）km，垂直方向上取 60～100m，时间上取 1.0～2.0Ma；凹陷（或洼陷、成藏组合、区带）级油气系统——在水平方向取（10～50）km×（10～50）km，垂直方向上取 40～60m，时间上取 0.5～1.0Ma；圈闭或勘探目标——在水平方向上取（0.5～10）km×（0.5～10）km，垂直方向上取 20～40m，时间上取 0.3～0.5Ma。

对于更小时空尺度的过程研究，是油气地质学领域各学科的研究任务。这样做不等于忽略了微观过程的贡献，恰恰相反，是通过大尺度状态变量把微观过程参数化，实现对大尺度过程的机制解释。油气系统的最大时空尺度，取决于该系统的规模和演化历史，可根据油气系统的边界划分规则及年代地层资料具体确定。

### 9.2.2.3　油气系统动力学基本术语

#### 1. 因果回路图

系统动力学采用因果回路图来表示系统的反馈控制结构(王其藩,1995)。因果回路图是指一个正(负)反馈环或由一系列相互联系的正、负反馈环所组成的图件。当一个反馈回路对一个变量的改变作出与初始扰动方向相反的反应时,这个回路是一个负反馈回路,否则就是一个正反馈回路。正、负反馈回路是系统动力学中最基本的两种反馈结构。

#### 2. 流图及其图形符号

系统动力学中用有方向的流图及一系列图形符号,来表示系统中的实物流与信息流走向。系统动力学流图中的基本图形符号有 8 种:

$\boxed{\text{水位变量}}$　描述系统的状态,它反映动态系统变量的累积过程;

$\boxed{\text{速率变量}}\!\!\bowtie$　描述水位变量随时间的变化;

◯　表示确定速率变量的辅助变量;

⊘　表示常数;

⬭　源或汇,表示系统流入或流出边界;

$\boxed{\begin{array}{c}\text{延迟} \mid \begin{array}{c}\text{积累}\\\text{输出率}\\\hline\text{DEL3}\end{array}\end{array}}$　延迟,表示信息反馈系统中物质流和信息流的延迟;

──→　表示实物流;

╌╌→　表示信息流。

系统动力学中的流图的功能主要表现在两个方面:①能揭示出一些概念性错误,这种错误在因果回路图中一般不易被察觉;②能提供更多的关于系统结构与行为的信息,以及内外影响因素信息。这些信息在因果回路图中通常是没有的。

#### 3. DYNAMO 方程

系统动力学采用 DYNAMO 语言来编写方程表达式及其解算和模拟程序,所编写出来的相关方程就称为 DYNAMO 方程。DYNAMO 方程共有 6 种,其中基本方程是:水位方程($L$ 方程)和速率方程($R$ 方程)。它们分别用来计算动态系统水位变量的时刻值与速率变量的区间值。其他 4 种方程是:辅助方程($A$ 方程)、初值方程($N$ 方程)、常量方程($C$ 方程)和表变量方程($T$ 方程)。这些方程用于为水位方程和速率方程的求解提供参数。

#### 4. 延迟

延迟是系统动力学中一个重要的概念,也是油气系统中一种常见现象。它表示系统中一个(或多个)后续事件(作用)对一个(或多个)前导事件(作用)的响应存在着滞后现象，换言之，一个(或多个)前导事件(作用)的发生并不能立刻引起一个(或多个)后续事件(作用)的发生。例如，烃源岩中的油气生成后，并不会立即就排出，而是要经过一段时间，一直要到孔隙中的烃饱和度积累到一定的阈值(门限)后才排出，这就是排烃延迟(图 9-10)。油气的运移也是如此，输导层接受烃源岩排出的油气之后也不会立即运移，而需等待油气质点汇成油珠、油滴，再汇成油流后才能开始运移，由此构成运移的延迟。根据延迟阶段的差异，又可将延迟分为一阶延迟和二阶以上的高阶延迟。从油气地质研究的成果来看，三阶延迟比较符合油气地质实际，油气生、排、运、聚、散的延迟，都可用三阶延迟来描述。

图 9-10　油气排放和运移延迟的模型结构

假定孔隙烃类饱和度的积累期 HSAP 为三个阶段，可以把处于积累期的孔隙烃类饱和度 HwEXP 分为三种状态，即 $HwEXP_1$、$HwEXP_2$、$HwEXP_3$，分别表示处于三个积累阶段的烃源岩孔隙中烃类的饱和度。其结构如图 9-11 所示。从 SIR 到 EXR 的延迟称为三阶指数物质延迟，在 DYNAMO 方程中就以 DELAY3 来表示，即

R　　EXR.KL = DELAY3(SIR.JK，HSAP)

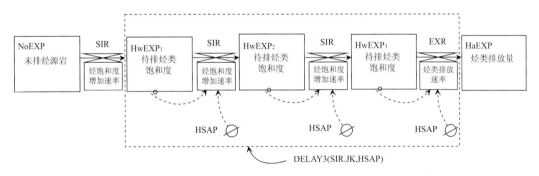

图 9-11　排烃作用三阶延迟结构的流图

对于上述速率变量和速率方程，DYNAMO 程序能够自动地在 SIR 与 EXR 之间产生三个隐含的状态变量，输出变化率 EXR 为 LEVEL/(HSAP/3)。

显然，一个 DELAY3 方程，等效于三个状态变量方程和三个变化率方程。这里需要特别指出的是，三阶延迟函数值的变化呈现"S"曲线型，而一阶延迟函数值的变化呈现指数曲线型，相互间有本质的差异。但是，三阶延迟函数值变化曲线与更高阶延迟函数值变化曲线之间，只有弯曲程度上的差异，而无形态上的本质差异。

### 9.2.2.4　油气系统的反馈回环

油气系统的外部环境条件是相对的。对于油气区(或者超大型盆地)级含油气系统而

言，大地构造背景、海平面升降、气候变化及地幔动态，是其外部环境条件；对于盆地（或叠合盆地、亚盆地、坳陷）级含油气系统而言，盆地构造演化及超层序的沉积演化，是其外部环境条件；而对于凹陷（或洼陷、区带）级含油气系统而言，盆地的构造分异及层序的沉积演化，是其外部环境条件。从系统与外部环境的总体关系看，油气系统是一种开放系统；而从系统输入与输出的总体关系看，油气系统是一种复杂的信息反馈系统。信息反馈系统模型的基本结构单元是反馈回环，油气系统中存在着许许多多的因果反馈回环，其中，油气成藏回环是主导的因果正反馈回环[图 9-12(a)]。主导回环的各要素都由次级参数组成，可以分解成为一个一个的要素子系统，每个要素子系统也都有自己的主导子反馈回环，要素子系统之间或主导子反馈回环之间，通过相干变量来耦合或连接[图 9-12(b)、(c)]。反之，任何一个反馈子系统都可以是一个更复杂的反馈系统的组成部分。随着一个系统用途和目标的增大，系统的边界也扩大了，必然将一些相关的子系统包括进去，因此，反馈系统的边界是相对的。由于各要素间的因果关系不同，所构成的各种因果反馈回环可能是正反馈回环（图 9-12）或者负反馈回环（图 9-13 左），也可能是开环（图 9-13 右）。一个特定的反馈系统的性质，取决于研究者制定系统目标时的着眼点。因此，需要根据实际情况进行具体的因果关系分析，逐一加以确定。图 9-14 和图 9-15 分别是排烃子系统和着眼于油水二相运移的油气系统因果反馈回环。

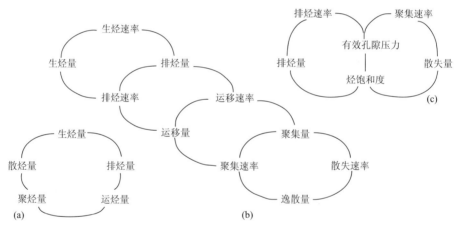

图 9-12　油气系统的因果反馈回环

(a)主导因果正反馈回环；(b)各子反馈回环之间的耦合；(c)排烃量子反馈回环与聚烃量子反馈回环的耦合

资料来源：吴冲龙等（1998a）

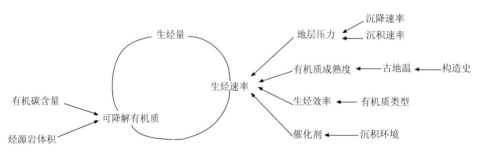

图 9-13　生烃子系统（闭环）及其影响子系统（开环）的关系

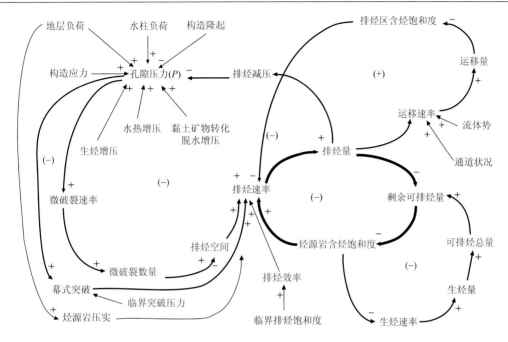

图 9-14　排烃子系统的因果反馈回环

粗箭头指主导回环，次粗箭头指非主导回环，细箭头指开环；图中箭头旁的正负代号代表该方向是正反馈或者负反馈，回环
中部带括号的正负号则代表整个回环是正反馈回环还是负反馈回环，下图同

资料来源：吴冲龙等（1998a）

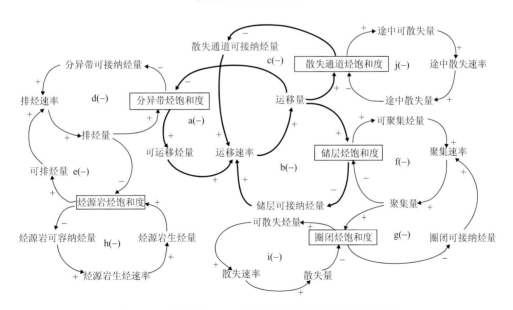

图 9-15　着眼于油水二相运移的油气系统因果反馈回环

正负号表示控制的反馈性质，括号内的正负号表示整个回环的反馈性质；最粗的箭头
代表运移次级子系统内的基本因果控制关系，向外线条变细；带方框者为相干变量

资料来源：吴冲龙等（2001c）

在图 9-15 中，由于我们仅考虑油水二相运移问题，其基本反馈控制关系由以"运移速率"为核心的 3 个次级主干因果负反馈回环构成：①运移速率 ——$+$—→ 运移量 ——$-$—→ 分异带烃饱和度 ——$+$—→ 可运移烃量 ——$+$—→ 运移速率(图 9-15a)，②运移速率 ——$+$—→ 运移量 ——$+$—→ 储层烃饱和度 ——$-$—→ 储层可接纳烃量 ——$+$—→ 运移速率(图 9-15b)，③运移速率 ——$+$—→ 运移量 ——$+$—→ 散失通道烃饱和度 ——$-$—→ 散失通道可接纳烃量 ——$+$—→ 运移速率(图 9-15c)。

第一个负反馈回环描述运烃次级子系统的物质输入(从排烃次级子系统来)，第二个负反馈回环描述运烃次级子系统的物质输出(向聚烃次级子系统去)，第三个负反馈回环也是描述运烃次级子系统的物质输出(向散烃次级子系统去)。前两个负反馈回环的作用是使有效运移速率和有效运移量不断增加，后一个负反馈回环的作用是使有效运移速率和有效运移量不断减少，它们相互依存，相互影响，共同控制着油气运移过程。如果考虑到某些盆地热流体运动的特殊性，如莺歌海盆地的大规模地热流体上涌现象，还需要附加一个子反馈回环，即运移速率 ——$+$—→ 运移量 ——$+$—→ 运移带来热量 ——$+$—→ 运移途中源岩温度 ——$+$—→ 运移途中源岩成熟度 ——$+$—→ 生烃速率 ——$+$—→ 生烃量 ——$+$—→ 可排烃量 ——$+$—→ 排烃速率 ——$+$—→ 排烃量 ——$+$—→ 可运移烃量 ——$+$—→ 运移速率。

第三个负反馈回环是破坏性的，其中散失通道可接纳烃量起决定性作用，它主要受控于散失通道的性质。从目前的勘探与研究成果来看，油气运移的效率很低，运移途中的散失量很大，真正能聚集成藏的仅仅是一小部分油气。在运烃次级子系统与排烃(图 9-15d、e)、聚烃(图 9-15f、g)次级子系统之间，也存在着关联关系，可以分别通过相干变量分异带烃饱和度及储层烃饱和度来耦合。此外，排烃、聚烃次级子系统又分别通过相干变量烃源岩烃饱和度及圈闭烃饱和度与生烃(图 9-15h)、散烃(图 9-15i)次级子系统耦合。

## 9.2.3 油气系统动力学流图

油气系统的因果关系，可以用系统动力学流图(王其藩，1995；图 9-16)来表示。在系统动力学流图中，水位(level)或称"水平""水准""存量""积累"，是系统的某个指标值，如同水池一样代表系统的状态值，通常用一个长方形来表示；速率(rate)变量或称为速度变量，是系统的调节变量，如同阀门一样控制着系统的状态变化，通常用阀门的图形来表示；辅助变量(assist variable)表示速率变动的条件和有关信息，它们来自系统外部变量或系统内部状态变量，通常用圆来表示；常数(constant)起着切换开关的作用，如油气成熟与死亡的 $R_o$ 门限值、烃源岩排烃的临界含烃饱和度等，是系统的重要参数，通常用小圆加一斜线来表示；源指物质来源，汇指物质去向，如同水流的源泉和流向，都是系统之外的元素，代表系统的物质输入和输出；实线代表系统的物质流，它连接速率和水位，如同水流般贯穿于控制通路中；虚线是信息流，指向速率，表示根据何种信息来控制流速以及信息从何而来。延迟(delay)是一种特殊的水位变量，反映子系统中流入速率与流出速率之间的转换过程和滞后情况，是信息反馈系统普遍存在的动态特点，油气系统当然也没有例外。这是因为系统中的物质流或信息流从输入到输出的响应，总是不可避免地要有时间上的延迟，许多影响因素改变，也往往要经过一段时间的积累才能产生效果，如有机质开始受热降解到开始生烃，从烃类开始生成到排出烃源岩，从进入输导层到运至圈闭，从进入圈闭到充满圈闭，时间延迟都很显著。从延迟的内容看，可分为物质流延迟和信息流延迟；从延迟的形式看，主要有途中延迟、一阶指数延迟和三阶指数延迟。在系统中，延迟通常以信息的形式存在，它可以用虚线与某个速率变量或辅助变量连接，但不能与水位变量连接。延迟与一般水位变量的主要差别是：延迟的流出速率只受时间影响，与外界因素无关；而一般水位变量的流出速率除了受本身特性控制外，还受外界因素影响。

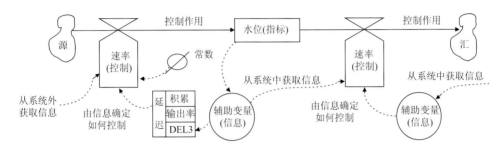

图 9-16　系统动力学流图及其各元素之间的基本反馈控制关系

资料来源：王其藩(1995)

　　油气系统及其每一种具有因果反馈关系的子系统，都可以用一个相应的系统动力学流图来表示。通过系统动力学流图，可以把油气系统因果关系回环中的元素，转变为相应的系统动力学变量，并且将系统的物质流、能量流和信息流的来龙去脉直观地展现出来。应当注意的是，在把系统的因果关系转化为系统动力学流图时，只能用物质流连接速率和其对应的水位(状态值)，而不能连接两个速率或两个水位。一个水位可以对应一个(一种)或多个(多种)与之有关的速率，一个速率可以接受一个(一种)或多个(多种)水位的影响，甚至可以接受多个流图(多个子系统)的水位(状态变量)影响。

　　图 9-17 是简化的生烃子系统的系统动力学流图。表达了生烃子系统内部及其与地热场子系统、有机质演化子系统、排烃子系统，以及外界因素之间的反馈控制关系。图中清楚地展示了在烃类生成过程中，物质流、能量流和信息流的流向。

　　图 9-18 是简化的排烃子系统的系统动力学流图。表达了排烃子系统内部及其与生烃子系统、运烃子系统、孔隙压力等外界因素之间的反馈控制关系。图中同样清楚地展示了在烃类排放过程中，物质流、能量流和信息流的流向。

　　图 9-19 是简化的烃类运移聚集子系统(简称运聚烃子系统)的系统动力学流图。表达了运烃子系统内部及其与排烃子系统、聚烃子系统、散烃子系统，以及其他外界因素之间的反馈控制关系。图中也清楚地展示了烃类运移的物质流、能量流和信息流流向。

　　仿照这些子系统的系统动力学流图，还可编绘出烃类散失子系统(简称散烃子系统)的系统动力学流图，进而可归纳出油气系统的整体成藏动力学流图。

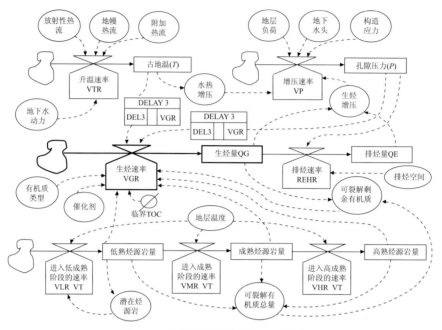

**图 9-17　生烃子系统的系统动力学流图**
实线代表物质流，虚线代表信息流，粗线条者为主导流程
资料来源：吴冲龙等（2001c）

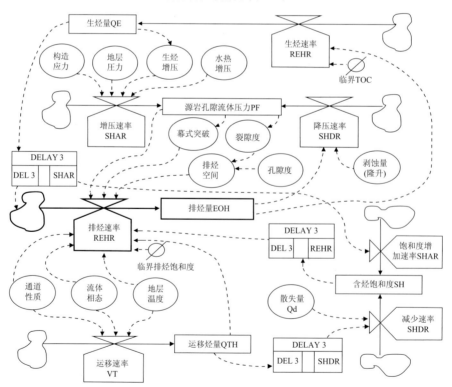

**图 9-18　排烃子系统的系统动力学流图**
实线代表物质流，虚线代表信息流，粗线条者为主导流程
资料来源：吴冲龙等（1998a）

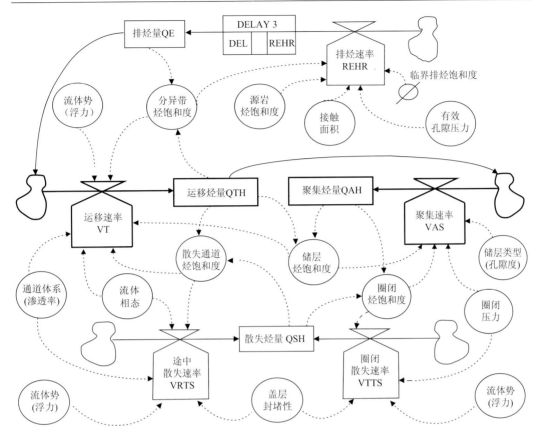

图 9-19　运聚烃子系统的系统动力学流图

实线代表物质流，虚线代表信息流，粗线条者为主导流程

资料来源：吴冲龙等（2001c）

# 9.3　油气系统动力学模拟模型与方程体系

油气系统动力学分析可以通过定量模拟的方式来实现，其分析结果也应当以定量化方式来表达。其核心问题是建立油气系统动力学方程组。

## 9.3.1　油气系统动力学的模型参数

### 9.3.1.1　油气系统的状态变量

为了概括油气系统的一般运作机制，揭示各子系统之间相互作用的本质，进而建立其数学模型，需选择在能量转移、物质转移和信息转移过程中起关键作用的因素，作为油气系统的状态变量。油气系统状态变量选择，也须遵循特征变量原则、相干变量原则和相互作用原则，同时还应考察它们在油气系统演化过程中的时空变化。可用于描述油气系统主导因果反馈回环的基本状态变量达 68 种以上，以下是常用的 46 种：Tot（℃），表示每单位时间段的地表平均温度；Tit(℃)，表示每单位时间段的地层某处平均温度；ΔTit(℃/km)，表示每单位时间段的地层某处地温梯度；$k$[W/(m·K)]，表示热导率；$K$($\mu m^2$或 D)，表示渗透率；$\varphi$(%)，表示介质孔隙度；Ws($g/m^3$)，表示骨架介质密度；$H_i$(m)，表示盆地基底的沉降量；$H_k$(m)，表示地层剥蚀量；$H_l$(m)，表示地层隆起量；$H_t$(m)，表示地层厚度；$d$(m)，表示水体深度；$D$(m)，表示地层高度；$h$(m)，表示单元体高度；$w$(m)，表示单元体宽度；$l$(m)，表示单元体长度；$X$，表示构造类型；$Y$，表示地层类型；$Y1$，表示超层序类型；$Y2$，表示层序类型；$Y3$，表示亚层序类型；SM，表示砂泥岩比；$Y4$，表示沉积体系域类型；$Y5$，表示沉积体系类型；$B$($kg/m^3$)，表示有机质含量；Cot($g/m^3$)，表示有机碳含量；Spz，表示生油潜力指数；$C$，表示烃饱和度；$Q_{hsh}$(t)，表示烃生成量；$Q_{osh}$(t)，表示油生成量；$Q_{gsh}$($m^3$)，表示气生成量；$Q_{hp}$(t)，表示烃排放量；$Q_{op}$(t)，表示油排放量；$Q_{gp}$($m^3$)，表示气排放量；$Q_{hy}$(t)，表示烃运移量；$Q_{oy}$(t)，表示油运移量；$Q_{gy}$($m^3$)，表示气运移量；$Q_{hj}$(t)，表示烃聚集量；$Q_{oj}$(t)，表示油聚集量；$Q_{gj}$($m^3$)，表示气聚集量；$Q_{hs}$(t)，表示烃散失量；$Q_{os}$(t)，表示油散失量；$Q_{gs}$($m^3$)，表示气散失量；$Q_{hb}$(t)，表示烃保存量；$Q_{ob}$(t)，表示油保存量；$Q_{gb}$($m^3$)，表示气保存量。

上述各状态变量均对应于模型单元的时空尺度，都是古位置($x, y, z$)和时间 $t$ 的函数。

### 9.3.1.2 油气系统动力学的表达方式

按照系统动力学的一般方法(福雷斯特，1986)，油气系统动力学将古典流体力学原理推广到整个油气系统中，把盆地中流动的物质、能量和信息比拟成流体力学中的流体，采用流、流速、积累(水位)、压力和延迟等概念来描述，所建立的方程体系主要由 6 种方程组成：水位方程($L$ 方程)、速率方程($R$ 方程)、辅助方程($A$ 方程)、常量方程($C$ 方程)、初值方程($N$ 方程)和表变量方程($T$ 方程)。其表达方式(DYNAMO 方程)如下

水位方程($L$ 方程)：LL.K=LL.J+DT×(RR+.KJ–RR–.KJ)

速率方程($R$ 方程)：RR.KF=LEV.K/DEL

辅助方程($A$ 方程)：AA.K=WW×(ASR)

初值方程($N$ 方程)：NN=NN0

常量方程($C$ 方程)：CC=C

表变量方程($T$ 方程)：SS.K=TABLE(TSS, TIME.K, TIME1, TIME2, L)

此外，该方程体系中还有列车变量方程($B$ 方程)和增补变量方程($S$ 方程)。其中最基本变量是水位变量($L$)和速率变量($R$)，因而，最基本的方程为水位方程($L$ 方程)和速率方程($R$ 方程)。在水位方程($L$ 方程)中，LL.K 代表现今时刻的水位(存量)，LL.J 代表前一时刻的水位(存量)；DT 代表时间间隔；RR+.KJ 和 RR–.KJ 分别代表在该时间间隔中由某种因素引起的速率增加量和速度减小量。油气系统的每一个因果反馈回环或子反馈回环，都可以用水位方程的和速率方程来描述，并且可以采用专门的 DYNAMO 语言来编制模拟计算程序。模型的理论基础是能量守恒定律和物质守恒定律。构建油气系统动力学方程组的要领是：首先抓住油气系统及其各子系统的基本状态变量和速率变量，拟定水位方程和速率方程；再引进一系列常规动力学方程、经验公式或随机模拟和智能模拟模型，作为确定控制参数的辅助方程；然后根据油气系统分析、知识库或智能模拟

结果，拟定各种常量方程、初值方程和表变量方程。

## 9.3.2　油气系统动力学模拟算法

### 9.3.2.1　系统动力学模拟算法流程

油气系统动力学模拟涉及生烃史、排烃史和运聚史的一体化模拟。其中，生烃史计算需要考虑的影响因素包括：构造史、地热史、TTI 史、$R_0$ 史、生烃有机地化参数、地层液体压力、排烃强度等。在计算过程中，通过提取前期数据成果 TTI 及 $R_0$ 史，结合地层压力、生烃有机地化参数和排烃强度，计算生烃强度及生烃量。排烃史计算需要考虑的影响因素包括：地热史，沉降史和沉积史，时代、孔隙度-深度曲线，地层压力，生烃有机地化参数及运聚史等。在计算过程中，通过提取地热史、沉降史、地层年代等相关参数，结合生烃史计算出地层压力，再加上运聚的反馈控制影响进行排烃强度计算。运聚史的计算需要考虑的影响因素包括：构造史、地热史、散失量、生烃有机地化参数及排烃强度等。在计算过程中，通过获取当前时刻的构造史、地热史、生烃有机地化参数、排烃强度，并附以散失影响因素，计算当前时刻的烃运聚史。计算过程的最终，输出三维饱和度与油气运聚量模型。

基于上述考虑，系统动力学模拟算法流程如图 9-20 所示。从该图中可以看出，在油气系统动力学计算过程中，既顾及了相对常量(如构造史)，又顾及了油气在生成过程中的临时影响因素(如排烃强度的计算既考虑了生烃史又考虑了运聚的影响)。

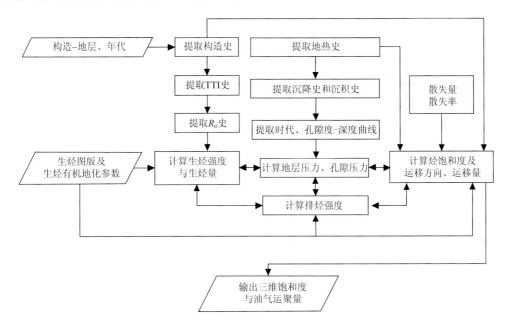

图 9-20　系统动力学模拟算法流程图

### 9.3.2.2　相关参数的计算处理

#### 1. 断层处理

断层封堵性处理采用两种方式进行，一种是以地质专家的研究成果作为输入，直接确定断层的封堵性，另一种是利用断层的对接关系、涂抹系数计算断层填充物的排替压力，再根据断层实际承受的地层压力或者流体压力，确定断层的封堵性。由于第一种较为简单，这里不再叙述，只介绍第二种方法。

断层泥质含量用以下公式进行计算，即

$$SGR = \sum_{i=1}^{n} h_i \cdot H^{-1}$$

其中，SGR 为断层泥质含量(%)；$h_i$ 为第 $i$ 层泥岩层厚度(m)；$i$ 为泥岩层序号；$n$ 为滑过研究点的泥岩层数；$H$ 为断层的垂直断距(m)。

在计算出断层泥质含量后，根据不同断层泥质含量岩石排替压力与埋深的关系确定该研究点的排替压力(图 9-21)，再与实际地层或者流体压力进行对比确定断层的封堵性。其中图 9-21 中的排替压力与埋深关系可以根据不同盆地进行拟合生成。

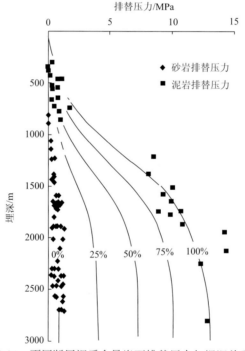

图 9-21　不同断层泥质含量岩石排替压力与埋深关系图

#### 2. 黏度计算

采用石广仁(1999)主编的《油气盆地数值模拟方法》提供的模型，依据图 9-22 中数据建立黏度与压力的函数关系：油黏度 $\mu_o = f(P_o)$，气黏度 $\mu_g = f(P_g)$。

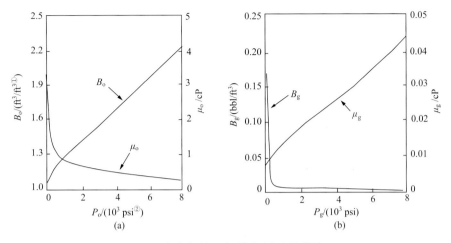

图 9-22 油黏度(a)、气黏度(b)计算曲线

bbl 代表桶,一桶的重量约为 128~142kg

### 3. 密度计算

油气密度的计算公式(石广仁, 2000)为

$$\rho_{\mathrm{o}} = \frac{R_{\mathrm{s}}\rho_{R_{\mathrm{g}}} + \rho_{R_{\mathrm{o}}}}{B_{\mathrm{o}}}$$

其中,$\rho_{\mathrm{o}}$ 为油密度;$R_{\mathrm{s}}$ 为溶解气油比;$\rho_{R_{\mathrm{g}}}$ 为地表气密度;$\rho_{R_{\mathrm{o}}}$ 为地表油密度;$B_{\mathrm{o}}$ 为油的地层体积因子。依据图 9-23 数据建立溶解气油比、地层体积因子与压力的函数关系,即 $R_{\mathrm{s}} = f(\rho_{\mathrm{o}})$,$B_{\mathrm{o}} = f(\rho_{\mathrm{o}})$。

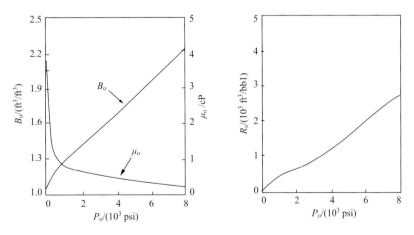

图 9-23 地层体积因子及溶解气油比与压力的关系图

---

① 1ft=3.048×10⁻¹m。

② 1psi=6.894 76×10³Pa。

**4. 流体势计算**

流体势的计算公式为

$$\phi_o = gh + P_o/\rho_o$$
$$\phi_g = gh + P_g/\rho_g$$

式中，$g$ 为重力加速度；$h$ 为相对基准高度的高度差；压力 $P$ 的计算公式为

$$P = P_{静水压力} + P_{超压} + P_{毛管力}$$

**5. 运移速度计算**

采用达西定律动态计算没有超压(地层浅部)的油气运移速度($v$)，即

$$q = -KA\Delta P/(\mu L)$$
$$\Delta P = P + \rho gh$$
$$v = q/A = -(K/\mu)(\Delta P/L)$$

式中，$q$ 为流体流量；$\mu$ 为流体黏度；$\rho$ 为液体密度；$g$ 为重力加速度；$K$ 为孔隙介质渗透率；$A$ 为孔隙介质截面积；$P$ 为液体压力；$\Delta P$ 为孔隙介质两端的压力差；$L$ 为孔隙介质长度；$h$ 为相对基准高度的高度差。

**6. 液体压力计算**

根据系统动力学的原理，各个因果反馈回环之间的影响主要依靠压力的变化进行反馈，所以压力的计算显得尤为重要。本系统采用动态计算液体压力的办法，其计算公式为

$$P = \int_{\rho_0}^{\rho_z} Z(\rho)\mathrm{d}\rho$$

式中，$P$ 为任意位置 $Z$ 处的静水压力；$Z(\rho)$ 为任意点液体密度；$\rho_0$ 和 $\rho_z$ 分别为初始位置和 $Z$ 位置的流体密度。

从式中可以看出，当生烃、排烃、运聚引起单元体液体总量变化后，将直接影响液体密度，进而影响压力变化。压力变化直接影响流体势的变化、运移速度、运移方向等，最终体现了系统动力学控制与反馈控制的原理。

**9.3.2.3 生烃模拟算法**

生烃模拟作为生排运聚散的开始，也是系统动力学计算循环中的一个节点，其核心流程图如图 9-24 所示。

流程图说明：提取构造史和地层史的数据集，内含有机碳含量平面图、烃源岩类型、干酪根类型及烃源岩厚度平面图；提取 TTI 史主要来自地热模拟成果，体现在角点网格的温度史；提取生烃图版及生烃有机地化参数主要包括干酪根类型百分比平面图、化学动力学参数、有机碳恢复系数及深度-$R_o$ 曲线图；排烃强度是否影响生烃强度计算中的频率因子变化，需要根据系统动力学原理进行判断，是抑制还是促进生烃，取决于排烃强

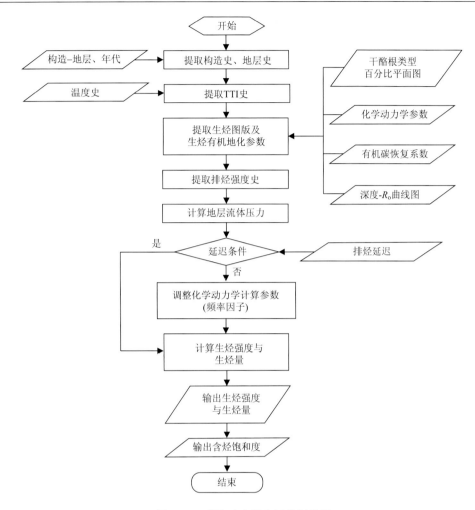

图 9-24　系统动力学生烃模拟流程

度引起的压力变化。生烃模拟中阈值问题主要是生烃门限，主要是受温度和时间控制，最终由降解率控制，系统默认降解率阈值为 0.096（经过多次试算，0.096 模拟结果最为合理）。时间延迟问题，主要由用户自主控制，以百万年为单位，目前系统默认延迟时间为地层沉积间隔时间。

### 9.3.2.4　排烃模拟算法

排烃模拟包括排烃强度、排烃量计算和排烃方向计算，流程如图 9-25 所示。

排烃模拟流程图说明：提取构造史主要包括构造模拟的地层史角点网格模型、单元体属性（孔隙度、渗透率、岩性）；提取生烃强度史主要是提取生烃模拟成果，作为排烃基础数据，同时控制排烃量及排烃方向的计算；提取运移强度史，即提取运移强度作为排烃输入参数，用以反馈控制排烃量及排烃方向的计算。排烃模拟中阈值问题主要包括成熟烃源岩临界排油饱和度、成熟烃源岩临界排气饱和度及成熟烃源岩破裂临界压力，

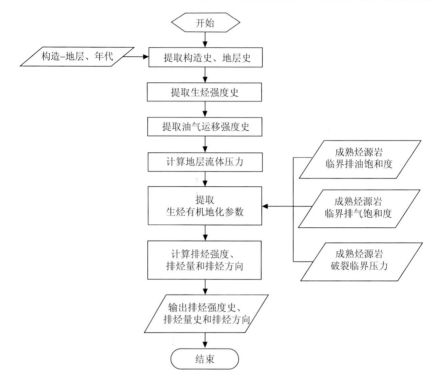

图 9-25 排烃强度、排烃量和排烃方向计算流程图

系统默认以文献研究成果作为阈值条件，而生烃和运聚引起孔隙液体的变化，进而影响流体压力变化，最终体现在流体势的计算中。排烃反馈控制时间延迟问题，主要由用户自主控制，以百万年为单位，目前系统默认延迟时间为地层沉积间隔时间。

### 9.3.2.5 运聚模拟算法

运聚模拟采用"迷宫式"运聚模拟(刘志锋等, 2010)，基本原理为：油气运移由一个非平衡态开始，直到运移到一个平衡态结束。其过程是将每个网格单元作为一个独立的实体，每个实体均具有自己独立的地质属性，根据单元间的地质属性关系判断是否可以进行油气运移，在油气可以运移的前提下进行运移速度、运移方向及运移量的动态计算，为油气运移达到平衡态提供参数，流程如图 9-26 所示。其中，是否达到平衡态的判断，需要考虑不同地质年代的间隔时间、单元体可容纳烃量及运移通道烃残余量等多个信息。其中判断油气是否可以运移的规则如下：

(1)油气应该由孔隙度低的单元体运移到孔隙度高的单元体；

(2)油气应该由流体势(液体压力)高势区流向低势区；

(3)断层封闭性对油气运移和聚集的影响，开启断层是油气运移的主要通道之一，封堵断层是形成油气聚集的重要控制因素；

(4)油气由低渗透性单元体流向高渗透性单元体；

(5)油气运移量不能超过本周期内运移量的最大值；

(6) 油气形成聚集的条件就是根据 (1)~(5) 判断后，经过一个时间周期，油气运移量为 0，即认为油气已经处于平衡态，形成了聚集。

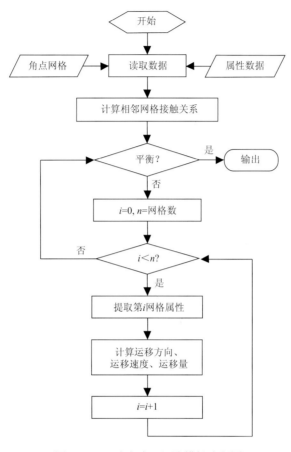

图 9-26　"迷宫式"运聚模拟流程图

## 9.3.3　油气系统动力学方程体系

下面分别介绍生烃子系统、排烃子系统和运烃子系统的系统动力学方程组和求解方法。

### 9.3.3.1　生烃子系统的基本方程组

根据上述生烃子系统的系统动力学流图 (图 9-17)，可以得到计算有机碳恢复系数、理论生油率和理论生气率、烃源岩温度史、镜质组反射率演化、烃源岩成熟史、生油强度和生气强度的 7 个方程组。下面列出其中 3 个来加以简单的说明。

#### 1. 烃源岩温度史方程组

这个方程组用于模拟烃源岩温度在烃源岩埋藏过程中的变化过程。在盆地演化过程中, 烃源岩上覆岩层的沉积速率变化是非线性的, 甚至还会由于基底降升而造成反转, 有时还会遇到像岩浆活动等的叠加地热作用。这就使得烃源岩的温度出现复杂变化。处理这种复杂变化, 正是系统动力学的巧妙之处。

```
L    TT.K = TT.J + DT * THTR.JK              //计算烃源岩顶面温度的水位方程
N    TT = T0                                 //为烃源岩顶面温度赋初值
C    T0 = 283.15                        //令烃源岩顶面初始温度为沉积时的地表温度
R    THTR.KL = THR.KL - ASC.KL               //计算烃源岩的实际增温速率
R    ASC.KL = ASCE.KL /100              //换算上覆地层剥蚀速率的单位(100m/Ma)
R    THR.KL = GT.K * SSR.K /100         //换算烃源岩理论增温速率的单位(K/100m·Ma)
A    GT.K = TABHL (TGT, TIME.K, TIME1, TIME2,L )        //计算地温梯度
         (TIME1=0Ma, TIME2=60Ma, L=5Ma)              //从60Ma至今,步长5Ma
T    TGT= / / / / ……         //对各时间段地温梯度赋值,数据来自地壳热结构回剥法
     (TGT=3.0/3.0/3.0/3.0/3.0/3.0/3.0/2.8/2.6/2.6/2.6/2.6/2.05/2.05)
                                        //计算实例中的地温梯度,每5Ma赋一个值
A    SSR.KL = TABHL (TSSR, TIME.K, TIME1, TIME2, L)      //计算埋藏速率
         //计算实例 TIME1=24, TIME2=60, L=4,从24Ma至今,步长为4Ma
T    TSSR = / / / / …… /            //对烃源岩埋藏速率赋值,数据来自沉降史回剥
         //实例中TSSR = 300/300/250/200/75/75/42/50/150/160
         //每4Ma赋一个值,数据来自实际沉降史回剥和压实校正计算
A    T.K = TT.K + GT.K * (MM /2)    //计算烃源岩平均温度,若厚度太大,可分段计算
     例如: T1.K = TT.K + GT.K *(M1/2)              //计算第一段烃源岩平均温度
          T2.K = TT.K + GT.K *(M1+M2/2)           //计算第二段烃源岩平均温度
          T3.K = TT.K + GT.K *(M1+M2+M3/2)        //计算第三段烃源岩平均温度
          T4.K = TT.K + GT.K *(M1+M2+M3+M4/2)     //计算第四段烃源岩平均温度
```

方程组中, $T$ 为烃源岩平均温度(K); TT 为烃源岩顶面温度(K); DT 为所采用的时间步长(Ma); $T0$ 为有机质初始温度(K); GT 为地温梯度(K/100m); MM 为烃源岩总厚度(m); M1、M2、…、M$n$ 为烃源岩各分段的厚度(m); THTR 为烃源岩实际增温速率(K/Ma); THR 为烃源岩理论增温速率(K/Ma); ASC 为有机质减压(因抬升剥蚀)降温速率(K/Ma); ASCE 为地层抬升剥蚀速率(m/Ma); SSR 为烃源岩埋藏速率(m/Ma); TABHL 为表函数; TIME 为所计算的时刻烃源岩的埋藏时间, 即地质时间(从沉积时起算, Ma); TIME1 为计算起始时间; TIME2 为计算终止时间; $L$ 为赋值的时间间隔(Ma); TGT、TSSR 分别为 GT、SSR 的表变量。

### 2. 烃源岩成熟史方程组

随着烃源岩埋藏深度不断加大, 厚度巨大的烃源岩逐步进入成熟阶段, 然后又逐步进入过成熟阶段, 因此, 成熟烃源岩的厚度总是逐步增大, 又逐步减小的。系统动力学方程组能够充分地考虑这些情况, 并且对其变化过程加以完整的描述。

```
L    IM.K = IM.J + DT * MR.JK              //计算成熟烃源岩厚度的水位方程
```

```
N    IM = IM0                              //为成熟烃源岩厚度赋初值
C    IM0 = 0                               //令成熟烃源岩厚度初值为0
A    SM.K = MM - IM.K                      //计算未成熟烃源岩厚度的辅助方程
C    MM = ?                                //为烃源岩总厚度赋值
A    ELM.K = TABHL(TELM, T.K, T1, T2, L)   //计算未成熟烃源岩进入成熟阶段的
                                           //比例因子的辅助方程
T    TELM =   /  /  /  / …… /              //为未成熟烃源岩进入成熟阶段的比例因子
                                           //赋值的表方程,斜杠为数据间隔
NOTE    ELM.K = TABHL(TELM, T.K, 313.15, 473.15, 20)  //ELM计算实例的辅助方程
NOTE    TELM = 0/0.1/0.2/0.4/0.8/1.0/1.0/1.0/1.0      //ELM赋值实例,数据来自
                                           //TTI法计算结果
R    MR.KL = ELM.K * SM.K                  //计算成熟烃源岩厚度增加速率的速率方程
```

上述方程中,MM 为烃源岩总厚度(m);IM 为成熟烃源岩厚度(m);IM0 为成熟烃源岩厚度初值(m);SM 为未成熟烃源岩厚度(m);MR 为成熟烃源岩厚度增加速率(m/Ma);ELM 为未成熟烃源岩进入成熟阶段的比例因子($Ma^{-1}$);TELM 为 ELM 的表变量,给出不同温度阶段的 ELM 值;DT 为时间间隔(Ma);NOTE 为所注释的语句,为本书计算实例。其他标识符的注释与前文相同。

### 3. 生油强度方程组

烃源岩的生油强度受到温度、压力和有机质的量等多种因素的控制。岩层温度和上覆岩层沉积速率的变化通常是非线性的,甚至还会由于基底隆升而造成反转。其中,地层压力增大到一定程度时,将对有机质的降解起抑制作用(吴冲龙等,1995b;郝芳等,2006);但当地层压力超过岩石破裂极限时,含烃流体出现突发性幕式排放,又将使地层压力迅速降低,从而促进生烃作用的进行。因此,生烃作用还受到排烃作用的反馈控制。这一切使得油气系统中本来就很复杂的控制与反馈控制关系变得更加复杂。

对于常规动力学方法来说,描述这种复杂的控制与反馈控制关系是很困难的,但对系统动力学方法来说却很容易。温度和可降解有机质的量对生油强度的控制与反馈控制,已经在上述各方程组中解决并体现在成熟烃源岩厚度上,这里只需解决压力对生烃作用的控制及排烃作用对生烃作用的反馈控制。

```
L    QRGO.K = QRGO.J + DT * DGOR.JK        //求烃源岩生油强度的水位方程
N    QRGO = QRGO0                          //为烃源岩生油强度赋初值
C    QRGO0 = 0                             //令烃源岩生油强度初值为0
R    DGOR.KL = DELAY3(RGOR.KL, DELG)       //求有延迟情况的烃源岩生油速率的速率方程
R    RGOR.KL = RGO.K * AC.K * (1E-3)       //求无延迟情况的烃源岩生油速率的速率方程
A    RGO.K = CF.K * KGHO.K                 //求实际生油率的辅助方程
A    KGHO.K = RGHO.K * CC.K                //修正理论生油率的辅助方程
A    CC.K = TABHL(TCC, PF.K, P1, P2, L)    //CC计算实例的辅助方程
T    TELM =  /  /  /  / …… /               //CC 赋值实例
```

```
A    AC.K = IM.K * TOC * DENSHB * D            //求可降解有机质的量的辅助方程
C    DENSHB = 2.45                             //设烃源岩密度为常量,此为赋值的常量方程
```

式中,QRGO 为生油强度($10^4$t/km$^2$);RGOR 为未考虑延迟的生油速率[$10^4$t/(km$^2$·Ma)];DGOR 为考虑延迟的生油速率[$10^4$t/(km$^2$·Ma)];DELG 为生烃延迟时间(Ma),可根据实际盆地的情况与经验来估计;RGO 为实际生油率[kg/(t TOC·Ma)];AC 为可降解有机质的量(t TOC/km$^2$);RGHO 为理论生油率[kg/(t TOC·Ma)];KGHO 为理论生油率的修正值[kg/(t TOC·Ma)];CC 为理论生油率修正值;CF 为有机碳恢复系数;PF.K 为烃源岩孔隙流体压力,在排烃子系统的方程组中结合常规动力学方法求解;TOC 为有机碳含量(%);DENSHB 为生油层内暗色泥岩的密度(取 $2.45 \times 10^9$t/km$^3$);D 为生油层内暗色泥岩的含量(%);DELAY3 为三阶延迟函数。其他符号含义同前文。

### 9.3.3.2 排烃子系统的基本方程组

根据图 9-18 所示的排烃子系统物质流、能量流和信息流运动状况,可以得到所涉及的系统动力学方程组,包括:①含烃(油和气)饱和度方程组;②孔隙流体压力方程组;③烃类(油和气)排放方程组。烃类排放方式包括压实排烃、裂隙排烃和幕式排烃,限于篇幅,仅以压实排油为例加以说明。

### 1. 含油饱和度方程组

```
L    TSO.K = TSO.J + DT * (SOAR.JK-SODR.JK)
N    TSO = TSO0
C    TSO0 = 0
R    SOAR.KL = (1E-2) * KGOR.KL/(DIP.K * DENO.K)
A    DIP.K = MAX (1E-4, DIPP.K)
A    DIPP.K = D * IM.K * POR.K
A    DENO.K = DENSIF * (1+BEITA * (T.K-T0))
C    DENSIF = 0.78
C    BEITA = -5E-4
A    POR.K = POR0 * EXP(-B1 * (STRA.K + UPSTRA + THICK/2))
C    THICK = 1000
C    POR0 = 0.61
C    B1 = 0.00045
L    STRA.K = STRA.J + DT * SSR.J
N    STRA = STRA0
C    STRA0 = 0
R    SODR.KL = (1E-2) * KEOR.KL/(DIP.K * DENO.K)
A    SOO.K = MIN (0.7, TSO.K)
A    SO.K = MAX (0, SOO.K)
```

式中,TSO 为成熟烃源岩含油饱和度计算值(小数);SOAR 为成熟烃源岩含油饱和度增

加速率(Ma$^{-1}$)；SODR 为成熟烃源岩含油饱和度降低速率(Ma$^{-1}$)；DIP、DIPP 为辅助变量；DENO 为成熟烃源岩中的油密度(g/cm$^3$)；$D$、IM 和 SSR 同前文；POR 为成熟烃源岩孔隙度(小数)；POR0 为地表处沉积物孔隙度(小数)；DENSIF 为地表脱气的原油密度(g/cm$^3$)；BEITA 为原油的体膨胀系数；$T0$ 为地表温度(K)；$B1$ 为压实系数；STRA 为烃源岩上覆地层厚度(m)；THICK 为烃源岩总厚度(m)；KEOR 为排油速率[10$^4$t/(km$^2$·Ma)]；SO 为成熟烃源岩含油饱和度采用值(小数)；SOO 为成熟烃源岩含油饱和度中间比较值(小数)。

上述模型中待求参数有：TSO、SOAR 和 SODR 等，可通过常规动力学方程来求解。其中，成熟烃源岩含油饱和度的增加速率可按石广仁(1994)介绍的方法求解，即

$$s_o = \frac{E_{os}}{M(z_2 - z_1)\bar{\phi}\rho_o} \tag{9-1}$$

式中，$E_{os}$ 为烃源岩面积概念下的生油强度(10$^4$t/km$^2$)；$M$ 为暗色岩百分含量(%)；$z_1$、$z_2$ 分别为烃源岩顶、底界埋深(m)；$\bar{\phi}$ 为 $z_1 - z_2$ 段烃源岩的平均孔隙度(%)；$\rho_o$ 为烃源岩中的油密度(g/cm$^3$)。于是，可以求得成熟烃源岩含油饱和度增加速率 SOAR：

$$V_o^+ = \frac{ds_o}{dt} \tag{9-2}$$

同样，根据上述公式也可以求得成熟烃源岩含烃饱和度降低速率 SODR，只不过需将公式中的生油强度转换为排油强度。有了成熟烃源岩含油饱和度增加速率 SOAR 和成熟烃源岩含油饱和度降低速率 SODR，就可进一步求得达到临界含烃饱和度所需要的时间 DEL$_s$。

### 2. 成熟烃源岩孔隙流体压力的 DYNAMO 方程组

```
L    PF.K=PF.J+DT*(CP.JK-DP.JK)
N    PF=((THICK/2)+UPSTRA)*PORN*DENW*G*(1E-3)
C    PORN=0.3
C    G=9.8
A    PS.K=(1E-6)*B1*SSR.K*POR.K/(PSB.K*(1-POR.K))
A    PT.K=(1E-6)*POR.K*(SW.K*AW+SO.K*AO+SG.K*AG)*THTR.KL/PSB.K
C    AW=5E-4
C    AO=5E-2
C    AG=5E1
A    PGO.K=(1E-8)*KGOR.KL/(M*DENO.K*PSB.K)
A    PGG.K=(1E-4)*VG.K/(960*M*DENG.K*PSB.K)
A    PG.K=PGO.K+PGG.K
R    CP.KL=PS.K+PT.K+PG.K
A    PSB.K=POR.K*(SW.K*BW+SO.K*BO+SG.K*BG+1E-9)
C    BW=4.35E-10
```

```
C      BO=1.45E-3

C      BG=1.45

A      DPEO.K=(1E-8)*KEOR.KL/(M*DENO.K*PSB.K)

A      DPEG.K=(1E-4)*EGGR.KL/(960*M*DENG.K*PSB.K)

A      DPE1.K=DPEO.K+DPEG.K

A      DPE2.K=(1E-8)*KEWR.KL/(M*DENW*PSB.K)

A      DPE.K=DPE1.K+DPE2.K

C      DENW=1.02

A      DPL.K=ASCE.KL*DENSBB*G*(1E-3)

C      DENSBB=2.65

R      ASCE.KL=TABHL(TASCE, TIME.K, 63, 65, 1)

T      TASCE=0/1100/1100

R      DP.KL=CLIP(DPP.KL, 0, PF.K, PFC.K)

R      DPP.KL=DPE.K+DPL.K
```

式中，PF 为成熟烃源岩中的孔隙流体压力(MPa)；CP 为成熟烃源岩中的孔隙流体增压速率[MPa/(km²·Ma)]；DP 为成熟烃源岩中的孔隙流体降压速率[MPa/(km²·Ma)]；DENW 为烃源岩中的水密度(t/m³)；DENO 为成熟烃源岩中的油密度(t/m³)；DENG 为成熟烃源岩中的气密度(t/m³)；G 为重力加速度(取 9.8m/s²)；PS 为构造与压实作用增压速率[MPa/(km²·Ma)]；PT 为水热增压速率[MPa/(km²·Ma)]；B1 为岩层压实系数；SW 为成熟烃源岩中的含水饱和度(小数)；AW 为水热膨胀系数；AO 为油热膨胀系数；AG 为气热膨胀系数；SO 为成熟烃源岩含油饱和度采用值(小数)；SG 为成熟烃源岩含气饱和度采用值(小数)；THTR 为烃源岩实际增温速率(K/Ma)；PSB 为烃源岩中孔隙流体的含量(小数)；POR 为成熟烃源岩孔隙度(小数)；BW 为水压缩系数；BO 为油压缩系数；BG 为气压缩系数；DPE 为排液引起的降压速率[MPa/(km²·Ma)]；DPE1 为排烃引起的降压速率[MPa/(km²·Ma)]；DPE2 为排水引起的降压速率[MPa/(km²·Ma)]；DPEO 为排油引起的降压速率[MPa/(km²·Ma)]；DPEG 为排气引起的降压速率[MPa/(km²·Ma)]；DPP 为 DPL 和 DPE 之和；KEOR 为排油速率[$10^4$t/(km²·Ma)]；ASCE 为抬升剥蚀速率(m/Ma)；DPL 为抬升剥蚀引起的降压速率[MPa/(km²·Ma)]；DENSBB 为地层平均密度(t/m³)；PFC 为成熟烃源岩破裂临界压力(MPa)。

3. 压实排油量模型的 DYNAMO 方程组

```
L      EQO.K=EQO.J+DT*KEOR.JK

N      EQO=EQO0

C      EQO0=0

R      KEOR.KL=CLIP(0, KEOR1.KL, SOC.K, SO.K)

R      KEOR1.KL=MIN(KEOR2.KL, KGOR.KL)

R      KEOR2.KL=VQF.K*SOE.K*DENO.K*1E4

A      SOE.K=VO.K/(VO.K+VG.K+VW.K+1E-4)
```

```
A      VQF.K=VO.K+VG.K+VPP.K

A      VO.K=(1E-4)*KGOR.KL/DENO.K

L      EQW.K=EQW.J+DT*KEWR.JK

N      EQW=EQW0

C      EQW0=0

C      SW0=1.0

R      KEWR.KL=VQF.K*SW.K*DENW*1E4

C      SWC=0.30

A      VW.K=D*IM.K*POR.K*SW.K*(1E-2)

A      TSW.K=1-TSO.K-TSG.K

A      SSW.K=MAX(0, TSW.K)

A      SW.K=MIN(1, SSW.K)

A      VP.K=D*IM.K*POR.K*(1E-2)

A      VPP.K=D*IM.K*B1*POR.K*SSR.K*(1E-2)

C      PORW=1.02

A      DEPTH.K=STRA.K+(THICK/2)+UPSTRA-ASCE.KL

A      QEO.K=EEQO.K*REAREA

R      VGGR.KL=KGGR.KL

A      VGO.K=VO.K*RSO.K

A      VGOMIN.K=MIN(VGGR.KL, VGO.K)

A      VGOL.K=VGGR.KL-VGOMIN.K

A      VGW.K=VW.K*RSW.K

A      VGWMIN.K=MIN(VGOL.K, VGW.K)

A      VG.K=VGOL.K-VGWMIN.K

A      RSO.K=TABHL(TRSO, PF.K, 1, 501, 100)

T      TRSO=23/50/80/125/150/250

A      RSW.K=TABHL(TRSW, PF.K, 1, 501, 100)

T      TRSW=1.8/2.6/6.2/10.0/16.5/27.1

A      RSOV.K=CLIP(0, ROV.K, 0, VO.K)

A      ROV.K=VGOMIN.K/(VO.K+1E-3)

A      RSWV.K=CLIP(0, RWV.K, 0, VW.K)

A      RWV.K=VGWMIN.K/(VW.K+1E-3)

A      PP.K = CLIP(pf.K, p.K, N1, N2)

L      QE.K = QE.J + DT * VE.JK

N      QE = 0

R      VE.KL = VE'.JK * Ee
```

式中，EQO 为成熟源岩排油量($10^4$t/km$^2$)；VQF 为成熟源岩排液速率$[\mathrm{m}^3/(\mathrm{km}^2\cdot\mathrm{Ma})]$；SOC 为成熟源岩排油临界饱和度(小数)；DENO 为烃源岩中的油密度(g/cm$^3$)；DENW

为烃源岩中的水密度(g/cm$^3$)；VO 为成熟源岩中油的体积增加速率[10$^8$m$^3$/(km$^2$·Ma)]；VG 为成熟源岩中气的体积增加速率[10$^8$m$^3$/(km$^2$·Ma)]；VP 为成熟烃源岩中孔隙体积减小速率[10$^8$m$^3$/(km$^2$·Ma)]；EQW 为成熟烃源岩排水量(10$^4$t/km$^2$)；D 为生油层内暗色泥岩的含量(%)；IM 为成熟烃源岩厚度(m)；SW 为成熟烃源岩含水饱和度采用值(小数)；TSW 为成熟烃源岩含水饱和度计算值(小数)；SWC 为成熟烃源岩中束缚水饱和度(小数)；POR 为成熟烃源岩的孔隙度；VW 为成熟烃源岩中水的含量(10$^8$m$^3$/km$^2$)；SO 为成熟烃源岩中油的饱和度(小数)；PORW=1.02；DEPTH 为计算点埋藏深度(m)；QEO 为石油排放总量(10$^4$t)；EEQO 为排油量[10$^4$t/(km$^2$·Ma)]；VGGR 为成熟烃源岩生气体积速率[10$^8$m$^3$/(km$^2$·Ma)]；RSO 为成熟烃源岩中天然气在油中的溶解度；VGOMIN 为成熟烃源岩中天然气溶于油的实际体积速率[10$^8$m$^3$/(km$^2$·Ma)]；VGWMIN 为成熟烃源岩中天然气溶于水的实际体积速率[10$^8$m$^3$/(km$^2$·Ma)]；VGW 为成熟烃源岩中天然气在水中的溶解体积速率[10$^8$m$^3$/(km$^2$·Ma)]；RSW 为成熟烃源岩中天然气在地层水中的体积溶解度(m$^3$/m$^3$)；VGO 为成熟烃源岩中天然气在油中的体积溶解速率[10$^8$m$^3$/(km$^2$·Ma)]；VGOL 为扣除溶于油后的天然气体积增加速率[未扣除溶于水那部分,10$^8$m$^3$/(km$^2$·Ma)]；RSOV 为成熟烃源岩中新生天然气溶于油与新生油的比率采用值(小数)；ROV 为成熟烃源岩中新生天然气溶于油与新生油的比率计算值(小数)；RSWV 为成熟烃源岩中新生天然气溶于水与孔隙水的比率采用值(小数)；RWV 为成熟烃源岩中新生天然气溶于水与孔隙水的比率计算值(小数)；$E_e$ 为排烃效率；其他同前。各参数也可按常规动力学方法求解，其中排烃效率($E_e$)由下式(石广仁和张庆春, 2004)求解，即

$$cex = \frac{p_m p_s (\phi_m^o \phi_s - \phi_s^o \phi_m) + p_s \phi_s^o (p_m \phi_m + p_s \phi_s) s_o}{(p_m \phi_m + p_s \phi_s)(p_m \phi_m^o + p_s \phi_s^o) s_o} \tag{9-3}$$

式中，$p_m$、$p_s$ 分别为烃源岩中的泥岩与砂岩含量(%)；$\phi_m^o$、$\phi_s^o$ 分别为烃源岩中的泥岩与砂岩孔隙度(进入门限时，%)；$\phi_m$、$\phi_s$ 分别为烃源岩中的泥岩与砂岩孔隙度(进入门限后，%)；$s_o$ 为烃源岩中任一时刻的含烃饱和度。

### 4. 排烃子系统的综合 DYNAMO 方程组

综合排烃量模型和烃饱和度模型的因果反馈回环、动力学流图和 DYNAMO 方程，可综合出排烃子系统的整体因果反馈回环、动力学流图及其 DYNAMO 方程，即

```
L    QE.K=QE.J+DT.VE.JK
N    QE=0
R    VE.KL=?
```

式中，QE 为排烃量(10$^4$t)；VE 为排烃速率(10$^4$t/Ma)，为待求参数。

其中的排烃速率 VE，可采用残烃法、幕式张裂排烃法、参流力学法和压实排烃法 4 种常规动力学模拟方法来求解。

### 9.3.3.3 运烃子系统的基本方程组

油气运烃子系统动力学方程体系可由 11 个基本方程组构成：①油气二次运移量

(QTO、QTG)计算；②通道中的流体压力(PFT)计算；③含油气饱和度(SOT、SGT)计
算；④油气运移速率(VT、VTG)计算；⑤油气运聚速率(VA、VAG)计算；⑥油气聚集
量(QAO)计算；⑦圈闭中的流体压力(PFA)计算；⑧圈闭中的含油气饱和度(SOA、SGA)
计算；⑨天然气扩散量(QACG)计算；⑩圈闭中的油裂解成气速率(VOG)计算；⑪圈闭
中的油裂解成气量(QOG)计算。某些辅助变量，如古地层温度、流体压力(PFT)、含水
饱和度(SWF)和含油饱和度(SOT)等，可先通过传统的动力学方程(Ungerer et al., 1984；
Waples, 1991；陶一川, 1993；石广仁, 1998)来求解，然后再用系统动力学方程来处理；
而某些变量的初值和常量可根据经验给定，也可通过人工智能模拟来获取。

下面给出描述油水二次运移量和石油聚集量的系统动力学程序段示例。

### 1. 油水二次运移量的系统动力学方程及其 DYNAMO 程序

```
L    QTO.K=QTO.J+DT*VT.JK

N    QTO=QTO1

C    QTO1=0

A    QTO1.K=QTOO.K*REAREA*(1E2)

A    QTO.K=CLIP(QTO1.K, 0, QEO.K, QTOT.K)

A    QTOT.K=MIN(1, TIME.K)

A    QTMO.K=QEO.K-QTO.K

A    ETO.K=TABLE(TETO, TIME.K, 0, 36, 4)

T    TETO=0.9/0.9/0.8/0.6/0.6/0.5/0.5/0.5/0.8/0.6
```
　　　　　　　　　　　　　　//数据来自国内外数据统计及研究对象的输导体系分析结果
```
A    QTSO.K=QTO.K*ETO.K

L    PFT.K=PFT.J+DT*(CPT.JK-DPT.JK)

N    PFT=PFTO

C    PFTO=0

A    PBOU.K=(1E-4)*(DENW-DENO.K)*9.8*KEOR.KL/(S*PORTT*(1-SWIR)*DENO.K)

C    PORTT=0.15

C    S=0.5

C    SWIR=0.30

R    CPT.KL=PBOU.K

R    DPT.KL=(1E-4)*(DENW-DENO.K)*9.8*VT.KL/(S*PORTT*(1-SWIR)*DENO.K)

L    SOT.K=SOT.J+DT*(SOTAR.JK-SOTDR.JK)

N    SOT=SOT1

C    SOT1=0

A    SDIP.K=SD.K*STM.K*POR.T*1E4

A    SD.K=TABLE(TSD, TIME.K, 0, 36, 4)

T    TSD=60/61/62/63/66/67/68/69/70/72

A    STM.K=TABLE(TSTM, TIME.K, 0, 36, 4)
```

```
T    TSTM=1370/1360/1350/1340/1310/1300/1290/1280/1270/1250
```
//根据输导体系主干通道分析结果

```
R    SOTAR.KL=(1E-3)*KEOR.KL/(SDIP.K*DENO.K)

R    SOTDR.KL=(1E-3)*VT.KL/(SDIP.K*DENO.K)

R    VT.KL=MAX(0, VT1.K)

A    VT1.K=1E-4*K.K*S*EOR.KL/(COHER.K*DIST)

C    DIST=15

A    COHER.K=1/(5.3+3.8*AT.K-0.26*(3*LOGN(AT.K)))

A    AT.K=(T.K-150)/100

A    K.K=TABLE(TK, TIME.K, 0, 36, 4)

T    TK=0.09/0.088/0.086/0.084/0.08/0.078/0.076/0.074/0.072/0.068
```
//根据实测与经验给定

式中，QTO 为石油二次运移量($10^4$t)；QTO1 为石油运移量初值($10^4$t)；VT 为石油运移速率($10^4$t/Ma)；QTMO 为石油可运移量($10^4$t)；QEO 为石油排放总量($10^4$t)；ETO 为运移途中石油散失系数；QTSO 为石油运移散失量($10^4$t)；TIME 为地质时间(Ma)；DT 为时间间隔；CPT 为通道中的流体增压速率(MPa/Ma)；DPT 为通道中的流体减压速率(MPa/Ma)；PBOU 为油柱浮力增加速率(MPa/Ma)；EOR 为排油速率($10^4$t/Ma)；SDIP 为辅助函数；SD 为地层(输导层)中砂岩的含量(小数)；STM 为主干通道宽度(m)；SOTAR 为通道含油饱和度增加速率($Ma^{-1}$)；SOTDR 为通道含油饱和度降低速率($Ma^{-1}$)；$K$ 为通道渗透率($D$)；$S$ 为运移通道横截面积($km^2$)；COHER 为流体黏度；DIST 为主干通道长度(km)；$T$ 为古地温(℃)。

## 2. 石油聚集量的系统动力学方程组及其 DYNAMO 程序

```
L    QAO.K=QAO.J+DT*VA.JK

N    QAO=QAO1

C    QAO1=0

A    QAO1.K=QAOO.K*REAREA*(1E-2)

A    QAO.K=CLIP(QAO1.K, 0, QEO.K, QAOT.K)

A    QAOT.K=MIN(1, TIME.K)

A    QAMO.K=QTO.K-QTSO.K-QAO.K

L    PFA.K=PFA.J+DT*(CPA.JK-DPA.JK)

N    PFA=PFAO

C    PFAO=0

R    VTS.KL=VT.KL*ETO.K

R    VAS.KL=VA.KL*EAO.K

A    EAO.K=TABLE(TEAO, TIME.K, 0, 36, 5)

T    TEAO=0.1/0.2/0.2/0.25/0.25/0.2/0.15/0.32/0.2
```
//根据圈闭、盖层分析结果给定

```
A    OAPD.K=AREA.K*PORA.K*(1-SWIR)*DENO.K

R    DPA.KL=(1E-4)*(DENW-DENO.K)*9.8*VAS.KL/OAPD.K

R    CPA.KL=(1E-4)*(DENW-DENO.K)*9.8*VT.KL/OAPD.K

L    SOA.K=SOA.J+DT*(SOAAR.JK-SOADR.JK)

N    SOA=SOA1

C    SOA1=0

A    ADIP.K=AD.K*ATM.K*PORA.K*1E4

A    PORA.K=TABLE(TPROA, TIME.K, 0, 36, 4)

T    TPROA=0.48/0.46/0.43/0.4/0.37/0.34/0.31/0.28/0.25/0.22
```
//根据沉降轨迹推求

```
A    AD.K=TABLE(TAD, TIME.K, 0, 36, 4)

T    TAD=60/61/62/63/66/67/68/69/70/72

A    ATM.K=TABLE(TATM, TIME.K, 0, 36, 4)

T    TATM=100/120/150/200/250/260/260/220/230/240
```
//根据圈闭演化分析结果给定

```
R    SOAAR.KL=(1E-3)*VT.KL/(ADIP.K*DENO.K)

R    SOADR.KL=(1E-3)*VAS.KL/(ADIP.K*DENO.K)

A    VSO.K=SOAAR.KL-SOADR.KL

R    VA.KL=VT.KL-VTS.KL

A    VOLUME.K=AREA.K*HIGH.K*PORA.K

A    HIGH.K=TABLE(THIGH, TIME.K, 0, 36, 4)

T    THIGH=0.1/0.2/0.5/50/100/150/200/250/280/300
```
//根据圈闭演化分析结果给定

```
A    AREA.K=TABLE(TAREA, TIME.K, 0, 36, 4)

T    TAREA=0.001/0.01/0.1/26/33/40/41/41/43/45
```
//根据圈闭演化分析结果给定

式中，QAO 为油气聚集量($10^4$t)；QAO1 为油气聚集量初值($10^4$t)；VA 为石油聚集速率($10^4$t/Ma)；QTO 为石油二次运移量($10^4$t)；QTSO 为石油运移散失量($10^4$t)；PFA 为圈闭中的孔隙流体压力(MPa)；CPA 为圈闭中的孔隙增压速率(MPa/Ma)；DPA 为圈闭中的孔隙减压速率(MPa/Ma)；EAO 为石油聚集后散失系数；ETO 为石油运移散失系数；VTS 为石油运移散失速率($10^4$t/Ma)；VAS 为石油聚集后散失速率($10^4$t/Ma)；PORA 为圈闭孔隙度(小数)；SOAAR 为圈闭中含油饱和度增加速率($10^4$t/Ma)；AD 为储层含砂率(小数)；SOADR 为圈闭中含油饱和度降低速率($10^4$t/Ma)；VOLUME 为圈闭体积($km^3$)；HIGH 为圈闭高度(km)；TIME 为地质时间(Ma)。

各种输入参数均容易通过盆地分析和油气系统分析来获得。与传统的数值模拟相比较，系统动力学方法可以回避许多至今尚未查明的具体物理化学过程，免去大量难于准确取值的参数，而改用能够通过定性分析和经验判断获得的可靠参数。

在建立了完整的有机质成熟史、生烃史、排烃史、运烃史、聚烃史和散烃史等子系统的系统动力学模型，并且采用 DYNAMO 语言编写出模拟程序之后，便可着手对一个具体的油气系统或子系统进行计算机模拟研究。当然，在开展油气系统动力学模拟之前，首先要通过对该系统深入分析来建立其地质模型，再根据系统分析的结果来选择模拟参数并对变量赋值——建立其模拟模型。为了具体地探索油气系统动力学模拟的方法，检讨其性能及适应性，选择南海北部珠三坳陷和华北济阳东部某凹陷进行试验。

# 9.4  应用案例与效果评述

基于上述油气系统动力学理论、方法、模型、算法和方程体系，分别对珠江口盆地珠三坳陷(吴冲龙等，1998a，1999[①]；何光玉，1998)和济阳东部某凹陷刘家港区块，进行了三维成藏模拟实验。试验结果很好地揭示了这两个构造单元的油气成藏历史和现状，证明油气系统动力学是一种有效的油气系统定量研究工具。

## 9.4.1  珠三坳陷油气系统动力学模拟结果评述

### 9.4.1.1  珠三坳陷油气地质概况

珠三坳陷位于珠江口盆地西部，面积 $1.1 \times 10^4 \text{km}^2$，由文昌 A、B、C 三个凹陷，琼海凹陷，阳江 A 凹陷，琼海凸起和阳江低凸起 7 个次级单元组成(图 9-27)。文昌 A、B 凹陷是坳陷最重要的构造单元。

珠三坳陷以珠三西断裂、珠三北断裂和珠三南断裂为控制边界，北缓南陡，是一个 NE—SW 向的半地堑式陆缘裂后盆地。坳陷内断层发育，断过基底的大小断层 145 条，主要为张性断层。其中一级断裂 3 条(即珠三南、北、西断裂)，亚一级断裂 2 条(阳江断裂和珠三 2 号断裂)，二级断裂 6 条(珠三 1、3~7 号断裂)，其他为三、四级断裂。珠三坳陷经过了裂陷阶段和裂后阶段。裂陷阶段发育了神狐组、文昌组、恩平组和珠海组地层；裂后阶段发育了珠江组、韩江组、粤海组、万山组和第四系地层(图 9-28)。

在珠三坳陷及其周缘先后发现了 1 个油田、2 个气田和 8 个含油气构造。油气主要分布在文昌 A 凹陷和文昌 B 凹陷中，前者以气为主，后者以油为主，周缘凸起上仅见油气显示，更远处则无油气分布。主要油气层及油气显示层集中在珠海组一、二段内，少量原油或油气显示见于珠江组一段、珠江组二段、恩平组和文昌组。

① 吴冲龙，王燮培，毛小平，等. 油气成藏动力学模拟与评价系统(PPDSS)研制报告. 中国地质大学(武汉). 中国海洋石油总公司"九五"攻关项目(1996~1999 年). 国家自然科学基金"九五"重点项目二级课题(2000~2002 年).

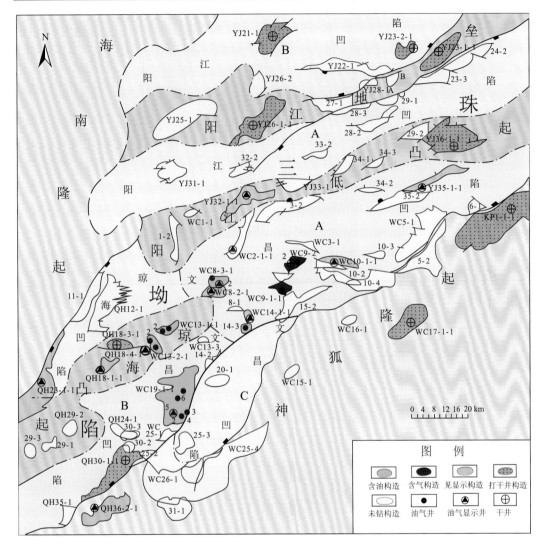

图 9-27　珠三坳陷构造单元分布图

资料来源：原海洋石油研究中心内部资料(1995)

珠三坳陷主要烃源岩为文昌组湖相泥岩和恩平组湖沼相泥岩，其次为珠海组泥岩。文昌组厚达 3300m，顶部埋深 5000m。TOC 平均为 1.12%，有机质以 II₁ 型为主，以生油为主，生气为辅；恩平组最厚达 3000m，顶部埋深达 4500m，TOC 平均为 1.1%，有机质以 II₂ 型为主，以生气为主，生油为辅。珠海组海湾相泥质烃源岩只在文昌 A 凹陷局部地区达到低成熟—成熟，具有一定生气能力，为文昌 A 凹陷中次要气源岩。

坳陷中有珠海组二段、珠江组二段和文昌组一段 3 套储层，均为碎屑岩型储层（图 9-28）。珠三坳陷的盖层全部为泥岩，自下而上依次为珠海组一段、珠江组二段顶及珠江组一段上部。其中珠江组二段是良好的区域盖层，珠海组一段属好盖层；而珠江组上段上部泥岩突破压力极低（<0.02MPa），属于条件较差的盖层。

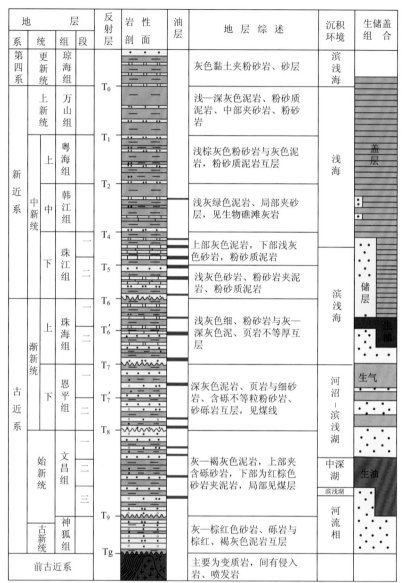

图 9-28　珠三坳陷地层发育及生储盖分布简况

资料来源：海洋石油研究中心(1995)，有改动

　　珠三坳陷主要有两种生储盖组合形式，即"自生自储"型和"下生上储"型(表 9-1)，以"下生上储"型为主，"自生自储"型见于文昌 B 凹陷恩平组中。

### 9.4.1.2　珠三坳陷油气系统分析

#### 1. 珠三坳陷油气系统的组成

　　珠三坳陷各次级凹陷和凸起的油气藏包含的地质要素及作用有密切关联，因而属于同一个复合型油气系统。其油气藏多发育于凸起上(如阳江低凸起和琼海凸起)，油气来自多个凹陷中的多套烃源岩，具有多套生储盖组合。

表 9-1　珠三坳陷油气系统的生储盖组合与系统动力学模型

| 凹陷名称 | 参数主次 | 产物 | 烃源岩 | 储层 | 盖层 | | 运移驱动力 | | 运移 | | 油气藏类型 |
|---|---|---|---|---|---|---|---|---|---|---|---|
| | | | | | 区域 | 直接 | 早期 | 中晚期 | 通道 | 方式 | |
| 文昌A凹陷 | 主要 | 天然气、凝析油 | 恩平组湖沼相泥岩 | 珠海组二段砂岩、珠江组二段砂岩 | 珠江组二段顶部泥岩 | 珠海组一段泥岩 | 超压 | 浮力 | 断层面 | 垂向 | 下生上储 |
| | 次要 | | 文昌组湖相泥岩 | | | | | 构造应力 | | | |
| 文昌B凹陷 | 主要 | 石油、油型气 | 文昌组湖相泥岩 | 珠海组二段砂岩、珠江组二段砂岩 | 珠江组二段顶部泥岩 | 珠海组一段泥岩 | 浮力 | 浮力 | 断层面 | 垂向 | 下生上储 |
| | 次要 | | 恩平组湖沼相泥岩 | | | | 构造应力 | 构造应力 | 不整合面 | 横向 | 自生自储 |

　　与文昌 A 凹陷有关的生储盖组合：盖层为珠江组二段顶(T5)区域封盖层、珠海组一段泥岩直接盖层；主要储层为珠海组二段砂岩，其次为珠江组二段砂岩；主要(气)源岩为恩平组湖沼相泥岩，次要(油)源岩为文昌组湖相泥岩。

　　与文昌 B 凹陷有关的生储盖组合：区域盖层是珠江组二段顶(T5)泥岩，局部(直接)盖层为珠海组一段泥岩；主要储层为珠海组二段砂岩，其次为珠江组二段砂岩；主要烃源岩为文昌组湖相泥岩，次要烃源岩为恩平组湖沼相泥岩。

　　2. 珠三坳陷油气系统的特征

　　文昌 A 凹陷油气系统[图 9-29(a)]由于构造对沉积的控制作用，文昌组的生排烃高峰期在珠海组和珠江组沉积期间，此时珠海组末形成的构造尚处于开启状态，未能聚集文昌组所生的油，而恩平组生排烃高峰期在中新世韩江组沉积以后。因此，文昌 A 凹陷中大部分构造捕获的是恩平组所生成的天然气。当天然气在排出恩平组烃源岩后，首先主要是受超压驱动，到达珠海组顶部以后受到浮力的驱动(因为从目前气藏情况来看，存在底水和边水)。断裂为油气垂向运移提供了良好通道，因此其油气运移方式以垂向为主。

　　文昌 B 凹陷油气系统[图 9-29(b)]地层总厚度小于文昌 A 凹陷，由于埋藏浅，文昌组在渐新世开始生排烃，中新世以后才达到高峰。恩平组进入门限很晚，晚渐新世末—早中新世开始成熟，但至今仍未达到生排烃高峰。因此，文昌 B 凹陷中大部分构造捕获的也是文昌组所生的油。油气运移主要受浮力作用。此外，可能还受构造应力作用。油气主要沿着断层面和粗粒碎屑相带向上运移，在文昌 B 凹陷中的油气运移方式也以垂向为主。

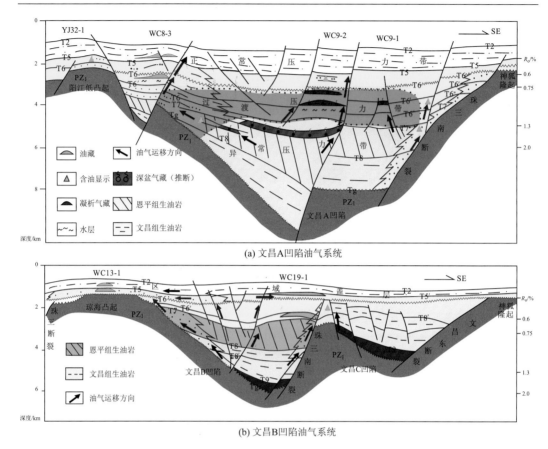

(a) 文昌A凹陷油气系统

(b) 文昌B凹陷油气系统

图 9-29　珠江口盆地珠三坳陷文昌 A、B 凹陷油气系统油气藏分布剖面图

资料来源：海洋石油研究中心(1995)

### 9.4.1.3　珠三坳陷油气系统动力学模拟结果

通过系统动力学模拟，获知珠三坳陷的油气成藏具有如表 9-2 所示的特征。

系统动力学模拟结果表明，文昌 A、B 凹陷共排烃×××亿 t 油当量，其中 A 凹陷×××亿 t 油当量，B 凹陷××亿 t 油当量。其中，在珠江组区域盖层形成之前，A、B 凹陷共已经排烃×××亿 t 油当量，占总排烃量的 69%，其中大部分油气可能已经散失。B 凹陷的生排烃速率，自粤海组沉积之后迅速增加，至万山组沉积期末才达到高点（图 9-30～图 9-32），其累计生、排烃量分别达到×××万 t 和××万 t。

鉴于珠三坳陷文昌 A 凹陷中，文昌组湖相泥岩迄今为止的累积生油、气强度，分别为××××万 t/km² 和×××.××亿 m³/km²，累积排油、排气强度分别为×××.××万 t/km² 和××.×亿 m³/km²，表明尚有大量的文昌组湖相泥岩生成的油气仍未排出。它们或者可能以自生自储型保留在深部的砂体中，或者转化成为页岩气。因此文昌 A 凹陷深部勘探潜力仍然很大，这就为加强深部地层的油气资源勘探提供了依据。

表 9-2　珠三坳陷油气系统的烃源岩生排烃系统动力学模拟结果

| 烃源岩 | 凹陷名称 | 生烃高峰期 | 排烃高峰期排径强度 | 圈闭特征 | 油气运聚 | 文昌 A 凹陷累计生、排烃 |
|---|---|---|---|---|---|---|
| 文昌组 | 文昌 A 凹陷 | 珠江组一段沉积期末（16.3Ma）生油强度×××.××万 t/km²生气强度×××.××亿 m³/km² | 珠江组一段沉积期末（16.3Ma）排油强度×××.×万 t/km²排气强度××.×亿 m³/km² | 构造处于开启状态 | 多数油和近 50%气散失 | 文昌 A 凹陷生油强度×××万 t/km²A 凹陷生气强度×××.××亿 m³/km²A+B 凹陷生烃量×××亿 t；A 凹陷排油强度×××.××万 t/km²A 凹陷排气强度××.×亿 m³/km²A+B 凹陷排烃量××××××⁸t；A+B 凹陷散失量××亿 t |
|  | 文昌 B 凹陷 | 粤海组沉积期末（6.6Ma）生油强度×××.×万 t/km²生气强度×××.×亿 m³/km² | 粤海组沉积期末（6.6Ma）排油强度×××.××万 t/km²排气强度××.×亿 m³/km² | 构造处于闭合状态 | 油气多处于有利成藏环境中 |  |
| 恩平组 | 文昌 A 凹陷 | 珠江组一段沉积期末（16.3Ma） | 粤海组沉积期末（6.6Ma）油×××.×万 t/km²气××.×亿 m³/km² | 构造处于闭合状态 | 油气多处于有利成藏环境中 |  |
|  | 文昌 B 凹陷 | 至今尚未进入生烃高峰期生油强度××.××万 t/km²生气强度×.××亿 m³/km² | 至今仍处于低成熟一成熟状态，尚未进入排烃高峰期 | — | — |  |
| 珠海组 | 在文昌 A、B 两凹陷中由于埋藏浅，至今多处于未成熟-低成熟状态，生、排油气潜力很小 | | | | | |

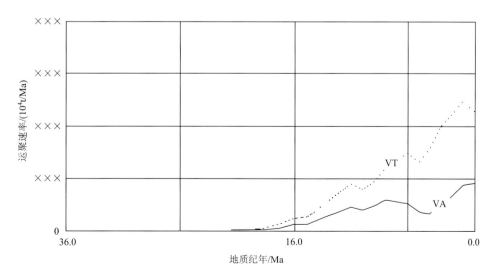

图 9-30　珠三坳陷文昌 B 凹陷石油运移速率（VT）及聚集速率（VA）变化史的系统动力学模拟结果

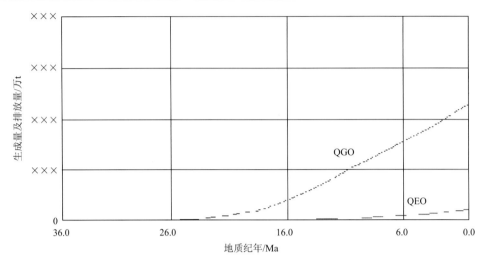

图 9-31 珠三坳陷文昌 B 凹陷石油生成量(QGO)及排放量(QEO)的系统动力学模拟结果

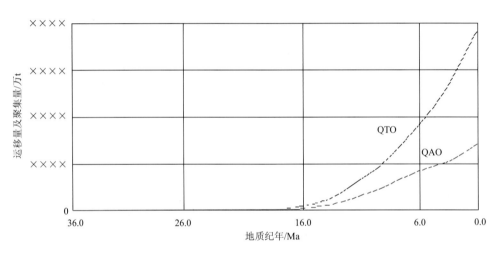

图 9-32 珠三坳陷文昌 B 凹陷石油运移量(QTO)及在 WC19-1 圈闭中的
聚集量(QAO)系统动力学模拟结果

## 9.4.2 刘家港区块油气系统动力学模拟实例

### 9.4.2.1 刘家港区块油气地质概况

刘家港区块位于东部某凹陷南部,是渤海湾盆地济阳坳陷的组成部分。该凹陷是一个在古生界基底上发育起来的中、新生代箕状断陷,具有北断南超、北陡南缓的不对称特点。该凹陷在古近纪经历了由断陷到拗陷的发育过程,演化历程可分为伸展初期(E$k^2$—E$s^4$)、伸展鼎盛期(E$s^3$—E$s^2$)、伸展衰退期(E$s^1$—E$d$)3 个阶段。刘家港区块是刘家洼陷与南侧断阶带的组合体,其北侧与该凹陷中央隆起带相接,形成一个两侧被断裂隆起带所围限的、走向 NEE 的、长期发育的洼陷沉积区。

该地区前新生界遭受严重剥蚀,残缺不全。新生界发育齐全,但在本区块南部凸起处,也遭受了不同程度的剥蚀。主要含油岩系为古近系,自下而上分别为孔店组(Ek)、沙河街组(Es)、东营组(Ed)、馆陶组(Ng)和明化镇组(Nm),其岩性、岩相特征如表 9-3所示。其主要目的层段为沙三段,特别是沙三中亚段(Es$^{3z}$),主要发育两类储层,其一是三角洲砂体,其二是远岸湖底扇砂体。从南侧地垒带向北到刘家洼陷,依次发育三角洲平原亚相→三角洲前缘亚相→三角洲前缘斜坡滑积亚相→近源斜坡扇亚相→远源斜坡扇亚相→湖泊相及湖底扇亚相。

表 9-3　东部某凹陷刘家港区块新生界地层及岩性、岩相特征

| 界 | 系 | 组 | | 厚度/m | 主要岩石特征 | 沉积环境 |
|---|---|---|---|---|---|---|
| 新生界 | 第四系 | 平原组(Qp) | | 100～300 | 黄色黏土及松散粉细砂岩 | 洪泛平原 |
| | 新近系 | 明化镇组(Nm) | | 50～600 | 紫红色泥岩夹粉砂岩和细砂岩 | 河流 |
| | | 馆陶组(Ng) | | 100～400 | 红棕色泥岩及粉细砂岩、砂砾岩 | 辫状河 |
| | 古近系 | 东营组(Ed) | | 0～350 | 灰绿色泥岩夹砂岩 | 三角洲 |
| | | 沙河街组(Es) | 沙一段(Es$^1$) | 0～350 | 灰色、灰绿色泥岩与薄层灰岩、白云岩夹粉细砂岩 | 三角洲、湖泊 |
| | | | 沙二段(Es$^2$) | 0～350 | 紫红色、灰绿色泥岩夹砂岩 | 河流、三角洲 |
| | | | 沙三段(Es$^3$) | 0～720 | 灰绿色泥岩夹砂岩及灰色、深灰色泥岩、油页岩 | 三角洲、湖泊 |
| | | | 沙四段(Es$^4$) | 0～400 | 灰绿色、灰褐色、灰色泥岩夹粉砂岩和细砂岩 | 湖泊、滩坝 |
| | | 孔店组(Ek) | | 0～900 | 紫红色泥岩夹棕红色砂岩 | 辫状河 |

### 9.4.2.2　油气藏特征与油气系统分析

刘家港区块勘探程度较高,已发现的油气藏类型丰富,有岩性油气藏、构造-岩性油气藏和地层油气藏,其中岩性油藏尤为发育。其含油层系多,规模大小不一,油层薄而多。油气有混源现象,主要来自刘家洼陷古近系的 Es$^4$ 烃源岩,部分来自 Es$^3$ 烃源岩,少量来自古近系底部的 Ek。大规模油气聚集结束的关键时刻为 Ed 沉积期末至 Nm 沉积期末,并且以 Nm 沉积期末为主。

该地区发育的油藏分布特征是:在垂向上,从太古宇到新近系明化镇组可划分为三个含油气带,即前古近系基岩含油气带、古近系含油气带和新近系含油气带,而以古近系含油气带最为重要(图 9-33)。在平面上,油气藏主要围绕生油洼陷中心呈环带状分布,从洼陷中心向外依次可以分出洼陷带岩性油气藏分布带(埋深大于 2500m)、背斜带及断阶油气聚集带(埋深 1500～2500m)、斜坡地层油气藏分布带(700～1500m)及浅层气带(300～1000m)。

靠近洼陷区、埋深较大的岩性油气藏油质轻且好,向外、向上至背斜(隆起)带及断阶区油质渐稠,至外缘浅部的斜坡地层油气藏变为稠油或特稠油(密度可达 1.09g/cm$^3$),表示出下稀上稠、内稀外稠的特点,反映了油气从刘家洼陷逐步向上、向外运移的特点。油气地球化学特征证实,洼陷中心的岩性油藏主要赋存于 Es$^{3x}$ 和 Es$^{3z}$ 的砂体中,油气来自 Es$^{3x}$ 和 Es$^{4s}$ 的有效烃源岩,垂向和横向运移距离均很短,部分属于自生自储型油气藏,

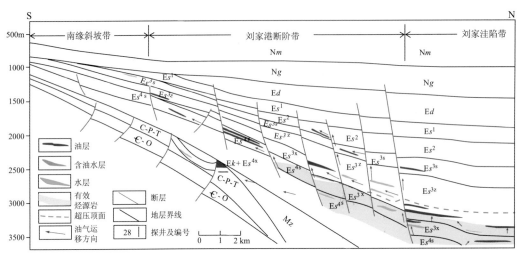

图 9-33　刘家港区块油藏综合剖面图

资料来源：某油田勘探资料

部分属于下生上储型油气藏，而部分属于旁生侧储型油气藏(李明刚等，2008)；陈官庄-刘家港断阶带的岩性油气藏，除了赋存于 $Es^{3z}$ 的砂体外，还赋存于 $Es^{4s}$ 和 $Es^2$ 的砂体中，以及 C-P 古潜山中，油源是刘家洼陷的 $Es^{4s}$ 有效烃源岩，油气在浮力和异常高压作用下沿着断层做垂向运移，又经较长距离的横向运移而来(侯方辉等，2007；李明刚等，2008)。

刘家洼陷带、南缘斜坡带和刘家港断阶带的构造形态及油气运移方式、方向都较稳定，形成了从源到圈闭的稳定组合。来自刘家洼陷有效烃源岩的油气，除了位于洼陷以北的部分将向北运移到隆起带上聚集成藏外，一部分将通过"海绵作用"直接在 $Es^{3x}$ 地层中形成岩性油气藏，或者沿着断层垂向运移至上覆 $Es^{3z}$ 和 $Es^{3s}$ 等岩性圈闭(砂体)中形成岩性油气藏，另一部分向南运移到陈官庄-刘家港断阶带上形成构造-岩性复合油气藏。由于刘家港区块的绝大部分油气来自刘家洼陷，根据油气系统的划分原则(Magoon and Dow，1994)，可将其连同各种地质要素看作一个相对完整的小型油气系统。其大规模油气聚集结束的关键时刻，为明化镇组沉积期末和东营组沉积期末。

### 9.4.2.3　油气系统动力学模拟结果分析

通过对该区的油气系统分析和三维系统动力学模拟，获得了主要目的层现今油藏平面分布特征的模拟效果，为该区油气资源潜力评价提供了可靠依据。

#### 1. 沙四上亚段油气藏平面分布特征

该层段为主要生油层之一，夹部分砂体，油源主要为本层油，部分由断层输送而来。其聚集强度如图 9-34 所示。该层段的油从烃源岩排出后运聚距离较小，基本上就近形成断层油气藏和岩性油气藏，散失量较小，单个油藏含油面积较小，储量丰度不高，统计值为××.×××× $\times10^6$ t。主要油藏在刘家洼陷的北西部外侧凸起的边缘及 F12 断层附近，其分布与本层烃源岩有较好的对应关系。

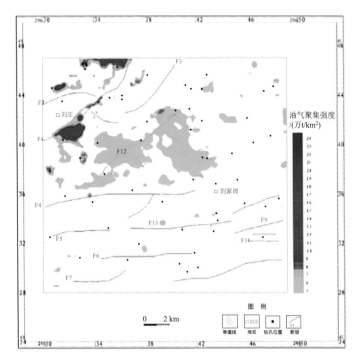

图 9-34　刘家港区块沙四上亚段现今油气聚集强度图

### 2. 沙三下亚段油气藏平面分布特征

该层段为刘家港区块的主要生油层，但其中部分砂岩也形成了油气藏，以自生自储断层型油气藏和岩性油气藏为主，其油气源主要来自本层。其油气聚集强度如图 9-35 所示。油气排出烃源岩后的运聚距离较小，基本就近形成断层油气藏和岩性油气藏，途中的散失量较小。单个油气藏含油气面积较小，平面上较为分散，储量丰度不高，统计值仅为×.××$10^7$t。主要的油气藏在刘家洼陷的北西部和北东部外侧凸起的边缘。其油气藏的空间分布与本层烃源岩同样有较好的对应关系。

### 3. 沙三中亚段油气藏平面分布特征

该层段与 Es$^{4s}$ 和 Es$^{3x}$ 相比，单个油气藏面积明显增大，聚集效果较好，油量统计值为×.×亿 t，占整个聚集油量的 50%以上(总储量为×.×亿 t)，以地层油气藏和岩性油气藏为主，部分为断层型油藏。断层型油气藏主要受 F4 和 F13 断层控制。其聚集强度如图 9-36 所示。沙三中亚段油气藏的油源，包括该层段自生油及来自沙三下亚段-沙四上亚段的部分油。其油藏位置集中在模拟区域北侧与刘家港交界地区。

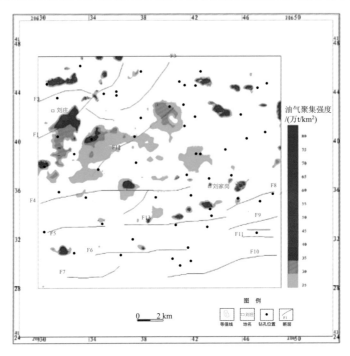

图 9-35　刘家港区块沙三下亚段现今油气聚集强度图

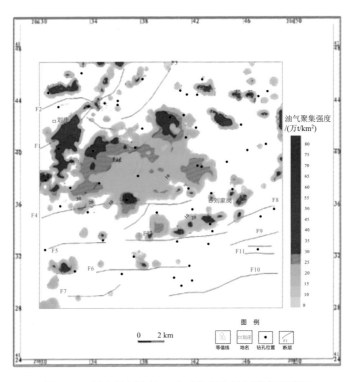

图 9-36　刘家港区块沙三中亚段现今油气聚集强度图

### 4. 主要目的层现今油气藏分布特征

该地区的油气藏在纵向上分布于沙四上亚段至馆陶组各套地层中，储量集中于两个层段(图 9-37)：其一为沙三中亚段($Es^{3z}$)，以构造油气藏发育为特征，储量丰富；其二为沙三下亚段($Es^{3x}$)和沙四上亚段($Es^{4s}$)，以断层和岩性油气藏发育为特征，成群成带分布，累计储量也比较丰富。此外，沙三上亚段($Es^{3s}$)至馆陶组，也发育少量地层油气藏，个数少且储量丰度不大。从平面上看，从沙四上亚段至沙三上亚段全部的主要目的层段，油气藏集中于南侧与刘家洼陷交界处及南侧地区中部(图 9-38)。

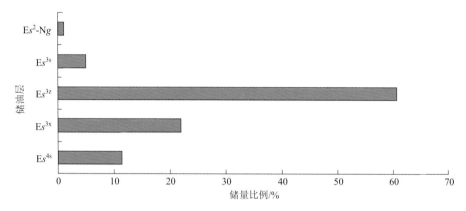

图 9-37　刘家港区块储量纵向分布图

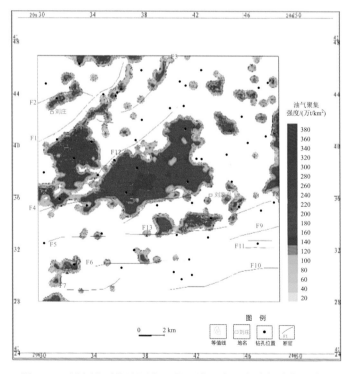

图 9-38　刘家港区块沙四上亚段—沙三上亚段油气聚集强度图

三维系统动力学模拟的结果(图9-39~图9-42),很好地展示了刘家港区块各个目的层段的油气藏,以及各层段现今油气聚集强度的空间分布状况。

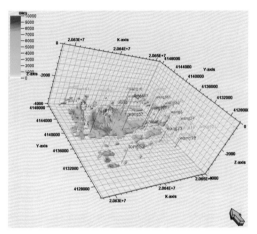

图9-39　实验区砂四上亚段现今油气聚集强度三维效果

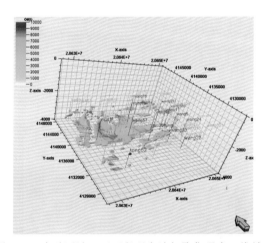

图9-40　实验区沙三下亚段现今油气聚集强度三维效果

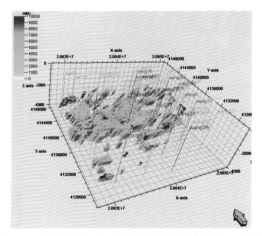

图9-41　实验区沙三中亚段现今油气聚集强度三维效果

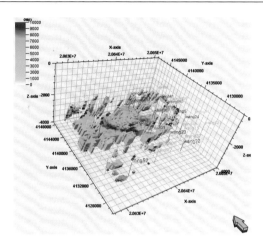

图 9-42　实验区沙四上亚段—沙三中亚段油气聚集强度三维效果

### 9.4.3　应用效果与方法评述

在对珠三坳陷和济阳东部某凹陷的油气系统深入研究基础上，利用所建立的油气成藏系统动力学模型及模拟软件进行实验模拟的结果，证明了将一般系统论、系统工程学与石油地质学密切结合起来，从广义的角度来看待"油气系统"的概念，并且采用系统动力学方法和技术来研究油气系统，是开展油气成藏动力学模拟的另一条有效途径。与常规盆地模拟和油气成藏模拟相比较，油气系统动力学模拟的优点如下：

（1）可以避开目前尚在争论之中的化学动力学和物理动力学问题，运用一些确定的基本物理、化学定律，从总体上把握其中能量转换、物质转移和信息转移的规律；

（2）能够描述油气系统内油气生排运聚散等作用之间的反馈控制关系，还可以动态地考察庞大的参数集内部或相互之间关系及多种因素的相互作用；

（3）既吸收了经典动力学模拟的合理成果，又反映了地质参数的非线性特征，还体现了智能模拟的思想与方法，使定量模拟与定性分析结合得更紧密；

（4）能很好地描述油气成藏各个阶段及整体的非线性过程，自动地把油气生成、排放、运移、聚集和散失的数量约束在合理范围内，避免奇异值出现；

（5）降低了模型的模拟难度，从而使求解过程变得容易，精度大大提高，并且由于算法和程序简单，计算机执行速度极快，大大地降低了模拟代价。

系统动力学在处理非线性系统方面显示出了很大的潜力，利用它可以比较方便地解决含油气系统内存在的复杂的因果反馈关系，因此是一种有价值的系统工程学方法。换言之，无论是从理论基础看，还是从分析问题、解决问题的方法看，系统动力学模拟都较适合于油气系统的研究，有必要将其引入石油天然气地质学中来。

# 第10章 页岩气资源潜力评价

页岩气是指在富含有机质、暗色泥页岩或高碳泥页岩中,所保存和聚集的具一定商业价值的生物成因、热解成因或二者混合成因的天然气。这些天然气以游离态或者吸附态存在于干酪根、黏土颗粒表面。页岩气潜力评价的核心问题,是确定含气泥页岩层中天然气富集概率和资源价值。评价内容涉及资源丰度和资源量估算,因此,对泥页岩层含气性的模拟和评价,只需要考虑烃源岩的生气量和初次运移量。页岩气资源潜力的模拟评价与油气成藏模拟相似,也是以地质时空为格架,综合考虑油气地质、地球物理、地球化学、岩石热力学等多种因素,定量地再现盆地的构造发育、沉积埋藏、地热演化和油气生成、排放过程,从而动态地揭示盆地的形成、演化及油气生成、排放规律,进而快速、准确地进行页岩气资源定位定量预测,寻找气藏点,为进一步的勘探指引方向。

## 10.1 页岩气资源潜力评价的方法原理

页岩气资源潜力的估算方法比较多,主要分为静态法和动态法两大类。静态法是依据页岩储层的静态地质参数估算其资源量,具体又包括成因法、物质平衡法、Tissot法、总有机碳法、类比法(资源丰度类比法、体积丰度类比法、德尔菲法)和统计法[福斯潘(FORSPAN)模型法、蒙特卡罗法、体积法]等;动态法是根据页岩气在开发过程中的动态资料估算其资源量,具体包括物质平衡法、递减法、数值模拟法等。在实际模拟与评价过程中,往往是多种方法混合应用。下面着重介绍其中的总有机碳法、类比法和体积法。

### 10.1.1 总有机碳法

在页岩气资源评价中,可先直接使用简易的盆地模拟法来获取总有机碳含量,再根据各种实验参数值来获取生烃强度并估算页岩气的资源量。由于排烃过程较为复杂,用生烃量估算结果来进行排烃模拟并求取滞留烃量误差较大,因而通常把总有机碳法估算并累积至今的生烃量直接作为页岩气含量的上限。

#### 10.1.1.1 生烃模拟算法

生烃模拟可采用传统盆地模拟中的生烃模拟方法。当有机质埋藏入地下以后,在一定温压条件下使 $R_o$ 达到一定数值,将会发生干酪根降解和生烃作用。不同类型的干酪根($I$型、$II_A$型、$II_B$型、$III$型)的降解效率不同,因而生烃效率也不同,需要分别进行模拟和估算,然后求和汇总。具体估算方法是,首先根据实验所测定的总有机碳恢复系数、类型和成熟度,将残余总有机碳丰度恢复到原始总有机碳丰度,再依照干酪根类型和成熟度,从生烃图版上获得生油率或生气率,然后进行页岩层中生气量的计算。

### 10.1.1.2　排烃与滞留烃量

许多研究者认为,烃源岩排出的烃仅占其生烃量的一部分,甚至是一小部分,有大量烃类滞留在烃源岩中,尤其是在厚层和巨厚层烃源岩中部,排烃效率更低(MacKenzie et al., 1983;Leythaeuser et al., 1987;李明诚,1994;陈建平等,2014)。特别是在存在良好超压"封存箱"体系的情况下,烃源岩的排烃效率比常压系统还要低很多,仅有常压系统的 20%左右(陈中红等,2005)。这些滞留在页岩中的剩余烃,即为页岩油和页岩气。

赵文智等(2006)通过对黄骅坳陷南部官 77 井古近系孔店组二段(E$k^2$)2083~2123m 的连续取芯研究表明,烃源层中部沥青 A 转化率在 20%左右,边部仅有 10%左右,即中部滞留烃量明显高于边部。这些"源内分散状液态烃"就构成了后期裂解成页岩气的物质基础。

Hill 等(2007a)通过对美国 Fort Worth 盆地 Barnett 页岩油气生成量及页岩气地质储量的计算,认为 Barnett 页岩总生烃量中 60%的烃类被排驱出来,残留于烃源岩中的 40%的烃量,到了热成熟度足够高的时候便裂解形成页岩气。显然,从质量平衡的角度看,烃源岩排烃效率的高低,与页岩中残留的油气资源量成反比。

以松辽盆地、渤海湾盆地和鄂尔多斯盆地为例,湖相烃源岩的可溶有机质含量一般在 0.1%~3.0%(邹才能等,2014)。那些残留在烃源岩中的液态烃,如果没有进一步受热裂解成气,就有可能成为页岩油资源。如果进一步受热裂解,则将成为常规天然气的来源(赵文智等,2006)或页岩气资源(张林晔等,2008,2012)。

为了回避排烃模拟的复杂性和不确定性,中国石化石油勘探开发研究院无锡石油地质研究所朱建辉等通过地层孔隙热压模拟实验,求得总油产率和残留油产率的关系(图 10-1);然后,采用"保留烃源岩原始矿物组成结构和有机质赋存状态"的样品,在孔隙空间(生烃空间 V)中完全充满高压液态水(地层流体 L),而接近静岩压力($P_{静岩}$)和地层流体压力($P_{流体}$)的条件下,进行有机质高温(T)短时间(t)热解反应及 PVT-t-L 共控的烃源岩生、排烃模拟;最后,把所获页岩油滞留系数,直接乘以所估算的生烃量,获得现今滞留页岩油量。

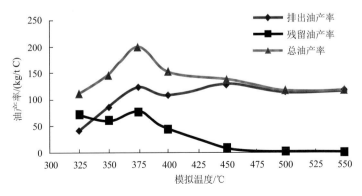

图 10-1　地层孔隙热压生排烃模拟实验

### 10.1.1.3 天然气扩散作用

天然气的分子量和分子直径都比较小，其扩散系数比液态烃大得多，因而扩散作用对于天然气的运移、聚集和散失具重要意义，因此对页岩气藏的保存有破坏作用。当天然气在烃源岩中生成并开始积累时，会通过分子扩散方式从烃源岩运移到相邻的渗透层中(初次运移)；而当天然气进入圈闭形成气藏后，也可通过分子扩散作用穿过盖层向上扩散转移。此类问题可近似看作一维扩散问题，可用菲克定律来描述，即

$$\frac{\partial C}{\partial t} = D\frac{\partial^2 C}{\partial x^2} \tag{10-1}$$

式中，$C$ 为烃浓度；$x$ 为扩散距离；$t$ 为扩散时间；$D$ 为扩散系数。

如图 10-2 所示，设烃源岩厚度为 $L$，其上下均为渗透层，源岩中天然气原始浓度为 $C_0$，上下渗透层中的天然气浓度为 $C_1$ (保持不变)，则天然气由源岩向相邻储层的扩散应满足式(10-1)。

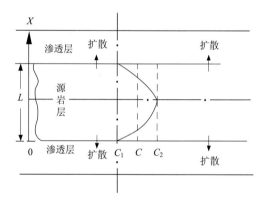

图 10-2　源岩中天然气的扩散及浓度分布

其初始条件为：$t=0$ 时，$0 \leqslant x \leqslant L$ 处，$C = C_0$。

边界条件为：$x=0$ 处 $C=C_1$；$x=L$ 处 $C=C_1$。

解上述偏微分方程得(郝石生等，1991)

$$C = C_1 + \left(C_0 - C_1\right)\frac{4}{\pi}\sum_{n=1}^{\infty}\frac{1}{n}\sin\left(\frac{n\pi x}{L}\right)\mathrm{e}^{-n^2\pi^2\frac{Dt}{L^2}} \tag{10-2}$$

式中，$D$ 为扩散系数($\mathrm{m^2/s}$)。$t$ 时间内单位面积的扩散总量为

$$Q = \frac{4L}{\pi^2}(C_1 - C_0)\sum_{n=1}^{\infty}\frac{(-1)^n}{n^2}(1 - \mathrm{e}^{-n^2\pi^2\frac{Dt}{L^2}}) \tag{10-3}$$

若 $C_1=0$(即源岩层上下相邻渗透层中的烃类浓度为0)，则

$$Q = -\frac{4L}{\pi^2}C_0\sum_{n=1}^{\infty}\frac{(-1)^n}{n^2}(1 - \mathrm{e}^{-n^2\pi^2\frac{Dt}{L^2}}) \tag{10-4}$$

这就是源岩层中天然气向外扩散运移的数学模型。用这一模型可以计算烃源岩中天

然气的扩散运移量。若烃源岩中甲烷浓度为 2.06mg/g，烃源岩厚度分别为 50m、100m 和 200m，其分布面积为 500km²，经 500 万年，可算得甲烷扩散运移量分别为 $5.8\times10^8\text{m}^3$、$1.79\times10^9\text{m}^3$ 及 $2.35\times10^9\text{m}^3$（标准状况下）。

显然，不论烃源岩处于低成熟还是高成熟阶段，其中的天然气扩散作用在初次运移过程中均不可低估。特别是对于存在大套泥岩层的凹陷而言，当存在异常高孔隙压力时，泥岩不易压实而压实排烃较少，扩散排烃作用显得更为重要。

天然气的碳链越短，则越易扩散（表 10-1）。目前所发现的大型游离气天然气藏以甲烷为主，其次为乙烷（图 10-3）。甲烷所占比重如此之大，可能就是差异扩散的结果。由此推测，目前具有工业规模的常规天然气藏，都是由深部烃源层扩散到达储层的。实际勘探结果也证实，在一些大型天然气藏和源岩层之间，并没有明显的常规运移通道，即便按照微裂缝排烃方式运移，也解释不了为何甲烷纯度如此之高。

**表 10-1　正烷烃在页岩中的扩散系数**　　　　（单位：cm²/s）

| 烃类化合物 | $CH_4$ | $C_2H_4$ | $C_3H_8$ | $i\text{-}C_4H_{10}$ | $n\text{-}C_4H_{10}$ |
|---|---|---|---|---|---|
| 扩散系数 | $2.12\times10^{-6}$ | $1.11\times10^{-6}$ | $5.77\times10^{-7}$ | $3.75\times10^{-7}$ | $3.01\times10^{-7}$ |
| 烃类化合物 | $n\text{-}C_5H_{12}$ | $n\text{-}C_6H_{14}$ | $n\text{-}C_7H_{16}$ | $n\text{-}C_{10}H_{22}$ | |
| 扩散系数 | $1.57\times10^{-7}$ | $8.17\times10^{-8}$ | $4.26\times10^{-8}$ | $6.03\times10^{-9}$ | |

资料来源：Leythaeuser 等（1980）。

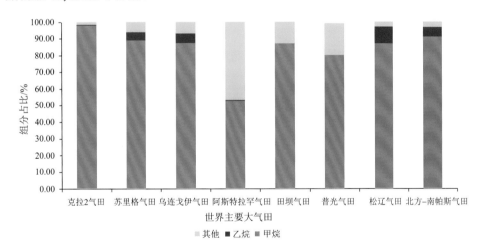

图 10-3　世界主要大气田的天然气组分

## 10.1.2　类比法

类比法包括资源丰度类比法、体积丰度类比法和经验赋权值类比法 3 种，是开展页岩气资源量估算的重要传统方法。这种方法适用于勘探程度较低的地区，其理论依据是地质条件相似的地区应当具有相近规模的页岩气潜力。

### 10.1.2.1　类比法简介

#### 1. 资源丰度类比法

类比法从烃源条件(厚度、TOC、有机质类型、$R_o$、生烃高峰时间)、储集条件(储层平均厚度、黏土矿物含量、有机质含量、孔隙度、微裂缝发育程度)、圈闭条件、保存条件(盖层厚度、岩性及其上的不整合数、断裂破坏程度)、综合配套条件(埋藏深度、构造活动与生烃高峰时间的匹配程度)5 个方面建立刻度区，与评价区同时获取各项评价参数，规范化数值，建立各参数权值标准，求取分值，之后采用如下公式计算：

$$Q = \sum_{i=1}^{n} S_i K_i \alpha_i \tag{10-5}$$

式中，$S_i$ 为评价单元的面积；$Q$ 为页岩气总资源量；$\alpha_i$ 为类比单元与参照区的类比相似系数，相当于预测单元地质总评分与刻度单元地质总评分之比；$K_i$ 为评价单元页岩气资源丰度，由参照区给出；$i$ 为评价单元的个数。

#### 2. 体积丰度类比法

体积丰度类比法与容积法相似，需考虑吸附气和游离气的含量，但不必计算游离气含量,只是大致考虑其含量中所占的比例。由于以吸附状态存在的天然气含量为20%~85%，只要类比分析出吸附气的含量便可估算总体的资源量。

用于体积丰度类比法估算的研究区页岩有效总面积、有效厚度、总有机碳含量平均值、$R_o$平均值等参数值，都易于获得，因此利用本法估算页岩气资源潜力是可行的。另外，如果具备已知井的实测数据，也可以通过页岩有效分布面积和厚度算出页岩气总体积，然后乘上吸附气量及其所占比例，估算出评价区的页岩气总资源量。

#### 3. 经验赋权值类比法

经验赋权值类比法是把国内、外页岩气田的各项指标，作为类比参数取值依据的一种综合类比方法。其优点在于结合了地质理论知识并加入了定性分析的元素，缺点在于权值和打分值的确定缺乏准确的依据，人为因素影响较大。

目前，经验赋权值类比法主要针对含气量和资源丰度。其基本方法是先根据含气量或资源丰度类比法取值标准，计算参照区和预测区的得分，再按得分求取两个地区的相似系数，然后依相似系数求取预测区的含气量或者资源丰度。具体地说，是先搜集能代表某盆地或凹陷的地质参数，接着通过分析获得其中与含气量、页岩气资源丰度相关度较大者，并赋予不同权重。在此基础上，根据"具有相近地质条件的盆地应具有相近的页岩气潜力"的原则，以勘探程度较高的地区作为参照区，搜集预测区的各项地质参数，然后通过一定算法求取其相似系数，最后根据相似系数计算资源量。

#### 4. 类比法的应用条件

应用页岩气评价类比法的基础，是参照区的确定与估算参数的选取。参照区的选择依赖于类比条件，而参照区选择的正确与否直接影响评价结果的好坏。在此基础上，确定相应的类比法，是类比评价中最重要的一环。归纳起来，类比法的应用条件是：①预测区的成油气地质条件基本清楚；②参照区进行了系统的页岩油气资源评价研究，且发现了油气田或油气藏；③参照区与目标区有一定相似性。在采用类比法进行页岩气资源类比预测时，要着重考虑如下因素：(a)盆地地质背景与地质构造；(b)岩石的岩性特征与沉积环境；(c)烃源岩的非均质性特征；(d)有效烃源岩的平均厚度；(e)岩石物性特征；(f)原始地层压力和温度；(g)生产方式、压裂措施及驱动机理；(h)游离气和吸附气含量与分布。

### 10.1.2.2　相似系数求取

相似系数是预测区与标准(刻度)区的相似程度，是估算未知区资源量的关键指标。为了求取科学、严谨的相似系数，需经过如图 10-4 所示的 5 个步骤。

#### 1. 确定预测区

确定待评价的区域、层位和评价单元。根据地质勘查的结果，分析在垂向上哪些层段符合页岩气开发的条件，在平面上筛选出待评价的预测区，然后根据所掌握的地质条件，将预测区分为一个或多个区。

#### 2. 收集预测区相关资料

选定待类比评价的区域后，收集其相关地质资料，包括：测井资料、钻井岩心取样资料、地震资料等。资料的全面程度直接影响评价结果的可靠性。

#### 3. 处理资料，提取类比法所需相关参数

提取类比法所需要的各个参数数据，部分数据需

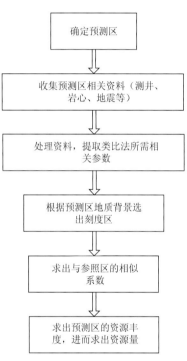

图 10-4　相似系数求取

要计算出其中值、算术平均值或进行曲线拟合，并确定一个可靠的参数值或者数据范围。

#### 4. 选定参照区并建立评价标准

参照区(或称刻度区)的选择必须具备"三高"的条件，即勘探程度高、地质规律认识程度高、资源探明率高，或对页岩气资源预测的把握性高。只有这样才能确保预测区页岩气资源丰度的准确性和预测资源的可靠性。目前，可采用美国密歇根 Antrim 页岩区和圣胡安 Lewis 页岩区，或者国内研究得较为深入的地区作为参照区。从公开发布的资料中，所收集到的美国五套典型页岩气系统的地质、地化和储层参数，列于表 10-2 中。

表 10-2　美国五套典型页岩气系统的地质、地化、储层参数

| 性质 | Antrim 页岩 | Ohio 页岩 | New Albany 页岩 | Barnett 页岩 | Lewis 页岩 |
|---|---|---|---|---|---|
| 深度/ft | 600~2400 | 2000~5000 | 600~4900 | 6500~8500 | 3000~6000 |
| 总厚/ft | 160 | 300~1000 | 100~400 | 200~300 | 500~1900 |
| 净厚/ft | 70~120 | 30~100 | 50~100 | 50~200 | 200~300 |
| 井孔温度/℃ | 75 | 100 | 80~105 | 200 | 130~170 |
| TOC/% | 0.3~24 | 0~4.7 | 1~25 | 4~50 | 0.45~2.5 |
| 镜质组反射率/% | 0.4~0.6 | 0.4~1.3 | 0.4~1.0 | 1.0~1.3 | 1.6~1.88 |
| 总孔隙度/% | 9 | 4.7 | 10~14 | 4~5 | 3~5.5 |
| 含气饱和度/% | 4 | 2.0 | 5 | 2.5 | 1~3.5 |
| 含水饱和度/% | 4 | 2.5~3.0 | 4~8 | 1.9 | 1~2 |
| 含气量/(ft³[①]/t) | 40~100 | 60~100 | 40~80 | 300~350 | 15~45 |
| 吸收气/% | 70 | 50 | 40~60 | 20 | 60~85 |
| 储层压力/psi | 400 | 2000~5000 | 300~600 | 3000~4000 | 1000~1500 |
| 压力梯度/(psi/ft) | 0.35 | 0.15~0.40 | 0.43 | 0.43~0.44 | 0.20~0.25 |
| 产气量/(ft³/d) | 40~500 | 30~500 | 10~50 | 100~1000 | 100~200 |
| 采收率/% | 20~60 | 10~20 | 10~20 | 8~15 | 5~15 |
| 总资源量/(Bcf[②]/层) | 6~15 | 5~10 | 7~10 | 30~40 | 8~15 |
| 历史产油地 | Ostego County | Pike County | Harrison County | Wise County | San Juan and Rio |
| 提供数据资料的油田 | Michigan | Kentucky | Indiana | Texas | County New |

资料来源：Curtis(2002)。

### 5. 求出与参照区的相似系数

从预测区的各个子区分别提取类比参数，对照评价取值标准表 10-3 或者表 10-4，对各指标进行打分。一个预测子区做一次评价，最后将结果求和。对一个子区而言，$\beta_{预}$ 和 $\beta_{标}$ 分别为预测区和参照区地质类比总分，计算公式如下：

$$\beta = w_g \sum w_{gi} v_{gi} + w_r \sum w_{ri} v_{ri} + w_s \sum w_{si} v_{si} \qquad (10\text{-}6)$$

式中，$w_{gi}$、$v_{gi}$，$w_{ri}$、$v_{ri}$，$w_{si}$、$v_{si}$ 分别为页岩气源条件、储集条件、综合配套条件的各项评价指标的权重与分值；$w_g$、$w_r$、$w_s$ 分别为页岩气源条件、储集条件、综合配套条件的权重。代入式(10-6)将预测区和参照区的参数用取值标准表的建议方案算得总分。之后，将预测区的类比总分除以参照区的类比总分就是两个地区的相似系数，如下：

$$\alpha_i = \frac{预测区地质类比总分}{参照区地质类比总分} = \frac{F_{预}}{F_{标}} \qquad (10\text{-}7)$$

式中，$i$ 为预测区子区的个数($i$ 块或 $i$ 层)。

---

① 1ft³=2.831 685×10⁻²m³。

② 1Bcf=10⁹ft³=2.831 68×10⁷m³。

表 10-3　含气量类比法权值取值标准表

| 参数类型 | 参数名称 | 权值 | 分值 | | | |
|---|---|---|---|---|---|---|
| | | | 0.75~1.0 | 0.5~0.75 | 0.25~0.5 | 0~0.25 |
| 油气源条件(0.7) | 页岩累计厚度/m | 0.1 | >600 | 400~600 | 200~400 | 20~200 |
| | 总有机碳含量/% | 0.3 | >4 | 2~4 | 1~2 | <1 |
| | 干酪根类型 | 0.1 | I 型 | II$_A$ 型 | II$_B$ 型 | III 型 |
| | 成熟度($R_o$) | 0.2 | 1.2~2.0 | 1.0~1.2 或 2.0~2.5 | 0.7~1.0 或 2.5~3.0 | 0.4~0.7 或 3.0~4.0 |
| | 生烃高峰时间 | 0.1 | 古近纪以后 | 白垩纪 | 三叠纪、侏罗纪 | 古生代 |
| | 页岩单层厚度/m | 0.2 | ≥50 | 30~50 | 10~30 | ≤10 |
| 储集条件(0.2) | 脆性指数/% | 0.3 | >60 | 40~60 | 20~40 | <20 |
| | 孔隙度/% | 0.4 | >6 | 4~6 | 2~4 | <2 |
| | 微裂缝发育程度 | 0.3 | 发育 | 较发育 | 发育一般 | 不发育 |
| 综合配套条件(0.1) | 构造复杂程度 | 0.2 | 断裂不发育、褶皱宽缓 | 断裂较少、褶皱较宽缓 | 断裂较发育或褶皱较紧闭 | 断裂发育、褶皱紧闭 |
| | 埋藏深度/m | 0.8 | 1000~1500 | 1500~2000 或 500~1000 | 2000~2500 或 200~500 | >2500 或 <200 |

表 10-4　面积丰度类比法参数权值取值标准表

| 参数类型 | 参数名称 | 权值 | 分值 | | | |
|---|---|---|---|---|---|---|
| | | | 0.75~1.0 | 0.5~0.75 | 0.25~0.5 | 0~0.25 |
| 油气源条件 | 累计源岩厚度/m | 0.2 | >1000 | 500~1000 | 250~500 | <250 |
| | 总有机碳含量/% | 0.3 | >4 | 2~4 | 1~2 | <1 |
| | 干酪根类型 | 0.2 | I 型 | I—II 型 | II—III 型 | III 型 |
| | 成熟度($R_o$) | 0.2 | 高成熟 | 成熟 | 过成熟 | 未成熟 |
| | 生烃高峰时间 | 0.1 | 古近纪以后 | 白垩纪 | 三叠纪、侏罗纪 | 古生代 |
| 储集条件 | 储层平均厚度/m | 0.3 | >100 | 70~100 | 20~70 | <20 |
| | 脆性矿物含量/% | 0.3 | >60 | 40~60 | 20~40 | <20 |
| | 储层孔隙度/% | 0.2 | >6 | 4~6 | 2~4 | <2 |
| | 微裂缝发育程度 | 0.2 | 发育 | 较发育 | 发育一般 | 不发育 |
| 保存条件 | 顶板岩性 | 0.2 | 膏盐岩、泥膏岩 | 厚层泥岩 | 泥岩 | 脆泥岩、砂质泥岩 |
| | 底板岩性 | 0.2 | 膏盐岩、泥膏岩 | 厚层泥岩 | 泥岩 | 脆泥岩、砂质泥岩 |
| | 构造复杂程度 | 0.2 | 断裂不发育、褶皱宽缓 | 断裂较少、褶皱较宽缓 | 断裂较发育或褶皱较紧闭 | 断裂发育、褶皱紧闭 |
| | 埋藏深度/m | 0.2 | 1000~1500 | 1500~2000 或 500~1000 | 2000~2500 或 200~500 | >2500 或 <200 |
| | 页岩气显示 | 0.2 | 完井或中途测试获得工业气流 | 完井或中途测试获得低产工业气流 | 钻进中泥页岩段气测显示异常 | 表明具备页岩气生成、富集条件 |

### 10.1.2.3　类比法的应用

**1. 含气量类比法**

对于勘探程度中等的地区，页岩气资源量类比估算可采用含气量类比法，即以含气量作为主要的类比资源参数进行类比。各参数的权值及分值可参照表10-3。它是在参照区的含气量及各相关地质参数研究较为深入的情况下，先通过计算相似系数得到预测区的含气量，再利用计算得到的含气量估算预测区的页岩气资源量。基于含气量的资源量计算方法如下式所示，式中相似系数的求取参考取值标准。

$$Q = \sum_{i=1}^{n}\left(S_i \times h \times \rho \times G_i \times \alpha_i\right) \tag{10-8}$$

式中，输出参数：$Q$ 为预测区的页岩气总资源量（$10^{12}m^3$）；输入参数：$S_i$ 为预测区含气泥页岩层段分布面积（$m^2$）；$h$ 为预测区含气泥页岩层段厚度（km）；$G_i$ 为参照区含气量（$t/m^3$）；$\alpha_i$ 为预测区与参照区的类比相似系数；$\rho$ 为页岩的密度（$g/cm^3$）。

具体计算方法是：①使用取值标准表的分值及权重，将预测区和参照区的参数代入公式求取预测区打分值 $\beta_{预}$；②使用取值标准表的分值及权重，同时将参照区参数代入公式求取参照区打分值 $\beta_{标}$；③代入式（10-7）求取相似系数 $\alpha_i$；④代入资源量计算公式（10-8）计算 $Q$。

**2. 资源丰度类比法**

资源丰度是指单位面积的资源量。面积丰度类比是在勘探程度较低的情况下，预测区的一些重要参数无法获取时，仅用刻度区的页岩气资源面积丰度乘相似系数，得到预测区的面积丰度的一种页岩气资源量总体概略评价方法。相对于含气量类比法而言，它所需要的评价参数因为无法获得而变得更少。

以资源面积丰度作为主要的资源类比参数进行类比，其资源量基本计算见式（10-9），其相似系数中有关权值得分的计算参考表10-4。

$$Q = \sum_{i=1}^{n}\left(S_i \times K_i \times \alpha_i\right) \tag{10-9}$$

式中，$Q$ 为预测区页岩气总资源量（$10^{12}m^3$）；$S_i$ 为预测区泥页岩有效面积（$km^2$）；$K_i$ 为参照区页岩气资源丰度（$10^8m^3/km^2$）；$\alpha_i$ 为预测区类比单元与参照区类比单元的相似系数。

## 10.1.3　体积法

体积法或称容积法，是一种黑盒子方法。它不追究油气是如何生成的，而只是根据目前的含气量状态，定量地估算和评价其资源量。容积法考虑了页岩气蕴藏方式。页岩气赋存在页岩的基质孔隙空间、裂缝内，或者吸附在有机物和黏土颗粒表面。因此，容积法估算的对象是页岩孔隙和裂缝空间内的游离气、有机物和黏土颗粒表面的吸附气，以及溶解气体积的总和。不同研究者对于页岩中的游离气和吸附气，分别提出了不同的计算公式(董大忠等, 2009; 张金川等, 2021; 李延钧等, 2011)。

页岩的含气段厚度($H$)和含气量($G$)，是在一个区间上非均匀分布的，不便于采用平均值、最大值或最小值来描述，需要采用概率统计方法来获得相关参数并计算其结果的统计分布。因此，本书提出了概率容积法，即采用蒙特卡罗法求解页岩层厚度 $H$ 和含气量 $G$ 两个参数的随机数并抽样，进而估算页岩气的潜在资源量。

含气量是指每吨页岩中所含的天然气总量——折算到标准压力和温度(1 个大气压, 25℃)条件下。考虑吸附气、游离气和溶解气，有

$$Q_{总} = Q_{吸} + Q_{游} + Q_{溶} \tag{10-10}$$

式中，$Q_{总}$ 为页岩气资源量; $Q_{吸}$ 为吸附气资源量; $Q_{游}$ 为游离气资源量; $Q_{溶}$ 为溶解气资源量。由于含气泥页岩层段中所含的溶解气量极少，故页岩气资源量可近似看成是吸附气资源量与游离气资源量之和，即

$$Q_{总} = Q_{吸} + Q_{游} = \frac{S \cdot H \cdot \rho \cdot G}{100} \tag{10-11}$$

式中，$Q_{总}$ 为待求页岩气总资源量估计值($10^8 m^3$); $Q_{吸}$ 为吸附气资源量($10^8 m^3$); $Q_{游}$ 为游离气资源量($10^8 m^3$); $S$ 为评价单元面积($km^2$); $H$ 为泥页岩层段厚度(m); $\rho$ 为泥页岩密度($t/m^3$)，缺省可以取均值 $2.6 t/m^3$，一般在 $2.4 \sim 2.8 t/m^3$; $G$ 为含气量($m^3/t$, 吸附气含量与游离气含量之和)。设研究区共有 $M$ 个评价单元，则总资源量为

$$Q = \sum_{i=1}^{M} Q_i \tag{10-12}$$

采用蒙特卡罗法求解页岩层厚度 $H$ 和含气量 $G$ 两个参数的随机数并抽样后，便可进行页岩气资源量计算，求其潜在资源量的概率解。

该求解过程有 4 个步骤：①分析泥页岩厚度和含气量两个不确定问题所依赖的概率模型。如果泥页岩的厚度比较确定，可仅采用含气量一个参数，建立概率模型。②对随机变量进行 $m$ 次的随机抽样，获取其 $m$ 次的抽样值。③将其 $m$ 次抽样值，代入式(10-12)中去，求取页岩气总资源量的估计值。④对其估计值用频率统计方法，求取其页岩气总资源量 $Q$ 的分布曲线，并得到其概率为 50% 的 $P_{50}$ 页岩气资源量。

具体做法如下：在 $0 \sim 1$ 生成第一个随机数 $x_i$ 后，求在厚度概率分布曲线上累积概率为 $x_i$ 对应的横坐标的厚度数值，设为 $H_i$，作为对厚度的一次实验抽样。如图 10-5 所示，以纵坐标 $x_i$ 做一条水平线，求水平线与厚度概率分布曲线的交点，此点对应的横坐标上的数值就是 $H_i$; 再生成一个随机数 $x_i'$，同样在含气量概率分布曲线上进行抽样，得到 $G_i$，这样就有一个数据对 $H_i$ 和 $G_i$，将它代入体积法计算公式，即

$$Q_i = \frac{S \cdot H_i \cdot \rho \cdot G_i}{100} \tag{10-13}$$

由此完成了一次资源量的计算。依此类推，经过 $n$ 次以上的随机抽样(一般 $n > 2000$)，便得到 $n$ 个资源量数值，再利用厚度和含气量的分布概率曲线的做法，形成其累积概率分布图(图 10-5)，得到 $Q_5$、$Q_{25}$、$\cdots$、$Q_{95}$，如表 10-5 所示。

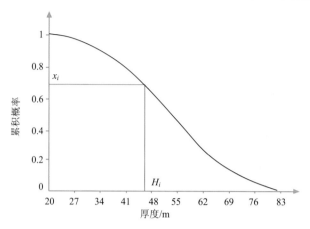

图 10-5　随机抽样法及厚度概率分布曲线

**表 10-5　资源量评价概率分布表**

|  | $Q_5$ | $Q_{25}$ | $Q_{50}$ | $Q_{75}$ | $Q_{95}$ |
|---|---|---|---|---|---|
| 资源量 |  |  |  |  |  |

# 10.2　页岩气资源潜力评价体系与评价参数

开展页岩气资源潜力的评价，首先要根据评价单元的勘探程度和资源类型，选择适合的评价方法并建立评价体系，再按照评价体系确定评价参数值，然后按照评级体系设定的工作流程，从典型成熟区块(参数齐全、资料丰富)入手，充分利用前期的评价成果，完成资源评价基础数据和基础图件收集、整理，进而优选出勘探程度较高的评价单元作为参照区，最后对待评价单元逐一进行资源量估算和潜力评价。

## 10.2.1　页岩气资源选区评价模型

### 10.2.1.1　模拟计算的数学模型

确定页岩气富集概率 $P$ 和资源价值 $Q$ 的数学模型，如式(10-14)～式(10-19)。计算页岩气富集概率 $P$ 时，页岩气的发现概率 $P_{油气发现}$ 直接由参数赋值表(经验)获得；生烃概率 $P_{生烃}$ 可在对总有机碳含量、成熟度和水体环境等参数进行直接概率赋值后，通过式(10-15)计算得到；页岩气赋存概率 $P_{赋存}$ 需要考虑裂隙发育、孔隙度、保存条件和压力系数。其中，岩层的压力系数是一项新参数。在资源价值评价时，针对目前页岩气成本因素权重过低，在千方气成本的可采条件中将其单独列为一项基本参数。

$$P = P_{生烃} \times P_{赋存} \times P_{油气发现} \tag{10-14}$$

$$P_{生烃} = \frac{\sqrt{P_{有机碳}^2 + P_{成熟度}^2 + P_{水体环境}^2}}{\sqrt{3}} \tag{10-15}$$

$$P_{赋存} = \frac{\sqrt{P_{裂隙发育}^2 + P_{孔隙度}^2 + P_{保存条件}^2 + P_{压力系数}^2}}{\sqrt{4}} \tag{10-16}$$

$$Q = \frac{\sqrt{Q_{可采}^2 + Q_{资源丰度}^2 + Q_{千方气成本}^2}}{\sqrt{3}} \tag{10-17}$$

$$Q_{可采} = \frac{Q_{脆性} + Q_{埋深} + Q_{地面} + Q_{技术}}{4} \tag{10-18}$$

$$Q_{资源丰度} = \frac{Q_{单元丰度}}{MAX(Q_{单元丰度})} \tag{10-19}$$

#### 10.2.1.2 富集概率-资源价值关系

在计算富集概率时，如果均匀遍历评价参数，则结果将偏低。这是因为数学表达式是连乘关系，当单个参数均为 0.75～1 时，富集概率只能得 0.4 分；而单个参数为 0.5～0.75 时，只能得 0.3 分。于是，本来是 Ⅰ 类或 Ⅱ₁ 类的单元，只好归入 Ⅱ₂ 或 Ⅲ 类。如果对各参数按等概率取值，所得数值的众数，可能落在 Ⅱ₂ 区的底部。如果对各选区参数进行均匀的无偏差取值，虽然得到的资源价值概率可能符合正态分布，但页岩气富集概率将会因连乘关系产生较大偏差——中值不在 50% 左右，而是在 10% 左右。这将导致单个参数评价均为优，富集概率 $P$ 为良；单个参数评价均为良，富集概率 $P$ 为中等。

考虑到页岩气富集概率计算后的误差，需要按参数等概率取值获得的评价分值，重新划分新的评价指标体系，即页岩气富集概率-资源价值的二维非线性关系(图 10-6)。如图 10-6 所示，粗虚线为中国石油化工集团有限公司原来确定的页岩气评价分级标准；粗实线为本书作者们根据实际情况和上述分析结果，确定的评价分级新标准。

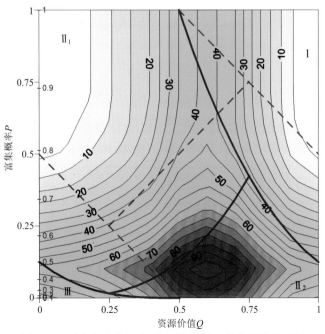

图 10-6　页岩气富集概率-资源价值的二维非线性关系图

**10.2.1.3　评价参数的分级标准**

在 2011 年"全国页岩气资源潜力调查评价及有利区优选"工作中，采用了"富集概率"-"资源价值"双目标评价模型。每个评价目标涉及 3 个评价参数子集，每个参数子集由若干评价参数组成。参数子集的确立和评价参数的分级，根据它们与含气概率区间的对应关系来确定。例如，富集概率评价参数集，由与含气概率相关的生烃条件、赋存条件和发现程度 3 个参数子集组成。而生烃条件参数子集，则由 TOC(%)、$R_o$(%) 和水体环境 3 个参数构成。下面以生烃条件参数子集为例，介绍各评价参数的分级标准。

**1. 总有机碳的分级标准**

总有机碳(TOC)含量是基本生烃条件，TOC 越高，页岩气生成就越多。结合国内各地区的情况，TOC 含量与对应的含气概率区间关系大致如下：TOC>2%，含气概率区间 0.75~1.0；1.5%<TOC≤2%，含气概率区间 0.5~0.75；1%<TOC≤1.5%，含气概率区间 0.25~0.5；TOC≤1%，含气概率区间 0~0.25。在具体进行等级评价时，可以以研究区的井资料为基础，先收集各区块的小层 TOC 数据，再绘制 TOC 与含气量关系散点分布图，然后参考上述国内综合结果进行适当调整，制定评级标准。

**2. 孔隙度的分级标准**

孔隙度对储层含气量起重要作用，在一定程度上决定了油气的运聚和成藏模式，因而也是储层及其含气量评价的重要指标。对于孔隙度参数，同样需要以研究区各区块小层数据为基础，绘制孔隙度与含气量关系的散点图并确定评价标准。参照我国多个油气田的实际情况，孔隙度与含气概率的整体关系如下：孔隙度>5%，含气概率区间 0.75~1.0；孔隙度(单位：%)位于(4, 5]，含气概率区间 0.5~0.75；孔隙度(单位：%)位于(3, 4]，含气概率区间 0.25~0.5；孔隙度≤3%，含气概率区间 0~0.25。

**3. 有机质成熟度的分级标准**

适当的 $R_o$ 有利于页岩(同时也是储层)生烃，因而可作为烃源岩处于何种生气阶段的标志。从总体上看，埋深越大，$R_o$ 的值越大。$R_o$ 与含气概率的关系大致是：$R_o$(单位：%)位于(1.5, 1.75]，含气概率区间为 0.75~1.0；$R_o$(单位：%)位于(1.25, 1.5]或(1.75, 2.0]，含气概率区间为 0.5~0.75；$R_o$(单位：%)位于(1.0, 1.25]或(2.0, 2.5]，含气概率区间为 0.25~0.5；$R_o$(单位：%)≤1.0 或 $R_o$(单位：%)>2.5，含气概率区间为 0~0.25。

**4. 地层压力的分级标准**

位于异常高压带的储层孔隙度，通常比正常压力下同类型的岩石孔隙度大。对于陆相地层，异常压力的分布常与深湖相和半深湖相沉积物有关。超压对油气成藏的影响主要表现在：超压是烃类初次运移的动力；超压层可成为良好的盖层；超压可引起微裂缝排烃和成藏；超压不仅会影响油气生成的相态，而且会延缓烃源岩热演化生烃的进程；出现超压本身代表着页岩层含气系统处于封闭状态。因此，可结合研究区的实际情况，把地层压力作为一个评价参数。设地层正常压力为 $P_{no}$，在一般情况下，地层压力大于 $1.5P_{no}$ 时，含气概率区间为 $0.75\sim1.0$；地层压力在 $1.2P_{no}\sim1.5P_{no}$ 时，含气概率区间为 $0.5\sim0.75$；地层压力在 $0.8P_{no}\sim1.2P_{no}$ 时，含气概率区间为 $0.25\sim0.5$；地层压力小于 $0.8P_{no}$ 时，含气概率区间为 $0\sim0.25$。

#### 5. 资源丰度的分级标准

资源丰度是页岩气潜力分区评价的目标参数。根据含气量和泥页岩层段厚度资料，可计算研究区各小层的资源丰度。其分级状况是：资源丰度大于 $0.4\times10^{8}m^{3}/km^{3}$，含气概率区间为 $0.75\sim1.0$；资源丰度（单位：$m^{3}/km^{3}$）位于 $(0.3\times10^{8}, 0.4\times10^{8}]$，含气概率区间为 $0.5\sim0.75$；资源丰度（单位：$m^{3}/km^{3}$）位于 $(0.2\times10^{8}, 0.3\times10^{8}]$，含气概率区间在 $0.25\sim0.5$；资源丰度小于 $0.2\times10^{8}m^{3}/km^{3}$，含气概率区间为 $0\sim0.25$。

#### 6. 沉积水体封闭性的分级标准

通常认为，只有在封闭或半封闭条件下的浅水水体(如海湾、潟湖)中，才具有低能、滞水和强还原的沉积环境。这也是页岩富有机质的必要条件。从生态学角度，水体越浅，初级生产力或固碳速率越大；反之，水体越深，初级生产力或固碳速率越小。相应地从古地理学角度，开阔湖面初级生产力或固碳速率小，封闭与半封闭湖面初级生产力或固碳速率大。因此，水体环境的封闭性也可作为页岩气潜力的评价指标，即不封闭的海湾或半封闭深水湖湾为远景区，半封闭浅水湖湾或潟湖为有利区，全封闭浅水湖湾或潟湖为目标区。事实上，海侵或最大湖泛期/海泛期，原封闭或半封闭的湖湾、海湾、潟湖将会与开阔水域连通，变成非局限的水体环境，其生产力不是增加而是下降。也就是说，最大湖泛期或海泛期所生成的"密集段"或"凝缩段"是贫有机质的，并不是好的烃源岩。

李鹤等(2017)和俞焰等(2017)的研究结果(图 10-7)表明，在海水深度大于 200m 和湖水深度 15~20m 的位置，分别存在着一个"氧跃层"。在这个"氧跃层"之下，水体由于缺氧而迅速转入还原环境，但再向下水体中的氧含量又逐渐增加并恢复氧化条件。由此而论，深水环境并不有利于烃源物质的保存和烃类的生成。根据对上述参数特征的分析，制定出了适用于研究区的评价参数规范(表 10-6)。

#### 10.2.1.4　关键评价参数的分析和计算

#### 1. 总有机碳含量恢复和裂解孔隙度换算

产气页岩的总有机碳含量(平均)下限值，在国际上尚无定论。综合目前国内、外研究成果，要获得具工业价值的页岩气藏，页岩中的总有机碳平均含量应当大于 1%。中国石油化工集团有限公司(简称中石化)所获得的川黔地区多个区块烃源岩 TOC 分布如图 10-8 所示。其中，黄平下寒武统泥页岩 TOC 平均值达到 5.5%，普光上三叠统泥页岩 TOC 平均值约为 4.3%，田坝下侏罗统和彭水上奥陶统泥页岩的 TOC 分别为 3.4% 和 3.2%，而建南下侏罗统、普光下侏罗统、普光中侏罗统和田坝中侏罗统泥页岩 TOC 平均值都在 1.0% 以下。

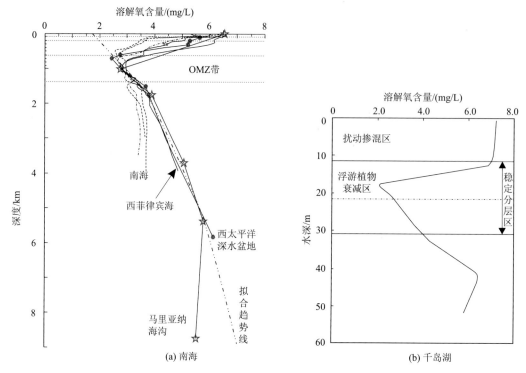

图 10-7　海洋和湖泊溶解氧随深度的变化曲线

资料来源：（a）李鹤等（2017）；（b）俞焰等（2017）

表 10-6　东北探区陆相页岩气分级选区评价参数体系及标准

| 评价目标及参数集 | | 评价参数 | 概率区间 | | | |
|---|---|---|---|---|---|---|
| | | | (0.75, 1] | (0.5, 0.75] | (0.25, 0.5] | (0, 0.25] |
| 生烃条件 | | TOC/% | >2 | (1.5, 2] | (1, 1.5] | ≤1 |
| | | $R_o$/% | (1.5, 1.75] | (1.25, 1.5]或 (1.75, 2.0] | (1.0, 1.25]或 (2.0, 2.5] | ≤1.0 或>2.5 |
| | | 水体环境 | 全封闭浅水湖湾 | 半封闭浅水湖湾 | 不封闭靠陆地或半封闭深水湖湾 | 开阔水域 |
| 油气富集概率 | | 裂隙发育 | 垂直、水平两组微裂缝发育 | 一组微裂缝发育 | 微裂缝发育一般 | 不发育 |
| | | 孔隙度/% | >5 | (4, 5] | (3, 4] | ≤3 |
| | 赋存条件 | 保存条件 | 在凹陷中心及斜坡区，地震及钻井资料证实存在优质盖层，无晚期构造运动、侵蚀作用、断层活动破坏 | 已有资料证实可能存在区域盖层，无晚期构造运动、侵蚀作用、断层破坏 | 无确切资料证实是否存在区域盖层，可能存在油气破坏作用 | 已有资料证实不存在盖层或者存在后期油气破坏作用 |
| | | 压力系数 | >1.5 | (1.2, 1.5] | (0.8, 1.2] | ≤0.8 |

续表

| 评价目标及参数集 | 评价参数 | 概率区间 | | | |
|---|---|---|---|---|---|
| | | (0.75, 1] | (0.5, 0.75] | (0.25, 0.5] | (0, 0.25] |
| 油气富集概率 | 油气发现 | 油气发现程度 | ①有地震详查或三维地震资料；②有过目的层的预探井、评价井等资料，试获页岩油气；③油气富集规律清楚，可获取评价关键参数资料 | ①有二维地震资料；②有少量过目的层的预探井、测试资料和油气显示；③石油地质条件较清楚，有评价参数 | ①仅有非震资料；②无钻井；③基本石油地质条件不清楚，评价关键参数缺乏 | ①无地震和重磁电等资料；②无钻井；③基本石油地质条件不清楚，评价关键参数缺乏 |
| 资源价值 | 可采条件 | 脆性矿物含量/% | >40 | (30, 40] | (15, 30] | ≤15 |
| | | 埋深/m | <2000 | [2000, 3000) | [3000, 4000) | ≥4000 |
| | | 地表环境 | 平原、丘陵等，交通良好，水源充足 | 山区、沙漠、高原，有水源 | 地表条件差的山区、沙漠、高原 | 坡度大于45°，无水源 |
| | | 技术适应性 | 泥页岩单层厚度大于10m，配套技术系列已形成 | 泥页岩单层厚度大于10m，部分关键技术有待完善 | 泥页岩单层厚度大于10m，部分技术尚需攻关 | 目前工程、工艺技术不能满足勘探开发 |
| | 资源丰度 | 资源丰度/(10⁸m³/km³) | ≥0.4 | [0.3, 0.4) | [0.2, 0.3) | <0.2 |
| | 千方气成本 | 千方气成本/(元/千方气) | <20 | [20, 30) | [30, 50) | ≥50 |

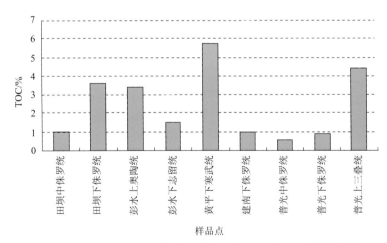

图 10-8　中石化川黔地区典型页岩气区块 TOC 含量平均值的分布

通常认为，含气泥页岩的 TOC 随 $R_o$ 升高而降低。但我国某些地区的 TOC 并未表现出随 $R_o$ 增加而降低的趋势（图 10-9）。究其原因，可能在于 TOC 含量除了受烃源岩热演化程度的影响，还受到泥页岩原生沉积环境的控制。例如，川黔地区的彭水 $R_o$ 值在 2.0%～3.0%，TOC 分布范围为 0%～5%，无显著相关关系；建南区块泥页岩的热演化程度和 TOC 含量都出现低值——$R_o$ 在 0.9%～1.4%，而 TOC 值在 0%～2%；彭水区块泥页岩热演化程度比建南区块高，且同时具有较高的总有机碳（TOC）含量。

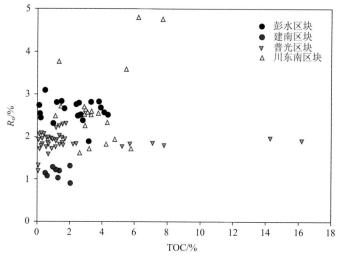

图 10-9　中石化川黔地区典型页岩气区块 TOC 与 $R_o$ 相关关系

随着烃源岩热演化程度增高和生烃量增加，不仅烃源岩残余总有机碳丰度会降低，氢指数、有机质类型和裂解生气能力($S_2$)都将呈现降低趋势。例如，在美国的 Barnett 页岩中，$S_2$ 值随烃源岩热演化程度增加而降至＜5mg/g，有机质类型属于Ⅲ型和Ⅳ型，进入高流速页岩气产生区(图 10-10)。在川黔地区的彭水区块及黄平区块，有机质热演化程度较高，$S_2$ 普遍低于 0.1mg/g(图 10-11 和图 10-12)，明显处于高流速页岩气系统中(图 10-13)，但与 TOC 关系不大。因此，$S_2$ 值普遍偏低的泥页岩层位，可能是页岩气发育的标志。

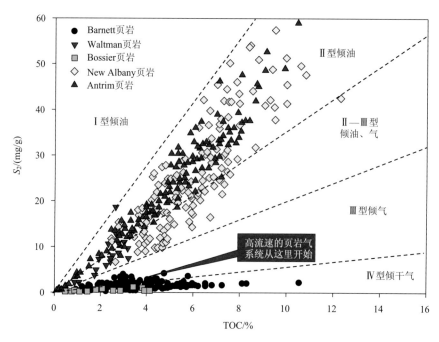

图 10-10　美国页岩气盆地有机质热演化路径图

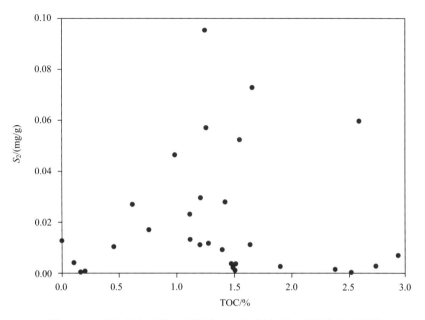

图 10-11　重庆彭水区块上奥陶统—下志留统有机质热演化路径图

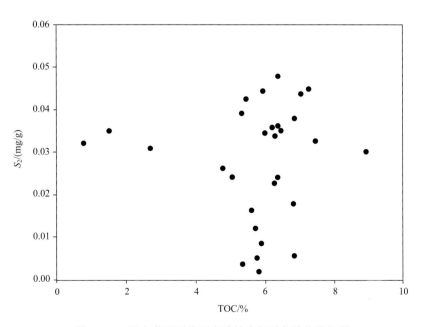

图 10-12　黔东黄平区块下寒武统有机质热演化路径图

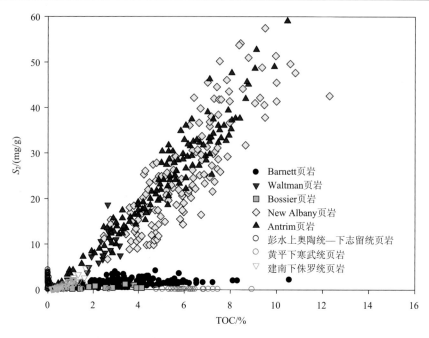

图 10-13　美国页岩气盆地与国内典型页岩气区块有机质热演化路径图

　　可见,对于高成熟和过成熟烃源岩,简单套用残余总有机碳丰度、干酪根类型或 $S_2$ 来判断页岩生气能力,可能有偏颇。此外,由于有机碳裂解也能生成孔隙,从而改善烃源岩的储集性能,因而残余总有机碳丰度在一定程度上反映了含气量大小。基于这种考虑,北美的页岩气勘探目标,多数选择 TOC 含量>2%的区段,甚至>4%的区段。在开展页岩气资源潜力评价时,应综合考量有机碳丰度指标,既重视烃源岩原始有机质丰度与生烃潜力,又关注页岩储层残余总有机碳含量及其裂解生成的孔隙度(图 10-14)。

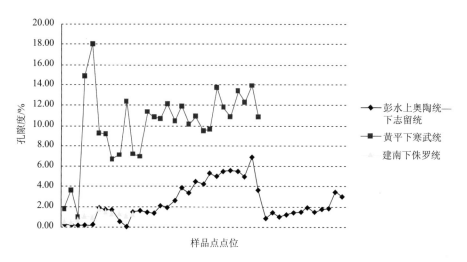

图 10-14　干酪根热降解生烃产生的孔隙度

　　烃源岩的总有机碳由 3 个部分组成：①来自实验室的残余烃类总有机碳($C_{HC}$)；②可转变为烃类的总有机碳($C_C$)，称为转换碳、反应碳或不稳定碳；③碳质残留物，因缺少氢而无法生成烃类，称为惰性碳或残留总有机碳($C_R$)。随着有机质逐渐成熟，$C_C$逐渐转化为烃类，TOC 随之逐渐降低至残留碳。图 10-10 是美国页岩气盆地中总有机碳(TOC)含量和源岩评价仪(Rock-Eval)热解参数($S_2$)的交会图。$S_2$ 是在标准 Rock-Eval 热解温度下裂解的产物(mg HC/g rock)。斜率和 $X$ 轴截距表示氢指数(HI)和残留总有机碳($C_R$)。

　　Jarvie 等(2007)通过直接观察干酪根光学特性确定类型百分比，进而计算出原始氢指数($HI_o$)。计算时采用 4 种干酪根类型[平均值由 Jones(1987)提供的 HI 范围确定]，通过以下公式来获取 $HI_o$ 的加权平均值，即

$$HI_o = \left(\frac{\%\text{type I}}{100} \times 750\right) + \left(\frac{\%\text{type II}}{100} \times 450\right) + \left(\frac{\%\text{type III}}{100} \times 125\right) + \left(\frac{\%\text{type IV}}{100} \times 50\right) \quad (10\text{-}20)$$

式中，干酪根显微组分的百分比通过烃源岩光学测量方法得到。例如，Barnett 页岩含 95%的 II 型干酪根和 5%的 III 型干酪根，计算得到的 $HI_o$ 值为 434mg HC/g TOC。若含 100%的 II 型干酪根，$HI_o$ 为 450mg HC/g TOC。

　　转换率($TR_{HI}$)反映了 $HI_o$ 到现今($HI_{pd}$)的变化，包含了早期游离油含量从原始生产指数($PI_o$)到现今含油量($PI_{pd}$)的变化。可利用 Claypool 公式确定转换率(如有机物质的转换程度)。$HI_o$ 到现今值($HI_{pd}$)之差就是转换率 $TR_{HI}$。

$$PI_o = \frac{0.02}{PI_{pd}} \quad (10\text{-}21)$$

$$TR_{HI} = 1 - \frac{HI_{pd}\left[1200 - HI_o\left(1 - PI_o\right)\right]}{HI_o\left[1200 - HI_{pd}\left(1 - PI_{pd}\right)\right]} \quad (10\text{-}22)$$

　　该公式结合了干酪根转换率的 Pelet 公式。假设碳氢化合物中碳含量为 83.33%，则成烃最大值为 1200。PI 是已生成的烃占烃总量的比率(由 Rock-Eval 中 $S_1$ 与 $S_1+S_2$ 的比值决定)，但是该方法对这些值并不十分敏感。一旦通过计算或测量低成熟的岩石样品确定了 $HI_o$ 和 $TR_{HI}$ 的值，就可利用下式计算原始总有机碳($TOC_o$)，即

$$TOC_o = \frac{83.33 HI_{pd}\left(TOC_{pd}\right)}{HI_o\left(1 - TR_{HI}\right)\left(83.33 - TOC_{pd}\right) - HI_{pd}\left(TOC_{pd}\right)} \quad (10\text{-}23)$$

　　例如，彭水、黄平及建南区块，假定含 100%的 II 型干酪根，那么根据式(10-20)计算出的 $HI_o$ 值为 450 mg HC/g TOC。$HI_o$ 到现今值($HI_{pd}$)之差就是转换率 $TR_{HI}$。根据式(10-22)计算出彭水区块上奥陶统—下志留统页岩的平均转换率 $TR_{HI}$ 约为 99%，黄平区块下寒武统的泥页岩转换率平均值为 99%，而建南区块下侏罗统泥页岩的转换率平均值为 78%。进而可根据各区块泥页岩样品确定 $HI_o$ 和 $TR_{HI}$ 值，并通过式(10-23)计算出 $TOC_o$。

　　含烃泥页岩中的孔隙，较大部分是由有机质中的纳米级微孔隙构成的。在干酪根热降解生成石油和天然气的过程中，在形成残留总有机碳($C_R$)的同时，将使泥页岩中的孔隙度增加，从而影响了其对天然气的储集能力。有机质干酪根的体积百分比一般是其质

量百分比的两倍，若总有机碳的含量为 6.41%，有机质的密度为 1.18g/cm³，则体积百分比将达到 12.8%(Jarvie et al., 2007)。由此，可通过转化的总有机碳含量来换算干酪根热降解产生的孔隙。图 10-14 就是通过转化的总有机碳含量，换算出的干酪根热降解产生的孔隙体积。由此可得到，我国川黔地区的黄平区块下寒武统泥页岩的转化总有机碳含量最多，由干酪根热降解产生的孔隙体积也最大，所增加的孔隙体积最大可达到 18%；建南区块由有机质热演化产生的孔隙度仅为 2%；而彭水区块增加的孔隙度仅为 0%～6%(图 10-14)。

### 2. 热演化程度与油气演化阶段划分

沉积岩石中分散有机质的丰度和成烃母质类型是油气生成的物质基础，有机质的成熟度是油气生成的化学动力学条件，而含气泥页岩热演化进入生气窗则是页岩气富集的门槛条件。按照 Tissot 划分方案：干酪根 $R_o$<0.5%为成岩作用阶段，生油气源岩处于未成熟或低成熟作用阶段；$R_o$ 介于 0.5%～1.3%为浅成热解作用阶段，处于生油窗内；$R_o$ 介于 1.3%～2.0%为深成热解作用阶段，处于湿气和凝析油带；$R_o$>2%为后成作用阶段，处于干气带。美国 5 大产页岩气盆地的页岩有机质成熟度，基本上分布范围为 0.4%～2.0%。这说明各类干酪根在热演化进入后成作用阶段之前，都能有页岩气生成，但不同类型的干酪根有一定差异。目前，我国田坝、彭水、黄平、普光等区块的泥页岩，干酪根 $R_o$ 多在 1.0%以上。其中，建南下侏罗统泥页岩 $R_o$ 在 0.9%～1.5%，有机质处于油窗和湿气窗内；普光中侏罗统泥页岩 $R_o$ 在 1.2%～2.2%，有机质处于湿气窗及干气带内；田坝上三叠统—下侏罗统泥页岩 $R_o$ 在 1.5%～2.0%，有机质已进入生气窗；彭水上奥陶统—下志留统泥页岩 $R_o$ 在 1.8%～3.0%，而黄平下寒武统泥页岩 $R_o$ 在 2.2%～3.5%。

在烃源岩中，热稳定性最差(所需活化能最低)的干酪根总是首先热降解的，余下部分需要更高的温度才能继续发生热降解。这就导致热解烃峰($S_2$)的峰顶温度($T_{max}$)，将随着烃源岩成熟度的增大而不断升高。通常认为，石油天然气形成过程，或有机质演化过程大体可分为 4 个阶段，即生物化学生气(生油开始)阶段、热催化生油气(生油)阶段、热裂解生凝析气(凝析油和湿气)阶段、深部高温生气(干气开始)阶段。在我国，常用的烃源岩中有机质演化阶段划分参数指标如表 10-7 所示。

表 10-7　我国常用的有机质演化阶段划分标准

| 阶段 | $R_o$/% | $T_{max}$/℃ | $S_1/(S_1+S_2)$ | 热变指数 TAI(1～5) |
| --- | --- | --- | --- | --- |
| 生油开始 | <0.5 | <435 | <0.1 | <2.5 |
| 生油阶段 | 0.5～1.35 | 435～470 | 0.1～0.4 | 2.5～3.3 |
| 凝析油和湿气阶段 | 1.35～2.0 | >470 | >0.4 | >3.3 |
| 干气开始 | >2.0 | | | |

### 3. 矿物组成及其对储层物性的影响

虽然大多数页岩中具较多量的黏土矿物，但目前已开发的页岩油气藏所含黏土却都较少，而含诸如石英的脆性碎屑矿物则较多。一般地说，构成含气泥页岩层的主要矿物组成分是石英、碳酸盐岩和黏土，次要矿物组成为黄铁矿、干酪根、长石、高岭石和绿泥石。矿物组成含量的变化，影响着泥页岩层的岩石物理性质、孔隙结构和对气体的吸附性能。黏土矿物起了吸附天然气的作用，其中，伊利石的吸附能力最高，蒙脱石其次，高岭石最弱。石英碎屑可提高岩石的脆性，使地层易产生各类裂缝；方解石在埋藏过程中则起胶结作用并充填空隙，会降低泥页岩的孔隙度和渗透率。从彭水、黄平及建南等地的彭页 1 井、建页 HF-1 井及黄页 1 井全岩矿物组成(图 10-15)看，它们的脆性碎屑矿物含量均在 50%以上，有利于泥页岩中微裂缝发育，可形成良好的页岩气储集空间。

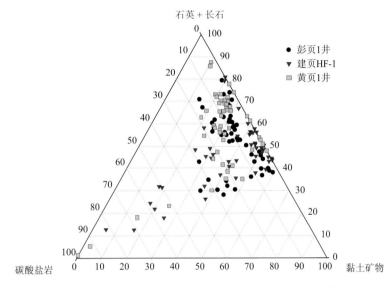

图 10-15　中国西南地区典型页岩气探井岩心中的黏土矿物含量

单位为%

### 4. 环境封闭性与有机质保存条件

含气泥页岩原生沉积时的环境和亚环境封闭性，或者说近岸水体的封闭性，是泥页岩富含有机质的必要条件。一般地说，在封闭或半封闭的陆相湖湾、三角洲间湾，或者海相潟湖、半封闭海湾等环境和亚环境中，水体底部因流通性差而缺氧，造成还原性较强，内外源的腐泥型有机质和腐殖型有机质沉积后不易分解，能够被较好地保存下来。这些沉积环境和亚环境通常位于盆地边缘，受碎屑沉积作用方式的影响，含气泥页岩常呈现与煤层相似的马尾状结构，总体上向陆一侧先增厚随即分叉变薄再尖灭，而向盆地中部则逐步变薄尖灭。显然，原生沉积环境和亚环境的封闭性，对页岩气资源选区评价具有重要意义。以湖泊为例，有机质富集环境分类评价参数特征如表 10-8 所示。

表 10-8 湖泊有机质富集环境分类评价参数表

| 水体深度 | 生产力条件 | 封闭环境、亚环境 | 半封闭环境、亚环境 | 开放环境、亚环境 |
| --- | --- | --- | --- | --- |
| | | 原地+异地有机质 | 原地+异地有机质 | 原地+原地有机质 |
| >0m | 高生产力 | I 滨岸沼泽 | I 湖湾、海湾、潟湖 | 无障壁海岸、滨外 |
| 浅水 0~10m | 高生产力 | I | II$_1$ | |
| 较浅水 10~30m | 中等生产力 | I | II$_2$ | III |
| 深水>30m | 弱生产力 | II$_1$ | II$_2$ | III |

注：有机质富集概率区间，I 型为 1~0.75；II$_1$ 型为 0.75~0.5；II$_2$ 型为 0.5~0.25；III 型为<0.25。

## 10.2.2 页岩气资源选区评价方法选择

为了客观、合理地评价页岩气资源潜力，对于相对较高-中等勘探程度的待评单元，资源评价可采用体积法；而对于勘探程度较低的评价单元，资源评价可采用含气量类比法和资源丰度类比法(表 10-9)。在后一种情况下，需注意以下 4 方面问题。

表 10-9 不同勘探程度页岩气的资源评价方法

| 勘探程度 | 评价方法 | 主要方法和影响因素 | 结果可靠性说明 |
| --- | --- | --- | --- |
| 相对较高-中等勘探程度 | 体积法 | 依据区域资料、井资料和新一轮资源评价的报告图件，结合评价参数的数据统计模型，在有多口探井控制和地震资料控制的条件下，绘制相关参数的平面展布图，根据有效体积参数及含气量，进行资源潜力计算 | 可依据成因法，计算其对应阶段的生气量，结合其排烃特征，估算页岩气的最大残留量来进行分析。同时根据资料的情况，进行误差控制。误差控制方法是各个评价单位根据实际资料情况自主选择的，但应该有评价误差和可靠性说明 |
| 低勘探程度 | 含气量类比法 | 依据区域资料和井资料，重点考虑对含气量影响比较大的有机质丰度、有机质类型、成熟度、黏土矿物类型、孔隙度、温压条件等，结合评价参数的数据统计模型，进行含气量类比，从而进行页岩气的资源评价 | |
| | 资源丰度类比法 | 依据国外典型区域或国内部分详细解剖区资料，制定类比标准，结合类比对象特征，研究与解剖区的相似系数，结合其关键参数的权重分析，进行类比法资源量估算 | |

(1)可靠性：在资料不足的情况下，尤其应当注意仅有关键资料的可靠性。要从各区块的特殊性出发，结合实际情况顾及评价方法的科学性、合理性和可操作性，尽最大可能取得合理、可信、具代表性的页岩气资源评价数据。

(2)评价方法：根据待评区块岩心编录、测井、地球物理数据，以及储层物性、样品地球化学、含气量等相关测试资料，划分出页岩气高勘探程度区和低勘探程度区，然后分别使用体积法和类比法进行计算。

(3)分级评价：由于页岩气在垂向和横向上分布是非均匀的，在资料缺乏的情况下应当采用概略性的资源分级评价思路。特别是对于非均匀性较强的陆相页岩气，可以用 3 个级别(好、中、差)来进行页岩气资源优劣程度评价。

(4)分类评价：评价工作应按地质条件分类进行，以便给出可靠的分类资源量。这些条件包括：地表条件、埋藏深度、总有机碳含量等。

## 10.2.3　评价单元划分和依据

页岩气资源潜力评价以负向构造单元中的泥页岩层段为对象，在进行模拟估算之前需要从平面和剖面上，进行评价单元划分。

### 10.2.3.1　评价单元的平面划分

在平面上，以含油气盆地为评价对象的基本实体单元。首先要根据盆地的烃源体和储集体情况，进行评价单元划分并加以细化。进行评价单元的细化要遵循页岩气生成和富集的客观规律，以富含有机质泥页岩的展布情况来确定评价范围。对于大型盆地，评价单元按盆地(或坳陷)、凹陷、区带(或洼陷)三级进行细分。然后，分别对评价单元的某一层段含气泥页岩的资源潜力进行评价。也可以矿权登记区块或区带为评价单元，对某一含气泥页岩层段的资源潜力进行评价。当登记的矿权区块面积小于最小负向构造单元时，应该力求以最小负向构造单元范围，完成基础评价数据汇总和相关图件编绘，然后进行评价。

在平面上，评价区如果存在如下情况，则可按含气泥页岩层段展布边界，划分为一个页岩气系统：①含气泥页岩层段可在平面上(物探资料或露头剖面上)进行连续追索；②顶底板岩心和厚度分布比较稳定；③该范围内没有大的张性断层造成天然气泄漏。一个大的评价区，往往包含着多个范围较小的低级别页岩气系统。

### 10.2.3.2　评价单元的剖面划分

页岩气资源潜力的评价单元，是一种三维的页岩气系统，需要从平面上和剖面上进行界定。从剖面上划分页岩气系统边界，即通过含气泥页岩层段顶底界面的确定，进行评价单元的垂向划分。在一般情况下，含气泥页岩层段的有机质丰度相对较高，且受上下致密层封挡于同一压力系统内。该单元的剖面特征如下(图 10-16)：①含气泥页岩层段以富含有机质泥页岩为主，内部可以有砂岩类、碳酸盐岩类夹层，其中泥页岩累计厚度大于含气泥页岩层段厚度的50%以上；②顶、底板为致密岩层，内部砂岩条带较薄，或者无明显水层，不存在天然气泄漏渠道；③在该层段内气测曲线上有明显的异常；④自然伽马、电阻率、声波时差、密度等测井曲线显示烃源岩特征；⑤具有一定的压力异常。

### 10.2.3.3　含气泥页岩测井特征

与普通泥页岩相比，含气泥页岩具有有机质富集、含气量高、地层体积密度低的特征。与此相应，含气泥页岩的测井曲线响应具有自然伽马强度高、电阻率大、高声波时差、密度和光电效应低等特征(表 10-10～表 10-12)。

自然伽马测井是测量并记录地层内的天然放射性(表 10-11)，射线的数量取决于岩石中钾、钍和铀的含量。页岩在伽马射线中常显示为高值(一般 80～140API)，因为有机质含量高有利于形成使铀沉淀的还原环境。自然伽马值高意味着页岩中有机质的含量也高，而页岩中总有机碳的含量越高其生烃潜力越大，页岩吸附气的含量也越大。因此，作为识别有机质含量高低的自然伽马与伽马能谱测井，在页岩气勘探中成为测井评价的主要手段之一。利用页岩的伽马曲线响应，还可确定页岩的厚度及有效厚度。

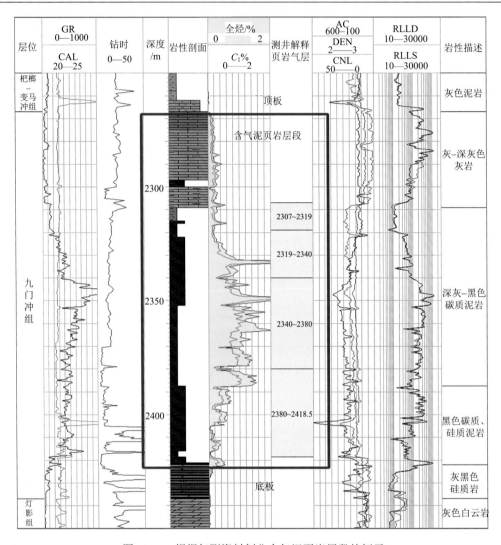

图 10-16　根据气测资料划分含气泥页岩层段的例子

GR 表示自然伽马，CAL 表示井径，AC 表示声波测井，DEN 表示密度测井，CNL 表示中子测井，RLLD 表示深探测感应测井电阻率，RLLS 表示浅探测感应测井电阻率，全烃(%)是指岩石中烃类的含量百分比，$C_1$(%)是指甲烷的含量百分比，页岩气评价单元是页岩气资源量计算和选区评价的基本单元。用这些参数结合埋深、成熟度和沉积相，可确立各评价单元的空间展布

表 10-10　不同岩性测井曲线特征表

| 岩性 | 自然伽马 | 中子侧井 | 密度 | 光电吸收截面指数 | 电阻率 |
| --- | --- | --- | --- | --- | --- |
| 碳酸盐岩 | 低 | 低 | 高 | 高 | 高 |
| 普通页岩 | 高 | 高 | 高 | 高 | 中 |
| 富含有机质页岩 | 极高 | 中 | 低 | 低 | 高 |
| 泥岩 | 高 | 高 | | 高 | 低 |
| 砂岩 | 高于碳酸盐岩，低于泥页岩 | | | 低 | 中 |

表 10-11　常见岩层的放射性

| 岩性 | 页岩 | 煤 | 砂岩 | 石灰岩 | 盐岩 |
|---|---|---|---|---|---|
| 放射性/API | 80～140 | <70 | 10～30 | 0～5 | 0 |

表 10-12　典型页岩气层曲线特征

| 测井系列 | 输出参数 | 曲线特征 | 影响因素 |
|---|---|---|---|
| 自然伽马及伽马能谱 | U、TH、K、GR | 高值(>100API)，局部低值 | 泥质含量越高，自然伽马值越高；有机质中可能含有高放射性物质 |
| 井径 | CAL | 扩径 | 泥质地层扩径明显；有机质的存在使井眼扩径更加严重 |
| 声波时差 | AC | 较高，有周波跳跃 | 按岩性排序：泥岩<页岩<砂岩；有机质丰度高，声波时差大；含气量增大，声波时差增大；遇裂缝发生周波跳跃；井径扩大 |
| 中子孔隙度 | CN | 中等值 | 束缚水使测量值偏高；含气量增大使测量值偏低；裂缝地区的中子孔隙度变大 |
| 岩性密度 | DEN | 中等值 | 含气量大，密度值低；有机质使测量值偏低，裂缝底层密度值偏低；井径扩大 |
| | PE | 低值 | 烃类引起测量值偏小；气体引起测量值偏小；裂缝带局部曲线降低 |
| 双侧向-微球 | RD、RS、RFOC | 总体低值，局部高值；深浅测向曲线几乎重合 | 地层渗透率；泥质和束缚水均使电阻率偏低，有机质干酪根电阻率极大，测量值局部为高值 |

页岩有效厚度是指页岩伽马曲线响应值大于 100API 时的厚度。在页岩气领域，人们依勘探经验，把伽马曲线上响应值大于 100API 的泥页岩，称为具页岩气资源潜力的热岩"HOT SHALE"，这个时候的泥页岩厚度，便是泥页岩的有效厚度。

地层电阻率测井：富含有机质页岩在持续生烃过程中，大量烃类将驱替导电的孔隙水而使地层电阻率增大。生成烃类数量越大，地层电阻率越高。虽然有其他因素影响页岩电阻率，但并不能遮掩页岩因生烃而引起的电阻率增大现象。

地层密度测井：富含有机质的页岩孔隙中存在大量烃类物质，将会造成岩石视密度的降低，使含气泥页岩层段的密度值比上下层段明显减小。

## 10.2.4　页岩气资源潜力评价流程

页岩气资源潜力采用含气层资源丰度的概念来评价。页岩气资源潜力分为：Ⅰ类(好)、Ⅱ类(中)、Ⅲ类(差)三级。页岩气资源潜力的评价指标，除了常规油气资源评价所规定的层系、地理环境、深度分布和品质分布外，还应当考虑沉积相(海相、海陆过渡相、陆相)、总有机碳含量、热演化程度、含气量分布等原生条件。

页岩气资源潜力的评价步骤及递进过程如下：评价区基础地质条件研究→评价单元的划分→确定含气泥页岩层段厚度→确定含气泥页岩层段面积→确定泥页岩密度→确定含气量→资源量计算→资源量分级评价及资源分布特征评价→资源量可信度评价→资源

潜力评价报告编写、成果图件编绘和输出(图 10-17)。

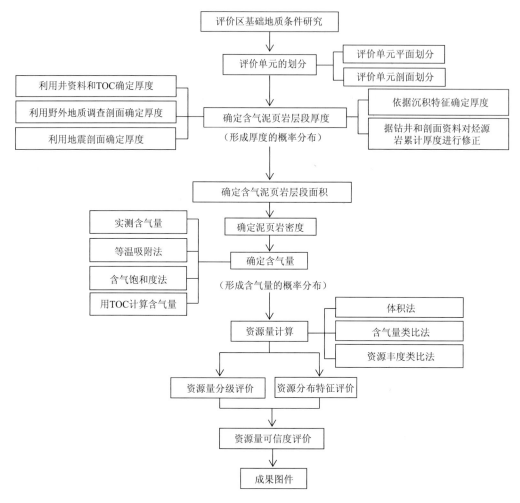

图 10-17　页岩气资源潜力评价技术方法及工作流程

# 10.3　页岩气资源潜力评价软件研发

开展页岩气资源潜力评价,需要具备实用价值的应用软件。这里介绍一个结合实际情况和需要,采用多方法联合的综合模拟评价法,进行页岩气资源评价系统(SGRE 1.0)研发的案例。该软件系统采用的主要方法是类比法和体积法。

## 10.3.1　系统设计

软件系统包括数据搜集整理及预处理、页岩气资源量估算、成果输出及评价 3 个主要功能模块。其用户模型如图 10-18 所示。

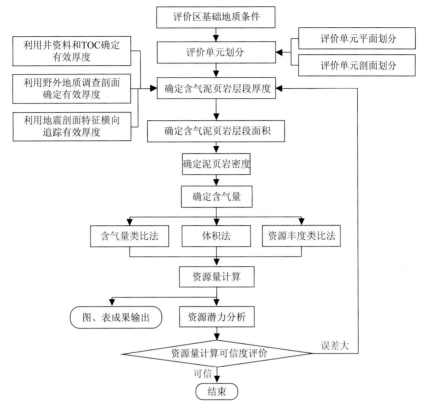

图 10-18　页岩气资源潜力评价系统(SGRE 1.0)的用户模型

　　数据搜集整理及预处理模块的功能是：在解剖泥页岩气成藏特征的基础上，进行成藏条件与主控因素分析，建立页岩气评价参数库并进行数据预处理。数据预处理的内容包含图形编辑、坐标转换、赋高程值和评价区网格化。

　　页岩气资源量估算模块的功能是：采用类比法和体积法进行资源量估算，其具体方法包括：含气量类比法、体积法(常规体积法、一维随机变量体积法)、资源丰度类比法。

　　(1)面积丰度类比法适合于勘探程度较低的区块,估算时直接按待评区面积丰度进行类比。只要待评区与参照区在各项类比特征参数上一致，或有一定相似度时，便可按比例乘上参照区的面积丰度，得到待评区的面积丰度。对于勘查程度相对略高的待评区，若已知参照区的含气量，可采用相同方法直接得出含气量。

　　(2)常规体积法。若待评区块的暗色泥页岩厚度及含气量分布已知，且数据点足以形成平面图，可采用常规体积法计算待评区页岩气资源量或资源丰度。

　　(3)一维随机变量体积法。若待评区的暗色泥页岩厚度已知，且数据点足以生成平面图，而含气量数据虽有却不足以生成平面图，则可以采用一维随机变量的蒙特卡罗体积法，来估算页岩气资源量各项指标具有的概率分布。

　　(4)二维随机变量体积法。若待评区的部分泥页岩层系含气量已知，同时还获得了一些泥页岩层系的厚度数据点资料，则可以采用二维随机变量的蒙特卡罗体积法进行估算，从而获得待评区页岩气资源量的各种可能概率分布。

本系统含子系统 49 个，共有过程 281 个、函数 211 个，共有计算模块 58 个。其中包括数据预处理、建模、导入/导出、三维显示、工业制图等，以及页岩气资源量体积法评价模块、页岩气资源量类比法评价模块、测井曲线预测总有机碳模块。

### 10.3.2　类比法原理及模块设计

类比法分成两个子模块，即类比参数标准编辑器和类比相似系数估算子模块。

#### 1. 类比参数标准编辑器

类比参数标准编辑器，用于类比参数取值标准和类比参数本身的编辑；同时也可以用于编辑安装目录 bin\bin.x86\下的 leibi.txt 文件。如果评价开始时没有这个文件，系统将会自动创建一个缺省的评价参数取值标准编辑器。

缺省标准的评价参数有 3 大类，即油气源、储集空间和综合条件。每大类有一个独立的权重值，3 个权重值之和应为 1。参数大类也可增加或减少，但必须保证权值总和为 1。每个参数大类又分为多个评价指标，均有相应的取值范围及对应数值。概率区间取值范围分 5 个级别：1、0.75、0.5、0.25、0。每一个参数大类下的评价指标，权重之和也应当为 1。为增强普适性，评价指标名称可更改，且数量可增减。

在类比参数标准编辑器的界面上，设置了完善的各评价指标大类和小类的操作菜单和按键，可选择要操作的评价指标，可修改评价指标，可增加指标和删除指标，可修改指标名称，可输入或修改各个评价参数及其大类的权重。

#### 2. 类比相似系数估算子模块

设计此功能用于估算类比相似系数。根据类比参数的取值、打分标准，给定一系列评价参数，系数将自动调取类比标准，代入求取其相似系数。

在类比相似系数估算子模块编辑界面(图 10-19)上，也设置有完善的输入输出菜单、各种类型的数据操作菜单和按钮，可单个或批量进行数据输入、添加与修改。表格中用鼠标点中一行，则底部的编辑框内显示这一评价单元的各项参数。例如，进行评价单元的参数输入时，在底部多个编辑框中，存放了各评价条件下的各项指标，可快速输入、删除和修改。当选中某一评价指标时，状态栏会显示其取值范围和对应不同取值的得分数值，参照它填写即可。对非数值型，或枚举类型的指标，则可以直接按最底部的提示，输入相应的值。在输入完一项指标后，按 TAB 或 Enter 键进入下一个指标的输入操作。

在开展相似系数计算时，只需在输入完成一个评价单元的所有指标后，点击中间的"计算相似系数"按钮，便可以在其右侧编辑框内显示所计算的相似系数(图 10-20)。当估算结果不符合标准的任一项时，界面上会弹出出错信息，并提示可能存在的错误，然后提供相应的工具，引导操作人员进行数据检查和重新估算。

图 10-19　类比相似系数估算子模块编辑界面

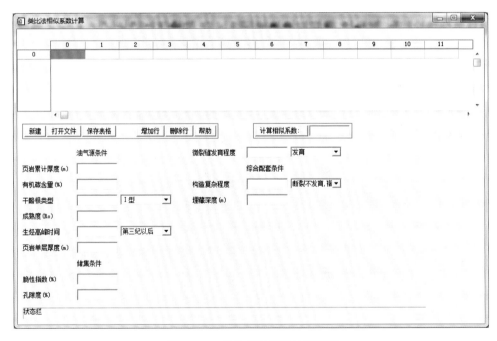

图 10-20　类比相似系数计算界面

### 10.3.3　体积法原理及模块设计

SGRE 1.0 包含三种体积法计算方法，即常规体积法、一维随机变量体积法和二维随机变量体积法。用户可以根据实际情况和需要选择使用。

常规体积法也需要体现概率百分比，但如果考虑随机种子和抽样计算则过程比较复杂，需要提供将这些过程一并考虑的软件实现方案。具体做法是：采用系统随机函数

RANDOMU 直接生成 0～1 的数字，且运行一次产生一个新的随机数。在本系统内，用系统时间的秒数小数点后的位数作为随机数[对系统时间 systime(1) 求对 1 的余数]，即

$$Seed = systime(1)\ mod\ 1$$

$$x_i = RANDOMU(seed) \tag{10-24}$$

按前述方法，生成第一个随机数 $x_i$，在 0～1，求厚度概率分布曲线上累积概率为 $x_i$ 对应的厚度 $H_i$，作为对厚度的一次实验抽样(图 10-5)。以纵坐标 $x_i$ 做一条水平线，求水平线与概率曲线的交点，此点对应的横坐标上的数值就是 $H_i$；再生成一个随机数 $x'_i$，同样在含气量概率分布曲线上进行抽样，得到 $G_i$，这样就有一个数据对 $H_i$ 和 $G_i$，代入式 (10-13)。即完成了一次资源量的计算。依此类推，经过 $n$ 次以上的随机抽样(一般 $n>2000$)，便得到 $n$ 个资源量数值，再利用厚度和含气量的分布概率曲线的做法，形成其累积概率分布图，得到 $Q_5$、$Q_{25}$、…、$Q_{95}$，如图 10-21 所示。

图 10-21　常规体积法计算结果示意

如果已知厚度平面图和含气量散点数据，且在该系统中已形成对应的网格曲面数据，则系统自动计算并弹出计算结果，可包括厚度、含气量及资源量的概率分布与概率密度曲线。

如果无厚度平面图，而只有厚度数据和含气量散点数据，则在操作前不需要选择任何文件，只需要按前述过程进行。

如果勘探程度较高，厚度平面图和含气量平面分布图已知，则按常规体积法计算：打开厚度平面图和含气量平面图，直接选用常规体积法，在图 10-22(a) 上设置Ⅰ、Ⅱ、Ⅲ级的界限(Ⅰ级下限缺省设为 $5×10^8 m^3/km^2$、Ⅱ级下限设为 $2×10^8 m^3/km^2$)，可得图 10-22(b) 所示的Ⅰ、Ⅱ、Ⅲ级资源量及各级资源量的面积、总资源量范围和总面积、资源密度范围等。

(a)　　　　　　　　　　　　　　(b)

图 10-22　高勘探程度区块单位面积含气量常规体积法计算结果

常规体积法的主要应用模块设计如下。

(1)网格化生成曲面：将等值线通过克里金插值网格化生成曲面，用于体积计算。

(2)用矩形框选规则曲面子区：选择待评子区进行计算。

(3)曲面间算术运算：用手工进行体积计算，可以进行加减乘除等运算。

(4)光滑图形对象：对曲面进行光滑。可以在出图前或绘等值线时对曲面进行光滑。

(5)函数替换 $y=f(x)$：用于非线性变换。若已知成熟度 $R_o$ 平面分布图和产气率-$R_o$ 的关系曲线，可通过此功能获得产气率平面图；若已知有机碳恢复系数与 $R_o$ 的关系，则可获得有机碳恢复系数的平面图，用于进行有机碳法生气量的计算。

(6)规则曲面切边或空白化：在给定研究区块边界线条后，可以将代表某一物理-化学场的曲面(如暗色泥岩厚度、丰度)，在区块之外的点赋为无效值。在随后进行的体积计算等各项操作时，模块可使这些点不再参与计算。

(7)体积量算：求解任一基准面的实体表面积，然后直接求取体积。

(8)统计工具：包括多元线性回归、聚类分析和求概率分布、分类统计等工具。

(9)最大孔隙度法：若已知泥页岩层的孔隙度，可直接根据孔隙度及孔隙压力，计算其能容纳的最大含气量。

(10)有机碳法评价：利用厚度、丰度、有机碳恢复系数等来计算生气量。

(11)页岩气体积法：根据泥页岩的厚度和含气量平面图，计算分级资源量。需要提供相关的密度和分级标准等参数。

(12)A 法体积计算：根据厚度、A 值平面图，计算页岩油资源量，方法同上。

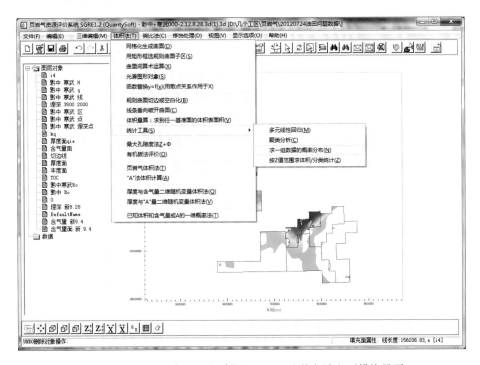

图 10-23　页岩气资源评价系统(SGRE 1.0)体积法主要模块界面

(13)厚度与含气量二维随机变量体积法：针对勘探程度较低的区块，若已知部分泥页岩厚度和含气量散点数据，可写成文本形式并用蒙特卡罗法计算资源量。

(14)厚度与 A 量二维随机变量体积法：同上，当已知部分泥页岩厚度和 A 值数据时，可采用蒙特卡罗法计算页岩油气资源量。

(15)已知体积和含气量或 A 量的一维概率法：若已知泥页岩的体积或含气量，可以直接按一维概率法计算页岩气/页岩油的资源量。

页岩气资源评价系统的体积法主要模块界面如图 10-23 所示。

# 10.4  页岩气资源潜力评价实例

SPSS 的输入数据包括：每口井的岩相、测井、含气性、TOC、$R_o$ 及泥页岩密度等数据，含气泥页岩层段的泥岩、砂岩和灰岩的厚度图，TOC 分别为 0.5%~1%、1%~2% 和>2% 的泥页岩厚度等值线图，TOC 等值线图，吸附气量等值线图和游离气量等值线图。图件均存储为统一的 SPSS 格式。

## 10.4.1  数据准备与预处理

### 10.4.1.1  确定井中含气泥页岩层段厚度

利用测井、含气性及 TOC 等资料确定含气泥页岩层段的厚度，上、下致密段泥页岩厚度需大于含气泥页岩层段厚度的 50%，且无含水层，TOC>0.5% 的泥页岩应占一半以上，$R_o$>0.5%。

以田坝某井为例，其含气泥页岩层段从 3740m 到 3802m(图 10-24)。分别统计砂岩、灰岩及泥页岩的厚度(表 10-13)。按照 TOC 的 3 类标准，分别统计 TOC 为 0.5%~1.0%、1%~2%、大于 2% 的含气泥页岩层段泥岩厚度(表 10-14)。

表 10-13  田坝某井含气泥页岩层段岩相厚度统计

| 类别 | 含气泥页岩层段 | 泥岩 | 灰岩 | 砂岩 |
|---|---|---|---|---|
| 厚度/m | 62 | 49 | 13 | 0 |

表 10-14  田坝某井不同 TOC 厚度统计

| TOC/% | 0.5~1 | 1~2 | >2 |
|---|---|---|---|
| 厚度/m | 12.9 | 30.6 | 0.5 |

### 10.4.1.2  绘制含气泥页岩层段厚度等值线图

利用统计得出的每口井含气泥页岩层段厚度，绘制出等值线图；再结合地震资料追踪有效层段，分析平面上的等值线走势。以田坝某井为例，确定出田坝某井大安寨段含气泥页岩层段的起始深度和终止深度，在过田坝某井的地震剖面(图 10-25)上标识含气

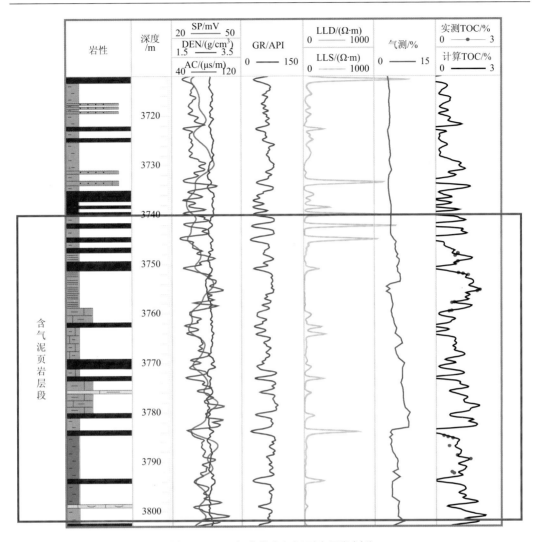

图 10-24　田坝某井含气泥页岩层段划分

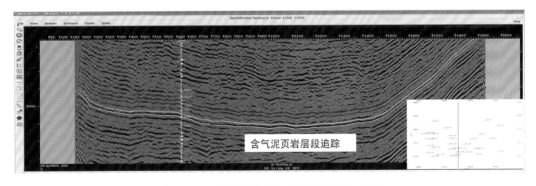

图 10-25　页岩层段的地震剖面追踪示意图

泥页岩层段,并根据地震剖面上的属性特征进行追踪,大致确定含气泥页岩层段的厚度。在无井或少井区,可利用地震剖面大致预测含气泥页岩层段的展布,为厚度等值线的绘制提供参考。同时根据不同的 TOC 范围,分别绘制含气泥页岩层段 TOC 为 0.5%~1.0%(图 10-26)、TOC 为 1.0%~2.0%(图 10-27)和 TOC 大于 2.0%的厚度等值线图。

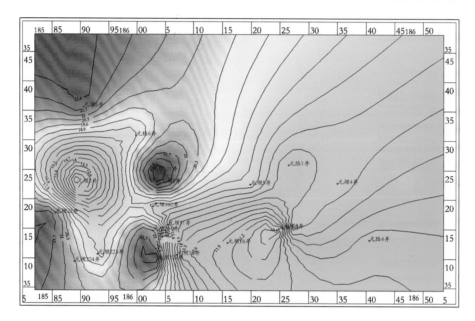

图 10-26　田坝某井大安寨段含气泥页岩层段 TOC(0.5%~1.0%)厚度等值线图(单位:m)

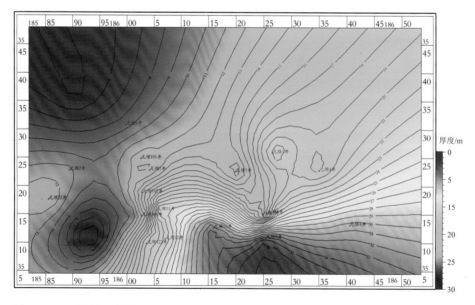

图 10-27　田坝某井大安寨段含气泥页岩层段 TOC(1.0%~2.0%)厚度等值线图(单位:m)

### 10.4.1.3　泥页岩的密度求取

根据田坝大安寨段岩石物性分析测试数据，可直接换算大安寨段泥页岩的密度平均值，大致为 $2.61\text{g/cm}^3$。

## 10.4.2　泥页岩气含量换算

含气泥页岩的含气量由两个方面组成，其一是吸附气量，其二是游离气量。二者需要分别进行估算，然后加以合成，作为研究区页岩气含量预测成果。

### 10.4.2.1　吸附气量换算

**1. 利用测井资料拟合 TOC**

采用测井电阻率–声波时差数据求解总有机碳 TOC 含量。模型为

$$\text{TOC} = A \times \lg \text{LLD} + B \times \Delta t + C \tag{10-25}$$

式中，LLD 为电阻率；$\Delta t$（或 AC）为声波时差；$A$、$B$、$C$ 为适合本地区的待定参数。

以田坝区块为例，据某井大安寨段实测 TOC 资料和现有多个探井的测井资料，利用 SPSS 软件进行多元统计分析和拟合（表 10-15），求得

$$\text{TOC} = -0.751 \times \lg \text{LLD} + 0.03 \times \text{AC} - 0.156 \tag{10-26}$$

**表 10-15　基于田坝某井大安寨段测井数据换算的 TOC 数据表**

| 深度/m | AC/(μs/m) | LLD/(Ω·m) | 实测 TOC/% | 计算 TOC/% |
|---|---|---|---|---|
| 3748 | 73.415 | 36.145 | 1.04 | 0.87 |
| 3749.5 | 73.51 | 25.874 | 1.05 | 0.98 |
| 3750 | 74.206 | 33.811 | 0.93 | 0.92 |
| 3752 | 81.991 | 26.807 | 1.27 | 1.23 |
| 3752.25 | 85.926 | 20.576 | 1.5 | 1.43 |
| 3755.25 | 99.026 | 11.645 | 2.05 | 2.01 |
| 3755.5 | 91.57 | 11.742 | 1.92 | 1.78 |
| 3757.75 | 65.211 | 20.178 | 0.88 | 0.82 |
| 3759.5 | 62.32 | 26.777 | 0.75 | 0.64 |
| 3785 | 69.496 | 44.814 | 0.58 | 0.68 |
| 3788.75 | 75.601 | 30.008 | 1.01 | 1.00 |
| 3789.5 | 89.843 | 23.928 | 1.61 | 1.50 |

计算得到的 TOC 值与实测 TOC 值的线性相关关系显著（图 10-28），$R^2 = 0.853$。

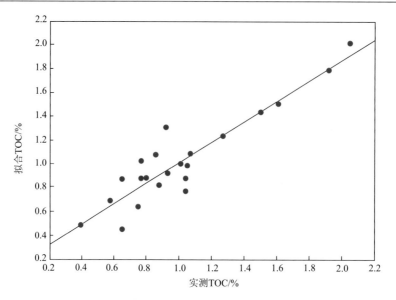

图 10-28　田坝某井大安寨段实测 TOC 与拟合 TOC 的相关关系图

由此，可根据每口井的测井资料求取对应的 TOC 值，如图 10-29 所示。

2. 求每口井含气泥页岩层段 TOC 加权平均值

以田坝某井为例，求含气泥页岩层段中每小段泥页岩对应的 TOC 平均值，并统计每小段泥岩的厚度，以泥岩 TOC 加权平均值作为该井 TOC 值（表 10-16）。其他井也采用相同方法统计，得到含气量与 TOC 的拟合关系（图 10-30），并绘制出 TOC 等值线图。

表 10-16　田坝某井大安寨段每小段泥页岩 TOC 平均值统计

| 厚度/m | 1.5 | 1.875 | 5 | 11.125 | 0.875 | 8.375 | 10.125 | 9.375 | 8 |
|---|---|---|---|---|---|---|---|---|---|
| TOC 均值/% | 0.91 | 0.99 | 0.84 | 1.16 | 0.37 | 0.8 | 1.25 | 1.01 | 1.32 |
| TOC 加权平均值/% | | | | 1.07 | | | | | |

3. 计算每口井含气泥页岩层段的吸附气量

根据图 10-30 吸附气量与 TOC 的关系式为

$$y = (7.226x + 5.0394) \times 0.0283168 \tag{10-27}$$

式中，$x$ 为 TOC（%）；$y$ 为吸附气量（m³/t）。据此计算出了某井含气泥页岩层段的吸附气量（图 10-31）。

再根据每口井含气泥页岩层段每小段泥页岩的 TOC 平均值，求出对应的吸附气量，然后以每小段泥页岩吸附气量统计值的加权平均值，作为该井吸附气量值。其他井也用相同的方法统计，最后绘制出田坝某井大安寨段泥页岩吸附气量等值线图（表 10-17、图 10-33）。

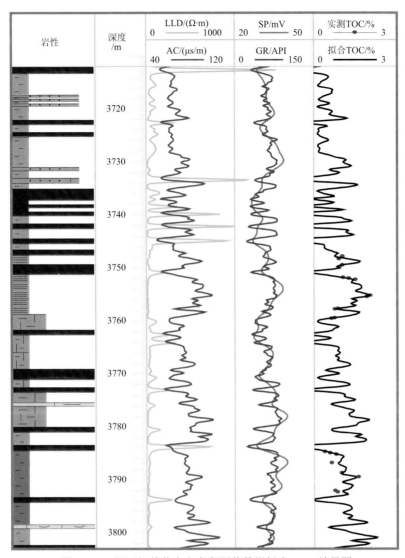

图 10-29　据田坝某井大安寨段测井数据拟合 TOC 结果图

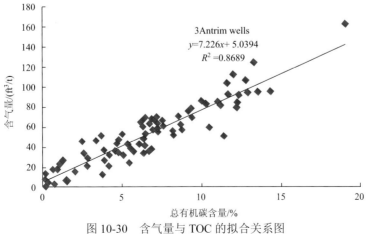

图 10-30　含气量与 TOC 的拟合关系图

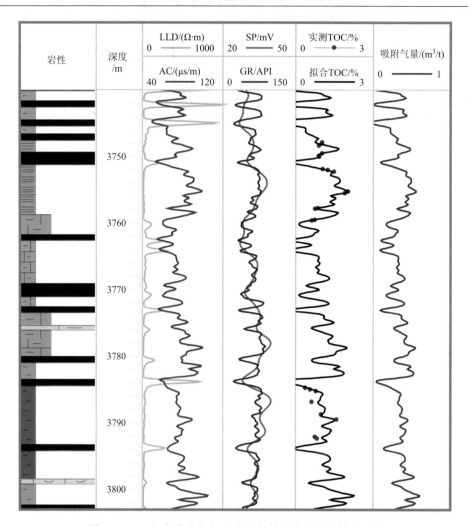

图 10-31　田坝某井含气泥页岩层段的吸附气量计算结果图

表 10-17　元坝某井每小段泥页岩吸附气量的加权平均值

| 项目 | 厚度/m | | | | | | | | |
|---|---|---|---|---|---|---|---|---|---|
| | 1.5 | 1.875 | 5 | 11.125 | 0.875 | 8.375 | 10.125 | 9.375 | 8 |
| TOC 平均值/% | 0.91 | 0.99 | 0.84 | 1.16 | 0.37 | 0.8 | 1.25 | 1.01 | 1.32 |
| 吸附气量/(m³/t) | 0.33 | 0.34 | 0.31 | 0.38 | 0.21 | 0.3 | 0.39 | 0.35 | 0.54 |
| 吸附气量加权平均值/(m³/t) | | | | | 0.37 | | | | |

　　于是，根据研究区吸附气量等值线图(图 10-32)，可利用相关软件(SPSS)直接求出如表 10-18 所示的各个概率区间的吸附气量。

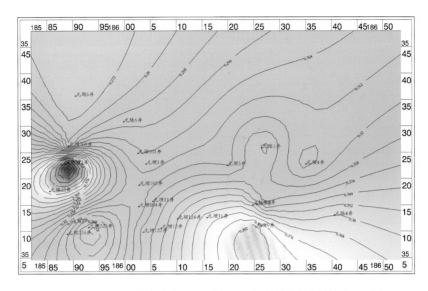

图 10-32 田坝某井大安寨段泥页岩吸附气量等值线图（单位：m³/t）

**表 10-18 田坝某井大安寨段泥页岩吸附气量概率分布表**

| 概率区间 | 吸附气量/(m³/t) |
| --- | --- |
| $P_5$ | 0.38 |
| $P_{25}$ | 0.34 |
| $P_{50}$ | 0.31 |
| $P_{75}$ | 0.30 |
| $P_{95}$ | 0.27 |

### 10.4.2.2 游离气量换算

#### 1. 利用测井数据计算孔隙度

仍以田坝某井大安寨段为例，实测孔隙度与测井曲线 AC、CNL、DEN 值存在较好的线性关系(图 10-33)，其相关关系表达式如下：

$$POR=Q\times AC+W\times CNL+E\times DEN+R \tag{10-28}$$

式中，$Q$、$W$、$E$、$R$ 为待确定的适合本地区的参数。

根据田坝某井大安寨段实测孔隙度资料和现有测井数据，利用多元统计分析，分别进行相关关系拟合，求得孔隙度计算公式的 $Q$、$W$、$E$、$R$ 系数如下：$Q = 0.2035$；$W = -0.2062$；$E = 1.5469$；$R = -10.1465$。

于是有 POR = 0.2035×AC–0.2062×CNL+1.5469×DEN–10.1465。

由于孔隙度计算值与各项实测数据的相关性较好(图 10-33)，便可根据每口井的测井数据求取每口井对应的孔隙度(表 10-19、图 10-34)。

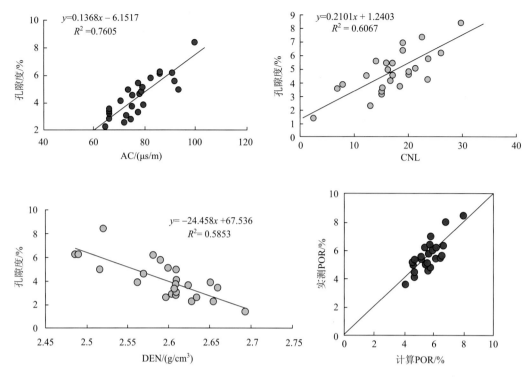

图 10-33　田坝某井大安寨段实测孔隙度(POR)与各测井曲线及计算孔隙度的相关关系图

表 10-19　基于田坝某井大安寨段测井数据计算孔隙度的结果

| AC/(μs/m) | CNL/% | DEN/(g/cm³) | 实测 POR/% | 计算 POR/% | 绝对误差 | 相对误差 |
|---|---|---|---|---|---|---|
| 69.096 | 13.46 | 2.606 | 5.58 | 5.170305 | −0.40969 | 0.073422 |
| 77.636 | 19.06 | 2.613 | 6.91 | 5.764304 | −1.1457 | 0.165803 |
| 73.366 | 16.26 | 2.6095 | 4.97 | 5.467305 | 0.497305 | 0.100061 |
| 75.035 | 17.076 | 2.57 | 4.55 | 5.577584 | 1.027584 | 0.225843 |
| 57.097 | 6.767 | 2.623 | 3.58 | 4.134903 | 0.554903 | 0.155001 |
| 59.008 | 7.039 | 2.672 | 5.12 | 4.543503 | −0.5765 | 0.112597 |
| 64.773 | 12.179 | 2.664 | 4.51 | 4.644437 | 0.134437 | 0.029809 |
| 61.8905 | 9.609 | 2.668 | 5.03 | 4.59397 | −0.43603 | 0.086686 |
| 78.966 | 21.306 | 2.599 | 5.07 | 5.550177 | 0.480177 | 0.094709 |
| 85.926 | 26.007 | 2.581 | 6.13 | 5.969347 | −0.16065 | 0.026208 |
| 82.446 | 23.6565 | 2.59 | 5.79 | 5.759762 | −0.03024 | 0.005223 |
| 91.632 | 28.482 | 2.492 | 5.61 | 6.482498 | 0.872498 | 0.155526 |
| 90.758 | 28.905 | 2.489 | 6.16 | 6.212776 | 0.052776 | 0.008568 |
| 86.053 | 28.264 | 2.486 | 6.21 | 5.382842 | −0.82716 | 0.133198 |
| 99.554 | 29.694 | 2.521 | 8.42 | 7.889571 | −0.53043 | 0.062996 |
| 82.012 | 18.232 | 2.572 | 7.97 | 6.76213 | −1.20787 | 0.151552 |
| 67.34463 | 14.45531 | 2.626625 | 4.11 | 4.640572 | 0.530572 | 0.129093 |
| 63.92281 | 11.19666 | 2.638313 | 5.31 | 4.634247 | −0.67575 | 0.12726 |

续表

| AC/($\mu$s/m) | CNL/% | DEN/(g/cm$^3$) | 实测 POR/% | 计算 POR/% | 绝对误差 | 相对误差 |
|---|---|---|---|---|---|---|
| 70.34 | 12.717 | 2.652 | 5.78 | 5.647823 | −0.13218 | 0.022868 |
| 67.13141 | 11.95683 | 2.645156 | 5.4 | 5.141035 | −0.25896 | 0.047956 |
| 73.918 | 14.873 | 2.618 | 5.99 | 5.878785 | −0.11122 | 0.018567 |
| 78.435 | 20.016 | 2.631 | 4.8 | 5.757617 | 0.957617 | 0.199504 |
| 77.149 | 19.063 | 2.651 | 6.35 | 5.723363 | −0.62664 | 0.098683 |
| 77.637 | 15.086 | 2.618 | 6.33 | 6.591681 | 0.26168 | 0.04134 |
| 77.393 | 17.0745 | 2.6345 | 5.43 | 6.157522 | 0.727522 | 0.133982 |
| 77.515 | 16.08025 | 2.62625 | 5.41 | 6.374601 | 0.964601 | 0.1783 |

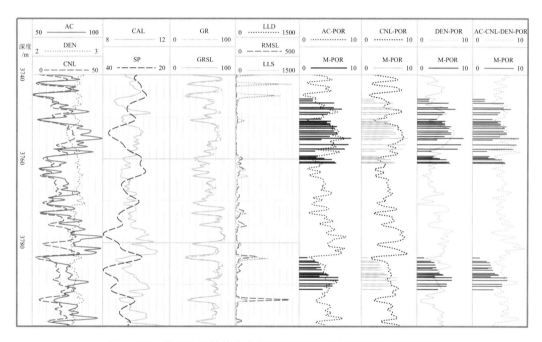

图 10-34　基于田坝某井大安寨段测井数据计算孔隙度($\Phi$)的结果

2. 含气饱和度及游离气量计算

含气饱和度和含水饱和度计算公式为

$$S_g = 1 - S_w \tag{10-29}$$

$$S_w = \sqrt[n]{\frac{abR_w}{\Phi^m R_t}} \tag{10-30}$$

式中，$S_w$ 为岩石含水饱和度(小数)；$S_g$ 为含气饱和度(小数)；$a$、$b$ 都为与岩性有关的系数，可通过实验测得。根据经验暂定 $a=1.2$，$b=1$，$m=2$，$n=2$，$R_w=0.3\Omega\cdot m$。$R_t$ 为岩石真电阻率，因数据缺乏暂用 LLD 代替。

游离气百分含量为

$$q_{游} = \Phi \times S_g = \Phi \times \left(1 - \sqrt[n]{\frac{abR_w}{\Phi^m R_t}}\right) \qquad (10\text{-}31)$$

根据式(10-31)可计算出该井游离气百分含量(图 10-35)。

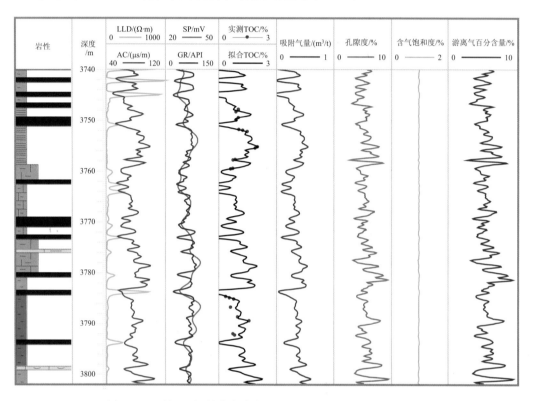

图 10-35　利用田坝某井大安寨段测井数据计算游离气量结果图

### 10.4.3　资源量与资源丰度估算

在完成了目标泥页岩层段的吸附气和游离气含量换算后,便可进一步估算整个待评区块的页岩气资源量和资源丰度。

#### 10.4.3.1　含气层资源量和资源丰度估算

吸附气资源量计算公式为

$$Q_{吸} = S \times h \times \rho \times G_{吸} \times 10^{-2} \qquad (10\text{-}32)$$

式中,$Q_{吸}$为吸附气总含量($10^8 \text{m}^3$);$S$为泥页岩含气面积($\text{km}^2$);$h$为有效泥页岩厚度($\text{km}$);$\rho$为岩石密度($\text{t/km}^3$);$G_{吸}$为吸附气含量($10^8 \text{m}^3/\text{t}$)。

田坝某井大安寨段含气泥页岩吸附气资源量和资源丰度如表 10-20 和图 10-36 所示。

表 10-20　田坝某井大安寨段吸附气资源丰度与资源量计算表

| 概率 | 面积(S)/km² | 密度(ρ)/(t/m³) | 吸附气资源丰度 (G_丰)/(10⁸m³/km²) | 吸附气资源量 (Q_吸)/(10⁸m³) |
|---|---|---|---|---|
| $P_5$ | | 2.61 | 18.66 | ××××.×× |
| $P_{25}$ | | 2.61 | 16.32 | ×××.×× |
| $P_{50}$ | 2154 | 2.61 | 11.71 | ×××.×× |
| $P_{75}$ | | 2.61 | 10.47 | ×××.×× |
| $P_{95}$ | | 2.61 | 9.80 | ×××.×× |

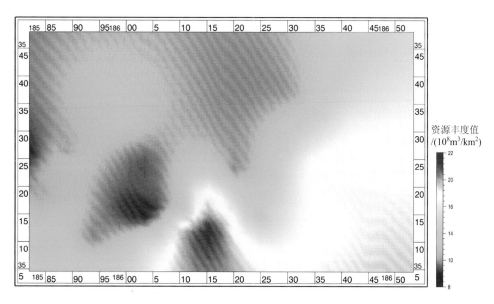

图 10-36　田坝某井大安寨段含气泥页岩吸附气资源丰度平面图

游离气资源量计算公式为

$$Q_{游} = S \times h \times \varphi \times S_g \times 10^{-2} \tag{10-33}$$

式中，$Q_{游}$ 为游离气总含量($10^8 m^3$)；$S$ 为泥页岩含气面积($km^2$)；$h$ 为有效泥页岩厚度($km$)；$\varphi$ 为含气泥页岩孔隙度；$S_g$ 为含气饱和度(%)。

田坝某井大安寨段含气泥页岩游离气资源量和资源丰度如表 10-21 所示。

含气层资源面积丰度，即单位面积的资源量($10^8 m^3/km^2$)，计算公式如下：

$$G_{丰} = 含气层厚度 \times 单位面积含气量$$

吸附气的资源面积丰度图可由烃源岩厚度、单位面积吸附气量相乘后得到，即

$$G_{吸} = 含气层厚度 \times 单位面积吸附气量$$

游离气的资源面积丰度可由含气层厚度和单位面积游离气量相乘得到，即

$$G_{游} = 含气层厚度 \times 单位面积游离气量$$

表 10-21　田坝某井大安寨段游离气资源量与资源丰度计算表

| 概率区间 | 评价区总面积/km² | 游离气资源丰度(游离气 m³/烃源岩 m²) | | | 游离气资源量/(10⁸m³) | | | |
|---|---|---|---|---|---|---|---|---|
| | | 泥岩 | 砂岩 | 灰岩 | 泥岩 | 砂岩 | 灰岩 | 总量 |
| $P_5$ | | 71.11 | 54.31 | 68.27 | 1531.63 | 1169.85 | 1470.53 | ××××.×× |
| $P_{25}$ | | 60.30 | 39.52 | 54.90 | 1298.81 | 851.26 | 1182.38 | ××××.×× |
| $P_{50}$ | ×××× | 40.67 | 20.53 | 37.59 | 876.05 | 442.22 | 809.69 | ××××.×× |
| $P_{75}$ | | 25.03 | 9.19 | 22.59 | 539.16 | 197.90 | 486.48 | ××××.×× |
| $P_{95}$ | | 10.00 | 0.09 | 9.60 | 215.46 | 1.88 | 206.82 | ×××.×× |

　　将吸附气的资源面积丰度图和游离气的资源面积丰度图叠加，可绘制出含气层资源面积丰度图。从田坝某井大安寨段含气层资源面积丰度图中，可以看出评价区大安寨段的含气层资源丰度<$2×10^8m^3/km^2$，为Ⅲ级评价区。

### 10.4.3.2　资源量分类评价

　　按照总有机碳含量的分布范围(0.5%～1%、1%～2%和>2%)，可对田坝某井大安寨段的资源量进行分类。具体做法是，将总有机碳的平面等值线图与田坝某井大安寨段含气层资源面积丰度图进行叠加，得到总有机碳分布在0.5%～1%及1%～2%的两个区间，进而可分别计算出总有机碳分布在这两个区间的资源量。

# 主要参考文献

邦特巴斯 G. 1988. 地热学导论[M]. 易志新, 熊亮萍译. 北京: 地震出版社.

包友书, 张林晔, 张守春, 等. 2008. 用渗流法研究东营凹陷烃源岩压实排油特点[J]. 石油学报, 29(5): 707-710.

毕思文, 殷作如, 何晓群, 等. 2004. 数字矿山的概念、框架、内涵及应用示范[J]. 科技导报, (6): 39-41, 63.

常冠华, 熊华平, 马玉书, 等. 2005. 数据库新技术在石油勘探中的应用[M]. 北京: 科学出版社.

陈发景, 田世澄. 1989. 压实与油气运移[M]. 北京: 中国地质大学出版社.

陈更生, 董大忠, 王世谦, 等. 2009. 页岩气藏形成机理与富集规律初探[J]. 天然气工业, 29(5): 17-21, 134-135.

陈红汉, 吴悠, 肖秋苟. 2013. 青藏高原中-新生代沉积盆地热体制与古地温梯度演化[J]. 地球科学(中国地质大学学报), 38(3): 541-552.

陈欢庆, 胡海燕, 李文青, 等. 2020. 复杂岩性油藏精细描述研究进展[J]. 地球科学与环境学报, 42(1): 99-119.

陈建平, 孙永革, 钟宁宁, 等. 2014. 地质条件下湖相烃源岩生排烃效率与模式[J]. 地质学报, 88(11): 2005-2032.

陈连旺, 陆远忠, 张杰, 等. 1999. 华北地区三维构造应力场[J]. 地震学报, 21(2): 140-149.

陈墨香. 1988. 华北地热[M]. 北京: 科学出版社.

陈墨香, 汪集旸, 汪缉安, 等. 1990. 华北断陷盆地热场特征及其形成机制[J]. 地质学报, (1): 80-91.

陈麒玉. 2018. 基于多点地质统计学的三维地质体随机建模方法研究: 以闽江口地区第四纪沉积体系建模为例[D]. 武汉: 中国地质大学.

陈麒玉, 刘刚, 吴冲龙, 等. 2016. 城市地质调查中知识驱动的多尺度三维地质体模型构建方法[J]. 地理与地理信息科学, 32(4): 11-16, 48, 2.

陈荣书. 1994. 石油及天然气地质学[M]. 武汉: 中国地质大学出版社.

陈伟, 卢华复, 施央申. 1993. 平衡剖面计算机模拟及其应用[M]. 北京: 科学出版社.

陈旭, 丘金玉. 1986. 宜昌奥陶纪的古环境演变[J]. 地层学杂志, 10(1): 1-15.

陈元琰, 张晓竞. 2000. 计算机图形学实用技术[M]. 北京: 科学出版社.

陈章明. 1993. 油气圈闭评价方法[M]. 哈尔滨: 哈尔滨工业大学出版社.

陈中红, 查明, 金强. 2005. 牛38井烃源岩排烃门限的确定[J]. 天然气工业, 25(11): 7-9.

程本合, 徐亮, 项希勇, 等. 2001. 济阳坳陷沾化东区块现今地温场及热历史[J]. 地球物理学报, 44(2): 238-244.

程顶胜, 李永铁, 雷振宇, 等. 2000. 青藏高原羌塘盆地油气生成特征[J]. 地质科学, 35(4): 474-481.

程克明, 王世谦, 董大忠, 等. 2009. 上扬子区下寒武统筇竹寺组页岩气成藏条件[J]. 天然气工业, 29(5): 40-44, 136-137.

迟清华, 鄢明才. 1998. 华北地台岩石放射性元素与现代大陆岩石圈热结构和温度分布[J]. 地球物理学报, 41(1): 38-48.

戴金星, 秦胜飞, 陶士振, 等. 2005. 中国天然气工业发展趋势和天然气地学理论重要进展[J]. 天然气地球科学, (2): 127-142.

邓晋福, 赵海玲, 莫宣学, 等. 1996. 中国大陆根-柱构造——大陆动力学的钥匙[M]. 北京: 地质出版社.

丁皓江, 何福保, 谢贻权, 等. 1989. 弹性和塑性力学中的有限单元法[M]. 2版. 北京: 机械工业出版社, 57-69.

董大忠, 程克明, 王世谦, 等. 2009. 页岩气资源评价方法及其在四川盆地的应用[J]. 天然气工业, 29(5): 33-39, 136.

董树文, 李廷栋, 陈宣华, 等. 2012. 我国深部探测技术与实验研究进展综述[J]. 地球物理学报, 55(12): 3884-3901.

窦立荣, 李伟, 方向. 1996. 中国陆相含油气系统的成因类型及分布特征[J]. 石油勘探与开发, 23(1): 1-6.

杜炜. 1999. 数据集市的技术和策略[J]. 微型电脑应用, (3): 27-30, 32.

方同辉, 马鸿文. 1997. 建立古地温曲线的理想地质温压计[J]. 地质科技情报, 16(4): 93-100.

费琪. 1997. 成油体系分析与模拟[M]. 武汉: 中国地质大学出版社.

冯国庆, 陈浩, 张烈辉, 等. 2005. 利用多点地质统计学方法模拟岩相分布[J]. 西安石油大学学报(自然科学版), 20(5): 9-11.

符必昌. 1998. 云南腾冲地热成因及水化学特征[J]. 云南工业大学学报, 14(3): 46-50.

福雷斯特 J W. 1986. 系统原理[M]. 王洪斌译. 北京: 清华大学出版社.

傅家谟, 刘德汉. 1992. 天然气运移、储集及封盖条件[M]. 北京: 科学出版社.

高金亮, 孙春青, 张磊, 等. 2014. 云南腾冲火山-地热-构造带科学钻孔概况及其科学意义[C]//陈颙. 中国地球科学联合学术年会文集: 2748-2750.

高祥林, 罗焕炎, 诺依格鲍尔 H J. 1987. 大陆碰撞动力学的三维数值模拟[J]. 地震地质, 9(2): 65-73.

龚健雅, 夏宗国. 1997. 矢量与栅格集成的三维数据模型[J]. 武汉测绘科技大学学报, 22(1): 7-15.

龚育龄, 王良书, 刘绍文, 等. 2003. 济阳坳陷大地热流分布特征[J]. 中国科学(D辑: 地球科学), (4): 384-391.

龚再升. 1997. 南海北部大陆边缘盆地分析与油气聚集[M]. 北京: 科学出版社.

龚再升, 杨甲明. 1999. 油气成藏动力学及油气运移模型[J]. 中国海上油气(地质), (4): 3-7.

顾树松, 徐旺, 薛超, 等. 1990. 中国石油地质志, 卷14(青藏油气区)[M]. 北京: 石油工业出版社: 112-143.

郭清海, 刘明亮, 李洁祥. 2017. 腾冲热海地热田高温热泉中的硫代砷化物及其地球化学成因[J]. 地球科学, 42(2): 286-297.

郭秋麟. 2018. 盆地与油气系统模拟[M]. 北京: 石油工业出版社.

郭秋麟, 米石云, 石广仁, 等. 1998. 盆地模拟原理方法[M]. 北京: 石油工业出版社.

郭随平, 施小斌, 王良书, 等. 1996. 胜利油区东营凹陷热史分析: 磷灰石裂变径迹证据[J]. 石油与天然气地质, 17(1): 32-36.

韩峻, 施法中, 吴胜和, 等. 2008. 基于格架模型的角点网格生成算法[J]. 计算机工程, 34(4): 90-92, 95.

哈肯 H. 1984. 协同学[M]. 徐锡申, 陈式刚, 陈雅深, 等译. 北京: 原子能出版社.

郝芳, 邹华耀, 方勇, 等. 2006. 超压环境有机质热演化和生烃作用机理[J]. 石油学报, 27: 9-18.

郝石生, 黄志龙, 高耀斌. 1991. 轻烃扩散系数的研究及天然气运聚动平衡原理[J]. 石油学报, 12(3): 17-24.

郝石生, 柳广弟, 黄志龙, 等. 1993. 天然气资源评价的运聚动平衡模型[J]. 石油勘探与开发, 20(3): 16-21.

郝石生, 柳广弟, 黄志龙, 等. 1994. 油气初次运移的模拟模型[J]. 石油学报, 15(2): 21-31.

何炳骏. 1994. 烃源岩游离烃裂解与高熟气的排出[J]. 中国海上油气(地质), 8(1): 1-8.

何光玉. 1998. 南海珠三坳陷油气系统动力学研究[D]. 武汉: 中国地质大学.

何光玉, 刘海滨. 1999. 油气系统动力学模拟方法评价[J]. 地质科技情报, 18(2): 45-48.

何克清. 1983. 计算机软件工程学[M]. 武汉: 武汉大学出版社.

何丽娟, 熊亮萍, 汪集旸. 1998. 南海盆地地热特征[J]. 中国海上油气(地质), (2): 15-18.

何智亮. 2000. 塔里木多旋回盆地与复式油气系统[D]. 武汉: 中国地质大学.

侯读杰, 冯子辉. 2011. 油气地球化学[M]. 北京: 石油工业出版社.

侯读杰, 王铁冠. 1998. 烃源岩与原油中化合物的鉴定与意义[J]. 质谱学报, (2): 43-53.

侯读杰, 张林晔. 2003. 实用油气地球化学图鉴[M]. 北京: 石油工业出版社.

侯读杰, 张敏, 赵红静, 等. 2001. 油藏及开发地球化学导论[M]. 北京: 石油工业出版社.

侯读杰, 张善文, 肖建新, 等. 2008a. 济阳坳陷优质烃源岩特征与隐蔽油气藏的关系分析[J]. 地学前缘, 15(2): 137-146.

侯读杰, 张善文, 肖建新, 等. 2008b. 陆相断陷湖盆优质烃源岩形成机制与成藏贡献: 以济阳坳陷为例[M]. 北京: 地质出版社.

侯读杰, 朱俊章, 唐友军, 等. 2004. 应用地球化学方法研究断层的渗漏性[J]. 石油与天然气地质, 25(5): 565-569.

侯方辉, 李三忠, 王金铎, 等. 2007. 东营凹陷王家岗地区王古 1 潜山构造特征及油气成藏条件[J]. 中国海洋大学学报(自然科学版), 37(2): 341-344, 322.

胡朝元. 1997. 关于成油系统划分原则与方法的若干意见[C]//胡见义, 赵文智. 中国含油气系统的应用与进展. 北京: 石油工业出版社: 60-63.

胡朝元, 廖曦. 1996. 成油系统概念在中国的提出及其应用[J]. 石油学报, 17(1): 10-16.

胡济世. 1989. 异常高压、流体压裂与油气运移(上、下)[J]. 石油勘探与开发, (2, 3): 16-23.

胡见义. 1997. 含油气地质单元序列划分及其意义[C]//胡见义, 赵文智. 中国含油气系统的应用与进展. 北京: 石油工业出版社: 3-8.

胡圣标, 汪集旸. 1995. 沉积盆地热体制研究的基本原理和进展[J]. 地学前缘, 2(3~4): 171-180.

胡先才. 2010. 西藏地热资源的优势分析[C]//汪明. 中国地热能: 成就与展望——李四光倡导中国地热能开发利用 40 周年纪念大会暨中国地热发展研讨会论文集. 北京: 地质出版社: 249-255.

黄波. 1995. 地理信息系统的数据模型与系统结构[J]. 环境遥感, 10(1): 63-69.

黄晓波. 2006. 塔里木盆地塔中地区奥陶系构造应力场模拟及构造裂缝预测[D]. 北京: 中国地质大学.

姜耀俭, 黎文清, 朱庆杰. 1993. 构造应力现场分析中正反演问题的有限元法及其应用[J]. 大庆石油学院学报, (2): 7-11.

姜在兴. 2003. 沉积学[M]. 北京: 石油工业出版社.

蒋裕强, 董大忠, 漆麟, 等. 2010. 页岩气储层的基本特征及其评价[J]. 天然气工业, 30(10): 7-12, 113-114.

金胜明. 1993. Arrhenius 公式中活化能和指前因子求法的讨论[J]. 浙江工学院学报, (4): 72-76.

金之钧. 2005. 中国海相碳酸盐岩层系油气勘探特殊性问题[J]. 地学前缘, 12(3): 15-22.

金之钧, 蔡立国. 2007. 中国海相层系油气地质理论的继承与创新[J]. 地质学报, 81(8): 1017-1024.

克鲁泡特金 Π H. 1978. 斯堪的纳维亚、西欧、冰岛、非洲、北美岩石应力状态的测量结果[M]//裴伟 A.
　　B. 地壳应力状态. 国家地震局地震地质大队情报资料室译. 北京: 地震出版社: 90-97.

孔凡仙, 宋国奇, 等. 2000. 胜利探区油气资源评价研究[R]. 胜利油田管理局科研项目研究报告.

郎旭娟, 蔺文静, 刘志明, 等. 2016. 贵德盆地地下热水水文地球化学特征[J]. 地球科学, 41(10):
　　1723-1734.

雷景生. 2004. 油藏构造应力场的数值模拟技术研究[J]. 海南大学学报(自然科学版), 22(1): 28-32.

李大成, 赵宗举, 徐云俊. 2004. 中国海相地层油气成藏条件与有利勘探领域分析[J]. 中国石油勘探,
　　(5): 3-11, 52.

李道琪. 1997. 苏北及下扬子地区盆地分析[C]//张渝昌. 中国含油气盆地原型分析. 南京: 南京大学出
　　版社: 358-377.

李德仁, 龚健雅, 朱欣焰, 等. 1998. 我国地球空间数据框架的设计思想与技术路线[J]. 武汉测绘科技大
　　学学报, 23(4): 297-303.

李德仁, 李清泉. 1997. 一种三维 GIS 混合数据结构研究[J]. 测绘学报, 26(2): 128-133.

李登华, 李建忠, 王社教, 等. 2009. 页岩气藏形成条件分析[J]. 天然气工业, 29(5): 22-26, 135.

李定龙. 1994. 四川威远地区构造应力场模拟及阳新统裂缝分析[J]. 石油勘探与开发, 21(3): 33-38, 45,
　　128.

李方全. 1979. 海城地震区地应力测量和构造应力场[G]//中国地质科学院地质力学研究所. 地质力学文
　　集. 第三集. 北京: 地质出版社: 115-122.

李方全, 王连捷. 1979. 华北地区地应力测量[J]. 地球物理学报, 22(1): 1-8.

李鹤, 黄宝琦, 王娜. 2017. 南海北部 MD12-3429 站位海水古生产力和溶解氧含量特征[J]. 古生物学报,
　　56(2): 238-248.

李明诚. 1994. 石油与天然气运移[M]. 2 版. 北京: 石油工业出版社.

李明刚, 庞雄奇, 漆家福, 等. 2008. 东营凹陷砂岩岩性油气藏分布特征及成藏模式[J]. 油气地质与采收
　　率, 15(2): 13-15, 111-112.

李平鲁. 1992. 珠江口盆地构造应力场与油气聚集[J]. 广东地质, 7(4): 71-83.

李清泉. 1998. 基于混合结构的三维 GIS 数据模型与空间分析研究[D]. 武汉: 武汉测绘科技大学.

李清泉, 李德仁. 1996. 三维地理信息系统中的数据结构[J]. 武汉测绘科技大学学报, 21(2): 128-133.

李清泉, 李德仁. 1998. 三维空间数据模型集成的概念框架研究[J]. 测绘学报, 27(4): 325-330.

李庆扬, 王能超, 易大义. 1986. 数值分析[M]. 武汉: 华中理工大学出版社.

李日容. 2006. 含油气盆地点源信息系统中数据集市技术的研究(以赛汉塔拉凹陷为例)[D]. 武汉: 中国
　　地质大学(武汉).

李日容, 吴冲龙, 邵玉祥. 2006. 运用多维数据模型实现油气勘探数据集市[J]. 计算机工程与应用, (14):
　　229-232.

李荣西, 廖永胜, 周义. 2001. 济阳坳陷石炭-二叠系热演化与生烃阶段[J]. 地球学报, 22(1)85-90.

李绍虎, 吴冲龙, 毛小平. 1999. 一个新的地层骨架密度计算公式[J]. 石油实验地质, 21(4): 369-371,
　　319.

李绍虎, 吴冲龙, 吴景富, 等. 2000. 一种新的压实校正法[J]. 石油实验地质, 22(2): 110-114.

李四光. 1962. 地质力学概论[M]. 北京: 科学出版社.

李四光. 1979. 地质力学概论[M]. 2 版. 北京: 科学出版社.

李素梅, 庞雄奇, 邱桂强, 等. 2005. 东营凹陷南斜坡王家岗地区第三系原油特征及其意义[J]. 地球化学, 34(5): 515-524.

李泰明. 1989. 石油地质过程定量研究概论[M]. 东营: 石油大学出版社.

李显路, 曾小阳, 胡志方, 等. 2004. 安棚深层系储层孔隙度计算方法研究[J]. 河南石油, 18(6): 17-18, 82.

李晓辉. 2006. 复杂泥质砂岩储层束缚水饱和度计算方法研究[D]. 长春: 吉林大学.

李新景, 胡素云, 程克明. 2007. 北美裂缝性页岩气勘探开发的启示[J]. 石油勘探与开发, 34(4): 392-400.

李新景, 吕宗刚, 董大忠, 等. 2009. 北美页岩气资源形成的地质条件[J]. 天然气工业, 29(5): 27-32.

李星. 2001. 盆地地热场与有机质热演化动态模拟技术研究[D]. 武汉: 中国地质大学.

李星, 吴冲龙, 刘刚, 等. 2001. 盆地超压层段非幕式突破期的地热场模型数值解法[J]. 地球科学, (5): 513-516.

李星, 吴冲龙, 姚书振. 2009. 盆地地热场和有机质演化动态模拟原理、方法与实践[M]. 武汉: 中国地质大学出版社.

李延钧, 刘欢, 刘家霞, 等. 2011. 页岩气地质选区及资源潜力评价方法[J]. 西南石油大学学报(自然科学版), 33(2): 28-34.

李艳丽. 2009. 页岩气储量计算方法探讨[J]. 天然气地球科学, 20(3): 466-470.

李泽光, 胡社荣, 张喜臣, 等. 2002. 开滦矿区吕家坨矿现今构造应力场的三维有限元数值模拟[J]. 水文地质工程地质, (2): 18-21.

李志林, 朱庆. 2000. 数字高程模型[M]. 武汉: 武汉测绘科技大学出版社.

李志明, 张金珠. 1997. 地应力与油气勘探开发[M]. 北京: 石油工业出版社.

李卓球, 董文堂. 2004. 非线性弹性理论基础[M]. 北京: 科学出版社.

练铭祥, 薛冰, 杨盛良. 2001. 苏北新生代盆地断陷和坳陷的形成机理[J]. 石油实验地质, 23(3): 256-260.

梁海华. 1987. 汾渭断陷带构造特征的数学模拟[J]. 地震地质, 9(3): 29-37.

廖朵朵, 张华军. 1996. OpenGL 三维图形程序设计[M]. 北京: 星球地图出版社.

林传勇, 史兰斌, 韩秀玲, 等. 1998. 浙江省上地幔的热结构及流变学特征[J]. 中国科学(D 辑), 28(2): 97-104.

林克湘, 张昌民, 刘怀波, 等. 1995. 地面-地下对比建立储层精细地质模型[M]. 北京: 石油工业出版社.

刘宝珺. 1980. 沉积岩石学[M]. 北京: 地质出版社.

刘光鼎. 1983. 东海地质构造及其含油气性[J]. 石油与天然气地质, 4(4): 365-370.

刘海滨. 2001. 油气运移聚集的人工神经网络模拟技术[D]. 武汉: 中国地质大学.

刘可禹, 刘建良. 2017. 盆地和含油气系统模拟(BPSM)研究现状及发展趋势[J]. 石油科学通报, 2(2): 161-175.

刘鎏, 魏东平. 2012. 中国大陆及邻区板内应力场的数值模拟及动力机制探讨[J]. 地震学报, 34(6): 727-740, 879.

刘鲁. 1995. 信息系统设计原理与应用[M]. 北京: 北京航空航天大学出版社.

刘彦广. 2017. 河北献县深部地热资源勘查开发综合试验基地初步建成[R]. 中国地质调查成果快讯, 21(3): 1-2.

刘志锋, 魏振华, 吴冲龙, 等. 2010. 基于角点网格模型的"迷宫式"油气运聚模拟研究[J]. 石油实验地质, 32(6): 596-599.

路德维希·冯·贝塔兰菲. 1987. 一般系统论(基础·发展·应用)[M]. 秋同, 袁嘉新译. 北京: 社会科学文献出版社.

陆明德, 田时芸. 1991. 石油天然气数学地质[M]. 武汉: 中国地质大学出版社.

栾锡武, 彭学超, 邱燕. 2009. 南海北部陆坡高速堆积体的构造成因[J]. 现代地质, 23(2): 183-199.

罗焕炎, 徐煜坚, 宋惠珍. 1982. 青藏高原近代隆起原因及其与地震关系的有限单元分析[J]. 地震地质, (1): 31-37

罗运模. 2001. SQL Server2000 数据仓库应用与开发[M]. 北京: 人民邮电出版社.

马刚, 常恩祥, 周瑞良, 等. 1983. 华北平原北部地温场特征及其形成条件的初步探讨[C]. 中国地质科学院 562 综合大队集刊. 北京: 地质出版社, (4): 109-126.

马科斯·怀斯. 1984. 地球的应力[M]. 马瑾, 王宝生, 李建国译. 北京: 科学出版社: 14-149.

马莉娟, 何新贞, 王淑玲, 等. 2000. 东营凹陷沉降史分析与构造充填演化[J]. 石油地球物理勘探, 35(6): 786-794.

马智民, 俞全宏, 姜作勤. 1996. 应用地理信息系统设计与实现[M]. 西安: 西安地图出版社.

毛小平. 2000. 盆地构造三维动态演化模拟系统研制[D]. 武汉: 中国地质大学.

毛小平. 2023. 四川盆地五峰-龙马溪组页岩有机质富集规律[J]. 沉积学报: 1-45. doi: 10.14027/j.issn. 1000-0550.2023.060.

毛小平, 陈修蓉. 2024a. 地层水渗透作用和构造运动的时差: 试论超压形成的两种机制[J]. 地质科学, 59(6): 1614-1638.

毛小平, 陈修蓉, 陈永进, 等. 2024b. 以初级生产力与固碳规律为线索探讨陆相页岩中有机质的富集规律[J]. 地球科学, 49(4): 1224-1244.

毛小平, 陈修蓉, 王志京, 等. 2024c. 黑色页岩有机质富集程度与古气候的关系: 以中上扬子五峰—龙马溪组页岩为例. 地质科学, 59(5): 1151-1172.

毛小平, 黄延祜, 吴冲龙. 1998c. 体元结构模型在三维地震模型正演模拟研究中的应用[J]. 地球物理学报, 41(6): 833-840.

毛小平, 李绍虎, 刘刚, 等. 1998b. 复杂条件下的回剥反演方法: 最大深度法[J]. 地球科学, 23(3): 277-280.

毛小平, 陆旭凌弘, 王晓明, 等. 2020. 周向应力在地壳运动中的作用[J]. 地学前缘, 27(1): 221-233.

毛小平, 曲赞, 吴冲龙. 1999a. 山形重力异常的成因机制及消除方法[J]. 石油地球物理勘探, 34(1): 65-70, 122.

毛小平, 吴冲龙, 袁艳斌. 1998a. 地质构造的物理平衡剖面法[J]. 地球科学, (2): 167-170.

毛小平, 吴冲龙, 袁艳斌. 1999b. 三维构造模拟方法——体平衡技术研究[J]. 地球科学, 24(5): 506-508.

莫修文, 李舟波, 潘保芝. 2011. 页岩气测井地层评价的方法与进展[J]. 地质通报, 31(2~3): 400-405.

穆恩之. 1954. 论五峰页岩[J]. 古生物学报, (2): 153-170, 274.

穆恩之. 1957. 谈谈笔石的生活环境[J]. 地质知识, (6): 22-25.

潘锦平, 施小英, 姚天昉. 1997. 软件系统开发技术[M]. 西安: 西安电子科技大学出版社.

庞雄奇, 陈章明, 陈发景, 等. 1993. 含油气盆地史、热史、生留排烃史数值模拟研究与烃源岩定量评价[M]. 北京: 地质出版社.

庞雄奇, 陈章明, 陈发景. 1997. 排油气门限的基本概念、研究意义与应用[J]. 现代地质, 11(4): 510-

521.

裴伟 A B. 1978. 研究地壳应力的新途径[M]//地壳应力状态. 国家地震局地震地质大队情报资料室译. 北京: 地震出版社: 1-4.

蒲泊伶, 包书景, 王毅, 等. 2008. 页岩气成藏条件分析——以美国页岩气盆地为例[J]. 石油地质与工程, 22(3): 33-36, 39.

强祖基, 谢富仁. 1988. 临汾裂谷现代构造应力场特征及其数值模拟[J]. 地球物理学报, 31(5): 556-565.

秦勇, 王新华. 1995. 地质有机温度计—镜质体反射率化学反应动力学模式及其应用[J]. 矿业世界, (3): 6-11.

邱登峰. 2009. 塔里木盆地塔中地区中下奥陶统构造应力场数值模拟研究[D]. 北京: 中国地质大学.

邱楠生. 1998. 中国大陆地区沉积盆地热状况剖面[J]. 地球科学进展, 13(5): 447-451.

邱楠生. 2002. 中国西北部盆地岩石热导率和生热率特征[J]. 地质科学, 37(2): 196-206.

曲国胜, 周永胜, 徐杰, 等. 1997. 张强凹陷及邻区的构造应力分析[J]. 地震地质, 19(4): 341-352.

任学平, 高耀东. 2007. 弹性力学基础及有限单元法[M]. 武汉: 华中科技大学出版社.

任战利, 张盛, 高胜利, 等. 2007. 鄂尔多斯盆地构造热演化史及其成藏成矿意义[J]. 中国科学(D 辑: 地球科学), 37(S1): 23-32.

少波, 顾家裕. 1997. 包裹体在石油地质研究中的应用与问题讨论[J]. 石油与天然气地质, (4): 68-73, 84.

邵济安, 张履桥, 牟保磊. 1998. 大兴安岭中南段中生代的构造热演化[J]. 中国科学(D 辑), 28(3): 193-200.

邵维忠, 杨芙清. 1998. 面向对象的系统分析[M]. 北京: 清华大学出版社.

申家年, 杨雪白, 宋婷. 2015. 三角函数热流模型与 EASY%Ro 法结合恢复古地温梯度史——以松辽盆地王府断陷城深 1 井为例[J]. 科学技术与工程, 15(12): 44-49.

沈淑敏, 冯向阳, 刘文英. 1995. 塔里木盆地北部地区主要断裂带构造应力场与油气运移[J]. 地质力学学报, 1(2): 11-20.

沈淑敏, 郑芳芳, 刘文英. 1989. 中国东南大陆边缘地区构造应力场特征与东海盆地油气运移规律[C]// 中国地质科学院地质力学研究所所刊(12). 北京: 地质出版社: 1-78.

沈显杰, 王自瑞. 1984. 西藏羊八井热田的热储模式分析[J]. 中国科学(B 辑), (10): 941-949.

石广仁. 1988. 沉积盆地综合动态模拟系统[J]. 石油物探, 27(3): 1-15.

石广仁. 1994. 油气盆地数值模拟方法[M]. 北京: 石油工业出版社.

石广仁. 1998. 油气盆地数值模拟方法[M]. 北京: 石油工业出版社.

石广仁. 1999. 油气盆地数值模拟方法[M]. 2 版. 北京: 石油工业出版社.

石广仁. 2000. 油气盆地数值模拟方法[M]. 英文版. 北京: 石油工业出版社.

石广仁. 2001. 计算烃类成熟度史的实地 TTI-R$_o$ 法[J]. 石油勘探与开发, 28(4): 50-52.

石广仁, 郭秋麟, 米石云, 等. 1996. 盆地综合模拟系统 BASIMS[J]. 石油学报, 17(1): 1-9.

石广仁, 李阿梅, 张庆春. 1997. 盆地模拟技术新进展(一): 国内外发展状况[J]. 石油勘探与开发, 24(3): 38-40, 98-99.

石广仁, 张庆春. 2004. 烃源岩压实渗流排油模型[J]. 石油学报, 25(5): 34-37.

石书缘, 尹艳树, 和景阳, 等. 2011. 基于随机游走过程的多点地质统计学建模方法[J]. 地质科技情报, 30(5): 127-131.

石耀霖. 1976. 山字型构造体系的有限元模拟[J]. 地质力学通讯, 1: 39-54.

史济民. 1993. 应用软件开发技术[M]. 北京: 电子工业出版社.

署恒木, 仝兴华. 1998. 工程有限单元法基础[M]. 东营: 石油大学出版社.

宋惠珍, 高维安, 孙君秀, 等. 1982. 唐山地震震源应力场的数值模拟研究: 三维有限单元法在计算震源应力场中的应用[J]. 西北地震学报, 4(3): 49-56.

宋明水. 2004. 济阳坳陷中、新生代成熟度曲线及其在剥蚀量计算中的运用[J]. 高校地质学报, 10(1): 121-127.

宋胜利, 吴田忠, 邹峰梅, 等. 2004. ANSYS 曲壳模型计算复杂断块现今地应力场[J]. 石油钻采工艺, 26(5): 13-15, 84.

孙安健. 2012. 通用 ETL 工具的研究与设计[D]. 上海: 复旦大学.

孙宝珊, 丁原辰, 邵兆刚, 等. 1996. 声发射法测量古今应力在油田的应用[J]. 地质力学学报, 2(2): 11-17.

孙宝珊, 沈淑敏, 等. 1994. 新疆塔里木盆地北部主要断裂应力场特征与油气关系研究[R]. 中国地质科学院地质力学研究所内部研究报告.

孙超, 朱筱敏, 陈菁, 等. 2007. 页岩气与深盆气成藏的相似与相关性[J]. 油气地质与采收率, 14(1): 26-31.

孙家广, 杨长贵. 1994. 计算机图形学[M]. 北京: 清华大学出版社.

孙檣, 谢鸿森, 郭捷, 等. 2000. 构造应力与油气藏生成及分布[J]. 石油与天然气地质, 21(2): 99-103.

孙少华, 刘顺生, 汪集. 1996. 鄂尔多斯盆地地温场与烃源岩演化特点[J]. 大地构造与成矿学, 20(3): 255-261.

孙晓庆. 2008. 古构造应力场有限元数值模拟的应用及展望[J]. 断块油气田, 15(3): 31-33.

谭成轩, 王连捷, 孙宝珊, 等. 1997. 含油气盆地三维构造应力场数值模拟方法[J]. 地质力学学报, 3(1): 71-80.

唐丙寅, 吴冲龙, 李新川. 2017. 一种基于TIN-CPG混合空间数据模型的精细三维地质模型构建方法[J]. 岩土力学, 38(4): 1218-1225.

唐卫清, 刘慎权, 余盛明, 等. 1996. 科学计算可视化[J]. 软件世界, (5): 74-77.

唐智, 吴华元, 高维亮, 等. 1988. 中国石油志(卷 5): 华北油田[M]. 北京: 石油工业出版社: 177-199.

陶一川. 1983. 油气运移聚集的流体动力学机理问题[J]. 石油与天然气地质, 4(3): 254-268.

陶一川. 1993. 石油地质流体力学分析基础[M]. 武汉: 中国地质大学出版社.

田口一雄. 1981. 最近关于石油初次运移的一些问题: 着重论述日本晚第三纪油田[M]//石油地质译文集. 第 1 集, 油气运移. 卢书锷译. 北京: 石油工业出版社: 218-233.

田文广, 姜振学, 庞雄奇, 等. 2005. 岩浆活动热模拟及其对烃源岩热演化作用模式研究[J]. 西南石油学院学报, 27(1): 12-16.

田宜平. 2001. 盆地构造-地层格架三维静态模拟技术研究[D]. 武汉: 中国地质大学(武汉).

田宜平, 刘刚, 韩志军, 等. 2000c. 三维地理信息系统中纹理的非参数映射及矢量剪切[J]. 地质科技情报, 19(2): 103-106.

田宜平, 刘海滨, 刘刚, 等. 2000b. 盆地三维构造-地层格架的矢量剪切原理及方法[J]. 地球科学, 25(3): 306-310.

田宜平, 袁艳斌, 李绍虎, 等. 2000a. 建立盆地三维构造-地层格架的插值方法[J]. 地球科学, 25(2): 191-194.

童亨茂, 李德同. 1999. 应力对流体及油气二次运移作用的几种模式[J]. 石油大学学报(自然科学版),

23(2): 14-17.

万天丰. 1988. 古构造应力场[M]. 北京: 地质出版社.

万天丰. 2004. 中国大地构造学纲要[M]. 北京: 地质出版社.

汪集暘, 胡圣标, 庞忠和, 等. 2012. 中国大陆干热岩地热资源潜力评估[J]. 科技导报, 30(32): 25-31.

汪集暘, 黄少鹏. 1988. 中国大陆地区大地热流数据汇编[J]. 地质科学, (2): 196-204.

汪集暘, 黄少鹏. 1990. 中国大陆地区大地热流数据汇编(第二版)[J]. 地震地质, 12(4): 351-363, 366.

汪集暘, 汪缉安. 1985. 辽河盆地热流测量[J]. 科学通报, 30(13): 1008-1010.

汪集暘, 汪缉安. 1986a. 辽河裂谷盆地地壳上地幔热结构[J]. 中国科学(B 辑 化学 生物学 农学 医学 地学), (8): 856-866.

汪集暘, 汪缉安. 1986b. 辽河裂谷盆地地幔热流[J]. 地球物理学报, 29(5): 450-459.

汪素云, 陈培善. 1980. 中国及邻区现代构造应力场的数值模拟[J]. 地球物理学报, 23(1): 35-45.

王安乔, 郑保明. 1987. 热解色谱分析参数的校正[J]. 石油实验地质, 9(4): 342-350.

王根发, 吴冲龙, 周江羽, 等. 1998. 琼东南盆地第三系层序地层分析[J]. 石油实验地质, 20(2): 124-128.

王红才, 王薇, 王连捷, 等. 2002. 油田三维构造应力场数值模拟与油气运移[J]. 地球学报, 23(2): 175-178.

王集源, 王东方. 1982. 抚顺地区古新世老虎台组玄武岩的 K-Ar 法年龄测定[J]. 辽宁地质学报, (1): 110-116.

王兰生, 邹春艳, 郑平, 等. 2009. 四川盆地下古生界存在页岩气的地球化学依据[J]. 天然气工业, 29(5): 59-62.

王连捷, 范云玲. 1979. 旋卷构造应力场的有限元分析[M]. 北京: 地质出版社.

王连捷, 潘立宙. 1991. 地应力测量及其在工程中的应用[M]. 北京: 地质出版社: 148-171.

王良书, 李成, 刘福田, 等. 2000. 中国东、西部两类盆地岩石圈热-流变学结构[J]. 中国科学(D 辑), 30(增刊): 116-121.

王良书, 李成, 施央申. 1989. 下扬子区 HQ-13 线大地热流特征初步研究[J]. 南京大学学报(地球科学): 443-452.

王良书, 李成, 杨春. 1996. 塔里木盆地岩石层热结构特征[J]. 地球物理学报, 39(6): 794-803.

王良书, 刘绍文, 肖卫勇, 等. 2002. 渤海盆地大地热流分布特征[J]. 科学通报, 47(2): 151-155.

王良书, 施央申. 1989. 油气盆地地热研究[M]. 南京: 南京大学出版社.

王其藩. 1995. 系统动力学理论与方法的新进展[J]. 系统工程理论方法应用, 4(2): 612.

王仁. 1976. 地质力学提出的一些力学问题[J]. 力学学报, (2): 85-93.

王仁. 1994. 有限单元等数值方法在我国地球科学中的应用和发展[J]. 地球物理学报, 37(S1): 128-139.

王仁, 丁中一, 殷有泉. 1979. 固体力学基础[M]. 北京: 地质出版社: 251-252.

王仁, 黄杰藩, 孙荀英, 等. 1982. 华北地震构造应力场的模拟[J]. 中国科学(B 辑 化学 生物学 农学 医学 地学), 12(4): 337-344.

王仁铎, 胡光道. 1984. 线性地质统计学[M]. 武汉: 武汉地质学院.

王社教, 胡圣标, 李铁军, 等. 2000. 准噶尔盆地大地热流[J]. 科学通报, 45(12): 1327-1332.

王社教, 王兰生, 黄金亮, 等. 2009. 上扬子区志留系页岩气成藏条件[J]. 天然气工业, 29(5): 45-50.

王世谦, 陈更生, 董大忠, 等. 2009. 四川盆地下古生界页岩气藏形成条件与勘探前景[J]. 天然气工业, 29(5): 51-58, 137-138.

王书兵, 傅建利, 李朝柱, 等, 2015. 滇西南腾冲地块新构造运动阶段初步划分[J]. 地质通报, 34(1): 146-154.

王威, 肖云, 葛修润, 等. 2012. 基于网格的三维地质体建模方法研究[J]. 岩土力学, 33(4): 1275-1280.

王伟才. 1993. 烃类运聚评价专家系统及其应用[A]//张厚福. 油气运移研究论文集. 北京: 石油大学出版社: 163-172.

王文介. 2000. 南海北部的潮波传播与海底沙脊和沙波发育[J]. 热带海洋, 19(1): 1-7.

王喜双, 宋惠珍, 刘洁. 1999. 塔里木盆地构造应力场的数值模拟及其对油气聚集的意义[J]. 地震地质, 21(3): 268-273.

王笑海. 1999. 基于三维拓扑格网结构的 GIS 地层模型研究[D]. 北京: 中国科学研究院.

王燮培, 费琪, 张家骅, 等. 1982. 苏北含油气盆地的区域构造格局和局部构造圈闭的形成机制[J]. 石油勘探与开发, (3): 1-15.

王燮培, 严俊君, 林军. 1989. 反转构造及其石油地质意义[J]. 地球科学, 14(1): 101-108.

翁正平. 2013 复杂地质体三维模型快速构建及更新技术研究[D]. 武汉: 中国地质大学.

翁正平, 吴冲龙, 毛小平. 2002. 基于平面图的盆地三维构造-地层格架建模技术[J]. 地球科学, 23: 135-138.

吴冲龙. 1984. 阜新盆地古构造应力场研究[J]. 地球科学, 25(2): 43-52.

吴冲龙. 1994. 抚顺盆地的滑积煤及超厚煤层的成因模式[J]. 科学通报, 39(23): 2175-2177.

吴冲龙. 1998. 计算机技术与地矿工作信息化[J]. 地学前缘, 5(2): 343-355.

吴冲龙, 韩志军, 周江羽, 等. 1995b. 碎屑岩系天然气初次运移模型中几个问题的探讨[R]//地矿部矿产资源定量预测与勘查评价开放研究实验室 1995 年报. 武汉: 中国地质大学出版社: 60-63.

吴冲龙, 李绍虎, 黄凤鸣, 等. 1997c. 抚顺盆地超厚煤层的沉积条件分析[J]. 煤田地质与勘探, 25(2): 1-7.

吴冲龙, 李星. 2001. 多热源叠加的岩层有机质成熟度动态模拟方法[J]. 石油与天然气地质, 22(2): 187-189.

吴冲龙, 李星, 刘刚, 等. 1999. 盆地地热场模拟的若干问题探讨[J]. 石油实验地质, 21(1): 1-7.

吴冲龙, 刘刚. 2019. 大数据与地质学的未来发展[J]. 地质通报, 38(7): 1081-1088.

吴冲龙, 刘刚, 田宜平, 等. 2014a. 地质信息科学与技术概论[M]. 北京: 科学出版社.

吴冲龙, 刘刚, 张夏林, 等. 2016. 地质科学大数据及其利用的若干问题探讨[J]. 科学通报, 61(16): 1797-1807.

吴冲龙, 刘刚, 周琦, 等. 2020. 地质科学大数据统合应用的基本问题[J]. 地质科技通报, 39(4): 1-11.

吴冲龙, 刘海滨, 毛小平, 等. 2001d. 油气运移和聚集的人工神经网络模拟[J]. 石油实验地质, 23(2): 203-212.

吴冲龙, 毛小平, 李绍虎. 2001c. 数字盆地与构造-地层格架三维动态模拟技术研究[C]//全国沉积学大会论文集: 494-500.

吴冲龙, 毛小平, 田宜平, 等. 2006a. 三维数字盆地构造-地层格架模拟技术[J]. 地质科技情报, 25(4): 1-8.

吴冲龙, 毛小平, 王燮培, 等. 2001a. 三维油气成藏动力学建模与软件开发[J]. 石油实验地质, 23(3): 301-311.

吴冲龙, 田宜平, 何珍文, 等. 2014b. 福州市地质, 环境综合信息系统研制报告[R]. 中国地质调查局城市地质调查项目.

吴冲龙, 汪新庆, 刘刚, 等. 2001b. 抚顺盆地构造演化动力学研究[J]. 中国科学(D 辑: 地球科学), 31(6): 477-485.

吴冲龙, 汪新庆, 周江羽, 等. 1995a. 大陆构造系统动力学及构造应力叠加场探讨[J]. 地球科学, 20(1): 1-9.

吴冲龙, 王华. 1999. 关于"沉积盆地古构造应力场, 超压体系与油气运聚问题"的探讨[J]. 复式油气田, 3: 55-58.

吴冲龙, 王燮培, 何光玉, 等. 2000. 论油气系统与油气系统动力学[J]. 地球科学, 25(6): 604-611.

吴冲龙, 王燮培, 何光玉, 等. 2001e. 油气运移和聚集模拟的系统动力学模拟[R]//中国含油气系统的应用与进展(第二集). 北京: 石油工业出版社: 360-368.

吴冲龙, 王燮培, 毛小平, 等. 1998a. 油气系统动力学的概念模型与方法原理: 盆地模拟和油气成藏动力学模拟的新思路、新方法[J]. 石油实验地质, 20(4): 319-327.

吴冲龙, 王燮培, 周江羽, 等. 1997b. 含油气系统概念与研究方法[J]. 地质科技情报, 16(2): 44-51.

吴冲龙, 杨起, 刘刚, 等. 1997d. 煤变质作用热动力学分析的原理与方法[J]. 煤炭学报, 22(3): 225-229.

吴冲龙, 袁艳斌, 李绍虎. 1998b. 抚顺盆地同沉积构造及其对煤和油页岩厚度的控制[J]. 煤田地质与勘探, 26(6): 2-6.

吴冲龙, 张洪年, 周江羽. 1993. 盆地模拟的系统观与方法论[J]. 地球科学, 18(6): 741-747.

吴冲龙, 张善文, 毛小平, 等. 2006b. 苏鲁造山带北侧构造演化的几何学运动学特征[J]. 地球科学, 31(6): 817-822, 829.

吴冲龙, 张善文, 毛小平, 等. 2009. 胶莱盆地原型与盆地动力学分析[M]. 武汉: 中国地质大学出版社.

吴冲龙, 周江羽, 王根发, 等. 1997a. 鄂尔多斯盆地中新生代古构造应力-应变场及其与中部大气田的成因联系[J]. 石油与天然气地质, 18(4): 267-275.

吴景富, 何大伟, 张云飞, 等. 1999. 含油气盆地成藏动力学系统模拟评价方法[J]. 中国海上油气(地质), 11(4): 240-247.

吴巧生, 王华, 吴冲龙. 1998. 沉积盆地构造应力场研究综述[J]. 地质科技情报, 17(1): 8-12.

吴胜和, 李文克. 2005. 多点地质统计学——理论、应用与展望[J]. 古地理学报, (1): 137-144.

吴胜和, 翟瑞, 李宇鹏. 2012. 地下储层构型表征: 现状与展望[J]. 地学前缘, (2): 15-23.

吴珍汉. 1996. 华北地块北缘及邻区显生宙构造应力场[J]. 长春地质学院学报, 26(4): 398-405.

吴珍汉, 白加启. 1997. 当今测量的岩石圈应力及其空间分布规律探讨[J]. 地质科技情报, 16(3): 27-32.

肖琳, 李晓昭, 胡增辉, 等. 2009. 土体内在结构对热导率计算模型的影响研究[J]. 地质论评, 55(4): 598-605.

谢锐杰, 漆家福, 王永诗, 等. 2004. 渤海湾盆地东营凹陷北部地区新生代构造演化特征研究[J]. 石油实验地质, 26(5): 427-431.

谢泰俊, 张群英, 杨学昌. 1997. 含油气系统若干问题的探讨[M]//中国含油气系统的应用与进展. 北京: 石油工业出版社.

邢作云, 赵斌, 涂美义, 等. 2005. 汾渭裂谷系与造山带耦合关系及其形成机制研究[J]. 地学前缘, 12(2): 247-262.

熊亮萍, 张菊明. 1988. 华北平原区地温梯度与基底构造形态的关系[J]. 地球物理学报, 31(2): 146-155.

熊琦华, 王志章, 纪发华. 1994. 现代油藏描述技术及其应用[J]. 石油学报, 15(S1): 1-9.

熊振, 王良书, 李成, 等. 1999. 胜利油气区东营凹陷现今地温场研究[J]. 高校地质学报, (3): 312-321.

熊祖强, 贺怀建, 夏艳华. 2007. 基于 TIN 的三维地层建模及可视化技术研究[J]. 岩土力学, (9):

1954-1958.

徐思煌, 何生, 袁彩萍. 1995. 烃源岩演化与生、排烃史模拟模型及其应用[J]. 地球科学, 20(3): 335-341.

许震宇. 1996. Visual FoxPro 3.0 中文版程序设计指南[M]. 北京: 清华大学出版社.

薛海涛, 卢双舫, 付晓泰, 等. 2003. 溶气原油体积系数、密度的预测模型[J]. 地球化学, 32(6): 613-618.

薛华成. 1999. 管理信息系统[M]. 3 版. 北京: 清华大学出版社.

阎敦实, 于英太. 2000. 京津冀油区地热资源评价与利用[M]. 武汉: 中国地质大学出版社.

杨成杰. 2010. 地学空间三维模型矢量剪切技术研究[D]. 武汉: 中国地质大学.

杨继盛, 刘建仪. 1994. 采气实用计算[M]. 北京: 石油工业出版社.

杨起. 1989. 中国煤变质研究[J]. 地球科学, 14(4): 341-345.

杨起. 1992. 煤变质作用研究[J]. 现代地质, 6(4): 437-443.

杨起. 1996. 中国煤变质作用[M]. 北京: 煤炭工业出版社.

杨起, 吴冲龙, 汤达祯, 等. 1996. 中国煤变质作用[J]. 地球科学, 21(3): 311-319.

杨升宇, 张金川, 唐玄. 2016. 鄂尔多斯盆地张家滩页岩气区三维盆地模拟[J]. 天然气地球科学, 27(5): 932-942.

杨绪充. 1985. 济阳坳陷沙河街组区域地层压力及水动力特征探讨[J]. 石油勘探与开发, (4): 13-20.

杨振恒, 李志明, 沈宝剑, 等. 2009. 页岩气成藏条件及我国黔南坳陷页岩气勘探前景浅析[J]. 中国石油勘探, (3): 24-28, 2.

姚足金, 张钖根, 安可士, 等. 1986. 西藏羊八井地热资源评价[C]//中国地质科学院水文地质工程地质研究所所刊(第 2 号). 北京: 中国地质学会.

叶继根, 吴向红, 朱怡翔, 等. 2007. 大规模角点网格计算机辅助油藏模拟历史拟合方法研究[J]. 石油学报, 28(2): 83-86.

叶加仁. 1996. 碳酸盐岩烃源岩排烃过程的模拟[J]. 地质科技情报, 15(3): 53-58.

叶正仁, Bradford H. Hager. 2001. 全球地表热流的产生与分布[J]. 地球物理学报, 44(2): 171-179.

尹艳树, 吴胜和, 张昌民, 等. 2008. 基于储层骨架的多点地质统计学方法[J]. 中国科学(D 辑), (S2): 157-164.

尹艳树, 张昌民, 李玖勇, 等. 2011. 多点地质统计学研究进展与展望[J]. 古地理学报, (2): 245-252.

于伟杰, 顾辉亮. 2004. 开发中后期试井解释中 PVT 及相关参数确定方法[J]. 油气地质与采收率, 11(2): 43-44.

于兴河, 李剑峰. 1995. 油气储层研究所面临的挑战与新动向[J]. 地学前缘, 2(4): 213-220.

俞焰, 刘德富, 杨正健, 等. 2017. 千岛湖溶解氧与浮游植物垂向分层特征及其影响因素[J]. 环境科学, 38(4): 1393-1402.

袁彩萍, 徐思煌. 2000. 西藏伦坡拉盆地地温场特征及烃源岩热演化史[J]. 石油实验地质, 22(2): 156-160.

曾溅辉, 金之钧. 2000. 油气二次运移和聚集物理模拟[M]. 北京: 石油工业出版社.

查明, 曲江秀, 张卫海. 2002. 异常高压与油气成藏机理[J]. 石油勘探与开发, 29(1): 19-23.

翟光明. 2008. 关于非常规油气资源勘探开发的几点思考[J]. 天然气工业, 28(12): 1-3.

翟中军, 赵军玲, 王峻, 等. 1999. 地质体模型中的新网络化技术[J]. 内蒙古石油化工, 25(3): 137-139.

张爱云, 武大茂, 郭丽娜, 等. 1987. 海相黑色页岩建造地球化学与成矿意义[M]. 北京: 科学出版社.

张厚福. 1993. 油气运移研究论文集: 全国第二次油气运移研讨会[M]. 东营: 中国石油大学出版社.

张慧, 刘刚, 陈麒玉. 2017. 带约束的体元属性插值方法与可视化表达[J]. 地质科技情报, 36(6):

267-272.

张健, 汪集旸. 2000. 南海北部大陆边缘深部地热特征[J]. 科学通报, 45(10): 1095-1100.

张金川, 金之钧, 袁明生. 2004. 页岩气成藏机理和分布[J]. 天然气工业, 24(7): 15-18, 131-132.

张金川, 刘树根, 魏晓亮, 等. 2021. 页岩含气量评价方法[J]. 石油与天然气地质, 42(1): 28-40.

张金川, 汪宗余, 聂海宽, 等. 2008a. 页岩气及其勘探研究意义[J]. 现代地质, 22(4): 640-646.

张金川, 徐波, 聂海宽, 等. 2008b. 中国页岩气资源勘探潜力[J]. 天然气工业, 28(6): 136-140, 159-160.

张金川, 薛会, 张德明, 等. 2003. 页岩气及其成藏机理[J]. 现代地质, 17(4): 466.

张金功, 袁政文. 2002. 泥质岩裂缝油气藏的成藏条件及资源潜力[J]. 石油与天然气地质, 23(4): 336-338, 347.

张利萍, 潘仁芳. 2009. 页岩气的主要成藏要素与气储改造[J]. 中国石油勘探, 14(3): 20-23.

张林晔, 李政, 李钜源, 等. 2012. 东营凹陷古近系泥页岩中存在可供开采的油气资源[J]. 天然气地球科学, 23(1): 1-13.

张林晔, 李政, 朱日房, 等. 2008. 济阳坳陷古近系存在页岩气资源的可能性[J]. 天然气工业, 28(12): 26-29, 135-136.

张美珍, 李志明, 秦建中, 等. 2008. 东营凹陷有效烃源岩成熟度评价[J]. 西安石油大学学报(自然科学版), 23(3): 12-16.

张明利, 谭成轩, 王震. 2002. 东海西湖凹陷应力场数值模拟及其应用研究[J]. 地质力学学报, 8(3): 229-238.

张明利, 万天丰. 1998. 含油气盆地构造应力场研究新进展[J]. 地球科学进展, 13(1): 38-43.

张濡亮, 喻翔, 腰善丛, 等. 2015. 音频大地电磁测深法在尼日尔阿泽里克铀成矿区的应用研究[J]. 世界核地质科学, 32(1): 24-28.

张胜利, 夏斌, 胡振华, 等. 2007. 丽水-椒江凹陷新生代构造应力场数值模拟与油气运聚关系探讨[J]. 大地构造与成矿学, 31(2): 180-185.

张树林, 田世澄. 1990. 油气初次运移研究方法的探讨[J]. 地球科学, 15(1): 87-92.

张挺. 2009. 基于多点地质统计的多孔介质重构方法及实现[D]. 合肥: 中国科学技术大学.

张万选, 张厚福. 1981. 石油地质学[M]. 北京: 石油工业出版社: 1-307.

张伟, 林承焰, 董春梅. 2008. 多点地质统计学在秘鲁 D 油田地质建模中的应用[J]. 中国石油大学学报(自然科学版), (4): 24-28.

张卫华, 陈荣书, 陈习峰, 等. 1999. 分阶段排烃模拟模型研究[J]. 石油实验地质, 21(4): 357-363.

张义刚, 陈彦华, 陆嘉炎. 1997. 油气运移及其聚集成藏模式[M]. 南京: 河海大学出版社.

张渝昌. 1997. 中国含油气盆地原型分析[M]. 南京: 南京大学出版社.

张志庭. 2010. 盆地断块构造三维建模与过程可视化技术研究[D]. 武汉: 中国地质大学(武汉).

赵鹏大, 孟宪国. 1992. 地质学的定量化问题[J]. 地球科学: 中国地质大学学报, 17(增刊): 51-56.

赵鹏大, 宋国奇, 吴冲龙, 等. 2010. 临清坳陷东部油气地质异常研究与资源综合评价[M]. 武汉: 中国地质大学出版社.

赵树贤, 张达贤, 王忠强. 1999. 基于裁剪曲面表示的煤矿床地质模型[J]. 黄金科学技术, (Z1): 37-39.

赵文智, 李建忠, 杨涛, 等. 2016. 中国南方海相页岩气成藏差异性比较与意义[J]. 石油勘探与开发, 43(4): 499-510.

赵文智, 王兆云, 王红军, 等. 2006. 不同赋存态油裂解条件及油裂解型气源灶的正演和反演研究[J]. 中国地质, 33(5): 952-965.

赵延江. 2007. 东营凹陷古近系盆地结构与充填特征研究[D]. 广州: 中国科学院研究生院(广州地球化学研究所).

郑丁. 2008. 华北地区东部构造应力场模拟[D]. 北京: 中国石油大学.

钟嘉猷. 1998. 实验构造地质学及其应用[M]. 北京: 科学出版社.

周江羽, 吴冲龙, 毛小平, 等. 1998. 含油气盆地储层建模和模拟研究评述[J]. 地质科技情报, 17(1): 67-72.

周霞, 申龙斌, 孙旭东, 等. 2010. 数据库技术在油田勘探井位部署决策中的应用[J]. 中国石油勘探, 15(1): 2, 63-66.

周中毅, 范善发, 潘长春, 等. 1997. 盆地深部形成油气藏的有利因素[J]. 勘探家, 2(1): 7-11.

朱光有, 金强, 张水昌, 等. 2004. 陆相断陷盆地复式成烃及成藏系统研究: 以济阳坳陷沾化凹陷为例[J]. 石油学报, (2): 12-18.

朱伟林, 黎明碧, 吴培康. 1997. 珠江口盆地珠三坳陷石油体系[J]. 石油勘探与开发, 24(6): 21-23, 114-115.

朱夏. 1986. 朱夏论中国含油气盆地构造[M]. 北京: 石油工业出版社.

朱夏, 徐旺. 1990. 中国中新生代沉积盆地[M]. 北京: 石油工业出版社.

宗国洪, 肖焕钦, 李常宝, 等. 1999. 济阳坳陷构造演化及其大地构造意义[J]. 高校地质学报, 5(3): 275-282.

邹才能, 陶士振, 侯连华, 等. 2014. 非常规油气地质学[M]. 北京: 地质出版社.

Antonovicb M. 1997. Visual FoxPro 开发使用手册[M]. 袁兆山译. 北京: 机械工业出版社: 503-506.

Leythaeuser D, et al. 1987. 扩散在石油初次运移中的作用[M]//油气运移(第 2 集). 北京: 石油工业出版社.

Abd El Gawad E A, Ghanem M F, Lotfy M M, et al. 2019. Burial and thermal history simulation of the subsurface Paleozoic source rocks in Faghur Basin, North Western Desert, Egypt: Implication for hydrocarbon generation and expulsion history[J]. Egyptian Journal of Petroleum, 28(3): 261-271.

Abdelwahhab M A, Raef A. 2020. Integrated reservoir and basin modeling in understanding the petroleum system and evaluating prospects: The Cenomanian Reservoir, Bahariya Formation, at Falak Field, Shushan Basin, Western Desert, Egypt[J]. Journal of Petroleum Science and Engineering, 189: 107023.

Abeed Q, Littke R, Strozyk F, et al. 2013. The Upper Jurassic–Cretaceous petroleum system of southern Iraq: A 3-D basin modelling study[J]. GeoArabia, 18(1): 179-200.

Airy G B. 1855. On the computation of the effect of the attraction of mountain-masses as disturbing the apparent astronomical latitude of stations of geodetic surveys[J]. Philos Trans R Soc London, 16(2): 42-43.

AlKawai W H, Mukerji T, Scheirer A H, et al. 2018. Combining seismic reservoir characterization workflows with basin modeling in the deepwater Gulf of Mexico Mississippi Canyon Area[J]. AAPG Bulletin, 102(4): 629-652.

Al-Khafaji A J, Hakimi M H, Mohialdeen I M J, et al. 2021. Geochemical characteristics of crude oils and basin modelling of the probable source rocks in the Southern Mesopotamian Basin, South Iraq[J]. Journal of Petroleum Science and Engineering, 196: 107641.

Allan U S. 1989. Model for hydrocarbon migration and entrapment within faulted structures[J]. AAPG Bulletin, 73: 803-811.

Allard D, Comunian A, Renard P. 2012. Probability aggregation methods in geoscience[J]. Mathematical Geosciences, 44(5): 545-581.

Allen P A, Allen J R. 1978. Basin Analysis Principle and Application, Blackwell Scientific Publications, Oxford London and Present Temperature in the Los Angeles and Vradiets Basins, California[M]//Oltz D F. Low Temperature Metamorphism of Kerogen and Clay Minerals. Los Angeles: Society of Economic Paleontologists and Mineralogists: 65-96.

Al-Marhoun M A. 1988. PVT correlations for middle east crude oils[J]. Journal of Petroleum Technology, 40(5): 650-666.

Amos C B, Audet P, Hammond W C, et al. 2014. Uplift and seismicity driven by groundwater depletion in central California[J] Nature, 509: 483-486.

Angelier J, Tarantola A, Valette B, et al. 1982. Inversion of field data in fault tectonics to obtain the regional stress? I. Single phase fault populations: A new method of computing the stress tensor[J]. Geophysical Journal International, 69: 607-621.

Arpat G B. 2005. Sequential simulation with patterns[D]. Stanford: Stanford University.

Arpat G B, Caers J. 2007. Conditional simulation with patterns[J]. Mathematical Geology, 39(2): 177-203.

Bai W J, Yang J S. 1988. Collision of the Indian plate and Eurasian plate and uplift of the Tibetan plateau[J]. Regional Geology of China, (4): 75-82.

Barba S, Carafa M M C, Mariucci M T, et al. 2010. Present-day stress-field modelling of southern Italy constrained by stress and GPS data[J]. Tectonophysics, 482 (1-4): 193-204.

Baria R, Baumgrtner J, Gérard A. 1994. Status of the european hot dry rock geothermal programmer[J]. Geothermal Engineering, 19(1-2): 33-48.

Barker C E, Pawlewicz M J. 1986. The Correlation of Vitrinite Reflectance with Maximum Temperature in Humic Organic Matter[M]// Buntebarth G, Stegena L. Paleogeothermics. Berlin/Heidelberg: Springer-Verlag, 5: 79-93.

Baur F, Scheirer A H, Peters K E. 2018. Past, present, and future of basin and petroleum system modeling[J]. AAPG Bulletin, 102(4): 549-561.

Beek A E. 1976. Animprovedmethod of eomputing the thermale onduetivity of fluidiflled sedimentary roeks[J]. Geophysies, 41: 133-144.

Berbesi L A, di Primio R, Anka Z, et al. 2012. Source rock contributions to the Lower Cretaceous heavy oil accumulations in Alberta: A basin modeling study[J]. AAPG Bulletin, 96(7): 1211-1234.

Berson A S J. 1997. Data Warehousing, Data Mining, and OLAP[M]. New York: McGraw Hill Inc.

Bethke C M. 1985. A numerical model of compaction-driven groundwater flow and heat transfer and its application to the paleohydrology of intracratonic sedimentary basins[J]. Journal of Geophysical Research, 90: 6817-6828.

Bezrukov A, Davletova A R. 2010. Methods of multiple-point statistics in geological simulation practice: Prospects for application[C]//SPE Russian Oil and Gas Conference and Exhibition. Moscow: Society of Petroleum Engineers.

Birch F, Roy R F, Decker E R. 1968. Heat flow and thermal history in New England and New York[A]//Zen E, White W S, Hadley J B, et al. Studies of Appalachian Geology, Northern and Maritime. New York: Interscience Publisher: 437-452.

Blackwell D D. 1971. The Thermal Structure of the Continental Crust[M]//Heacock J G. The Structure and Physical Properties of the Earth's Crust. Washington D. C. : American Geophysical Union: 169-184.

Borsa A A, Agnew D C, Cayan D R. 2014. Ongoing drought-induced uplift in the western United States[J]. Science, 345: 1587-1590.

Bostick N H. 1971. Thermal alteration of clastic organic particles as an indicator of contact and burial metamorphism in sedimentary rocks[J]. Geoscience and Man, (3): 83.

Bostick N H, Cashman S M, McCulloh T H, et al. 1979. Gradients of vitrinite reflectance and present temperature in the los angeles and ventura basins, California[J]//Oltz D F. Low Temperature Metamorphism of Kerogen and Clay Minerals. Los Angeles: AAPG: 65-96.

Bowker K A. 2007. Barnett Shale gas production, Fort Worth Basin: Issues and discussion[J]. AAPG Bulletin, 91: 523-533.

Brigaud D S C F. 1990. Estimating thermal conductivity in sedimentary basins using lithologic data and geophysical well logs (1)[J]. AAPG Bulletin, 74(9): 1459-1477.

Bruneau B, Villié M, Ducros M, et al. 2018. 3D numerical modelling and sensitivity analysis of the processes controlling organic matter distribution and heterogeneity—a case study from the toarcian of the Paris Basin[J]. Geosciences, 8(11): 405.

Brunet M F, Korotaev M V , Ershov A V , et al. 2003. The South Caspian Basin: A review of its evolution from subsidence modelling[J]. Sedimentary Geology, 156(1): 119-148.

Buddin T S, Egan S S, Kane S J, et al. 1996. Three dimensional restoration of hanging-wall volumes: A continuum approach[C]. AAPG SEPM, 5: 231

Buntebarth G, Teichmüller R. 1979. Zur Ermittlung der Paläotemperaturen im Dach des Bramscher Intrusive aufgrund von Inkohlungsdaten[J]. Fortschritte in den Geologie von Rheinland und Westfalen, 27: 171-182.

Burnham A K, Sweeney J J. 1989. A chemical kinetic model of vitrinite maturation and reflectance[J]. Geochimica et Cosmochimica Acta, 53(10): 2649-2657.

Burov E, Diament M. 1995. The effective elastic thickness ($T_e$) of continental lithosphere: What does it really mean?[J]. Journal of Geophysical Research : Solid Earth, 100(B3): 3905-3927.

Burov E, Diament M. 1996. Isostasy, equivalent elastic thickness, and inelastic rheology of continents and oceans[J]. Geology, 24: 419-422.

Burwicz E, Haeckel M. 2020. Basin-scale estimates on petroleum components generation in the Western Black Sea Basin based on 3-D numerical modelling[J]. Marine and Petroleum Geology, 113: 104122.

Bustin R M, Clarkson C R. 1998. Geological controls on coalbed methane reservoir capacity and gas content[J]. International Journal of Coal Geology, 38(1-2): 3-26.

Bustin R, Bustin A, Cui A. 2008. Impact of shale properties on pore structure and storage characteristics[C]// Society of Petroleum Engineers Shale Gas Production Conference. Irving: 32-59.

Büyüksalih İ, Gazioğlu C. 2019. New approach in integrated basin modelling: Melen airborne LIDAR[J]. International Journal of Environment and Geoinformatics, 6(1): 22-32.

Cannan J. 1974. Time-tempreture relation in oil genesis[J]. AAPG Bulletin, 58(12): 2516-2521.

Carey-Gailhardis E, Mercier J L. 1987. A numerical method for determining the state of stress using focal mechanisms of earthquake populations: Application to Tibetan teleseisms and microseismicity of

Southern Peru[J]. Earth and Planetary Science Letters, 82: 165-179.

Carickhoff R. 1997. A New Face for OLAP[M]. Internet System.

Carl Y. 1989. Spatial Data Structures for Modeling Subsurface Features[M]//Raper J. Three Dimensional Applications in Geographical Information Systems. Boca Raton: CRC Press.

Carlson E. 1987. Three Dimensional conceptual modeling of subsurface structures[J]. ASPRS ACSM, Annual Convention, 1(4): 188-200.

Carmichael I S E, Turner F J, Verhoogen J. 1974. Igneous Petrology[M]. New York: McGraw-Hill.

Carminati E. 2009. Neglected basement ductile deformation in balanced-section restoration: An example from the Central Southern Alps (Northern Italy)[J]. Tectonophysics, 463(1-4): 161-166.

Carr A D. 1999. A vitrinite reflectance kinetic model incorporating overpressure retardation[J]. Marine and Petroleum Geology, 16(4): 355-377.

Carr A D. 2000. Suppression and retardation of vitrinite reflectance, part 1. formation and significance for hydrocarbon generation[J]. Journal of Petroleum Geology, 23(3): 313-343.

Čermák V. 1979. Heat Flow Map of Europe[M]//Čermák V, Rybach L. Terrestrial Heat Flow in Europe. Berlin, Heidelberg: Springer Berlin Heidelberg: 3-40.

Chalmers G R L, Bustin R M. 2008a. Lower Cretaceous gas shales in northeastern British Columbia, Part I: Geological controls on methane sorption capacity[J]. Bulletin of Canadian Petroleum Geology, 56: 1-21.

Chalmers G R L, Bustin R M. 2008b. Lower Cretaceous gas shales in northeastern British Columbia, Part II: Evaluation of regional potential gas resources[J]. Bulletin of Canadian Petroleum Geology, 56: 22-61.

Chen H H, Wu Y, Xiao Q G, et al. 2013. Thermal regime and paleogeothermal gradient evolution of Mesozoic-Cenozoic sedimentary basins in the Tibetan Plateau, China[J]. Earth Science, 38(3): 541-552.

Cheng D S, Li Y T, Lei Z Y, et al. 2000. Characteristics of Hydrocarbon Generation in Qiangtang Basin, Qinghai-Tibet Plateau[J]. Scientia Geologica Sinica, 35(4): 474-481.

Chugunova T L, Hu L Y. 2008. Multiple-point simulations constrained by continuous auxiliary data[J]. Mathematical Geosciences, 40(2): 133-146.

Clarke A P, Vannucchi P, Morgan J. 2018. Seamount chain–subduction zone interactions: Implications for accretionary and erosive subduction zone behavior[J]. Geology, 46(4): 367-370.

Cloetingh S A P L, Wortel M J R, Vlaar N J. 1982. Evolution of passive continental margins and initiation of subduction zones[J]. Nature, 297: 139-142.

Code P, Yourdon E. 1991. Object-Oriented Analysis[M]. 2nd. Englewood Cliffs: Prentice-Hall.

Comunian A, Renard P, Straubhaar J. 2012. 3D multiple-point statistics simulation using 2D training images[J]. Computers & Geosciences, 40: 49-65

Connan J. 1974. Time-temperature relation in oil genesis[J]. AAPG Bulletin, 58: 2516-2521.

Connerney J E, Acuna M H, Wasilewski P J, et al. 1999. Magnetic lineations in the ancient crust of Mars[J]. Science, 284: 794-798.

Cornet F H, Burlet D. 1992. Stress field determinations in France by hydraulic tests in boreholes[J]. Journal of Geophysical Research: Solid Earth, 97(B8): 11829-11850.

Corredor F O. 1996. Three-dimensional geometry and kinematics of the western thrust front of the Eastern Cordillera, Columbia: Annual Meeting Abstracts - American Association of Petroleum Geologists and Society of Economic Paleontologists and Mineralogists[J]. Tulsa, OK, United States , 5: 29-30.

Curray J R, Emmel F J, Moore D G, et al. 1982. Structure, Tectonics and Geological History of the Northeastern Indian Ocean[M]//Nairn A E M, Stehli F G. The Ocean Basins and Margins. Boston: Springer: 399-450.

Curry D J. 2019. Future directions in basin and petroleum systems modeling: A survey of the community[J]. AAPG Bulletin, 103 (10) : 2285-2293.

Curtis J B. 2002. Fractured shale-gas systems[J]. AAPG Bulletin, 86 (11) : 1921-1938.

Dahlstrom C D A. 1969. Balanced cross sections[J]. Canadian Journal of Earth Sciences, 6: 743-757.

Damsleth E, Tjolsen C B, Omre H, et al. 1992. A two-stage stochastic model applied to a north sea reservoir[J]. Journal of Petroleum Technology, 44 (4) : 402-408

Dan M. 1978. Some remarks on the development of sedimentary basins[J]. Earth and Planetary Science Letters, 40: 25-32.

Daza A, Wagemakers A, Georgeot B, et al. 2016. Basin entropy: A new tool to analyze uncertainty in dynamical systems[J]. Scientific Reports, 6: 31416.

De Donatis M. 2001. Three-dimensional visualization of the *Neogene* structures of an external sector of the northern Apennines, Italy[J]. AAPG Bulletin, 85 (3) : 419-431.

Delaunay B. 1934. Surla Sphere Vide Bulletin of the Academy of Dcience of the USSR[J]. Classe des Sciences Mathematiques et Naturelles, (8) : 793-800.

Demaison G, Huizinga B J. 1991. Genetic classification of petroleum systems[J]. AAPG Bulletin, 75 (10) : 1626-1643.

DeMarco T. 2001. Structure Analysis and System Specification[M]//Broy M, Denert E. Pioneers and Their Contributions to Software Engineering. Berlin, Heidelberg: Springer: 255-288.

Dembicki H Jr. 2017. Basin Modeling[M]//Practical Petroleum Geochemistry for Exploration and Production. Amsterdam: Elsevier.

Dembicki H Jr, Anderson M J. 1989. Secondary migration of oil: Experiments supporting efficient movement of separate, buoyant oil phase along limited conduits[J]. AAPG Bulletin, 73 (8) : 1018-1021.

Densmore A L, Li Y, Ellis M A, et al. 2005. Active tectonics and erosional unloading at the eastern margin of the Tibetan Plateau[J]. Journal of Mountain Science, 2 (2) : 146-154.

Desbarats A J, Dimltrakopoulos R. 1990. Geostatistical modeling of transmissibility for 2D reservoir studies[J]. SPE Formation Evaluation, 5 (4) : 437-443.

Dickey P A. 1975. Possible primary migration of oil from source rock in oil phase: Geologic Notes[J]. AAPG Bulletin, 59: 337-345.

Dokka R K, Travis C J. 1990. Late Cenozoic strike-slip faulting in the Mojave Desert, California[J]. Tectonics, 9 (2) : 311-340.

Doliguez B. 1987. Migration of Hydrocarbon in Sedimentary Basins[M]. 2nd IFP Exploration Research Conference. Carcans: 15-19.

Donelick R A, Ketcham R A, Carlson W D. 1999. Variability of apatite fission track annealing kinetics; Ⅱ: Crystallographic orientation effects[J]. American Mineralogist, 84: 1224-1234.

Dong S W, Li T D, Chen X H, et al. 2012. Progress of deep exploration in mainland China: A reviewa[J]. Chinese Journal of Geophysics, 55 (12) : 3884-3901.

Dow W G. 1972. Application of oil correlation and source-rock data to exploration in williston basin:

Abstract[J]. AAPG Bulletin, 56: 615.

Dow W G. 1977. Kerogen studies and geological interpretations[J]. Journal of Geochemical Exploration, 7(2): 79-99.

Dressel I, Scheck-Wenderoth M, Cacace M. 2017. Backward modelling of the subsidence evolution of the Colorado Basin, offshore Argentina and its relation to the evolution of the conjugate Orange Basin, offshore SW Africa[J]. Tectonophysics, 716: 168-181.

Du R Z, Liu G X, Yang S L. 1990. Modern sedimentation rate and sedimentation process in Bohia bay[J]. Marine Geology & Quaternary Geology, (3): 15-22.

Ducros M, Nader F H. 2020. Map-based uncertainty analysis for exploration using basin modeling and machine learning techniques applied to the Levant Basin petroleum systems, Eastern Mediterranean[J]. Marine and Petroleum Geology, 120: 104560.

Ducros M, Sassi W, Vially R, et al. 2018. 2-D Basin Modeling of the Western Canada Sedimentary Basin across the Montney-Doig System: Implications for Hydrocarbon Migration Pathways and Unconventional Resources Potential[M]//Petroleum Systems Analysis—Case Studies. Dallas: The American Association of Petroleum Geologists.

Elison P, Niederau J, Vogt C, et al. 2019. Quantification of thermal conductivity uncertainty for basin modeling[J]. AAPG Bulletin, 103(8): 1787-1809.

Emanuel A S, Alameda G K, Behrens R A.1988. Reservoir performance prediction methods based on fractal geostatistics[J]. SPE Reservoir Engineering, 4(3): 311-318.

England W A, Fleet A J. 1991. Petroleum Migration[M]. London: Geological Society of London, Special Publication: 280.

England W A, MacKenzie A S, Mann D M, et al. 1987. The movement and entrapment of petroleum fluids in the subsurface[J]. Journal of the Geological Society, 144: 327-347.

Erickson S G, Hardy S, Suppe J. 2000. Sequential restoration and unstraining of structural cross sections: Applications to extensional terranes[J]. AAPG Bulletin, 86(2): 234-249.

Etchecopar A, Vasseur G, Daignieres M. 1981. An inverse problem in microtectonics for the determination of stress tensors from fault striation analysis[J]. Journal of Structural Geology, 3(1): 51-65.

Falvey D A. 1974. The development of continental margins in plate tectonic theory[J]. The APPEA Journal, 14: 95-106.

Finkbeiner T, Zoback M, Flemings P, et al. 2001. Stress, pore pressure, and dynamically constrained hydrocarbon columns in the South Eugene Island 330 field, northern Gulf of *Mexico*[J]. AAPG Bulletin, 85(6): 1007-1031.

Forbes P L, Ungerer P M, Kuhfuss A B, et al. 1991. Compositional modeling of petroleum generation and expulsion: Trial application to a local mass balance in the smorbukk sor field, haltenbanken area, Norway[J]. AAPG Bulletin, 75(5): 873-893.

Fouch T D, Nuccio V F, Anders D E, et al. 1994. Green River(!) petroleum system, Unita Basin, Utah, U.S.A[J]//Magoon L B, Dow W G. The Petroleum System-from Source to Trap. AAPG Memoir, 60: 398-421.

Fscher A G. 1975. Origin and growth of basin[M]//Judson F. Petroleum and global tectonics. Princeton and London: Princeton University Press: 47-79.

Fu B C. 1998. Cause of geothermal heat and characteristics of water chemistry in Teng chong[J]. Journal of Yunnan Polytechnie University, 14(3): 46-50.

Gac S, Hansford P A, Faleide J I. 2018. Basin modelling of the SW Barents Sea[J]. Marine and Petroleum Geology, 95: 167-187.

Galushkin Y. 2016. Non-standard Problems in Basin Modelling[M]. Cham: Springer International Publishing.

Gao J L, Sun C Q, Zhang L, et al. 2014. Scientific Drilling and Its Scientific Significance in Volcanic-Geothermal-Tectonic Belt in Tengchong, Yunnan[M]. Beijing: Joint Annual Meeting of the Earth Sciences of China: 2748-2750.

Gassiat C, Gleeson T, Lefebvre R, et al. 2013. Hydraulic fracturing in faulted sedimentary basins: Numerical simulation of potential contamination of shallow aquifers over long time scales[J]. Water Resources Research, 49(12): 8310-8327.

Gault B, Stotts G. 2007. Improve shale gas production forecasts[J]. E&P: A Hart Energy Publication, 80(3): 85-87.

Genest C, Zidek J V. 1986. Combining probability distributions: A critique and an annotated bibliography[J]. Statistical Science, 1(1): 114-135.

Gleadow A J W, Duddy I R, Lovering J F. 1983. Fission track analysis: A new tool for the evalution of the evaluation of thermal histories and hydrocarbon potential[J]. The APPEA Journal, 23: 93-102.

Gong Y L, Wang L S, Liu S W, et al. 2003. Characteristics of ground heat flow distribution in Jiyang depression[J]. Science in China(Series D), 33(4): 384-391.

Gong Y L, Wang L S, Liu S W, et al. 2004. Distribution characteristics of terrestrial heat flow density in Jiyang depression of Shengli Oilfield, East China[J]. Science in China Series D, 47(9): 804-812.

Gratier J P, Guillier B, Delorme A, et al. 1991. Restoration and balance of a folded and faulted surface by best-fitting of finite elements: Principle and applications[J]. Journal of Structural Geology, 13: 111-115.

Green P F, Duddy I R, Laslett G M, et al. 1989. Thermal annealing of fission tracks in apatite 4. Quantitative modelling techniques and extension to geological timescales[J]. Chemical Geology: Isotope Geoscience Section, 79: 155-182.

Greensfelder B S, Voge H H, Good G M. 1949. Correction-catalytic and thermal cracking of pure hydrocarbons[J]. Industrial & Engineering Chemistry, 41: 2573-2584.

Gretener P E. 1988. Geothermics: Using Temperature in Hydrocarbon Exploration[M]. Translated by Zhang H F. Beijing: Petroleum Industry Press: 31-33.

Guardiano F B, Srivastava R M. 1993. Multivariate Geostatistics: Beyond Bivariate Moments[M]//Soares A. Geostatistics Tróia'92. Dordrecht: Springer: 133-144.

Guo Q H, Liu M L, Li J X, et al. 2017. Thioarsenic species in the high temperature hot springs from the Rehai geothermal field(Tengchong) and their geochemical geneses[J]. Earth Science, 42(2): 286-297.

Haken H. 1984. Spatial and temporal patterns formed by systems far from equilibrium[C]// Vidal C, Pacault A. Non-Equilibrium Dynamics in Chemical Systems. Berlin: Springer: 7-21.

Haldorsen H H, Damsleth E. 1990. Stochastic modeling[J]. JPT, 42(4): 404-412.

Haldorsen H H, Damsleth E. 1993. Challenges in reservoir characterization[J]. Geohorizons, 77(4): 541-551.

Hall J. 1859. Palæontology, Volume 3, Containing descriptions and figures of the organic remains of the Lower Helderberg Group and the Oriskany Sandstone[M]. New York: Geological Survey of New York.

Hantschel T, Kauerauf A I. 2009. Fundamentals of Basin and Petroleum Systems Modeling[M]. Berlin Heidelberg: Springer.

Hao F, Li S T, Dong W L, et al. 1998. Abnormal organic-matter maturation in the Yinggehai basin, South China Sea: Implications for hydrocarbon expulsion and fluid migration from overpressured systems[J]. Journal of Petroleum Geology, 21(4): 427-444.

Hao F, Sun Y C, Li S T, et al. 1995. Overpressure retardation of organic-matter maturation and petroleum generation: A case study from the yinggehai and Qiongdongnan Basins, South China Sea[J]. AAPG Bulletin, 79(4): 551-562.

Hartman R C, Lasswell P, Bhatta N, et al. 2008. Recent Advances in the Analytical Methods Used for Shale Gas Reservoir Gas-in-place Assessment[C]. San Antonio: American Association of Petroleum Geologists.

Hays J D, Imbrie J, Shackleton N J. 1976. Variations in the earth's orbit: Pacemaker of the ice ages[J]. Science, 194: 1121-1132.

He C J, Du Z B. 2013. Finite element simulation and analysis of vertical deformation in the three gorges area[J]. Journal of Geomatics Science and Technology, 30(5): 456-460.

He L F, Chen L, Dorji, et al. 2016. Mapping the geothermal system using AMT and MT in the mapamyum (QP) field, lake manasarovar, southwestern Tibet[J]. Energies, 9(10): 855.

He Z W, Wu C L, Tian Y P, et al. 2008. Three-dimensional reconstruction of geological solids based on section topology reasoning[J]. Geo-spatial Information Science, 11(3): 201-208.

Hellinger S J, Sclater J G. 1983. Some comments on the two layer extension models for the evolution of sedimentary basins[J]. Journal of Geophysical Research, 88: 8251-8269.

Hermanrud C S. 1993. Basin Modeling Techniques—An Overview[M]// Dore A G, et al. Basin Modeling: Advances and Applications. Amsterdam: Elsevier: 1-34.

Hewett T A, Behrens R A. 1990. Conditional simulation of reservoir heterogeneity with fractals[J]. SPE Formation Evaluation, 5(3): 217-225.

Hill D G. 2002. Gas storage characteristics of fracture shale plays[C]. Strategic Research Institute Gas Shale Conference.

Hill D G, Lombardi T E. 2002. Fractured Gas Shale Potential in New York[M]. Colorado: Arvada: 1-16.

Hill D G, Nelson C R. 2000. Reservoir properties of the Upper Cretaceous Lewis shale: A new natural gas play in the San Juan Basin[J]. AAPG Bulletin, 84(8): 1240.

Hill R J, Jarvie D M, Zumberge J, et al. 2007a. Oil and gas geochemistry and petroleum systems of the Fort Worth Basin[J]. AAPG Bulletin, 91(4): 445-473.

Hill R J, Zhang E T, Katz B J, et al. 2007b. Modeling of gas generation from the Barnett Shale, Fort Worth Basin, Texas[J]. AAPG Bulletin, 91: 501-521.

Hindle A D. 1997. Petroleum migration pathways and charge concentration: A three-dimensional model[J]. AAPG Bulletin, 81(9): 1451-1481.

Hinzen K G. 2003. Stress field in the Northern Rhine Area, Central Europe, from earthquake fault plane solutions[J]. Tectonophysics, 377: 325-356.

Hood A, Gutjahr C C M, Heacock R L. 1975. Organic metamorphism and the generation of petroleum[J]. AAPG Bulletin, 59: 986.

Hou G T, Wang Y X, Hari K R. 2010. The Late Triassic and Late Jurassic stress fields and tectonic transmission of North China Craton[J]. Journal of Geodynamics, 50: 318-324.

Houlding S W. 1994. 3D Geoscience Modeling: Computer Techniques for Geological Characterization[M]. Berlin: Springer-Verlag.

Hu X C. 2010. Analysis on the Advantages of Geothermal Resources in Tibet[C]//Geothermal Energy in China: Achievements and Prospects-Symposium of 40 Anniversary Convention and Geothermal Development in China for Li Siguang Advocated the Development and Utilization of Geothermal Energy in China. Beijing: Geological Press: 249-255.

Huck G, Karweil J. 1955. Physikalisch-chemische probleme der in kohlung[J]. Brennstoff Chem. , 36: 1.

Hunt J M. 1984. Generation and migration of light hydrocarbons[J]. Science, 226: 1265-1270.

Hunt J M. 1990. Generation and migration of petroleum from abnormally pressured fluid compartments（1）[J]. AAPG Bulletin, 74（1）: 1-12.

Hunt J M, Huc A Y, Whelan J K. 1980. Generation of light hydrocarbons in sedimentary rocks[J]. Nature, 288: 688-690.

Hurley N F, Zhang T F. 2011. Method to generate full-bore images using borehole images and multipoint statistics[J]. SPE Reservoir Evaluation & Engineering, 14（2）: 204-214.

Inmon W H. 1996. Building Data Warehouse[M]. New York: John Wiley & Sons.

Islam M R, Hayashi D, Kamruzzaman A B M. 2009. Finite element modeling of stress distributions and problems for multi-slice longwall mining in Bangladesh, with special reference to the Barapukuria coal mine[J]. International Journal of Coal Geology, 78（2）: 91-109.

Jarvie D M, Hill R J, Ruble T E, et al. 2007. Unconventional shale-gas systems: The Mississippian Barnett Shale of north-central Texas as one model for thermogenic shale-gas assessment[J]. AAPG Bulletin, 91: 475-499.

Johnson Ibach L E. 1982. Relationship between sedimentation rate and total organic carbon content in ancient marine sediments[J]. AAPG Bulletin, 66（2）: 170-188.

Jones R. 1987. Organic facies[A]//Welte D. Advance in Petroleum Geochemistry. London: Academic Press: 1-89.

Journel A G. 2002. Combining knowledge from diverse sources: An alternative to traditional data independence hypotheses[J]. Mathematical Geology, 34: 573-596.

Karato S I. 2014. Some remarks on the models of plate tectonics on terrestrial planets: From the view-point of mineral physics[J]. Tectonophysics, 631: 4-13.

Karweil J. 1956. Die metamorphose der kohlen vom standpunkt der physikalischen Chemie[J]. Zeitschrift der Deutschen Geologischen Gesellschaft, 107: 132-139.

Kerr R A. 2005. How does Earth's interior work?[J]. Science, 309（5731）: 87.

Kinsman D J J. 1975. Rift valley basins and sedimentary history of trailing continental margins[M]// Petroleum and Global Tectonics. Princeton and London: Princeton University Press: 83-126.

Krantz B W. 1996. A quantitative method for relating structural map patterns, strains, and fault offsets in strike-slip zones[C]. San Diego: Annual convention of the American Association of Petroleum Geologists, Inc. and the Society for Sedimentary Geology: global exploration and geotechnology, 5:19-22.

Lachenbruch A H. 1970. Crustal temperature and heat production: Implications of the linear heat-flow relation[J]. Journal of Geophysical Research, 75: 3291-3300.

Lang X J, Lin W J, Liu Z M, et al. 2016. Hydrochemical characteristics of geothermal water in guide basin[J]. Earth Science, 41(10): 1723-1734.

Larsen G, Chilingar G V. 1979. Diagenesis in Sediments and Sedimentary Rocks[M]. Amsterdam: Elsevier Sci Publish Company.

Laslett G M, Green P F, Duddy I R, et al. 1987. Thermal annealing of fission tracks in apatite 2. A quantitative analysis[J]. Chemical Geology, 65(1):1-13.

Laubscher H. 1996. Challenge for material balance in 3-D: A fold adapts to varying boundary conditions along strike[J]. Tulsa Geological Society Newsletter, (3): 9-11.

Lavier L L, Steckler M S. 1997. The effect of sedimentary cover on the flexural strength of continental lithosphere[J]. Nature, 389(6650): 476-479.

Law B E. 1992. Thermal maturity patterns of Cretaceous and Tertiary rocks, San Juan Basin, Colorado, and New Mexico[J]. Geological Society of America Bulletin, 104(2): 192-207.

Lee E Y, Michael W. 2018. Basin modelling with a MATLAB-based program, BasinVis 2. 0: A case study on the southern Vienna Basin, Austria[J]. Journal of the Geological Society of Korea, 54(6): 615-630.

Lee E Y, Novotny J, Wagreich M. 2016. BasinVis 1. 0: A MATLAB®-based program for sedimentary basin subsidence analysis and visualization[J]. Computers & Geosciences, 91: 119-127.

Lee E Y, Novotny J, Wagreich M. 2019. Subsidence Analysis and Visualization: For Sedimentary Basin Analysis and Modelling[M]. Berlin: Springer Publishing Company.

Lee E Y, Novotny J, Wagreich M. 2020. Compaction trend estimation and applications to sedimentary basin reconstruction (BasinVis 2.0)[J]. Applied Computing and Geosciences, 5: 100015.

Lee Y, Deming D. 1999. Heat flow and thermal history of the Anadarko Basin and the western Oklahoma Platform[J]. Tectonophysics, 313: 399-410.

Lerche I. 1988. Inversion of multiple thermal indicators: Quantitative methods of determining paleoheat flux and geological parameters. I. Theoretical development for paleoheat flux[J]. Mathematical Geology, 20: l-36.

Lerche I. 1990. Basin Analysis: Quantitative Methods, Volume II[M]. San Diego: Academic Press Inc: 12-19.

Lerche I. 1995. Basin analysis: Quantitative Methods[M]. San Diego: Academic Press, (8): 13-18.

Lerche I R, Yarzab F, Kendall C G S C. 1984. Determination of paleoheat flux from vitrinite reflectance data[J]. AAPG Bulletin, 68(11): 1704-1717.

Levy A B. 2018. Basin Analysis via Simulation[M]//Attraction in Numerical Minimization. Cham: Springer: 43-75.

Lewis R, Ingraham D, Pearcy M, et al. 2004. New Evaluation Techniques for gas shale reservoirs[C]. Reservoir symposium 2004. Schlumberger.

Leythaeuser D, Mackenzie A, Schaefer R G, et al. 1984. A novel approach for recognition and quantification of hydrocarbon migration effects in shale-sandstone sequences[J]. AAPG Bulletin, 68(2): 196-219.

Leythaeuser D, Schaefer R G, Pooch H. 1980. Diffusion of light hydrocarbons in subsurface sedimentary rocks[J]. AAPG Bulletin, 67(6): 889-895.

Li F, Ma C, Zhang S K, et al. 2020. Evaluation of the glacial isostatic adjustment (GIA) models for

*Antarctica* based on GPS vertical velocities[J]. Science China Earth Sciences, 63: 575-590.

Li R X. 1994. Data structures and application issues in 3-d geographic information systems[J]. Geoinformatica, 48(3): 209-224.

Li X, Wu C L, Cai S H, et al. 2013. Dynamic simulation and 2D multiple scales and multiple sources within basin geothermal field[J]. International Journal of Oil, Gas and Coal Technology, 6(1/2): 103-119.

Li Z G. 2002. 3-D numerical simulation of current tectonic stress field in Lvjiatuo coal mine in Kailuan[J]. Hydrogeology and Engineering Geology, 2(4): 18-21.

Liu G, Tang B Y, Wu C L, et al. 2013a. 3D simulation of hydrocarbon-expulsion history: A method and its application[J]. International Journal of Oil, Gas and Coal Technology, 6(1/2): 133-157.

Liu J L, Guo Z F. 1998. Volcanic activities and tectonic-climatic cycles[J]. Quaternary Sciences, 3: 222-228.

Liu Y G. 2017. Preliminary construction of a comprehensive experimental base for deep geothermal resources exploration and development in Xianxian County, Hebei[J]. China Geological Survey Results Bulletin, 21(3): 1-2.

Liu Z F, Wu C L, Wei Z H. 2013b. Research on 3D numerical simulation of petroleum pool-forming based on system dynamics[J]. International Journal of Oil, Gas and Coal Technology, 6(1/2): 158-174.

Lopatin N V. 1971. Temperature and geologic time as factors in coalification[J]. Izvestiya Akad Nauk SSSR, Seriya Geologicheskaya, (3): 95-106.

Lopes J A G, De Castro D L, Bertotti G. 2018. Quantitative analysis of the tectonic subsidence in the Potiguar Basin (NE Brazil)[J]. Journal of Geodynamics, 117: 60-74.

Loucks R G, Ruppel S C. 2007. Mississippian Barnett Shale: Lithofacies and depositional setting of a deep-water shale-gas succession in the Fort Worth Basin, Texas[J]. AAPG Bulletin, 91: 579 - 601.

Lovering T S. 1935. Theory of heat conduction applied to geological problems[J]. Geological Society of America Bulletin, 46(1): 69-94.

Ma G, Chang E X, Zhou R L, et al. 1983. A Preliminary Investigation on the Characteristics of a Geothermal Field and the Conditions for Its Formation in the Northern Part of the North China Plain[M]// Chinese Academy of Geological Sciences, Bulletin of the 562 Comprehensive Geological Brigade(4). Beijing: Geological Publishing House: 109-126.

Ma Z J, Zhang P Z, Ren J W, et al. 2003. New cognitions on the global and chinese continental crustal movements from GPS horizontal vector fields[J]. Advance in Earth Sciences, 18(1): 4-11.

MacKenzie A S, Leythaeuser D, Schaefer R G, et al. 1983. Expulsion of petroleum hydrocarbons from shale source rocks[J]. Nature, 301: 506-509.

Maerten L, Gillespie P, Pollard D D. 2002. Effects of local stress perturbation on secondary fault development[J]. Journal of Structural Geology, 24: 145-153.

Magoon L B. 1992. The Petroleum: System status of research and methods[M]. USGS Bulletin.

Magoon L B, Dow W G. 1991. The petroleum system: From source to trap[J]. AAPG Memoir, 60: 3-24 .

Magoon L B, Dow W G. 1994. The petroleum system[J]//Magoon L B, Dow W G. The Petroleum system from source to trap. AAPG Memoir, 60: 1-35, 39.

Maharaja A. 2008. TiGenerator: Object-based training image generator[J]. Computers & Geosciences, 34(12): 1753-1761.

Makeen Y M, Hakimi M H, Abdullah W H, et al. 2020. Basin modelling and bulk kinetics of heterogeneous organic-rich Nyalau Formation sediments of the Sarawak Basin, Malaysia[J]. Journal of Petroleum Science and Engineering, 195: 107595.

Mao X P. 2013. Quantitative simulation and analysis of hydrocarbon pool-forming processes in Tahe oilfield, Tarim Basin[J]. International Journal of Oil, Gas and Coal Technology, 6(1/2): 191-206.

Mao X P, Huang Y H, Wu C L. 1998a. Application of volume element model in 3-D seismic forward simulation[J]. Chinese Journal of GEOPHYSICS, 41(4): 573-583.

Mao X P, Li S H, Liu G, et al. 1998b. A back-stripping inversion method under complex conditions—maximum depth method[J]. Earth Science, 23(3): 277-280.

Mao X P, Wu C L, Yuan Y B. 1999. Three dimensional structural modeling: Volume-balance technique[J]. Earth Science-Journal of China University of Geosciences, 24(6): 505-508.

Mariethoz G. 2010. A general parallelization strategy for random path based geostatistical simulation methods[J]. Computers & Geosciences, 36(7): 953-958.

Mariethoz G, Caers J. 2014. Multiple-Point Geostatistics: Stochastic Modeling with Training Images[M]. Hoboken, N J: John Wiley & Sons Inc.

Mariethoz G, Renard P, Straubhaar J. 2010. The Direct Sampling method to perform multiple-point geostatistical simulations[J]. Water Resources Research, 46(11): W11536.

Mariethoz G, Renard P. 2010. Reconstruction of incomplete data sets or images using direct sampling[J]. Mathematical Geosciences, 42(3): 245-268.

Mark D M. 1997. The history of geographic information systems: Invention and re-invension of triangulated irregular networks (TINs)[M]In GIS/LIS'97. American Society for Photogrammetry and Remote Sensing: 284-289.

Martini A M, Walter L M, Ku T C W, et al. 2003. Microbial production and modification of gases in sedimentary basins: A geochemical case study from a Devonian shale gas play, Michigan Basin[J]. AAPG Bulletin, 87(8): 1355-1375.

Mattax C C, Dalton R L. 1990. Reservoir Simulation[M]. Journal of Petroleum Technology, 42(6): 692-695.

Mavor M. 2003. Barnett shale gas-in-place volume including sorbed and free gas volume[J]. Texas: AAPG Southwest Section Meeting.

Mayer-Svhönberger V, Cukier K. 2013. Big Data: A Revolution That Will Transform How We Live, Work and Think[M]. New York: Houghton Mifflin Harcourt Publishing Company.

Mazo A, Potashev K, Kalinin E. 2015. Petroleum reservoir simulation using super element method[J]. Procedia Earth and Planetary Science, 15: 482-487.

McCormick B H, Defanti M D, Brown M D. 1987. Visualization in Scientific Computing[J]//ACM SIGGRAPH Computer Graphics. New York, 21(6): 1-14.

McKenzie D P. 1978. Some remarks on the development of sedimentary basins[J]. Earth and Planetary Science Letters, 40: 25-32.

McTavish R A. 1998. The role of overpressure in the retardation of organic matter maturation[J]. Journal of Petroleum Geology, 21(2): 153-186.

Miranda P A M N, Vargas E A Jr, Moraes A. 2020. Evaluation of the Modified Cam Clay model in basin and petroleum system modeling (BPSM) loading conditions[J]. Marine and Petroleum Geology, 112: 104112.

Mitra S, Namson J S. 1989. Equal-area balancing[J]. American Journal of Science, 289: 563-599.

Mohsenimanesh A, Ward S M, Gilchrist M D. 2009. Stress analysis of a multi-laminated tractor tyre using non-linear 3D finite element analysis[J]. Materials & Design, 30(4): 1124-1132.

Molenaar M. 1992. A toplogy for 3D Vector maps[J]. ITC Journal, (1): 25-34.

Molnar P, England P. 1990. Late Cenozoic uplift of mountain ranges and global climate change: Chicken or egg?[J]. Nature, 346(6279): 29-34.

Momper J A.1980. Generation of abnormal pressure through organic matter transformations(abs.)[J]. AAPG Bulletin, 64(5): 753.

Montgomery S L, Jarvie D M, Bowker K A, et al. 2005. Mississippian Barnett Shale, Fort Worth Basin, north-central Texas: Gas-shale play with multi-trillion cubic foot potential[J]. AAPG Bulletin, 89(2): 155-175.

Morgan M J. 1972. Deep Mantle Convection Plumes and Plate Motions[J]. AAPG Bulletin, 56(2): 203-213.

Morgan P, Sass J H. 1984. Thermal regime of the continental lithosphere[J]. Journal of Geodynamics, 1: 143-166.

Mundry E. 1968. Ueber die abkuhlung magma tischer korper[J]. Geol Jahrb, 85(1): 755-766.

Naeser N D, Naeser C W, McCulloh T H. 1989. The Application of Fission-Track Dating to the Depositional and Thermal History of Rocks in Sedimentary Basin[M]. New York: Springer: 157-180.

Nakayama K. 1987. Hydrocarbon-expulsion model and its application to Niigata Area, Japan[J]. AAPG Bulletin, 71(7): 810-821.

Nakayama K. 1988. Two-dimensional simulation model for petroleum basin evaluation[J] Journal of the Japanese Association for Petroleum Technology, 53: 41-50.

Nakayama K, Lerche I. 1987. Basin analysis by model simulation: effects of geologic parameters on one- and two-dimensional fluid flow systems, with application to an oil field[J]. Gulf Coast Association of Geological Societies Transaction, 37: 175-184.

Nakayama K, Siclen D C V. 1981. Simulation model for petroleum exploration[J]. AAPG Bulletin, 65: 1230-1255.

Neglia S. 1979. Migration of fluids in sedimentary basins[J]. AAPG Bulletin, 63(4): 573-597.

Okui A, Siebert R M, Matsubayashi H.1998. Simulation of oil expulsion by 1-D and 2-D basin modeling-saturation threshold and relative permeabilities of source rock[C]∥Düppenbecker S J, Iliffe J E. Basin modeling: Practice and progress. London: London Geological Society, Special Publications: 45-72.

Ozkaya L. 1991.Computer simulation of primary oil migration in Kuwait[J]. Journal of Petroleum Geology, 14(1):37-48.

Passey Q R, Moretti F J, Kulla J B, et al. 1990. A practical model for organic richness from porosity and resistivity logs[J]. AAPG Bulletin, 74(12): 1777-1794.

Pedersen S I, Randen T, Sonneland L, et al. 2002. Automatic fault extraction using artificial ants[C]//SEG Technical Program Expanded Abstracts 2002. SEG: 512-515.

Perrin M, Zhu B T, Rainaud J F, et al. 2005. Knowledge-driven applications for geological modeling[J]. Journal of Petroleum Science and Engineering, 47(1-2): 89-104.

Perrodon A.1980. GeodynamiquePetroliere. Genese et repartition des gise ments dhydrocarbures[C]. Paris: Masson-Elf Aquitaine.

Perrodon A. 1992. Petroleum systems: Models and applications[J]. Journal of Petroleum Geology, 15（3）: 319-326.

Perrodon A, Masse P. 1984. Subsidence sedimentation and petroleum systems[J]. Journal of Petroleum Geology, 7（1）: 5-26.

Peters K E, Curry D J, Kacewicz M. 2012. Basin Modeling: New Horizons in Research and Applications [M]. Tulsa, Oklahoma: American Association of Petroleum Geologists.

Picard M D. 1971. Classification of fine-grained sedimentary rocks[J]. SEPM Journal of Sedimentary Research, 41: 179-195.

Poblet J, McClay K. 1996. Geometry and kinematics of single-layer detachment folds[J]. AAPG Bulletin, 80（7）: 1085-1109.

Pollack H N, Chapman D S. 1977. Mantle heat flow[J]. Earth and Planetary Science Letters, 34: 174-184.

Pollastro R M. 2007. Total petroleum system assessment of undiscovered resources in the giant Barnett Shale continuous（unconventional）gas accumulation, Fort Worth Basin, Texas[J]. AAPG Bulletin, 91（4）: 551-578.

Pollastro R M, Jarvie D M, Hill R J, et al. 2007. Geologic framework of the Mississippian Barnett Shale, Barnett-Paleozoic total petroleum system, Bend arch-Fort Worth Basin, Texas[J]. AAPG Bulletin, 91（4）: 405-436.

Ponting D K. 1992. Corner point geometry in reservoir simulation[C] // King P R. Proceedings of the First ECMOR Conference. Oxford: Clarendon Press: 45-65.

Price L C. 1983. Geologic time as a parameter in organic metamorphism and vitrinite reflectance as an absolute paleogeothermometer[J]. Journal of Petroleum Geology, 6: 5-38.

Price L C, Wenger L M. 1992. The influence of pressure on petroleum generation and maturation as suggested by aqueous pyrolysis[J]. Organic Geochemistry, 19（1）: 141-159.

Prigogine I. 1983. Nonequilibrium thermodynamics and chemical evolution: An overview[M]//Nicolis G. Aspects of Chemical Evolution. New York: John Wiley & Sons: 43-62.

Pyrcz M J, Boisvert J B, Deutsch C V. 2009. ALLUVSIM: A program for event-based stochastic modeling of fluvial depositional systems[J]. Computers & Geosciences, 35（8）: 1671-1685.

Qiu N S. 2002. Characters of thermal conductivity and radio genic heat production rate in basins of northwest China[J]. Chinese Journal of Geology, 37（2）: 196-206.

Quigley A S, MacKenzie T M. 1988. Principles of geochemical prospect appraisal[J]. AAPG Bulletin, 72: 399-415.

Quintard M, Bernard D. 1986. Free convection in sediments[M]//Burrus J. Themal modeling in sedimentary basins. Paris: Editions Technip: 271-286

Rabinowicz M, Dandurand J L, Jakubowski M, et al. 1985. Convection in a North Sea oil reservoir: Inferences on diagenesis and hydrocarbon migration[J]. Earth and Planetary Science Letters, 74: 387-404.

Randen T, Monsen E, Signer C, et al. 2000. Three-dimensional texture attributes for seismic data analysis[J]. SEG Technical Program Expanded Abstracts, 2000: 668-671.

Raper J F, Maguire D J. 1992. Design models and functionality in GIS[J]. Computers & Geosciences, 18（4）: 387-394.

Regenauer-Lieb K, Yuen D A, Branlund J. 2001. The initiation of subduction: Criticality by addition of water?[J]. Science, 294(5542): 578-580.

Ren J S, Wu C L, Mu X, et al. 2013. Quantitative evaluation methods of traps based on hydrocarbon pool-forming process simulation[J]. International Journal of Oil, Gas and Coal Technology, 6(1/2): 175-190.

Ren Z L, Zhang S, Gao S L, et al. 2007. Tectonic and thermal evolution history of ordos basin and its metallogenic significance[J]. Science in China(Series D), 37(S1): 23-32.

Renard P, Allard D. 2013. Connectivity metrics for subsurface flow and transport[J]. Advances in Water Resources, (51): 168-196.

Richard S M. 1993. Palinspastic reconstruction of southeastern California and southwestern Arizona for the Middle Miocene[J]. Tectonics, 12: 830-854.

Rikitake T. 1959. Studies of the Thermal State of the Earth. The Second Paper: Heat Flow associated with Magma Intrusion[J]. Bulletin of the Earthquake Research Institute, 37(2): 1584-1596.

Roberts W H, Cordell R J. 1980. Problems of Migration: Introduction[J]. AAPG Studies in Geology, 10: Ⅶ-Ⅸ.

Rodrigues Duran E, di Primio R, Anka Z, et al. 2013. 3D-basin modelling of the Hammerfest Basin (southwestern Barents Sea): A quantitative assessment of petroleum generation, migration and leakage[J]. Marine and Petroleum Geology, 45: 281-303.

Ross D J K, Bustin R M. 2007. Shale gas potential of the Lower Jurassic Gordondale Member, northeastern British Columbia, Canada[J]. Bulletin of Canadian Petroleum Geology, 55: 51-75.

Ross D J K, Bustin R M. 2008. Characterizing the shale gas resource potential of Devonian-Mississippian strata in the Western Canada sedimentary basin: Application of an integrated formation evaluation[J]. AAPG Bulletin, 92: 87-125.

Rouby D, Cobbold P R. 1996. Kinematic analysis of a growth fault system in the Niger Delta from restoration in map view[J]. Marine and Petroleum Geology, 13(5): 565-580.

Rouby D, Xiao H, Suppe J. 2000. 3-D restoration of complexly folded and faulted surfaces using multiple unfolding mechanisms[J]. AAPG Bulletin, 84(6): 805-829.

Rouchet J D. 1981. Stress fields, a key to oil migration[J]. AAPG Bulletin, 65(1): 74-85.

Royden L. 1986. A simple method for analyzing subsidence and heat flow in extensional basins[C]//IFP exploration research conference, Technip. Paris: Publication countryFrance: 49-73.

Royden L. 1996. Coupling and decoupling of crust and mantle in convergent orogens: Implications for strain partitioning in the crust[J]. Journal of Geophysical Research, 101: 17679-17705.

Royden L, Keen C E. 1980. Rifting process and thermal evolution of the continental margin of eastern Canada determined from subsidence curves[J]. Earth and Planetary Science Letters, 51: 342-361.

Rumbaugh J, Blaha M, Premerlani W, et al. 1991. Object-Oriented Modeling and Design[M]. NJ: Prentice-Hall.

Samson P. 1996. Equilibrage de Structures Géologiques 3D Dans Lecadre du Projet GOCAD[D]. Lorraine: Institut National Polytechnique de Lorraine: 222.

Sass J H. 1981. Heat flow from the crust of the United State[J]. Physical Properties of Rocks and Minerals, 503-548.

Sato K, Bhatia S C, Gupta H K. 1996. Three-dimensional numerical modeling of deformation and stress in the

Himalaya and Tibetan Plateau with a simple geometry[J]. Journal of Physics of the Earth, 44: 227-254.

Schmoker J W. 1981. Determination of organic-matter content of Appalachian Devonian shales from gamma-ray logs[J]. AAPG Bulletin, 65: 1285-1298.

Schmoker J W. 1993. Use of formation density logs to determine organic-carbon content in Devonian shales of the western Appalachian basin and an additional example based on the baaken Formation of the Williston basin[J]// Roen J B, Kepferle R C. Petroleum Geology of Devonian and Mississipian black shale of eastern North America. US Geological Survey Bulletin, 1909: 1-14.

Schmoker J W. 2002. Resource-assessment perspectives for unconventional gas systems[J]. AAPG Bulletin, 86(11): 1993-1999.

Schowalter T T. 1979. Mechanics of secondary hydrocarbon migration and entrapment[J]. AAPG Bulletin, 63: 723-760.

Shen P Y, Wang K, Beck A E. 1990. Two-dimensional inverse modeling of crustal thermal regime with application to East European geotraverses[J]. Journal of Geophysical Research, 95(B12): 19903-19925.

Shen X J, Wang Z R. 1984. Analysis of the thermal reservoir model of Tibet Yangbajing Geothermal Field[J]. Science in China(Series B), 14(10): 941-949.

Shi W Z. 1996. A hybird model for 3D GIS[J]. Geoinformatics, (1): 400-409.

Snarsky A N. 1962. Die primare migration des erdols[J]. Freiberger Forschungsch, 123: 63-73.

Sobolev S V, Brown M. 2019. Surface erosion events controlled the evolution of plate tectonics on Earth[J]. Nature, 570: 52-57.

Sowiżdżał K, Słoczyński T, Sowiżdżał A, et al. 2020. Miocene biogas generation system in the Carpathian foredeep (SE Poland): A basin modeling study to assess the potential of unconventional mudstone reservoirs[J]. Energies, 13(7): 1838.

Spencer C J, Murphy J B, Kirkland C L, et al. 2018. A Palaeoproterozoic tectono-magmatic lull as a potential trigger for the supercontinent cycle[J]. Nature Geoscience, 11: 97-101.

Springer M. 1999. Interpretation of heat-flow density in the Central Andes[J]. Tectonophysics, 306(3-4): 377-395.

Standing M B. 1947. A pressure-volume-temperature correlation for mixtures of California oils and gases [J]. API Drilling and Production Practice, 275-287.

Stien M, Abrahamsen P, Hauge R, et al. 2007. Modification of the algorithm[C]. EAGE Conference on Petroleum Geostatistics, European Association of Geoscientists & Engineers.

Stormer J. 1975. A practical two-feldspar geothermometer[J]. Amer Miner, 60: 7-8.

Strebelle S. 2002. Conditional simulation of complex geological structures using multiple-point statistics[J]. Mathematical Geology, 34(1): 1-21.

Strebelle S B, Journel A G. 2001. Reservoir modeling using multiple-point statistics[C]. Proceedings of SPE Annual Technical Conference and Exhibition. Society of Petroleum Engineers.

Sun X Q. 2008. Present situation and prospect of application for finite element numerical simulation of palaeotectonic stress fields[J]. Fault-Block Oil & Gas Field, 15(3): 31-33.

Sweeney J J, Burnham A K. 1990. Evaluation of a simple model of vitrinite reflectance based on chemical kinetics[J]. AAPG Bulletin, 74(10): 1559-1570.

Syvitski J P M, Kettner A J. 2008. Scaling Sediment Flux across Landscapes[C]//Sediment Dynamics in

Changing Environments. JAHS Press: 149-156.

Tamaki K, Honza E. 1991. Global tectionics and formation of marginal basins: Role of the Western Pacific[J]. Episodes, 14(3): 224-230.

Tan C X, Jin Z J, Zhang M L, et al. 2001. An approach to the present-day three-dimensional (3D) stress field and its application in hydrocarbon migration and accumulation in the Zhangqiang depression, Liaohe field, China[J]. Marine and Petroleum Geology, 18(9): 983-994.

Tapponnier P, Peltzer G, Armijo R. 1986. On the mechanics of the collision between India and Asia[J]. Geological Society, London, Special Publications, 19: 115-157.

Tarantola A. 2004. Inverse Problem Theory and Methods for Model Parameter Estimation[M]. Society for Industrial and Applied Mathematics Philadelphia.

Teichmuller M. 1971. Anwendung kohlenpetrographischer methoden bei der erdol-und erdgasprospektion[J]. Erdöl und Kohle, Erdgas, Petrochemie, 24: 69-76.

Teichmuller M. 1973. Zur petrographie und Genese von Naturkoksen im Floz Prasident/Helene der Zeche Friedrich Heinrich bei Kamp-Lintfort (linker Niederhein)[J]. Geol Mit t, 12: 219-254.

Teichmuller M, Teichmüller R. 1981. The significance of coalification Studies to Geology: A review[J]. Bull. Centres Rech Explor prod Elf-Aquitaine, 5(2): 491-534.

Ten Brink N W. 1974. Glacio-isostasy: New data from West Greenland and geophysical implications[J]. Geological Society of America Bulletin, 4(7): 686-687.

Thomas R F. 1993. Use of 3D Geographic Information Systems in Hazardous Waste Site Investigations[M]. New York: Environmental Modeling with GIS.

Tian W G, Jiang Z X, Pang X Q, et al. 2005. Study of the thermal modeling of magma intrusion and its effects on the thermal evolution patterns of source rocks[J]. Journal of Southwest Petroleum Institute, 27(1): 12-16.

Tian Y P, Zhang P, Mao X P, et al. 2013. A method of calculating hydrocarbon generation history - hydrogen index method (TTPCI-IH method)[J]. International Journal of Oil, Gas and Coal Technology, 6(1/2): 120-132.

Tissot B P, Pelet R, Ungerer P. 1987. Thermal history of sedimentary basins, maturation indices, and kinetics of oil and gas generation[J]. AAPG Bulletin, 71: 1445-1466.

Tissot B P, Welte D H. 1984. Petroleum Formation and Occurrence[M]. Berlin/Heidelberg: Springer-Verlag: 1.

Torelli M, Traby R, Teles V, et al. 2020. Thermal evolution of the intracratonic Paris Basin: Insights from 3D basin modelling[J]. Marine and Petroleum Geology, 119: 104487.

Torre M D, Mählmann R F, Ernst W G. 1997. Experimental study on the pressure dependence of vitrinite maturation[J]. Geochimica et Cosmochimica Acta, 61(14): 2921-2928.

Turner A K. 1991. Three dimensional GIS[J]. Geobyte, 5(1): 31-32.

Ungerer P, Bessis F, Chenet P Y, et al. 1984. Geological and geochemical models in oil exploration; principles and practical examples[J]. Petroleum Geochemistry and Basin Evaluation, 35: 53-57.

Ungerer P, Burrus J, Doligez B, et al. 1990. Basin evaluation by integrated two-dimensional modeling of heat transfer, fluid flow, hydrocarbon generation and migration[J]. AAPG Bulletin, 74(3): 309-335.

van Gerven M, Bohte S. 2017. Editorial: Artificial neural networks as models of neural information processing[J]. Frontiers in Computational Neuroscience, 11: 114.

Van Mooy B A S, Keil R G, Devol A H. 2002. Impact of suboxia on sinking particulate organic carbon: Enhanced carbon flux and preferential degradation of amino acids via denitrification[J]. Geochimica et Cosmochimica Acta, 66: 457-465.

Vasquez M, Beggs H D. 1980. Correlations for fluid physical property prediction[J]. Journal of Petroleum Technology, 32(6): 968-970.

Vasseur G, Brigaud F, Demongodin L. 1995. Thermal conductivity estimation in sedimentary basins[J]. Tectonophysics, 244(1-3): 167-174.

Verma S, Aziz K. 1997. A control volume scheme for flexible grids in reservoir simulation[C]//Proceedings of SPE Reservoir Simulation Symposium. Society of Petroleum Engineers: 215-217.

Wan T F, Li S Z, Yang W R, et al. 2019. Academic controversy on the mechanism and driving forces of plate movement[J]. Earth Science Frontiers, 26: 1-11.

Wang H C, Wang W, Wang L J, et al. 2002. Three Dimensional Tectonic Stress Field and Migration of Oil and Gas in Tanhai[J]. Acta Geosicientia Sinica, 23(2): 175-178.

Wang J Y, Hu S B, Pang Z H, et al. 2012. Estimate of geothermal resources potential for hot dry rock in the continental area of China[J]. Science and Technology Review, 30(32): 25-31.

Wang J Y, Wang J A. 1986. Thermal structure of crust-upper mantle of the Liaohe Rift Basin[J]. Science in China(Series B), 8: 856-866.

Wang Q, Zhang P Z, Freymueller J T, et al. 2001. Present-day crustal deformation in China constrained by global positioning system measurements[J]. Science, 294: 574-577.

Wang S B, Fu J L, Li C Z, et al. 2015. Preliminary division for neotectonic episode of Tengchong block, south-west Yunnan[J]. Geological Bulletin of China, 34(1): 147-154.

Waples D W. 1980. Time and temperature in petroleum formation: Application of Lopatin's method to petroleum exploration[J]. AAPG Bulletin, 64(6): 916-926.

Waples D W. 1991. Recent developments in petroleum geochemistry[J]. Bulletin of the Geological Society of Malaysia, 28: 97-108.

Waples D W. 1994. Modeling of Sedimentary Basins and Petroleum Systems[M]//Magoon L B, Dow W G. The Petroleum System: From Source to Trap. Tulsa: AAPG Memoir: 307-322.

Waples D W. 1998. Basin modelling: How well have we done?[J]. Geological Society, London, Special Publications, 141(1): 1-14.

Warlick D. 2006. Gas shale and CBM development in North America[J]. Oil and Gas Financial Journal, 3(11): 1-5.

Watts A B, Bodine J H, Steckler M S. 1980. Observations of flexure and the state of stress in the oceanic lithosphere[J]. Journal of Geophysical Research: Solid Earth, 85(B11): 6369-6376.

Watts A B, Ryan W B F. 1976. Flexure of the lithosphere and continental margin basins[J]. Tectonophysics, 36: 25-44.

Welte D H, Yukler M A. 1981. Petroleum origin and accumulation in basin evolution: A quantitative model[J]. AAPG Bulletin, 65: 1387-1396.

Willett S D, Beaumont C. 1994. Subduction of Asian lithospheric mantle beneath Tibet inferred from models of continental collision[J]. Nature, 369: 642-645.

Willett S D, Chapman D S. 1987. Temperatures, fluid flow and the thermal history of the Uinta Basin[C]//IFP exploration research conference, Technip. Paris Editions Technip: 533-551.

Wood D A. 1988. Relationships between thermal maturity indices calculated using Arrhenius equation and Lopatin method: Implications for petroleum exploration[J]. AAPG Bulletin, 72(2): 115-134.

Wu C L, Li S T, Cheng S T. 1991. The statistical prediction of the vitrinite reflectance and study of the ancient geothermal field in Songliao Basin, China[J]. Journal of China University of Geosciences, 2 (1): 91-101.

Wu C L, Li X, Liu G. 1999. Study on some important problems of geothermal field simulation of basins[J]. Eiperimental Petroleum Geology, 21(1): 1-7.

Wu C L, Mao X P, Song G Q, et al. 2013. Three-dimensional oil and gas pool-forming dynamic simulation system: Principle, method and applications[J]. International Journal of Oil, Gas and Coal Technology, 6(1/2): 4-30.

Wu C L, Mao X P, Tian Y P, et al. 2005a. Petroleum pool-forming 3-D dynamic modeling technology and method[J]. Proceedings of IAMG'05: GIS and Spatial Analysis, (2): 1129-1134.

Wu C L, Tian Y P, Mao X P. 2005b. Theory and approach of three dimensional visualization modeling of structure-Stratigraphic framework of basins[J]. Proceedings of IAMG'05: GIS and Spatial Analysis, 2: 279-284.

Wu C L, Tian Y P, Mao X P. 2005c. Theory and approach of three dimensional visualization modeling of structure-stratigraphic framework of basins[J]. Proceedings of IAMG'05: GIS and Spatial Analysis, (2): 279-284.

Wu C L, Wang X Q, Liu G, et al. 2002. Study on dynamics of tectonic evolution in the Fushun Basin, Northeast China[J]. Science in China Series D: Earth Sciences, 45(4): 311-324.

Wu C L, Yang Q, Zhu Z D, et al. 2000. Thermodynamic analysis and simulation of coal metamorphism in the Fushun Basin, China[J]. International Journal of Coal Geology, 44: 149-168.

Wu Z H, Jiang W, Zhou J R, et al. 2001. Thermal-chronological dating on the thermal history of plutons and tectonic-landform evolution of the central Tibetan Plateau[J]. Acta Geologica Sinica, 74(4): 468-476.

Xiao L, Li X Z, Hu Z H, et al. 2009. The influences of the soil structure on the calculation model of thermal conductivity[J]. Geological Review, 55(4): 598-605.

Xie R C, Zhou W, Tao R, et al. 2008. Application of finite element analysis in the simulation of the in-situ sress field[J]. Petroleum Drilling Techniques, 36(2): 60-63.

Yamada R, Yoshioka T, Watanabe K, et al. 1998. Comparison of experimental techniques to increase the number of measurable confined fission tracks in zircon[J]. Chinese Science Bulletin, 149: 99-107.

Yamaji A, Otsubo M, Sato K. 2006. Paleostress analysis using the Hough transform for separating stresses from heterogeneous fault-slip data[J]. Journal of Structural Geology, 28(6): 980-990.

Yamamoto K, Yabe Y. 2001. Stresses at sites close to the Nojima Fault Measured from core samples[J]. Island Arc, 10(3-4): 266-281.

Yan D S, Yu Y T. 2000. Evaluation and Utilization of Geothermal Resources in Oil and Gas Area of Beijing, Tianjin and Hebei[M]. Wuhan: China University of Geosciences Press: 20-30.

Yan Q C, Zhou X, Sun X D, et al. 2013. Design and implementation of oil and gas pool-forming simulation project database based on oilfield database[J]. International Journal of Oil, Gas and Coal Technology, 6(1/2): 31-39.

Yang K G, Ma C Q. 1996. Some advances in the rates of continental erosion and mountain uplift[J].

Geological Science and Technology Information, (4): 89-96.

Yang Q. 1992. Study on coal metamorphism[J]. Geoscience, 6(4): 437-443.

Yang Q, Wu C L, Tang D Z, et al. 1996. The coal metamorphism in China[J]. Earth Science-Journal of China University of Geosciences, 21(3): 311-319.

Yang Q, Wu C L, Tang D Z, et al. 1997. Multistage metamorphic evolution and superimposed metamorphism through multithermo-sources in China coal[J]. Proceeding of The 30th International Geological Congress, Netherlands, 18(Part B): 59-76.

Yao Z J. 1986. An Assessment of Geothermal Resources in Yangbajing, Xizang(Tibet)[M]//Chinese Academy of Geological Sciences. Journal of Institute of Hydrogeology and Engineering Geology (2). Beijing: Geological Publishing House: 12.

Yuan C P, Xu S H. 2000. Characteristics of geotemperature field and maturity history of source rocks in lunpola basin, Xizang(Tibet)[J]. Experimental Petroleum Geology, 22(2): 156-160.

Yükler A, Cornford C, Welte D. 1978. One-dimensional model to simulate geologic, hydrodynamic and thermodynamic development of a sedimentary basin[J]. Geologische Rundschau, 67: 960-979.

Zachos J, Pagani M, Sloan L, et al. 2001. Trends, rhythms, and aberrations in global climate 65 Ma to present[J]. Science, 292(5517): 686-693.

Zapata T R, Allmendinger R W. 1996. Thrust-front zone of the precordillera, Argentina: A thick - skinned triangle zone[J]. AAPG Bulletin, 80(3): 359-381.

Zhang H W, ZhengY, Zhao F Q. 2003. Theoretical research ofocean loading tide influence on station displacements[J]. Journal of Geodesy and Geodynamics, 23(1): 69-73.

Zhang R L, Yu X, Yao S C, et al. 2015. Application study on audio-frequency magnetotelluric method in azelik uranium metallogenic zone of niger[J]. World Nuclear Geoscience, 32(1): 24-28.

Zhang T F, Switzer P, Journel A. 2006. Filter-based classification of training image patterns for spatial simulation[J]. Mathematical Geology, 38(1): 63-80.

Zhang X, Pyrcz M J, Deutsch C V. 2009. Stochastic surface modeling of deepwater depositional systems for improved reservoir models[J]. Journal of Petroleum Science and Engineering, 68(1-2): 118-134.

Zhang Z T, Wu C L, Mao X P, et al. 2013. Method and technique of 3-D dynamic structural evolution modelling of fault basin[J]. International Journal Oil, Gas and Coal Technology, 6(1/2): 40-62.

Zhu W L, Li M B, Wu P K. 1999. Petroleum systems of the Zhu Ⅲ subbasin, Pearl River mouth basin, South China Sea[J]. AAPG Bulletin, 83(6): 990-1003.

Zoback M L. 1992. First-and second-order patterns of stress in the lithosphere: The World Stress Map Project[J]. Journal of Geophysical Research, 97(B8): 11703-11728.

Сидоров А М. 1979. Тепловые свойства породипородо образующих ми-нералов привысоких температурах[J]. Геол. и Геоф, (6): 51-59.

# 后　记

　　本团队从事三维油气成藏动力学模拟原理、方法、技术和软件的研发，走过了艰难的 28 个年头。团队顺应信息科学技术的发展潮流和趋势，遵循系统工程学的理论与方法，以及数据驱动的实体模型→概念模型→方法模型→软件模型构建过程，把盆地定量分析、油气系统分析与计算机仿真、数据密集型计算结合起来，将动力学模拟与拓扑结构模拟结合起来，将常规动力学模拟与系统动力学模拟结合起来，将数值模拟与人工智能模拟结合起来，建立了独特的油气成藏动力学模拟系统逻辑结构。在此基础上，研发出了具有完全自主知识产权的三维油气成藏动力学模拟系统，在理论、方法和技术上取得了一系列创新性成果。概括起来，这些成果主要包括以下几个方面：

　　（1）对油气成藏动力学模拟的理论、方法论和技术体系进行了系统的探讨和研发。首先基于数据驱动的盆地分析和油气系统分析成果，构建油气成藏动力学模拟系统的概念模型，再利用虚拟仿真和三维建模技术，获取构造-地层格架及其动态孪生体，结合多尺度、多时态、多方法的地热场、应力场、流体场及油气生排运聚散的动力学和非动力学模型，有效解决了盆地模拟和油气成藏模拟技术的适用性问题。

　　（2）研发出了盆地地质三维、快速、动态和精细建模子系统。其中包括三维地质结构和属性静态模拟，以及基于三维物质平衡法的三维构造-地层格架动态模拟技术，使盆地体平衡、岩层压实校正和剥蚀量恢复在统一的四维时空中实现，提供了赖以进行模拟的盆地构造-地层格架三维动态虚拟孪生体。

　　（3）将传统动力学与人工智能技术结合起来，开发三维油气运聚模拟子系统。该子系统考虑了构造的导向性和介质的输导性，以及浮力和毛细管张力的排驱、吸附作用，因而可以追索油气运移的主干通道和聚集的主圈闭，还能揭示伸入烃源岩中的砂体"海绵作用"，模拟通道上的油气通量和圈闭中的聚集量。

　　（4）研发出了地热场多源多阶段叠加模拟技术。基于地热流状态平衡与破坏的观念，用正常和附加地热场概念分别描述上地幔热流和岩浆侵入对地热场的贡献，提出描述多源叠加场和获取盆地基底热流值的地壳热结构分析方法、给定莫霍面热流值的大地构造类比法，以及岩石热导率和 $T$-$t$-$R_{o,M}$ 的经验公式。

　　（5）研发出了盆地构造应力场有限单元法动态模拟子系统，能根据岩性、岩相和边界特征自动剖分单元、分解外力，并将其分配到边界结点上，实现了构造应力与地层压力的定量叠加；能根据破裂情况自动调整构造应力场，预测构造应力集中区迁移过程，以及裂隙带、断裂带、构造圈闭位置及封闭性变化。

　　（6）提出了以等流体势薄层封闭性作为超压方程边界条件的新思路，从物理和地质意义上解决了该方程的解析和求解问题，并通过严格的数学推导将其拓展到三维空间中；开发出了超压方程软件系统，在顺利实现了油气成藏三维常规动力学模拟的同时，实现了烃源岩三维超压致裂的微裂缝排烃动态模拟。

　　(7)研发出了基于人工神经网络的油气运聚模拟子系统。通过对多个实体模型进行全要素分析综合建立知识图谱，基于三维构造-地层格架进行有限单元剖分，再利用传统动力学方法对油气运聚相态和驱动力求解，然后运用人工神经网络技术解决各个单元体之间油气运移方向、运移速率和运移量等非线性变化问题。

　　(8)研发出了油气成藏的系统动力学模拟软件。研究中引进了系统动力学思想和方法，探讨了油气成藏系统中生排运聚散的控制与反馈控制关系及其非线性过程，总结了信息因果反馈回环的影响因素及其数学形式，分别建立了各状态变量的系统动力学方程组，并通过常规动力学模拟提供速率变量和辅助变量值。

　　(9)研发出了页岩气资源潜力的模拟评价子系统。在地质时空框架下，综合考虑了油气地质、地球物理、地球化学、热力学等诸多因素，实现了基于总有机碳法、类比法和体积法及其混合法的页岩气资源潜力定量评价，有效揭示了与盆地形成、演化及油气生排相伴的页岩气成藏规律，为页岩气勘探指引了方向。

　　(10)开发了模块之间动态连接及数据动态传输子系统。以盆地构造-地层格架为封闭的静态模型，以各种动力学模型为开放的动态模型，实现了构造-地层单元在"层序"级别上的动态套合模拟，解决了各地质作用模拟子系统之间的动态连接问题，实现了海量原始数据和成果数据在子系统之间的动态传输。

　　上述各项方法、技术和软件系统，通过珠江口盆地、百色盆地、塔里木盆地、华北盆地、二连盆地等数十个凹陷的实验和应用模拟，得到了全面的检验和证实，并随之不断地改进和优化。期盼本书的出版对油气成藏动力学理论、方法和技术体系的建立，对推进油气勘查信息技术应用和数字化转型，能发挥一定的支撑作用。

吴冲龙

2024 年 10 月 26 日